U0231154

Noise Pollution
Control
Technology and
Development

噪声污染防治技术与发展

——吕玉恒论文选集

冯苗锋　主编

化学工业出版社

·北京·

内 容 简 介

本论文选集是吕玉恒教授级高级工程师从事国防海军建设和环境保护噪声控制事业六十多年的成果之一。我们从吕玉恒教授公开发表的110余篇论文（报道）中遴选出近90篇汇编成册，内容涵盖噪声控制基础知识、单体和综合工业噪声治理、交通噪声、施工噪声、民用建筑噪声控制、消声室等建筑声学设计以及声学测量等，还有他个人的经历和我国噪声控制技术的发展历程等。这些论文多数是针对实际工程存在的噪声污染问题进行声源测试、分析计算、施工图设计、施工配合直至测试验收达标的全过程，具有很强的针对性和实用性，以及较高的参考价值。

本论文选集内容丰富、资料翔实、图文并茂，可供从事噪声与振动治理工程的设计、研究、施工、安装、设备制造等人员参考。

图书在版编目（CIP）数据

噪声污染防治技术与发展：吕玉恒论文选集/冯苗锋主编. —北京：化学工业出版社，2023.3
ISBN 978-7-122-42359-7

Ⅰ.①噪… Ⅱ.①冯… Ⅲ.①噪声污染-噪声控制-文集 Ⅳ.①TB53-53

中国版本图书馆CIP数据核字（2022）第195288号

责任编辑：张海丽　　装帧设计：刘丽华
责任校对：宋　夏

出版发行：化学工业出版社（北京市东城区青年湖南街13号　邮政编码100011）
印　　装：北京虎彩文化传播有限公司
787mm×1092mm　1/16　印张32½　字数792千字　2023年1月北京第1版第1次印刷

购书咨询：010-64518888　　售后服务：010-64518899
网　　址：http://www.cip.com.cn
凡购买本书，如有缺损质量问题，本社销售中心负责调换。

定　　价：288.00元

噪声污染防治技术与发展

——吕玉恒论文选集

主编 冯苗锋

参编(以姓氏笔画为序)

王 兵 王晨宇 任百吉 何金龙

宋 震 陈 航 陈梅清 袁姗姗

聂美园 黄青青

序 1

由中船第九设计研究院冯苗锋研究员主编的《噪声污染防治技术与发展——吕玉恒论文选集》即将出版，此时恰逢我国 2022 年新版《中华人民共和国噪声污染防治法》开始施行之际，论文选集的中心内容是噪声污染治理，它对于贯彻执行新的噪声法很有针对性，可供同行参考，这是一件有意义且值得称赞的好事。

我是 1979 年 5 月在北京参加全国第二届声学会议期间认识吕玉恒的，记得当时他在第六机械工业部为海军服务方面已崭露头角，解决了一些噪声污染问题。吕玉恒是一位勤奋好学、谦虚谨慎、善于总结、勤于动手、事业心很强的专家学者。他注重积累资料，应用最新技术解决了诸如上海地铁、高速路、特高层建筑、汽车、电力、化工等行业较难治理的噪声污染问题，他和他的团队不仅完成了数百项噪声与振动设计任务，而且主编和参编了十多本著作，发表了 100 多篇论文。

我粗略看了一下这本论文选集的有关资料，主要内容是吕玉恒从业六十余年来的技术总结。就噪声控制来说，他从噪声源的测试分析、现场调查、方案论证、施工图设计、材料和设备的选用，直到施工安装、达标验收，是一个完整的过程，具有一定的创新性和实用性。他特别重视新材料、新结构、新工艺的采用和推介工作。记得在 2001 年 5 月，马大猷院士约我和他专程去北京商讨微穿孔板技术的推广和应用问题。之后，他在很多噪声治理工程中应用马先生微穿孔板理论于实践中，例如为解决直径 10m 左右的机力通风冷却塔的风机降噪问题，设计了特大型微穿孔板出风消声器，体积约 $300m^3$，此消声器设计合理，效果良好，并应用在数十台冷却塔上。像这样的事例在本书中还有不少，不再一一赘述。

在《噪声污染防治技术与发展——吕玉恒论文选集》出版之际，聊志数语，以资祝贺。

王季卿

2022 年 6 月 2 日

编者按：王季卿，同济大学声学研究所教授。

序 2

环境保护工作是功在当代、利在千秋的事业，广大的环保科技人员默默奉献，为我国的环境安全、生态平衡、创建静谧宜居环境而日夜辛勤工作着。吕玉恒教授级高级工程师就是他们中的一位杰出代表。

吕玉恒教授 1961 年大学毕业，1962 年进入中船第九设计研究院（下简称“九院”）工作至今，退而未休，60 多年来主要从事国防建设和环境保护设计研究工作，特别是在环境保护噪声控制理论和噪声治理工程中作出了突出的贡献。他与同事们一起在几十年的工作中完成了 600 余个噪声污染防治项目，设计了 20 多个各种类型的消声室。他主持和参与治理的噪声工程涉及面广、技术难度大。例如，上海中心大厦、金茂大厦等超高层民用建筑的噪声治理；上海地铁 1# 线、2# 线，打浦路隧道等重大交通工程的噪声治理；发电厂、汽车制造厂、化工厂等各类工业项目生产设施的噪声治理；以及居民楼因空调、水泵产生的噪声治理等。只要工程需要，老百姓有诉求，他总是全力以赴出色地完成任务。

吕玉恒教授勤于钻研深究，善于不断总结，几十年来发表论文 110 余篇，编写出版专著 6 本，总字数超过 1000 万，在学术上取得丰硕成果，获得全国声学设计突出贡献奖及省部级十多个奖项，担任中国环保产业协会噪声与振动控制委员会常委兼副秘书长等职务，被十多家专业公司聘为技术顾问，为清华大学、上海交通大学、华南理工大学、东华大学等高校讲授噪声治理专业技术。他为我国噪声污染防治技术的发展作出了重要贡献，成为国内具有较高知名度的专家。他的业绩也为九院赢得了社会声誉，使九院的噪声控制专业处于国内前沿地位。

吕玉恒教授的事迹给我们的启示是：对待工作要认真负责；对待学习要孜孜不倦；对待科学要一丝不苟；对待事业要终身追求。他虽已是耄耋之年，但作为入党 50 多年的老党员，他仍情系环保，发挥余热，为培养新一代声学专业人才竭尽全力。

由冯苗锋研究员主编的《噪声污染防治技术与发展——吕玉恒论文选集》即将和读者见面，相信这本专辑将进一步推动九院在噪声控制领域取得更大成绩，为国家生态文明建设作出更大贡献！这本论文选集也是给即将到来的九院七十周年院庆献上的一份厚礼！

薛增湘

2022 年 3 月 20 日

编者按：薛增湘，研究员，中船第九设计研究院原院长。

前　言

生态文明建设是新时代中国特色社会主义的一个重要特征，保护环境是利在当代、功在千秋的事业，而噪声与振动控制是环境保护的主要内容之一。十年前，中船第九设计研究院（下简称“九院”）声学设计研究室曾编写过一本声学专业专辑——《船舶工业和现代船厂噪声污染及防治》，现编写出版第2本专辑——《噪声污染防治技术与发展——吕玉恒论文选集》。

吕玉恒教授级高级工程师是我院退休职工，1961年毕业于太原机械学院（现名中北大学），1962年进院至今一直从事国防海军建设和环境保护噪声控制，已有60余年。吕玉恒老师是国内著名的声学专家，曾任中国环保产业协会噪声与振动控制委员会常委兼副秘书长、中国声学学会咨询委员会委员、中国建筑学会建筑物理分会名誉理事等。他是九院声学专业的创建者之一，为开拓和发展九院声学专业作出了卓越贡献。即使在退休后，他仍一直关注声学专业发展，培养和提携年轻同志，并把多年来购买、搜集的有关声学专业书籍、手册、技术资料等进行整理、打包，捐赠给九院声学室，总厚度2人多高，300多斤重。

吕玉恒老师及其团队先后完成了600余项噪声控制设计和咨询任务，作为专家评审过1100多个噪声控制项目，主编6本专著，另参编7本专著，发表论文110余篇，为我国噪声污染防治技术进步和产业发展作出了突出贡献，也为九院赢得了荣誉。为更好地继承和发展九院声学专业，征得吕玉恒老师的同意，我们组织编写了这本论文选集。本论文选集遴选、编辑了近90篇论文或新闻稿件，都是吕玉恒老师公开发表或接受新闻采访的稿件，不仅涉及工业噪声、交通噪声、社会生活噪声、建筑声学等噪声控制的各个领域，还包括我国噪声控制工业的发展论述等，内容非常丰富、精彩。

本论文选集编辑、整理过程中得到了吕玉恒老师的热心帮助和指导，也得到了九院公司领导、上海申华声学装备有限公司、上海新华净环保工程有限公司、上海邝雨环境科技有限公司、上海泛德声学工程有限公司等大力支持，国际著名声学专家、同济大学王季卿教授和我们的老院长薛增湘研究员为本选集作序，在此一并表示衷心感谢，同时谨祝吕玉恒老师健康快乐，春晖永绽！

编　者

2022年7月18日

目录

第1章
噪声控制基础知识

噪声与振动控制技术讲座
(《振动与冲击》杂志连载)

1 噪声控制技术基础及控制步骤

1.1 噪声的物理评价

(1) 声音与噪声

人类生存的空间充满声音。声音是由于物体振动而产生的。例如，用鼓槌去敲鼓就会听到鼓声，手摸鼓面就会感到鼓面在振动，这是固体振动产生的声音；火车发出的汽笛声是蒸汽通过汽笛时振动的结果；海水的波浪声，就是液体振动的结果。

振动的物体是声音的来源（简称声源），振动在弹性介质（气体、固体、液体）中以波的方式进行传播，这个弹性波就叫作声波。一定频率范围的声波作用于人耳就产生了声音的感觉。频率是每秒振动的次数，用 f 来表示，单位是赫兹（Hz）。人耳听到的声音频率是 20～20000Hz，高于 20000Hz 的产生超声，低于 20Hz 的产生次声，超声和次声人耳都听不见。

使人烦躁的、讨厌的、不需要的声音就是噪声。

噪声的起源很多，主要有空气动力性噪声、机械性噪声、电磁噪声三种。空气动力性噪声是由于气体振动产生的，气体中有了涡流或发生压力突变等，就会引起气体扰动，产生空气动力性噪声。通风机、鼓风机、空气压缩机、喷射器、喷气飞机、火箭以及向大气中排气放空所产生的噪声，均属于空气动力性噪声。机械性噪声是由于固体振动产生的，在撞击、摩擦、交变的机械应力作用下，机械的金属板、轴承、齿轮等发生振动就产生了机械性噪声。如风铲、风铆、风锤、织布机、金属切削机床等产生的噪声，均属此类噪声。电磁性噪声是由于高次谐波磁场的相互作用，产生周期性的力，引起电磁性振动而产生的噪声。发电机、变压器等产生的噪声即属此类噪声。

(2) 噪声的强度

声波是疏密波，它使空气时而变密，时而变疏。空气变密，压强就增高；空气变疏，压强就降低。由于声波的作用，大气压产生迅速的起伏，这个起伏部分称为声压。声压越大，声音就越强；声压越小，声音就越弱。人们用声压作为衡量声音大小的尺度。通常用 P 来表示声压，单位为帕斯卡，或简称帕（Pa），$1\text{Pa}=1\text{N/m}^2$，也可用微巴（μb）作单位，$1\mu\text{b}=0.1\text{Pa}$。

正常人耳刚刚能听到的声压为 2×10^{-5}Pa，叫作听阈声压。球磨机、凿岩机的声压为 20Pa，使人耳产生疼痛的感觉，此种声压叫作痛阈声压。从听阈到痛阈声压的绝对值相差 100 万倍，因此，用声压的绝对值来表示声音的强弱很不方便。为方便起见，人们便引出一个成倍比关系的对数量——级，来表示声音的大小，这就是声压级，用 L_P 表示，其单位为分贝（dB），数学表达式为

$$L_P = 20\lg \frac{P}{P_o}(\text{dB}) \qquad (1)$$

式中　P——声源声压（Pa）；

P_o——基准声压（2×10^{-5}Pa，是1000Hz的听阈声压）。

分贝是对数单位，故声音的叠加应按对数法则进行运算。

声波作为一种波动形式，当然具有一定的能量，人们也常常用能量的大小来表示声辐射的强弱，这就引出了声强和声功率两个物理量。声强是在声传播的方向上单位时间通过单位面积的声能量，用I来表示，单位为W/m^2。声功率是声源在单位时间内辐射出来的总声能量，通常用W来表示，单位为W。声强级和声功率级数学表达式为

声强级
$$L_I = 10\lg \frac{I}{I_o}(\text{dB}) \qquad (2)$$

式中　I_o——基准声强。

$$I_o = 10^{-12}\,W/m^2$$

声功率级
$$L_W = 10\lg \frac{W}{W_o}(\text{dB}) \qquad (3)$$

式中　W_o——基准声功率：

$$W_o = 10^{-12}\,W$$

为了直观起见，在图1中绘出了声压和声压级、声强与声强级、声功率与声功率级相换算的列线图。

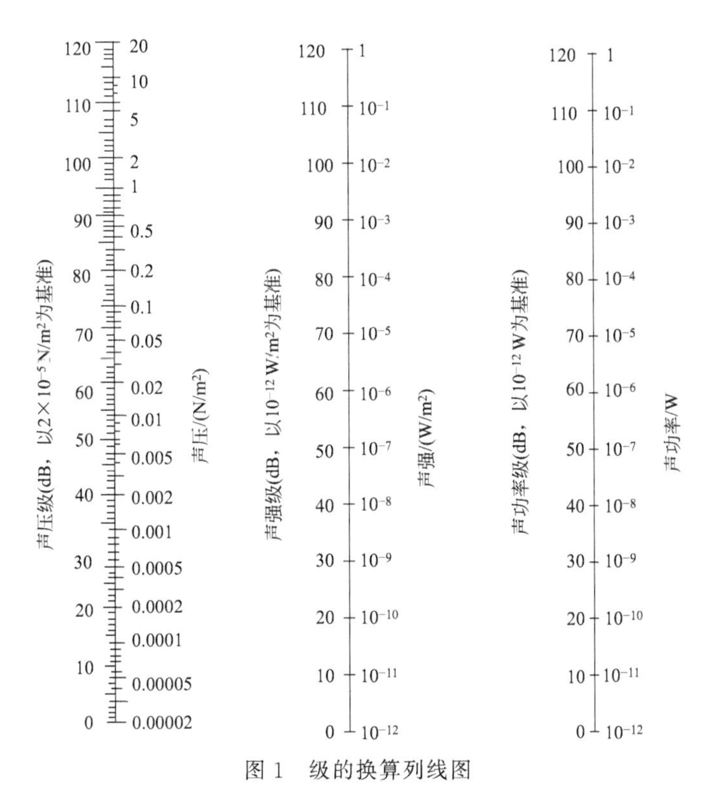

图1　级的换算列线图

(3) 噪声的频谱

声音具有不同的频率。噪声是由许多频率的声音复合而成的。频率低，音调低，声音低沉；

频率高，音调高，声音尖锐。作为可闻声，频率从20～20000Hz，有1000倍的变化范围。为了方便起见，人们把一个宽广的声频范围划分为几个小的频段，这就是通常所说的频带或频程。

在噪声测量中，最常见的是倍频程和1/3倍频程。倍频程是两个频率之比为2∶1的频程。通用的倍频程中心频率为31.5Hz、63Hz、125Hz、250Hz、500Hz、1000Hz、2000Hz、4000Hz、8000Hz、16000Hz；为了得到比倍频程更详细的频谱，可以使用1/3倍频程，其中心频率为50Hz、63Hz、80Hz、100Hz、125Hz、160Hz、200Hz、250Hz、315Hz、400Hz、500Hz、630Hz、800Hz、1000Hz、1250Hz、1600Hz、2000Hz、2500Hz、3150Hz、4000Hz、5000Hz、6300Hz、8000Hz、10000Hz、12500Hz、16000Hz、20000Hz。以频率为横坐标，以声压级（或声强级、声功率级）为纵坐标，绘出噪声测量图形，这就叫作频谱分析。主要噪声成分在1000Hz以上，称为高频噪声；在500Hz以下的称为低频噪声；在500～1000Hz范围内的称为中频噪声。

（4）噪声评价

主观评价：声压是噪声的基本物理参数，人耳对声音的感受不仅与声压有关，而且与频率也有关。声压级相同而频率不同的声音听起来就不一样响。人耳对高频敏感，对低频不敏感，根据人耳这个特性，人们仿照声压级这个概念，引出一个与频率有关的响度级，其单位为昉。它是选取1000Hz的纯音作为基准声音，其噪声听起来与该纯音一样响，该噪声的响度级就等于这个纯音的声压级（分贝值）。人们主观评价噪声的高低就用响度级。通过大量试验绘出的等响曲线如图2所示。

A声级：在声学测量仪器上，参考等响曲线，设置了A、B、C、D等计权网络，A声级是模仿人耳对40昉的响应，对接收的声音通过滤波，使低频段（500Hz以下）有较大衰

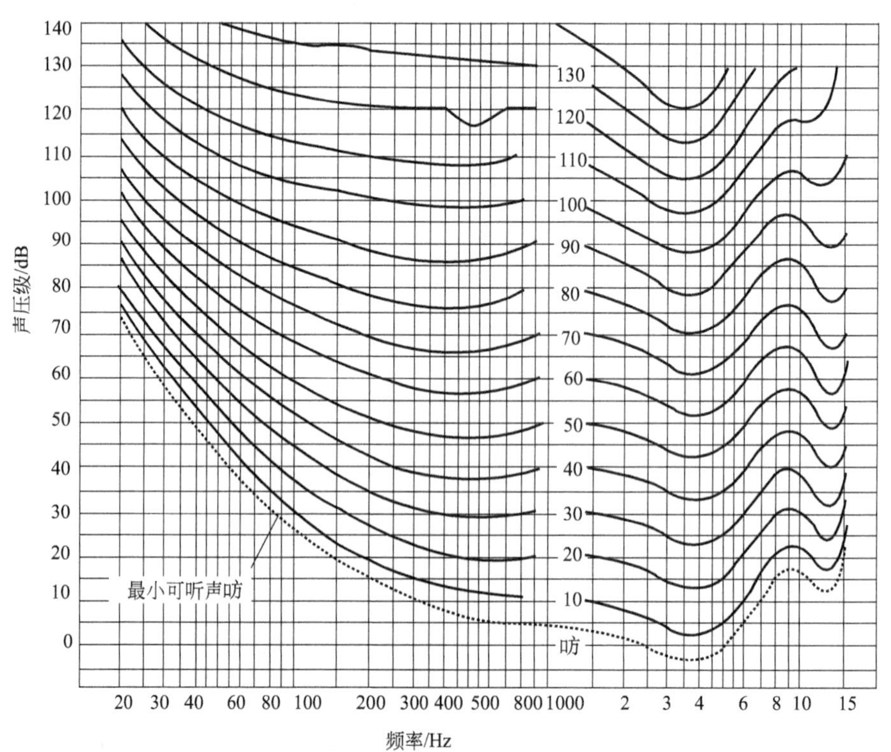

图2 等响曲线图

减，利用这种计权网络特性测得的噪声高低，称为A声级。用A声级来评定噪声，优点是与人的主观感觉比较接近，可以用声级计等仪器直接测量，可以同其他多种评定方法进行换算；缺点是不能够准确地反映噪声源的频谱特性。A声级已作为评价噪声的主要指标为世界各国声学界和医学界所公认，成为绝大多数国家和国际标准化组织所采用的噪声评价指标。

等效连续A声级：当评价噪声的影响时，不但要考虑声级高低，而且要考虑作用时间。在声场中一定点位置上，用某一段时间内能量平均的方法将间隙暴露的几个不同的A声级，以一个A声级表示该段时间内噪声大小，这个声级即等效连续A声级，简称为等效声级，记作L_{eq}。等效声级可用下式表示：

$$L_{eq}=10\lg\frac{1}{T}\int_{0}^{T}10^{0.1L_{A}}\mathrm{d}t(\mathrm{dB}) \tag{4}$$

式中　T——某段时间的时间总量；

L_{A}——变化声级的瞬时值。

对于变动的噪声，可用采样技术的统计分析法求得等效声级，国内外不少声学仪器上均设计了这种数据处理系统，可以直接读出等效声级的测量值。等效声级与听力损失以及神经系统和心血管系统疾病的阳性率有较好的相关性，因此绝大多数国家的听力保护标准都是以等效声级为指标。

其他评价方法：噪声评价的研究仍是当前噪声学研究的一个课题，国外的评定方法已发展到20多种。例如，日夜等效声级L_{dn}是等效声级在环境噪声评价上的发展，它考虑了夜间噪声对人的影响特别严重的因素，对夜间噪声作增加10dB的加权处理。随着机动车辆的增多，交通噪声问题日益突出，通常用L_{10}、L_{90}和L_{50}分别表示交通噪声的峰值、本底值和平均值。另外还有噪声污染级L_{NP}、交通噪声指数T_{NI}、感觉噪声级P_{N}、语言干扰级SIL、噪声评价数N、噪声标准曲线NC等。

1.2　噪声的危害和噪声标准

噪声对人的危害是多方面的。噪声可以使人耳聋，还可能引起高血压、心脏病、神经官能症等疾病。噪声污染环境，影响人们正常的工作和休息，特别强烈的噪声还能损坏建筑物，影响仪器设备正常工作。噪声已成为当代四大公害之一。

要控制噪声需要做两方面工作，一是控制到什么程度，这就是个标准问题；二是如何控制，这就是个噪声控制技术问题。国际标准化组织（ISO）和国内有关部门制定颁布了一系列噪声标准。不少产品已将其噪声高低作为性能指标之一。为了使噪声不引起耳聋及其他疾病，国家规定新建、扩建、改建企业每天接触噪声不到8h的工种，允许等效连续A声级为85dB(A)，对老企业为90dB(A)。为了控制城市区域环境噪声危害，国家颁布了GB 3096—1982《城市区域环境噪声标准》，如表1所示。

表1　城市各类区域环境噪声标准值［L_{eq}dB(A)］

适用区域	昼间	夜间	备注
特殊住宅区	45	35	是指特别需要安静的住宅区
居民、文教区	50	40	是指纯居民区和文教、机关区

续表

适用区域	昼间	夜间	备注
一类混合区	55	45	是指一般商业与居民混合区
二类混合区、商业中心区	60	50	是指工业、商业、少量交通与居民混合区
工业集中区	65	55	是指规划明确确定的工业区
交通干线道路两侧	70	55	是指车流量每小时100辆以上的道路两侧

为了防止工业噪声的危害，国家颁布了GBJ 87—1985《工业企业噪声控制设计规范》，详见表2。

表2　工业企业厂区内各类地点噪声标准

序号	地点类别		噪声限制值/dB
1	生产车间及作业场所(工人每天连续接触噪声8h)		90
2	高噪声车间设置的值班室、观察室、休息室(室内背景噪声级)	有电话通信要求时	70
		无电话通信要求时	75
3	精密装配线、精密加工车间的工作地点、计算机房(正常工作状态)		70
4	车间所属办公室、实验室、设计室(室内背景噪声级)		70
5	主控制室、集中控制室、通信室、电话总机室、消防值班室(室内背景噪声级)		60
6	厂部所属办公室、会议室、设计室、中心实验室(包括试验、化验、计量室)(室内背景噪声级)		60
7	医务室、教室、哺乳室、托儿所、工人值班宿舍(室内背景噪声级)		55

为了控制工业企业厂界噪声对环境的危害，国家又制订了GB 12348—1990《工业企业厂界噪声标准》，详见表3。

表3　各类厂界噪声标准值［等效声级 L_{eq} (dB(A)］

类别	昼间	夜间	备注
Ⅰ	55	45	Ⅰ类标准适用于居住、文教机关为主的区域
Ⅱ	60	50	Ⅱ类标准适用于居住、商业、工业混杂区及商业中心区
Ⅲ	65	55	Ⅲ类标准适用于工业区
Ⅳ	70	65	Ⅳ类标准适用于交通干线道路两侧区域

测点应选在法定厂界外1.0m，高度1.2m以上。

1.3　噪声控制方法与步骤

(1) **噪声测量**

要进行噪声控制，首先必须对噪声源进行测量和分析，噪声测量一般分为现场测量和实验室测量两种情况。目前，噪声测量的目的、项目和使用仪器大体可以归纳为表4所列的内容。

表4　噪声测量目的、项目和使用仪器

序号	测量目的	测量项目	使用仪器
1	设备噪声评价	规定测点的噪声级(A、C声级)、频谱声功率级及方向性	精密声级计、滤波器(或频谱仪、记录仪等),必要时使用标准声源

续表

序号	测量目的	测量项目	使用仪器
2	工人噪声暴露量	人耳位置的等效A声级(L_{eq})	噪声剂量仪或声级计
3	车间(室内)噪声评价	车间(室内)各代表点的A、C声级	精密(或普通)声级计
4	厂区环境噪声评价	厂区各处A、C声级(如变动噪声：L_{eq}、L_{50}、L_{90}、L_{10})	普通(或精密)声级计或统计分析仪器
5	厂界噪声评价	厂区各处A、C声级或L_{eq}、L_{50}、L_{90}、L_{10}	普通(或精密)声级计或统计分析仪器
6	厂外环境噪声评价	厂外各类环境室外A、C声级或L_{eq}、L_{50}、L_{90}、L_{10}	普通(或精密)声级计或统计分析仪器
7	消声器声学性能评价	设备消声前后的噪声级及频谱(插入损失或两端差)	精密声级计、滤波器(或频谱仪、记录仪等)
8	城市交通噪声评价	交通噪声的L_{eq}、L_{50}、L_{90}、L_{10}	声级计或统计分析仪等
9	脉冲噪声评价	脉冲或脉冲保持值、峰值保持值	脉冲声级计
10	航空噪声评价	D声级、加权有效连续感觉噪声级(WECPNL)	精密声级计或专用仪器
11	吸声材料性能测量	驻波管法或混响室法吸声系数	驻波管、噪声发生器、频谱仪、记录仪等
12	隔声测量	透射损失(TL)	白噪声发生器(或拍频振荡器)频谱仪、记录仪等

在噪声测量中除正确选择仪器设备、布置测点、进行数据处理外，还应周密考虑外界因素对测量结果的影响。一般应考虑大气压力、温度、湿度、传声器指向性、反射、本底噪声、风噪声、强电磁场、交通噪声等影响并按规定进行本底噪声影响修正。

(2) 从声源上降低噪声

构成声音的三要素是声源、介质和接收器，故噪声控制也一般是从这三个环节着手，即从声源上降低噪声，在噪声传播途径上加以控制，在接受点进行防护。从声源上降噪是最积极最有效的方法之一，使发声体改造为不发声体或发声小的物体。

(3) 在传播途径上降低噪声

可将声源远离人们集中的地方，也可在声源和人之间设置隔声室、隔声罩、隔声屏障等，隔离噪声向外传播。或在气流通道上加装消声器，或将振源采取隔振阻尼措施等。

(4) 在接受点进行防护

当从声源上或传播途径上降低噪声难以实现时，可对接受噪声的个人进行防护，如佩戴耳塞、耳罩、防声头盔等。

(5) 噪声控制工作步骤

首先，进行调查研究和测试诊断，对于处在设计阶段的工程应进行噪声环境影响评价、预估，实现“三同时”；其次，按实际使用要求或有关噪声标准，与现场调查测试结果进行比较，确定所需降低噪声的数值；再次，选定控制措施的种类和实施方案，既要考虑声学效果，又要经济合理，还要便于施工安装及维修，对于噪声源多、情况复杂的，多数是采取综合治理措施；最后，进行测试鉴定验收，对治理效果进行评价、总结。

噪声控制技术作为环境保护内容之一属于高技术领域，是边缘学科之一，正在迅速发展。要取得社会效益、经济效益和环境效益都好的结果，必须付出极大的努力。

（待续）

本文1993年刊登于《振动与冲击》第4期（系技术讲座连载）

2 消声及吸声降噪

2.1 消声器是降低空气动力性噪声的主要措施之一

空气动力性噪声是一种最常见的噪声污染源，从喷气式飞机、火箭、宇宙飞船，直到气动工具、通风空调、内燃发动机、压力容器、管道阀门等的进排气，都会产生声级很高的空气动力性噪声。控制这种噪声最有效的方法是在各种空气动力设备的气流通道上或进排气口上加装消声器。消声器是一种既允许气流顺利通过，又能有效地阻止或减弱声能向外传播的装置。例如，各类风机消声器，空压机消声器，汽油机、柴油机排气消声器，蒸汽排气放空消声器，风动工具消声器等。

值得指出的是，消声器只能用来降低空气动力设备的进排气口噪声或沿管道传播的噪声，而不能降低空气动力设备的机壳、管壁、传动装置等机械噪声以及电机的电磁噪声等，不是所有的噪声源装上消声器就能降低其噪声。

几十年来，国内外对消声器进行了大量的理论与实践研究工作。我国目前研究、设计、制造各类消声器的单位有上百家，消声器型号规格达数百种，可按需要进行选购（详见吕玉恒主编的《噪声与振动控制设备选用手册》，机械工业出版社，1988年），也可按用途不同自行设计制造。消声器的定型化、系列化、标准化工作，国内有关部门正在进行。

一个好的消声器应满足下列四项基本要求：一是具有较好的消声特性，即消声器在一定的气流速度、温度、湿度、压力等工作环境下，在所要求的频带范围内，有足够大的消声量；二是气流的阻力要小，即安装消声器后所增加的压力损失或功率损耗应控制在实际允许的范围内，再生噪声要低；三是消声器结构性能好、体积小、重量轻、结构简单，便于加工安装和维修；四是价格便宜，使用寿命长。这4项要求缺一不可，既互相联系又相互制约。当然，根据实际情况可以有所侧重，但不可偏废。

消声器的评价方法有传递损失（L_{TL}）、插入损失（L_{IL}）、减噪量（L_{NR}）、衰减量（L_A）等。目前，在工矿企业现场测量中最常用的是插入损失，即在系统中插入消声器前后在某定点测得的平均声压级之差。一般采用静态消声量来表示消声器的消声效果。

消声器的型式很多，按其消声原理及结构不同，大体分为五大类：一是阻性消声器，二是抗性消声器，三是微穿孔板消声器，四是各种复合式消声器，五是扩容减压、小孔喷注排气放空消声器。不同的噪声源应有针对性地选择不同型式的消声器来降低其噪声。

2.2　常用的阻性、抗性和阻抗复合式消声器的设计计算

(1) 阻性消声器

顾名思义，阻性消声器是利用声阻消声的。它是一种吸收型消声器，利用声波在多孔性吸声材料中传播时，因摩擦将声能转化为热能而散发掉，从而达到消声的目的。常规情况下，对于中高频气流噪声，安装阻性消声器效果最佳，应用也最为广泛。阻性消声器有直管式、片式、蜂窝式、折板式、声流式和障板式等多种形式，它的消声量与其形状、长度，通道横断面面积，吸声材料的种类、密度、厚度，护面板的穿孔率等因素有关。

图 3 所示为最简单的直管式阻性消声器，其消声量 ΔL 计算如下：

$$\Delta L=\varphi(\alpha_0)\frac{P}{S}L\,(\text{dB}) \tag{5}$$

式中　$\varphi(\alpha_0)$——消声系数 α_0 的函数（dB），它与阻性材料的吸声系数 α_0 有关，通常取表 5 所列数值；

P——通道断面周长（m）；

S——通道有效横截面积（m^2）；

L——消声器有效部分长度（m）。

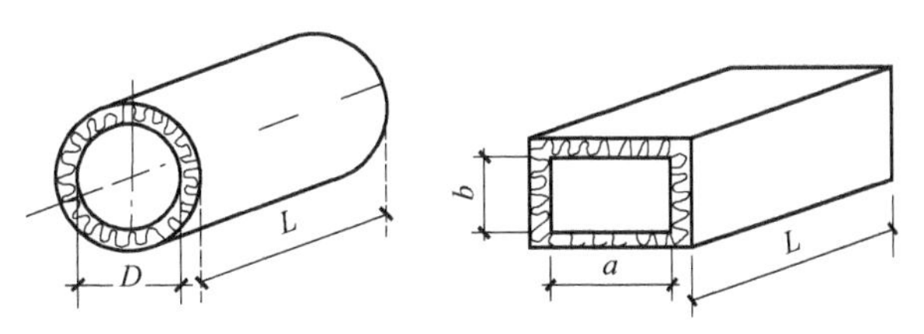

图 3　圆形和方形直管式消声器示意图

表 5　消声系数 φ（α_0）与吸声系数 α_0 的关系

吸声系数 α_0	0.10	0.20	0.30	0.40	0.50	0.60～1.00	α_0 为垂直入射吸声系数(驻波管法)
消声系数 $\varphi(\alpha_0)$	0.11	0.24	0.39	0.55	0.75	1.00～1.50	—

(2) 抗性消声器

抗性消声器是一个声学滤波器，是管和室的组合。适当的组合可以滤掉某些频率成分的噪声，适用于消除中低频噪声。它与阻性消声器最大的区别是没有多孔性吸声材料。抗性消声器主要有共振式和扩张式两种型式。

图 4 所示为单腔共振式消声器示意图。当声音的频率与共振腔的共振频率 f_0 一致时，这个系统就产生共振。此时振幅最大，孔径中气体运动速度也最大，由于摩擦和阻尼，声能

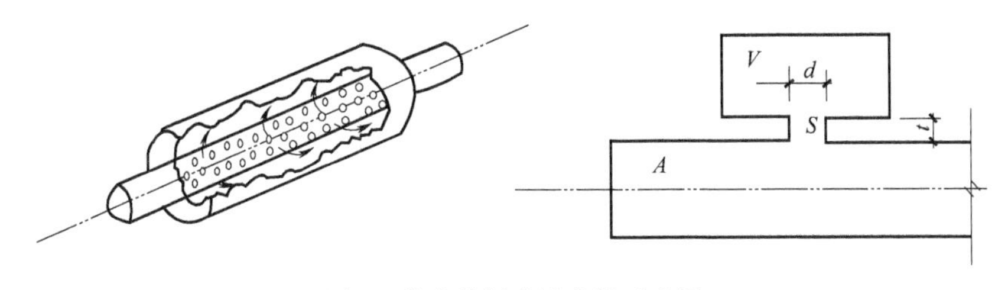

图 4　单腔共振式消声器示意图

转化为热能，从而起到了消声作用。单腔共振消声器对频率为 f 的声音的消声量 T_L 可用式(6) 进行计算。

$$T_L=10\lg\left[1+\frac{\alpha+0.25}{\alpha^2+\beta^2(f_o/f-f/f_o)^2}\right](\mathrm{dB}) \tag{6}$$

式中　$\alpha=\gamma\frac{A}{\rho c}$；$\beta=\frac{A}{\sqrt{GV}}$；$f_o=\frac{c}{2\pi}\sqrt{\frac{G}{V}}(\mathrm{Hz})$；$G=\frac{S}{t+0.8d}$。

γ——声阻（可测出）；

f_o——固有频率（Hz）；

A——内管横截面积（m^2）；

c——声速（m/s）；$c=331\sqrt{1+\frac{\theta}{273}}$（$\theta$ 为温度，单位为℃）；

ρ——空气密度；

G——一个小孔的传导率；

S——穿孔总面积（m^2）；

t——穿孔管（板）厚度（m）；

d——小孔直径（m）；

V——共振腔总容积（m^3）。

抗性消声器计算式颇多，可参考有关书籍，本处略。

（3）阻抗复合式消声器

为了在一个宽阔的频率范围内得到良好的消声效果，可以综合对于低中频消声良好的抗性消声器和对于中高频消声有效的阻性消声器，做成阻抗复合式消声器，它既有吸声材料，又有共振腔、扩张室、穿孔屏等滤波元件。图 5 绘出了几种阻抗复合式消声器示意图。阻抗复合式消声器消声量计算更复杂，本处从略，可参阅有关书籍。

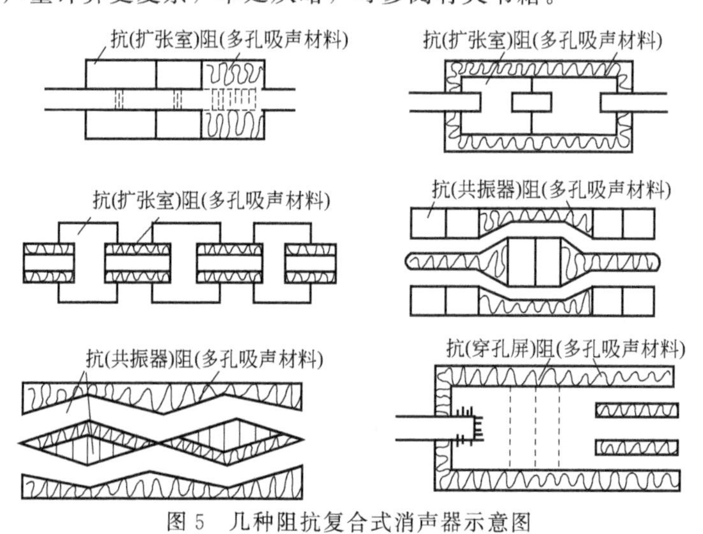

图 5　几种阻抗复合式消声器示意图

2.3　微穿孔板消声器及其他消声器

微穿孔板消声器是阻抗复合式消声器的一种特殊形式，它利用单层或双层微穿孔板作为吸声构件，可设计成圆形、矩形或多通道的片式、折板式、声流式等不同结构型式。微穿孔板的厚度一般在0.5～1.0mm，可采用薄钢板、铝板、不锈钢板、胶合板、塑料板等加工而成，穿孔直径控制在0.5～1.0mm范围内，穿孔率为1%～3%，一般采用双层微穿孔板，双层空腔厚度的比例不大于1∶3。

微穿孔板消声器阻力损失小、再生噪声低，适用于气流速度较高的场合，它耐高温，不怕潮湿、水和水蒸气，耐冲击，耐腐蚀，无粉尘及其他纤维泄出，在超净厂房、食品卫生及医药行业应用比较广泛。

为降低高温、高速、高压排气喷流噪声而设计的扩容降压型消声器、节流降压型消声器、小孔喷注型消声器等，在工程上已有应用。另外，还有一些特殊型式的消声器，如喷雾消声器、引射掺冷消声器、电子消声器等。

2.4　吸声降噪是噪声控制的基本方法之一

噪声控制中的吸声，就是利用吸声材料、吸声结构把入射在其表面上的声能量吸收掉，从而在传播途径上降低噪声。它是一种消极的、传统的，但又是一种有效的、有新发展的基本方法。

众所周知，声源发出的声音遇到墙面、顶棚、地坪及其他物体时，都会发生反射现象。当机器设备开动时，人们听到的声音除了机器设备发出的直达声外，还听到由这些表面多次来回反射而形成的反射声，也称为混响声。同一台机器，在室内（一般房间）开动要比室外开动响，如果在室内顶棚和四壁安装吸声材料或悬挂吸声体，将室内反射声吸收掉一部分，室内噪声级将会降低。吸声处理只降低反射声的影响，对直达声是无能为力的。吸声降噪效果是有限的，其降噪量通常最多不会超过10dB。

2.5　吸声降噪估算及选用原则

根据理论推导，吸声降噪效果，即吸声处理前后的声级差 ΔL（dB），可近似用式(7)进行估算。

$$\Delta L = 10\lg\frac{\bar{\alpha}_2}{\bar{\alpha}_1} = 10\lg\frac{R_2}{R_1} = 10\lg\frac{T_{(60)1}}{T_{(60)2}}(\text{dB}) \tag{7}$$

式中　$\bar{\alpha}_1$，$\bar{\alpha}_2$——吸声处理前、后室内平均吸声系数；

R_1，R_2——吸声处理前、后室内房间常数；

$T_{(60)1}$，$T_{(60)2}$——吸声处理前、后室内混响时间。

房间常数

$$R = \frac{S\bar{\alpha}}{1-\bar{\alpha}}(\text{m}^2) \tag{8}$$

式中　S——房间总表面面积（m^2）；

$\bar{\alpha}$——房间平均吸声系数。

混响时间

$$T_{60} = \frac{0.163V}{A} = \frac{0.163V}{S\bar{\alpha}}(\text{s}) \tag{9}$$

式中　V——房间体积（m^3）；

A——房间吸声量（m^2）。

吸声系数 α 是指声波在物体表面反射时，其能量被吸收的百分率。α 可用驻波管法

(α_0) 和混响室法 (α_T) 测得，两者可换算。

由式(7) 可知，吸声降噪效果与原房间的吸声情况关系较大，如原房间未做吸声处理，反射较为严重，平均吸声系数 $\bar{\alpha}$ 较低，混响时间 T_{60} 较长，采取吸声降噪措施效果较明显，否则效果较差。原则上，吸声处理后的平均吸声系数或吸声量，应比处理前大两倍以上，吸声降噪才有效，即噪声降低在 3dB 以上。

2.6 常用吸声材料和吸声结构

我国目前生产的吸声材料多数系多孔性的，吸声材料大体分为四大类：一是无机纤维材料类，如玻璃棉、岩棉、矿渣棉及其制品；二是泡沫塑料类，如脲醛泡沫塑料和氨基甲酸酯泡沫塑料等；三是有机纤维材料类，如棉麻等植物纤维、海草、棕丝及其制品——软质纤维板、木丝板等；四是吸声建筑材料类，如吸声砖、加气混凝土等。

吸声结构种类也很多，常见的有薄板吸声结构、穿孔板吸声结构、微穿孔板吸声结构、薄膜吸声结构、帷幕吸声结构以及各类空间吸声体等。薄板和薄膜吸声结构是利用薄板及其板后空腔在声波作用下发生共振时，板内空气层因振动而出现摩擦损耗，于是声能被吸收掉。在共振频率处达到最大的声吸收；穿孔板吸声结构是利用亥姆霍兹效应，即孔颈中的气体分子被声波激发产生振动，由于摩擦和阻尼作用而达到吸声目的；微穿孔板吸声结构则是在穿孔板吸声结构基础上发展起来的新型吸声结构，是我国著名声学专家马大猷教授的贡献。它也是利用微孔中空气的黏滞阻尼消耗入射声能，在较宽的频率范围内具有较高的消声性能；各种空间吸声体多数是将多孔性吸声材料组合在一定形状和尺寸的结构内，制成定型产品悬挂于需要吸声降噪的地方，灵活方便、经济实用。

在噪声控制工程中，多数是采用护面板加多孔材料的吸声结构，多孔性吸声材料吸声系数高，对降低中高频噪声最有效，但因其是松散的，易飞散和积灰，因此，在实际使用时都是用透气的织物（如玻璃布、塑料膜、平纹布等）把吸声材料装裹好，放入木或金属框架内，然后再在外面加一层护面层。

微穿孔板吸声结构不用吸声材料，只是在厚度小于 1mm（一般为 0.2～1.0mm）的薄板上（铝板、钢板等）穿以直径小于 1mm 的孔，穿孔率一般为 1%～3%。将这种小而密的穿孔板固定于墙面上，并在板后留有适当的空腔，或将两层微穿孔板组合在一起，两者之间留有 50～200mm 空腔，这种微穿孔板吸声结构在较宽的频带范围内吸声系数都较高。

（待续）

本文 1994 年刊登于《振动与冲击》第 1 期（系技术讲座连载）

3 隔声、隔振与阻尼减振

3.1 隔声是噪声控制工程中常用的主要技术措施之一

利用隔声构件阻挡或隔离声能传播途径，使噪声源引起的吵闹环境限制在局部范围内，或在吵闹的环境中隔离出一个安静的场所，这种方法称为隔声。隔声技术分为两大类：一是空气声的隔绝，即通常说的隔声；二是固体声的隔绝，即通常说的隔振与阻尼减振。

隔声性能的评价方法很多，不同的评价方法，其隔声性能参数也不同。因此在进行隔声结构的设计和选用时，必须了解其隔声性能是用何种方法表示的。

(1) 透声系数和隔声量（传递损失）

声波入射到隔声结构上，其中一部分被反射，一部分被吸收，只有一小部分声能透过结构辐射出去。令入射声波的声强为 ω_i，透射到结构另一侧的声强为 ω_t，则透声系数 τ 可用式(10) 表示。

$$\tau=\frac{\omega_t}{\omega_i} \tag{10}$$

τ 越小，隔声越大，一般常用 τ 的倒数来表示隔声性能，即用传递损失 TL 来表示，TL 也称为结构的隔声量。

$$TL=10\lg\frac{1}{\tau}=10\lg\frac{\omega_i}{\omega_t}(\mathrm{dB}) \tag{11}$$

TL 值越大，隔声性能就越好。

一般用倍频程（125Hz、250Hz、500Hz、1000Hz、2000Hz、4000Hz）的 TL 值表示隔声性能，有时为了简便起见，可用上述 6 个倍频程中心频率的隔声量的算术平均值来表示，也可用 500Hz 中心频率下的隔声量来表示。为了克服评价方法上的局限性，国际标准化组织（ISO）推荐了一种隔声性能与人的主观反映比较接近的单值评价方法——隔声指数 I_a，给出了一条隔声评价曲线。国内不少隔声结构均是用 I_a 来表示其隔声性能的。

(2) 单层密实均匀结构的隔声

声波入射到单层墙或板上，引起墙或板的振动，间接地将声能传出去，其振动和传声量的大小主要取决于结构本身的面质量（单位面积的质量）、入射声波的频率和入射角度等，质量越大，越不容易振动，隔声就越好。频率越高，隔声效果越好。隔声量 TL 的经验公式为

$$TL=20\lg m+20\lg f-43(\mathrm{dB}) \tag{12}$$

式中　m——结构单位面积质量（$\mathrm{kg/m^2}$）；

　　f——入射声波频率（Hz）。

式(12) 说明，面质量加倍，隔声量提高 6dB，频率提高一倍，隔声量也增加 6dB，这就是著名的质量定律。

式(12) 是在许多假设条件下推导出来的，许多实测资料表明，该式很不准确，于是人们又推出了下列经验公式：

$$TL=18\lg m+12\lg f-25(\mathrm{dB}) \tag{13}$$

为了简便，只求平均 TL，式(13) 还可简化为

$$\overline{TL}=18\lg m+8(\mathrm{dB})(\text{当 } m>100\mathrm{kg/m^2} \text{ 时}) \tag{14}$$

$$\overline{TL}=13.5\lg m+13(\mathrm{dB})(\text{当 } m<100\mathrm{kg/m^2} \text{ 时}) \tag{15}$$

一般来说，三夹板的 $\overline{TL}$ 为 18dB，3mm 厚钢板 $\overline{TL}$ 为 32dB，一砖厚的墙 $\overline{TL}$ 为 50dB。

上述经验公式与实际值仍有较大出入，因为隔声好坏除与结构的质量、入射频率等有关外，还要看结构是否发生共振现象，尤其是轻质结构（如机罩、金属壁、窗等），由于其固有振动频率较高（100～300Hz），在声波作用下往往发生共振，使隔声效果大大降低。

实际隔声值 N 不仅与隔声材料的质量有关，而且与该隔声结构表面的吸声系数 α 有关。

$$N=TL+10\lg\alpha\,(\mathrm{dB}) \tag{16}$$

α 很小时，实际隔声值较小；α 较大时，N 值较高。因此，一般轻质隔声结构内壁都安置一定的吸声材料，吸声材料此时的作用有两个：一是使共振在摩擦作用下大大减弱，二是其本身可以吸收一定数量的声能。除了在轻质隔声结构内衬以吸声材料外，还可在隔声壁上涂一层阻尼层，以降低壁面的共振。阻尼涂料的厚度至少是金属壁的 1～2 倍。

(3) 双层密实结构的隔声

有空气夹层的双层结构比同样质量的单层结构隔声要好。空气层使振动从一层到另一层的途中大大减弱。空气层改善隔声作用与其本身厚度有关，厚度大的效果好，但超过 100mm 后再增加厚度，改善作用不大。在双层结构的隔声量计算中，空气层的作用体现为附加隔声量 ΔTL，而结构本身则按质量定律计算。

$$TL=18\lg(m_1+m_2)+8+\Delta TL\,(\text{当 } m_1+m_2>100\mathrm{kg/m^2}\text{ 时})(\mathrm{dB}) \tag{17}$$

$$TL=13.5\lg(m_1+m_2)+13+\Delta TL\,(\text{当 } m_1+m_2<100\mathrm{kg/m^2}\text{ 时})(\mathrm{dB}) \tag{18}$$

式中　m_1，m_2——双层结构各自的单位面积质量。

附加隔声量 ΔTL 和空气层厚度的关系，可在有关声学书中查得。

(4) 非单一结构的隔声计算

有的隔声结构是由几部分隔声量不同的物体组合而成的，一种简单的非单一结构就是镶有门窗的墙体。设墙、门、窗的透声系数分别为 τ_1、τ_2、τ_3，面积分别为 S_1、S_2、S_3，则这垛带有门窗的墙体平均透声系数和隔声量分别为

$$\bar{\tau}=\frac{\tau_1S_1+\tau_2S_2+\tau_3S_3}{S_1+S_2+S_3}=\sum_{i=1}^{n}\tau_iS_i\Big/\sum_{i=1}^{n}S_i \tag{19}$$

$$\overline{TL}=10\lg\frac{1}{\bar{\tau}}(\mathrm{dB}) \tag{20}$$

从式(19)、式(20) 可以估算出孔洞缝隙对隔声量的影响，尽管孔洞缝的面积很小，但其透声系数等于 1，成为隔声结构的薄弱环节。如孔洞缝面积占整个结构面积的 1/100 时，则该结构隔声量不会超过 20dB；当孔洞缝面积占 1/10 时，则隔声量最大也不能高于 10dB。因此，为得到较高的隔声量，设法堵塞隔声结构中的孔洞缝是十分重要的。

3.2 隔声结构

(1) 隔声罩

隔声罩是抑制机械噪声的较好方法，如低噪声柴油机、发电机、空压机等必须加装隔声罩，甚至一些大型机器设备如燃气轮机、蒸汽透平、球磨机等也用隔声罩方法降低其噪声。一般机器设备用的隔声罩由罩板、阻尼涂料和吸声层构成。隔声罩的隔声量 TL 可用式(21) 进行计算。

$$TL=10\lg\left(\frac{\bar{\alpha}}{\bar{\tau}}\right)(\mathrm{dB}) \tag{21}$$

式中　$\bar{\alpha}$——罩内表面的平均吸声系数。

$$\bar{\alpha}=\frac{\sum S_i\alpha_i}{\sum S_i}$$

S_i 和 α_i 分别表示不同内表面面积和相应的吸声系数。

$\overline{\tau}$ 为隔声罩的平均透声系数，即

$$\overline{\tau}=\frac{\sum S_i\tau_i}{\sum S_i}$$

S_i 和 τ_i 分别表示构成隔声罩不同材料的面积与相应的透声系数。

(2) **隔声室**

一般来说，隔声罩是把噪声围蔽在局部（罩内）空间，使噪声不外逸，隔声室则是防止外界噪声侵入，使局部（室内）空间保持一定安静程度的小室或房间。例如，在试车台、空压机房、发电机房、内燃机房以及各种液压泵房等强噪声车间，单独设置一个隔声控制室或休息室，它是噪声治理的有效措施之一。隔声室隔声结构可以是砖木结构或混凝土结构，也可以是金属板拼装结构。国内许多噪声控制设备生产厂家可以提供各类隔声室产品，多数是组装式的。隔声室内应考虑通风（或空调）、消声、配电、采光、照明等。

(3) **隔声屏**

隔声罩或隔声室能把噪声源与接受者完全隔开，但在某些场合，由于操作、维修、散热或厂房内有吊车作业等原因，不宜采用全封闭性隔声措施，便可考虑采用隔声屏降低接受点的噪声。所谓隔声屏，就是用隔声结构做成屏障，置于噪声源与接受点（工人操作点或需要安静的地方）之间，利用屏障拦挡噪声直接向接受点辐射的一种降噪措施。由于声波在传播途中遇到障碍时具有绕射的特性，所以隔声屏的降噪效果是有限的，最高为 24dB。隔声屏降噪量与噪声源和接受者距屏障的远近、屏障的高低、噪声源本身的频率特性等因素有关。菲涅尔数 N 是由屏障前后的声传播路径差 δ 以及声波频率 f（或波长 λ）来确定的，其计算式如下：

$$N=\frac{\delta f}{170}=\frac{2}{\lambda}\times\delta \tag{22}$$

在设计制作隔声屏时，应注意在隔声屏一侧或两侧衬贴吸声材料；隔声屏所用材料的隔声能力应适当；隔声屏应有足够的高度；隔声屏的宽度一般可为其高度的 1.5～2.0 倍，隔声屏应尽量放在靠近噪声源处。

隔声屏在防止交通噪声方面应用十分广泛，如在高速公路两侧、铁路两侧设置隔声屏、隔声墙、隔声堤，或是利用高大建筑物、高坡等遮挡物衰减噪声，以降低交通噪声对居民住宅的影响。

(4) **隔声门、隔声窗**

无论是隔声罩还是隔声室，一般均设置有隔声门、隔声窗。隔声门既要具有足够的隔声量，又要开启灵活方便。隔声门多数是采用轻质隔声结构，门扇的隔声性能不难达到设计要求，关键是门扇和门框之间缝隙不密封，将会大大影响整个门的隔声性能，可采取铲口形式密封或在接缝处垫衬可压缩的密封乳胶条、橡胶管、毛毡、泡沫塑料等，或在门扇门框之间设置加压关闭装置。

一般隔声室隔声罩的隔声窗多为观察窗、采光窗，常常是固定式。为提高窗的隔声量，通常采用双层玻璃或三层玻璃。为消除高频吻合效应的影响，多层窗最好选用厚度不一样的玻璃板；多层窗玻璃之间要有较大的空气层；周边适当进行吸声处理；多层窗玻璃板之间要有一定的斜度，以消除驻波；玻璃窗的密封要严，在周边处采用橡胶或毛毡条压紧，既可以

密封，又可以起到有效的阻尼作用。

3.3 隔振是控制固体声的重要方法之一

凡是运转的机器设备，如锻压冲压机械、电机、风机、空压机、内燃机等，由于机械部件之间力的传递，总是产生一定的振动。这些振动的能量一部分由振动的机器直接向空中辐射，称为空气声；另一部分能量则通过承载机器的基础向地层或建筑物结构传递，这种通过固体传导的声叫作固体声。振动不仅能激发噪声，而且能通过固体直接作用于人体，振动也是危害身体健康、降低工作效率、影响居民生活的环境物理因素。同时，振动会影响精密仪器正常工作，强烈的振动有损于机器结构和建筑物结构。振动控制与噪声控制一样，也是从振源、振动传递途径和振动所影响的地点三个环节进行治理。降低振动设备（振源）馈入支撑结构的振动能量称为积极隔振，减少来自支撑结构或外界环境的振动传入某一机器设备称为消极隔振，两者采用的控制方法是相同的。

（1）隔振计算

评价振动强弱通常用位移、速度和加速度三个量来表示，这三个量有内在联系。表征隔振效果的好坏最常用的物理量是传振系数 T，它表示作用于机器各方面的总的力中有多少动力部分是由弹性减振器传给基础的，如 $T=0.1$，则表示有 1/10 的动力通过减振器传给基础，T 值越小，隔振效果越好。

为简化隔振计算，按一个垂直自由度的简谐振动考虑，推导出传振系数 T 值如下：

$$T=\sqrt{\frac{1+\left(2\dfrac{C}{C_c}\times\dfrac{f}{f_0}\right)^2}{\left[1-\left(\dfrac{f}{f_0}\right)^2\right]^2+\left(2\dfrac{C}{C_c}\times\dfrac{f}{f_0}\right)^2}} \tag{23}$$

式中 f/f_0——频率比；

f——扰动频率（Hz）；

f_0——自振频率（Hz）；

C/C_c——阻尼比；

C——所选用材料的阻尼系数；

C_c——临界阻尼系数。

隔振效果取决于频率比 f/f_0，比值大，隔振效果显著。当 $f/f_0=1$ 时，或 $f\rightarrow f_0$ 时，$T>1$，产生共振；当 $f/f_0<1$ 时，$T\geqslant1$，扰动力完全通过隔振装置传给基础，使之不起隔振作用；当 $f/f_0=\sqrt{2}$ 时，共振增益消失，开始起隔振作用；当 $f/f_0>\sqrt{2}$ 时，$T<1$，隔振系统才真正起到隔振作用。扰动频率 f 由设备的振动频率所确定，其振动基频一般即轴的转数。机组的自振频率 f_0 可用式(24) 求得：

$$f_0\doteq\frac{5}{\sqrt{X_{cm}}}(\text{Hz}) \tag{24}$$

式中 X_{cm}——机组连同基座的总质量压在减振器上所产生的压缩变形（cm）。

一般隔振器的阻尼比 C/C_c 在 2%～20% 范围内，钢弹簧 $C/C_c<1\%$，橡胶 $C/C_c>20\%$，纤维垫层 $C/C_c=2\%\sim5\%$。

（2）隔振元件和隔振材料

在工程上常用的隔振元件有金属螺旋弹簧隔振器、板式弹簧隔振器、橡胶隔振器、气体弹簧隔振器、液体弹簧隔振器、金属丝网隔振器、橡胶隔振垫等。常用的隔振垫层材料有橡胶板、软木、毛毡、酚醛树脂玻璃纤维板、岩棉板、离心玻璃棉板等。

国内外以金属弹簧隔振器和橡胶剪切隔振器应用最为广泛。金属弹簧隔振器有较低的固有频率（一般在5Hz以下），有较大的静态压缩量（可在20mm以上），可承受较大的负载，耐高温，不怕油污，经久耐用，性能稳定，缺点是阻尼太小，高频隔振效果较差。它适用于各类风机、空压机、球磨机、破碎机、压力机、锻锤等大、中、小型机器设备的隔振。板弹簧隔振器多用于火车、汽车等车体隔振或只有垂直冲击的锻锤基础隔振。橡胶隔振器具有一定的阻尼，在共振点附近有较好的隔振效果。按受力情况不同，橡胶隔振器可做成压缩型、剪切型或压缩剪切复合型等，其隔振性能易受温度影响，使用温度一般在－30～60℃，怕油污，易老化。但结构轻巧，价格便宜，使用也较方便、广泛。

（3）管道隔振和包装隔振

管道强烈振动不仅会导致管道和支架疲劳损坏，引起相连接的建筑物振动，同时也会辐射出较强的噪声。当机器设备基础采取隔振措施后，与机器设备相连接的管道也应采取隔振措施。管道隔振可采用帆布软连接、橡胶挠性接管、不锈钢波纹软接管、弹性吊钩等。

货物（如器具、设备或材料）在装卸和运输过程中会经受一些冲击和振动，为了防止货物损坏，需要妥善包装，并相应采取隔振措施，通常称为包装隔振。包装隔振应考虑包装体的每个面和各个角均可能受到的颠簸、跌落、撞击而遭到毁坏。包装隔振所用的弹性材料很多，从简单的皱纹纸、弹性条丝（如纸条、塑料条等）到特制的弹性垫层和钢弹簧等。

3.4　阻尼减振和阻尼材料

用金属板制成的机罩、风管以及飞机、汽车、舰船等的壳体，常会因为振动的传导使这些金属板壳发生剧烈振动，辐射出较强的噪声。为了有效地控制其噪声，一般在该金属板上涂一层阻尼材料，抑制结构振动，达到减振降噪的目的。

阻尼是指阻碍物体做相对运动并把运动能量转变为热能的一种作用。阻尼对降低结构在共振频率上的振动是很有效的。金属薄板上涂以阻尼材料，一是减弱了金属板弯曲振动的强度，二是缩短了薄板被激振后的振动时间，从而减少了薄板辐射噪声的能量。

阻尼材料是一些内损耗、内摩擦大的材料，如沥青、软橡胶以及其他高分子涂料等。国外将阻尼减振技术广泛应用于宇航、飞机、舰船和交通运输等各个领域。国内也开展了这方面的研究，并取得了不少成果。

（待续）

本文1995年刊登于《振动与冲击》第1期（系技术讲座连载）

4 低噪声产品及噪声控制新材料新结构

4.1 从声源上控制噪声是最积极最有效的方法

噪声控制不外乎三个方面：一是在声源上进行控制，二是在传播途径上控制，三是对接收者采取措施。最积极最有效的方法是在声源上进行控制，提供达到环境保护、劳动保护要求的低噪声产品及低噪声设备。20 世纪 80 年代以来，国内外不少单位开展了这方面的研究，并取得了许多成果。据介绍，国际上已研制成功的低噪声设备有近百种，国内有 20 余种。鉴于噪声的高低已成为评价机电设备和家用电器（如电冰箱、洗衣机、吸尘器、空调器等）产品质量好坏的标准之一，因此，研究开发低噪声产品，是人们追求的目标，也是噪声控制技术的发展方向。为此，首先要进行声源识别，测试分析出主要噪声源；其次，要研究发声机理和发声部位；最后，在材料上、结构上、工艺上采取相应措施，达到降低产品噪声的目的，以省去在传播途径上或接收者身上再采取措施的烦琐。

4.2 低噪声产品

① 低噪声风机。各类风机在工业和民用方面使用十分广泛，为降低其气流噪声，以往都是在风机进出口上加装消声器，这种方法成本高，占地大，阻力损失大。不少单位从研究风机噪声机理着手，在气动力学（流场）与声学特性（声场）两方面进行探索，发现在不改变流动功率的情况下，减小流动气体与风机叶片之间的速度比，可以降低噪声。为此，对离心风机采取了增加叶片数目，加大转子尺寸，采用前弯叶片，减小吸气边的压力等措施，从而使离心风机噪声降低了 10～15dB(A)。对于轴流风机采取增加叶片数，加大叶片直径、宽度和叶片角，改变叶片形状，吸气边加装导向叶片等措施，从而使轴流风机噪声降低了 10dB(A) 左右。这样，便可以不装消声器。

例如，DZ 系列低噪声轴流风机：该系列风机由上海交通大学设计，浙江上虞风机厂制造，分为壁式、岗位式和管道式三大类，35 种机号，风机直径为 200～1000mm，转速分别为 720r/min、960r/min、1450r/min、2900r/min，风量为 400～25000m^3/h，全压 29.4～216.6Pa，噪声为 54～79dB(A)。

DF3.5 系列低噪声离心通风机：该系列风机由浙江余姚通用机械厂生产，有 0°、90°、180°三种出口方向，风量为 2130～5400m^3/h，可调节，全压为 98～411.6Pa，电机功率为 1.0kW，风机噪声小于 60dB(A)，具有效率高、耗电省、噪声低、振动小、可变速等优点。

SWF 型高效低噪混流式通风机：该风机兼有轴流式风机和离心式风机的优点，能轴向安装，风压较轴流风机高，单位风量比离心风机大，适用于高级民用建筑通风排风和冷库、纺织通风等多工况变化的场所，节电降噪显著。该风机由浙江上虞风机厂生产。

JDM-5.6 型节能低噪声高温岗位通风机：该风机可满足冶金、化工、窑炉、矿山等高温工作岗位强制冷却通风的需要，叶轮直径为 560mm，风量为 10000～13000m^3/h，电机转速为 1440r/min，功率为 2.2kW，噪声＜82dB(A)。与同类风机相比，噪声降低 10～15dB(A)，效率提高 12%，由上海奉贤平南通风机厂生产。

② 低噪声冷却塔。冷却塔广泛应用于工业生产和民用设施中，以节约用水和减少能源

消耗，但一般冷却塔噪声较高，污染周围环境。为解决这一问题，一是研制和生产低噪声冷却塔，二是将普通冷却塔改造为低噪声冷却塔。

例如，BLS系列低噪声冷却塔和BLSS、BLSSJ型超低噪声冷却塔。这两类冷却塔均由上海交通大学设计，浙江上虞联丰玻璃钢厂制造。BLS系列冷却塔有8种规格，冷却水量为4m^3/h、8m^3/h、15m^3/h、30m^3/h、50m^3/h、100m^3/h、200m^3/h、500m^3/h，塔体直径为800～6800mm，塔高为1800～6390mm，噪声为61～65.5dB(A)（测距为一倍塔径）。BLSS和BLSSJ系列超低噪声冷却塔是在BLS基础上，采取更严格的降噪措施而设计制造的，其噪声比低噪声冷却塔再低3～5dB(A)。

BDNL型低噪声冷却塔和CDBNL型超低噪声冷却塔：该系列冷却塔由清华大学、机电部第四设计院和北京市劳动保护科学研究所设计，广东阳江县玻璃钢厂制造，其规格有24种，冷却水量为12～1000m^3/h，噪声均在70dB(A)以下，超低噪声型比低噪声型低4～5dB(A)。100m^3/h超低噪声冷却塔噪声为53dB(A)。

③ 低噪声空压机。无锡压缩机厂引进瑞典阿特拉斯公司专有技术而制造的螺杆式低噪声压缩机有多种规格，其中水冷型GA608W和风冷型608排气量为6.36m^3/min，排气压力为68.6Pa，电机功率为45kW，噪声为（73±3)dB(A)，排气量为9.48m^3/min的压缩机噪声为（75±3)dB(A)。低噪声螺杆压缩机噪声比同类普通空压机要低10～15dB(A)，可以不装消声器。

④ 低噪声切面机。由上海交通大学设计，上海卢湾区粮食局制面机械厂制造的MTOS-450型低噪声切面机，是对原机的改型，噪声由80dB(A)降为70dB(A)，原机其他性能基本不变。

⑤ 低噪声滚筒。浙江嵊县低噪声器材厂和浙江大学共同研制的DZG型低噪声滚筒机，主要用于铸件清砂，原材料除锈，冲压件去毛刺，小零件滚镀等，有7种规格，直径为300～700mm，长300～1200mm，噪声由110dB(A)降为70dB(A)以下。

⑥ 低噪声鞋钉机。上海市劳动保护科学研究所和上海鞋钉厂共同研制的6H45-B型低噪声鞋钉机，主要用来冲制1″、7/8″、3/4″、5/8″、1/2″、3/8″等6种规格的鞋钉，电机功率为1.1kW，转速为960r/min，制钉生产率为160只/min。鞋钉机单机噪声由94dB(A)降为75dB(A)。

⑦ 低噪声木工机械。福州木工机床研究所、东北林学院等单位均开展了木工机械降噪研究，木工机械空载噪声有较大幅度的降低，但负载噪声降低不多。MJ104-1型低噪声木工圆锯机是对原MJ1O4型手动进料木工圆锯机的改进。锯片直径为400mm，最大锯切高度为100mm，锯片转速为3050r/min，电机功率为3kW，空载噪声由95dB(A)降为73dB(A)，负载噪声由103dB(A)降为90dB(A)左右；MB106-1型低噪声木工压刨是对原MB106型木工压刨的改型，刨削宽度为600mm，刀轴转速为4700r/min，电机功率为7.5kW，空载噪声由89dB(A)降为69dB(A)；MB504型低噪声木工平刨，刨宽400mm，工作台总长2130mm，刀具转速为4820r/min，刀片数为3个，电机功率为3kW，空载噪声由92dB(A)降为71dB(A)。

4.3　新型吸声隔声材料

吸声材料种类繁多，吸声性能较好的多孔性纤维材料，如超细玻璃棉、矿渣棉、中级纤维棉等传统的吸声材料，一般防潮性较差，并且有刺手等缺点。近年来，从国外引进了一些设备或生产线，批量生产了一些新型吸声材料。

① 防潮离心玻璃棉。上海平板玻璃厂和北京双桥玻璃钢厂从国外引进生产线，采用离心法生产的防潮离心玻璃棉，憎水率大于98%，具有防潮、不燃、不腐烂、无害、不刺手、弹性好、恢复力强、高低温适应性强、便于施工、吸声性能优良等特点，是一种新型吸声保温材料，可以提供毡状、板状、套管、装饰板等多种规格。离心玻璃棉毡容重有10kg/m^3、12kg/m^3、16kg/m^3、20kg/m^3、32kg/m^3，长、宽、厚外形尺寸可按用户需要制作。一般提供厚为50mm的卷材，可压缩包装。容重32kg/m^3，50mm厚棉毡，贴实，其平均吸声系数为0.80（混响室法）。

② 岩棉。北京新型建筑材料总厂从国外引进生产线而生产的岩棉及其制品，在噪声控制和节能保温等方面得到了广泛的应用。岩棉是以精选的玄武岩为主要原料，经高温熔融而制成的无机纤维材料。可提供棉毡、半硬板、保温带和管壳等多种规格产品，具有不燃，不蛀，吸声性能好，寿命长，施工方便等特点。容重有80kg/m^3、100kg/m^3、150kg/m^3。100mm厚，容重80kg/m^3，贴实，平均吸声系数为0.71。北京新型建筑材料总厂制品分厂将岩棉材料产品化，制成平板型、竖板型、筒型、复合型、船型以及立体合成型等吸声体，在不少噪声控制和建筑声学工程上应用，取得了6～10dB(A)的降噪效果。

③ 聚氨酯声学泡沫。山东蓬莱聚氨酯制品厂从国外引进设备和工艺而生产的聚氨酯声学泡沫与普通聚氨酯泡沫塑料不同，它在发泡时添加了阻燃剂和防老化剂，在发泡工艺上也有所改进，可贴敷各种饰面，具有阻燃、轻质、柔软、吸声性能稳定、吸声系数高、好施工等优点。一般容重为25～30kg/m^3，50mm厚，贴实，平均吸声系数为0.64。在不允许使用纤维性吸声材料的食品行业、医药行业等处，可采用这种新型吸声材料。宁波镇海吸音材料厂也有类似产品供应。

④ 微穿孔板吸声结构。根据著名声学专家马大猷教授研究成果而制作的微穿孔板吸声结构，在吸声、消声等领域得到广泛的应用。在板厚小于1mm的薄金属板上（如铝板、钢板、不锈钢板等），钻以孔径小于1.0mm的微孔，穿孔率在1%～5%，后部留有一定厚度的空气层，这样就构成了微穿孔板吸声结构。它具有吸声系数高、吸声频带宽、不怕水、不怕汽等优点，特别适用于高温、高速气流、洁净度高的场所，装饰效果也较佳。无锡堰桥噪声控制设备厂和上海红旗机筛厂均可提供各种规格的微穿孔板。

⑤ FC和NAFC板。以往隔声结构多数是采用砖、石、混凝土以及金属板等制作，近年来，江苏爱富希新型建筑材料厂从国外引进9000t压机等设备而制造的FC板和NAFC板，是一种新型的隔声板材，填补了国内空白，达到了国际先进水平。FC板是含有少量的石棉成分的纤维水泥加压板，NAFC板是不含石棉成分的水泥加压板。FC、NAFC板具有尺寸大（一般规格为2400mm×1200mm）、厚度规格多（4～40mm）、强度高（抗折强度为28N/mm）、轻质（容重为1800kg/m^3）、防火、防水（吸水率＜17%）、易施工等特点。可以作为工业和民用建筑的内墙板、外墙板、吊顶板、通风道板、地下工程墙板等。还可提供FC穿孔板（穿孔率4%～20%）。FC板和NAFC板用于噪声控制工程的隔声板、隔声屏障、隔声吸声板，效果良好。6mm厚FC板复合墙板隔声指数为50dB。

⑥ 阻尼复合钢板。将高阻尼材料涂于两层或多层钢板之间而制成的阻尼复合钢板，可将振动及声能消耗在材料之中，减振与隔声效果良好。低噪声阻尼复合钢板对数衰减率δ=

0.3～0.8，动态结构损耗因子 $\tau \geqslant 50\times10^{-3}$，阻尼胶复合强度 $\delta_z \geqslant$10MPa。耐温≤180℃，板厚一般为 0.8mm、1.0mm、2.0mm、2.5mm、3.0mm，也可加工 4.0mm 以上的厚度。使用阻尼复合钢板制造的低噪声滚筒和隔声罩取得了隔声降噪和减振的良好效果。该材料由浙江嵊县低噪声器材厂生产。

4.4 新型隔振器件及其他

近年来隔振器件发展较快，新型、高效隔振器和挠性接管已在噪声和振动控制工程中广泛应用。

① 预应力阻尼弹簧减振器。TJ5 型预应力阻尼弹簧减振器是由华东建筑设计院研究设计、浙江湖州马腰弹力减振器厂生产的一种金属弹簧减振器。它具有钢弹簧减振器的低频率和橡胶减振器的大阻尼双重优点，阻尼性能稳定，使用寿命长，结构简单，安装方便。其固有频率为 1.9～5.5Hz，荷载范围为 80～36100N，阻尼比为 0.08，工作温度为－40～100℃，适用于风机、水泵、压缩机、柴油机、空调器、冷水机组、冷凝器组、精密设备等的隔振。

② 冲床减振器。Ⅰ型冲床减振器由中国船舶工业总公司第九设计研究院设计，上海美竹橡塑公司（原力达减振器厂）生产，专门用于各型冲床的减振。其适用于 8～80t 冲床及其他产生垂直冲击扰力设备的减振，振动加速度的减振效率达 90%以上。使用该型减振器可不做基础，直接安装于楼层或地坪上，有利于生产流程的调整。减振器可自由调节冲床的水平度。冲床上楼后使用该型减振器隔振，效果更为明显。

③ 可曲挠橡胶挠性接管。在设备的进出管道上安装挠性接管是防止振动从管道上传递出去的必要措施。上海松江橡胶制品厂生产的各种规格橡胶挠性接管（又称避振喉）广泛应用于给排水、暖通、压缩机等管道系统的隔振上。工作压力为 0.78～1.96MPa，温度范围为－20～115℃，适用介质为空气、水、海水、热水、弱酸等场合，常用直径为 ϕ350～ϕ600mm、大管径（ϕ1200mm）橡胶挠性接管已批量生产。

④ 复合隔振器。ZA 系列复合隔振器是由北京市劳动保护科学研究所研制成功的一种金属与橡胶复合的减振器，载荷范围为 980～1180N，垂直固有频率为 9～13Hz，工作温度为－5℃～150℃，压缩量为 1.3～4.1mm，具有动系数低、体积小、重量轻、性能稳定、价格便宜等优点，广泛应用于发电机组、冷冻机、风机、泵等隔振，对于锻冲机械的隔冲也有明显效果。

⑤ 不锈钢波纹管。对于温度高于 100℃，又有一定压力的出口管道，如柴油机、空压机、真空泵等出口，不宜采用橡胶挠性接管的，均可采用不锈钢波纹管。不锈钢波纹管是用不锈钢薄板制成波纹形管道，两端焊上不锈钢法兰，外面再套保护丝网圈，管内设导向内管，不锈钢波纹管可承受－70～300℃的温度，耐腐蚀，寿命长，通径为 ϕ65～ϕ1000mm，压缩量为 20～30mm。

⑥ 微穿孔板消声器。微穿孔板消声器是一种新型消声装置，它是在微穿孔板吸声结构的理论基础上发展起来的，综合了阻性消声器和抗性消声器的优点，弥补了阻性消声器低频消声性能差，抗性消声器消声频带窄的缺点。其具有消声频带宽，压力损失小，再生噪声低，耐腐蚀，耐高温，不怕潮湿，能承受较高气流冲击，清洁度高等特点，特别适用于医药、卫生、食品、净化等行业以及高速气流冲击或有特殊要求的场所。

⑦ L 型螺旋消声器。由华东建筑设计院设计、上海金山消声器厂制造的 L 型螺旋消声器，是一种利用螺旋形风道对声能的连续吸收和声波干涉作用相复合的新型消声器。其声学特性和气体动力特性比直管消声器大大改善，插入损失可达 30dB(A) 以上。低频段消声量比一般消声器可提高 5～10dB(A)，气流阻力系数小于 1.3，气流再生噪声也较低，相对体积和用钢量可节省 1/4 左右。该系列消声器共 9 种规格，处理风量 3500～31000m^3/h，流速 18m/s，广泛应用于各类风机的进出口消声。

新型消声器还有盘式消声器、汽车净化排气消声器、小孔喷注消声器、油浴式消声过滤器等。

有源噪声控制技术，有的称为声抵消技术或电子消声技术，它是用一个新声源产生一个与原声源相位相反、振幅相等的声源，以抵消原声源，从而达到消声的目的。从原理上来说是可行的，但实际应用较复杂。20 世纪 80 年代以来，随着电子计算机和信号处理技术的发展，国内外对这一技术又引起了较大重视。南京大学声学研究所和中科院声学研究所进行了这一领域的开发。国外已将比较成熟的管道有源消声器应用于空调系统送排风管道和发动机的进出气管口，降噪效果明显。利用这一技术制成了有源护耳器，实现了噪声的控制。

（待续）

本文 1995 年刊登于《振动与冲击》第 3 期（系技术讲座连载）

5　噪声控制设计程序与实例

5.1　噪声控制设计程序

对于有噪声污染的新建项目或改建项目进行噪声治理设计时，首先应明确控制的目的，了解噪声源声级高低和频谱特性，确定噪声控制标准值，计算所需降噪量，选择经济合理的控制措施，进行施工图设计计算。工程竣工后进行测试验收。

噪声控制的一般设计程序如下：

（1）噪声控制目的
- ① 环境保护（地区或厂界标准分类）
- ② 劳动保护（噪声卫生标准）
- ③ 环境保护和劳动保护二者皆有

（2）噪声控制对象
- ① 新建工程
- ② 改造工程

（3）噪声调查测定
- ① 测定（现场测定或类似测定）
- ② 推定（预测、预估）

（4）找出主要噪声源　声源噪声级和频谱特性

（5）与噪声允许标准作比较
- ① 不超标（不予控制）
- ② 超标（进行治理）

（6）选择噪声控制措施{① 分析声源特性；② 考虑经济性；③ 施工的可能性}

① 隔声　② 吸声　③ 消声　④ 隔振　⑤ 阻尼减振　⑥ 个人防护　⑦ 低噪声产品

（7）治理效果测定验收

5.2　噪声控制应用实例

本节以作者做过的一些噪声治理项目为例，简要介绍噪声污染情况、治理措施以及实测效果。

噪声源种类繁多，安装位置及其对周围环境影响各不相同，一般按上述设计程序进行计算和预测，精心设计和施工，达到标准要求。

（1）空压机房噪声治理

空压机房作为工厂的动力站房，噪声一般为 90～95dB(A)，为减小空压机噪声对操作者的影响，在空压机房内设置专门的集中控制室或休息室；为减小空压机噪声对外部环境的影响，多数是采取隔声、吸声、消声、隔振等综合治理措施。

上海中华制药厂空压机房噪声治理：

空压机房系单层建筑，长×宽×高约为 23.6m×10m×8.5m，安装着 3 台 5L-40/8 和 2 台 4L-20/8 型空压机，总装机容量 160m^3/min。空压机房设备布置及所采取的技术措施如图 6 所示。

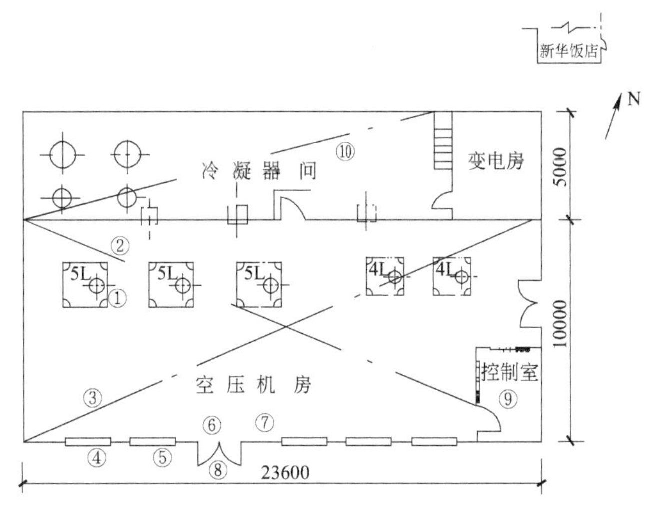

图 6　上海中华制药厂空压机房噪声治理平面图

①—空压机进气消声器（每台空压机上装 1 只）；②—空压机机组基础隔振；③—空压机房顶部浮云式空间吸声体（面积约 200m^2）；④—空压机房南墙上部进排风消声器（共 5 个）；⑤—空压机房南墙下部进风消声器（共 5 个）；⑥—空压机房南墙上部 5# 低噪声轴流排风机（共 3 个）；⑦—空压机房南北墙上部隔声采光窗（共 10 个）；⑧—空压机房南北墙下部隔声门（共 3 个）；⑨—空压机房控制室（隔声门、隔声观察窗）；⑩—空压机房北侧冷凝器间隔声顶棚

空压机原为室外进气，进气口噪声 110dB(A)，现改为室内进气。空压机房的原噪声为 92dB(A)，治理后为 87dB(A)。空压机房噪声对东北角新华饭店的影响，由治理前的 74dB(A) 降为治理后的 62dB(A)。

国营汉光机械厂空压机房噪声治理：

空压机房为独立建筑，长×宽×高约为 18.3m×13.6m×5.8m，安装着 1 台 4L-20/8、2 台 2Z-10/8、1 台 3L-10/8 空压机，总装机容量 $50m^3/min$。还有相应的干燥器、储气罐、缓冲器等，控制室长×宽×高约为 6m×4.5m×5.8m。噪声控制措施如图 7 所示。

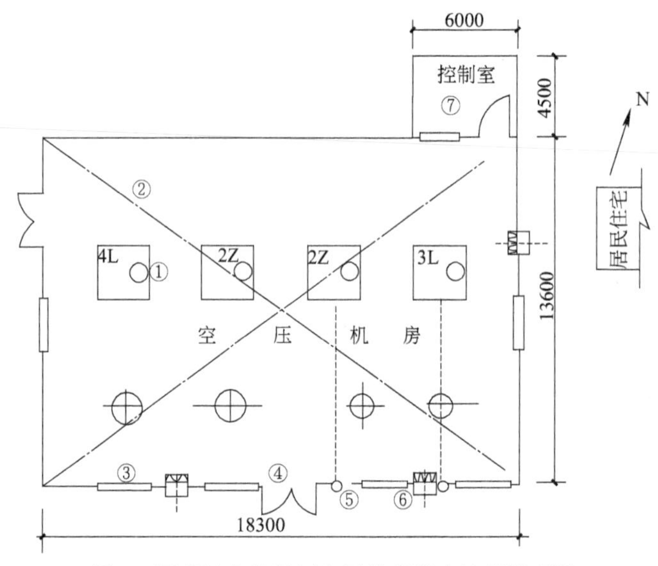

图 7 国营汉光机械厂空压机房噪声治理平面图

①—空压机进气口安装油浴式消声过滤器（每台装 1 个，共 4 个）；②—空压机房满铺铝合金穿孔板吸声吊顶（面积约 $250m^2$）；③—隔声采光窗（共 6 个）；④—隔声门（共 3 个）；⑤—排气放空消声器（共 2 个）；⑥—5# 低噪声轴流进排风机及消声弯头消声器（共 3 套）；⑦—控制室隔声观察窗、隔声门、吸声吊顶

治理前空压机房内噪声为 95dB(A)，治理后为 84.5dB(A)（六点平均值），空压机进气口安装消声器前为 100dB(A)，安装消声器后为 87dB(A)，空压机排气放空口未装消声器前为 118dB(A)，安装消声器后为 86dB(A)。空压机房东侧居民住宅处噪声治理前为 83dB(A)，治理后为 64dB(A)。

(2) 冷冻机房噪声治理

以上海宜川购物中心冷冻机房为例，该机房内安装着 1 台 50 万大卡冷冻机、8 台水泵等，机房在辅楼底层，长×宽×高约为 17.3m×6.8m×4.2m，在辅楼屋顶上安装着 2 台 100t/h 的冷却塔，在冷冻机房西侧 7m 处即宜川六村六层楼居民住宅。冷冻机房噪声治理平面图如图 8 所示。

实测冷冻机房内噪声由治理前的 93dB(A) 降为 88dB(A)，冷却塔“Π”型隔声屏障内外声级差 12～14dB(A)。冷冻机房噪声对西侧居民住宅的影响由治理前的 70dB(A) 降为治理后的 55dB(A)，2 台 100t/h 冷却塔对西侧宜川六村居民住宅的影响由治理前的 67dB(A) 降为 55dB(A)，达到了上海市政府规定的 2 类混合区标准的规定。

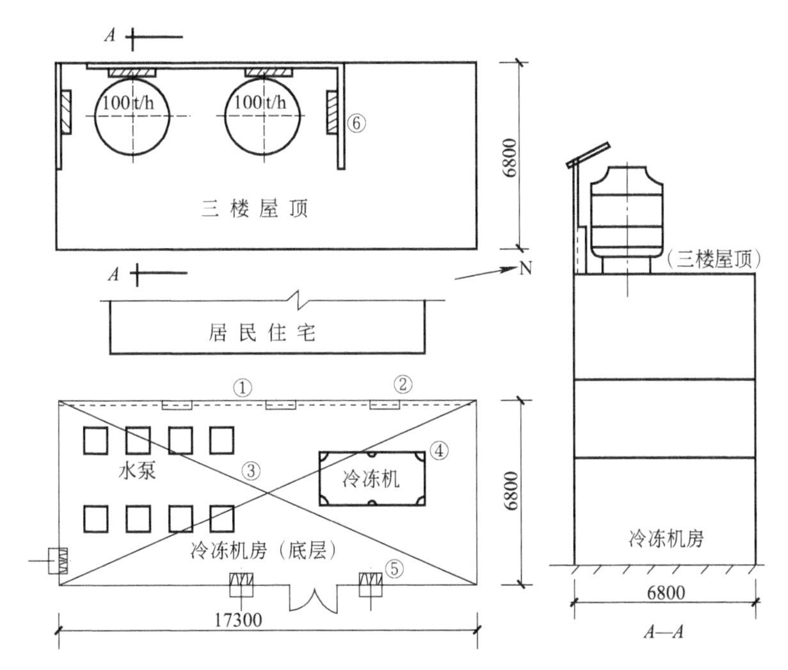

图 8　上海宜川购物中心冷冻机房噪声治理平面图

①—西侧 240mm 厚砖墙隔声，内侧上部为吸声结构；②—西墙下部进风消声器（共 3 个）；③—冷冻机房满铺吸声吊顶（吸声面积约 $110m^2$）；④—冷冻机下部隔振器、水泵下部隔振器、挠性接管；⑤—冷冻机房东侧安装 5# 低噪声轴流风机及消声器（共 3 套）；⑥—屋顶 2 台冷却塔靠居民住宅一侧安装“Π”型隔声吸声屏障［屏障宽×高=(5+10+5)m×6.5m］，屏障下侧安装进风消声器（共 4 个）

(3) 冲床车间噪声治理

上海精益电器厂冲床车间布置于生产大楼底层，长×宽×高约为 20m×15m×5m，冲床车间内安装着 60t、40t、25t 等冲床计 25 台。车间东侧 5m 处即居民住宅。图 9 为冲床车间设备布置及噪声治理平面图。

实测冲床车间内噪声由治理前的 93dB(A) 降为 88dB(A)，冲床噪声对东侧居民住宅的影响已由治理前的 73dB(A) 降为治理后的 55dB(A)。

(4) 冲床上楼后的噪声与振动控制

上海带锯厂将 25 台不同吨位的冲床置于生产厂房的二楼，车间长×宽×高约为 30m×9m×4.5m，带锯锯片生产过程中所用的开齿机、冲齿机、冲孔机、切头打孔机等均是由不同吨位的冲床改装而成。冲床上楼是一个新课题，采取了较严格的噪声与振动控制技术措施。图 10 所示为上海带锯厂冲床上楼噪声与振动控制平面图。

经综合治理，整个冲床车间内噪声由治理前的 98dB(A) 降为 89dB(A)，降噪 9dB(A)，冲床隔声罩内外声级差为 11.5dB(A)，冲床车间对周围其他车间的影响均在 76dB(A) 以下。

(5) OAK 高速冲床隔声室

上海家用空调器总厂（现合资为上海日立家用电器公司）为冲制家用空调器中薄壁零件，从美国进口了三台 OAK 高速冲床，该冲床单台开动噪声为 104dB(A)，致使零部件车间内噪声高达 97dB(A)。图 11 所示为 OAK 高速冲床隔声室平面图。隔声室长×宽×高约

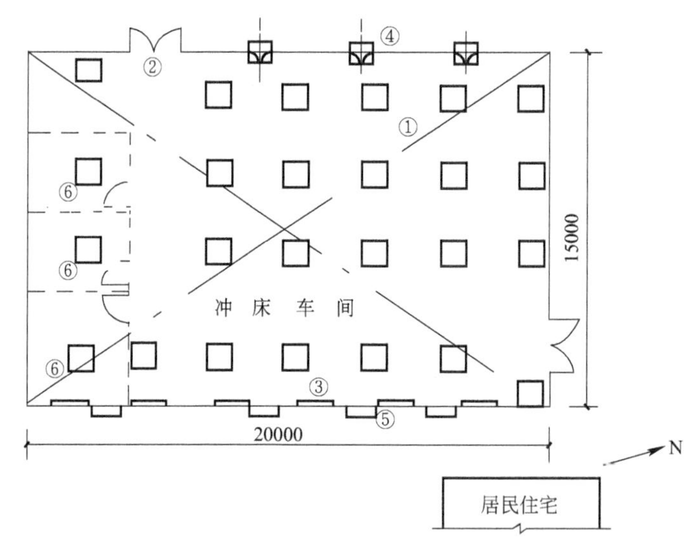

图 9 上海精益电器厂冲床车间噪声治理平面图

①—冲床车间满铺吸声吊顶（面积约 300m²）；②—隔声门（共 2 个）；③—隔声采光窗（共 6 个）；
④—6# 低噪声轴流排风机及消声弯头消声器（共 3 套）；⑤—进风消声器（共 4 个）；
⑥—将噪声最高的冲床置于小隔声室内（隔声室门窗隔声）

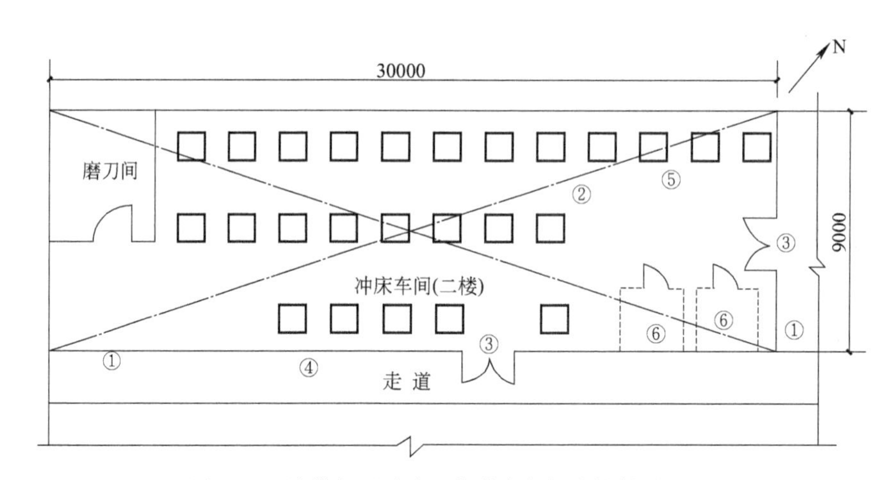

图 10 上海带锯厂冲床上楼噪声与振动控制平面图

①—外隔内吸式轻质隔墙（隔声）；②—冲床车间满铺吸声吊顶（面积约 270m²）；③—隔声门（共 2 个）；
④—隔声采光窗（共 4 个）；⑤—冲床隔振器（每台冲床下面装 4 只，计 100 只）；⑥—高噪声冲床隔声罩
（每个隔声罩长×宽×高＝1.7m×2.1m×2.1m，共 2 个，冲床自动上料，有进出料口）

为 5.1m×4.7m×3.4m。

OAK 高速冲床自动进料，预留进料口，出料为手动。隔声室隔声量（内外声级差）为 20dB(A) 以上。隔声室内为 104dB(A)，隔声室外为 82～83dB(A)。高速冲床对零部件车间影响由 97dB(A) 降为 82dB(A) 以下，使用方便。

(6) 大型防爆隔声室

中美合资南通醋酸纤维有限公司丙酮回收系统安装着 3 台大型引风机，单台风量

48000m³/h，电机功率为 400kW。单台引风机噪声为 101.5dB(A)，输气管道及冷凝器噪声为 108dB(A)。在 3 台引风机工作范围内噪声均在 95dB(A) 以上。引风机噪声传至 200m 以外厂区内噪声高达 71dB(A)，4km 之外居民新村也能听到该风机噪声。为解决这一噪声污染问题，设计建造了一个大型隔声室，长×宽×高约为 28.7m×16m×6.2m。因丙酮是易燃易爆气体，故本隔声室要求防火防爆。隔声室面积为 $460m^2$，体积为 $2850m^3$，将 3 台引风机、3 台冷凝器及正负压输气管道围蔽于隔声室内。隔声室四壁和顶棚隔声板面积计 $1010m^2$。

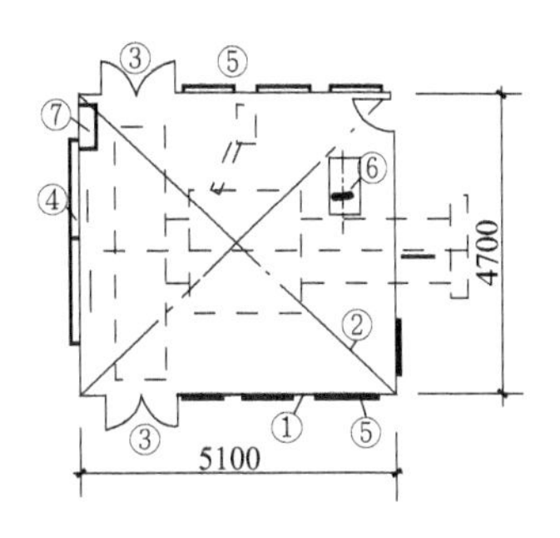

图 11　OAK 高速冲床隔声室平面图
①—装配式四壁隔声板结构（隔声板厚 80mm）；②—顶棚装配式隔声吸声板（隔声吸声板厚 80mm）；③—对开式隔声门（共 3 个）；④—推拉式隔声门（共 1 个）；⑤—隔声采光窗（上下各一排，共 40 个）；⑥—顶棚上安装 5# 低噪声轴流排风机及消声弯头消声器（共 1 套）；⑦—隔声室内安装分体式空调器（1 个）

按防火防爆规范要求，泄压面板面质量不超过 $120kg/m^2$，泄压面面积与厂房体积之比值（m^2/m^3）应大于 0.05～0.22。本设计复合式隔声板面质量为 $46kg/m^2$，四壁上部和顶棚为泄压面，面积为 $676m^2$，泄压面面积与隔声室体积之比为 0.26，符合防爆规范要求。同时安装有自动喷淋装置和强行通风装置。图 12 所示为大型防爆隔声室平面图。

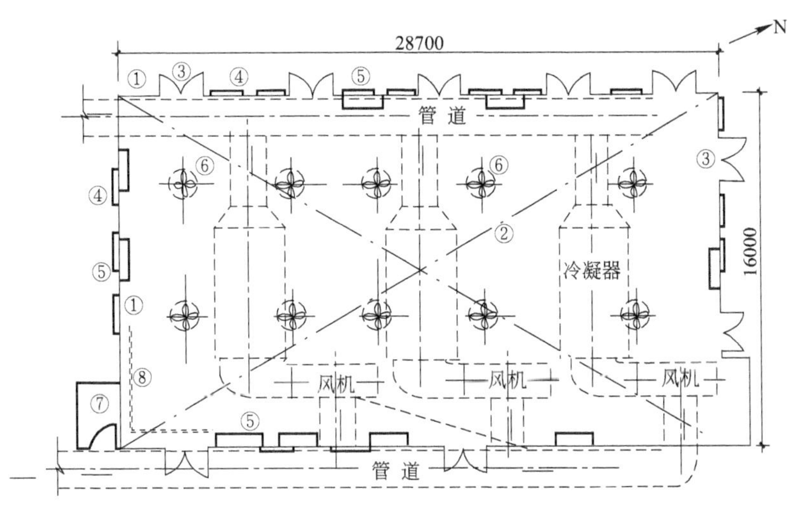

图 12　大型防爆隔声室平面图
①—隔声室四壁 NAFC 复合式隔声板（面积约 $550m^2$）；②—隔声室顶棚外隔内吸式隔声吸声板（面积约 $460m^2$）；③—隔声门（共 9 个）；④—隔声采光窗（共 16 个）；⑤—隔声室下部排风消声器（共 8 个）；⑥—隔声室顶棚上部送风防爆轴流风机（5#）以及消声弯头消声器（共 10 套）；⑦—电气控制室；⑧—喷淋及灭火装置

隔声室施工过程中不得停产停机，施工现场不得动用明火，不得使用电焊、气焊、电钻等，所有隔声结构都采用拼装式结构，现场用螺栓连接，施工难度大。

实测隔声室内（3 台引风机工作范围内）噪声由 95dB(A) 降为 85dB(A)，隔声室外 1.0m 处，四周 8 个测点平均值为 81.5dB(A)，隔声室隔声降噪量大于 13dB(A)。在距隔声室 200m 的厂区道路上噪声由 71dB(A) 降为 61dB(A)，在 4km 外居民新村已听不到该风机噪声。

(7) 造纸机车间噪声治理

造纸厂造纸机车间噪声一般均在 90～95dB(A)，上海朝晖造纸厂和中国造纸厂造纸机车间厂房与设备基本相同，均进行了噪声治理。现以中国造纸厂 1575 和 1092 造纸机车间为例，1575 造纸机车间长×宽×高约为 29.6m×11.6m×11m，1092 造纸机车间长×宽×高约为 40m×9.5m×8.5m。图 13 所示为 1575 和 1092 造纸机车间噪声治理平面图。

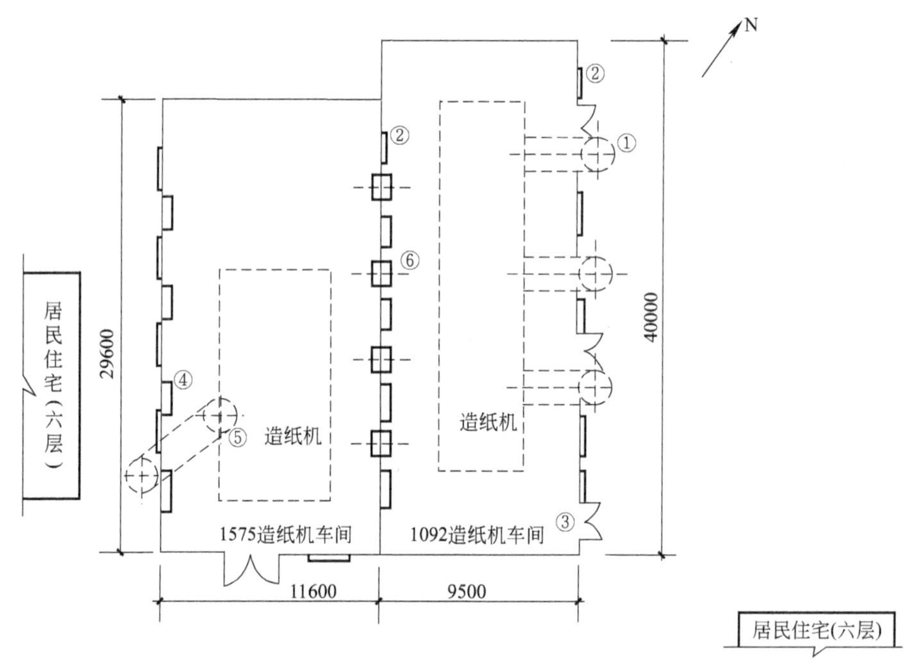

图 13 中国造纸厂 1575 和 1092 造纸机车间噪声治理平面图

①—8# 轴流风机消声弯头消声器（共 3 台）；②—隔声采光窗（共 16 个）；③—隔声门（共 4 个）；④—造纸机车间进风消声器（共 4 个）；⑤—4-72 7# 离心风机出风消声弯头消声器（共 1 个）；⑥—5# 轴流风机排风及消声弯头消声器（共 4 个）

造纸机车间内噪声均为 90dB(A)，未采取吸声降噪措施，重点解决车间噪声对外部的影响。8# 轴流风机噪声由治理前的 90dB(A) 降为 65dB(A)，消声弯头消声器消声量 25dB(A)。造纸机车间噪声对东侧居民住宅的影响由治理前的 68dB(A) 降为 55dB(A)，对南侧居民住宅的影响由治理前的 70dB(A) 降为 54dB(A)，达到了环保要求。

(8) 热泵机组噪声治理

近年来热泵机组空调系统发展很快，不少宾馆、酒楼、饭店、娱乐城、健康城等均将热泵机组安装于屋顶上，因其噪声较高，对周围环境带来污染，故专门对其采取消声、隔声、通风等控制措施。本文作者在对上海富川大酒家、上海淮海商都、上海金帝娱乐总会、上海外汇交易中心等热泵机组噪声控制设计与安装中均取得了满意的治理效果。

例如，上海淮海商都在 32 层高层建筑的裙房屋顶上（五层楼顶）安装着多台热泵机组。目前先对 3 台约克公司制造的 20 万大卡热泵机组进行治理。图 14 所示为两台热泵机组噪声治理平面图。

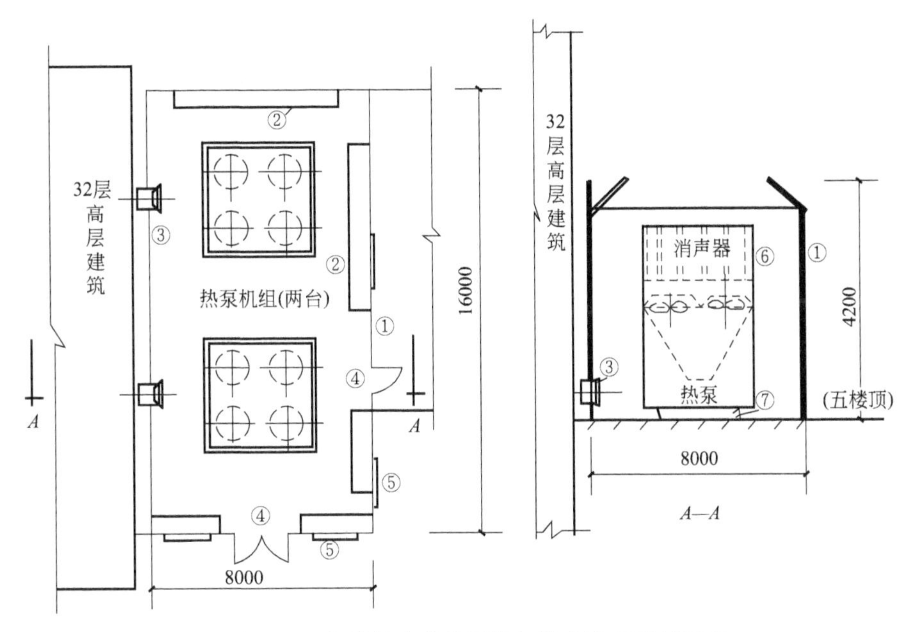

图 14　上海淮海商都热泵机组噪声治理平剖面图

①—“7”型隔声吸声屏障，长×宽×高约为 16m×8m×4.2m；②—排风消声器（共 5 个）；③—送风风机（5# 低噪声轴流风机）及消声弯头消声器（共 2 套）；④—隔声门（共 2 个）；⑤—隔声采光窗（共 4 个）；⑥—热泵机组出风口消声器；⑦—热泵机组隔振器

热泵机组原噪声为 86dB(A)，采取上述隔声、消声、吸声措施后，现隔声吸声屏障内噪声降为 81dB(A)。热泵机组上部风机原噪声为 87dB(A)，安装消声器后，噪声降为 71dB(A)，消声器消声量为 16dB(A)。隔声吸声屏障外噪声降为 65dB(A)，隔声降噪量为 15～16dB(A)。居民住宅处噪声由 65dB(A) 降为 55dB(A)。

（续完）

本文 1995 年刊登于《振动与冲击》第 4 期

【第 1 讲至第 5 讲是 1993 年至 1995 年应《振动与冲击》杂志要求而编写的噪声基础知识】

噪声与振动控制基础知识及控制方法概述

1　噪声与振动控制基本概念

1.1　噪声控制工程学

噪声控制工程学属于新学科，综合性、边缘性强，系环境科学、环境保护、劳动保护内容之一，属高新技术。1973年在全国第一次环保会议上马大猷院士首先提出噪声与振动是环境问题的四大公害之一，应立法、定标准、设规范，进行治理。目的是：保护环境，保护人，延长寿命。

1.2　噪声控制技术的发展

从20世纪70年代开始提出至今40年的发展已初具规模，能独立解决工业企业噪声、交通噪声、施工噪声、社会生活噪声的各种问题。据统计，至2011年国内已出版噪声与振动控制书籍322本，颁布与噪声和振动有关的标准284项，噪声与振动控制生产厂家有358家，年产值超亿元的有10余家。从事噪声振动控制教学、科研、设计的单位120家，从业人员数万人。全国八大学会协会联合召开的学术会议从1980年至今已举行13次，发表论文2000篇，有2000余人次出席会议。

噪声控制技术在理论上与国际同步，某些方面国际领先（如微穿孔板、高压排气消声），设备及材料制造水平与国际相当。马大猷教授的结论是：我国解决实际问题的本领已达到国际水平，开拓前进创新水平在国际上不出前五名。

1.3　几个概念的说明［易混淆］

① 噪声（噪音）振动（震动）“噪”有22个口，吵、闹、烦、杂。

② 分贝（贝尔的十分之一）dB（db，Db，DB均是错误的）。

③ 计权网络：dB(A)，dB(C)，dB(Z)，dB(L)，dB(D)。

④ 等效声级：L_{eq}，L_N，L_D，L_{10}，L_{50}，L_{90}百分声级。

⑤ 声能叠加：对数（能量叠加），50dB＋50dB为53dB，而不是100dB；3dB一个能量级。

⑥ 分贝值计算到小数点后一位数（因声学仪器一级精度为0.7dB，校准仪为0.1dB）。

⑦ 基准值不同，表达的分贝值也不同。L_{p_0}为2×10^{-5}Pa，L_{w_0}为10^{-12}W，V_0为10^{-9}m/s；a_0为10^{-6}m/s^2。

⑧ 吸声系数α_0，α_T。

⑨ 常用的几个数据：睡眠＜35dB(A)，脑力劳动＜60dB(A)，体力劳动＜85dB(A)，最大不得超过115dB(A)，脉冲（1s）噪声≤140dB(A)。隔声10～40dB(A)；全封闭40dB(A)，一般封闭＜20dB(A)，半封闭＜10dB(A)；吸声3～12dB(A)，不会超过15dB(A)；

消声器定型产品 10～40dB(A)，阻性片式消声器 10dB(A)/1m 长；小孔喷注消声器最高 35～40dB(A)；隔声吸声屏障 5～15dB(A)，要求材料隔声 20dB(A)，吸声系数 0.6；隔声吸声屏障极限不大于 24dB(A)；隔振可降低噪声 5～15dB(A)，阻尼减振 3～8dB(A)；隔振器可隔频率：橡胶隔振器＞20Hz，金属弹簧 2～5Hz，空气弹簧 1～2Hz。

1.4 噪声与振动控制途径

声源振源控制——低噪声产品［低 10dB(A) 以上］，低噪声工艺（如锻压改液压，铆接改焊接，打桩改灌注等），有源噪声控制等。

传播途径控制——隔声、吸声、隔振、消声、阻尼减振、隔声包扎等。

接受者控制——个人防护，如耳塞、耳罩、头盔，减少工作时间等。

2 噪声与振动控制方法

2.1 规划、环评、总图及车间布置

① 城市规划、小区规划、企业规划应充分考虑环境保护，首先将工业区与住宅、商业、办公等区划开来。

② 敏感目标（医院、学校、疗养院、科研单位、居民住宅）应远离交通噪声影响（如飞机、火车、高铁、高速、交通干道、通航河道等）。

③ 噪声源应远离考核点（厂界处往往布置冷却塔、变电房，各种动力站房等，使厂界噪声超标，无法验收）。

④ 噪声源应集中布置，落地布置，最好布置在地面以下，以便采取措施。上海重视环境影响评价，对噪声源进行分析、计算、预测、评价，提出超标治理措施。但初步设计和施工图设计往往忽视噪声和振动问题，竣工时无法验收，反过来再进行治理，劳民伤财，这方面教训很多。

2.2 隔声

隔声就是在声传播途径上采取隔离措施，降低噪声影响，它是一种传统的、有效的、常用的方法，仍在不断完善。

隔声有两种形式：一种是将噪声源隔起来，放置在隔声罩、隔声室、隔声间内，使其噪声不外传，不影响人们的正常活动；另一种是不将噪声源隔起来，而将人隔起来，给人创造一个安静的环境，如在多声源、高声级处设置集控室、操作室或休息室。人在室内，外吵内不吵。

隔声的主要指标是隔声量（dB）。

影响隔声材料和隔声结构隔声量的因素很多，如入射声波的声压级、声波方向、声波频率，隔声构件的面质量、阻尼、有无吸声、有无振动、有无孔/洞/缝隙、有无声桥等。

对于密实结构的单层板，其隔声量 R 可估算如下：

$$R=20\lg\frac{\pi mf}{\rho c} \tag{1}$$

式中　m——隔板的面质量（kg/m^2）；

f——入射声波频率（Hz）；

ρ——空气密度（kg/m^3）；

c——空气中的声速（m/s）。

由式(1) 可知，板的面密度增加一倍，隔声量提高 6dB，频率增加一倍，隔声量提高 6dB，这就是著名的“质量定律”，越重的材料隔声量越高，高频声容易隔掉，低频声难隔。在工程实践中，可将式(1) 简化为：

$$R=18\lg(mf)-44$$

构件的实际隔声量

$$R_{实}=R_{构}+10\lg\bar{\alpha}$$

式中　$R_{构}$——构件的隔声量（可在实验室内测得）；

$\bar{\alpha}$——构件的平均吸声系数（可在驻波管内或混响室内测得）。

采用隔声构件组成的隔声室应注意以下几个问题——隔声要点：

① 注意共振频率和吻合频率的影响。

② 隔声与吸声相结合，隔声罩内不吸声，会变成一个声放大器。

③ 多层材料的复合结构可以提高其隔声量，不一定符合“质量定律”。

④ 隔声密封后，一定要注意通风散热问题，应同时计算隔声和散热参数并采取措施。

⑤ 注意孔、洞、缝和声桥的影响。1%面积上开孔，其隔声量只有 20dB。

⑥ 隔声门、隔声窗是隔声的薄弱环节，可采用双道门（声阱或声闸），采用多层结构隔声窗（玻璃不等厚，做斜布置，周边填吸声材料）。

⑦ 隔声室应符合“等传声”原则，四面墙、地坪和顶棚一般隔声量较高，门和窗隔声量较低，两者相差不要超过 15dB(A)。

⑧ 构件的实际隔声量应大于计算需要的隔声量，一般应大于 3～5dB(A)。

⑨ 按噪声源的频率特性来选择隔声材料和隔声构件，声源的峰值频率应与隔声构件隔声量最大值的频率相对应。

⑩ 隔声构件的物理特性应满足防火、防水、防潮、防霉、防蛀、防冻、防腐蚀、防盐雾，寿命长等要求。

2.3　吸声

在声传播途径上采用吸声措施降低噪声也是常用的、传统的、有效的方法之一。影响吸声降噪效果的因素颇多，如吸声材料或吸声结构的吸声性能、室内表面情况、室内容积、室内声场分布，声源特性、吸声结构安装位置等都会有影响。吸声降噪的效果（即吸声前后的声级差）ΔL 可估算如下：

$$\Delta L=10\lg\frac{\bar{\alpha}_2}{\bar{\alpha}_1}=10\lg\frac{R_2}{R_1}=10\lg\frac{T_{(60)1}}{T_{(60)2}}(\mathrm{dB}) \tag{2}$$

式中　$\bar{\alpha}_1$，$\bar{\alpha}_2$——吸声处理前后室内平均吸声系数；

R_1，R_2——吸声处理前后室内房间常数；

$T_{(60)1}$，$T_{(60)2}$——吸声处理前后室内混响时间（s）。

$$R=\frac{S\bar{\alpha}}{1-\bar{\alpha}}$$

$$T_{60}=\frac{0.163V}{A}=\frac{0.163V}{S\alpha} \tag{3}$$

式中　S——房间总表面面积（m^2）；

V——房间体积（m^3）；

A——房间吸声量（m^2）。

由式(3) 可知，吸声处理前室内平均吸声量越低，混响时间越长，吸声处理效果越好。例如，吸声处理前室内平均吸声系数为0.10，吸声后为0.60，则吸声降噪量为7.7dB。若吸声处理前平均吸声系数为0.30，吸声后为0.60，则降噪量为3dB。两者相差4.7dB。

吸声材料和吸声结构种类繁多，可以说常用材料都具有吸声性能。但只有当吸声系数大于0.20的材料才称为吸声材料。

我国目前生产和使用的吸声材料大体分为五大类：①无机纤维材料类，如离心玻璃棉、岩棉、超细棉等；②泡沫塑料类，如聚氨酯泡沫塑料、脲醛泡沫塑料和氨基甲酸泡沫塑料等；③有机纤维材料类，如棉、麻、木屑、植物纤维、海草、棕丝及其制品等；④金属吸声材料类，如泡沫铝、铝纤维、复合针孔铝板、金属微穿孔板等；⑤吸声建筑材料类，如泡沫琉璃、膨胀珍珠岩、陶土吸声砖、加气混凝土等。

这些吸声材料都是多孔性的，材料之间具有许多微小的相互连通的小孔或间隙，当声波沿着这些细孔进入材料内部时，引起孔内空气振动，造成与孔壁的摩擦，因摩擦和黏滞力的作用，相当一部分声能转化为热能而被消耗掉，反射声也就相应地减弱了，从而达到吸声的目的。

吸声结构的种类也很多，大体分为以下四类：①薄板共振吸声结构；②穿孔板吸声结构；③微穿孔板吸声结构；④各类空间吸声体等。

吸声材料和吸声结构选用应注意的几个问题——吸声要点：

① 吸声处理只能降低反射声，对直达声是无能为力的。吸声降噪是有限的，一般可降低室内噪声3～10dB，不会超过15dB。

② 按噪声源频谱特性来选择吸声材料和吸声结构，两者应相对应，即声源频谱中的高声级应与吸声材料中最高吸声性能的频谱相对应。

③ 吸声材料不要满铺。实践证明，对于一般厂房只要在厂房顶部面积的40%左右铺装吸声材料或吸声结构就可以了，技术经济效果最好。即使百分之百面积上铺装吸声结构，其噪声降低量只增加1～2dB，经济上是不合算的。

④ 采用穿孔板做吸声结构的护面板，其穿孔率应大于20%，吸声材料的布置应尽量靠近声源。

⑤ 吸声材料或吸声结构应满足防火、防潮、防霉、防蛀，无二次污染，可回收利用等要求。

2.4　消声

消声器是一种既允许气流顺利通过，又能有效地阻止或减弱声能向外传播的装置。气流噪声是常见的噪声源之一，如喷气飞机、火箭、宇宙飞船、气动工具、通风设备、内燃发动机、压力容器、管道阀门的进排气等，都会产生声级很高的气流噪声（高达 100～160dB）。在其进出口加装消声器就能有效地降低气流噪声。

消声器可分为阻性消声器、抗性消声器、阻抗复合式消声器、微穿孔板消声器、小孔喷注消声器等。消声器的设计、选用应注意四个因素：消声量、阻力损失、气流再生噪声和高频失效频率。

常用的阻性消声器消声量估算：阻性消声器是一种吸收型消声器，利用声波在多孔性吸声材料中传播时，因摩擦将声能转化为热能而散发掉，从而达到消声的目的。阻性消声器具有良好的中高频消声性能。在通风系统中广泛采用阻性消声器。阻性消声器静态消声量 ΔL 可估算如下：

$$\Delta L=\varphi(\alpha)\frac{PL}{S}(\mathrm{dB}) \tag{4}$$

式中 $\varphi(\alpha)$——消声系数，它是与吸声系数 α 有关的量，有表可查；

P——消声器通道周长（m）；

L——消声器有效长度（m）；

S——消声器通道截面积（m^2）。

由上式可知，消声器内吸声材料的吸声系数越高，消声器周长越大，消声器长度越长，其消声量越高，消声器通道截面面积越小消声量越高。

消声器的阻力损失：消声器的阻力损失 ΔP 越小越好，$\Delta P=\overline{P}_1-\overline{P}_2$，$\overline{P}_1$ 为消声器前管道内平均气压（Pa），$\overline{P}_2$ 为消声器后管道内平均气压。有时用消声器阻力系数 ξ 来表示其阻力高低。

$$\xi=\frac{\Delta P}{P_{\mathrm{v}}},P_{\mathrm{v}}=\lg\frac{\rho v^2}{2g} \tag{5}$$

式中 P_{v}——动压值（Pa）；

ρ——空气密度（$\mathrm{kg/m^3}$）；

v——消声器内平均气流速度（m/s）；

g——重力加速度（$\mathrm{m/s^2}$）。

不同的消声器，其阻力系数也不同。一般 ZP 型消声器阻力系数 ξ 为 0.90 左右，ZDL 型片式消声器 ξ 为 0.80 左右，F 型阻抗复合式消声器 ξ 为 1.5 左右。

消声器气流再生噪声：消声器内通过的气流速度高，会激发消声器构件再产生一种噪声，称为再生噪声，再生噪声 A 计权声功率级 L_{WA} 可表示如下：

$$L_{\mathrm{WA}}=a+60\lg v+10\lg S \tag{6}$$

式中 a——与消声器结构形式有关的量，如管道消声器 a 为－10～－5dB(A)，片式消声器 a 为－5～5dB(A)，阻抗复合式消声器 a 为 5～15dB(A)；

v——消声器内平均气流速度（m/s）；

S——消声器内气流通道总面积（m^2）。

消声器高频失效频率：对于阻性消声器，其截面较大时，如圆管直径或方管边长大于 300mm，片式消声器片间距大于 250mm 时，高频声波将呈束状直接通过消声器，而很少与管道内壁吸声层面接触，减少了声吸收，降低了消声效果，工程上将此现象称为“高频失效”。并将消声量明显开始下降的频率称为“上限失效频率 $f_{上}$”。$f_{上}$ 可估算如下：

$$f_{上}=1.85\frac{c}{D}(\mathrm{Hz}) \tag{7}$$

式中 c——声速，空气中为340m/s；

D——当量直径，通道截面为圆形时即直径 D，截面为矩形时（边长为 a，h），则 $D=1.13\sqrt{ah}$。

消声器设计、选用应注意的几个问题——消声要点：

① 一个好的消声器应满足下列5个条件：消声量高、阻力小、重量轻、性能稳定、价格适中。

② 当量直径<300mm时，可选用直管式消声器，当量直径>300mm时，可选用片式或折板式消声器，消声片厚50～150mm，片间距100～200mm，折板式消声器折角角度应<20°，应满足视线不能透过的要求。

③ 消声器内气流速度控制：空调系统管道，消声器内气流速度应<10m/s，鼓风机、压缩机、燃气轮机的进排气<50m/s，高压排气放空应<60m/s，通风系统中消声弯头内气流速度应<8m/s。

④ 对于中高频为主的噪声源可选用阻性消声器，对于以中低频为主的噪声源可选用抗性消声器或阻抗复合式消声器。消声器的消声频段应与噪声源较高频段相对应。

⑤ 微穿孔板或微缝板消声器的优势：微穿孔板理论和实践是马大猷院士的发明。在厚度<1mm的板上穿以孔径<1mm的微孔，穿孔率为1%～5%，在板后留有一定的空腔，这样就构成了微穿孔吸声结构，孔径越小越好。微缝代替微孔吸声原理相同，采用微穿孔板或微缝板制作的消声器称为微穿孔板消声器，它无纤维性吸声材料，具有耐高速、耐高温、洁净、不怕水和湿气，无二次污染，中高频消声效果好等优点。在超净厂房，高级宾馆通风空调系统、医疗、制药、食品行业生产车间以及冷却塔、发动机试车台等领域已广泛使用，具有广阔的发展前景。

⑥ 高压排气放空消声器处于国内国际领先水平，已有定型产品，在电厂、化工、制药、冶金等行业广泛使用。

2.5 隔振

隔振分为积极隔振和消极隔振。积极隔振是在振动设备处采取隔振措施以降低振动引起的固体传声对外部的影响。消极隔振是在有防振要求的设备处采取隔振措施，以防止外部振动对设备的影响。两种隔振都需要有隔振器件或隔振措施来实现。隔振设计比较繁杂，影响因素颇多，除理论设计计算外，工程实践经验也非常重要。隔振设计主要参照下列标准进行：GB 50463—2008《隔振设计规范》、GB 50868—2013《建筑工程允许振动标准》、GB 50040—1996《动力机器基础设计规范》、GB 10070—1988《城市区域环境振动标准》、GBZ 1—2010《工业企业设计卫生标准》。

振动分为稳态振动和冲击性振动两种。稳态振动的机器设备如风机、水泵、发电机等旋转机器以及柴油机、空压机等往复式机器。振动源不同采取的隔振措施也不同，表示振动的参数有频率、振幅、振动速度、振动加速度、振动方向（是垂直振动还是水平振动）等。多数是垂直振动。环境振动用分贝表示，即垂直振动加速度级 VL_z：

$$VL_z=20\lg\frac{a}{a_0}(\mathrm{dB}) \tag{8}$$

式中 a——振动加速度有效值（$\mathrm{m/s^2}$）；

a_0——振动加速度基准值（$10^{-6}m/s^2$）。

振动频率一般取1～80Hz，环境振动标准中规定居民文教区在居民住宅室外地面0.5m处，昼间振动垂向Z振级应低于70dB，夜间应低于67dB。工业企业设计卫生标准中规定全身振动强度（在4～8h之内）不得超过振动加速度0.62m/s^2，办公室内的振动加速度不得超过0.098m/s^2。

隔振设计中应注意的几个问题——隔振要点：

① 从振动源上控制，可将振动源迁离振动敏感点，提高振动设备的平衡精度，或安装动力吸振器等；隔振设计要特别注意共振频率的问题。当激励力频率f和支承系统固有频率f_0相等时，就会发生共振，越振越强，带来破坏，一般应使f/f_0在2～5以上，才有隔振效果。

② 加大基础质量块，消耗振动能量，质量块的质量是机器设备质量的2～5倍，使其不易振动起来。

③ 加大振动源和敏感点之间的距离，当距振源为4～20m时，一般距离加倍，振动衰减3～6dB；当距离大于20m时，距离加倍，振动衰减6dB以上。

④ 采用弹性支撑，隔离振动，按振动设备的质量、频率、振幅或加速度的大小有针对性地选用隔振器。隔振器种类繁多，有橡胶隔振器、隔振垫、金属弹簧隔振器、橡胶挠性接管、金属波纹管、弹性吊钩、空气弹簧等。

⑤ 设置隔振屏障或隔振沟，以阻断振动波的传递。从设计角度考虑，一般不建议开凿隔振沟，因振动波在土中的传播受到频率、土质、水分、密度等多种因素影响，为使振动下降6dB需要挖深5～10m，施工和维护都较困难，一旦隔振沟内积水，其效果就很差了。我们曾在几个工程中设计安装了隔振屏障，效果不错。

2.6 选用低噪声产品

前已说明，从声源上控制噪声和振动，选用低噪声产品是最积极最有效，也是最经济的办法之一。国内已有数十种低噪声产品，所谓低噪声，是指同类同规格的产品中，噪声指标比原有产品低10dB(A)以上的新产品。低噪声产品中较成熟的有低噪声轴流风机、低噪声冷却塔、低噪声空压机、低噪声电机以及低噪声家用电器等。

3 结语

噪声与振动控制是一门新型的、综合性的边缘学科，属高新技术。40年来（可参见吕玉恒等《中国噪声控制四十年的回顾与凝望》一文）虽然有了较大发展，其理论研究、工程实践、法规标准以及产品材料等与发达国家相比差不多，但工程应用方面、污染治理方面、资金投入方面差距还是较大的。往往是先污染后治理，有投诉才重视，遭罚款才行动，这个局面应改变。作为环境保护噪声与振动控制研究、设计、教学、管理、施工安装等领域的技术人员、管理人员，有责任、有义务，通过我们的共同努力，进一步促进我国噪声与振动控制技术的发展和进步。

本文是2000—2014年为企业培训讲课稿提纲

第2章
噪声控制技术发展论述

中国噪声控制四十年的回顾与展望

摘　要：本文以大量数字和事实，指出20世纪70年代噪声污染成为世界公害，中国的噪声污染也相当严重，有上千万工人暴露在有危害的噪声下，有上亿人受噪声的干扰。面对日益严重威胁人类生存环境的噪声污染，中国的环境声学和噪声控制工作从无到有，开展了全国城市和工业普查和评价，制定并颁布了上百个噪声振动标准规范，并进行了环境声学和噪声控制技术的大规模研究工作，在噪声生理效应、吸声和消声器等方面取得了一系列国际领先的科研成果。创建了噪声控制工程学，并将其发展成为一个新兴的交叉学科领域和一个蓬勃发展的工程学科。在中国建成了噪声控制产业，从无到有，已形成一批通用噪声控制设备和声学测量仪器生产基地，专业公司企业已接近1000家，从业人员数万名。建设了噪声控制科研、设计、教学单位超过100个，技术人员数千人的一支较为强大的技术队伍。四十年来在中国，一些重要的噪声大幅度降低，使无数受噪声污染的环境得到改善，但是噪声污染问题远没有得到解决。作者以噪声控制工程学主要创始人和开拓者的身份，见证和参与了中国的环境声学和噪声控制事业发展过程，概述了四十年中国的环境声学和噪声控制事业成就和巨大发展，以及代表性单位和人物的贡献。并根据该领域当前国内外的新发展对未来发展的方向进行了论述，指出噪声控制工作从评价、监测、规划、控制、管理等诸方面又将出现一个崭新的局面。

关键词：环境声学　噪声控制工程学　噪声污染

1　20世纪70年代，噪声污染受到世界和中国重视，噪声控制初见成效

噪声问题，人类在一二百年前就有所察觉，1765年有锻造工噪声聋的报告，1830年有人正式提出“铁匠聋”。但是直到第二次世界大战后，因枪炮噪声引起的耳聋人数急剧增加，才开始引起医学界的注意，对噪声性聋进行了一系列研究工作，各国陆续发表了不少工业噪声引起耳聋的研究报告。

20世纪70年代以来，随着近代工业和交通运输业的发展，噪声污染越来越严重，已经成为世界公害。纽约、北京、上海、伦敦、东京等城市每年在各类环境污染方面的投诉案件都曾有过噪声投诉数量占首位的报告。

中国的噪声污染也相当严重，1977年北京市环境保护局接纳的噪声案件占整个污染案件的40%，1978年、1980年、1981年占41%；而上海，1978年竟达50%。天津、重庆、西安、广州、武汉、沈阳、南京等大城市也都在1/3以上。据估计，中国有上千万工人暴露在有危害的噪声下，有上亿人受噪声的干扰。

面对日益严重威胁人类生存环境的噪声污染，吸声、消声、隔声、隔振、阻尼、个人防护等噪声控制技术也随之出现。

在吸声方面，标志着近代声学开始的著名的赛宾公式以及艾润-努特生公式加上室内波动理论、几何声学可以精确地计算和设计任何室内吸声减噪工程。在中国，多孔吸声材料和吸声结构，如超细玻璃棉、矿棉、岩棉、聚氨酯泡沫塑料、木丝板、甘蔗板、珍珠岩板、石棉蛭石板、加气混凝土、吸声砖以及各种共振吸声结构、共振复合吸声结构一批批地开发出来，并很快应用于建筑声学音质控制工程和噪声控制工程。特别指出的是，马大猷教授对微穿孔板吸声结构进行了深入的理论研究，并将其应用在火箭发射工程，在吸声结构领域中开拓了新的阵地。

在消声器方面，别洛夫和赛宾奠定了基础，而20世纪六七十年代之后，国内外研制出大量实用的系列化阻性消声器、抗性消声器以及阻抗复合消声器。方丹群、孙家麒与潘敦银推导出微穿孔消声器的理论公式，并通过实验研究给出对微穿孔板消声器和阻性消声器中气流速度与消声量的关系，研制出多种微穿孔板消声器和复合消声器，并实现了产业化。章奎生研制成功的多种型号规格的消声器，不仅大量应用在工程中，而且很快变成系列化产品。任文堂、姜鹏明、李孝宽以及国内汽车制造行业的专家等研制成功的汽车消声器则成功地成为中国汽车行业的配套商品。马大猷、李沛滋等对小孔喷注消声器进行了卓有成效的理论研究工作。众多的声学工作者和工程师将这项新技术应用到工程实践，并成为系列化产品。在以上这些工作的基础上，中国消声器实现了组件化、系列化、商品化。

在隔声方面，中国建筑科学研究院建筑物理研究所对国产各种隔声构件进行了综合分析，给出国产隔声构件传声损失总表；清华大学对石膏板等轻型结构进行了试验研究，探讨了层数、空气层厚度、龙骨型式、填充料等与隔声量的关系，指出提高石膏板隔声性能的途径；同济大学声学研究所对上海近千户的隔声构件进行了调查，提出单层复合结构的准双层墙，可使隔声量有所增加，而质量却可减少1/3的方案；中国建筑科学研究院建筑物理研究所、中国电子工程设计院对隔声门进行了深入的探讨，编制了隔声门标准图集；北京市劳动保护科学研究所、中国科学院声学研究所、上海交通大学噪声振动冲击研究室、华东建筑设计研究院有限公司、中船第九设计研究院工程有限公司（下简称中船九院）、上海机电设计院、清华大学、上海劳动保护科学研究所等则研制成功在工业噪声中的空压机、电动机、球磨机、冷冻机、燃气轮机、多种风机、玉器研磨机、制钉机、电锯琴弦机的隔声罩及隔声间。

在隔振和阻尼减振方面，上海交通大学、中国船舶重工集团公司第七一一研究所（711所）、中国船舶重工集团公司第七〇四研究所（704所）、华东建筑设计研究院有限公司、中船九院、中国科学院声学研究所、北京市劳动保护科学研究所等单位结合舰船设备、机电设备、特殊声学试验室等隔振要求，与厂家合作研制成功了多种隔振器、隔振垫、软接头、弹簧支撑件、各种阻尼材料等，广泛应用于工程实践中。

在这一时期，方丹群教授组织了由北京市劳动保护科学研究所、北京市耳鼻咽喉科研究所、北京医学院、中国科学院心理研究所、北京市卫生防疫站组成的大协作组，深入研究噪声对听力、心血管、神经系统的影响。这一研究的结果为中国制定了第一个综合性的国家噪声标准——工业企业噪声卫生标准。从此，噪声控制工作进入国家管理有章可循的新阶段。

1979年5月在北京友谊宾馆召开的全国声学会议上，国际著名声学家、我国现代声学事业的开创者和奠基者、中科院资深院士马大猷教授在他的论文《中国声学三十年》中，首先将“噪声与振动”列为声学的分支之一。在此之前于1973年国务院召开的第一次全国环保会议上马大猷先生提出应将噪声列为除废气、废水、废渣三大公害之外的第四大公害，被大会认可。

为了普及噪声控制方面的知识，方丹群教授于1975年出版了《噪声的危害及防治》一书，这差不多是40年前的事了。

2　20世纪80年代，噪声控制规范化、体系化

20世纪80年代初，时任北京市劳动保护科学研究所副所长的方丹群教授，在马大猷先生的支持下，积极筹划创建噪声与振动专业委员会，1982年方丹群教授在《噪声与振动控制》杂志上发表了《国内外噪声控制工程学科发展概况》，正式提出了噪声控制工程学的概念。

接着，受国家建委委托，方丹群教授在20世纪70年代科研工作的基础上，组建了更大的研究团队进行噪声控制领域的深入研究工作。几乎包括国内所有与噪声有关的研究、设计单位都参加了这一工作。例如，主编单位为北京市劳动保护科学研究所，参加单位有：中国建筑科学研究院、中国科学院声学研究所、上海工业建筑设计院、上海民用建筑设计院、上海化工设计院、冶金工业部重庆钢铁设计研究院、机械工业部设计研究总院、电子工业部第十一设计研究院、航空工业部第四规划设计研究院、化学工业部第四设计院、中国环境科学研究院等。噪声界的专家，如吴大胜、章奎生、冯瑀正、孙家麒、陈潜、张敬凯、陈道常、徐之江、虞仁兴等都参加了这一工作。

经过5年的努力，对全国1034个工厂的11794个噪声源进行了测试分析，对62726个工人的噪声暴露状况进行了调查研究；深入探讨噪声的生理效应，特别是开展噪声对心、脑影响的电子计算机分析，得出噪声级与脑电功能指数的线性关系。职业性噪声暴露耳聋阳性率与噪声级的关系，职业性噪声暴露神经衰弱症候群与噪声级的关系，噪声烦恼程度与噪声级的线性关系，噪声与电话通话干扰的关系。在以上基础上，给出工业企业厂区内各类地点噪声标准（包括生产车间、控制室、办公室、医务室、学校）和厂界噪声限值。并在概括总结国内外噪声控制技术和工程实践经验的基础上，给出工业企业噪声控制总体设计、隔声设计、消声设计、吸声设计、隔振设计的规范。为了给制定噪声标准提供依据，规范编制组在国务院有关部门的支持下，于20世纪80年代上半叶，在全国13个省市40个企业组织进行了近百项噪声控制工作试点。控制工程实践涉及风机、压缩机、内燃机、锅炉排气放空等空气动力性噪声源，也涉及空气锤、剁齿机、绕线机、玉石切割磨削机、手动砂轮机、轴承钢球锉球机、光球机等机械性噪声源。95%的项目达到90dB(A）的要求，其中，90%达到85dB(A）的要求。这一大规模的工程实践不仅为贯彻本规范进行噪声控制设计提供了范例，进行了经济测算，而且也从事实上验证了绝大多数工业企业经过努力是可以达到本规范制定的噪声限制值的要求的。这些实例收录在作者与董金英主编的《噪声控制114例》一书中。

这样几乎倾全国噪声界与相关工业界之力研究和编制的标准规范于1985年12月由中华人民共和国国家计划委员会批准并颁布。定名为：中华人民共和国国家标准，GBJ 87—1985《工业企业噪声控制设计规范》。

这个设计规范的批准颁布，标志着噪声控制工程学的正式诞生。从此噪声不再是物理、声学学科范围的噪声学或噪声控制学，而成为工程界、工业界共有的学科领域，这个学科不

仅有理论，而且有工程设计、产品设计，真正成为工程学科的一个组成部分。可以说，噪声控制工程学是物理学、声学、机械工程学、建筑工程学、材料科学、化学工程学、电子学、计算机、数学、生理学、心理学诸多学科交叉的新兴科学技术领域。

同一时期，在马大猷教授的有力指导下，由中国科学院声学所主编，北京市劳动保护科学研究所、同济大学、北京市环境监测站参与编制的另一个重要的综合性噪声标准《城市区域环境噪声标准》GB 3096—1993 也对我国噪声控制的发展起到很重要的推动作用。

在这一时期，一批交通运输及通用机械噪声限值标准也随之颁布，包括《海洋船舶噪声级规定》(GB 5979—1986)、《内河船舶噪声级规定》(GB 5980—1986)、《土方机械司机座椅振动试验方法和限值》(GB/T 8419—1987)、《机场周围飞机噪声环境标准》(GB 9660—1988)、《船用柴油机辐射的空气噪声限值》(GB 11871—1989)、《旋转电机噪声测定方法及限值》GB 10069.1—1988 等。

伴随着噪声控制工程学的诞生，中国的噪声治理工作从单机单项进入整个工厂和区域环境综合治理的新阶段，由少数科研设计单位自发研究进入政府管理有章可循有法可依的新阶段。使噪声控制从少数声学单位的科学研究发展到工程技术界并广泛应用到工程实践和产品设计中，也使中国的噪声队伍由原先少数单位十几个人，发展到有二三十个单位上千名科技人员，包括一批有成就有造诣的高级研究人员和高级工程技术人员。而这些年的深入研究工作也使中国在吸声结构、气流噪声与消声器、噪声生理效应、噪声标准、噪声控制工程化领域进入国际先进行列。

噪声控制方面的书籍也相继出版，如马大猷教授 1987 年出版的《噪声控制学》，陈绎勤教授 1985 年出版的《噪声与振动控制》，方丹群教授 1978 年出版的《空气动力性噪声与消声器》，方丹群、王文奇、孙家麒 1986 年共同出版的《噪声控制》，赵松龄等 1985 年出版的《噪声的降低与隔离》，郑长聚、洪宗辉等 1988 年出版的《环境噪声控制工程》，吕玉恒等 1988 年出版的《噪声与振动控制设备及材料选用手册》，任文堂 1989 年出版的《工业噪声和振动控制技术》，孙家麒等 1989 年出版的《振动危害和控制技术》等，以严济宽为主编的专业刊物《噪声与振动控制》也正式出版。

学术领域的蓬勃发展，也推动了各种学会创建和发展，噪声控制工程界的学术活动异常活跃。为筹备噪声控制全国性会议并创建环保产业协会噪声与振动专业委员会，在方丹群教授的牵头下，于 1981 年 11 月 20—23 日在浙江黄岩召开了筹备会议，参加会议的有方丹群、章奎生、孙家麒、谢贤宗、吕玉恒、程潜、应汝才、董金英、程越、章荣发、俞达镛等。会议决定 1982 年 9 月在安徽黄山召开首届全国噪声控制工程学术会议（又称第一届全国环境噪声及控制工程学术会议）。这次会议如期召开，有 105 个单位，160 余名代表参加，征集论文 170 多篇。马大猷先生在大会上作了题为《国外噪声控制新进展》的特邀报告，方丹群教授作了《我国噪声控制十年进展》报告，章奎生教授作了《国内外空间吸声体发展概况》报告。此后，每 2～3 年召开一次全国性学术会议，1984 年，召开第二届全国噪声控制工程学术会议（杭州会议），征集论文 180 篇；1986 年，召开第三届全国噪声控制工程学术会议（西安会议），征集论文 200 篇；1988 年，召开第四届全国噪声控制工程学术会议（成都会议），征集论文 200 篇；1987 年，第十六届国际噪声控制工程学术会议在北京召开，马大猷教授担任大会主席，全世界的噪声专家会聚北京，交流噪声控制工程学研究进展，标志着中国的噪声控制成就已引起全世界同行的注意和重视。

3　20世纪90年代，噪声控制事业蓬勃发展

20世纪90年代开始，噪声控制工程学在世界范围内，也在中国得到蓬勃发展。噪声控制工程学将主导权交给工业界，各类声源降噪技术取得突出的成绩。

从噪声源和振动源上控制噪声和振动是最积极、最有效、最合理的措施之一，提供低噪声产品是噪声控制工业的努力方向。国内不少大专院校、科研设计单位及工厂企业，如上海交通大学、清华大学、机械部四院、北京市劳动保护科学研究所、浙江联丰集团、中船711所、中船九院、上虞风机厂等开展了产品低噪声化的研究与实践，深入分析研究各种噪声源的发声机理及传播途径，研制成功并批量生产了数十种低噪声产品。例如，低噪声轴流风机、低噪声离心风机、低噪声冷却塔、低噪声空压机、低噪声水泵、低噪声木工机械、低噪声切面机、低噪声制钉机、低噪声电机、低噪声空调器等。鉴于噪声高低已成为评价机电产品和家用电器产品质量好坏的标准之一，因此家电产品如空调机、洗衣机、油烟脱排机、吸尘器等都在追求低噪声化。

在国际范围，有源噪声（即电子消声器）的研究和应用方面也取得重要进展。有源噪声控制在船舰、车厢、中央空调管道等均取得显著的降噪效果。在这一领域，中国科学院声学所、南京大学、西北工业大学等单位的学者发表了一系列论著。

在噪声控制工程学理论方面，对振动、声辐射、声场分布以及它们的耦合理论方面，取得重大进展，特别是计算机和信息技术的飞速进展，统计能量分析法（SEA）、有限元法顺利地进入噪声控制工程学理论领域，使许多相当复杂的声学计算，如导弹和飞机噪声等得到了简化处理。计算机用快速傅里叶变换计算自相关函数、互相关函数、相干函数，使人们对噪声源识别、声强测量提高到一个新的高度。

20世纪90年代在建筑声学等领域，查雪琴等将微穿孔板理论应用于德国议会大厦降噪，成功解决了欧洲人无法解决的声学缺陷问题，在欧洲传为佳话。这使微穿孔板吸声材料和技术再一次得到国内外同行的高度重视。赵松龄、刘克等在微穿孔板的非线性方面做了大量的研究工作；田静、李晓东、毛东兴、张斌等都在微穿孔板的应用方面做了较深入的研究工作。在微孔板的制造工艺方面，很多研究者根据材料和生产工艺的发展，提出了激光打孔法、电腐蚀法、化学腐蚀法、高速射流等多种微孔加工方法。在微穿孔板吸声材料、吸声结构、微穿孔板消声器的研究方面，我国也领先于其他国家。北京、天津、上海等地高效率地批量生产各种空间吸声体，并应用于录音室、演播厅的音响控制室或酒店大堂、餐厅、娱乐场所、游泳馆、展览馆、商场等环境。

随着微穿孔技术的发展，超微孔板消声器的研制和应用也逐步开展起来。与此同时，其他新型吸声材料也应运而生，如泡沫玻璃、泡沫塑料、金属烧结板、泡沫金属、铝纤维吸声材料等，并被成功应用于上海金茂大厦等重点工程。

这一时期，程明昆、刘克在环境声学领域的研究方面，车世光、王季卿在城市建筑声学方面，张绍栋和应怀樵在声学和振动仪器方面也进行了很有意义的工作。

1996年10月29日，中华人民共和国第八届全国人民代表大会常务委员会第二十二次会议正式通过了中华人民共和国主席令第七十七号《中华人民共和国环境噪声污染防治法》，使得噪声控制工程正式进入有法可依的时代，越来越多的噪声控制工程项目得到国家和地方

政府的大力扶持。随之，全国地方各城市又根据这一法律，制定了相应的交通噪声、社会生活噪声等方面的管理条例。

中国国家环境保护总局在《中国环境保护21世纪议程》中指出，中国每年因道路交通噪声污染导致的经济损失约合人民币216亿元。

随之国内的交通噪声控制开始了蓬勃发展的时代。我国公路声屏障始于1991年，该声屏障主要用于降低贵黄公路交通噪声。1994年8月，北京市西北三环完成了首个声屏障项目，全长315m，高2.6m。在该项目完成后不久，北京市西北三环三义庙立交桥上第二个声屏障项目顺利完成。北京市声屏障噪声控制项目的发展，为声屏障技术的广泛开发利用奠定了基础。同年，我国第一条准高速线路隔声项目——广深线准高速铁路石龙特大桥隔声屏障顺利完工。该项目全长575m，高3m，圆满解决了准高速铁路侧20m处居民的噪声污染问题。交通噪声污染治理方面，我国在公路、铁路两侧建立不同形式、不同材质、不同结构的声屏障已近千条，尤其是在2009年国家拉动内需项目的带动下，高速铁路声屏障成为本行业阶跃式发展的增量焦点，在建和拟建的声屏障总量达到数千公里。在声屏障的设计、制造、安装等方面也积累了经验，目前已经颁发《声屏障声学设计和测量规范》（HJ/T 90—2004）、《铁路声屏障声学构件技术要求及测试方法》（TB/T 3122—2005）等工程技术规范，《城市道路-声屏障》（09MR603）国家建筑标准设计图集、《客运专线铁路路基整体式混凝土声屏障》通用参考图等专业标准图集相继出版，《公路声屏障设计与施工技术规范》完成修订。这些标准化工作的推进使声屏障的设计安装有法可依、有章可循。另外，以隔声窗为重点的临街建筑噪声防护技术、产品以及降噪工程也取得较大进展。

除了在工程技术领域的发展，在学术领域，噪声控制专业成立了第一个重点实验室。1995年，科技部正式批准上海交通大学设立“振动冲击噪声国家重点实验室”；该重点实验室由世界银行贷款于1989年筹建，并于1995年9月经国家科学技术委员会、国家教育委员会验收通过成为国家重点实验室。

20世纪90年代，随着计算机技术的成型和不断完善，各种计算机辅助的噪声控制工具应运而生，并得以广泛应用。主要包括：噪声源的分析识别软件、噪声模拟软件、声场预测软件、有限元和边界元的计算、噪声控制设备的计算机辅助设计、声场-结构系统的耦合响应计算等。

1990年12月，由5家学会联办的第五届全国环境噪声及控制工程学术会议在北京顺利开幕，章奎生、程明昆、李炳光负责会议的主持工作。随后，第六、七、八届全国环境噪声及控制工程学术会议相继于1993年10月、1996年6月、1999年5月在合肥、上海、青岛顺利召开。学术会议汇集了本领域的人才精华，体现了当代国内学术水平，交流了技术，沟通了信息，建立了桥梁，增进了友谊。同时加强了科研界与企业界合作，初步形成了产学研机制，促进了噪声控制技术的发展，为我国声学、环保、建筑、机械、交通、航运、国防等领域做出了重要贡献。

4 新世纪，人才辈出，噪声控制产业化大发展

21世纪以来，噪声控制在环保、建筑、交通等领域得到广泛的推广，大大促进了噪声控制产业化。

在中国，通用噪声控制设备产业取得了很大发展，已形成一批系列化和标准化的通用噪声控制设备和声学测量仪器生产基地，据环保产业协会统计，截至 2011 年全国从事噪声与振动控制相关产业和工程技术服务的专业企业总数接近 1000 家，从业总人数超过 3 万人，相关行业总产值超过 142 亿元。年产值超过亿元的专业从事噪声与振动控制的企业超过 10 家，年产值达到 5 千万元的企业约 40 家。

国内目前有从事环境保护噪声控制（含建筑声学）的高等院校，科研设计、监测、计量单位有 100 余个，专业人员有 3000 多名，主要包括清华大学、中国科学院声学所、北京市劳动保护科学研究所、国家环境保护噪声与振动控制工程技术中心、中船第九设计研究院、上海现代设计集团章奎生声学所、同济大学、浙江大学、中国建筑科学研究院建筑物理研究所、上海交通大学、西北工业大学、南京大学、华南理工大学、太原理工大学、合肥工业大学、东南大学、天津大学、重庆建工学院、上海市机电设计研究院、上海市环境科学研究院、广电设计院、机械设计总院等，负责承担各项重要的民用和军用噪声控制研究任务，并产生了一批专业领域的中青年优秀人才，田静、丁辉、张斌、李晓东、毛东兴、陈克安、吕亚东、邱小军、邵斌、翟国庆、方庆川、辜小安、刘砚华、杨志刚、蒋国荣、蔡俊、蒋伟康、冯苗锋等专家学者均成为噪声控制界的领军人物。

新成果也不断涌现，如中国科学院声学所在城市环境噪声方面、非线性声学和液体火箭发动机谐振器声学冷实验方面的研究工作，同济大学在城市总体规划与道路声环境规划方面的研究，北京市劳动保护科学研究所在超细微穿孔板吸声结构方面、在地铁振动和减振方面、在传递函数法在路面声学测试中应用的研究工作，浙江大学在非连续声源主观烦恼度、低频环境噪声的研究，中国环境监测总站、交通部公路研究院、环保部环境工程评估中心等在交通噪声监测和预测方面的研究工作，杭州爱华电子研究所在环境噪声监测仪器方面的工作，对噪声控制工程学的发展起到了重要的推动作用。

同一时期，同济大学毛东兴等在微穿孔聚酯薄膜吸声结构、微缝板吸声结构、噪声的主观反应特征和声品质研究、中国人群听觉主观反应特征的研究；华南理工大学吴硕贤院士在声学虚边界原理及交通噪声预报理论的研究；浙江大学翟国庆等在非连续声源主观烦恼度、噪声生理效应、低频环境噪声的研究；清华大学连小珉、李克强、华中科技大学黄其柏、李林凌等在噪声源识别、消声器 CAE 设计分析等方面的研究；中国环境监测总站刘砚华等在工业企业厂界环境噪声排放标准、噪声自动监测系统及应用、道路交通噪声监测与评价方法方面的研究；中国铁道科学研究院节能环保劳卫研究所辜小安等在京沪高速铁路环境影响预评价、高速铁路噪声振动控制技术、高速铁路声屏障气动力作用技术措施的试验研究；西北工业大学陈克安等在飞机噪声、有源噪声控制的研究；中国环境监测总站郭静南、中国环境科学研究院张国宁在环境噪声标准、声环境质量标准方面的工作等，都是 20 世纪噪声控制领域的重点成果。

噪声地图是 21 世纪初出现并迅速发展的一项新型城市噪声监测和管理方法。国际上噪声地图研究工作如火如荼地开展，中国也开始了这一工作，北京市劳动保护科学研究所于 2007 年绘制完成了北京市部分地区首张噪声地图，为政府行政部门制定的规划提供了更具有针对性的措施和指导方针。同时，在噪声地图的基础上，研发了一套城市环境噪声管理平台，从而充分发挥噪声地图对城市噪声治理快速高效的指导作用。

国内从事噪声控制工程的工厂企业也随着科研学术领域的蓬勃发展而不断壮大，主要包括隔声、吸声材料的生产厂家，隔振器件、消声器、隔声构件的制造厂家以及噪声综合治理工程的公司等，如上海申华、新华净、西飞、强洁、松江橡胶、青浦减振、浙江天铁、北京绿创、深圳中雅、青岛隔而固、宜兴东泽、重庆华光、成都正升、大连明日、苏州佰家丽、北京北新建材、巴斯夫、吴江 FC、泰兴汤臣、北洋建材、上海皓晟、上海众汇泡沫、上虞冷却塔等。他们承担了国内大型工业与民用建筑以及公用设施建筑的噪声治理任务，还有机场、铁路、高铁、地铁、轻轨、隧道、高架、高速路、输变电等噪声和振动治理工程，促进了国民经济的发展，改善了生产、生活环境，降低了噪声危害，造福于民。

就项目而言，噪声控制工程的金额也发展到了千万级。如北京绿创声学股份有限公司完成的北京太阳宫燃气热电厂噪声控制工程（4500 万元）、郑常庄热电厂噪声控制工程（5300 万元）、首都机场航站楼噪声控制工程（2000 万元）；深圳中雅机电实业有限公司完成的 GE 厦门航空发动机试车台消声（3100 万元）、深圳地铁 1 期 3# 线、广州地铁 3# 线、广州地铁 5# 线、重庆地铁、西安地铁 2# 线，这 6 个项目，每个都在 1700 万元以上；北京市劳动保护科学研究所完成的北京地铁 4# 线、北京地铁 10# 线、哈尔滨地铁、武汉地铁、西安地铁阻尼钢弹簧浮置道床隔振控制等，也都是数千万元的大型振动噪声控制工程项目。再如，浙江天铁有限公司的广州—深圳—香港高速铁路隔振工程、国家大剧院空调系统噪声振动控制工程、浙江兰溪电厂冷却塔消声降噪工程、宝山钢铁三热轧区域噪声治理工程、世贸天阶大型冷水塔噪声综合治理工程等，都是很有影响的噪声控制工程。

2008 年，为实现产学研相结合，国家环境保护部批准北京市劳动保护科学研究所筹建“国家环境保护城市噪声和振动控制工程技术中心”，交通部公路研究院组建“国家环境保护交通噪声和振动控制工程技术中心”，旨在成为国家组织重大环境科技成果工程化、产业化，聚集和培养科技创新人才，组织科技交流与合作的重要基地。以张斌为主任的“国家环境保护城市噪声和振动控制工程技术中心”，仅三年就在噪声地图技术及噪声预测方法、声源简化模型、新型声学材料、新型高效隔振产品研究、国家噪声源数据库的建立方法与综合应用平台研究、轨道交通振动预测方法、城市振动地图绘制及轨道交通上盖建筑物综合减振降噪措施研究、环境噪声与振动缩尺模型研究等方面取得了重要成果。以沈毅为主任的“国家环境保护交通噪声和振动控制工程技术中心”在道路交通噪声评价、检测、控制技术和管理技术方面的研究，新型低噪声沥青路面结构研究、降噪路面及其评价技术研究等方面取得了重要进展。

北京市劳动保护科学研究所的阻尼弹簧浮置道床隔振系统项目填补了国内轨道交通减振降噪技术空白，达到国际先进水平，成本仅为同类进口产品的 2/3，在自主创新和关键技术国产化方面做出突出贡献，获得了北京市科技一等奖、第五届北京发明创新大赛金奖及 CCTV 创新无限奖，并在北京市科委的支持下，顺利实现了科研成果产业化。截至 2012 年 11 月底，依托该项目成立的北京九州一轨隔振技术有限公司已经承接北京地铁 10 号线Ⅱ期、哈尔滨地铁 1 号线、西安地铁 2 号线和武汉地铁 2 号线浮置道床工程安装项目，浮置板设计安装工程承接量共计 30 多公里，合同金额超过 3 亿元，实现了当年组建、当年投产，得到了市场认可，也引起了各界的高度关注。

国家对噪声控制领域的重视，也推动着噪声控制工作的快速发展。从 2008 年 10 月 1 日起正式出台的《声环境质量标准》（GB 3096—2008）、《工业企业厂界环境噪声排放标准》（GB 12348—2008）和《社会生活环境噪声排放标准》（GB 22337—2008）以及于 2012 年 7

月 1 日开始执行的《建筑施工场界环境噪声排放标准》（GB 12523—2011），为环境噪声控制的规范进一步提供了保障。

2010 年 12 月 15 日，环境保护部、发展改革委、科技部等 11 个部委联合发布了《关于加强环境噪声污染防治工作改善城乡声环境质量的指导意见》的重要文件，指出“近年来，随着经济社会发展，城市化进程加快，我国环境噪声污染影响日益突出，环境噪声污染纠纷频发，扰民投诉始终居高不下。解决环境噪声污染问题是贯彻落实科学发展观、建设生态文明的必然要求，是探索中国环保新道路的重要内容”。将噪声控制问题提高到国家层面高度，对噪声控制工作的规范和发展起到了重要的推动作用。

在噪声控制高速发展的 21 世纪，学术活动方兴未艾。继第八届全国环境噪声及控制工程学术会议之后，第九届于 2002 年 10 月在南京、第十届于 2005 年 11 月在深圳、第十一届于 2009 年 6 月在北京、第十二届于 2011 年 11 月在无锡相继召开。到第十二届会议，联办单位增加到 11 个学会/协会，香港声学学会和台湾有关学会同时参加，由中国环保产业协会噪声与振动控制委员会负责牵头。每次学术交流会都非常成功，据统计从第一届到第十二届有来自全国各地的高等院校，工厂企业科研、设计、监测、管理部门的代表计 2100 余人参加会议，交流论文 1450 余篇，出版了 10 本论文集。

此外，2008 年 10 月，第 37 届国际噪声控制工程大会也在上海召开。大会内容主要涉及环境噪声、建筑声学、噪声与振动控制、噪声政策与管理、数值模型与模拟计算、信号处理与测量仪器、声景观、声品质、有源噪声与振动控制、振动和冲击的影响、结构声学、气动声学、职业噪声及其防护、噪声地图、飞机和车辆噪声、波束形成和声全息等领域。本次会议主席田静在大会上作了有关微穿孔板研究进展的大会报告，同时会议上报道了国内大量最新研究成果，使世界各地的学者进一步了解中国在该领域的研究特色。2008 年国际噪声控制工程大会的召开，是国际噪声界对我国噪声控制技术发展和进步的认可，也标志着我国噪声控制工作新的里程碑，更促进了噪声控制工程学在我国的发展和完善。

5 结论和展望

据统计，从中华人民共和国成立以来，国内公开出版发行的有关噪声控制方面的专著、手册等有 200 余本。特别指出的是，由马大猷教授主编，以及诸多的噪声控制专家共同编写，在 2002 年出版的《噪声与振动控制工程手册》，是一部概括总结 20 世纪我国噪声振动成果的巨作，也是一部具有科学性、综合性、实用性的噪声振动工作者得心应手的工具书，对推动我国噪声振动事业起到了重大作用。另一部由方丹群、张斌、孙家麒、卢伟健等编著的《噪声控制工程学》即将由科学出版社出版，这部巨著从噪声控制工程学的学科高度总结了作者及其团队半个世纪噪声振动科学研究和工程实践成果，对噪声控制工程学的诞生和发展进行了细致权威的总结，给出了噪声控制工程学的学科体系，具有科学性、综合性、新颖性、实用性、权威性。这两部书是具有里程碑意义的著作。

国内声学方面的杂志有《声学学报》《应用声学》《声学技术》《噪声与振动控制》《振动与冲击》《声学工程》等。值得一提的是 1981 年创刊的《噪声与振动控制》杂志，28 年来共发行了 165 期，以 2008 年为例，一年内共刊登论文 280 篇。28 年来共发表论文 4000 余篇，交流了经验、培养了人才，为提高噪声控制水平做出了贡献。

据不完全统计，1980 年以来，我国已颁布的与噪声控制相关的国家标准有 340 余项，涵盖了噪声、建声、测量方法、排放标准、限值、声学基础、计量检定等。可以说，在世界范围内我国标准是最完善的。

随着人们物质生活水平的提高和科学知识的普及，人们对噪声和振动的危害有了更深刻的认识，提出事先预测控制和事后治理的各种要求，噪声控制最终要落实在设备、装置、材料的选择和应用上，落实在工程治理上。40 年来，我国隔声、吸声、消声、隔振、阻尼减振，个人防护以及低噪声产品开发诸多方面有了很大发展。从国外引进或自行研制的新设备，生产新型、环保、节能材料，特别是无二次污染又能回收利用的材料，如金属吸声材料——铝纤维，发泡铝、金属微穿孔板、超微孔板等。将这些材料应用于道路交通噪声治理和厅堂音质改善上，取得了满意的效果。

大荷载、低频率的隔振器材的生产应用，有效地降低了振动传递。为满足地铁、轻轨等减振需要，新开发的弹性构件、浮置板、隔振垫层等起了很大作用。弹性支承块式无碴轨道也在速度为 160km/h 的特长隧道等项目中得到应用。高速铁路动车组弹性减振元件也已成为行业增长热点。工业及地铁隧道等使用的大风量（20 万 m^3/h 以上）风机消声器的制造安装，还有特大型双曲线冷却塔（直径 120m、高 150m)、机力大型冷却塔（风机直径约 10m）的降噪设计有所突破。在解决高层和超高层建筑中的噪声控制问题，积累了经验，为解决超高层大楼晃动问题而加装阻尼减振器，已引起有关方面的重视。

声学测量仪器的国产化，近十年来进展很快，杭州爱华开发并生产了多种仪器，基本满足了工业噪声、交通噪声、施工噪声和社会生活噪声的测试分析，在环境噪声监测方面发挥了较大作用。

40 年的变化是巨大的，噪声控制经历了起步、发展、社会认可和逐步成熟的几个阶段，目前已基本确立了在学术界的地位，成为一门独立的、迅速发展的学科，它渗透到各个领域，与国计民生密切相关。利用噪声控制工程技术可以为人们创建一个安静、舒适、文明、温馨的环境。

正如马大猷先生在《二十世纪中国声学研究》论文中指出的那样，“我国解决实际噪声问题的本领已达到国际水平”“开拓前进创新水平在国际上不出前五名”“在环保部门严格执行下，前途更加光明”。

近年来，“声景观”概念的出现，使人们从控制噪声污染提高到一个新的境界，那就是人不仅需要安静，而且也需要和谐、美妙、舒适的声环境，这就是近年来发展形成的声景观研究。声景观思想的提出和发展，不仅给声学研究带来了新的视角，同时也将为景观设计带来新的理念和切入点。声景观的设计，就是运用声音的要素，对空间的声音环境进行全面的设计和规划，并加强与总体景观的协调。目前，声景观的研究集中在几个方面进行：视觉和听觉交感作用研究；声景观在声环境设计中的应用研究；不同区域、不同人群的特征声音和特征景观研究；声景观图的研究。

随着计算机技术的迅猛发展，在噪声控制领域，数值计算与仿真也广泛用于噪声源分析、声场或结构响应分析、控制效果预报与优化等许多方面。欧美对噪声源特性进行长期的系统研究，开发了一系列噪声数据库。噪声源数据库、噪声控制技术数据库、噪声控制工程数据库在欧美已经成为热门的领域。

以上表明，噪声控制工作在评价、监测、规划、控制、管理等方面又迎来一个崭新的局面，必将对噪声控制工程学的发展增加新的篇章。

包括本文作者在内的19位噪声振动专家在向国家环境保护部的建议中提出，“十二五”期间应绘制我国100个大中城市或区域的噪声地图，在这100个城市启动噪声行动计划，建立可自动更新噪声地图的噪声监测系统。选定100个城市或城市区域开展“宁静城市或区域”示范，有计划、有步骤地向全国推广。同时建议建立国家级环境噪声源数据库，建立国家级的噪声控制技术数据库，自主开发我国的噪声环境影响预测及环评软件，建设先进完善的城市环境噪声监测体系。另外还建议大力倡导和支持针对各类产品噪声源的噪声控制技术研究和投入，完善环境噪声标准体系，大力加强噪声控制绿色产业的建设和发展，建成具有核心竞争力、结构合理、有规模的噪声控制民族环保产业。

一股绿色革命浪潮正在席卷全球，一个新兴的产业——绿色产业迅速崛起，已经成为支撑经济效益增长的重要因素，并将成为21世纪的主流产业。世界经济合作组织（OECD）指出，在21世纪，绿色环境技术已与生物技术、信息技术并列成为最被看好的三大技术领域。21世纪是世界绿色环境产业迅猛发展的时期，未来十年将是绿色环境产业飞速发展的“黄金时代”。全球环境意识已势不可挡，人类的环境意识提高到一个崭新的层次。今后十年全球所有产品都将进入绿色设计和制造一族，绿色环境产品将成为未来全球商品市场的主导，绿色环境产业必将成为全球经济的新兴增长点。

绿色环境产业已从狭义的环保产业进入广义的绿色产业，它不仅包括传统的环保产业，如水及水污染物处理、废弃物管理与再循环、大气污染控制、噪声与振动控制、环境评价与监测、环境工程服务等，也包括“绿色产品”，即在生产、加工、运输、运营、消费的全过程中，对环境无污染或污染很少的技术产品，这些在国际上称为“环境友善产品”。绿色产业也涵盖了再生能源产业。专家预言，以后的一二十年内，绿色产业将成为全球最大和最强劲的产业。作为绿色产业重要成员之一的噪声振动控制产业也必将得到巨大的发展。

附录：历届学术会议的简要回顾（表1～表4）。

表1　全国噪声与振动控制工程学术会议历届会议情况汇总（一）

会议名称	筹备会	第一届(首届)	第二届	第三届
召开时间	1981.11.20—23	1982.9.18—25	1984.10.16—22	1986.11.3—7
会议地点	浙江省黄岩市	安徽省黄山(汤口)	浙江省杭州市	陕西省西安市
主持单位	北京市劳动保护科学研究所、中国环境科学学会环境工程学会	中国环境科学学会环境工程分会、中国环境科学学会环境声学学术委员会、中国声学学会3个学会联合举办	同第一届，增加中国劳动保护科学技术学会噪声振动控制委员会等4个学会联合举办	同第二届
主持人	方丹群	方丹群	方丹群	方丹群
出席单位数	8	105	92	136
出席人数	12	160	145	196
发表论文	—	100	140	191
论文出版情况	—	出版论文集，35篇、全文221页	出版论文集，30篇、全文164页，列出145篇论文题目及作者	—

续表

会议名称	筹备会	第一届(首届)	第二届	第三届
大会报告人及题目	方丹群:介绍环境物理学、环境工程学概况	马大猷:《国外噪声控制新进展》 章奎生:《国内外空间吸声体发展概况》 方丹群:《我国噪声控制十年进展》	马大猷:《声强测量的新进展》 方丹群:《工业企业噪声控制设计规范研究》 赵松龄:《声环境对现场噪声测量的影响》 章奎生:《盘式消声器系列的设计与研究》	马大猷:《混响室内声源发射的功率》
大会主题	筹备全国噪声控制首届会议	—	工业噪声控制	声源控制
会议筹备及特邀专家	主要参加人: 方丹群 章奎生 谢贤宗 孙家麒 程潜 吕玉恒 董金英 程 越 章荣发 应汝才 俞达镛等	马大猷 方丹群 章奎生 李炳光 孙家麒 梁其如 战嘉恺 吕玉恒 董金英等	马大猷 方丹群 李沛滋 章奎生 冯瑀正 吕玉恒 郭秀兰 刘启龙 施国强 董金英等	马大猷 方丹群 严济宽 章奎生 田 静 冯瑀正 陈心昭 吕玉恒 郭 骅 江慧玲 刘 克 任文堂 战嘉恺等
备注	—	—	—	—

表2 全国噪声与振动控制工程学术会议历届会议情况汇总(二)

会议名称	第四届	第五届	第六届	第七届
召开时间	1988.10.24—27	1990.12.13—16	1993.10.15—18	1996.6.11—14日
会议地点	四川省成都市	北京市	安徽省合肥市	上海市
主持单位	同第三届,增加中国环境保护工业协会噪声与振动委员会共5个学会联合举办	同第四届,由5个学会联合举办	中国环境科学学会环境工程分会、中国声学学会环境噪声分会、中国劳动保护科学技术学会噪声与振动控制委员会、中国环保产业协会振动与噪声控制专业委员会等5个学会联合举办	同第六届,增加中国建筑学会建筑物理专业委员会,共6个学会联合举办
主持人	方丹群	李炳光	程明昆	章奎生
出席单位数	80	88	80	82
出席人数	121	150	108	128
发表论文	105	96	70	72
论文出版情况	—	出版论文摘要共76篇	出版论文集,共67篇入选	出版论文集,228页,64篇入选
大会报告人及题目	22个厂家参加会议展示产品,推荐了“受欢迎环保产品”	马大猷:《噪声控制技术四十年》 严济宽:《振动隔离技术》	马大猷:《室内噪声有源控制》《噪声控制新进展》	王季卿:《居住建筑中的噪声控制》 程明昆:《噪声标准发展综述》
大会主题	—	—	—	发展噪声与振动控制技术,提高噪声控制质量

续表

会议名称	第四届	第五届	第六届	第七届
会议筹备及特邀专家	马大猷　方丹群 吕玉恒　江慧玲 任　健　董金英 章奎生等	马大猷　杜连耀　车世光 于　勃　严济宽　朱继梅 吕玉恒　战嘉恺　龚农斌 程明昆　田　静　章奎生等	马大猷　章奎生　田　静 陈心昭　战嘉恺　刘　克 程　越　吕玉恒　江慧玲 董金英　卢贤丰等	王季卿　程明昆　吴硕贤 章奎生　陈端石　秦佑国 田　静　孙广荣　战嘉恺 张绍栋　吕玉恒　张明发等
备注	—	—	—	—

表 3　全国噪声与振动控制工程学术会议历届会议情况汇总（三）

会议名称	第八届	第九届	第十届
召开时间	1999.5.16—18	2002.10.28—30	2005.11.25—28
会议地点	山东省青岛市	江苏省南京市	广东省深圳市
主持单位	同第七届，又增加了中国振动工程学会振动与噪声控制专业委员会，中国机械工程学会噪声与振动控制技术装备委员会，共8个学会/协会联合举办	同第八届，8个学会/协会联合举办	同第九届，全国8大学会/协会联合举办
主持人	章奎生	章奎生	章奎生
出席单位数	113	130	160
出席人数	153	175	202
发表论文	148	110	105
论文出版情况	出版论文集，310页，148篇入选	出版论文集，225页，110篇入选	出版论文全集和纪念册，600页论文，91篇入选
大会报告人及题目	马大猷：《声学和人的生活质量》	赠与会每人一本马大猷主编《噪声与振动控制工程手册》 程明昆：《二十一世纪的声环境》	田静：《国际噪声控制技术发展》 章奎生：《上海东方艺术中心建声设计与主客观音质评价》 程明昆：《道路声屏障设计、测试与应用技术》 张乃聪：《香港环境噪声控制技术发展综述》
大会主题	让21世纪的环境更安静	噪声振动与人居环境	降低噪声污染，创建绿色生活
会议筹备及特邀专家	马大猷　郭秀兰　丁　辉 程明昆　章奎生　田　静 王季卿　战嘉恺　任文堂 王　毅　魏化军　吕玉恒 周兆驹　杨国良等	程明昆　章奎生　邵　斌 丁　辉　张　翔　吕玉恒 陆以良　孙家麒　陈克安 庄表中　章荣发　柳孝图等	程明昆　章奎生　吴硕贤 陈瑞石　孙家麒　邵　斌 吕玉恒　姚景光　陈克安 金志春　卢岩林　方庆川等
备注		外籍代表7人，香港6人，27个厂家介绍产品	外籍代表8位，中国香港16位，68个厂家公司与会并介绍产品

表 4　全国噪声与振动控制工程学术会议历届会议情况汇总（四）

会议名称	第十一届	第十二届
召开时间	2009.6.5—7	2011.11.2—4

续表

会议名称	第十一届	第十二届
会议地点	北京市	江苏省无锡市
主持单位	中国环境保护产业协会噪声与振动控制委员会、中国声学学会环境声学分会、中国环境科学学会环境工程分会、中国环境科学学会环境物理专业委员会、中国职业安全健康协会噪声与振动控制专业委员会、中国建筑学会建筑物理分会建声专业委员会、中国振动工程学会振动与噪声控制专业委员会、中国机械工程学会环境保护分会、香港声学学会，共9个学会/协会联合举办	同第十一届，另外增加了台湾音响学会和台湾振动噪音工程学会共11个学会/协会联合举办
主持人	章奎生	章奎生
出席单位数	168	75
出席人数	243	139
发表论文	157	96
论文出版情况	出版论文集和纪念册，论文530页，152篇入选	出版论文集，论文370页，86篇入选
大会报告人及题目	章奎生:《演艺建筑工程与建筑声学专业的发展与思考》 程明昆《环境噪声控制的发展》 张斌:《噪声地图的开发及应用研究》	章奎生:《音乐厅声学设计的实践与思考》
大会主题	改善声学环境、共建宁静生活	促进噪声振动控制技术发展，改善城乡声环境
会议筹备及特邀专家	章奎生　程明昆　张　斌　邵　斌 吕玉恒　应怀樵　姜鹏明　林　杰 于越峰　张佐男等	章奎生　程明昆　于越峰　吕玉恒 张　斌　邵　斌　方庆川　张玉敏 王伟辉(台湾)　郭裕文(台湾) 李孝宽　朱亦丹　张明发　王　兵 辜小安　李志远　许冬雷　李其根 杨国良(香港)等
备注	中国香港5人、中国台湾2人、日本2人，70多个厂公司参加交流，28家企业制作展板	中国台湾3人、中国香港2人

本文2013年刊登于《噪声与振动控制》增刊

（参与本文编写的还有北京劳动保护科学研究所张斌、朱亦丹等）

噪声控制工程三十年

第一届至第十届全国噪声与振动控制工程学术会议回顾

摘　要：本文以全国噪声与振动控制工程学术会议为主线，回顾了我国噪声控制工程的发展历程，概述了国内噪声与振动控制技术水平，是一篇综合性的文章，可供参考。

关键词：噪声控制工程　30 年回顾　水平评价

1　前言

30 年前，即 1979 年 5 月在北京友谊宾馆召开的全国声学会议上，国际著名声学专家、我国现代声学事业的开创者和奠基者、中科院资深院士马大猷教授在他的论文《中国声学三十年》中，首先将“噪声与振动”列为声学的分支之一。在此之前于 1973 年国务院召开的第一次全国环保会议上马大猷先生提出应将噪声列为除废气、废水、废渣三大公害之外的第四大公害，被会议认可。20 世纪 70 年代末 80 年代初，时任北京市劳动保护科学研究所所长的方丹群教授，在马大猷先生的支持下，积极筹划创建噪声与振动专业委员会，提出了“环境物理学”的概念，并在权威著作《中国大百科全书》环境科学卷中将环境工程学列为六大分支之一。1982 年，方丹群教授在《噪声与振动控制》杂志上发表了《国内外噪声控制工程学科发展概况》，正式提出了噪声控制工程学的概念。

噪声控制工程学是一门迅速发展的边缘学科，它的基础是声学、环境物理学。噪声控制工程渗透到各个领域，与国民经济和人们的生活密切相关。改革开放 30 年来，噪声控制工程学得到飞速发展，取得了有目共睹的成绩。就学术会议来说，今年召开的是第十一届全国噪声与振动控制工程学术会议，从筹备会议开始，即 1982 年第一届到 2005 年第十届，作者每届会议都参加了，可以说是噪声控制工程学术会议的积极分子，见证了 30 年来的发展变化，回顾一下我们走过的路程是一件十分愉快，也是很有意义的事情。

2　历届学术会议的简要回顾

20 世纪 70 年代末是各种学会创建和蓬勃发展的年代，为筹备噪声控制全国性会议以及创建噪声与振动专业委员会，在方丹群教授的带领下于 1981 年 11 月 20—23 日在浙江黄岩召开了筹备会议，参加会议的有方丹群、章奎生、孙家麒、谢贤宗、吕玉恒、程潜、董金英、程越、章荣发、俞达镛等。会议决定 1982 年 9 月在安徽黄山召开首届全国噪声控制工程学术会议（又称第一届全国环境噪声及控制工程学术会议）。这次会议如期召开，有 105 个单位，160 余名代表参加，马大猷先生在大会上作了题为《国外噪声控制新进展》的特邀报告，方丹群教授作了《我国噪声控制十年进展》报告，章奎生教授作了《国内外空间吸声体发展概况》报告。在此之后，每 2～3 年召开一次全国性学术会议，第二届会议 1984 年

10月在杭州、第三届会议1986年11月在西安、第四届会议1988年10月在成都、第五届会议1990年12月在北京、第六届会议1993年10月在合肥、第七届会议1996年6月在上海、第八届会议1999年5月在青岛、第九届会议2002年10月在南京、第十届会议2005年11月在深圳、第十一届即本届在北京召开。前四届会议由方丹群教授主持，后几届由章奎生、程明昆、李炳光主持。首届会议是3个学会联合举办，四届以后是5个，七届以后是6个，八届是8个，到本届会议是9个学会/协会联合举办，增加了香港声学学会，由中国环保产业协会噪声与振动控制委员会牵头。每次学术交流会开得都很成功，据统计第一届到第十届有来自全国各地的高等院校、科研、设计、监测、工厂企业、管理部门的代表计1600余人参加会议，交流论文1200余篇，出版了8本论文集。可以说，学术会议汇集了本领域的人才精华，体现了当代国内学术水平，交流了技术，沟通了信息，建立了桥梁，增进了友谊。采用学会搭台，企业唱戏的形式，加强了合作，初步形成了产学研机制，促进了噪声与振动控制技术的发展，为我国声学、环保、劳保、建筑、机械、交通、航运、国防等领域作出了贡献。

3 噪声控制工程进展

3.1 噪声控制工程技术队伍已基本形成

工程技术可以承担国内各领域的噪声治理工程研究、设计、监测、制造、施工安装等工作，可以说，所有的噪声问题都可以解决。

据介绍，国内从事环境保护噪声控制（含建筑声学）的高等院校、科研设计单位有100余个，专业人员有3000多名。例如，清华大学、上海交通大学、同济大学、华南理工大学、西北工业大学、浙江大学、南京大学、太原理工业大学、合肥工业大学、东南大学、天津大学、重庆建工学院等近年来培养了一大批博士生、硕士生和本科生，这些新生力量已成为噪声控制工程的生力军。国内研究设计单位也较多，如中科院声学所，上海现代设计集团章奎生声学所，中船九院，上海市机电设计研究院，上海市环境科学研究院，北京市劳动保护科学研究所，中国建筑科学研究院建筑物理研究所，中广电广播电影电视设计研究院，中国中元国际工程有限公司（原机械工业部设计研究总院），上海电器科学研究所（集团）有限公司，广州电器科学研究院，中国船舶重工集团公司第七〇四研究所、第七〇三研究所、第七一一研究所、第七〇八研究所、第七二五研究所、第七一九研究所、第七二六研究所等，可承担各项民用和军用噪声和振动设计研究任务。

据统计，国内从事噪声与振动治理工程的工厂企业（公司）有300余家，主要包括隔声、吸声材料的生产厂家，隔振器件、消声器、隔声构件的制造厂家以及噪声综合治理工程的公司等，年产值在5000万元以上的骨干企业有40余家，集中在长江三角洲、珠江三角洲和京津塘地区，如上海申华、新华净、西飞、强洁、松江橡胶、青浦减振、北京绿创、深圳中雅、宜兴东泽、重庆华光、成都正升、大连明日、苏州佰家丽、北京北新建材、巴斯夫、吴江FC、泰兴汤臣、北洋建材、上海皓晟、上海众汇泡沫、上虞冷却塔等。他们承担了国内大型工业与民用建筑以及公用设施建筑的噪声治理任务，还有机场、铁路、地铁、轻轨、隧道、高架、高速路、输变电等噪声和振动治理工程。既促进了国民经济的发展，改善了生产、生活环境，降低了噪声危害，造福于民，同时又发展壮大了企业本身。

3.2 噪声控制工程理论研究、专业著作、相关标准编制，成就卓著，值得自豪

据统计，从中华人民共和国成立以来，国内公开出版发行的有关噪声与振动控制方面的专著、手册等有200余本，马大猷教授今年已95岁高龄，在他九十华诞时统计，他一个人就出版了23本专著，发表了226篇论文，在他“米”寿（即88岁）时还主编出版了《噪声与振动控制工程手册》，这是一本经典的、科学的、新颖的、综合性的、实用的、权威性的大型工具书。马大猷先生是我们的老前辈，又是我们的楷模。在噪声控制领域有影响的著作还有方丹群教授的《噪声控制》《空气动力性噪声和消声器》，章奎生教授的《章奎生建筑声学论文选集》，项端祈教授的《实用建筑声学》等5本书。孙家麒、战嘉恺教授的《振动危害和控制技术》，吕玉恒和王庭佛教授主编的《噪声与振动控制设备及材料选用手册》（1988年第一版、1999年第二版），等等。在理论研究方面，我国与国外水平相当，某些领域还处在领先地位，如马大猷先生的微穿孔板理论，世界上公认这是马先生的发明创造。

国内声学方面的杂志有《声学学报》《应用声学》《声学技术》《噪声与振动控制》《振动与冲击》《声学工程》等。值得一提的是，1981年创刊的《噪声与振动控制》杂志，28年来共发行165期，以2008年为例，一年内共刊登论文280篇。28年来共发表论文4000余篇，交流了经验、培养了人才、提高了水平、作出了贡献。

据统计，1980年以来，我国已颁布的与噪声和振动相关的国家标准有340余项，涵盖了噪声、建声、测量方法、排放标准、限值、声学基础、计量检定、振动控制等。可以说，在世界范围内我国标准是最完善的，但管理上、执行上有差距。以去年颁布的3个声学标准为例（GB 3096、GB 12348、GB 22337），社会生活环境噪声排放的标准要求从31.5～500Hz每个频段都要达标，太严格，执行起来真是困难重重，几乎难以实施。

3.3 噪声与振动控制所需的设备、装置、材料等可基本满足市场需求

随着人们物质生活水平的提高和科学知识的普及，人们对噪声和振动的危害有了更深刻的认识，提出事先预测控制和事后治理的各种要求，噪声与振动问题的解决最终要落实在设备、装置、材料的选择和应用上，落实在工程治理上。30年来，我国隔声、吸声、消声、隔振、阻尼减振，个人防护以及低噪声产品开发诸多方面有了很大发展。从国外引进或自行研制的新设备，生产新型、环保、节能材料，特别是无二次污染又能回收利用的材料，如金属吸声材料——铝纤维，发泡铝、金属微穿孔板、超微孔板等。将这些材料应用于道路交通噪声治理和厅堂音质改善上，取得了满意的效果。

在室内装饰吸声方面开发的以玻璃纤维、聚酯泡沫、塑胶等为基材的装饰吸声板、吸声体、木质纤维板等深受建筑师的欢迎。

大荷载、低频率的隔振器材的生产应用，有效地降低了振动传递。为满足地铁、轻轨等减振需要，新开发的弹性构件、浮置板、隔振垫层等起了很大作用。

低噪声风机、电机、冷却塔、空压机、变压器、制钉机、空调器等的开发应用，从声源上降低噪声，有较大进展。特别是在有源噪声控制方面有较大进展。

发电厂、化工厂、钢铁厂、制药厂等工业用，以及地铁隧道等使用的大风量（20万m^3/h以上）风机消声器的制造安装，还有特大型双曲线冷却塔（直径120m，高150m）、

机力大型冷却塔（风机直径约 10m）的降噪设计有所突破。在解决高层和超高层建筑中的噪声和振动控制问题上积累了一定的经验，为解决超高层大楼晃动问题而加装阻尼减振器，已引起有关方面的重视。

声学测量仪器的国产化，近十年来进展很快，杭州爱华开发并生产了多种仪器，基本满足了工业噪声、交通噪声、施工噪声和社会生活噪声的测试分析，上海环境监测部门都是使用爱华仪器，在环境噪声监测方面发挥了较大作用。

30 年来，我国噪声与振动控制工程界十分注重与国外同行的交往。1987 年在北京召开了第十六届国际噪声控制工程学术会议，交流论文 413 篇。1992 年在北京召开了第十四届国际声学会议，750 人出席。2008 年在上海成功举办了第三十七届国际噪声控制工程学术会议，有 800 人出席，交流论文 633 篇，涉及噪声各个领域。每年都有很多国外同行来华访问、交流、洽谈业务。国内各省市噪声界也是频繁交流，互通信息，共同提高。例如，上海市声学学会和香港声学学会已进行过 6 次交流互访，促进了噪声控制技术的发展。

4　结语

30 年的变化是巨大的，噪声与振动控制工程学经历了起步、发展、社会认可和逐步成熟的几个阶段，目前已基本确立了在学术界的地位，成为一门独立的、迅速发展的学科，它渗透到各个领域，与国计民生密切相关。利用噪声与振动控制工程技术可以为人们创建一个安静、舒适、文明、温馨的环境。

综上所述，正如马大猷先生在《二十世纪中国声学研究》论文中指出的那样，“我国解决实际噪声问题的本领已达到国际水平”“任何噪声问题几乎都能解决”“开发新产品的范围超过了国外”“开拓前进创新水平在国际上不出前五名”“噪声法规相当完善，在环保部门严格执行下，前途更加光明”。

以上仅仅是作者个人所知的点滴梗概，挂一漏万在所难免。请读者赐予指正。

【参考文献】

[1]　马大猷．声学基础研究论文集［M］．北京：科学出版社，2005.

[2]　方丹群．国内外噪声控制工程学科发展概况［J］．噪声与振动控制，1982（2）：2-6.

[3]　马大猷．噪声控制四十年［J］．噪声与振动控制，1991（5～6）：3-7.

[4]　吕玉恒．国内噪声控制近况评述［J］．噪声与振动控制，2001（6）：14-17.

本文 2009 年刊登于《噪声与振动控制》增刊

噪声控制设备和材料十年进展

摘　要：本文概述了21世纪以来我国噪声振动控制设备和材料的新进展，评价了发展水平，列举了典型案例，可供选用者参考。

关键词：噪声控制　消声器　微穿孔板　声屏障　隔振器

1　前言

2009年6月在北京召开的第十一届全国噪声与振动控制工程学术会议上，作者发表了一篇《噪声控制工程三十年》的文章，重点回忆了噪声控制工程的诞生、发展历程以及从1982年首届至2009年第十一届全国噪声控制学术会议的情况，同时也概述了噪声控制技术的发展动向。本文将侧重介绍我国噪声振动控制和建筑声学所用材料在21世纪以来的新进展，概述十年来的新进展。

作者和王庭佛教授曾于1987年主编出版了《噪声与振动控制设备选用手册》（第一版），1999年主编出版了《噪声与振动控制设备和材料选用手册》（第二版），今年又和清华大学燕翔副教授等主编出版了《噪声控制与建筑声学设备和材料选用手册》（第三版）。30多年来我们始终关心着我国噪声控制设备和材料的发展状况，注意调查和搜集整理这方面的资料，同时在所承担的设计项目中推广应用这些新设备、新材料，总结它们的优缺点。

2　噪声控制设备和材料总体水平评价

进入21世纪以来，随着我国环保事业的发展以及人们环保意识的增强，对于噪声和振动控制技术提出了更高的要求。无论是工业噪声、交通噪声还是社会生活噪声和施工噪声，要进行治理，最终要落实在设备、材料的选用上。因此设计研究并开发应用新设备和新材料，已成为本行业的努力方向。总的来说，经过几十年的奋斗，我国噪声控制工程技术和设备材料的水平与国外水平相当，有的已领先国外水平。正如国际著名声学专家、我国现代声学事业的开创者和奠基人、中科院资深院士马大猷教授在他的《二十世纪中国声学研究》一文中所指出的那样“我国解决实际噪声问题的本领已达到国际水平”“任何噪声问题几乎都能解决”“开发新产品的范围超过了国外”“开拓前进创新水平在国际上不出前五名”“噪声法规相当完善，在环保部门严格执行下，前途更加光明”。

3　噪声控制与建筑声学设备和材料的新进展

3.1　特大风量通风消声器的设计应用

为降低气流噪声而设计生产的各类阻性、抗性和阻抗复合型消声器已基本系列化、规格化，可满足通风空调、排气喷流等消声要求。21 世纪以来，为适应我国快速发展的地铁、高铁、隧道、电厂、钢厂、化工厂等特大型通风机消声的需要，不少单位设计、生产了不同类型的特大风量消声器。例如：

① 上海申华声学装备有限公司生产的 DFL 型大风量片式消声器，最大外形尺寸宽×高为 4000mm×4000mm，单节长度为 2200mm，可多节串联。最大风量为 $112m^3/s$，即 40 万 m^3/h，消声量＞18dB(A)，阻力系数＜1.02，已安装于上海地铁 1#、2#、6#、8# 线通风工程中以及宁波钢铁厂等处。图 1 为该型消声器的外形实照。

图 1　“申华”大风量消声器外形实照

② 深圳中雅机电实业有限公司自主开发的阵列式消声器也系大风量消声器，单节外形尺寸宽×高×长为 3000mm×2000mm×2000mm，按需要可多节串联或按现场实际情况专门设计。阵列式消声器已在深圳地铁等工程中安装使用，其倍频带消声量、气流再生噪声、阻力损失等有整套齐全的数据可供选择。图 2 为阵列式消声器外形及安装于现场的实照。

(a)

(b)

图 2　“中雅”阵列式消声器照片

③ 四川正升声学科技有限公司研究开发的 TS 型束管式消声器是由若干个中空圆环柱状消声单元组合而成的，是一种适合于特大风量使用的模块化、轻量化、装配化的消声器。束管消声单元常用规格外径为 ϕ466mm，内径为 ϕ200mm，长 1800mm，消声单元中心距为 620mm，可按现场通风道尺寸大小进行拼装，在风速为 10m/s 时，中高频消声量大于

23dB，阻力系数为0.65。束管消声单元及束管消声器外形照片如图3所示。

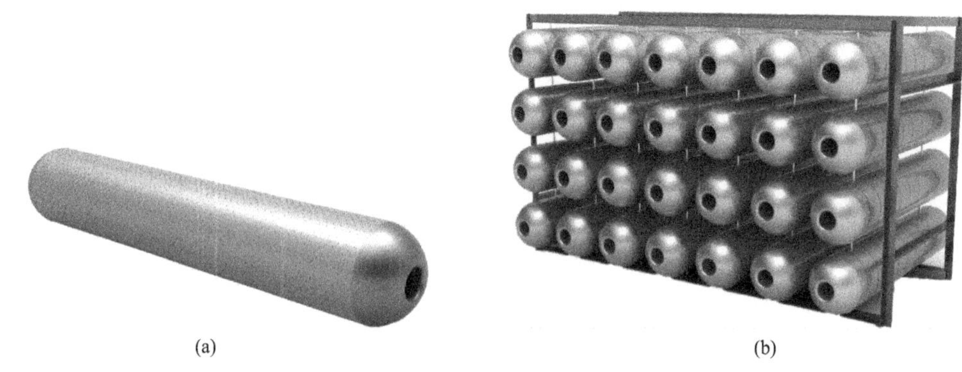

(a) (b)

图3 “正升”束管消声器照片

④ 上海三甲鼓风机有限公司生产的TJ-A型大风量消声器，与上海鼓风机厂生产的大型风机配套应市。TJ-A型大风量消声器在本文作者设计的上海地铁1#、2#线12个站的噪声治理工程中应用，在延安路隧道工程中应用，同时出口伊朗，安装于德黑兰地铁工程中，效果优良。

⑤ 重庆华光环境工程设备有限公司设计的FWZ型蜂窝式消声器，也是为适应冶金、煤炭、化工、铁道、轻纺等大风量风机消声需要而生产的，蜂窝式消声器最大外形尺寸宽×高×长为7903mm×5759mm×2400mm，风量为36万m^3/h，压力损失为200Pa，静态消声量36dB(A)，动态消声量30dB(A)。

3.2 微穿孔板吸声结构的最新应用

马大猷教授发明的微穿孔板吸声结构在理论上是非常成熟的，计算公式很完善也很准确。根据马先生的理论设计生产的各型微穿孔板消声器、消声弯头在噪声控制工程中已大量应用。进入21世纪以来，作者在几十台大型冷却塔的降噪工程中设计安装了微穿孔板消声器，均取得了满意的治理效果。

① 南通某公司4台大型冷却塔，每台冷却水量为3500m^3/h，冷却塔上部风机风量30万m^3/h，风机直径10000mm，风筒直径×高度为ϕ10190mm×3800mm，单台冷却塔外形尺寸长×宽×高为15800mm×15800mm×12600mm，风机出口处气流噪声为85dB(A)。为降低冷却塔气流噪声，在每台冷却塔风筒上部加装了一个长×宽×高为10400mm×10400mm×2800mm微穿孔板消声器。消声器由15个消声单元组成，每个单元外形尺寸长×宽×高为3350mm×1950mm×2800mm，微穿孔板消声插片宽×高×厚为1740mm×1500mm×100mm，由双层不同穿孔率的微穿孔板组成，每台微穿孔板消声器共有135个消声插片。该型消声器安装就绪后，实测其消声器（插入损失）为13dB(A)，冷却塔噪声对东厂界的影响由治理前的57dB(A)降为47dB(A)，降噪10dB(A)左右。大型冷却塔微穿孔板消声器的外形及现场实照如图4所示。

② 上海博网新型环保材料有限公司根据马大猷先生微穿孔板理论新开发的复合针孔铝吸声板是在1.3mm厚的铝板上采用特制的冲压设备和模具，冲制成三角锥形凹孔，使锥底形成一个穿通的椭圆形微孔，如同针孔一样，微孔直径为0.10～0.15mm，孔距2.2mm，

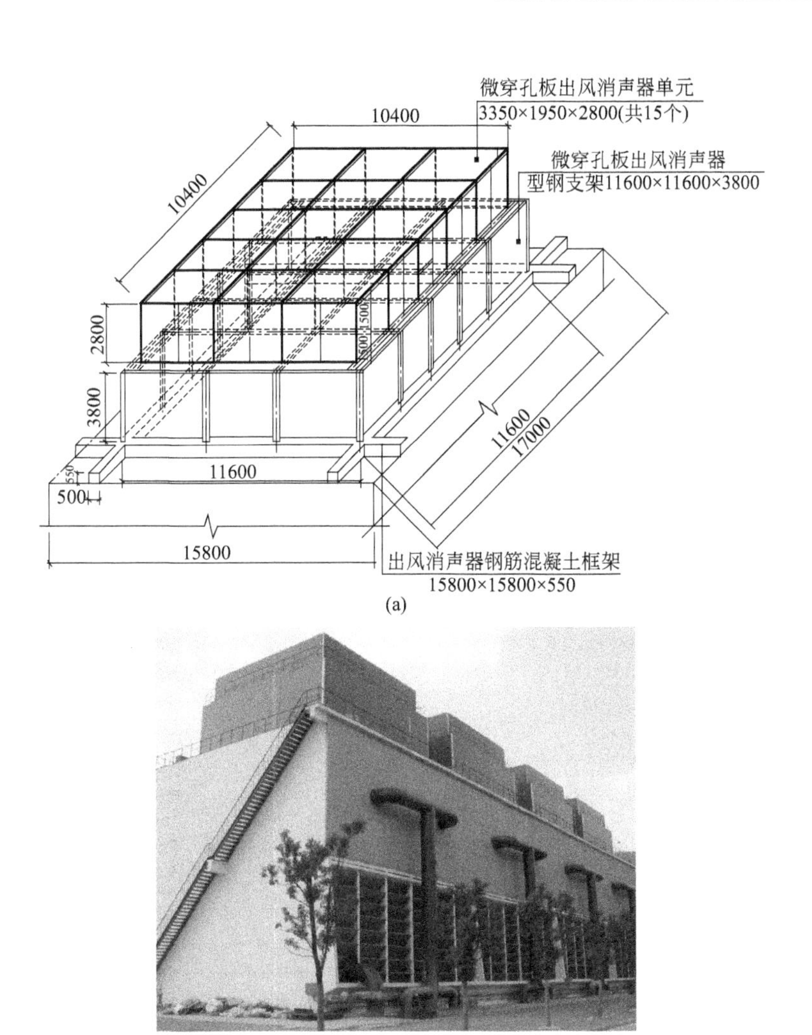

(b)

图4　微穿孔板消声器应用于冷却塔降噪

穿孔率约为3.5%，在空腔为50mm时，其降噪系数NRC为0.60，空腔为100mm时，NRC为0.65。这种复合针孔铝吸声板已应用于上海高速公路、高架道路的声屏障上面。复合针孔铝吸声板具有防火、质轻、不怕水、不蛀、不霉、结构简单、加工方便等特点，适合于室内外使用，是一种新型的内装修材料。图5为复合针孔铝吸声板的外形以及用它装于道路声屏障上的照片。

③ 南京常荣噪声控制环保工程有限公司开发的超微孔透明吸声薄膜吸声结构是在高分子聚碳酸酯薄膜上穿以孔径0.05～0.30mm超微孔，后部留有一定的空腔即构成了超微孔吸声结构，薄膜的厚度为0.15mm、0.20mm、0.25mm、0.30mm，利用微孔共振吸声和薄膜共振吸声等复合效应，可取得满意的吸声效果。超微孔薄膜与支撑件可构成网状结构或卡嵌结构，或各种形状的吸声体。降噪系数NRC可达0.70～0.80。外观透明、质轻、无毒、无味、无二次污染、阻燃、防静电、防紫外线，适合于室内吸声装潢。图6为超微孔透明吸声体的外形照片。

④ 微缝吸声结构：微穿孔板吸声结构广泛应用之后，马大猷教授又提出了微缝吸声结

(a)

(b)

图 5　复合针孔铝吸声板外形及安装于道路声屏障上的照片

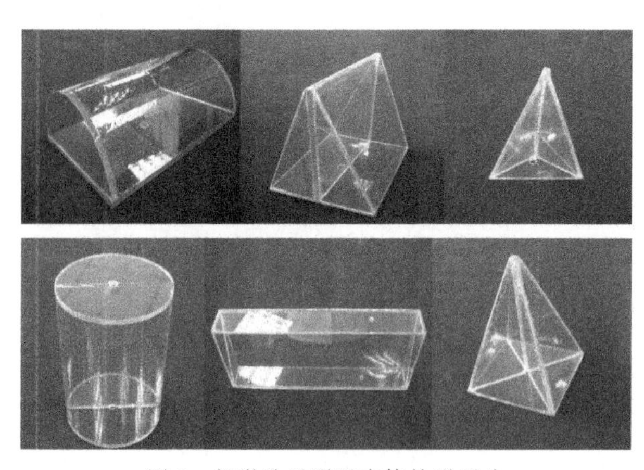

图 6　超微孔透明吸声体外形照片

构，它具有更好的吸声特性，在板厚为 1.2mm 的薄板上，加工出缝宽为 0.035～0.050mm 狭缝，后部空腔为 135mm，在中频 250～800Hz 吸声系数可达 0.80，这种微缝吸声结构有待进一步开发。

3.3　金属吸声材料在声屏障上的应用

21 世纪以来，国内兴建了很多声屏障，为适应这种需要，不少厂家研究开发了许多新材料，比较典型的、应用范围较广的是金属吸声材料。

① 铝纤维吸声材料：上海港韵新型吸声材料有限公司从国外进口铝纤维进行二次加工，制成铝纤维吸声板已有十多年的发展史。在密度为 1200～1900kg/m^3、纤维直径为 100μm 的铝纤维毡上再压制铝板网，形成厚度为 1.0～2.5mm 的铝纤维吸声板，面密度为 550g/m^2、

850g/m^2、1100g/m^2、1650g/m^2 和 2000g/m^{2}5 种规格，后部留有一定的空腔即构成了新的吸声结构，空腔为 50～200mm，降噪系数 NRC 为 0.60～0.80。铝纤维吸声材料在上海外环线、中环线道路声屏障上已大量应用。中央电视台新楼演播厅中也使用它作为隔声吸声隔断。图 7 为铝纤维吸声板的外形以及安装于道路声屏障上的照片。

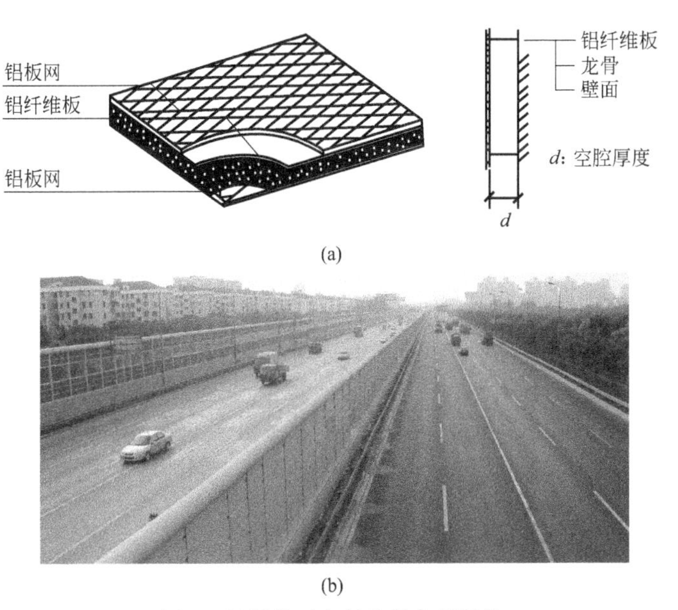

(b)

图 7　铝纤维吸声板及其应用照片

② 泡沫铝吸声材料：上海众汇泡沫铝材有限公司、北京金艾伯特金属有限公司、无锡瑞鸿泡沫铝有限公司、洛阳 725 研究所、江苏天博轻质材料科技开发有限公司、泰兴市兆胜泡沫铝有限公司等单位生产的泡沫铝吸声板是采用发泡法，在铝液中加入化学发泡剂，浇成铝锭后，将发泡剂拽出、成型为块状，再用电锯切割加工成所需要的板状吸声材料，板的厚度一般为 6mm、8mm、10mm，板幅 250mm×250mm，500mm×500mm，它具有不燃、耐候、屏蔽、质轻、防眩、无污染、可回收利用等特点，性能稳定，抗拉、抗压、抗风载，是一种新型的吸声材料和环保产品。8mm 厚泡沫铝毛坯板空腔为 50mm，降噪系数 NRC 为 0.40。泡沫铝吸声材料在道路声屏障上已大量应用，同时在游泳馆、舰艇、室内装修以及消声器吸声构件等方面都有应用。图 8 为泡沫铝吸声材料外形及安装于声屏障

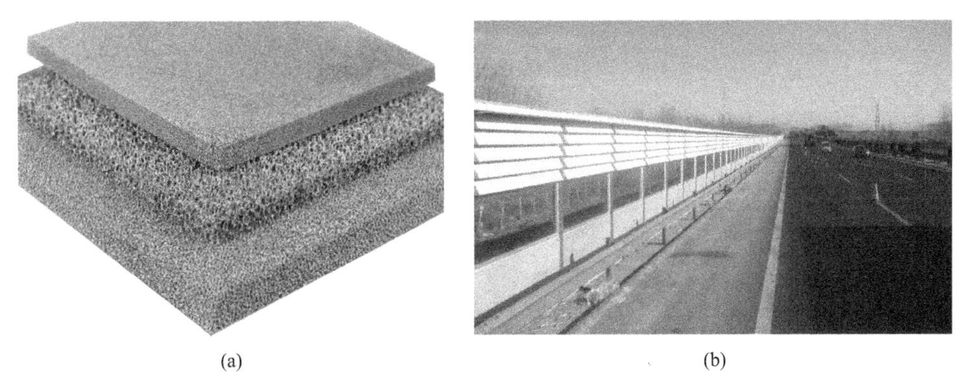

(a)　　(b)

图 8　泡沫铝吸声板及其应用照片

上的照片。

3.4 新型隔振元件及阻尼材料

常规橡胶隔振垫、隔振器，金属弹簧隔振器，橡胶挠性接管，金属波纹管，弹性吊架托架等可基本满足一般的隔振要求。21 世纪以来新开发的大载荷、低频、大阻尼隔振器，钢丝绳隔振器等特殊用途隔振器以及新型阻尼材料已在工程中应用。

① 上海青浦环新减振工程设备有限公司生产的 YZD 型和 YD 型低频大阻尼弹簧复合隔振器，由弹簧和阻尼器并联而成，具有较大的阻尼比，能有效抑制设备在高速运转时产生的振动，使开机、关机时通过共振区的衰减快，提高了设备运转的稳定性。YZD 型荷载为 163kN，固有频率为 2～3.15Hz，YD 型荷载为 10～450kN，固有频率为 2.7～3.8Hz。

② 上海环星减振器有限公司生产的 ZTD 型阻尼弹簧大荷载隔振器，荷载范围为 10～160kN，固有频率范围为 3.5～4.8Hz，采用侧向阻尼限位，提高了隔振器的刚度和阻尼，阻尼比为 0.06～0.20，最大垂直刚度为 9984N/mm。

③ 不锈钢钢丝绳隔振器由不锈钢钢丝绳绕制而成，通过上下两块夹板将绕制成的钢丝绳固定。中船重工 704 研究所制造的 GS2 型系列不锈钢钢丝绳隔振器，最大载荷为 4kN，固有频率为 5～10Hz，阻尼比为 0.12，已在舰船设备隔振中广泛使用。

④ 无锡中策阻尼材料有限公司生产的 LZ-48 自粘型、LZ-49 热熔型、LZ-19 磁性型阻尼垫，面密度为 3000～4000g/m^2，阻尼特性为 0.09～0.16，无刺激性气味，闪点大于 230℃，化学性能比较稳定，在大型风管的隔声阻尼包扎中以及轿车壳件材料的阻尼隔振中已广泛应用，效果较好。

3.5 国产化仪器可基本满足声学和振动测试需要

21 世纪以来，国内研究开发的声学测量仪器种类多，规格较全，性能稳定，可基本满足国内市场的需求。杭州爱华仪器有限公司研发生产的 AWA 系列产品具有一定的代表性。他们不仅生产常规的声级计、积分声级计、噪声统计分析仪和振动计，而且生产频谱分析仪、多功能声级计、多通道噪声振动分析仪、声强测量分析仪、环境噪声自动监测系统、声级校准器、标准声源等。

在振动测量仪器方面，爱华公司还可提供环境振动分析仪、实时信号分析仪等。北京东方振动和噪声技术研究所、北京声望声电技术有限公司研发的声学和振动测量仪器各有特色。总的来说，国内声学和振动测试技术发展迅速，仪器设备可基本满足测试要求，性价比也较好。

4 结语

进入 21 世纪十年，国内研究开发、生产的诸多新设备、新材料，既满足了噪声振动控制以及建筑声学装修的需要，又促进了整个噪声控制工程技术的发展。本文只列举了部分产品及典型案例，从一个侧面反映了十年来的进步。当然，我们还处于发展阶段，与发达国家相比还有一定差距。任重而道远，尚需不断努力。

【参考文献】

［1］ 马大猷．噪声与振动控制工程手册［M］．北京：机械工业出版社，2002.

［2］ 吕玉恒．噪声控制与建筑声学设备和材料选用手册［M］．北京：化学工业出版社，2011.

本文2011年刊登于《噪声与振动控制》第6期

（参与本文编写的还有本院冯苗锋、黄青青）

噪声控制工业综述

1　噪声控制工业的现状

随着工业技术的发展，环境污染日益严重。水质、大气、烟尘、噪声、振动、电磁辐射、固体废弃物和城市垃圾等污染，已成为当代迫切需要解决的问题。我国工业技术发展速度较快，但水平较低，环境污染的速度比工业增长的速度要快。党和政府提出，保护环境是我国的基本国策。目前，国家每年投资 100 亿元用于环境污染治理，约占国内生产总值的 0.7%，这个数字在发展中国家居于前位。但是，严重的问题是每年因环境污染造成的经济损失达 600 亿元，这个数字在国际上也居于前位，若要使我国环境污染得到控制，需要投资 2000 亿元。

噪声控制工业是环保产业的一部分，20 世纪 60 年代是萌芽阶段，生产厂家只有几个，产品数十种，产值几百万元；20 世纪 80 年代是起步阶段，生产厂家几十个，产品上百种，产值近千万元；20 世纪 80 年代是发展阶段，根据 1982 年在南京举办第一届全国环保展览会的统计，全国噪声控制生产厂家计 134 家，产品 600 余种，产值约 1 亿元。据 1986 年年底不完全统计，全国从事噪声与振动控制产品、材料、仪器、装置等生产的厂家以及从事这方面教学、科研、设计的单位计 340 余家，产品近千种，年产值 3 亿元。据 1989 年不完全统计，从事噪声与振动控制的生产、科研、设计的单位有 400 余家，产品千余种，年产值约 5 亿元。就全国来说，噪声控制工业的布局不尽合理，发展很不平衡，工业与科技发达的江浙地区最集中。据统计，上海市区及郊区从事噪声控制设备生产的单位有 75 家，从事科研设计的单位有 42 家，经营噪声治理业务的公司、服务部等有 15 家。江苏省合计有 85 家，浙江省合计有 62 家。对于噪声控制工业来说，20 世纪 90 年代可以说是调整、整顿和进一步发展提高的阶段。

我国噪声控制工业为什么会如此迅速地发展呢?

第一，人民生活水平的提高，环境意识的增强以及环境污染的加剧，促进了噪声控制工业的发展。

随着人民物质文化生活水平的提高，要求一个安静、舒适、整洁、文明的环境，而工业的发展和交通运输的发达所带来的副产品是环境污染。以上海为例，在投诉污染受害的人民来信中 65%是关于噪声的危害。上海市政府于 1986 年制定了《固定源噪声管理办法》，提出了建设固定源低噪声控制区的任务，将此作为每年为人民办实事的内容之一。上海市区共有 150 余条街道，每条街道算一个噪声控制小区。从 1986 年至 1989 年年底，通过四年努力，上海已建成 100 个固定源低噪声控制小区，占全市街道的 70%，治理了 3143 个单位的 7358 个超标项目，使得 43502 户居民直接受益，500 万人口降低了噪声危害，共花费资金 4645 万元。在完成这些项目的过程中，既治理了环境，同时也促进了噪声控制工业的发展。

第二，国家重视，颁布了有关法规、标准，建立健全了环境监测和产品质量检验监督体系。

国家颁布了环境保护法，制定了噪声控制管理条例，同时发布了各种噪声限值标准并统一了噪声测量方法。据统计，20 世纪 80 年代以来共编制和颁布了各种声学国家标准 60 多个，其中有代表性的如《城市区域环境噪声标准》《工业企业噪声设计规范》《工业企业噪声卫生标准》《机动车辆允许噪声》《电机噪声限值标准》等。各省市结合当地实际情况也制定了不少标准，各生产企业，尤其是向社会提供的产品中有噪声污染的，一般均制定了噪声考核标准，如各类家用电器等。这样有法可依，有标准可循，对违法者或超标者，由执法部门或监督部门给予追究或监督，从而促进了噪声控制科学技术的发展和噪声控制工业的发展。

第三，改革开放，搞活经济，乡镇企业的兴起促进了噪声工业的发展。

鉴于噪声控制工业是一门新兴工业，与其他工业一样正经历着一个由简到繁、由低到高、由粗到精的发展过程。我国噪声控制工业起步较晚，多数大型或高技术企业无暇从事这一工作，蓬勃发展的乡镇企业正好适应这一个潮流。据统计，目前从事噪声与振动控制设备装置生产的企业中，70%是乡镇企业。它们机动灵活，适应性强，既可从事噪声控制工程综合治理，又可提供一定的定型零售产品，基本可以满足噪声治理单位的需要。

第四，国家投资增加，政策优惠。

新建项目，环保实行“三同时”，在资金上予以保证。老项目改造，环保实行低息或无息贷款，侧重于社会效益和环境效益。在国民经济的调整中，对于环保产业，国家在资金、税收、留利、折旧等方面实行优惠政策，向环保倾斜，这样就为噪声控制工业的发展创造了有利条件。

2　噪声控制工业已初具规模

上文已就噪声控制工业生产发展经历、能力、产值等作了介绍，下面着重从技术装备水平、队伍、产品、管理等方面阐述噪声控制工业的发展情况。

(1) 噪声控制所需的材料、设备、装置等已大体齐备，可基本满足噪声治理的要求

众所周知，噪声控制途径不外乎三个方面，一是在声源上进行控制，生产和提供低噪声产品，即进行积极主动地治理；二是在声音传播途径上采取吸、隔、消、减、阻等方法加以控制，即消极被动地治理；三是在接受者身上采取隔离措施，这是在无法实现上述两种控制办法的场所而采取的消极治理方法，以减小噪声对接受者的危害。要治理噪声，首先必须鉴别和测试噪声源，配备必要的声学和振动测量仪器。

具体来说，噪声控制工业大体可以分为八大类：

① 消声。生产各种消声器，以降低空气动力性噪声。

② 隔声。采用各种构件以隔绝噪声源的空气传声。

③ 吸声。使用不同吸声材料降低反射声能。

④ 隔振。安装隔振器件，减小振动的固体传声。

⑤ 阻尼减振。将振动能量消耗在传播途径上。

⑥ 个人防护装置。

⑦ 声学和振动测量仪器。

⑧ 低噪声产品。

以消声器为例，据统计，目前我国已能生产八大类，100 多种型号，400 多种规格的各类消声器，可基本满足消除空气动力性噪声的配套要求。八大类消声器，有风机消声器（离心式中高低压风机、轴流风机、罗茨风机等消声器）、空压机消声器、排气放空消声器、柴油机消声器、电机消声器、各型消声弯头、有源消声器、特型消声器等。

吸声材料和结构，有多孔纤维性吸声材料（超细玻璃棉、岩棉、矿渣棉、离心玻璃棉、声学泡沫等）、微穿孔板、薄板共振、特型吸声体等。隔声构件，有隔声室、隔声罩、隔声板、隔声门窗等。隔振器件，有金属隔振器、橡胶隔振器、弹性吊钩、柔性接管、油阻尼器、软木、玻璃纤维板等。阻尼减振，有阻尼板材、阻尼涂料、阻尼包扎等。个人防护，有耳塞、耳罩、头盔等。声学和振动测量仪器，有声级计、滤波器、振动测量仪、放大器、频率分析仪、记录仪等。低噪声产品是近年来国际国内重点研究的对象，这方面国内虽然有一些突破，但总的来说，水平还是较低的。从声源控制噪声应该是21世纪努力的方向。

(2) 噪声控制研究、设计、监测、计量的技术队伍已基本形成

据不完全统计，目前国内直接从事噪声与振动控制教学、设计、研究、监测、计量的单位有200多个，人数有3000余人。其中，上海和北京最集中，上海分别设立有声学所、声学室、声学组的单位有66个，专门从事声学和振动设计、研究、教学的高级技术人员60余名。大专院校有代表性的单位是上海交通大学、清华大学、同济大学、南京大学、浙江大学、重庆建筑工程学院、上海工业大学、山西工业大学、北京经济学院、陕西师范学院等，科研设计有代表性的单位是中国科学院声学研究所、建研院物理研究所、华东建筑设计院、中船第九设计研究院、北京建筑设计院、上海民用建筑设计院、机电部设计研究院、冶金部设计总院、中国计量科学院、航空航天部第四设计院、北京劳动保护科学研究所、上海电器科学研究所、浙江省劳动保护科学研究所、黑龙江省劳动保护科学研究所、武汉鼓风机消声器研究所、广州电器科学研究所等。这些单位从事的噪声控制技术工作大体分为四大部分，一是培养专业技术人才；二是研究设计低噪声产品；三是对噪声污染工程进行综合治理设计研究；四是按有关标准进行计量监测。

(3) 噪声控制技术水平逐步提高，学术交流活跃，论文专著增多

就整个噪声控制技术的理论研究和学术水平来说，笔者认为，我国与发达国家相比，差距并不大。从国外引进的一些噪声与振动控制设备装置与国内同类产品相比，原理上相同，声学性能上差不多，有些产品我们还处于领先地位，有的已出口，有的申请了专利。例如，根据著名声学专家马大猷教授的研究成果而制造的各种微穿孔板消声器、排气放空消声器等居国际领先水平。浙江上虞风机厂和联丰玻璃钢厂利用上海交通大学的研究成果而制造的各种低噪声风机和低噪声冷却塔，均已出口。上海松江橡胶制品厂生产的橡胶挠性接管已代替进口产品，使用实践证明，这种产品在性能上及使用寿命上比进口产品要好。

改革开放以来，国内不少噪声与振动控制专家参加了各种国际会议。1987年在北京举办了第十六届国际噪声控制会议，1988年在上海举行了第三届西太平洋国际声学会议。国内各专业学会、协会每年基本有2～3次全国性的学术交流活动。1980年以来，中国环境学会、环境工程学会、中国劳保学会、中国环保工业协会等已联合举办四次全国性的学术交流活动，参加人数达1000余人次，交流论文800余篇。

20世纪80年代以来，国内正式出版发行了声学和振动方面的专著有70多本，其中有代表性的著作如马大猷等的《声学手册》，车世光、章奎生等的《建筑声学设计手册》，方丹群等的《噪声控制》，陈绎勤的《噪声与振动的控制》，严济宽的《振动隔离技术》，赵松龄的《噪声的降低与隔离（上、下册）》，吕玉恒等的《噪声与振动控制设备选用手册》，项端祈的《空调制冷设备消声与隔振实用设计手册》等。近年来，国内公开发行的声学、环保、劳保等杂志有20余种，其中均有噪声与振动控制方面的论文著作，有代表性的杂志如《声学学报》《噪声与振动控制》《应用声学》《中国环保工业》《冲击与振动》等。这些专著和刊物较全面而系统地总结介绍了国际国内噪声与振动控制技术，对噪声控制工业的发展起到了积极的指导和推动作用。它既是噪声控制工业初具规模的具体体现，又是噪声与振动控制技术水平的现实反映。

(4) 噪声控制管理机构逐步健全

噪声污染管理是整个环境管理的一部分。为强化管理，国家环委会设立国家环保局、中国环保工业协会，各省、市、区、县局均有相应的管理机构、行业组织和学术团体。以上海为例，市环保局与各区、县局均设有环保办公室、环境监测站、排污收费监理所等行政机构。各工厂企业和基层单位，包括街道办事处，均设立有专职环保人员。组织机构的落实，专职人员的配备，保证了噪声控制设施的实现，监测部门的监督和收费部门的经济制裁，反过来又促进了噪声控制技术水平的提高。

3 噪声控制工业发展中应解决的几个问题及对策

我国噪声控制工业发展较快，但存在一些亟待解决的问题。

(1) 提高产品质量，加强质量管理

与国外噪声控制设备相比，在技术性能上国内产品还可以，但在加工安装质量上差距就较大，据介绍，有的噪声控制设备利用率只有50%～60%。造成这一问题的原因，有的是设备装置设计不合理，加工精度低；有的是不了解使用工艺要求，顾此失彼；有的是管理不善。如前所述，目前噪声控制设备70%是由乡镇企业生产的，而他们的设备一般都较陈旧、简陋、精度低，生产场地条件差，技术素质较差，文化程度偏低，技术水平不高。要解决这一问题，一方面应加强人员培训，提高自身素质；另一方面应适当投资，更新设备，完善手段，加强质量意识，制定必要的质量管理条例。

(2) 加强“三化”工作，编制统一的质量标准

鉴于噪声控制产品门类多，情况复杂，各厂技术水平又参差不齐，要求各异，因此，虽然是同类产品，但无法互换，产品的通用化、系列化、标准化等“三化”工作没有很好地开展。例如，同一个型号的风机消声器，各厂自成系列，自取名称，自定型号，有的为避抄袭之嫌，只做了一点修改调整就改头换面为新系列产品。目前，亟待从产品的型号、规格、技术参数、加工安装要求等一系列技术问题上，采用统一规划、相互协调的办法，制定出统一的质量标准，这项工作由环保工业协会承担最合适。

(3) 加强生产与科技的结合

实践证明，噪声控制工业的发展必须依靠科学技术，而科学技术必须面向生产。采用新技术、新工艺、新材料制造新产品和新设备，才有可能开拓新的市场。发展质量好、能耗低、价格合理的产品，供应配套的系列化产品，开展一条龙服务，才可能取得较好的经济效益、社会效益和环境效益。浙江上虞风机厂与上海交通大学组成的联合体开发出了300种各种型号规格的低噪声风机，年产值由1980年前的57万元发展到现在年产值为2550万元，这就是一个实例。

(4) **加强国际交流与协作，引进先进技术，开拓市场，进行多层次多渠道的合作**

对于国内来说，政府主管部门应加强对噪声控制工业发展的领导，编制统一规划，在资金技术、税收、留利、外贸出口等方面给予政策上的优惠。

(5) **研究开发并生产供应各种低噪声产品，是噪声控制工业发展的方向**

从声源上控制噪声是最积极有效的方法，近年来，国内不少科研设计单位对此做出了贡献。例如，研究开发了低噪声轴流风机、离心风机、锅炉鼓风机、引风机，低噪声冷却塔，超低噪声冷却塔，低噪声木工机床、空压机、制钉机、切面机、家用电器等。对于量大面广高声级的纺织机械、冲压机床、气动工具、机动车辆、轧钢设备等，已着手进行研究。总之，发展我国的噪声控制工业，需要各级领导重视，政策对路，各方努力，通力合作，艰苦奋斗，前景是很乐观的。

本文 1991 年刊登于《工厂建设与设计》第 1 期

噪声与振动控制技术设备的新进展

1　概况

保护环境是我国基本国策之一。控制噪声与振动污染是环境保护的四大内容之一。八五期间我国将投资 800 多亿元（约占国内生产总值的 0.85%）用于环境污染治理。由于工业发展迅速，环境污染比较严重，治理费用有限，污染速度高于治理速度，要使我国环境污染得到控制，大约需要投资 2000 亿元。能否利用较少的资金，取得最好的效益，这正是环保工作者面临的重要课题。各种防治技术最终总是通过不同的设备、装置、仪器等来实现，因此，采用新技术、发展新材料、提供新装置是我们的努力方向。我国噪声与振动控制工业发展较快，20 世纪 60 年代可以说是萌芽阶段，20 世纪 70 年代是起步阶段，20 世纪 80 年代是发展阶段，20 世纪 90 年代是调整提高阶段。据统计，1982 年全国噪声与振动控制设备生产厂家计 134 个，产品 600 余种，年产值 1 亿元左右。1990 年年底统计，生产厂家增至 400 余个，产品数千种，年产值 5 亿元左右。噪声与振动控制工业较发达的是江、浙、沪地区，上海生产厂有 75 家，科研设计单位 66 个，江苏省生产厂家 85 个，浙江省 62 个。

改革开放十年来，随着人民物质文化生活水平的提高，环境意识的增强，国家重视，政策优惠，近年来，取得了不少成果，有较大进展。首先，国家制定和颁布了环境保护的一系列法规、条例和标准。据统计，噪声与振动控制方面的标准计 157 个，其中环境质量标准 6 项，排放允许标准 30 项，测量方法标准 77 项，相关标准 44 项。其次，全国从事噪声与振动控制教学、研究、设计、监测、计量的单位有 2000 多个，人数约 5000 人，一支科研设计监督管理的队伍已基本形成。再次，在理论著作方面，中华人民共和国成立以来公开出版发行的噪声与振动控制专著计 150 余本，其中，20 世纪 80 年代以来出版的就有 120 余本。公开发行的有噪声和振动控制栏目的杂志 20 余本。学术活动也比较活跃，每年均有全国性的噪声与振动控制学术会议召开。

总的来说，在噪声与振动控制理论研究方面、控制技术的基本原理方面以及品种规格、发展速度方面，我国与发达国家差距不大，已能基本满足我国噪声与振动污染治理的需要，部分产品已出口。噪声与振动控制技术大体分为隔声、吸声、消声、隔振、阻尼减振、个人防护、声振测量仪器以及低噪声产品等几个方面。本文简要介绍一下近年来我国在噪声与振动控制设备、材料、结构、装置等方面的新进展。

2　新材料

（1）吸声材料

吸声材料种类繁多。吸声性能较好的多孔性纤维材料如超细玻璃棉、矿渣棉、中级纤维棉等是传统的吸声材料。这些材料吸湿性差、刺手。近年来从国外引进了一些设备或生产线，批量生产的新型吸声材料主要有：

① 离心玻璃棉。上海平板玻璃厂从日本引进的采用离心法生产的离心玻璃棉，具有防潮（憎水率>98%）、不燃、不腐烂、无害、不刺手、弹性好、恢复力强、高低温适应性强、便于施工、吸声性能优良等特点，是一种新型吸声保温材料，可以提供毡状、板状、套管、装饰板等多种规格。离心玻璃棉毡容重有 10kg/m^3、12kg/m^3、16kg/m^3、20kg/m^3、32kg/m^3，长、宽、厚根据用户需要制作，一般提供厚为 50mm 的卷材。容重 32kg/m^3、50mm 厚棉毡，贴实，其平均吸声系数为 0.80（混响室法）。

② 岩棉。北京新型建筑材料总厂从国外引进生产线而生产的岩棉及其制品，在噪声控制和节能保温等方面得到广泛的应用。岩棉是以精选的玄武岩为主要原料，经高温熔融而制成的无机纤维材料。根据不同用途可制成棉毡、半硬板、保温带和管壳等，具有不燃、不蛀、吸声性能好、寿命长、施工方便等特点，容重有 80kg/m^3、100kg/m^3、150kg/m^3。100mm 厚，容重 80kg/m^3，贴实，其平均吸声系数为 0.71。北京新型建筑材料总厂制品加工分厂将岩棉材料产品化，制成平板型、竖板型、筒型、复合型、船型以及立体合成型等吸声体，在不少噪声控制及建筑声学工程上应用，取得了 6～10dB(A) 的降噪效果。

③ 聚氨酯声学泡沫。山东蓬莱聚氨酯制品厂从国外引进设备和工艺而生产的聚氨酯声学泡沫，与普通的聚氨酯泡沫塑料不同，它在发泡时添加了阻燃剂和防老化剂，在发泡工艺上也有所改进，可贴敷各种饰面，具有阻燃、质轻、柔软、吸声性能稳定、吸声系数高（50mm 厚，贴实，平均吸声系数为 0.64）、好施工等优点，一般容重为 25～30kg/m^3。在不允许使用纤维性吸声材料的食品行业、医药行业等，可采用这种新型吸声材料。北京亚运村不少室内吸声和装饰均用此材料。

④ “δ”型薄塑吸声体。参照国外样本由同济大学等单位研制成功并由上海新建塑料厂生产的“δ”型薄塑吸声体，是利用 PVC 塑料制成如同肥皂盒似的吸声体，每张规格 500mm×500mm，有单腔和多腔结构，其重量极轻，对于中高频声吸声效果较好，适用于无粉尘、较卫生、湿度高、不防火的食品和医药行业。

⑤ 微穿孔板吸声结构。根据著名声学专家马大猷教授的研究成果而制作的微穿孔板吸声结构，在吸声、消声等领域得到广泛的应用。在板厚小于 1.0mm 的薄金属板上（如铝板、钢板、不锈钢板等）钻以孔径小于 1.0mm 的微孔，穿孔率在 1%～5%，后部留有一定厚度的空气层，这样就构成了微穿孔板吸声结构。它具有吸声系数高、吸声频带宽、不怕水、不怕汽的优点，特别适用于高温、高速气流、洁净度高的场所，装饰效果也较佳。上海红旗机筛厂和无锡堰桥噪声控制设备厂可以提供各种规格的微穿孔板。

(2) 隔声材料

① FC 和 NAFC 板。以往隔声结构多数是采用砖、石、混凝土及金属板等制作。近年来，江苏吴江县新型建筑材料厂从国外引进了 9000t 压机等设备而制造的 FC 板和 NAFC 板是一种新型的隔声板材，填补了国内空白，达到了国际先进水平。FC 板是含有少量石棉成分的纤维水泥加压板，NAFC 板是不含石棉成分的水泥加压板。FC、NAFC 板具有尺寸大（一般规格为 2400mm×1200mm）、厚度规格多（4～40mm）、强度高（抗折强度为 28N/mm^2）、质轻（容重为 1800kg/m^3）、防火、防水（吸水率<17%）、易施工等特点。可作为工业与民用建筑的内墙板、外墙板、吊顶板、通风道板、地下工程墙板等，还可提供 FC 穿孔板（穿孔率 4%～20%）。FC、NAFC 板用于噪声控制工程隔声板、隔声屏障、隔声吸声

板，效果良好。6mm 厚 FC 板复合墙板隔声指数为 50dB。

② 硅钙板。纤维增强硅酸钙板简称为硅钙板，也是一种新型建筑板材，光板可作为隔声板，穿孔板可作为吸声装饰板。它是采用硅钙质原料为基材，选用合适的无机和有机纤维材料增强，经均化、切割、压力蒸汽养护等工艺而制成的不燃、隔声、隔热、耐老化、耐潮湿的新型墙体及吊顶材料，广泛应用于噪声控制隔声和建筑声学工程饰面，由上海奉贤申华轻板厂生产。

(3) 阻尼复合钢板

将高阻尼材料涂于两层或多层钢板之间而制成的阻尼复合钢板，可将振动及声能消耗在材料之中，减振与隔声效果良好。低噪声阻尼复合钢板对数衰减率 $\delta=0.3\sim0.8$，动态结构损耗因子 $\tau\geqslant50\times10^{-3}$，阻尼胶复合强度 $\delta_0\geqslant10$MPa，耐温≤180℃，板厚一般为 0.8mm、1.0mm、2.0mm、2.5mm、3.0mm，也可加工 4.0mm 以上的厚板。使用阻尼复合钢板制造的低噪声滚筒和隔声罩，取得了满意的隔声降噪和减振的效果。该材料由浙江嵊县低噪声器材厂生产。

3 新器件

近年来，隔振器件发展较快，新型、高效隔振器和挠性接管已在噪声和振动控制工程中广泛使用。各类消声器在原有的八大类、100 多种型号、400 多种规格的基础上，又新研制了不少消声量高、阻力损失小、体积紧凑的新型消声器以及特殊用途的消声器。

(1) 预应力阻尼弹簧减振器

TJ5 型预应力阻尼弹簧减振器是由华东建筑设计院研究设计、浙江湖州马腰弹力减振器厂生产的一种金属弹簧减振器，具有钢弹簧减振器的低频率和橡胶减振器的大阻尼双重优点。阻尼性能稳定，使用寿命长，结构简单，安装方便。固有频率为 1.9～5.5Hz，载荷范围 80～36100N，阻尼比 0.08，工作温度－40～100℃，适用于风机、水泵、压缩机、柴油机、空调器、冷水机组、冷凝器组、精密设备等的隔振。

(2) 冲床减振器

Ⅰ型冲床减振器是由中国船舶工业总公司第九设计研究院设计、上海力达减振器厂生产的专门用于各型冲床的减振器，适用于 8～80t 冲床及其他产生垂直冲击扰力设备的减振。振动加速度的减振效率达 90%以上。使用该型减振器可不做基础，直接安装在楼层或地坪上，有利于工艺流程的调整。减振器可自由调节冲床的水平度。冲床上楼后使用该型减振器隔振，效果更为明显。

(3) 可曲挠橡胶挠性接管

在设备的进出管道上安装挠性接管是防止振动从管道上传递出去的必要措施。上海松江橡胶制品厂生产的各种规格的橡胶挠性接管（又称避振喉）广泛应用于给排水、暖通、压缩机等管道系统的隔振上。工作压力 8～20kgf/cm^2，温度范围－20～115℃，适用介质为空气、水、海水、热水、弱酸等。直径为 14～24in，配标准法兰，在全国 3000 多家用户的使用中，均取得了满意的效果。

(4) 复合隔振器

ZA 系列复合隔振器是由北京市劳动保护科学研究所新研制成功的一种金属与橡胶复合

的隔振器，载荷范围为100～1200kgf，垂直固有频率9～13Hz，工作温度－5～150℃，压缩量1.3～4.1mm。具有动系数低，体积小，重量轻，高度低，性能稳定，价格便宜等特点，广泛应用于发电机组、空压机、风机、冷冻机、泵等机械设备隔振，对于锻冲机械的隔冲也有明显效果。

(5) **不锈钢波纹管**

对于工作温度高于100℃，又有一定压力的出口管道，不宜采用橡胶挠性接管，如柴油机、空压机、真空泵等出口，均可采用不锈钢波纹管。它是用不锈钢薄板制成波纹形管道，两端焊上不锈钢法兰，有的外面再套保护丝网圈，管内设导向内管。不锈钢波纹管可承受－70～300℃温度，耐腐蚀，寿命长，通径为ϕ65～ϕ1000mm，压缩量为20～30mm。

(6) **微穿孔板消声器**

这是一种新型消声装置。它是在微穿孔板吸声结构的理论基础上发展起来的，综合了阻性消声器和抗性消声器的优点，弥补了阻性消声器低频消声性能差、抗性消声器消声频带窄的缺点。它具有消声频带宽、压力损失小、再生噪声低、耐腐蚀、耐高温、不怕潮湿、能承受较高气流冲击、洁净度高等特点，特别适用于医药、卫生、食品、净化等行业以及高速气流冲击或有特殊要求的场所。

(7) **L型螺旋消声器**

由华东建筑设计院设计、上海金山消声器厂制造的L形螺旋消声器，是一种利用螺旋形风道对声波的连续吸收和声波干涉作用相复合的新型消声器。它由吸声外套管、螺旋形吸声内芯和干涉管组成。由于结构合理，声通道呈圆弧形弯曲，充分利用了吸声材料和声波的干涉作用，并符合气流运动规律，从而使消声器的声学特性和气体动力特性比直管消声器大大改善，插入损失可达30dB(A)以上，特别是低频段消声量比一般消声器可提高5～10dB。气流阻力系数小于1.3，气流再生噪声也较低，相对体积和用钢量可节省1/4左右。该系列产品共9种规格，处理风量为3500～31000m^3/h，流速18m/s，广泛应用于各类风机的进出口消声。

新型消声器还有盘式消声器、汽车净化排气消声器、塑料蒸汽消声器、小孔喷注消声器、油浴式消声器等。

4 新设备

实现产品的低噪声化，提供低噪声设备，从声源上控制噪声污染是最积极最有效的措施，也是噪声控制者追求的目标。20世纪80年代以来，国内许多科研设计单位与机电产品制造厂开展了产品低噪声化研究，并取得了较大进展，有的低噪声产品已批量生产，有的已出口，产生了较好的社会效益、经济效益和环境效益。

(1) **低噪声风机**

各类风机在工业和民用方面使用十分广泛，其气流噪声多数是加装各型消声器加以控制。这种方法成本高，占地大，阻力损失大，增加能耗。上海、浙江、江苏等省市从研究风机噪声机理着手，试制成功了低噪声轴流风机、离心风机、冷却塔风机、纺织通风机等，可以不装消声器，噪声比普通风机低10～15dB(A)。

① DZ系列低噪声轴流风机。该系列风机由上海交通大学设计，浙江上虞风机厂制造，

分为壁式、岗位式和管道式三大类计 35 种机号，风机直径为 ϕ200～ϕ1000mm，转速分别为 720r/min、960r/min、1450r/min、2900r/min，风量为 400～25000m^3/h，全压 3～22mm 水柱，噪声为 54～79dB(A)。

② DZ_2—80 型低噪声节能锅炉风机。该风机由宁波低噪声风机厂生产，主要用于额定蒸发量为 2t/h 锅炉的鼓风，风量 2500～5000m^3/h，采用进气盘和消声盘构成的消声装置，使鼓风噪声降为 75dB(A) 以下，比普通锅炉配套风机噪声低 15～20dB(A)。

③ DF3.5 系列低噪声离心通风机。该系列风机由浙江余姚通用机械厂生产，分左右两种旋向，有 0°、90°、180°三种出口方向，风量为 2310～5400m^3/h，可调，全压 10～42mm 水柱，电机功率 1.0kW。风机噪声小于 60dB(A)，具有效率高、耗电省、噪声低、振动小、可变速等优点。

④ SWF 型高效低噪混流式通风机。该风机兼有轴流式风机和离心式风机的优点，能轴向安装，具有高效区宽，风压较轴流风机高，单位风量比离心风机大的特点，适用于高级民用建筑通风排风和冷库、纺织通风等多工况变化的场所，节电降噪显著。该风机由浙江上虞风机厂生产。

(2) 低噪声冷却塔

冷却塔广泛应用于工业生产和民用设施，以节约用水和减少能源消耗。近年来研制成功了多种规格的低噪声冷却塔和超低噪声冷却塔以替代普通冷却塔，也可将普通冷却塔改造为低噪声冷却塔。

① BLS 系列低噪声冷却塔和 BLSS、BLSSJ 型超低噪声冷却塔。这两类冷却塔均是由上海交通大学设计，浙江上虞联丰玻璃钢厂制造的。冷却塔的噪声源主要是风机及淋水，为冷却塔专门设计的 JT-LZ 型低噪声风机，叶轮直径大，圆周速度低，叶片为阔叶空间扭曲型，叶轮进行动静平衡，从而降低了冷却塔的气流噪声和机械噪声。下塔体集水器上安装消声栅，使淋水声有所降低。BLS 系列有 8 种规格，冷却水量分别为 4t/h、8t/h、15t/h、30t/h、50t/h、100t/h、200t/h、500t/h，塔体直径为 ϕ800～ϕ6800mm，塔高 1800～6390mm，噪声为 61～65.5dB(A)（测距为一倍塔径），进水温度 37℃，出水温度 32℃。BLSS 和 BLSSJ 系列超低噪声冷却塔是在 BLS 系列低噪声冷却塔的基础上再采取更严格的降噪措施而设计制造的，其噪声比同吨位的低噪声冷却塔还要低 3～5dB(A)。例如，常用的 100t/h 低噪声冷却塔噪声为 62dB(A)，而超低噪声为 58.5dB(A)。其他热工性能基本相同。

② BDNL 型低噪声冷却塔和 CDBNL 型超低噪声冷却塔。该系列冷却塔是由清华大学、机电部第四设计院和北京劳动保护科学研究所设计，广东阳江县玻璃钢厂制造的，共 24 种规格，冷却水量为 12～1000t/h，超低噪声型比低噪声型再低 4～5dB(A)。例如，100t/h 低噪声冷却塔噪声为 57dB(A)，超低噪声型为 53dB(A)（测距为一倍塔径）。

(3) 低噪声空压机

无锡压缩机厂引进瑞典阿特拉斯公司专有技术而制造的低噪声压缩机有多种规格。其中 GA608W（水冷型）和 608（风冷型）低噪声螺杆压缩机，排气量为 6.36m^3/min，排气压力 7kg，电机功率 45kW，噪声 75±3dB(A)。排气量 9.48m^3/min 的压缩机噪声为（75±3）dB(A)。低噪声螺杆压缩机噪声比同类普通空压机要低 10～15dB(A)，可以不装消声器。

(4) 低噪声切面机

由上海交通大学设计、上海卢湾区粮食局制面机械厂制造的 MT05-450 型低噪声切面机是对原机改型，采用新型同步带传动，金属齿轮更换为尼龙齿轮，挡板改为吸声挡板，冲击棒外套橡胶管，基座安装橡胶隔振器等，单机噪声由 80dB(A) 降为 70dB(A)。原机其他性能基本不变。

(5) **DZG 型低噪声滚筒机**

浙江嵊县低噪声器材厂在浙江大学协作下研制成功的 DZG 型低噪声滚筒机主要用于铸件清砂、原材料除锈、冲压件去毛刺、小零件滚镀、粒料块料磨细等。现有 7 种规格，直径 ϕ300～ϕ700mm，长 300～1200mm，噪声由 110dB(A) 降为 90dB(A) 以下。

由于噪声高低已作为许多机电产品质量优劣的指标之一，因此，近年来研究设计低噪声机电产品已提到议事日程上来，引起了高度重视。家用电器如电冰箱、洗衣机、空调器、吸尘器等更追求低噪声化。高噪声设备如纺织机、空压机、锻冲设备、清砂机等在八五规划中已列入治理项目，预计在不久的将来会有更多的低噪声产品应市。

本文 1992 年刊登于《中国环保工业》第 5 期

我国噪声与振动控制技术的现状与发展

摘　要： 本文从无源、有源和噪声源本身控制技术以及声振测量仪器与计算机在噪声控制上的应用等5个方面，探讨我国噪声与振动控制技术领域的现状、差距及发展趋势。

关键词： 噪声控制　振动控制　现状　发展　趋势

1　概况

噪声与振动污染是环境保护防治的四大污染之一。

近20年来，我国噪声与振动控制技术得到迅速发展，但因起步较晚，基础薄弱，目前仍处于发展的初级阶段。

20世纪80年代有关资料统计，全国从事噪声与振动控制生产、科研、设计的单位有400余家，产品千余种，年产值约5亿元。

改革开放10年来，国家制定和颁布的噪声与振动控制方面的标准有157个，其中环境质量标准6项、排放标准30项、测量方法标准77项、相关标准44项，基本做到有法可依，有标准可循；全国从事教学、研究、设计、监测、计量的单位200多家，人数5000人，基本队伍已经形成；治理所需材料、设备、装置基本可满足要求；中华人民共和国成立以来出版发行的专著计150余本，其中20世纪80年代以来出版的有120余本；目前公开发行的有噪声与振动控制栏目的杂志有20余家。

2　无源噪声控制技术

无源噪声控制是一种传统的、有效的、最常用的技术，包括消声、吸声、隔声、隔振、阻尼减振等。

2.1　消声

安装不同型式、不同结构的消声器，以降低各类空气动力性噪声。据统计，目前我国已能生产八大类、100多种型号、400多种规格的各类消声器，基本上可满足治理气流噪声的要求。根据著名声学专家马大猷教授微孔板吸声结构理论而研制和发展起来的微穿孔板消声器是我国独创的，其特点是消声频带宽、耐高温、抗潮湿、压力损失小、气流再生噪声低、洁净、抗气流冲击等，适合于医药、卫生、食品、净化、电子等行业的气流噪声消声。另外，我国小孔喷注消声器，适用于高速、高温、大流量排气放空、其消声效果好，结构新颖、紧凑，在国际上也处于领先地位。

当前，消声器的发展趋势，以风机消声器为例，正向结构紧凑、简单、消声量适中的方向发展，多数是采用片式或管式消声结构。需进一步完善开发的消声器有螺旋式、环式等阻性消声器，多功能消声器，汽车尾气净化消声器，空压机油浴式滤清消声器等。亟待研究开发的是含有粉尘、油污、水汽、高温、腐蚀等恶劣环境条件所用的消声器。

2.2 吸声

近年来，我国在吸声机理、吸声结构、吸声材料以及吸声降噪设计的研究中做了不少工作，开发了许多新品种，在这方面与国外先进水平基本相当。

吸声材料、吸声结构的发展趋势为，品种多样化，外观装饰化，吸声高效化，施工装配化，且要求防火、防潮、防老化、抗恶劣环境，室内外均可使用。

2.3 隔声

在噪声传播途径上设置隔声门、隔声窗、隔声罩、隔声室、隔声屏、隔声棚等来控制噪声，国内外水平相差不大，差距在于国内隔声结构工艺设计水平还较低，加工制造精度不高，外观不挺括，接缝处密封性差，装配化程度低。

隔声材料和隔声结构发展的趋势为，隔声板材应质轻，隔声量高，尤其要提高低频隔声效果，隔声结构配套，便于加工拼接，多次拆装不变形，接缝处密封牢靠，外观漂亮，价格适中。

2.4 隔振

振动产生噪声。无论是消极隔振还是积极隔振，利用隔振器件减小振动传递，抑制噪声和减小固体传声，是基本方法。

我国隔振技术和产品与国外相比还有一定差距。国外多数设备均安装在隔振器上，既可以减小振动传递，又可以简化设备安装，被称为“设备安装革命”，而国内还没有认识到这一点。国内金属弹簧阻尼比比国外低，橡胶隔振器动态系数比国外高，温度适用范围比国外窄，变阻尼变刚度隔振器还很少使用。

隔振器的发展趋势为，品种规格要多，适用温度范围广，抗油污抗酸碱力强，应与振动设备配套供应，阻尼弹簧减振器向大阻尼方向发展，橡胶隔振器向低动态系数方向发展，扩大变刚度变阻尼减振器应用范围，研制开发大口径橡胶挠性接管和不锈钢波纹管等。

2.5 阻尼减振

阻尼减振主要是利用阻尼材料高损耗因子使物体振动能量转化为热能而散发掉，从而达到降低结构噪声辐射的目的。阻尼技术在我国起步较晚，和国外差距较大，但近年来发展较快，已能提供多种阻尼板材和阻尼涂料，一般成本较高，使用受到限制。同时，在防火、防水、防油及燃烧、毒性等方面的性能尚待进一步改进。

3 有源噪声控制技术

用一个新声源产生一个与原声源相位相反、振幅相等的声音，以抵消原声源，为声抵消技术，即有源噪声控制技术。

随着电子计算机和信号处理技术的发展，声抵消技术已应用于管道和局部区域，而在大空间还难以实现，20 世纪 80 年代中期，有源噪声控制又提出了新的概念，用一个与原声源极性相反、强度相等的新声源，使其与原声源组成一个复合声源，此复合声源将辐射小得多的声功率。其优点为，针对性强，低频效果好，在降噪的同时可保证语言信号的传输，所需设备体积小、重量轻。这一技术在发达国家发展很快，而我国虽有一些单位在进行研究，但目前还停留在实验室阶段，在一维管道上有试验结果，尚无应用实例，差距较大。

有源噪声控制技术国外研究的趋势分两大部分：一为理论研究，如有限空间声场的控制薄板弯曲振动有源控制、流体力学过程中的非稳定性有源控制和分布声场的有源控制等；二为实际应用，如将比较成熟的管道有源消声器应用于空调系统送排风管道和发动机的进出气管口，提供有源护耳器产品，它能消除噪声，同时还可以传输语言信号。另外，对于简单的分离谱噪声源（如变压器噪声）和其他一些重复性噪声实现有源控制。

4 声源降噪技术

最积极最有效的控制噪声的办法是从噪声源本身着手，设法降低噪声源本体噪声，研究开发低噪声设备或产品。20 世纪 80 年代以来，国内外在这方面的研究非常活跃，研制成功近百种低噪声设备，国内有 20 余种，如低噪声的风机和冷却塔、低噪声的木工机械、低噪声切面机、低噪声制钉机等。

从声源上控制噪声的发展趋势为，提供更多的低噪声产品，因为噪声的高低已成为评价机电设备和家用电器产品质量好坏的标准之一。

5 计算机在噪声控制技术上的应用

随着电子计算机技术的迅猛发展，计算机在噪声与振动控制领域的应用越来越广泛。其一，有源噪声控制和声源识别技术的发展，关键是借助了计算机技术。在这方面，我国与发达国家的差距很大。其二，利用计算机建立噪声源数据库和环境噪声数据库，国外已有相当大的进展，国内正在起步。其三，噪声预测和评价，国外 20 世纪 70 年代开始就利用计算机对城市道路交通噪声和飞机噪声进行预测，20 世纪 80 年代又开始了工业噪声预测。我国某些城市刚开始用计算机进行交通噪声及机场噪声预测。其四，噪声控制工程和噪声控制产品的计算机辅助设计“CAD”，发达国家已有较为成熟的计算机软件系统。由于受财力、物力和技术水平的限制，国内在应用计算机于噪声控制技术及产品优化设计等方面刚刚起步。可以预计，在未来的几十年中，随着整个国民经济技术水平的提高，计算机在噪声控制技术方面的应用将会有一个大发展。

6 声振测量仪器及其他

要实现噪声源的有效控制，首先必须对噪声源进行精密而准确的测试分析，这就需要各种噪声和振动测量仪器。20 世纪 70 年代以前，国内只能生产几种简易声级计。近 20 年来，噪声与振动测量仪器发展迅速，目前已能生产品种较多的精密声级计，如滤波器、记录仪，噪声统计分析仪，噪声自动监测仪、活塞发生器，标准声源，噪声显示仪和振动测量仪器等，同时兴建了几十个可进行精密测试和分析的消声室、混响室等。

声学和振动测量仪器的发展趋势如前所述，在声源的分析方面，采用有限元法等数值计算方法以分析复杂边界条件下的振动和声场，并采用随机过程设计理论来分析噪声声场能量分布：在测试方面，采用快速傅里叶变换、振动方式分析以及声强测量，以期在短时间内完成实验分析，也有采用多测点、多通道的采样分析方法，研究噪声源和声场性质。在具体工程设计中，通过数值计算或模拟预测，借助电子计算机，通过比较，很快可以求得最佳方案，这些新进展都需要通过测量仪器来实现。

总之，我国在噪声与振动控制理论研究方面、控制技术的基本原理方面、发展速度方面，与发达国家相比，差距并不很大，这一领域已初具规模。但在产品加工工艺、选材、优化设计、标准化、系列化以及新技术的应用等方面差距较大，有待发展与提高。

本文 1993 年刊登于《亚洲国际环保工业研讨会论文集》第 4 期
（参与本文编写的还有华东建筑设计院章奎生、北京劳动保护科学研究所战嘉恺）

香港地区环境噪声防治综述

应香港声学学会和英国声学学会香港分会之邀请，本文作者作为上海声学学会代表团成员于1994年12月15—21日赴港访问。参观了众多的环保产业公司，还与香港环保署进行了广泛的学术交流。

因香港地区与上海地区的环境噪声污染、噪声防治与规划有许多共同之处，本文侧重在这方面作概括性介绍，以供环保管理部门和专业设计人员借鉴与参考。

1　香港地区环境噪声污染现状与环保机构的建立

香港号称“购物天堂”，是国际上闻名的免税贸易港口。城市人口高度集中，住宅区人口密度每公顷达千余人，团聚居人口集中，工商业活动频繁，用地十分紧张。商业中心、居民小区高楼林立，间距狭窄，车辆密集。为了适应香港地区的繁荣与发展，市政建设四处兴起，显然，道路交通噪声、社会活动噪声以及建筑施工噪声已成为香港地区突出的噪声污染源，香港启德国际机场位于九龙市中心地带，高架快速公路与住宅楼间近在咫尺，大功率的施工机械，其噪声与振动困扰着众多市民，使之不得安宁。

早在1845年，一位赴港旅客已提醒香港的发展将远超环境容量。经过150年后，香港的发展是惊人的，人口膨胀和工商活动频繁所引起的噪声污染与日俱增，然而对于污染所采取的防治措施远未跟上时代的步伐。

20世纪60年代末，鉴于新兴工业的蓬勃发展，加上全球性的环保呼声，迫使香港地区政府遂委任环境污染问题咨询委员会。然而，咨询委员会对于迅速发展的环境领域感到棘手的是缺乏专门人才而难以开展工作。为了推动工作上马，政府于1974年委聘了一个环境问题顾问团，专门负责研讨环境问题并着手提出治理方案。顾问团经过详情的调查分析，认为必须采取强有力的防治对策措施，否则后果是不堪设想的，同时提出了制定环境规划和环境管理条例与法律的迫切性。

1977年，政府建立了环境保护组，其职责是制定环境保护政策，统筹全港环境污染管理并协助各地区环保部门开展工作。

1981年，环保局取代了环保组，该机构全面负责港区环保监测、监督和环境规划。

1986年，香港地区政府认为时机已经成熟，从而建立了环境保护署，并由署长全面负责环境污染预防和各项管理措施，政府给予行政权力管理全港污染问题。该机构还需参与全港城市土地规划，在政府制定新政策和计划时，环保署有资格作出参谋和监督。不仅如此，环保署还负责制定各类污染物的排放允许标准。在城市规划土地使用中各类新建或改建工厂，环保署将严格把关，要求建设单位提供详细的环境评价报告与相应的对策措施，否则环保署有权予以否定。据1993年作粗略估计，政府给予环保署的管理经费占到政府各部门总额的19.4％。由此可见政府对环保工作的重视程度。

2 噪声管理、立法和防治对策

(1) 铁路噪声

火车噪声对铁路沿线市民的烦恼度往往要超过汽车噪声。九广铁路公司经环保署批准计划在十年内全面完成防噪规划，耗资6.2亿港元，使5万名市民受益，主要措施有：

① 磨光列车轮箍和路轨，以减弱车轮和轮轨因表面不平滑所产生的摩擦噪声和振动。

② 对柴油机车安装高效能的消声器，可减少排气噪声。

③ 限制货运列车的行驶时间，在夜间驶经某些噪声敏感路段时降低行车速度。

④ 在靠近居民住宅、学校、医院、办公楼等建筑物的铁路沿线设置全封闭隔声屏障。火车侧向安装采光窗，不仅使乘客可饱尝沿线风光，而且可消除司机的疲劳感。

⑤ 设置半封闭隔声屏，以保护路轨一侧的居民住宅。

⑥ 敷设于路堤旁的1.5m高矮屏，以减弱对邻近低层建筑物的影响。

⑦ 车站月台上装置吸隔声顶棚。

(2) 道路交通噪声

香港大约有100万市民受到道路交通噪声的干扰，尽管实施了汽车噪声管理办法以及交通管理计划可以减弱噪声污染，但是更为有效的方法乃是道路干线的合理规划。

新建道路，不仅要考虑现阶段的噪声影响，还要预测其发展趋势的噪声增长，归纳起来，控制噪声可通过下列措施：

① 增加道路和建筑群体的间距，如距道路由10m增加到100m，则至少可降低噪声10dB(A)。

② 由于香港地区用地十分紧张，增大间距有时不切实际，则可在条件许可情况下增加绿化隔离带。

③ 对于铁路旁用防噪屏的办法同样也适用于道路旁。1993年，香港地区在大车流量道路旁建造了6km不同类型的屏障。在新建机场通入市区的高速公路共规划设置了7.5km防噪屏障。

④ 为降低高速公路两旁噪声影响，利用多孔面层材料代替常规的混凝土和沥青路面，可以使单车噪声暴露级降低5dB(A)。试验路段于1987年开始，当年仅铺设了300m吸声路面，因效果明显，政府已计划至1995年再铺设吸声路面10km左右。

⑤ 道路旁可建造允许噪声较高的商业建筑、多层停车场。这不仅可以充分利用土地，且可大大减弱噪声对居民的干扰，是个一举两得的措施。

⑥ 为了减少车库内汽车发动、刹车以及通风系统噪声扰民，可将靠居民侧的围护墙改建为通风消声窗，这种消声窗实际上是一种折板形片式阻性消声器，厚度为30～60cm，其“插入损失”为10～20dB(A)。

⑦ 在设计住宅楼功能布局时，可将浴室、厨房、电梯间等辅助建筑布置在面向街道侧，还可以在底层挑出平台来遮挡交通噪声和社交活动噪声。

(3) 航空噪声

启德机场位于九龙市中心地带，起飞噪声可高达100dB(A)以上，受害居民达35万人，据统计，大约有25万居民受飞机低空飞行噪声影响，其噪声级达82dB(A)以上。由于旧机场规划上的失误，飞行噪声已成为九龙市区居民最敏感的噪声区，几乎成了不治之症。近期内，仅能消极地限制飞机的起降时间，在清晨和晚间严禁飞机进港（清晨 7：00 之前，晚间 21:00 之后）。

香港地区政府已下决心拟投资 200 余亿港元，将启德机场迁址于西部大屿山，因全面地考虑了防噪措施，机场建成后，市民基本上不会受到机场噪声的干扰，同时为机场的发展也采取了相应的对策。新建机场时采取的主要防噪措施是：

① 在低空飞行路线上，共装置 8.6km 不同类型隔声屏障，重点保护学校、机关和居民住宅楼。

② 大屿山线东涌段建设行车隧道。

③ 重新编排飞行升降时段，以确保居民的安睡免受影响。

④ 有限度地恢复原有“对向飞行”的操作模式。

⑤ 鼓励民航局选用性能良好的低噪声飞机。

⑥ 改进飞机起飞的操作顺序，如可采用比较急速的上升办法飞入高空。

(4) 建筑施工噪声

环境保护署根据噪声管理条例，重点控制公众抱怨较多的特种噪声源，如手提式撞击破碎机和空气压缩机，在这些扰民特别严重的设备上，均贴上标签指明噪声限值标准，仅 1993 年一年中，环保署对这类设备共发出了近 3000 张标签。对于打桩机限制更为严格，凡进行撞击式打桩工程必须有环保署批准的许可证。从晚间 19：00 起至次日晨 7：00 一律禁止打桩，节日和假日则不论早晚均不准使用这些设备。在人口稠密的地区，包括居民区和商业文化区，施工机械仅允许 3～5h 使用。据不完全统计，在公布管理条例之前，每年均有 40 万人每天受到 12h 的噪声干扰，现在干扰时间已降低为 3～5h。

尽管情况已大为改善，但是还需进一步降低打桩机的噪声和振动。由于环保署对施工噪声的限制越来越严格，迫使逐步淘汰柴油打桩机，而以油压打桩机所取代。

石料破碎机的噪声高达 114dB(A) 以上，令人们感到震耳欲聋，制造商经过大量试验研究，已设计出一种挤压式破碎机，它与之前沿用的冲击式破碎机相比，噪声级可由 114dB(A) 降低至 95dB(A) 以下。

某些特殊情况下施工还是难免的。若有紧急工程需在受管制时间内进行，如有煤气管漏气、水管爆裂，则必须从速掘开路面抢修，此时抢修人员必须配用特别的隔声罩或其他降噪减振措施以尽量保护操作者，并使其对邻近市民的干扰限制在最小范围内。

3 环境教育与意识

环境污染问题直接或间接地都是人为的。既然人们是环境问题的主要成因，那么有理由相信人们也可以对预防或消除污染作出一定的贡献。基于这一原因，香港环保署进行了多种形式的活动，以促进全民的环保意识以及对环境污染问题的了解。

(1) 设立环境保护署访客中心

该中心是政府致力建成的一个关注环保有责任的机构，也是政府教育市民的一项重要措施，中心全面公开介绍全港的环境污染问题及防治工作的进展，中心已于 1994 年向全民开放。

中心设立展览角，其内容十分广泛，包括：环保署实施的反污染法例，环境教育及宣传、污染管理技术指标以及能提供技术服务的部门、环境影响评估、危险性评估、噪声污染及规划与防治，等等。另外还展示了具有直观性的模型、噪声监测仪器以及其他许多自动监测的显示装置。

(2) 定期举行环保节和世界环境日活动

环保节是香港环境保护运动委员会于1990年发起的一年一度的全港性促进环保意识运动，每年有一个主题作为宣传重点。6月5日为世界环境保护日，香港地区从1987年起，每年举办隆重活动，大量发放环保宣传手册，开展环保知识竞赛，奖励环保有功的学校和学生。

(3) 出版《环保通讯》加强宣传力度

《环保通讯》是传播环保信息以及推广环保意识的有效方法。目前每月定期出版45万份，基本上能做到家喻户晓。刊物资金来源于加德士环保基金赞助。

(4) 建立私营机构——关注环境问题中心

该机构筹办一年一度的“工商环境周”会议，目的是针对污染实业的企业，让工商界引以为戒。同时中心也为各阶层市民开展有关环保专业课程，举行各种学术讨论会，为环境教育作出了贡献。

(5) 全民性的环保意识调查

全港环保意识调查由香港大学社会科学研究中心负责。调查表明有98.4%的市民意识到保护环境人人有责。通过调查提高了市民的环保意识，也为进一步开展环保教育创造了条件。

(6) 学校中设置环境教育课程

香港地区政府教育署已将有关环境教育专业课程列入高校补充程度的课程内。1992年，香港地区政府出版了《学校环境教育指引》一书。至1994年统计，全港至少有8个院校设置了环境课程，培养人才从事环保工作，为社会作出贡献。

(7) 建立各种学术团体，开展环保研究

各种环保团体也是推广环保教育与意识的重要力量。长春社、地球之友、绿色力量、坪洲绿卫者、绿色大屿山协会、世界自然基金会等富有环保意识的学术团体定期到学校讲学，开展学术交流和各种研讨会也很有特色。

本文1995年刊登于《噪声与振动控制》第3期

（参与本文编写的还有同济大学王韪贤）

我国大型设备隔振技术现状与发展趋势

我国近年来一些单位和专家对大型设备隔振技术进行了理论研究和工程实践，取得了不少进展，但总的来说，这项技术还处于初级阶段。本文根据多年来从事大载荷阻尼弹簧隔振器的研究及应用经验，并参照国内同仁的研究资料，对我国大型设备隔振技术现状和发展趋势进行分析与论述。

大型机械设备振动在传播过程中对人、精密仪器设备和建筑物的危害和影响已引起社会相当的重视。要控制振动危害，目前既要投资低，又要效果显著的方法是对产生振动的机械设备实施隔振。通常是采用弹性支撑元件，将设备和基础隔离，从而可大幅度减少机械振动对外传递。采取隔振措施，对保护设备本身，延长模具、刀具等使用寿命也有很大意义。

1　隔振方案与计算

目前对大型设备实施隔振，基本上是采取支承式隔振。一般要加一隔振台座，设备置于隔振台座上。隔振器上端和台座相连，下端和基础或称为基础箱的基础相连。隔振台座通常有三种形式：一种是由槽钢等焊接而成，有的还在其内置铁块作为配重；另一种是采用钢筋混凝土台座，有的为了减少钢筋混凝土台座的体积，同时又要保持重量不变，采用钢筋铁末混凝土结构；再一种是由型钢和钢板焊接成箱型梁，再做成隔振台座。

(1) 旋转设备和往复设备的隔振

目前对可假设具有简谐扰力的旋转设备和往复设备的隔振计算相对比较成熟，只要对设备的几何尺寸、扰力等情况了解清楚即可。按照6个自由度，根据朗贝尔原理建立6个平衡方程，即可进行计算，有时可简化为一个或两个自由度计算。

目前我国对大型风机、水泵、空压机、柴油发电机组等隔振均有工程实例。但对汽轮发电机组隔振几乎没有工程实例（除一小型发电机组外），笔者曾对大型水泵、空压机和柴油机试验台实施过隔振，取得了良好的效果。对鲁谷供热厂水泵，考虑到地面已施工完毕、中心高已确定、隔振台座采用钢筋铁末混凝土台座，对某机械厂两台40m^3空压机，采用了槽钢焊成T型台座，内装一块块铸铁模块，用来做配重和调整隔振体系质心，对某汽车公司的60m^3和100m^3的空压机，则采取T型钢筋混凝土台座。

(2) 锻锤隔振

锻锤隔振研究近几年在国内比较活跃，主要表现在：计算方法已由原来的一个自由度计算变为两个自由度计算；计算时由不考虑阻尼到考虑阻尼（以往只是在选隔振台座时考虑阻尼）；隔振方案由单一的加大隔振台座（又称质量块）的形式，发展到直接在砧座下加隔振的形式。

以往锻锤隔振设计，均按单自由度、无阻尼的计算模型，只是在计算基础振幅和砧座回到平衡位置所需时间时才用一个综合系数来考虑阻尼的影响，而不考虑砧座及垫层的振幅-频率特性对整个锻锤基础体系的影响，因而误差比较大。采取两个自由度、无阻尼的计算模型，与实际的锻锤体系仍有一定偏差，因此，目前已提出在垂向两个自由度、有阻尼的计算模型。

砧下直接隔振方式，即将刚度较小的弹性元件及阻尼元件直接设置在砧座下部以代替原有刚度很大的垫木。这种隔振方式结构简单、施工方便、投资低、易于推广，对改造工程也易于实施。但这种方法会使砧座自身产生较大振幅，可达到 8～10mm，甚至达到 10～20mm。但理论和实践均证明，这种方法不妨碍操作，打击效率最多下降 2%～3%。

目前在我国，大质量块和砧下直接隔振方式均有工程实例。笔者在北京冶金部钢铁研究院 750kg 锻锤隔振工程中，考虑到其锤击中心离两座 22 层居民楼仅有 25m 左右，离高精密仪器室仅有 20～30m，采取了加一质量块的隔振方式，取得了非常好的效果。在锻锤运行时，居民在楼内毫无振动感觉（振动加速度级小于 60dB），精密仪器可正常运行。

(3) 压力机隔振

压力机的种类很多，有曲柄滑块式、液压机、螺旋压力机等多种形式。由于结构形式不同和运行方式的区别，其诱发振动的原因也有较大差异，振动的力学模型也不一样，从而隔振方案也就各具特点。

对于上述大型压力机，国内有不少数学工作者从理论和测试上对振动的力学模型进行了一些研究，但还未到工程化阶段，工程实践就更少了。

目前，国内有从德国和日本进口大型压力机时随机带来的隔振器，其运行时不但有良好的隔振效果，而且对延长模具寿命有明显作用。因此，目前美国、德国等对大型压力机采取隔振措施。除从劳动保护和环境保护角度考虑外，更重要的是认识到隔振能防止基础下沉和延长模具寿命。

2 大载荷阻尼弹簧隔振器

(1) 大型设备隔振对隔振器的要求

对于大型设备的隔振，无论多么复杂，最后都落脚在机座下或在隔振台座下的适当位置安装隔振器和阻尼装置。

由于设备大，再加上隔振台座，其质量往往为几十吨、几百吨，甚至上千吨，这就要求一个隔振器的承载能力应为几吨、几十吨，甚至上百吨。

对于大型旋转机械来说，在其起动和停车时，要通过共振区，尤其是低速运转的大型设备，起动时间长，通过共振区的时间长，如果隔振系统没有足够的阻尼，则会引起设备剧烈跳动，严重时会损害设备本身及相连接的管路等。在旋转设备正常运转时，为控制其本身的振幅，往往要附加一大质量块。但当设备上楼时，由于楼板无法承受大载荷，不能加一大质量块，此时也需要采取增加阻尼的办法。

对锻锤、压力机类设备，需要做到在第二次重复操作或动作到来之前，必须保证砧座或工作台停止运动。这就必须使隔振系统有足够的阻尼，即使在冲锻机械运行过程中，为了控制设备运行的振幅，也需要适当的阻尼。

(2) 隔振器的大载荷与高阻尼

我国目前应用的大载荷隔振器主要有两类：一类是金属螺旋弹簧隔振器，另一类是板簧和蝶簧隔振器。

金属螺旋弹簧隔振器的优点为压缩量大，可使隔振系统固有频率低到2～5Hz范围，并且在加工过程中可以做到力学性能的一致性；其缺点为生产成本较高，且本身阻尼系数甚小。板簧和蝶簧隔振器的优点为生产成本低，并且本身带有一定阻尼；其缺点为压缩量小，难以使隔振系统固有频率降低，并且在加工过程中难以做到力学性能一致性。

无论是金属螺旋弹簧隔振器还是板簧及蝶簧隔振器，目前我国尚无定型产品。根据笔者近几年来从事大载荷隔振器研制过程中的体会，研制和生产大载荷隔振器有一系列复杂问题需要解决，如弹性元件选材、加工、热处理，箱体刚度设计加工与焊接，装配、防锈处理等均需精心考虑。

对于阻尼装置，板簧类隔振器有一定阻尼，但当要求阻尼性能较高时，也需附加阻尼装置。螺旋弹簧隔振器本身无阻尼，使用时必须配阻尼器（或将阻尼器与隔振器做成一体，组成阻尼弹簧隔振器）。

我国目前有黏滞性阻尼器（以油阻尼器为多）、摩擦阻尼器等几种形式。笔者已研究出一种独特配方，这种配方生产出的黏滞性阻尼浆阻尼性能好，适用温度范围广，阻尼器有不同的力学结构形式，从而形成了单向、双向或三向阻尼器。这种类型的阻尼器可以和弹簧隔振器配套使用，也可以和弹簧隔振器做成一体。

3　带隔振装置的设备安装、调整和隔振器的更换

大型设备由安装在刚性基础上转变为安装在弹性支撑上，给安装和调整带来了一系列问题，甚至是难题，这也是我国大型设备隔振还远未进入推广应用阶段的主要原因之一。下面就安装过程中两个较棘手的问题谈点看法。

(1) 隔振台座的制作与安装

对于小质量隔振台座，可以事先制作好，然后在现场通过整体吊装等方法将其置于隔振器之上；对于大质量隔振台座，无法实施整体吊装，如果是型钢与钢板等焊接而成的隔振台座，可采取分部加工、现场分段吊装和现场焊接或铆接。如果是钢筋混凝土隔振台座，必须在现场预制，并对支、撤模板采取一定方法。

(2) 设备水平调整和隔振器更换

在调整设备水平时，往往要移动隔振器位置，或在隔振器与台座之间加垫板。当隔振器出现故障时，要更换隔振器。对大型设备而言，上述工作有两种方法可以实现。

① 用几个大千斤顶，将设备顶起均匀地在隔振器位置加垫板或更换隔振器。但“顶起”时各个千斤顶施加的力应均匀，否则出现大幅度倾斜，后果很严重。

② 在台座与隔振器上端面加特制的千斤顶，使隔振器上端面向下移动，同时用预压螺栓锁紧，这样可使隔振器上端面脱离隔振台座，从而可以移动隔振器，加垫板或更换隔振器，此时需要在原隔振器附近位置临时加一支撑。

4　我国大型设备隔振技术发展趋势

由上所述，大型设备的隔振技术，从设计、隔振装置的加工制作，到设备安装与调整、

隔振器更换是一个复杂的系统工程。围绕这个复杂的系统工程，我国在自行研究的同时，也在向国际上先进的技术学习。今后的发展有以下趋势：

① 继续研究不同类型大型设备比较符合实际情况的力学模型和计算公式(尤其是各类压力机的力学模型)。在建立模型时，要充分考虑阻尼影响，通过实践检验与修正，得出比较符合实际又适合于工程应用的计算程序，然后才能编制有关规范。在工程实践上，要深入到汽轮发电机组、涡轮发电机组的领域，对不同类型的压力机要广泛进行实践。

② 继续研究大载荷阻尼弹簧隔振器，研究绕制旋绕比小于 4 的弹簧绕制工艺，解决阻尼剂适用范围宽、阻尼系数大的工艺，并使之系列化和投入市场，进而研究大载荷情况下变刚度、变阻尼的或可调节参数的阻尼弹簧隔振器。

③ 对各种不同类型隔振台座制作，对在弹性支撑上安装设备所遇到的调整、维修等问题，在大量实践后可逐渐规范化，并且要研制配套应用的工具。如体积小、升力大的千斤顶的研制，能使几个千斤顶同时升起的高压输油管路等。

④ 对某些大型设备，在做纵向振动时，往往还伴随着横向振动、回转振动或扭转振动，这些单靠底座或隔振台座下阻尼弹簧隔振器来控制，还不能达到理想效果，还要研制横向限位等装置。

⑤ 为了较快地普及大型设备隔振技术，还需研究大型设备实施隔振后的保护设备、延长模具寿命等定性问题和给出量化结果，以促使用户主动要求采取隔振措施。

本文 1996 年刊登于《中国环保产业》第 3 期
（参与本文编写的还有北京劳动保护科学研究所战嘉恺）

迎九七回归　话香港环保

摘　要：香港是现代大都市，1997年回归祖国，其环境问题引人注目。本文根据香港环保署提供的最新信息和作者赴港考察的印象，概述香港环境保护的成就、经验及问题。重点介绍噪声、大气、水、废物的防治措施，以供环保工作者参考。

1　香港地区的环境现状、组织机构及环保投资

香港地区面积约1000km^2，常住人口650万，每年来港游客700余万人次。香港高楼林立、城市繁华、交通发达、商业金融贸易集中，人口聚居于维多利亚港沿岸已发展的市区及新界的新市镇内，人口密度为世界之最，每公顷面积1000余人。人口密度世界之二的拉格斯仅为香港的一半，即每公顷500人，而世界排行第三的新加坡，人口密度是香港的1/7，即每公顷140人。香港发展很快，以人口为例，1950年为210万，由于内地移民大量涌入，1965年猛增至360万，1970年达到400万，1995年为650万。20世纪80年代以来生产总值直线上升，1980年为2000亿港元，1990年为4200亿港元，1994年达到1万亿港元，人均生产总值16万港元。香港出口量世界排名第十位。生产迅速发展，人口急骤增长，对环境的压力越来越大，要求越来越高。香港环境保护面临着四大问题：大气污染，尤其是汽车尾气污染；水污染；噪声污染；固体废弃物污染。

香港作为英国的殖民地时，根本谈不上环境保护问题。1894年香港发生鼠疫，死了1000多人，英国政府才同意成立香港卫生局，直至20世纪60年代末，香港总督委任了一个环境污染问题咨询委员会，但难以开展工作。到1974年香港地区政府委聘了一组顾问负责检查香港的污染问题，1977年香港成立了一个环境保护组，该组初期只有一名环保顾问和四名环保主任，分别负责空气、水质、噪声和废物的管制，工作进展不大。1981年该组由香港环境保护局取代，主要负责制订环保计划，使香港环境免受过分污染影响，担当咨询角色并进行必要的监察行动。随着全球环境保护工作的迅速发展和香港的实际需要，1986年成立了香港环境保护署（简称环保署）。环保署成立10年来做了大量工作，取得了有目共睹的成就，环保署职员由成立时的250名发展为现在的600余名。在署长聂德博士的领导下，负责拟订香港环境保护的政策建议；执行环境法规；监察环境质量；拟订各类废物的处理和处置计划；就市政规划、大型新建工业厂房进行环境影响评价；处理环境问题的投诉和查询。目标是“彻底清洁香港”“确保香港不再牺牲环境来换取成功和繁荣”。

要搞好环境保护工作，解决环境污染问题，必须以经济实力为后盾。香港地区环境保护的投入是很大的。1994年度政府机关进行保护环境工作的经费总计为65.43亿港元，其中用于环境监测、计划、规划约占15%，污水处理占20%左右，大气污染治理占15%左右，噪声控制占10%左右，废物处理占18%左右。1995年度政府机关进行保护环境工作的经费总计增加为86.33亿港元。

2 香港地区噪声污染及控制对策

香港是世界上最吵闹的城市，他们提出的对策是“宁静的革命”。香港噪声污染主要是交通噪声污染，包括飞机、火车、汽车等噪声污染；建筑施工噪声污染；空调设备噪声污染以及工商业社会生活噪声污染等。

（1）**飞机噪声污染**

据统计，香港有38万市民生活在飞机等效声级大于77dB(A)的环境中，其中25万市民生活在大于82dB(A)的飞机低空飞行噪声的危害之下。主要原因是香港启德国际机场规划上的不合理，将机场建在了市区（九龙）中心地带。启德机场于20世纪50年代兴建，由战前的一个小型机场扩建而成，是单跑道，当时并没有意识到它会是世界上最繁忙的机场。以九龙城为例，每天飞越九龙城上空的飞机为200多架次，每月平均24小时等效声级均大于77dB(A)，其中，8月达到78.1dB(A)。启德机场每2分钟就有一架飞机起降，噪声污染十分严重。

为从根本上解决香港飞机噪声污染问题，已决定废弃启德机场，在大屿山兴建赤鱲角新机场，新机场位于港岛西面25km处，是一个人造的机场岛屿，有两条伸出海面的跑道，总投资超过200亿港元，1998年4月建成。届时香港市区38万市民就不会再受飞机噪声的危害。在新机场的建设过程中已充分考虑噪声污染防治问题，据介绍，新机场启用时受到飞机噪声影响的人数将少于100个。

为缓解目前老机场飞机噪声对市民的影响，香港地区政府采取行政手段，限制飞机起降时间，规定从晚上9:00至次日早上6:30分禁止飞机起降。

（2）**汽车交通噪声污染**

据统计，1986年香港汽车为30万辆，1995年达到48万辆，比上海现有汽车还多。汽车除有噪声污染外还有尾气污染。香港人多，车多，楼高路窄，高架路纵横交错，高速车穿梭其间。香港受交通噪声危害的市民超过100万。

为解决汽车噪声污染问题，采取了三项主要技术措施，一是在道路两侧设置各种隔声屏障，二是铺设低噪声路面，三是在规划上将与道路相邻的室间设计为辅助用房或安装隔声窗和空调器。例如，为减小汽车交通噪声对学校的影响，投资4.45亿港元为7116个教室安装了隔声设备，使34万名学生受惠。1995年铺设低噪声路面8.2km，投资4850万港元，可降噪5dB(A)左右，使11000余户市民受惠。1995年批准的隔声工程970宗，可将交通干线两侧的噪声控制在70dB(A)以下。为减少夜间交通噪声的干扰，香港环保署已着手拟定禁止重型车辆在夜间经过人口稠密的住宅区道路，1995年已在葵涌货柜码头区实施。

（3）**铁路噪声**

火车噪声对铁路沿线居民的影响往往超过汽车噪声的影响。1993年4月九广铁路公司与香港环保署共同制订了消减铁路噪声对居民的影响计划，建造道路声屏障和加盖声屏障等，耗资6.2亿港元，10年内完成。预期可使18处地点5万多居民受惠。另外，中国香港和新加坡、日本的城市一样，大力发展地铁，既解决交通问题又彻底解决了地面交通对环境的影响。

(4) **建筑施工噪声**

香港建筑业十分发达，近十年内增加了7倍。以往强烈的施工机具噪声（如打桩机、破碎机、搅拌机、空压机、木工机等）使40万市民受影响。现在实行行政强制管理和改进施工机具的办法，使受影响的市民降至10万以下。环保署规定，凡在晚上和公共假期进行一般建筑工程施工的，必须向环保署申请许可证。在晚上和公共假期一律禁止进行撞击式打桩工作。破碎机和空压机等噪声设备必须遵守法定的噪声管理标准，而且操作时必须贴上噪声标签。1995年环保共发出1743张噪声标签。选用引进的低噪声施工机具，如用油压式破碎机取代撞击式破碎机，用油压式打桩机代替柴油打桩机，有效地控制了建筑施工噪声的影响。

3 香港地区大气污染及控制对策

香港每天都有1500t各式各样的污染物排入大气中，污染物主要来源于工厂、发电厂、建筑工地和14.8万辆以柴油作为燃料的车辆，还有酒楼饭店等油烟废气。香港经济以自由为主，较少受到管制，当然排污问题也未引起重视。在20世纪六七十年代政府集中鼓励工业增长，以确保香港日后经济成果。20世纪80年代中期，大部分工业，尤其是炼钢、漂染、水泥、纺织等工厂使用高硫燃料，使空气中的二氧化硫浓度偏高。同时交通车辆大量增加，柴油汽车排出的尾气严重影响空气质量指标。另外香港到处盖房子，施工带来的尘埃占空气中总悬浮粒子的5%～30%。香港地势陡斜，道路狭窄，工业大厦和高层居民住宅无规则地交错排列，空气中污染物不易吹散，致使污染越来越严重。

为净化大气质量采取了以下控制对策：

(1) **将市区工厂搬迁至郊区或内地**

将有污染的水泥厂、印染厂、纺织厂、钢铁厂等搬迁至沙田等郊区工业区。20世纪80年代初测试表明，香港大气中80%的二氧化硫是由发电厂排放的，故决定将鸭脷洲发电厂迁往南丫岛，逐步淘汰红磡的发电厂，由青山较大的多组式发电厂取代。限制使用高含硫量的煤。1991年以后兴建的发电厂均安装了烟气脱硫装置。

(2) **汽车采用无铅汽油和催化变换器**

含铅汽油和柴油排出的尾气及细小微粒是影响大气环境的主要污染源。香港地区政府用奖惩手段和石油公司、汽车商携手合作，大力推行无铅汽油。从1991年4月起全港所有加油站同时出售无铅汽油，以减少车辆油烟雾对大气的污染。至1995年年底，香港路面所有车辆差不多已有80%使用无铅汽油。全港48万辆汽车中有14万辆已装上催化变换器。

(3) **履行《蒙特利尔议定书》保护臭氧层**

香港地区政府于1989年6月颁布了保护臭氧层条例，对威胁到臭氧层的物质实施配额限制，同时管制损耗臭氧层物质的进出口。从1994年1月1日起完全禁止哈龙进口，1996年1月1日起禁止含氯氟烃、四氯化碳、含溴氟烃等物质进口。另外加强石棉和石棉制品的管理，以防致癌物质扩散。

4 香港水污染及其控制对策

香港每天产生超过200万吨住宅污水和工业污水，这些污水只有25%经过生化处理，其余均排入大海，致使香港水域受到严重污染。香港污水收集和污水处理系统每年都有增长，但增长速度不能应付人口和工业增长的需要。

香港地区政府从以下两个方面着手解决水污染问题：一方面研究检查现有设施，制订一系列污水收集整体计划，提高和改善这些设施的质量，以解决现有污水收集系统问题；另一方面则集中发展符合环境标准并具有成本效益的方法，以处理所收集的废水。污水收集整体计划是将香港划分为16个集水区，把所有住宅的污水和工业污水引入污水收集系统。这16个集水区从1990年开始兴建，至2006年完成，总费用约需95亿港元。污水排放计划是将未经处理而流入维多利亚港的污水最终都应收集起来，在新的污水处理厂予以处理，再用埋地的管道输至南丫岛以南数公里处的深海排放。该排水计划拟建200座污水处理厂和1000km长的污水渠（管），分阶段实施。第一阶段是使每日流入维多利亚港未经处理的150万t污水有70%被截流处理，计划于1997年完成，投资约65亿港元。

5 废物及其处理对策

香港每天产生8500t都市固体废物和1.5万t建筑废物，以往这些废物大部分采取焚化或在堆埋区埋放。由于老式焚化炉的落后以及市区的扩大，原有废物处理又给城市带来了新的污染。解决的办法是淘汰现有的旧式焚化炉，集中发展边远的大型堆填区，同时在市区设立垃圾转运站网络。三个新堆填区：一个是新界西堆填区，占地约100公顷，1993年11月已启用，可收集7000万t废物；二是新界东南堆填区；三是新界东北堆填区，也均已启用。这三个堆填区合计可收集13500万t废物，可应付香港未来10～15年的需要。目前这三个堆填区和垃圾转运站已处理香港95%以上的固体废物。

另外还有禽畜废物和医疗废物问题。香港原有1万个猪场和家禽饲养场，当局于1987年采取行动，禁止在市区饲养禽畜，已减少至2000个。同时采用新的饲养方法，降低了污染水平。建筑废物目前已有46%运往堆填区处理。医院及其他医疗设施产生的医疗废物一部分予以焚化处理，一部分运往堆填区埋掉。

香港是一个充满活力的城市，私人住宅、公共屋宅、大小商铺林立，居民的环保知识不断提高，环保意识不断加强，积极参与各种环保公益活动。过去10年，路面交通增加了一倍，废物增加了三倍，电力生产增加了两倍，建筑活动增加了7倍，环境所受到的压力是巨大的，而环境污染的速度得到有效控制。香港的环境保护为大都市，尤其像上海这样的大都市的环保工作提供了有益的借鉴。

本文1997年刊登于《中国环保产业》第1期
（参与本文编写的还有北京劳动保护科学研究所战嘉恺）

国内噪声控制近况评述

摘　要：20年来，国内噪声控制技术得到迅速发展。本文概述了近年来噪声控制的特点、热点，重点介绍了新材料、新结构。

关键词：噪声控制　特点　热点

1　概述

环境保护与计划生育、可持续发展战略是我国的三大国策，从来没有像现在这样从中央到地方、从政府到百姓这么重视、这么关注环保问题。环境保护更是各国领导人来往交谈的热门话题。环境保护被国家列为高新技术，不少城市将环保产业作为支柱产业之一，正在大力发展。从事环境保护是利在当代、功在千秋的大事业。我们面临的问题是，我国目前环境污染的速度高于治理速度，要使我国环境污染得到基本控制，大约需要投资2000亿元，任务艰巨。"九五"期间环保投入占GDP的0.8%左右，"十五"期间升为1.5%左右，上海为3%左右。

噪声是环境污染的四大公害之一，噪声治理工程投资占环保投资的15%～20%，目前国内噪声控制厂家有400余个。我国1997年颁布的《中华人民共和国环境噪声污染防治法》中列出的四大噪声源——工业噪声、交通噪声、施工噪声和社会生活噪声，还未得到有效控制。以上海为例，全市噪声总体水平2000年度昼间等效声级L_{eq}为56.6dB(A)，夜间等效声级L_{eq}为49.2dB(A)。全市交通噪声昼间L_{eq}为70.5dB(A)，夜间L_{eq}为64.1dB(A)。随着车辆的增加，交通噪声呈上升趋势。住在内环线高架两侧和地铁明珠1号线两侧的居民普遍反映，交通噪声达到了难以忍受的程度，两侧房地产也受到很大影响。这是上海非常头痛的事情之一。城市发展，改善交通本来是好事，但噪声污染，生活质量下降，又是难事。有识之士正在设法解决这一问题。

2　噪声控制的特点

仍以上海为例，上海噪声控制的特点正在实现4个转移，其他城市也差不多。

第一，由工业噪声控制、治理工业噪声污染向民用领域转移。20世纪七八十年代噪声控制重点在解决工厂噪声对居民住宅的影响问题，90年代以来转向解决民用建筑噪声对居民住宅的影响问题。改革开放以来新建的写字楼、商场、宾馆、饭店、商住楼、娱乐场所等其噪声非常突出，成为噪声控制设计研究人员的主攻方向之一。

第二，由固定源噪声治理向流动噪声源治理转移。常见的固定源噪声如风机、冷却塔、水泵、冷冻机、空压机、锅炉、热泵、生产车间设备等，治理项目虽然也很多，但流动噪声源如汽车噪声、轻轨噪声、地铁噪声、航空噪声等，显得十分突出，已投入很多精力进行治理。

第三，由大环境向小环境转移。以往是城市分几类，实现达标区或安静小区，这是必要的。现在以人为本，向小环境转移，要闹中取静。一般居民区要求实现智能化、绿化、现代化，而有眼光的开发商和小业主首先追求的是安静化，无任何噪声干扰，为人们提供一个文明、舒适、安静的环境。在总体布置上，在选用设备上，在控制措施上想尽办法，不惜代价，做到完美。

第四，受害者由向环保部门反映而向法院起诉转移。噪声污染受害者以往是通过行政渠道向环保部门投诉，现在是用法律武器保护自己，直接上告法院，提出诉讼。

3 噪声控制技术的几个热点

(1) 道路声屏障

为解决日益突出的交通噪声问题，不少城市在兴建道路声屏障。高架道路穿过闹市区，用声屏障隔挡；铁路穿过居民住宅处，建造永久性道路声屏障；城市轻轨噪声振动影响，搭建轻质观光屏障。对于声屏障，有几个值得探讨的问题：第一，声屏障的作用有多大？非封闭型屏障对高层住宅起什么作用？第二，不同形式的声屏障实际降噪效果如何？第三，声屏障的材料种类、优缺点如何？第四，价格比较。目前有一种进入价格误区的倾向，好像什么东西、什么工程越便宜越好，只讲价格，不讲质量，不讲性能，不讲寿命。

作者所在的办公室（上海市武宁路 303 号）是上海市交通噪声污染最严重的地方之一，北受内环线高架道路噪声影响，南受上海地铁明珠 1 号线轻轨噪声影响，相距各为 30m 左右。明珠 1 号线未开通时在六楼办公室窗外噪声为 72dB(A) 左右，明珠 1 号线开通但未装声屏障之前，六楼窗外噪声为 84dB(A) 左右，安装声屏障后仍为 84dB(A) 左右，在 13 楼噪声高达 89dB(A)。看来声屏障对 6 楼以上高层建筑是没什么作用的。

(2) 高层建筑噪声控制

上海现有 15 层以上高层建筑 2000 余栋，拟建造 4000 余栋。高层建筑中的热泵机组、冷冻机组、冷却塔、水泵等噪声以及地库风机房噪声、污水处理间噪声、生活水泵房噪声、水箱噪声以及电梯噪声等都十分突出。高层建筑中的设备层噪声和振动对大楼自身的影响更难处理。作者在解决中华第一楼——上海金茂大厦以及港陆广场、实业大厦、华贸大厦、芝大厦、恒昌花园、海丽大厦、园景苑大厦、王宝和大酒店等高层建筑的噪声与振动问题的过程中，深深体会到如果原设计考虑不周，一旦噪声振动设备安装就绪，再采取补救措施，花钱、费时但效果差。

(3) 变电站、变电房、变压器噪声治理

以往解决电力供应问题，对电力系统变电站的噪声问题并未引起重视，但随着人们生活质量的提高和用电量的增加，供电噪声控制问题提到议事日程上来。据介绍，上海 3.5 万伏以上的中型变电站有 23 个，小的变电站有几百个，多数是布置在居民住宅区内，变压器产生的“嗡嗡”低频声十分烦人，投诉颇多，同时还有电磁辐射问题。上海已将变电站房的噪声治理作为电力系统攻关项目之一。

(4) 空调系统和空调器噪声

大型公共建筑的空调系统噪声，如热泵机组、冷水机组、大型冷却塔、冷却器以及循环水泵等噪声，还有千家万户的家用空调器室外机组噪声，影响面大。空调一方面给人们带来了舒适的冬暖夏凉的环境，另一方面其噪声又对环境带来污染，引起矛盾，影响社会安定，同时还带来城市“热岛效应”。作者近年来承担过 20 余个不同类型热泵机组噪声和振动治理工程，有不少经验教训，难点在于既要满足热泵机组热工性能要求，保证自动控制的热泵机组不跳闸，又要把热泵机组噪声降下来，减小对周围环境的影响，很不容易。

(5) 地铁噪声控制

国内各大主要城市都在兴建地铁，以解决城市交通问题。上海已建成通车的地铁 1 号线、2 号线和明珠 1 号线，总长计 65km，“十五”规划，今后每年建成 40km 地铁，目前正在建设的磁悬浮列车观光段长 30km，北起龙阳路南至浦东国际机场，投资 90 亿元。地铁地下站房噪声、风道风井口噪声、地面站运行噪声、隧道风塔噪声等十分严重。上海地铁 2 号线共有 14 个站头，其中 8 个站因设计、施工、安装、运行等问题，在风井口居民住宅处噪声超标。作者正在从事地铁 2 号线噪声超标治理工作，目前 3 个站的噪声问题已解决，2 个站正在施工，3 个站正在设计，力争年内全部完成，迎接国家环境保护总局对上海地铁 2 号线的竣工验收。

(6) 航空噪声影响

上海虹桥机场和浦东国际机场飞机起飞和降落时产生的噪声，影响广大城乡居民，投诉较多。杭州萧山机场也存在噪声污染问题。这是一个较难解决而又必须解决的问题。

还有纳米技术在噪声控制工程中的应用，有源噪声控制技术、电子计算机技术在噪声治理工作中的应用等，也是噪声控制的热门话题。

4　噪声控制新材料

(1) 微穿孔板吸声结构

微穿孔板吸声材料和吸声结构是中国科学院资深院士、著名声学专家马大猷教授的创造发明，近年又有新贡献，孔更小，ϕ0.2～ϕ0.5mm，吸声频带更宽，吸声系数更高。

根据马大猷先生的微穿孔板吸声理论，德国开发了一系列微穿孔板、微穿孔布、微穿孔薄膜等产品，北京市劳动保护科学研究所开发了超微孔（ϕ0.2mm）板吸声结构，解决了加工微孔的工艺问题。

马大猷先生提出“21 世纪是无纤维吸声材料的世纪”为我们指明了方向。国内新设计的游泳馆、体育馆、洁净厂房、食品行业、医药行业、电子电讯行业等广泛应用了微穿孔板吸声结构，同时用微穿孔板制造的消声器、消声弯头、空间吸声体等也十分普遍。

(2) 铝纤维吸声结构

1995 年国内首次看到日本 NDC 加鲁姆铝纤维吸声材料，后来上海金茂大厦用了一部分。目前上海良宇建筑材料有限公司经销铝纤维吸声材料。该种材料厚度一般为 1.5～2.0mm，后部留有一定空腔，表面压一层铝板网，平均吸声系数为 0.5～0.6。作者在上海精细化工厂冷却塔声屏障上使用，效果良好。该材料防水、防火、防潮、质轻、寿命长，适合室内外使用。据介绍，日本将此材料用于道路声屏障，更换了原声屏障中填装的玻璃纤维性吸声材料。

(3) 发泡铝吸声材料

上海众汇泡沫铝材有限公司研制成功的发泡铝吸声材料，呈板状，厚度为4～20mm，平均吸声系数为0.4～0.5，可做吸声吊顶和吸声墙面。用此材料制成ZP型系列消声器，已通过技术鉴定。该材料防火、防潮、耐温、耐冲击、成型好、可冲洗、寿命长。

(4) 吸声无纺布和穿孔板复合吸声结构

上海美德邦、崇佑、浦菲尔、亨特等公司采用德国进口的松德泰斯吸声无纺布，贴于小孔板（孔径ϕ2.8mm，穿孔率18%，板厚0.7mm）后面就构成了复合吸声结构，不再填装玻璃纤维性吸声材料。吸声无纺布阻燃、防潮、阻损小、装饰效果好，厚度为0.2～0.3mm。后部空腔为50mm，平均吸声系数为0.6左右。作者在上海造币厂和常德卷烟厂新建车间内大量使用（20000m^2），该种吸声结构轻巧、挺括、美观。

(5) 网状吸声板

深圳国志高分子材料有限公司生产的泡沫塑料，经过无机化处理，制成不同厚度的网状吸声板，防火、防潮、不怕水，不需要护面材料，可直接安装于轻钢龙骨上或侧墙上，基材是聚氨酯泡沫塑料，吸声系数平均值为0.6左右。网状吸声板已应用于苏州高达电厂冷却塔声屏障上面，吸声效果不错。

(6) 隔振垫层材料

① 韩国世光消声剂——利用废橡胶轮胎做原料，经破碎、成型、加黏结添加剂制成像肉松一样的散料，按需要铺垫在需要隔振的地方。

② 意大利艾格索码隔振带——也是利用废橡胶轮胎，经二次加工，制成板状和带状，可置于铁道下面、轻轨下面隔振，也可铺于地面作为浮筑式结构隔振层，或填于侧墙夹层中作为隔声层。

③ 韩国南洋消声贴——由北京通德力公司经销的这种消声贴呈毡状，也有糨糊状消声阻尼材料，将消声贴铺于薄壁结构表面，降噪显著。作者拟在上海造币厂噪声治理工程中应用。

(7) 无机发泡颗粒吸声材料

武汉市华声环保设备有限责任公司和中船重工七〇一研究所联合开发成功的无机发泡颗粒，高温焙烧成型，呈板状，厚度为50mm，是一种吸声隔声两用材料，吸声系数大于0.60，隔声量小于20dB，适合于室内室外使用，防火、防潮、价格便宜、施工方便、无二次污染。

(8) 大载荷隔振器

北京世纪静业噪声振动控制有限公司为二汽成功解决了大型液压机的隔振问题，研制生产了系列化大型隔振器，填补了国内空白。

总之，近年来国内噪声控制技术发展迅速，缩小了与国外的差距，常规产品已能基本满足国内市场需要，同时开发了不少新产品、新材料、新结构，发展前景十分乐观。

本文2001年刊登于《噪声与振动控制》第6期

噪声控制进展概述

摘　要：近年来国家颁布了一系列法规、标准、规范，以人为本，采取措施，限制噪声，从而促进了噪声控制技术的发展。本文简要介绍了国内噪声控制领域的新进展。

关键词：噪声　控制　进展

环境保护是基本国策之一，噪声与振动控制作为环保的主要内容之一，从立法、管理、监测直到治理，近年来取得了较大进展。

1　噪声控制技术发展动向

近30年来，我国噪声控制技术发展迅速，国家投入较多，技术队伍已基本形成，常规噪声问题均可解决，与国外差距减小，最近出现的新动向可概括为以下几个方面。

(1) 工业噪声控制出现新高潮

四个法规为准绳：《中华人民共和国环境噪声污染防治法》《中华人民共和国职业病防治法》《中华人民共和国环境影响评价法》《中华人民共和国清洁生产促进法》。四个法规以人为本，在发展经济的同时必须注意保护环境，坚持可持续发展。噪声危害已为各级政府、主管领导所认识。接触噪声者要维护自己的权益，必须用法律保护自己。

五个标准规范为依据：《城市区域环境噪声标准》(GB 3096—1993)、《工业企业厂界噪声标准》(GB 12348—1990)、《工业企业卫生标准》(GBZ 1—2002)、《工业企业职工听力保护规范》(1999年12月)、《住宅设计规范》(1999年)。五个标准概括了工业噪声、环境噪声、交通噪声、社会生活噪声、住宅内部噪声等的具体要求，有数据规定，要达到这些标准需要做大量工作，需要大的投入。

三个行业首先起步：电力行业（浙江省电力系统走在前面）、汽车行业（上海通用汽车、大众汽车、一汽、二汽等）、化工行业（上海化工城、高桥石化、金山石化、扬子石化等）。

(2) 交通噪声治理方兴未艾

随着车辆的增加、交通的改善和城市建设的发展，城市交通噪声有增加的趋势。例如，上海浦东新区是改革开放和城市建设的典型，2001年交通噪声昼间平均值为70dB(A)，夜间为66.1dB(A)，2002年昼间平均值为71.9dB(A)，增加了1.9dB(A)，夜间为67.3dB(A)，增加了1.2dB(A)，夜间超标较多。据介绍2003年比2002年又有新增加。

城市高架道路、轻轨、地铁、磁悬浮、隧道等有很多治理项目。高速公路、铁路、机场、船舶等噪声治理也提到议事日程，投入比较大，时间也比较长，技术难度也比较高。

(3) 环境噪声治理向生态化转移

建设生态型城市、生态型小区非常热门，上海市颁布了生态型住宅小区建设管理办法及技术实施细则，要求以可持续发展为目标，生态学为基础，以人和自然的和谐为核心，以现代技术为手段，减少对环境的冲击。

生态型小区对噪声要求非常具体，如居民住宅窗外 1.0m 处昼间噪声应低于 55dB(A)，夜间应低于 45dB(A)。住宅室内噪声：卧室和书房昼间≤45dB(A)，夜间≤35dB(A)，分户墙空气声计权隔声量为 45～50dB，楼板空气声计权隔声量为 45～50dB，楼板计权标准化撞击声声压级为 65～75dB，卫生设备、排水管、换气、排烟以及管道等造成的居室噪声应≤45dB(A)。

环境噪声治理落实到保护人，保护人的工作、生活、学习、休息环境。目前，写字楼的中央空调热泵机组、冷却塔、水泵、冷冻机、风机、电梯、变电所等噪声和振动问题十分突出，需采取多种治理措施加以治理。居民住宅楼、酒店式公寓、宾馆、饭店、度假村、高级别墅等更要控制噪声影响。以往每户居民住宅自己安装分体式空调或窗式空调，影响景观和浪费能源，空调器和室外机组噪声和振动既影响自己，又影响别人。目前，上海已出现居民住宅采用中央集中空调，只要接根管子和控制开关就可以了，但中央空调的冷冻机、水泵、冷却塔、锅炉、风机或热泵机组的噪声治理必须搞好，否则很难达到生态型小区的要求。

(4) 建筑声学和噪声控制技术齐头并进

随着物质文化生活的提高，人们追求舒适、安静、文明、典雅的环境，除了建造大剧院、电影院、体育馆、游泳馆、保龄球馆、展览馆、博物馆、图书馆等大型公共建筑之外，一般商办楼都要建造各种多功能厅，会议室、接待室等，有的还建造演播厅、录音录像厅，比较讲究的居民住宅搞家庭影院，这些场所要达到好的音响效果和比较低的背景噪声，必须专门进行建筑声学设计，采取噪声控制措施。

(5) 有源噪声控制技术发展迅速

有源噪声控制原理 20 世纪 30 年代就已提出，随着电子计算机技术和程控技术的发展，20 世纪 80 年代以来国内外不少学者投入了大量的人力、物力进行进一步的研究开发。目前国外将有源噪声和振动控制技术应用于封闭空间管道消声，耳罩、头盔的消声，变压器、电站消声，车辆内部（如高级轿车、装甲车、坦克等）降噪，飞行器舱室降噪，船舶螺旋桨降噪、潜艇降噪等。正在研究的内容是将有源控制技术应用于电冰箱、洗衣机、空调器等，有源吸声器、有源声屏障、有源减振基座等。国内中科院声学所、西北工业大学、南京大学等都在开展这方面的研究。上海市有关部门准备出一个题目，在窗框上安装有源消声器，以解决交通噪声对居民住宅的影响，若能变成产品，市场需求量是很大的，但应解决控制系统的稳定性、降噪系统的通用性、系统构造的复杂性和价格的适中性 4 个问题。

2　噪声控制的新材料、新器件和新结构

(1) 吸声材料

常规的吸声材料是纤维性吸声材料，如超细玻璃棉、离心玻璃棉、矿棉、岩棉、膨胀珍珠岩、硅酸铝、石棉等。纤维泄出，对人有害。马大猷教授提出，21 世纪应该是无纤维吸声的世纪。近年来，国内新开发并应用的吸声材料和结构不少，例如：

① 微穿孔板吸声材料和吸声结构。

马大猷教授是微穿孔板吸声结构的发明人和奠基人。近年来又有新的研究成果。《微穿孔板吸声体的准确理论和设计》《微穿孔板吸声体随机入射吸声性能》等文章发表在《声学学报》上。ϕ0.2～ϕ0.5mm 的微孔吸声频带更宽，吸声系数更高。

根据马大猷教授的理论，国内外开发了一系列微穿孔板吸声结构，如金属微穿孔板、透明微穿孔板、微孔布、微孔纸等，已广泛应用于游泳馆、体育馆、高级建筑、洁净厂房、食品行业、医药行业、电子电讯行业等，用微穿孔板制作消声器、消声管道、隔声吸声屏障等，工程实例很多。

② 铝材吸声材料。

一种是铝纤维吸声材料：上海中华第一楼 54 层以上为五星级大酒店，内走廊墙上最早应用了日本 NDC 加鲁姆铝纤维吸声材料。现在上海港韵公司提供和经销这种铝纤维吸声材料，铝纤维直径＜ϕ0.1mm，制成 1.0～1.6mm 厚毡状软板，两面再复压铝板网，构成一种新型环保型吸声材料，降噪系数 NRC 可达 0.60～0.85。

另一种是发泡铝吸声材料：上海浦东众汇公司生产的发泡铝吸声材料，呈板状，厚度为 4～20mm，平均吸声系数为 0.4～0.5，可做吸声吊顶、吸声墙面和消声器的吸声元件。

③ 吸声无纺布和穿孔板复合吸声结构。

上海美德邦、浦菲尔、亨特、崇佑、皓晟、海亦等公司采用德国进口的松德泰斯吸声无纺布粘贴于金属小孔板或木质或塑料小孔板后面就构成了复合吸声结构，不再装填玻璃纤维等吸声材料，若板后面留有 50mm 厚空腔，则平均吸声系数可达到 0.60 左右。作者在常德卷烟厂大厂房以及上海造币厂、北京造币厂等工程中应用，轻巧简便，装饰效果好，吸声性能不错。

④ 无骨架软包吸声体和吸声帘幕。

青岛福益公司近年来开发了一系列无骨架软包吸声体，可直接贴于墙上和吊挂于顶上，降噪系数 NRC＞1.0。可调中空吸声帘幕厚 100mm，空腔 300mm，NRC＝0.95。阻燃，反光率高，表面可擦洗，装饰效果特别好，已广泛应用于影剧院、厅堂、多功能厅、KTV 包房等建筑声学领域。

⑤ 泡沫玻璃吸声材料。

温州奇峰、杭州万强等公司生产的泡沫玻璃吸声材料呈板状，防火、防潮、防水、密度小、好加工，吸声系数在 0.60 以上，特别适用于游泳馆、地下建筑等场所的吸声降噪。

⑥ 阻燃聚氨酯吸声泡沫。

这种材料已开发应用多年，近年来用它制成无骨架吸声尖劈，用于消声室内，吸声尖劈长度可做到 800～1000mm，吸声系数＞0.99。

(2) 隔振器件

上海青浦环新公司开发的大荷载、高阻尼复合减振器，最低频率可做到 2Hz 左右，单个承载 5t，应用于大型设备隔振。青岛隔尔固公司生产的各种类型隔振器应用于锻锤、冲床、液压机、铁路、地铁、高架道路桥梁、轻轨等领域隔振。

(3) 隔声装置

消声通风隔声窗是解决交通噪声对居民住宅影响的有效措施之一。深圳某公司开发了这种装置，目前正在上海闵行区推广应用，隔声量在 20dB(A) 左右，通过消声装置，自然风可以进入室内，但噪声可隔绝在室外，不影响采光和景观。

道路声屏障是近年来投入较多的降噪措施之一，其型式、种类、用料多种多样，各有优缺点，使用也有局限性。封闭式声屏障在南京长江大桥江南段出口处附近搞了一段试验段，长约 200m、宽约 18m、高约 10m，降噪量 20dB(A) 左右，反映良好。

(4) 低噪声产品

低噪声风机、低噪声电机、低噪声冷却塔、低噪声空压机等产品已开发多年，并得到广泛应用。值得一提的是无动力冷却塔，即无风机冷却塔，又称喷射型冷却塔。上海交通大学世康公司研制的喷射式冷却塔利用水的流体力学原理，配合独特的冷却扩散室，水泵、喷射管、弧形板、填料、收水器等将水冷却，省去了电机、风机、减速器等传动机械设备，无振动，最大限度地降低了噪声，单台标准水量最大可达 780m^3/h，Dm 处噪声为 53.5dB(A)，比有风机冷却塔噪声要低 20dB(A) 左右。上海良机公司也生产无风机冷却塔。

南通恒荣低噪声三叶罗茨鼓风机，噪声指标比同规格的普通罗茨风机要低 20dB(A) 以上，振动也较小，性能稳定，市场占有率较高。

3 国外公司进入国内市场，促进了噪声控制技术的发展

例如，美国雅士公司（IAC）与香港、深圳及上海交通大学等地区和单位合作，将其产品和技术打入中国市场，已有一定影响。

香港纳普（NAP）公司，已在上海通用汽车公司等处承接项目。

美国联合公司隔声门在国内已有应用。

德国隔尔固（青岛）公司引进德国技术生产的各型隔振器已在国内汽车、地铁、轻轨、音乐厅等诸多行业应用。

德国 PK 公司、弗劳恩霍夫研究所等已在国内承建了多个消声室的设计、制造、安装等工程。

韩国南洋公司通过北京通得立公司推广新型吸声材料、阻尼材料。

荷兰亨特公司生产的小孔板，再加上德国吸声无纺布构成新的吸声结构，国内市场占有率很大。

美国欧文斯-科宁公司生产的防潮离心玻璃棉吸声保温材料只用了两三年就打开了中国市场，销路很好。

声学仪器方面有美国惠普（HP）公司、丹麦 B&K 公司、美国 PCB 公司、比利时 LMS 公司、美国迪飞（DP）公司等均已进入中国市场。

4 噪声控制著作及年内学术活动

进入 21 世纪以来，国内出版发行了不少有关噪声、建声方面的著作和论文，学术活动也比较活跃。部分著作名称如下：

①马大猷主编《噪声与振动控制工程手册》；②郑长聚，洪宗辉主编《环境工程手册环境噪声控制卷》；③吕玉恒，王庭佛主编《噪声与振动控制设备及材料选用手册》；④陈克安编著《有源噪声控制》；⑤章奎生主编《章奎生建筑声学论文选集》；⑥吴硕贤，张三明等编著《建筑声学设计原理》；⑦韩润昌编《隔振降噪产品应用手册》；⑧杜功焕，朱哲民，龚秀芬著《声学基础》。

2004 年已安排的部分学术活动有：

①10 月在南京召开中国建筑学会建筑物理分会学术交流会；②4 月下旬在上海召开建筑声学标准化委员会年会；③10 月拟在北京召开声屏障研讨会；④11 月在上海召开第十一届环境科学年会；⑤下半年在上海召开新型吸声材料展示会。

本文 2004 年刊登于《工程建设与设计》第 10 期
（参与本文编写的还有本院郁慧琴）

噪声与振动控制装备市场

1 市场综述

1.1 历史概况

随着人类经济和社会的发展，人们已经逐步认识到环境污染开始影响经济建设的持续发展，危及人类社会发展和全球生态系统的健全。环境保护已经成为世界各国共同关心的重大课题。环境保护的技术支撑和物质保证是环境保护产业，并被人们称为“朝阳产业”，在21世纪正面临空前的发展机遇。噪声与振动污染控制和水污染防治、大气污染防治、废弃物污染防治一样同是环境保护的重要内容。噪声与振动控制装备及产业是噪声振动污染防治的重要物质基础。

20世纪70年代是我国噪声振动控制装备研究开发的初始阶段和噪声振动控制产业孕育阶段。在此阶段，我国一些科技人员和科研机构已完成一批噪声振动控制装备的研究开发成果，包括各类消声器、隔声间、隔声罩等，积累了一批噪声振动控制装备的工程应用经验。全国已有数十家噪声振动控制装备生产厂家，数十种不同种类的噪声振动控制装备产品，年产值可以达到数百万元。

20世纪80年代在有关噪声振动的标准法规和环境噪声管理措施的促进下，我国噪声振动控制技术、噪声振动控制设备产品开发和应用、噪声振动控制产业等均处于发展较快的阶段。一些噪声振动控制装备生产厂开始生产系列化噪声振动控制装备及配套噪声振动控制设备。噪声振动控制设备生产厂家达到200～300家，产值达到3亿～4亿元。

20世纪90年代是我国噪声振动控制装备产品向系列化、标准化、配套化迅速发展的阶段。我国有关部门颁发了一批噪声振动控制设备的测试方法和技术条件，初步形成噪声振动控制设备产品质量检验和认证体系。已有一批引进国外先进技术和先进生产设备的厂家，在一些设备和交通运输设备（如汽车等）的噪声振动控制上实现了设备配套化，并达到国际先进水平。现噪声振动控制设备生产厂家已有500家左右，产值达到25亿元左右。

1.2 今后发展趋势

随着噪声振动污染的日趋严重，噪声振动控制技术的研究及设备的开发将得到迅速发展，世界发达国家的噪声振动控制设备的产值平均以10%～15%的速度增加。高速运输系统和工具等一些新的噪声源出现以及计算机、数字处理、新材料等其他高新技术的发展使噪声振动控制技术及其设备的研究与开发既面临挑战，又为其发展提供了机遇。噪声振动控制技术和设备已开始进入规范化、标准化、系列化和配套化阶段。噪声振动控制技术和设备的研究开发和产业将会具有良好的发展前景。但同时也应看到，我国噪声振动控制设备及其产业和国际先进水平仍有较大差距，主要表现在同一水平或低水平重复产品太多；材料、结构和工艺的技术进步不大，技术含量高的产品少；工艺装备落后，缺少专用生产设备，不具备规模化生产能力；缺少噪声振动控制设备的质量检测仪器和设备。

噪声振动控制设备今后主要发展趋势是：

① 噪声振动控制设备的测试评价技术和设计技术已进入规范化阶段，国际标准化组织和世界各国已经颁发了大量有关噪声振动控制设备的测量、设计和应用标准规范。我国噪声振动控制设备开发和生产符合这些标准规范，才有可能参与国际市场竞争。

② 噪声振动控制设备已进入系列化、标准化、配套化阶段。一些设备已采用标准化的配套噪声振动控制设备。各类用户可以在市场上根据需要选用标准化的噪声振动控制设备和材料。

③ 人们已注意使用“环保”型和“安全”型声学材料，包括无毒无害、阻燃防火等，一些用户甚至要求使用“天然”和功能性的声学材料。特别是居住场所、人员集中工作场所、有特殊要求的场所对“环保”型和“安全”型声学材料要求呼声更高。“环保”型和“安全”型声学材料领域的研究开发工作非常活跃，也具有良好的市场前景。

④ 随着控制系统理论和数字信号处理技术（DSP）的发展，有源控制技术具有了实际应用的可能性。随着传感器的改进，DSP 元件成本的下降，人们对有源噪声和振动控制的优点和应用限制的了解，它的实际应用范围会逐步扩大。有源控制技术应用研究工作集中的领域是管道噪声有源控制技术、隔声罩中的有源控制技术、汽车内部噪声和排气噪声有源控制技术、变压器噪声有源控制技术、结构振动声辐射的有源控制技术等。

⑤ 道路交通噪声仍是我国最重要的噪声污染，声屏障和临街建筑噪声控制设备是最主要的控制措施。近年来，我国公路、铁路声屏障已建成 10 多条，包括不同形式、不同材料和不同结构的声屏障。在声屏障的设计、制造、安装等方面积累了一定的经验。我国即将颁发有关声屏障的设计规范，今后这类产品将会有广阔的市场前景。

⑥ 世界各国和我国均已颁发大量有关机械产品的噪声限值，各种产品为达到标准需要采用大量标准化的噪声振动控制设备和声学材料，这是噪声振动控制设备和声学材料的重要市场。

1.3 国家经济政策和外部环境对市场的影响

① 我国已经建立了比较完整的噪声法规标准体系。其中包括《中华人民共和国环境噪声污染防治法》及一些噪声排放标准和噪声声源控制标准，这些标准主要包括：《城市区域环境噪声测量方法和标准》《工业企业厂界噪声测量方法》《建筑施工场界噪声测量方法》《机动车辆噪声测量方法》《声学铁路机车车辆辐射噪声测量》《船用柴油机辐射的空气噪声测量方法》《风机和罗茨鼓风机噪声测量方法》《城市区域环境振动测量方法》等，为噪声振动控制产品市场发展提供了基本条件。

② 环境保护是我国一项基本国策，有关噪声振动的诉讼事件占环境诉讼事件的 40%左右，噪声振动控制是环境保护的一项重要工作内容。一些大城市已把环境保护列入重要政府议程，把环保产业列入支柱产业，政府将会为发展环保产业提供各种支撑和优惠条件。

③ 随着国际贸易的发展，特别是加入 WTO 以后，噪声振动指标将会成为机械产品和运输工具重要质量评价指标，在一定程度上会促进噪声振动控制产业发展。

④ 我国虽然已基本具备有关噪声振动的法规标准体系，但标准的实施和监督在各地发展尚不平衡；我国在环境文化、环境教育、噪声危害与控制的宣传教育等软件建设方面与先

进国家相比尚有一定差距。这些因素在一定程度上影响了市场的发展，噪声振动控制设备市场尚需要进一步培育。

2 需求分析

2.1 需求特点

① 噪声振动控制设备中多数产品（如消声器、隔振器等）要求严格的配套性，系列化产品要提供消声隔振效果、配套使用设备性能、尺寸等参数，以保证用户合理选用产品并获得良好的使用效果。

② 相当多用户（特别是噪声污染治理单位）需要选用多种噪声振动控制设备并采用综合治理措施解决噪声污染问题。生产厂家应提供足够的技术资料和技术服务，帮助用户合理选用和使用不同噪声振动控制设备。

③ 很多用户以噪声振动控制工程治理形式使用噪声振动控制设备，生产厂家应提供噪声振动源识别分析、环境噪声测量评价、噪声振动控制工程设计等技术服务，做到使噪声振动控制工程和噪声振动控制设备紧密结合。

④ 在某些情况下，用户需要非标准化噪声振动控制设备，噪声振动控制设备生产厂家除提供系列化噪声振动控制设备外，还应具备非标准化噪声振动控制设备设计和生产能力。

2.2 需求结构和需求能力

① 配套噪声振动控制设备和材料的主要需求方是各类机械设备和运输工具生产厂。这类机械设备和运输工具大多有一定的噪声限值要求或有传统的配套噪声振动控制设备和材料要求，如汽车、内燃机、柴油发电机组等。对于这些设备来说，噪声振动控制设备已成为主机销售的必带配件，其需求能力主要取决于主机的需求能力，如我国汽车消声器产业的发展正是由于汽车工业的发展带动起来的。今后，采用配套噪声振动控制设备的机械设备和运输工具范围将逐渐扩大，需求能力将明显增加。

② 环境噪声振动控制工程和工业噪声振动控制工程是另一个主要噪声振动控制设备市场。它的需求能力主要取决于有关噪声的立法监督、经济发展水平等因素。

③ 和人们生活质量相关的一些产品（如空调器等）的低噪声化是另一个值得注意的市场。这类产品为满足人们对高生活质量的要求，竞争市场，使产品低噪声，需要专业生产厂提供专用的噪声振动控制设备和材料。

3 行业经济结构分析

3.1 产品历史产销量

近 20 多年，我国的环境污染治理投资总量逐年增加。“六五”期间（1981—1985 年）为 166.23 亿元；“七五”期间（1986—1990 年）为 476.42 亿元；“八五”期间（1991—1995 年）为 1306.57 亿元；“九五”前 3 年（1996—1998 年）为 1632.50 亿元，其中

1998 年为 721.80 亿元。根据中国环保产业协会多年统计结果，噪声与振动污染治理投资占环境污染治理投资总量的 4%左右，我国“九五”前 3 年（1996—1998 年）噪声与振动治理产品及工程的营业额约为 65.3 亿元。其中，1998 年为 28.8 亿元，1999 年预计突破 25 亿元。

3.2　行业集中度与企业经济规模

本行业起步于 20 世纪 70 年代末，完全是适应环境保护要求和市场需要而起步的，当时主要是几个乡镇企业在科研单位的帮助下发展起来。相当长一个时期，行业集中在乡镇企业，规模小，设备简陋，生产工艺落后，产品质量不高（尤其是外观差）。进入 20 世纪 90 年代，本行业开始发生变化，主要表现为以下几个特点：

① 某些较大的建材行业、轻工行业以“材料”的形式介入本行业，如国内已有七八个单位引进生产线生产离心玻璃棉（板、毡等），这些材料除用于保温外，相当一部分用作吸声材料，岩棉情况亦如此。再如某些厂生产的材料，如 FC 板、PC 板等用于隔声材料。尤其值得注意的是，随着塑钢窗的发展，其以高隔声量和便于安装的特点已逐渐取代传统隔声窗的形式，这些企业有一定规模，设备和加工工艺比较先进（有的为引进设备），其生产用于保温、密封并噪声控制的产品年营业额可达几千万元甚至上亿元。

② 自 20 世纪 90 年代以来，我国汽车行业发展很快，生产为汽车配套的排气消声器和发动机下面的隔振器的工厂也随之发展起来，因为配套产品要求质优价廉，所以这些工厂大都引进生产线或建造专用生产线，形成了相当规模，这些工厂年营业额也达几千万元或上亿元。

③ 某些合资企业借助国外资金、技术，再加上严格的科学管理，也形成一定规模，年营业额也可达数千万元。

④ 某些小企业，由于长期和科研单位或大专院校密切合作，加强科学管理，也逐渐壮大起来，可达到年营业额上千万元。

⑤ 值得注意的是，随着科研体制的改革，我国某几个长期从事噪声与振动控制研究和开发的单位已开始办企业，这类单位由于科技起点高，测试设备先进，在国内影响大，故虽然办企业起步晚，目前年营业额还不高，但其发展速度较快。

我国噪声与振动控制行业正处于发展中，企业经济规模一般不大，大致可以分成以下几类：

a. 年营业额上亿元的 3～4 个；

b. 年营业额 2000 万元以上的占 10%左右；

c. 年营业额 1000 万～2000 万元的占 20%左右；

d. 年营业额 500 万～1000 万元的占 40%左右；

e. 年营业额小于 500 万元的占 30%左右。

3.3　产品生产布局

我国噪声与振动控制行业一开始起步于北京、上海及江浙一带，近十几年来，除西藏外，几乎全国各地都有从事这一行业的单位。军工单位，处于内地偏远地区，也有部分企业介入这一行业。目前产品生产布局大体为：

噪声控制产品：

北京、上海、江苏、浙江、广东、四川　　约占70%

其他省份（直辖市）　　约占30%

振动控制产品（主要为隔振器和阻尼材料）：

北京、上海、江苏、浙江、辽宁　　约占90%

其他省份（直辖市）　　约占10%

3.4 行业技术、经济效益指标比较

本行业产品的经济效益指标随产品去向不同而不同：

① 配套，如汽车消声器给汽车配套，其利税在20%左右；

② 产品零售或随工程项目销售，其利税在30%～40%。

本行业在承包工程方面的经济效益比较高，一般利税为总营业额的30%～50%，主要原因：a. 含有设计收费，设计收费可达直接费用（材料费加安装费）的6%～15%；b. 工程项目要达到一定设计指标，具有一定风险，故可以在各项收费上偏高一些。

4 产品结构分析

4.1 产品结构分类与应用领域

本行业产品结构可按以下方法分类：

① 吸声材料和吸声结构：吸声材料主要为离心玻璃棉、超细玻璃棉、岩棉、声学泡沫等；吸声结构主要有穿孔板、微孔板、泡沫玻璃、空心砖、HA板等。

② 消声器：主要有风机、空压机、柴油机、汽车排气消声器和高压气体排放用的消声器等。

③ 隔声材料和隔声结构，此类产品主要有隔声板材、隔声间（隔声罩）、隔声屏、软质隔声结构和隔声门窗。

④ 阻尼减振材料，主要有各类阻尼漆和阻尼板。

⑤ 隔振器：主要有各类隔振垫，隔振器以及管道软连接结构（如可曲挠橡胶接头、金属软管等）。

上述各类产品主要应用于下述领域：

(1) 交道噪声（振动）控制领域

① 汽车、火车、船等配套的柴油机，汽油机排气消声器和发动机用的隔振器；运输工具壳体，甲板喷粘用的阻尼材料以及壳体加贴的吸声材料。

② 声屏障：近些年来某些城市在高速道路、立交桥、轻轨及高架公路上设声屏障，声屏障在我国起步较晚，但有较强的发展势头，而且单项工程造价较高。

③ 隔声窗：国际上解决交通噪声对临街居民的一个有效办法是在居民住宅朝向交通干线一侧采取隔声窗（在室内有空调的情况下，采用此方法更为有效）。对此，北京市建委已要求新建临街建筑今后必须加高隔声量的隔声窗，此产品可作为建筑行业产品，也可以作为噪声控制领域产品，其发展前途非常广阔。

④ 地铁噪声与振动控制：解决城市交通问题最有效的方法是修建地铁，虽然目前在我国只有少数城市有，但从长远考虑是发展方向。而地铁也带来振动和固体传声问题，这是噪声和振动控制产品新的市场领域。

(2) 现代建筑物领域

现代建筑物包括宾馆、饭店、写字楼、高档公寓、现代影剧院、电（视）台、大型商场、大型展览中心等，在此领域内，本行业产品主要应用为：

① 通风空调用的消声器、隔振器、隔声门等。

② 冷却塔、自备柴油发电机组用的消声器、隔声装置等。

③ 演播室、录音室、剧场、会议室及高档办公室等的声学装饰材料和声学结构。

(3) 工业企业领域

此领域主要是为了解决各类高强噪声源、振动源对操作工人及周围环境影响而采用吸声材料、消声器、隔声装置、隔振器等。此外，为保护操作工人听力不受损失，需要佩戴的耳罩、耳塞等。

(4) 建筑施工领域

为解决建筑施工对周围居民的影响，软质隔声结构已开始应用。

(5) 国防领域（略）

各类噪声与振动控制产品产量结构大体上为：

吸声材料和吸声结构　　占30%

消声器　　占30%

隔声结构　　占20%

阻尼材料和隔振装置　　占20%

4.2 产品结构调整趋向

噪声与振动控制产品结构的调整趋向为：

① 产品向配套化方向发展，即给各类机电产品、交通运输工具配套，使之成为一体（或一个附件）出厂，目前汽车已广泛配套消声器和隔振器，机电产品中空压机已广泛配套进气消声器，电厂锅炉配套排气消声器，今后风机、泵类将广泛配套隔振器和消声器等，某些机械设备将配有隔声罩作为低噪声设备出厂。

② 某些建筑材料或塑料类材料将经过改进作为隔声材料（结构）和吸声材料（结构）。

③ 多功能化：如汽车尾气净化消声器、带滤清作用的空压机进气消声器等。

④ 某些建筑行业产品和噪声控制产品相结合，如临街用的塑钢隔声窗，防火门提高为防火隔声门。

⑤ 吸声结构向装饰化方向发展。

4.3 产品技术引进

总体来讲，我国在常规噪声与振动控制技术和产品上并不比发达国家差，在某些方面还处于优势地位（如微穿孔板吸声结构和微穿孔板消声器等），所以从国外引进产品很少。目前引进的主要有：

① 从德国引进了沥青基阻尼材料生产线及配方和加工工艺。

② 某公司和美国 IAC 公司合资，引进了美国噪声控制产品设备图纸及设计程序。

③ 国内几条主要离心玻璃棉生产线及加工工艺分别从日本、法国、意大利等国引进。

④ 有的企业从国外引进生产设备来制造噪声与振动控制产品。

5 市场分析

5.1 环保大市场

据介绍，国际上环保产业已经具有相当规模，而且发展势头仍在高涨，2000 年全世界环保产业的总产值将达到 6000 亿美元，年增长率为 10%左右。经过长时期有关污染防治的研究和开发，污染治理的设备与技术已进入大规模装备与应用阶段。

国家环保总局公布的数据表明，我国“九五”期间环保投入预计将达到 4500 亿元，占同期 GDP 的 1.3%，上海、北京等将占城市同期 GDP 的 3%。

我国环保产业经过 20 余年的发展，现已具有一定的规模和水平，环保产业已成为我国国民经济建设中一支新的力量和新的增长点，有的省市拟将其作为支柱产业之一。我国环保产业发展迅速，1989—1993 年年均增长速度为 15%，1993—2000 年年均增长速度为 17%。

据统计，1993 年全国从事环保产业的企事业单位总计 8651 个，其中企业单位 7198 个，固定资产总值 450.11 亿元，年产值 311.48 亿元，其中环保产品产值 103.97 亿元，环保设备种类达 2500 余种，出口环保产品 1 亿美元。全国环保产业年利润 40.91 亿元，其中环保产品年利润 13.34 亿元。

5.2 噪声与振动控制装备小市场

由于噪声污染已成为环境污染四大公害之一，国家每年用于解决噪声污染的费用约为 40 亿元。解决噪声污染问题，有很大一部分是通过安装噪声控制设备来完成的。据统计，1993 年时，全国噪声与振动控制设备生产厂家总计 408 个，职工总数 92800 人，年产值 6.2 亿元，年利润 0.79 亿元。至 1999 年，据估算，生产厂家 450 余个，职工总数 11 万人，年产值 25 亿元，年利润 1.4 亿元。

鉴于噪声和振动控制专业的特殊性，其产品可分两大类，一类是固定于厂内生产车间制造，以产品装箱形式供应市场，或在自己承接的噪声治理工程中应用；另一类是现场制作安装的产品，带有工程项目现场施工性质。从市场需要来看，这两部分大体各占一半。噪声控制专业大体由三大块组成：一是噪声治理设备，二是振动控制器件，三是建筑声学材料与结构。按产品不同可分为隔声、吸声、消声、隔振、阻尼减振、噪声振动测量仪器、个人防护和低噪声产品 8 种。三大块八大品种之中，材料和设备各占一半左右。下面按产品不同进行市场分析。

5.3 吸声材料和吸声结构市场分析

吸声材料种类繁多，性能各异，分为无机、有机及其他三种。无机纤维类吸声材料占主导地位，如超细玻璃棉、离心玻璃棉、岩棉、矿渣棉、硅酸铝等。

超细玻璃棉在 10 年前是我国主要的吸声保温材料，它吸声性能优良，密度小，价格便宜，但不防潮，回弹性差易沉积，施工刺手，近年来已逐步被淘汰，由防潮离心玻璃棉所替代。

防潮离心玻璃棉可以制成毡状、板状和管状，它是20世纪90年代以来从国外引进生产工艺和设备，采用离心方法制造的一种新型吸声保温材料，具有吸声系数高，密度小，吸湿率低，无渣球，不刺手，弹性恢复力好，不蛀，不霉，不燃烧，可压缩包装运输，施工性能好，无现场损耗，长期使用性能不变等特点。防潮离心玻璃棉在吸声材料领域占有70%的市场。岩棉和矿渣棉约占20%市场份额，其他吸声材料占10%左右。

有机类吸声材料中聚氨酯声学泡沫具有广阔的市场前景。它柔软，不刺手，不含石棉和无机纤维，无二次污染，吸声性能优良，特别适用于医药、食品、饮料、粮食加工行业和净洁度要求较高的电子、仪表、军工等行业。在广播电视、高级宾馆、高级住宅等处安装这种吸声材料，既有良好的吸声性能，又有较佳的装饰效果。但这种材料易老化，不防火，使用场所受到限制。

无机类金属粉末吸声材料是近年来开发的一种新材料，它防火，防蛀，轻巧，吸声系数高，装饰效果好，但价格较高。

在吸声材料和吸声结构中，特别值得提出的是由中科院院士、著名声学专家马大猷教授发明的微穿孔板吸声结构，称为无纤维吸声材料。从20世纪70年代以来，我国噪声控制领域已广泛应用马大猷先生的研究成果，将微穿孔板吸声结构应用于工业生产车间和站房降噪，体育馆、游泳馆、演播厅、录音室、高级会计室吸声处理，近年来又大量应用于室外道路声屏障。同时采用微穿孔板制成各种净化通风消声器和高压排气放空消声器等。马大猷先生提出“21世纪将是无纤维吸声材料的世纪”，这种新型吸声结构引起了国内外的高度重视，将会在噪声控制和建筑声学领域带来一场重大变革。近年来，马大猷先生的研究成果又有新的进展，简化了结构，加宽了吸声频带。

5.4　消声器市场分析

消声器在噪声控制工程中应用最为广泛，它是解决气流噪声的必备器件之一，现有八大类400余种规格。国内400余家噪声控制设备厂中，70%的厂家在生产各种消声器，消声器占噪声控制产品的一半左右，而其中风机消声器又占消声器的50%以上。

八大类消声器中，有高中低压风机消声器、罗茨风机消声器、空压机消声器、排气喷流消声器、柴油机汽油机消声器、电机消声器、电子消声器以及其他消声器。各类消声器已基本满足国内市场的需要。

20世纪80年代，在一些引进的外资企业中或合资企业中进口了一些消声器，如上海宝钢进口的通风机消声器，多数都是阻性片式结构，制造精良，外观漂亮，消声量不太高，但价格昂贵。近年来，国内对原有T701-6型通风用国标消声器系列进行了改进，新设计了ZP型系列国标消声器，可满足一般通风空调系统消声要求。消声器产品的市场走势是国产消声器完全可以替代进口消声器。

在小孔喷注高压排气放空消声器方面，我国居世界领先水平，并有部分产品出口。高压排气放空消声器应用于发电厂、化工厂、制药厂、炼油厂、钢铁厂、纺织厂等，消声量高，体积小，安全性好。

在交通运输工具上使用的消声器，如汽车排气消声器，拖拉机、摩托车消声器等，已基本国产化。以桑塔纳轿车消声器为例，消声器年产值都是超亿元的。

5.5 隔振器材市场分析

为隔离振动源对周围环境的影响或振动源对敏感设备的影响，多数是采用隔振器材来解决。隔振器材种类繁多，但针对性较强。隔振器有三大类：金属弹簧隔振器、橡胶隔振器和复合隔振器。隔振器件多数是工厂定型产品。国产隔振器可基本满足国内市场需要，但特大型隔振器国内只能解决一部分，大部分还是依赖进口。

为减小管道振动传递而设计制造的橡胶挠性接管和金属波纹管，种类也颇多。尺寸由小到大，目前国内最大可做到直径为1600mm的橡胶挠性接管。橡胶挠性接管技术性能与国际先进水平基本相当，不少规格已出口美国、西欧和东南亚。

阻尼减振材料国内起步较晚，品种规格少，价格较贵，但它的用途广泛，在航空航天、船舶、汽车及军用等方面都需要，国内可供应一部分，还有不少需要进口。

5.6 隔声材料和隔声构件市场分析

隔声是噪声控制和建筑声学中常用的技术之一，可采用土建隔声结构，也可以采用金属板复合隔声结构。近年来新开发的隔声板材如FC板、PC板、WJ板、HA板等既是建筑用板材，又是噪声控制的隔声板材。

适合于室外用的隔声板材，如道路声屏障所用的PC板，前几年都是进口的，近年来国内已能生产这种材料，价格也比较便宜，是进口板材价格的1/4。高架道路、高速公路、立交桥等道路声屏障所用的隔声板材数量很大，所需要的防潮、耐用的吸声材料也是很可观的，国内正在研究开发适合于露天使用的隔声吸声新材料、新结构。

6 竞争分析

噪声与振动控制产品市场竞争是很激烈的，在中国市场上目前主要是国内噪声与振动控制产品生产企业之间的竞争，国外厂商还只占很少的份额，国内市场竞争有以下特点和规律。

6.1 竞争实力的体现

一个企业在激烈的市场竞争中处于什么样的地位，主要体现在：

(1) 企业的设备、工装及运输工具

因为国内噪声与振动控制行业起步于乡镇企业，相当一部分企业至今设备简陋，故某些厂在增添了设备、工装之后，不仅可使产品质量得以提高，而且提高了在用户心目中的可信度，后者往往是很重要的。

(2) 技术实力和技术依靠单位

我国的噪声与振动控制产品生产厂大都技术力量很差，为了提高技术实力（以便提高技术性能、质量和在用户中的可信度）往往采用下述方法：

① 聘用一些有技术专长的退休工程技术人员，招聘一些大专毕业生。

② 长期聘用一些兼职工程技术人员。

③ 以具有权威性的科研单位和大专院校作为技术依托单位，密切结合，有的单位还和科研设计单位等组成股份合作制公司。

(3) 经济实力

在一些量大面广的产品上，经济实力强的企业则在竞争中占上风，如离心玻璃棉的生产，必须有较强的经济实力，才能从国外引进生产线。

(4) 资质与产品认定

随着竞争市场的逐渐规范化，企业的资质等条件愈显重要，目前国家环保局对噪声控制产品逐步实行产品认定制度，已获得产品认定证书的单位在大型工程投标中明显占有一定优势。目前企业已通过ISO9000认证，也在竞争中占了上风。某些设计单位已获得国家甲级或乙、丙级设计证书，这也为其竞争承包大型噪声与振动控制工程增加了很重的砝码。

(5) 业绩

我国目前的噪声与振动控制产品市场相当一部分体现在噪声与振动控制工程上。而用户在委托任何单位承包其工程项目时，往往很重视该单位已往业绩，尤其是是否承接过类似工程项目。

(6) 价格

价格竞争主要体现在一个工程项目几家投标的情形，经常出现这样的状况，某些单位并不是凭自己的低成本压低价格，而是为竞争而竞相压价，往往中标者也得不到多大利润，甚至为了获得一定利润而采取偷工减料的方式，这种恶性竞争还会持续一段时间。

(7) 售后服务

我国的噪声与振动控制产品厂很少注意售后服务，有些工厂甚至是一锤子买卖。在这种情况下，某些单位如开展良好的服务，则会赢得声誉，产生良好的社会影响，从而提高竞争能力。

(8) 关系

为了承接一个工程项目，寻找和建立与用户的关系是竞争能否成功非常重要的砝码，甚至是决定性的砝码。某些项目是权力单位硬性指定给某个单位承接，是我国当今形势下一个突出特点，也是在环保设备市场竞争不规范的情况下一个必然过程。

6.2　不同项目市场体现的不同特点

在噪声与振动控制行业不同项目市场上也体现出不同的特点。

① 配套市场。配套市场竞争主要靠企业的经济、技术实力、设备实力以及价格实力。如给汽车生产厂配套消声器和发动机的隔振器，这个市场被实力较强的两个厂占有大部分，这两个厂有经济实力购置或进口先进设备、检测设备和工装，从而在批量生产的过程中不仅保证质量，而且降低了成本，保证了价格优势。

② 大型工程项目。大型工程项目主要是资质、业绩及实力起很大作用。

③ 中小型工程项目。目前中小型工程关系起着相当重要的作用。

6.3　外商在中国市场上的竞争特点

目前外商在中国噪声与振动控制产品市场上占的份额不大，主要原因为：

① 我国研制、设计和生产的噪声控制产品在技术性能和质量上能够满足国内市场的

需要。

② 外国同类产品价格高于国内产品。

但是随着我国加入 WTO，外国同类产品价格会降低，可能会引起新的竞争，这是应引起注意的。

外商介入中国噪声与振动控制产品市场主要通过以下几个方面：

① 一部分产品是配套进口设备而来，如某些大型机械设备配套隔振器进口到中国。

② 某些外商承包了中国大型工程项目，其中噪声与振动控制产品也在国外采购。

③ 某些外国专业公司通过在中国建独资公司或合资公司的方式介入中国市场，这两种方式主要利用中国廉价的劳动力来降低产品价格，提高在中国市场上的竞争能力。

7 产品技术发展展望

7.1 国内外产品技术开发方向与动向

(1) 吸声材料与吸声结构的发展

材料工业的发展，将引起吸声材料与结构的巨大变化，目前的发展趋势为吸声材料的洁净化、安全化和装饰化。目前离心玻璃棉吸声系数很高，是很好的吸声材料。但是其纤维随着时间还是会散发到空气中，时间一长，会造成对人体的危害。在制药、电子、食品等行业是不允许采用玻璃纤维材料的，要求档次较高的房间的空调系统消声器及室内吸声也不允许用玻璃纤维材料，因而各国专家正在加紧研究洁净化（或无二次污染）和安全化（阻燃）的吸声材料和结构，目前比较集中开发的有：

① 微孔板吸声结构。近两三年来对微孔板吸声机理的研究已取得很大进展，研究表明，当小孔直径小于（或等于）0.2mm 时，其吸声频带可以变得较宽，故目前正在积极研究 ϕ0.2mm 孔的加工工艺，一旦这样的孔板能批量生产，则吸声结构会发生很大变化。

② 泡沫铝板。采用特殊加工工艺生产的泡沫铝板，在其后留有一定厚度的空腔，则会形成很好的吸声结构，这种吸声结构无污染、耐高温、阻燃，还具有装饰性，但目前价格还较贵，一旦成本较大幅度降低，则会有广泛的应用前途。

③ 不锈钢丝。目前有关单位还在采用很细的不锈钢丝作为吸声材料，这种材料亦无污染，且阻燃、耐高温，但由于其相对密度大，目前只在某些特殊场合下应用。

④ 环保型有机玻璃棉。目前国外还在开发环保型有机玻璃棉，这种有机玻璃棉对人体无任何危害且阻燃，吸声系数与玻璃棉相当，是比较理想的吸声材料，但目前价格较高。

此外，吸声结构还在向装饰化方向发展，以适合于某些场所的声学装饰。

(2) 隔声材料：隔声材料的发展趋势是材料来源多样化，高效化和装饰化

① 材料来源多样化。原则上任何材料的一块板材，都可以成为隔声构件，只是隔声量大小不同而已。当前不少建筑材料、塑料类材料正在相继开发为具有较好隔声性能的材料，以便使某些建筑上用的隔板、装饰板等具有一定隔声性能。

② 隔声性能高效化（尤其是低频隔声性能）。目前提高材料的隔声性能大都是从提高面密度的角度研制，最新研制方向为材料由多层薄片组成，薄片之间阻抗采用适当比例，这种隔声材料隔声量高，而且对低频隔声有其独特的效果。

③ 装饰化。隔声板材的装饰化开发是为了使隔声间、罩、屏等具有景观效果。

(3) 噪声控制结构的发展方向

目前，各国都在通过理论研究、CAD辅助设计和实验研究以及加工工艺研究进行下述工作。

① 优化设计，以提高性能价格比，即在保持同样性能的情况下，减少产品的体积、质量和成本。

② 噪声控制产品的元件化和拼装化，这方面的研究将适合于批量生产，从而可较大幅度地降低成本。

③ 通过改进结构以提高低频降噪性能。

④ 通过结构合理的设计，给量大面广的机电设备（如风机、柴油发动机等）加配消声器、隔声罩等，使其配套出厂。

(4) 大载荷阻尼弹簧隔振器开发

为了减少大型设备在运行时其振动对周围环境的影响，大载荷阻尼弹簧隔振器开发一直是各国研究的方向，这方面德国技术水平最高，我国在这方面已取得突破性进展，在重要性能上也达到国际先进水平。

(5) 抗地震的隔振装置开发

由于相当一部分国家地震频繁，甚至造成灾难性后果，故抗地震的隔振装置一直是研制和开发的热门，其结构形式也多种多样。

(6) 阻尼材料的开发

① 阻尼材料是降低薄壳结构振动和结构噪声的有效方法，但长期以来由于其价格较高，难以应用。目前的研制方向为降低成本，以推广应用。

② 阻尼材料的温度适用范围一直是困扰阻尼材料在更广泛范围应用的一个瓶颈，目前开发方向为：

a. 研究适于不同温度段的阻尼材料。

b. 开发适于温度范围很宽的阻尼材料。

(7) 有源噪声与振动控制

有源噪声与振动控制已在原理上取得突破性进展，目前正在开发应用阶段，由于其成本较高，故目前主要应用于军事和某些特殊场合，今后10年，随着成本的降低，将会比较广泛地得到应用。

(8) 噪声与振动控制工程优化设计

噪声与振动控制产品除给有关机电设备配套应用外，还相当广泛地应用于噪声与振动控制工程上，对于工程项目，目前各国研究方向为优化设计的研究，这包括以下几个方面：

① 数据库的建立。进行一个噪声与振动控制工程设计，首先要知道造成环境影响的声源、振源的特征，如对常见的声源、振源建立了数据库，则在设计时将十分方便。建立数据库十分必要，但是工作量很大。

② 传播规律的研究。要进行设计，还要研究噪声和振动传播到某处造成多大的环境影响，以便确定设计指标。对传播规律的研究，尤其是在建筑中传播规律是很复杂的，但此项工作又是进行设计的前提之一。

③ 选择优化的设计方案。在上述两项工作的基础上，选择优化的设计方案进行开发，

才能使治理工程进一步优化，以采用较低的投资，完成预定的设计指标。

7.2 国内产品技术特点

(1) 国内产品技术现状评价

目前国内噪声与振动控制产品在声学与振动设计上和发达国家水平相当，国内产品基本上可以满足我国噪声与振动控制的需要，由于我国劳动力比较便宜，所以产品价格普遍低于发达国家。在某些产品上，如微穿孔板吸声结构和消声器，我国处于国际先进水平，在某些指标上还处于领先水平。

(2) 国内产品技术的差距

国内产品和美国、德国这些发达国家相比，差距主要为：

① 尚未进行很好的优化设计，普遍存在体积大的现象；

② 加工设备和工艺除少数企业比较先进外，总体较差；

③ 材料来源比较单一，不如发达国家丰富；

④ 有源降噪产品和发达国家相比差距较大；

⑤ 工程优化设计所需要的数据库、声源与振动传播规律软件的开发和发达国家相比有较大差距。

(3) 国内产品重点发展领域

国内产品在全面发展的基础上，应重点发展以下几个方面，以形成自己的特色。

① 大力研究微穿孔板吸声结构的吸声原理、不同组合下吸声以及微孔加工工艺，这可形成我国独具特色的产品，以便打入国际市场，取得较高的经济效益。

② 组织力量，研究适于低频降噪的噪声控制材料与结构，一旦有突破性进展，可形成自己的特色。

③ 抗地震的隔振及减振材料和装置将会成为新的技术和经济增长点，应组织力量进行研究。

④ 有源降噪产品实用化研究应加紧进行。

7.3 新产品介绍（部分）

(1) 大载荷阻尼弹簧隔振器

大载荷阻尼弹簧隔振器由弹簧、阻尼器和箱体三部分组成，是北京市劳保研究所研制成功的。弹簧采用优质弹簧和先进加工工艺绕制而成；阻尼器采用优化的结构和先进的黏滞性阻尼液构成；箱体由钢板焊制而成。大载荷阻尼弹簧隔振器可以供大型设备防振，其性能为：

载荷范围：100～1000kN；

固有频率：2～5Hz；

阻尼比：0.06～0.30。

大载荷阻尼弹簧隔振器的研制成功，填补了国内空白，并达到了国际先进水平。

(2) 宽频带微孔板吸声结构

微孔板吸声结构是根据我国马大猷先生的理论发展起来的，具有洁净（无二次污染），耐高温，耐腐蚀，不怕蒸汽和水等优点，但吸声频带较窄。

近几年来，中科院声学所和北京市劳保研究所，对微孔板结构吸声原理的研究进入了一个新的层次，为展开吸声频带从理论上指明了方向，并且由北京市劳保研究所从工艺上实现了多年来无法实现的加工 $\phi 0.2 \sim \phi 0.5\text{mm}$ 微孔的方法，产生了宽频带微孔吸声结构，从而更加拓宽了微孔板吸声结构的应用范围。

(3) 有源隔声耳罩

有源隔声耳罩是一种高效隔声耳罩，中科院声学所在隔声罩结构、有源降噪线路上早已进行了详细研究，但迟迟未能达到批量生产降低成本的目的。近来，中科院声学所和台湾一公司合作，已成功实现低成本的批量生产，其性能达到美国同类产品水平，价格却比美国低得多。

8 相关政策法规

8.1 国家政策导向

①《中华人民共和国环境噪声污染防治法》是我国有关环境噪声污染防治的最重要法规。该法规对环境噪声污染防治的监督管理、各类噪声污染防治的技术政策以及相关法律责任都作了规定。

② 国家有关部门曾制定若干有关环保产业的文件，包括《关于积极发展环保产业的若干意见》《关于促进环保产业发展若干措施》等。这些文件对将环保产业发展计划纳入各级人民政府的经济和社会发展计划，引导环保产业健康迅速发展有一定作用。

③ 北京、上海、沈阳等一些城市已把环保产业列入支柱产业发展计划，为包括噪声振动控制设备在内的环保产业提供了良好的发展机遇。

④ 我国加入 WTO 之后，国家将鼓励机械产品参与国际竞争，噪声振动指标是一些机械设备的重要评价指标之一。这在一定程度上促进了我国噪声振动控制产业的发展。

8.2 市场法规现状

中国环保产业要获得高速和健康发展，必须依靠政府制定的相应法规，包括市场法规。国家有关部门曾在环保最佳实用技术、环保产品认证等方面做过一些工作，对促进包括噪声振动产业在内的环保产业有一定促进作用。但是，总体来说我国的环保市场法规尚不健全。今后应特别加强如下方面的市场法规建设：防止地方保护主义的市场法规；对环保工程实行投标的市场法规；对环保产品实施质量监督的法规；对环保工程实施工程监理的法规等。

9 产品质量检测

①《中华人民共和国环境噪声污染防治法》已有明确规定，噪声污染严重的设备和交通运输工具要有噪声检测指标，经采用的噪声振动控制设备要具备产品认定证书，上述工作的基础是产品质量检测。

② 我国已实施包括噪声振动控制产品在内的环保产品认证制度，其中包括对噪声振动控制产品进行必需的产品质量检测。我国有关部门已颁发有关噪声振动控制产品的标准和技

术条件数十项，为噪声振动控制产品的质量检测提供了一定的条件。

③ 我国有关部门已发布近百项已通过环保产品认证的噪声振动控制产品，包括消声器及隔声、吸声、隔振等产品。这些噪声振动控制产品都已通过产品质量检测。

④ 对噪声振动控制产品实施质量检测，是保证其发挥必要的环境效益和社会效益的一项重要措施。目前在我国有关噪声振动控制产品的质量检测工作基础尚比较薄弱，包括检测机构、检测规范等。今后，这项工作将会逐步得到加强。

本文2000年刊登于机械工业信息研究院编《中国机电产品市场报告系列》第2辑
（参与本文编写的还有北京劳动保护科学研究所任文堂、战嘉恺）

第3章

单体工业噪声治理

特大型机力冷却塔降噪设计及效果

摘　要：国内少有的单台冷却水量为3500t/h（共4台）的特大型机力冷却塔噪声影响厂界达标，通过调查测试、分析计算，采取了安装大型微穿孔板出风消声器等措施，使厂界达到相关标准规定，解决了这一难题，本文对类似大型设备降噪有一定的参考价值。

关键词：特大型冷却塔　降噪　设计　效果

1　概况

南通醋酸纤维有限公司位于南通市区钟秀东路，是一家大型外资企业，主要生产醋酸纤维材料（香烟过滤嘴用料），1988年建厂，第一期至第三期工程已完工并投入运行。目前，第四期工程也已基本建成并投入试运行。为四期工程配套的4台特大型机力冷却塔安装于厂区东侧，距东厂界约70m，东厂界外有大片居民住宅。4台特大型冷却塔日夜运行，其噪声对周围环境有一定影响，超过了相关标准规定。虽然冷却塔供货商已采取不少降噪措施，但仍超标较多，成为亟待解决的难题之一。

按规定本地区执行国家标准GB 12348—1990《工业企业厂界噪声标准》和GB 3096—1993《城市区域环境噪声标准》3类区标准规定，即厂界处和居民住宅处昼间噪声应≤65dB(A)，夜间噪声应≤55dB(A)。未治理前，特大型冷却塔噪声传至东厂界和居民住宅处昼间基本达标，夜间超标5dB(A)以上。为完成四期工程达标验收工作，通过对特大型冷却塔噪声的调查分析、方案论证、设计计算、施工安装直至测试验收，达到了预期目标，取得了较好的社会效益、经济效益和环境效益。

2　冷却塔噪声影响分析

2.1　冷却塔规格

四期工程选用江苏常州某冷却塔有限公司生产的CYHB-3500型混凝土机力（上喷）冷却塔，共4台，组合为一体。单台冷却塔冷却水量为3500t/h，风机直径为ϕ9144mm，风机叶片为10片，转速127r/min，电机功率185kW，风筒底部直径ϕ10090mm，风筒上口直径ϕ10190mm，风筒高约3800mm，风量约为$300\times10^4 m^3/h$，进水最高温度45℃，最大温差10℃。单台冷却塔外形尺寸长×宽×高约为15800mm×15800mm×12600mm，4台组合为一体后，外形尺寸长×宽×高约为66600mm×15800mm×19600mm，总冷却水量为14000t/h。详见图1、图2。据介绍，风机直径为9.1m的冷却塔是目前国内最大的机力通风冷却塔。

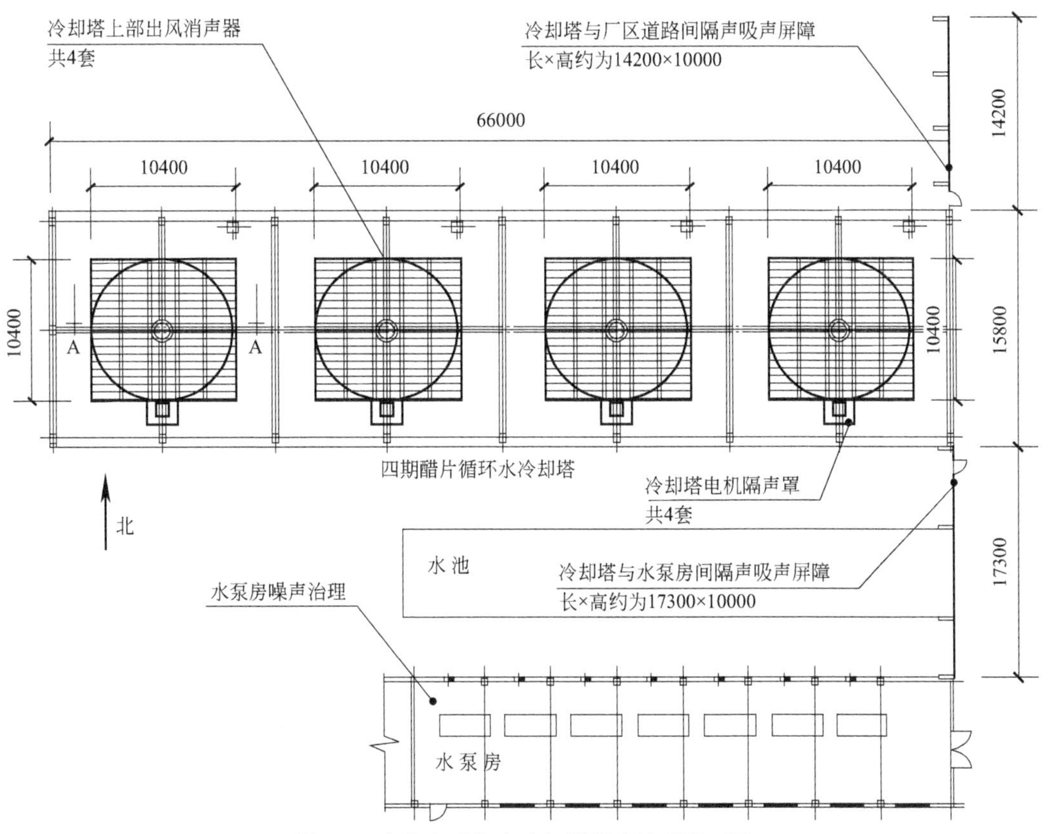

图1　4台特大型机力冷却塔噪声治理平面图

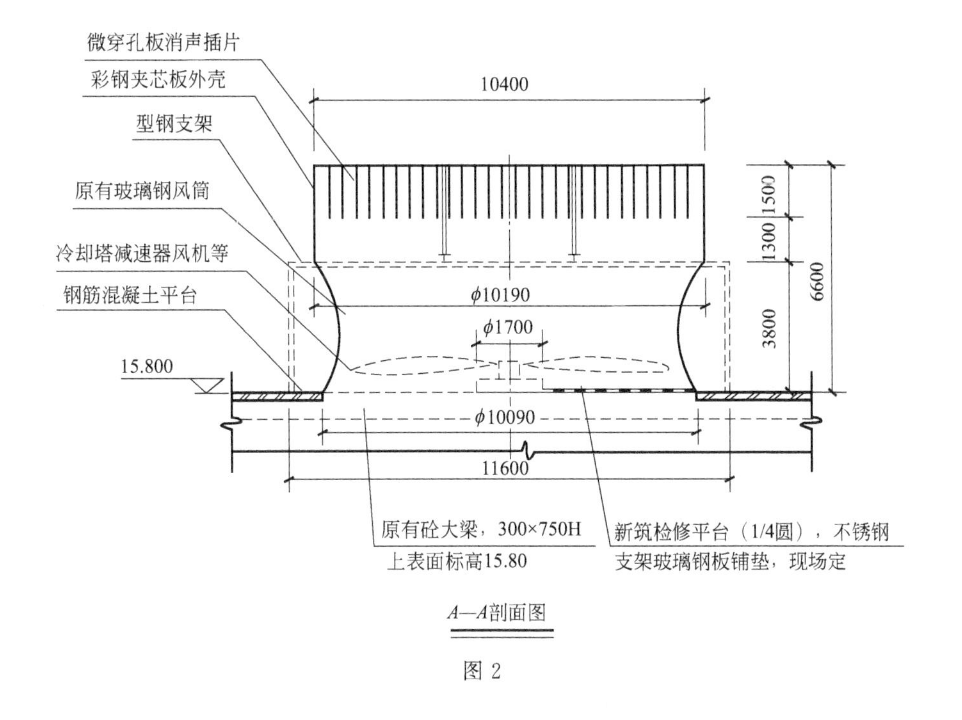

A—A剖面图

图2

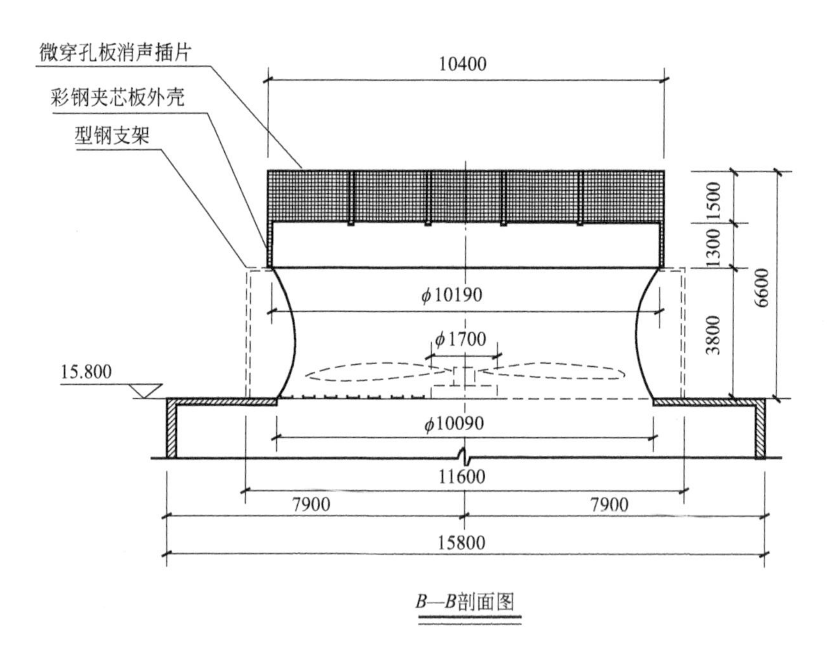

B—B剖面图

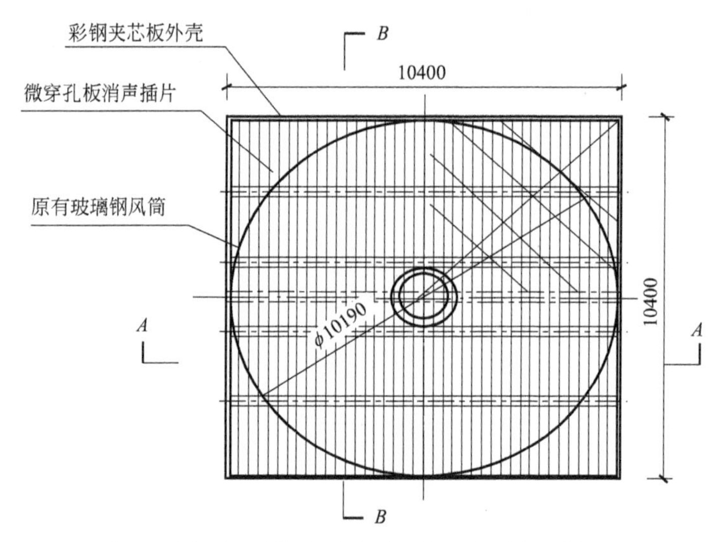

图 2　单台特大型机力冷却塔出风消声器示意图

2.2　冷却塔噪声分析

冷却塔噪声大体由 5 部分组成：

第一，风机气流噪声。上塔体风机由电动机、传动轴、减速箱带动，风机运行时的气流噪声通过风筒出风口及玻璃钢风筒四壁传出。实测单台冷却塔风筒上部出风口处噪声为 85dB(A)（45°方向，测距 1.0m），系低频噪声。两台冷却塔同时开动，在风筒外侧钢筋混凝土平台上噪声为 80dB(A)。

第二，电动机噪声。电动机安装于风筒外侧钢筋混凝土平台上，单台开动噪声为 86dB(A)（测距 1.0m，离地高 1.5m），系宽频带噪声。

第三，冷却塔淋水噪声。在冷却塔下部进风口处，未安装消声倾斜挡板时，淋水噪声为88dB(A)，安装消声倾斜挡板后为78dB(A)（测距1.0m，离地高1.5m），系中高频声。下部淋水噪声除落水冲击水池声之外，还有上部风机通过布水器等倒灌下来的风机低频声。

第四，风筒壳体等结构噪声。冷却塔风机、电动机、减速箱等振动源引起风筒壳体、钢支架、混凝土平台等振动，辐射出低频结构噪声。

第五，水泵噪声及管道传声。紧靠冷却塔的水泵房内安装着7台大型水泵，室内噪声为95dB(A)，室外噪声为85dB(A)（门窗开）。水泵与冷却塔之间的大口径进出水管也辐射低频管道噪声。

2.3 冷却塔噪声对东厂界的影响

四期工程冷却塔距南北西三侧厂界较远，均在300m以上，其噪声影响可不考虑。二期、三期工程已安装的6台大型冷却塔距东厂界较近，约150m，已采取一定的降噪措施，这6台大型冷却塔同时开动（四期工程冷却塔未安装），东厂界处噪声为56dB(A)，昼间是达标的，夜间略有超标。

四期工程4台特大型冷却塔距东厂界垂直距离约70m，四期工程4台冷却塔同时开动，二、三期6台冷却塔不开动，东厂界处噪声为60dB(A)，夜间超标5dB(A)。

二、三、四期工程10台冷却塔同时开动，东厂界处噪声为61dB(A)，昼间是达标的，夜间超标6dB(A)。

2.4 冷却塔噪声对东侧居民住宅的影响

东厂界砖砌围墙外10m处即大片二层楼居民住宅，当二、三、四期工程冷却塔同时开动时，居民住宅二层窗外噪声为60.3dB(A)，夜间超标5.3dB(A)。

2.5 冷却塔设计要求降噪量

由于冷却塔体积庞大，声源位置高，声级高，低频声强，声源呈立体分布，距敏感点近，其间无遮挡物，多种声源相互叠加干扰，背景噪声又比较高［二、三、四期冷却塔全关闭，东厂界处背景噪声为55dB(A)］，这些不利因素致使冷却塔噪声治理难度很高。

经计算，若不对二、三期工程冷却塔及其他噪声源再采取降噪措施，只对四期工程4台冷却塔采取治理措施，同时要求必须达标的话，四期工程冷却塔噪声应降至47dB(A)以下，即设计要求降噪量应大于11dB(A)。

3 微穿孔板消声结构的应用

3.1 消声结构的选择

如前所述，单台冷却塔风量为$300\times10^4 m^3/h$，其气流噪声是主要的，降低气流噪声最有效的办法是在出风口处加装消声器。鉴于冷却塔温度高，温差大，有气雾、漂水和锈蚀，气流速度也较高（出口风速大于 10m/s），宜采用声学泰斗马大猷教授发明的微穿孔板消声结构。

3.2 消声主体结构

在保证冷却塔制冷效果、风量、风压、阻力损失的前提下，结合我们已设计并投入运行的机力冷却塔出风微穿孔板消声器的实践，现针对四期工程特大型机力冷却塔的降噪要求，设计了如图 3 所示的微穿孔板出风消声器，安装于冷却塔风筒的上部，与风筒上沿间距约 100mm。

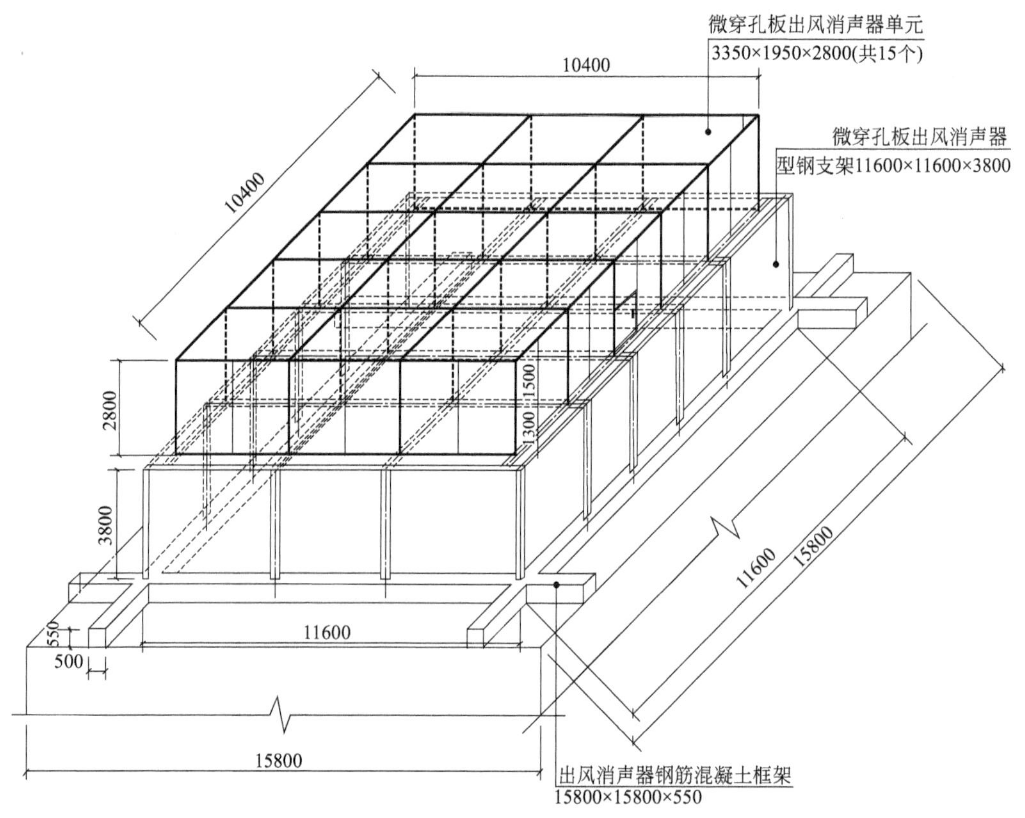

图 3　微穿孔板出风消声器透视图

单台冷却塔出风消声器外形尺寸长×宽×高约为 10400mm×10400mm×2800mm，出风消声器实际上为阻抗复合式结构，抗性段高为 1300mm，阻性段高为 1500mm。出风消声器坐落于型钢搭建的支架上，钢结构支架长×宽×高约为 11600mm×11600mm×3800mm，钢结构框架固定于钢筋混凝土纵横大梁上，大梁长×宽×高约为 15800mm×500mm×550mm，与原冷却塔土建结构连为一体，详见图 3。

为便于施工、安装和设备检修，每只微穿孔板出风消声器由 15 个消声单元组成，每个消声单元外形尺寸长×宽×高约为 3350mm×1950mm×2800mm，详见图 4。每个消声单元中插入 9 个微穿孔板消声插片，每个消声插片长×厚×高约为 1740mm×100mm×1500mm，图 5 为铝合金微穿孔板消声插片节点图。

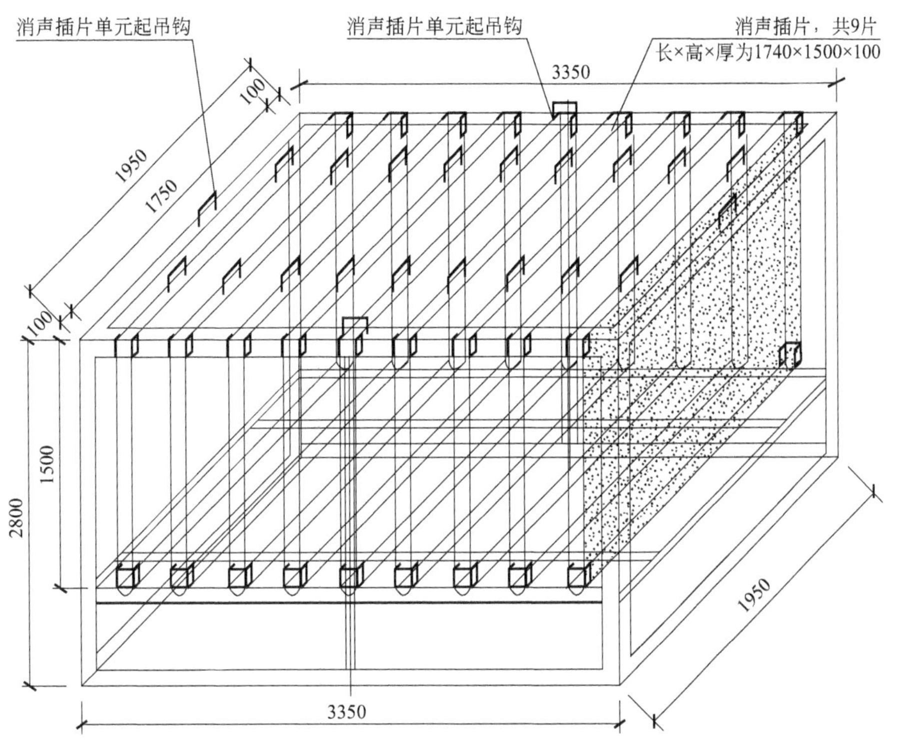

图 4 微穿孔板出风消声器消声插片单元透视图

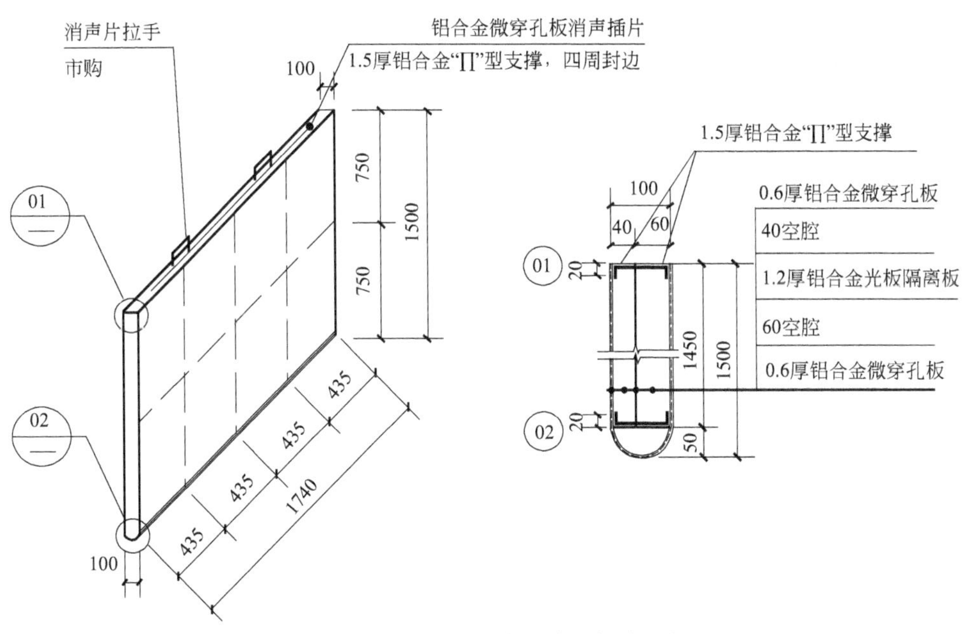

图 5 微穿孔板出风消声器消声插片节点图

3.3 消声核心元件

消声插片是消声器的核心元件之一，消声插片分为不等厚的两个腔，膛深为 40mm 和

60mm，中间隔离板为1.2mm厚铝合金光板，消声插片面层为0.6mm厚铝合金微穿孔板，穿孔孔径为ϕ0.8mm，穿孔率分别为1.57%和2.37%，用“冂”型轻钢龙骨支撑，间距小于750mm，迎风段为半圆弧，r=50mm。消声插片为活络结构，用拉手沿导向件可抽出和插入框架内，片间距为200mm。

冷却塔风筒出口为圆形，而微穿孔板出风消声器为方形，圆变方之间缺口用彩钢夹芯板封堵。出风消声器抗性段空腔即出风稳流段，高约1300mm，阻性段即消声插片段，高约1500mm。本型微穿孔板出风消声器按别洛夫公式设计计算消声量（插入损失）约为12dB(A)。实测值列于表1。

表1 特大型机力冷却塔噪声治理前后实测值

序号	测点位置	未治理前/dB(A)	治理后/dB(A)	降噪效果/dB(A)
1	单台冷却塔上部出风口处	85	72	13
2	两台冷却塔之间平台处(风筒外侧)	80	70	10
3	冷却塔电动机处(隔声罩外)	86	72	14
4	冷却塔下部进风口处	78	75	3
5	水泵房外	85	67	18
6	东厂界处 ①只开四期工程4台冷却塔，二、三期工程冷却塔关； ②背景噪声：二、三、四期工程10台冷却塔全关闭； ③最大工况：二、三、四期工程10台冷却塔全开； ④四期工程4台冷却塔全关，开二、三期工程6台冷却塔； ⑤按规定进行背景噪声影响修正后，四期工程4台冷却塔噪声计算值(二、三期工程冷却塔关)	 60 55 61 56 57.7	 56.2 55.6 57.5 56.5 47.3	 3.8 −0.6 3.5 −0.5 10.4
7	东厂界外居民住宅处	60.3	56.8	3.5

4 其他降噪措施

4.1 电动机隔声罩

明露于冷却塔风筒外侧的风机电动机加装一个长×宽×高约为2000mm×1500mm×2000mm隔声罩，用隔声吸声板拼装，预留进出风散热口及消声装置。

4.2 冷却塔玻璃钢风筒外侧隔声围护结构

为减小冷却塔玻璃钢风筒噪声外泄和外型美观化，采用100mm厚彩钢夹芯板作挡板，将其固定于出风消声器钢结构框架四周，形成一个封闭的隔声围护结构。隔声围护结构长×宽×高约为11600mm×11600mm×3800mm。

4.3 水泵房噪声治理

水泵房加装隔声门和隔声采光窗，原百叶窗改为消声百叶窗，原排风机外侧加装带弯头消声器，减小水泵房噪声外传。

4.4　隔声吸声屏障（可缓装）

为减小冷却塔淋水噪声、进出水管噪声、风机倒灌噪声、钢结构支架辐射的结构噪声等对东厂界的影响，在冷却塔钢筋混凝土塔体和水泵房之间的缺口处，在塔体与北厂区道路之间，搭建一道落地的大型隔声吸声屏障，为外隔内吸式结构，长×高约为（17300＋14200）mm×10000mm，面积约为 315m^2（现未安装）。

5　治理效果评价

按现场实际情况实施本文序号 3、4.1、4.2、4.3 等治理措施后（未安装大型隔声吸声屏障），治理前后同点实测结果显示：当地的背景噪声（二、三、四期工程 10 台大型冷却塔全关闭）还是较高的，为 55.6dB(A)，已超过Ⅲ类区夜间噪声标准规定，原因是厂内除冷却塔之外的其他噪声源干扰引起，按规定进行背景噪声影响修正后，单开四期工程 4 台大型冷却塔，其噪声对东厂界的影响已由治理前的 57.7dB(A) 降为 47.3dB(A)（能量叠加计算），降噪 10.4dB(A)。降噪效果十分明显，达到了原设计要求。整个工程施工安装质量良好，取得了满意的治理效果。该项目已通过工程验收。图 6 所示为该工程外形照片。

(a)

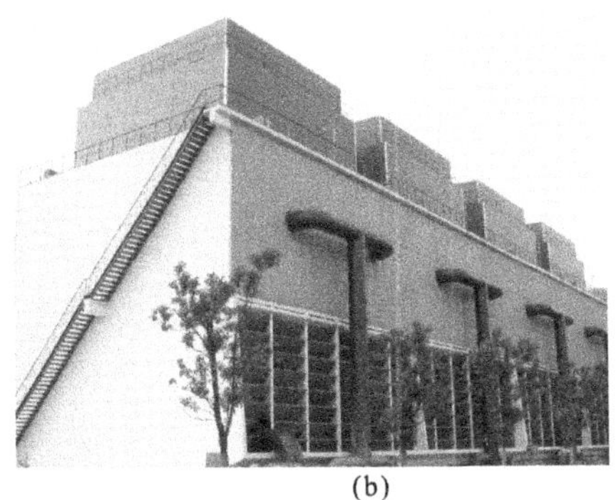
(b)

图 6　出风消声器型钢支架照片和出风消声器外形照片

本文 2008 年刊登于《中国电厂设备》6 月号

（参与本文编写的还有本院冯苗锋以及南通醋酸纤维有限公司周澄）

普通玻璃钢冷却塔改造为低噪声冷却塔

冷却塔广泛应用于石油、化工、纺织、电力、宾馆、影剧院、医院及居民点等巨量用水的地方，以减少能耗和重复利用水资源。冷却塔除了其冷却水量、热工性能之外，噪声的高低也是主要指标之一。近年来，为适应环境保护、劳动保护的需要，不少科研设计单位及制造厂设计生产了一些低噪声型冷却塔。但是，用量最大的还是普通型（又称标准型）玻璃钢冷却塔。这种冷却塔制造方便，价格低廉，使用量大，分布面广。很多安装了普通型玻璃钢冷却塔的单位，因其噪声较高，污染环境，所以迫切希望在花钱不多的情况下将其改造为低噪声冷却塔。

近年来，我们在有关生产厂及使用单位的配合下，对正在运行的一些普通型玻璃钢冷却塔进行了改造，在保证冷却塔原有热工性能不变或略有改善的前提下，使其噪声大幅度降低，与低噪声型冷却塔相当，取得了较为满意的经济效益和社会效益。

冷却塔的主要噪声源有两个：一是安装于冷却塔上部的电动机和轴流风机产生的空气动力性噪声；二是冷却水下落时撞击底部集水盘及盘中积水产生的淋水噪声。此外还有一些其他机械噪声。要将普通型冷却塔改造为低噪声型冷却塔，则必须从分析和治理这些噪声源着手。

1　冷却塔风机噪声的控制

轴流风机是机力通风冷却塔的主要部件之一，过去很多单位都是选用 $30K_4$-11 型轴流风机作为冷却塔的风机。但因该型风机的风量、风压等参数与冷却塔所需风量、风压不匹配，其最大直径为 1000mm、最大风量为 46700m^3/h，而容量为 100m^3/h 以上的冷却塔所需风量在 60000m^3/h 以上。$30K_4$-11 型轴流风机就无法满足多种容量（特别是大容量）冷却塔的要求，而且安装该型风机的冷却塔，往往冷却效能低、耗电多、漂流严重、噪声高。20 世纪 70 年代以来，上海交通大学与浙江上虞风机厂协作，研制成功了高效能、低噪声的 JT-LZ 系列冷却塔专用风机，使冷却塔的热工性能和噪声指标达到国际先进水平。

JT-LZ 系列冷却塔专用风机既可配置于低噪声型冷却塔上，也可以安装在改造型的冷却塔上。该系列专用风机采用低转速、大弦长、空间扭曲、倾斜式叶型，以利在低转速驱动的前提下保证所需的风量、风压，达到节电降噪的目的。

表 1 列出了适用于不同冷却容量、不同风量、不同风压的 JT-LZ 系列冷却塔专用风机的性能、规格。图 1 为冷却塔结构示意图。

表 1　JT-LZ 系列冷却塔专用风机性能规格

型号	冷却塔容量 /(m^3/h)	风机直径 /mm	风量 /(m^3/h)	全压 /mmH_2O	转速 /(r/min)	噪声 /dB(A)	质量(含电动机减速器)/kg	装机容量 /kW
JT-LZ 4	4	400	4600	10	930	<59	18	0.18
JT-LZ 5	8	500	6000	10	720	<60	30	0.25
JT-LZ 7	15	700	12000	12	720	<62	34	0.60

续表

型号	冷却塔容量/(m^3/h)	风机直径/mm	风量/(m^3/h)	全压/mmH_2O	转速/(r/min)	噪声/dB(A)	质量(含电动机减速器)/kg	装机容量/kW
普通型	15	700	10700	16	960	—	—	1.10
JT-LZ 8	20	800	15000	13	720	<62	36	0.80
JT-LZ 9	30	900	22000	13	720	<64	37	1.10
普通型	30	800	20000	16	960	—	—	1.50
JT-LZ 10	40	1000	30000	13	480	<60	42	1.50
JT-LZ 12	50	1200	38000	13	480	<60	66	1.50
普通型	50	900	29000	18	960	—	—	2.20
JT-LZ 14	80	1400	60000	14	480	<60	76	3.50
JT-LZ 15	100	1500	65000	14	480	<60	78	3.70
普通型	100	1300	62000	20	960	—	—	5.50
JT-LZ 18	120	1800	75000	13	480	<63	84	3.70
JT-LZ 20	150	2000	105000	14	165	<63	309	5.50
JT-LZ 24	180	2400	125000	14	165	<63	312	5.50
JT-LZ 28	200	2800	140000	14	165	<63	376	7.50
JT-LZ 38	300	3800	210000	14	165	<65	481	10.0
JT-LZ 46	400	4600	300000	14	125	<65	592	13.0
JT-LZ 50	500	5000	360000	13	125	<65	631	15.0

注：冷却塔容量是指风机所适应配用标准型冷却塔的冷却水量。

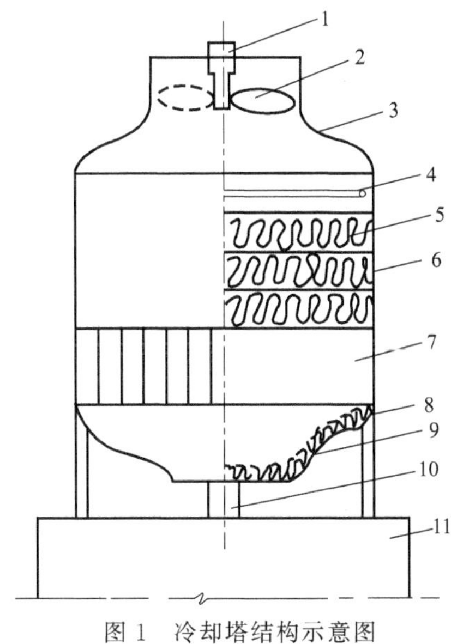

图1　冷却塔结构示意图

1—冷却塔风机电动机；2—冷却塔风机；3—上塔体；4—布水器；5—填料；6—中塔体；7—进风窗口；8—集水盘填料；9—下塔体；10—总出水管；11—水池

由表1可知，对于冷却水量从$4m^3/h$至$500m^3/h$的16种规格的冷却塔，均有相应的风机型号供选用。表中A声级是在距冷却塔一倍塔径、离地高1.5m处测得的。该系列风机噪声最大不超过65dB(A)。

普通型冷却塔所用风机一般转速较高，直径较小，电动机功率较大，风机噪声在75dB(A)

以上，振动也较强烈。与普通型冷却塔冷却容量基本相同的低噪声型冷却塔，风机直径较大，转速较低，电动机功率较小。例如，冷却水容量为 50m^3/h 的普通型冷却塔，风机直径为 900mm，而低噪声型为 1200mm；普通型转速为 960r/min，低噪声型为 480r/min；普通型风量为 29000m^3/h，低噪声型为 38000m^3/h；普通型电动机功率为 2.2kW，低噪声型为 1.5kW。

将普通型冷却塔改造为低噪声型冷却塔，有以下两种方法：

第一种方法是不改变上塔体尺寸，只是将普通型冷却塔的风机改为低噪声型风机。这一方法比较简单，但要损失一定风量，使冷却容量降低。例如，容量为 100m^3/h、风量为 62000m^3/h、风机直径为 1300mm、上塔体出风口直径为 1400mm 的普通型冷却塔的改造，若不改变上塔体尺寸，仅更换风机，低噪声风机直径取 1200mm、风量为 38000m^3/h，冷却塔容量相当于 50m^3/h，若风机直径取 1400mm，风量为 60000m^3/h，冷却塔容量相当于 80m^3/h。也就是说，仅更换风机，不加大风机直径，不改变上塔体出风口尺寸，虽然可以降低噪声，但要减少一些冷却容量。在冷却塔容量较富裕的情况下，这种方法是可取的。当然对原大塔体及填料是有些浪费。上海元件五厂和上海卢湾区文化馆的 50m^3/h 冷却塔改造，就是只将原风机更换为低噪声风机，从而使冷却塔的噪声从 75dB(A) 降为 65dB(A) 左右。

第二种方法是在保证冷却塔容量不变、风机风量基本不变的情况下，将普通型风机更换为低噪声型专用风机，鉴于风机直径加大，无法将风机直接安装在冷却塔上塔体上，因此必须重新制作与低噪声风机匹配的上塔体，这比较麻烦，但效果好。有些冷却塔上塔体和中塔体是拼装结构，只需将原上塔体卸下，换一只新的上塔体即可。有些冷却塔的上塔体和中塔体是一整体结构，为安装低噪声风机，必须将上塔体拆下，重新加工一只与低噪声风机匹配的上塔体，用角钢箍圈将其与中塔体固牢。例如，上海东湖电影院 100m^3/h 冷却塔，上塔体和中塔体是整体结构，整机噪声为 77dB(A)（测点在一倍塔径，离地高 1.5m 处），不淋水，仅开风机时噪声为 75dB(A)。对该冷却塔进行改造，将上塔体锯掉，重新配制了一个可安装直径为 1500mm 的风机的上塔体，风量为 65000m^3/h，转速为 480r/min，电动机功率为 3.7kW。经改造后，风机噪声由 75dB(A) 降为 60dB(A)。上海电影制片厂文学部和上海日晖电影院的 50m^3/h 冷却塔的改造，也是采用这一方法，使其噪声降低 10dB(A) 以上。

2　冷却塔淋水噪声的控制

将普通型冷却塔风机更换为低噪声风机后，风机噪声一般可降到 60dB(A) 左右，此时冷却塔的淋水噪声就显得十分突出。淋水噪声主要是冷却水经配水装置、淋水装置落入下塔体集水盘上时，水滴撞击集水盘发出的“啪啪”声、水滴与水面撞击发出的“哗哗”声，以及水滴拍击填料发出的“沙沙”声。这些声音从进风窗口散发出来。淋水噪声一般在 70～75dB(A)，由频谱分析可知，它是个宽频带噪声，中频段为 250～1000Hz，声压级较高。

对淋水噪声的控制，以往未引起重视。有些低噪声冷却塔增加装消声栅，有一定效果，但不甚理想。在改造上海东湖电影院 100m^3/h 冷却塔过程中，曾试图用下列方法降低淋水噪声。第一种方法是，在集水盘上部铺放一层 10mm 厚的海绵，使水滴下落得以缓冲，淋水噪声由 71dB(A) 降为 68.5dB(A)。但海绵吸水后，排水不畅，同时局部积水造成水滴与水面撞击，因此淋水噪声降低不多。第二种方法是，在中塔体下部悬挂一层尼龙网，将大水滴分割为小水滴，对降噪有一定效果。但尼龙网较难拉平绷紧，个别地方水滴反而汇集得更大，不太满意。

第三种方法是，在集水盘上加装降噪装置——在集水盘加强筋凹部垫以托架；托架上盘装一层聚氯乙烯斜交叉填料；拆除原进风口挡水板。这样处理减小了水滴落差，利用填料亲水性好的优点，增加了热交换面积，对降噪和改善热工性能都有利。采取第三种方法，使 $100m^3/h$ 冷却塔的淋水噪声由 71dB(A) 降为 60dB(A)，取得了较为满意的降噪效果。

3 冷却塔其他噪声的控制

冷却塔风机安装不当或不平衡而引起的振动，会激发二次噪声，可在风机支架的刚性连接处、壳体与支架的连接处加装隔振垫。凡紧固件，均应拧紧，避免松动。

有些冷却塔总出水管与水池之间落差较大，水池不密封，出水声较强烈，对此也应加以控制。上海东湖电影院 $100m^3/h$ 冷却塔直径为 200mm 的总出水管与水池距离约 700mm，“哗哗”的出水声较明显，用橡皮管软连接，将总出水管加长，使其接近水面或伸入水中，但又产生“咕噜、咕噜”的低频声。这些噪声是通过下塔体与水池间的空隙处散发出来的。后来用砖将下塔体与水池之间的空隙砌封，同时将水池原盖板修整密封，减少漏声，这样冷却塔总的淋水噪声又降低了约 3dB(A)。

4 结语

冷却塔的噪声是可以控制的，将普通型冷却塔改造为低噪声冷却塔，关键是更换风机和设法降低淋水噪声。经综合治理，冷却塔整机噪声可以从 77dB(A) 降为 62dB(A)。改造前后的噪声频谱特性变化见图 2。该冷却塔的改造费用总计 4200 元，施工周期 20 天。通过对冷却塔的改造，使上海东湖电影院对周围居民的噪声影响由 73dB(A) 降为 53dB(A)，各方面都十分满意。

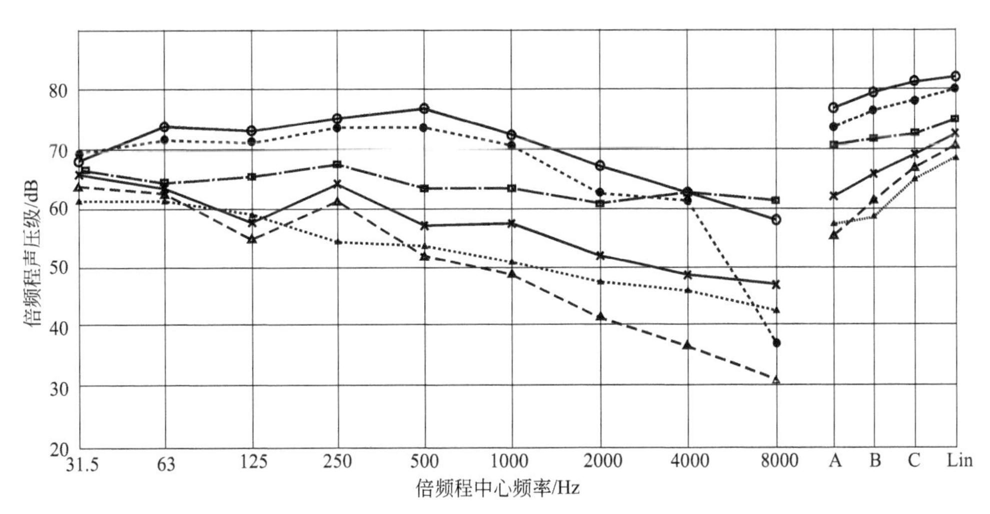

图 2 $100m^3/h$ 冷却塔改造前后噪声频谱变化

o—— 治理前冷却塔噪声；×—— 治理后冷却塔噪声；●····· 治理前冷却塔风机噪声；
▲– – – 治理后冷却塔风机噪声；□—·· 治理前冷却塔淋水噪声；▲······ 治理后冷却塔淋水噪声

本文 1988 年刊登于《劳动保护科学技术》第 3 期

大型防爆隔声室的设计与效果

1 概述

中美合资南通醋酸纤维有限公司丙酮回收系统安装有3台大型引风机，风量48000m^3/h，电动机功率400kW，还有冷凝器，正压、负压输气管道等。引风机噪声为101.5dB(A)，管道噪声为97dB(A)，操作范围内噪声平均为95dB(A)。两台引风机同时运行时，在200m远的厂区道路上噪声为71dB(A)、87.5dB(C)，在距厂区1000m以外的居民新村也能听到该引风机的噪声。另外，丙酮回收系统要求防火、防爆，管道不得隔声包扎，施工不停产，不得动用明火。

为解决丙酮回收系统噪声对厂内外的污染，设计安装了一个28.7m×16m×6.2m大型拼装式防爆隔声室，如图1所示。设计要求：将引风机、冷凝器、正压输气管道等置于隔声室内，在隔声室外的噪声应低于85dB(A)。居民新村应达到城市区域环境噪声标准关于一类混合区的要求，即白天55dB(A)，早晚50dB(A)，深夜45dB(A)。同时采取了相应的防火防爆措施。现已通过竣工验收，效果良好。

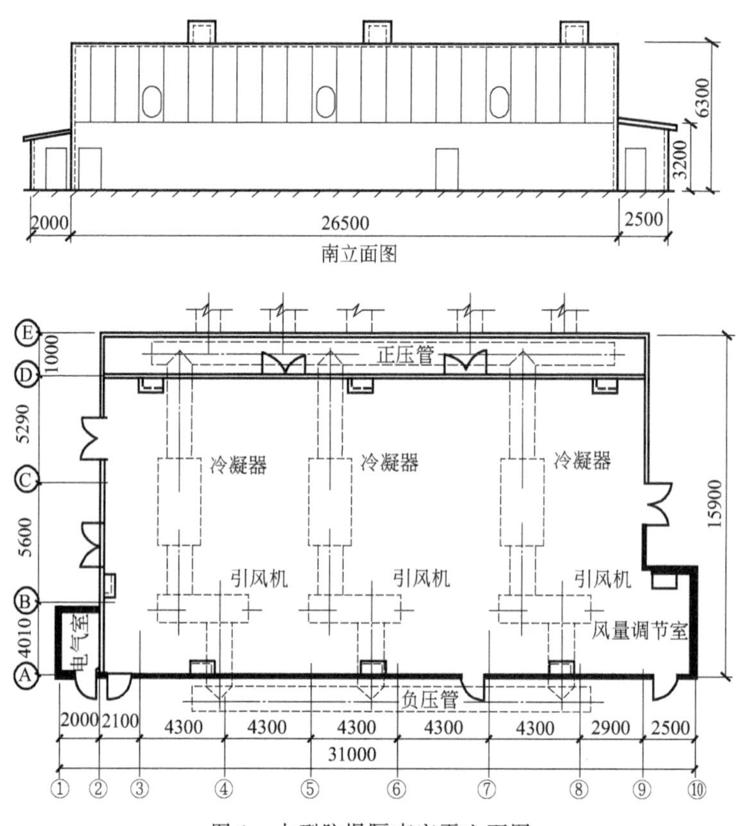

图1 大型防爆隔声室平立面图

2 隔声与防爆

丙酮气体是易燃易爆气体，其爆炸下限体积含量为2.5%，爆炸上限体积含量为13%。本回收系统输气管道中丙酮含量上限为1.84%，当超过此含量的75%即报警并立即稀释。但为防止万一，丙酮回收系统所在地段防爆等级定为乙级。按规定，乙级防爆厂房应有泄压设施，并应采用轻质屋盖或门、窗、轻质墙体作为泄压面积，其质量不宜超过120kg/m^2，泄压面积与厂房体积之比值（m^2/m^3）宜采用0.05～0.22。

大型隔声室的主体框架结构由20号工字钢立柱，横梁以18号槽钢、角钢等搭建而成；隔声室四壁下部用砖砌筑，两面抹灰，高3.1m；四壁上部用72组双层FC板组成的复合隔声板拼装而成；顶棚也采用外隔内吸式220块复合板拼装而成。隔声室四壁上部及顶棚作为泄压面积。

每块复合隔声板的规格为1200mm×3000mm×89mm，如图2所示。复合隔声板边缘为凹凸形插件结构，以利拼装，内外面层为6mm和8mm厚FC水泥压力板，中部为2mm厚钢板弯折成的"⊓"型支撑，复合隔声板质量为46kg/m^2，符合泄压单位面积质量要求。复合隔声板安装于四壁。

每块复合隔声吸声板的规格为1200mm×1800mm×87mm，如图2所示。外表面为8mm厚FC板，内表面为4mm厚FC穿孔板，内外表面之间填装防潮离心玻璃棉毡。复合隔声吸声板质量为46kg/m^2，亦低于泄压单位面积质量。复合隔声吸声板安装于顶棚。

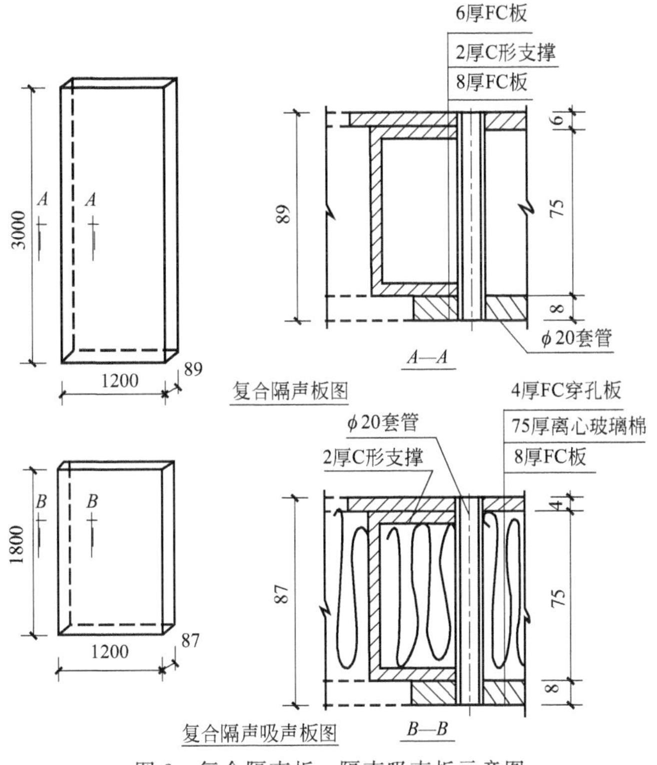

图2 复合隔声板、隔声吸声板示意图

隔声室四壁上部和顶棚泄压面积计 676m^2，隔声室体积为 2570m^3，泄压面积与隔声室体积之比为 0.26，符合防爆规范要求。

3 通风与消声

丙酮气体比空气重（相对密度为 2），一般情况下积存于隔声室底部。为了将可能泄漏的丙酮气体排至隔声室外，则要求隔声室内为正压，排泄口应设在隔声室底部。经计算，设计选用 10 台 5$^{\#}$ 低噪声防爆轴流风机，将其安装于隔声室顶棚上，向隔声室内送风，每台风机风量 7000m^3/h，风压 3mmH_2O，噪声 71dB(A)。隔声室内换气次数为 27 次/h。防爆通风设施的安装，既排除了隔声室内可能积存的丙酮气体，以利安全，同时又改善了隔声室内通风条件，有利于设备的散热。

为了减小防爆轴流风机噪声影响以及进风口、排泄口噪声外传，在进排风口安装消声器，顶棚上 10 只，装置 5$^{\#}$ 低噪声防爆轴流风机进气口，隔声室四壁下侧安装 8 只排风消声器，装于排泄口内侧，均系阻性消声器，如图 3 所示。

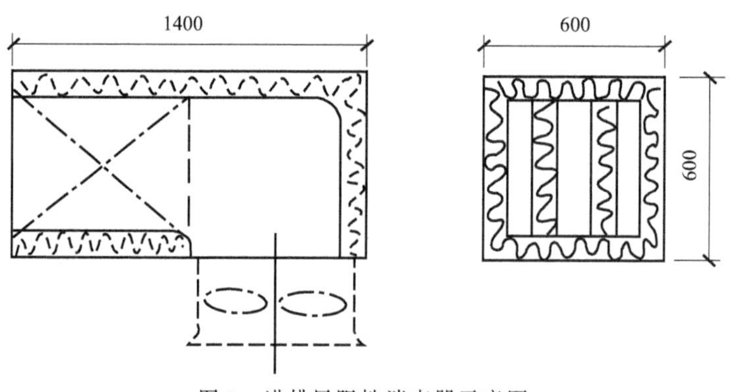

图 3 进排风阻性消声器示意图

通风机、电气线路以及照明灯具等均是防爆的。

4 消防自动喷淋与局部泄压

为防止意外，根据公安消防部门意见，在隔声室顶棚下部安装了一套消防自动喷淋装置，开式喷头，共 42 只，均匀分布，喷口距顶棚下沿 250mm。隔声室内配置了 2 只 25KG1211 灭火机，3 只 4KG1211 灭火机。

按规定，当体积超过 1000m^3 的防爆建筑，泄压面积与厂房体积之比可适当降低，但不宜小于 0.03。本隔声室考虑到采光、通风、消声、检修等需要，安装了向外开启的大小隔声门共 9 个（包括检修设备需要的活络式隔声板），双层玻璃隔声采光窗大小共 16 扇，进排风口大小共 18 个。另外在顶棚上预留了 8 个泄压口。这些部位是隔声室最薄弱的环节，如发生爆炸，首先从这些部位泄压，以尽量减小对其他结构的影响。这些部位作为局部泄压口，其面积计 78m^2，与隔声室体积之比为 0.03，亦符合防爆规范要求。

5 效果与评价

未装隔声室之前，引风机、冷凝器、输气管道等操作范围内的噪声为95dB(A)，加装隔声室后，在上述操作范围内噪声为80dB(A)。在隔声室外1.0m处，四周8点平均声压级为81.5dB(A)，隔声降噪量为20dB(A)。在距隔声室200m远的厂区道路上，噪声由71dB(A)降为61dB(A)。在距厂区1000m以外的居民新村深夜噪声为41dB(A)，达到了一类混合区标准的要求。

施工过程中未用电焊、气焊、电钻等产生火花的设备，所有杆件、板件连接均采用螺栓或插件配装，施工过程中未影响生产。鉴定验收结论是，该隔声室设计合理，效果良好，同意验收，交付使用。

本文1992年刊登于《噪声与振动控制》第1期
（参与本文编写的还有南通永达环保公司黄瑞兵）

SH 型轻质高效装饰隔声门的研制与应用

摘　要：本文介绍具有隔声、防火、装饰等性能的 SH 型隔声门，面质量为 48kg/m^2，隔声指数为 42dB，安装于上海广播大楼录音室，隔声量（内外声级差）为 45dB，具有国内领先水平，达到国际先进水平，已通过鉴定。

关键词：隔声门　隔声量

1　前言

隔声门是建筑声学和噪声控制工程中必不可少的构件之一。国内已生产安装了不少各种类型的隔声门，也从国外进口了一些隔声门，但均不甚理想。根据国家标准《建筑用门空气声隔声性能分级及检测方法》规定，按计权隔声量 R_w（相当于空气声隔声指数 I_a）的不同，将门分为Ⅰ～Ⅵ 6 个等级，其中Ⅰ级 $R_w \geqslant 45$dB，Ⅱ级 45dB$>R_w \geqslant 40$dB。

为满足电台、电视台、剧场、影院、宾馆会议室等厅堂音质工程的需要和高隔声量噪声控制工程的需要（一般为Ⅰ、Ⅱ级隔声门），上海申华声学装备有限公司（原上海红旗机筛厂）在声学专家们的指导下，吸取了国内外隔声门的设计经验，研究制造了一种 SH 型轻质高效装饰隔声门，隔声指数 I_a 大于 42dB，属Ⅱ级隔声门，已通过鉴定，并申请了专利。

2　隔声门隔声性能分析

门的隔声效果取决于门扇的隔声性能和门缝的严密程度。一般单层密实均匀门板的隔声性能主要由它的质量（面密度）、劲度、阻尼所决定，与入射声波的频率也有密切的关系。图 1 给出了单层均质板的隔声特性曲线，按频率不同，分为 3 个区。Ⅰ区为劲度和阻尼控制区，Ⅱ区为质量控制区，Ⅲ区为吻合效应和质量控制延续区。图中，f_0 表示共振频率，f_n 表示谐波频率，f_c 表示吻合临界频率。

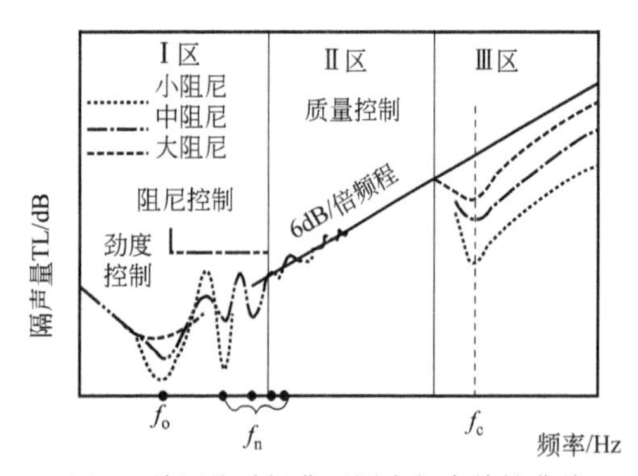

图 1　单层均质板典型隔声频率特性曲线

在共振频率 f_0 处隔声量最小，共振区的宽度取决于板的材质、形状、板的支撑方式和板体自身阻尼大小，机械阻尼越大对共振振幅抑制越强，隔声效果越好。随着声波频率的提高共振影响消失，进入质量控制区，板材面密度越大，受声波激发的振动速度越小，隔声量越高，频率越高隔声量也越大，斜率是每倍频程增加 6dB。在吻合频率 f_c 外隔声量大幅度下陷，其原因是某一频率的入射声波在板上的投影与板的弯曲波吻合，从而激发门板固有振动产生吻合效应而降低了其隔声量，增加板的阻尼性能就可减少隔声量的降低。

对于单层密实均匀无限大墙板，声波垂直入射时隔声量 TL_0，可用式(1) 进行计算。在工程实践中实际隔声量 TL 的近似值可用式(2) 进行计算。

$$TL_0 = 10\lg\left[1+\left(\frac{Wm}{2\rho c}\right)^2\right] \cong 20\lg\frac{\pi m f}{\rho c}(\mathrm{dB}) \tag{1}$$

$$TL = 18\lg(mf) - 44(\mathrm{dB}) \tag{2}$$

式中 m——墙板单位面积质量（kg/m^2）；

f——入射声波频率（Hz）；

ρ——空气密度（kg/m^3）；

c——声波在空气中的传播速度（m/s）。

由式(2) 可知，墙板面密度加倍或频率升高 1 倍，隔声量增加约 5.4dB。由于隔声门的面密度不可能做得如墙板那样大，为了使隔声门的重量设计得较轻，而又能取得较高的隔声性能，在隔声设计技术中常采用多层复合轻质隔声结构作为隔声门的基本结构形式。如应用多层不同材质的薄板与阻尼材料及吸声材料交替组合，以增加门的阻尼和吸声作用，克服劲度阻尼控制区产生的共振和质量控制区产生的吻合效应，达到提高隔声门性能的目的。另外，隔声门的门缝处理也是决定实际隔声性能的关键技术，因为门扇与门框之间的缝隙和门框与门洞之间的孔洞直接影响门的隔声效果。声音在空气中传播，遇到结构上的孔洞或缝隙时，如果声波波长小于孔隙尺寸，则声能全部透过孔隙传出；如果声波波长大于孔隙尺寸，透声量的大小则取决于孔隙的形状和孔洞的深度（即结构的厚度）。一般长形孔隙比同面积的圆形孔透声量多，薄板孔隙比厚板孔隙透过的声能要多。图 2 表示了孔隙大小对原有隔声结构隔声的影响，只要知道某一结构门原有的隔声量和孔隙面积的百分数，从图中可方便地查出开孔后门的实际隔声量。

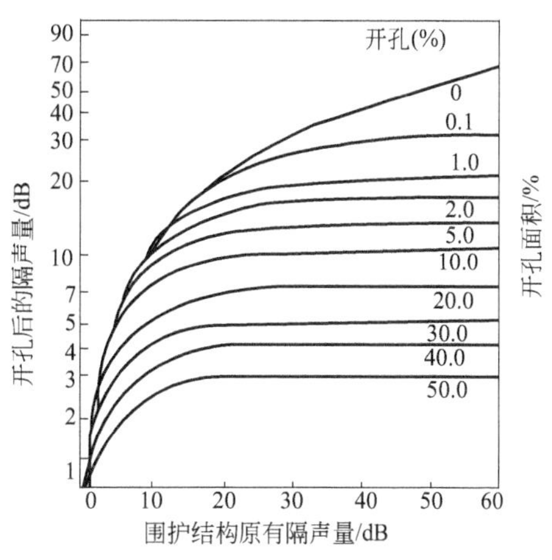

图 2 孔隙大小对原有围护结构隔声性能的影响

由图 2 可知，即使原有门扇隔声量很高，如其隔声量为 40dB、50dB，一旦有小面积开孔或有缝隙，若开孔率为 1%，整个门的隔声量不会超过 20dB；若开孔率为 0.1%，整个门的隔声量不会超过 30dB。因此，必须严格处理门缝和孔隙的漏声问题。

3 SH 型轻质高效装饰隔声门的设计

为实现隔声门的轻质、高效、隔声、防火、防腐蚀、装饰性好、开启方便灵活等多种性能要求，首先确定设计参数。单扇门，门宽×高为 1000mm×2100mm，门扇总厚度不大于 65mm，面质量不大于 $50kg/m^2$，隔声指数 I_a 大于 40dB。接着进行结构设计，门扇采用 13 层材料复合而成，详见图 3。其中 3 层隔声层，4 层阻尼层，2 层吸声层，2 层黏结阻尼层，

2 层装饰层。

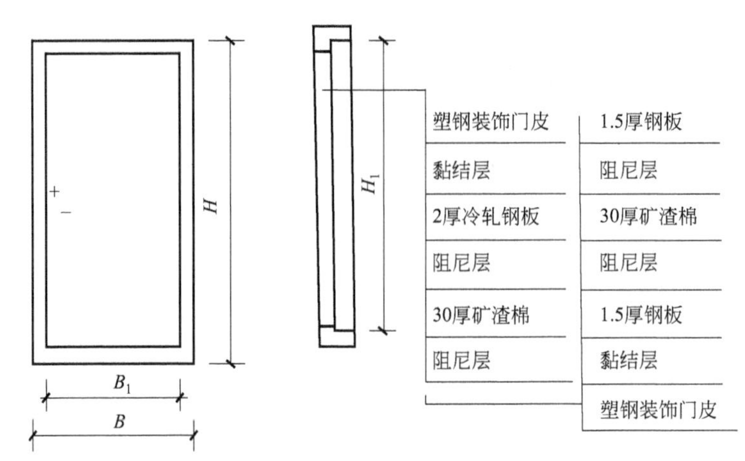

图 3　SH 型隔声门结构示意图

门缝的密封性是保证门的隔声性能的关键，门缝隔声密封结构有多种形式，如图 4 所示。SH 型轻质高效装饰隔声门门缝设计为图 4 中的 E 类，采用“S”型双道嵌入式密封结构，同时在门扇和门框结构处增加一道辅助性密封措施。密封结构中的空心乳胶海绵密封条是专门设计制造的。

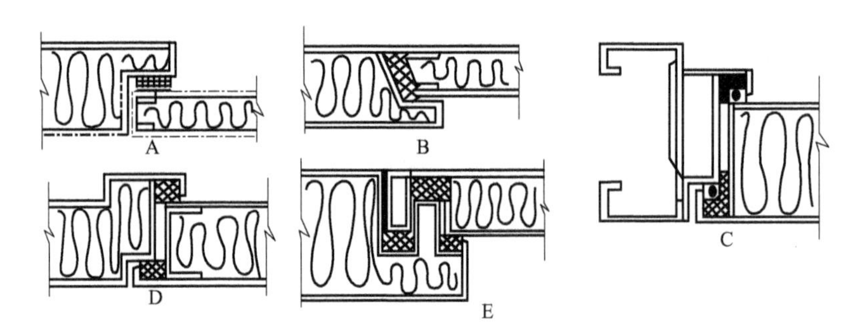

图 4　门缝隔声结构示意图

门铰链为 127mm 不锈钢旗铰，按受力要求，不等距安装 3 只旗铰。门锁为专门设计的不锈钢船用锁，舌簧较长，可加锁，开启方便灵活，无须加压。

门的外表装饰，可按用户要求在内外门表面和门框上粘贴各种花纹各种色泽的革纹或浮雕防火塑钢门皮，外形平整挺括，美观大方，典雅高贵，富有立体感，不褪色。门扇和门框上无外露螺钉、铆钉，显示出卓越的加工制作技术水平。

4　SH 型轻质高效装饰隔声门的效果与应用

在 SH 型轻质高效装饰隔声门研制成功并投入批量生产的过程中，编制了上海企业标准 Q/YSVH12—1995。按此标准规定，在 SH 型隔声门系列产品中抽选 SH-A-Ⅱ型轻质高效装饰隔声门——门宽×高×厚=1000mm×2100mm×60mm，隔声等级为Ⅱ级。经同济大学声学研究所按国家标准 GBJ 75—1985《建筑隔声测量规范》要求，在隔声实验室内测试其隔声性能，测试结果列于表1。

一般情况下，该门的隔声指数 $I_a=42dB$。如在门缝处嵌油灰，则 $I_a=45dB$。

将单扇SH-A-Ⅱ型轻质高效装饰隔声门安装于新建的上海广播大楼语言录音室和控制室内，共安装了4扇，并在现场实测其隔声效果。单扇门内外声级差及两道门的隔声效果，列于表1。由表1可知，单扇门的现场隔声量（门外门内声级差）为45dB(A)，与实验室测试数据基本一致。两道单扇门再加声闸，总的声级差达到75dB(A)，完全满足使用要求，且开启方便，受到用户好评。

表1　SH-A-Ⅱ型轻质高效装饰隔声门隔声性能

隔声量/dB \ 频率 工况	1/3倍频程中心频率/Hz																	隔声指数 I_a	声级差/dB(A)
	100	125	160	200	250	315	400	500	630	800	1k	1.25k	1.6k	2k	2.5k	3.15k	4k		
隔声室测试结果(一般工况)	26	31	34.5	38.6	38.3	37.8	37.7	39	38.5	39.9	42.3	42.3	42.4	43.6	45.1	46.6	48.3	42	—
隔声室测试结果(门缝嵌油灰)	26.9	30.3	32.4	36.7	36.8	38.7	39.6	39.6	39.9	44.2	45.8	48.1	48.9	48.6	49.5	49.8	51.7	45	—
现场实测隔声门内外声级差	—	35	—	—	48	—	—	53	—	—	47	—	—	45	—	—	45	—	45
现场实测两道隔声门加声闸内外声级差	—	59	—	—	73	—	—	79	—	—	82	—	—	81	—	—	81	—	75

5　结语

SH-A-Ⅱ型轻质高效装饰隔声门轻便灵活，门扇总厚度60mm，单位面积质量48kg/m^2，隔声效率高，实验室实测隔声指数 $I_a=42dB$，实际使用安装后在现场实测隔声量（门内外声级差）为45dB(A)，与单位厚度、单位面质量的门相比，其隔声量最高。经上海市科技成果水平检索证明，该门接近国际先进水平，已申请了专利。1995年6月26日由上海市二轻局主持，国家环保局、上海市经委、市环保局领导以及北京、上海等地声学专家参加，对该门进行了产品鉴定。鉴定结论认为SH型轻质高效装饰隔声门具有隔声、阻尼、防火、防水、防腐蚀等作用，开关轻便灵活，外形美观大方，性能优良，特别适用于录音室、演播室、测听室、影剧院、宾馆会议室等空气声的隔绝，也适用于噪声治理工程的隔声。其技术指标和实用效果具有国内领先水平，达到国际同类产品先进水平，已具备批量生产能力，价格仅为同类进口隔声门的一半左右，深受用户欢迎。

本文1996年刊登于《新型建筑材料》第3期
（参与本文编写的还有上海申华公司张明发、华东建筑设计院章奎生）

高速冲床噪声治理设计与效果

摘　要： 高速冲床是家用电器行业生产薄壁零件的关键设备之一，但噪声高达 102～108dB(A)。按使用工艺及检修要求，采用大型装配式钢质隔声室结构，可使其噪声对车间的影响控制在 80dB(A) 以下。

关键词： 高速冲床　隔声　降噪

1　前言

20 世纪 80 年代以来，家用电器产品发展迅速，尤其是家用空调器采用流水线生产，批量大，品种规格多，产品中 60%左右的零件是用冲压方法制成的。高精度、高效率的大型高速冲床是家用电器行业生产薄壁零件的关键设备之一。目前国内使用最多的是美国 OAK 高速冲床和日本日高精机高速冲床，这些高速冲床产生的噪声高达 102～108dB(A)，若同时进口带隔声装置的高速冲床，费用昂贵。多数是只进口高速冲床，噪声问题另行解决。102～108dB(A) 的高速冲床噪声，不仅给操作者带来危害，而且使整个车间噪声在 95dB(A) 以上，噪声污染十分突出。

近年来，我们为上海日立家用电器有限公司（以下简称上海日立）、上海大金协昌空调有限公司（简称上海大金）、广东美的冷气机制造有限公司（简称广东美的）、安徽达西浦国际实业有限公司（简称安徽达西浦）、四川长虹电子集团公司（简称四川长虹）、上海家用空调器总厂（简称上海家空总厂）、上海水仙能率有限公司（简称上海水仙）等单位设计安装了各种类型的高速冲床隔声室，均已通过验收，取得了满意的降噪效果。

2　噪声治理方案比较及特点

2.1　声源特性

高速冲床是大型精密冲压设备，外形尺寸长×宽×高多数在 6m×4m×3.2m 左右，置于专门设计的隔振基础上。高速冲床一般分为自动上料部分、主机冲头部分、落料出料部分和电脑屏板或电脑箱柜控制部分。发声部位是冲头部分，声级为 102～108dB(A)，连续不断的冲击性噪声使高速冲床呈中低频特性，频率从 63～1000Hz，声级均在 92dB 以上，峰值频率为 500Hz，声级 95dB，由于声源呈中低频特性，其治理难度是较大的。

2.2　隔声罩与隔声室

由于高速冲床外形尺寸大，发声部位集中，曾设计了一个沿冲头部分外缘加装推拉式隔声罩的方案，以 OAK 高速冲床为例，隔声罩外形尺寸为 2.4m×2.9m×3.4m，但因高速冲床检修观察部位甚多，需要在隔声罩上开设许多小门或观察窗，操作不方便；同时移动式隔声罩漏声部位多，不易密封，隔声量又较低；虽然费用较省，但难以达到 20dB(A) 的降噪量要求，因此，最终方案还是采用在高速冲床外部加装大型隔声室的结构。操作者可以进入隔声室内检修、调整高速冲床。高速冲床隔声室外形尺寸长×宽×高多数为 5.5m×4.8m×3.8m 左右。

图 1 为上海日立家用电器有限公司 OAK 高速冲床隔声室外形尺寸图，图 2 为 OAK 高速冲床隔声室外形透视图。

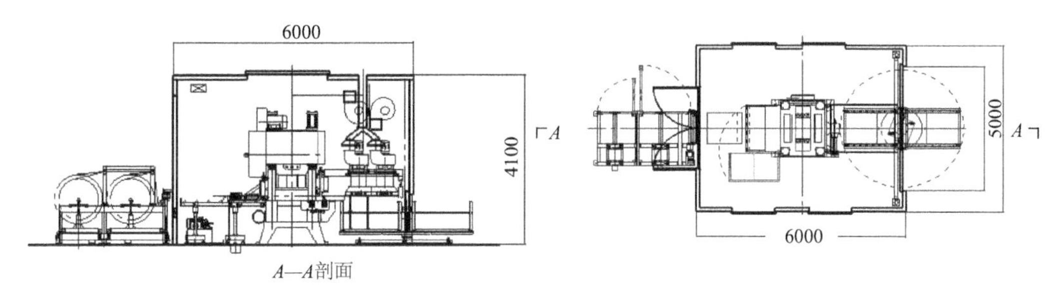

图 1 OAK 高速冲床隔声室外形尺寸图

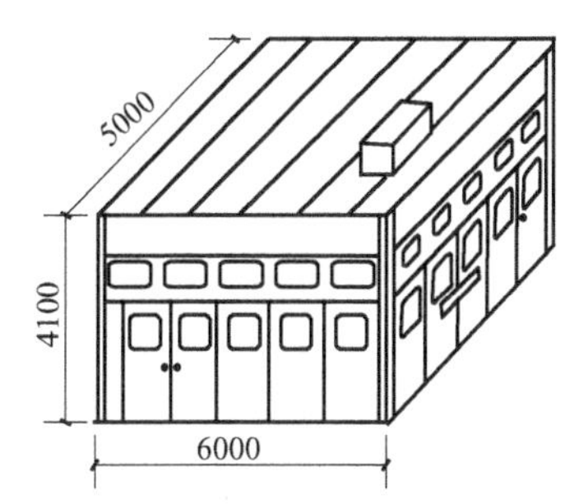

图 2 OAK 高速冲床隔声室外形透视图

2.3 手动对开门和气动声闸门

高速冲床冲制好的零件经出料端输出后，由人工搬走。出料方式有三种，一是左右推车式，二是两工位转盘式，三是三工位转盘式。左右推车式可在隔声室的左右两端开设对开式隔声门；两工位转盘式可在转盘上安装隔声挡板，与转盘同时转动（上海大金和安徽达西浦日高精机高速冲床隔声室就是采用此种方式）。两工位转盘式也可在出料端设置声闸式气动隔声门（广东美的和四川长虹日高精机高速冲床隔声室就是采用此种方式）。气动声闸门宽×高为 3.5m×1.5m，气缸长 1.6m，操作简便，开启灵活，隔声量高。

2.4 手动推拉门和光电自动门

有的高速冲床出料不用推车式或转盘式，而是用人工直接搬移，出料端的门可为手动推拉式隔声门（上海家空总厂和上海水仙高速冲床隔声室采用此种方式），也可用光电控制的自动隔声门（上海大金新进口高速冲床隔声室采用此种方式自动隔声门，宽×高×厚为 2m×2m×0.05m，人进出，门可自动开关，门周边密封，开关自如，隔声良好，外形美观）。

2.5 半封闭进料口和全封闭进料口

高速冲床薄板料盘进料机构与冲头部分连锁，自动进料，进料机构多数在高速冲床隔声室外，通过一个半封闭的进料口进料，进料口进行隔声处理（上海大金和上海日立高速冲床隔声室采用此种结构）；有些高速冲床进料机构紧凑，占地小，噪声控制又要求比较严格，此时，专门设置一个可推拉的隔声箱，将进料机构置于隔声箱内，隔声箱紧贴高速冲床隔声室，其外形长×宽×高约为2.5m×2.5m×1.5m，上料时将隔声箱推开，上料毕再关起来，这样上料端的噪声就不会外漏了（广东美的高速冲床隔声室采用此种方式）。

2.6 隔声室通风与空调

高速冲床在冲制零件时会产生油烟等废气，为改善隔声室内的通风条件，多数在隔声室顶部安装排风机、风管等，将废气排至室外。为减小噪声从风机及风管传出，可在风机出口端或通风管道上安装消声器。有的为减小隔声室内的闷热感，在隔声室内安装了分体式空调器（上海日立和广东美的高速冲床隔声室已采用此种方式）。

3 技术措施

3.1 隔声

由隔声墙板、顶板、隔声门、隔声窗等组成的隔声室，其隔声构件为复合式隔声板结构，隔声室隔声量理论计算比较复杂，一般用经验公式进行估算。

隔声室“需要隔声量”R 可计算如下：

$$R=L_{po}-L_{p}+10\lg\frac{S}{A}(\mathrm{dB}) \tag{1}$$

式中 L_{po}——噪声源的声压级（dB）[高速冲床的 L_{po} 为 104dB(A) 左右]；

L_{p}——采取隔声措施后拟达到的声压级（dB）[车间环境噪声要求 L_{p} 最好为 85dB(A)]；

S——隔声结构的透声面积（m^2）（隔声室长×宽×高约为5.5m×4.8m×3.8m，$S=131m^2$）；

A——隔声室内的总吸声量（m^2）（隔声室内表面吸声结构平均吸声系数 α_T 以0.4计，$A=52.4m^2$）。

经计算，需要隔声量 $R=23$dB。由于隔声构件在加工安装过程中可能会有缝隙漏声或固体传声影响等，一般应将计算的“需要隔声量”适当放宽2～4dB，故高速冲床隔声室“需要隔声量”（等传声隔声量）按25dB考虑。

具体结构：隔声室四壁采用复合隔声板拼装结构，标准隔声板块尺寸宽×高＝870mm×2000mm，复合隔声板总厚为70mm。外表面为1.5mm厚钢板（表面油漆，内侧涂3mm厚阻尼层），内表面为1.0mm钢板（表面油漆，内侧涂3mm厚阻尼层），两板之间用2mm厚钢板弯折成的“口”型支撑连接，两板之间填装玻璃纤维棉（离心玻璃棉或岩棉或超细玻璃棉），用玻璃丝布袋装裹玻璃纤维棉。标准隔声板块之间用插入式拼缝结构。设计要求标准隔声板块隔声量大于30dB。

3.2 吸声

由式(1) 可知，隔声室内吸声量越大，越有利于提高隔声室的隔声效果。

具体结构：隔声室四壁上部（离地 2m 以上）和顶棚一般用隔声吸声板拼装，隔声吸声板也为复合式结构，其尺寸按需要确定。隔声吸声板块总厚为 70mm，外表面为 1.5mm 厚钢板（表面油漆，内侧涂 3mm 厚阻尼层），内表面为 0.5mm 厚穿孔钢板，穿孔率为 20%，两板之间用 2mm 厚钢板弯折成的“口”型支撑连接，两板之间填装防潮离心玻璃棉毡吸声材料，容重 $24kg/m^3$，为防止吸声材料散落出来而用玻璃丝布袋装裹，隔声吸声板块之间用插入式拼缝结构。设计要求隔声吸声板块隔声量大于 30dB，吸声系数大于 0.7。

3.3 隔声采光窗与隔声门

隔声室四壁采用固定式双层玻璃隔声采光窗结构，标准隔声采光窗宽×高为 700mm×600mm，总厚 70mm（与隔声板块同厚）。外侧玻璃厚为 6mm，内侧玻璃厚为 5mm，两层玻璃间空腔为 59mm，玻璃四周为密封橡胶嵌条，转角处为圆弧结构。设计要求双层玻璃隔声采光窗隔声量大于 30dB。

隔声门尺寸与结构按工艺要求确定，可以是对开门、推拉门、气动声闸门、光电自动门等，但门板结构基本相同，隔声门门板总厚为 50mm，外面板为 2mm 厚钢板（表面油漆，内侧涂 4mm 厚阻尼层），内面板为 1.5mm 厚钢板（表面油漆，内侧涂 3mm 厚阻尼层），内外面板之间用 2mm 厚钢板弯折成的“口”型龙骨支撑，面板之间填装玻璃纤维材料（岩棉、矿棉、超细玻璃棉等）。设计要求隔声门隔声量大于 30dB。

3.4 通风与消声

一般在隔声室顶部安装一台 5# 低噪声轴流排风机，排风机外侧加装一只消声弯头消声器，在隔声室四壁下侧适当位置安装两个进风消声器。设计要求进排风消声器消声量大于 25dB(A)。

3.5 设备检修孔与模具更换孔

高速冲床气缸、电动机等检修时，需从隔声室顶部吊出，故应在隔声室顶部开设检修孔，采用对开式或推拉式隔声板封堵检修孔，其结构与对开式或推拉式隔声门相同。

高速冲床更换模具时，有的需要将隔声室 4 个壁面中的一个整壁面打开，以便将铲车开入隔声室内吊运模具（如安徽达西浦高速冲床隔声室），这样就将隔声室的一个壁面制成“L”型对开式大门，门宽×高约为 4.5m×3.8m，大门底部为滑轮结构，推转灵活方便。有的高速冲床更换模具时，需将隔声室顶棚一部分以及四壁上侧一部分同时打开（如广东美的高速冲床隔声室）。这样，就在隔声室四壁上侧和部分顶棚之间开设“⌐”型活动隔声板结构，通过滑轮导轨开启关闭，既要满足隔声量大于 25dB 的要求，又要开关活络。

整个隔声室为一个装配式结构，在隔声室外部看不到一个连接螺栓，板块之间通过凹凸状插件相连接，隔声室四角立柱既是承重结构，也是隔声结构，隔声室四壁下侧用型钢与地坪固定，隔声室四壁上侧用型钢与顶棚相连。高速冲床大修时，可将隔声室拆掉，大修完毕，按顺序再将隔声室拼装起来。

4 效果与评价

4.1 隔声室隔声量（内外声级差）

高速冲床安装隔声室后，现场实测隔声量（内外声级差）一般为20～25dB(A)，上海日立OAK高速冲床治理前噪声为104dB(A)（测距1.0m），安装隔声室后，在隔声室外相应位置噪声为80dB(A)，隔声降噪24dB(A)；安徽达西浦日高精机高速冲床未装隔声室前噪声为103.8dB(A)（测距1.0m，8个测点的平均值），安装隔声室后，在隔声室外相对应的8个测点的平均值为81.1dB(A)，隔声降噪22.7dB(A)。在工人操作位置，未装隔声室前为101dB(A)，安装隔声室后为81dB(A)，降噪20dB(A)。

4.2 高速冲床噪声对环境的影响达到国家规定

高速冲床一般安装于大型零部件车间的中部，噪声影响范围大。生产车间噪声按国家规定应低于90dB(A)，最好低于85dB(A)。但高速冲床一开动，整个车间噪声在95dB(A)以上，显得十分吵闹，它直接危害工人身心健康，降低工作效率和带来不安全因素。上海日立零部件车间高速冲床安装隔声室后，使整个车间噪声由97dB(A)降为82dB(A)（测距10m）；安徽达西浦安装隔声室后，使零部件车间噪声由92dB(A)降为75.5dB(A)（测距15m）；上海大金安装隔声室后，使车间内噪声由94dB(A)降为80dB(A)（测距10m）。

4.3 结语

高速冲床加装钢结构装配式隔声室后，隔声降噪量大于20dB(A)；高速冲床噪声对周围环境的影响可达到国家标准规定。隔声室外形美观、挺括，维修设备和更换模具灵活方便；隔声门窗可按工艺规定配置，通风空调满足使用要求。国内已设计安装的数十台高速冲床隔声室，使用状况良好，颇受用户欢迎。

【参考文献】

[1] 郑长聚，等．实用工业噪声控制技术［M］．上海：上海科学技术出版社，1982.

[2] 吕玉恒，等．噪声与振动控制设备选用手册［M］．北京：机械工业出版社，1988.

本文1998年刊登于《造船工业建设》第2期

（参与本文编写的还有南通永达环保公司黄瑞兵）

大型球磨机噪声治理设计与效果

摘　要： 采用阻尼隔声套等方法控制大型球磨机噪声，是一个新颖有效的方法，通过紧箍于筒体上的多层复合材料的隔声吸声阻尼作用，使球磨机噪声降低15～20dB(A)，使用维修十分方便。

关键词： 球磨机　隔声套　降噪

1　引言

球磨机是机械工厂、化工厂、水泥厂和火力发电厂等常用的设备之一。其噪声高达115～120dB(A)，既给操作者带来噪声危害，又严重污染环境。降低球磨机噪声是国内外噪声与振动控制行业重点研究的课题之一。

以往，不少单位采用隔声罩控制法——将球磨机罩于钢结构拼装的隔声罩内，大修球磨机时，将隔声罩拆除，大修结束后再拼装起来；有的采用耐热衬瓦控制法——将球磨机筒体内的锰钢衬瓦更换为有一定弹性的BP材料耐热衬瓦，降低球磨机冲击性噪声；有的采用封闭型隔声室法——将球磨机置于土建结构隔声室内，减少球磨机噪声外泄；也有的采用简易筒体包扎法——在球磨机筒体外包扎一些吸声保温材料，降低筒体辐射的噪声。以上几种方法都有一定效果，但都存在一些问题，主要是检修不便，降噪量较低，也不太安全。

近年来，中国船舶工业总公司第九设计研究院与上海柘林环保设备厂合作，对目前国内使用较多的DTM350/600、320/580和290/470等大型球磨机的降噪技术进行了研究并取得了较大进展。经过多方面比较及反复实践，研究开发了一种新型控制球磨机噪声的方法——隔声套法，并已在上海南市发电厂、上海闵行发电厂、上海金山石化第二热电厂、南京扬子石化热电厂、北京滦河电厂、上海外高桥石化热电厂、安徽铜陵电厂和江西景德镇发电厂等十余家电厂的几十台球磨机上安装使用，均取得了满意的效果，达到了原设计的要求，使高达115～120dB(A)的噪声降低为95dB(A)左右，一般降噪15～20dB(A)。治理措施简便实用，结构紧凑，费用较省，对球磨机原有各项技术性能指标没有多大影响，球磨机运行安全可靠，检修方便，深受欢迎。

据统计，全国仅火力发电厂使用的大型球磨机就有2000余台，上海电力系统就有近百台，这些球磨机噪声都在100dB(A)以上，因此，设法降低大型球磨机噪声，对于劳动安全卫生和环境保护都是十分有益的。

2　球磨机噪声特性的分析

磨球机主要由筒体、电动机和齿轮转动装置等组成，电动机通过齿轮传动装置带动筒体旋转时，靠离心力和衬瓦的摩擦力作用，将筒体内的钢球和物料（如煤块等）带到一定高度，然后在自身重力作用下沿抛物线方向落下，物料则在钢球与衬瓦之间的撞击和研磨作用下被逐渐粉碎，达到了将物料磨成粉末的目的。球磨机噪声主要来自三个方面：一是筒体转动时钢球与钢球、钢球与筒体、钢球与物料等相互撞击而产生的机械性噪声；二是齿轮转动部分产生的机械啮合噪声；三是电动机产生的电磁噪声和排风噪声。

以 DTM300/580 型球磨机为例，其筒体有效直径为 3000mm，筒体有效长度为 5800mm，筒体转速为 19.34r/min，筒体有效容积为 31.04m^3，最大装球量为 50t。未治理前，实测 DTM300/580 型球磨机负载噪声为 117dB(A)，其频谱特性列于表 1。球磨机系宽频带噪声，峰值频率为 1000～2000Hz，声级均在 114dB 以上。实测电动机和传动部分噪声为 92dB(A) 左右。

为了研究球磨机筒体部分噪声特性，将球磨机内钢球倒出，让球磨机在无钢球、无负载的情况下运行，实测此时的筒体噪声为 88dB(A)，齿轮转动的噪声也为 88dB(A)，其频谱特性也列于表 1。由表 1 可知，球磨机噪声主要是筒体噪声，而筒体噪声又主要是由钢球冲击产生的，钢球冲击筒体产生的噪声级比其他噪声级要高出 25dB(A)。有钢球冲击时 500～2000Hz 的声级均在 110dB 以上，无钢球冲击时 500～2000Hz 的声级在 84dB 以上，两者相差均在 26dB 以上，因此，要降低球磨机噪声，首先必须降低钢球冲击筒体产生的撞击性噪声。

表 1　DTM300/580 型球磨机的噪声特性

工况	A 计权声级 /dB(A)	倍频程中心频率/Hz							
		63	125	250	500	1000	2000	4000	8000
		声压级/dB							
球磨机正常运行(未治理前)	117	70	78	95	110	115	114	109	98
球磨机加装隔声套后正常运行(隔声治理后)	94.5	89	93	93	94	88	86	82	70
球磨机筒体内未装钢球	88	88	86	88	84	80	77	78	69

撞击性噪声的降低量 ΔL 可估算如下：

$$\Delta L = 40\lg\frac{f}{f_0}(\mathrm{dB})$$

$$f_0 = 500\sqrt{\frac{R}{g}}\quad\left(R=\frac{E}{D}\right) \tag{1}$$

式中　f——振动频率（Hz）；

f_0——固有振动频率（Hz）；

R——弹性层硬度；

g——弹性层上面的浮筑结构的重力（m/s^2）；

E——弹性材料的动态弹性模量（N/m^2）；

D——弹性层的厚度（cm）。

应使振动频率 $f>3f_0$。根据上述理论分析，结合球磨机运转参数要求，有针对性和选择性地采取了如下降噪措施。

3 噪声治理设计

隔声套设计，利用多层耐热高阻尼复合材料，将球磨机筒体紧紧地卡箍起来，与筒体一道旋转，使筒体运转中产生的冲击性噪声经阻尼材料的内耗衰减和吸声材料、隔声材料的吸隔作用，从而达到降噪的目的。其结构示意如图1所示。

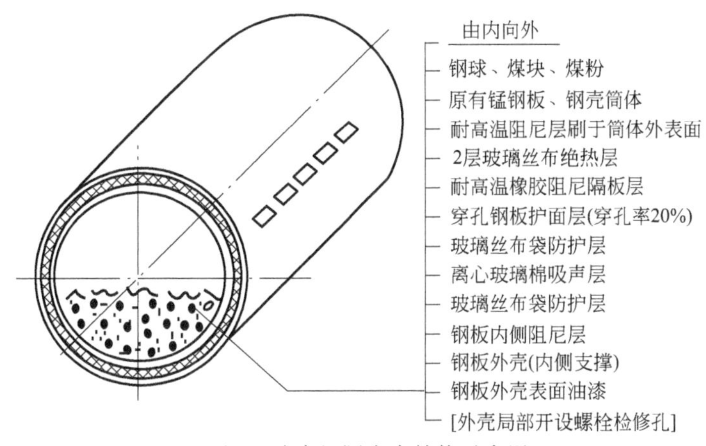

图1 球磨机隔声套结构示意图

3.1 隔声套结构与作用

由图1可知，球磨机阻尼隔声套及原筒体共由12层材料复合而成，由内向外，各层的结构与作用如下：

① 筒体内原有锰钢板衬瓦、钢球、物料相互撞击，将大块物料磨成粉末。

② 筒体原有钢板外壳，支撑锰钢板、钢球和物料。

③ 筒体外部刷耐温阻尼漆，减少原筒体表面辐射噪声。

④ 在筒体阻尼漆上面贴两层玻璃丝布，起隔热作用。

⑤ 耐热橡胶板一层，开槽，起隔振和阻尼作用。

⑥ 穿孔钢板（穿孔率20%）起护面和透声作用。

⑦ 玻璃丝布或塑料薄膜，防水和阻止纤维材料散落。

⑧ 玻璃纤维板材料，起吸声作用。

⑨ 玻璃丝布或塑料薄膜，将吸声材料包起来。

⑩ 钢板外壳内侧涂阻尼漆，提高钢板外壳隔声作用。

⑪ 钢板外壳，起隔声作用。

⑫ 钢板外壳表面油漆，起防锈和装饰作用。

隔声套的总厚度为100～120mm。

3.2 隔声套板块

由于球磨机筒体尺寸较大，阻尼隔声套不可能做成一个整体，故将其分割成鱼鳞片状板块，在筒体圆周方向分割为8段，在轴向分割为7段，共由56块隔声、吸声、阻尼板块组成，每块重约 70kg，隔声套总重约 4t，占球磨机总重的 3%～5%。板块之间用翻边铁件及螺栓连接。

3.3 大螺栓隔声小盒

球磨机内衬锰钢板用大螺栓固定于钢结构筒体上，大螺栓和螺帽明露于筒体外侧，为便于更换和检修锰钢板衬瓦，大螺栓和螺帽部分不能安装隔声套。这样，大螺栓和螺帽部分不仅是隔声的薄弱环节，而且是筒体固体传声的“声桥”。筒体噪声将会由此传出。为解决这个问题，专门设计安装了一个隔声小盒，小盒内部装填吸声材料，外部加装了一个带吸铁的隔声小门，永久磁铁使小门处于常闭状态，一旦大螺栓断裂，小门会随之打开，这样检查和更换大螺栓就十分方便。

3.4 大牙轮处隔声处理

为减少大牙轮转动部分向外辐射噪声，在其侧面加装隔声吸声板，隔声吸声板厚 100mm，外板长约为 4000mm，宽约 300mm，呈Ⅱ形结构，固定于大牙轮护板外侧。

3.5 电动机与减速箱隔声消声装置

有些要求高的车间，可在电动机排风口加装消声器，也可在电动机和减速箱外侧加装可拆式隔声罩，隔声罩上面再安装进出风消声器，以降低电动机和减速箱升温。

4 治理效果测试评价

参照国家标准 GB 7441—1987《电站汽轮发电机组噪声测量方法》要求，在距球磨机外 1.0m，离地高 1.5m 处，于左右前后布置若干个测点，实测 A 声级和倍频程声压级，并按式(2) 计算其平均声压级 $\overline{L}_p$。

$$\overline{L}_p = 10\lg\left[\frac{1}{N}\sum_{i=1}^{N}10^{0.1L_{pi}}\right]\ (\mathrm{dB}) \tag{2}$$

式中 N——测点数；

L_{pi}——各测点测得的 A 声级及倍频程声压级。

测试结果应按规定进行背景噪声影响、环境反射影响、环境气象影响修正。背景噪声影响修正值 K_1，可从有关声学书中查得。环境反射影响修正值 K_2 可按式(3) 计算。

$$K_2 = 10\lg\left[1+\frac{4}{A/S}\right](\mathrm{dB}) \tag{3}$$

$$A = \overline{\alpha}S_v$$

式中 A——安装球磨机房间的吸声量（m^2）；

S——球磨机测量表面的面积（m^2）；

S_v——安装球磨机房间表面面积（m^2）；

$\overline{\alpha}$——安装球磨机房间各表面平均吸声系数。

环境气象影响修正值 K_3 可按式(4) 进行运算。

$$K_3 = 10\lg\left[\frac{423}{400}\sqrt{\frac{273}{273+t}\times\frac{p}{100}}\right](\mathrm{dB}) \tag{4}$$

式中 t——安装球磨机房间的室温（℃）；

p——安装球磨机房间的大气压（Pa）。

经过各项修正后实际平均声压级可按式(5）进行计算。

$$\overline{L}_{p实}=\overline{L}_{p}-K_{1}-K_{2}+K_{3}(dB) \tag{5}$$

表 2 列出了采用上述降噪措施后，有关球磨机的噪声治理效果。

表 2 球磨机噪声治理实例

名称	治理前/dB(A)	治理后/dB(A)	降噪量/dB(A)	环境反射影响修正值 K_2/dB	修正后球磨机实际噪声级/dB(A)
上海闵行发电厂 DTM350/600 10#炉乙磨	102.7	93.9	8.8	1.9	92
上海闵行发电厂 DTM350/600 11#炉甲磨	110.1	95.7	14.4	1.9	93.8
上海闵行发电厂 DTM350/600 11#炉乙磨	104.4	92.7	11.7	1.9	90.8
上海闵行发电厂 DTM320/580 12#炉甲磨	110	93.6	16.4	1.9	91.7
上海闵行发电厂 DTM350/600 12#炉乙磨	110	92	18	1.9	90.1
上海南市发电厂 DTM300/580 11#炉甲磨	114	93.3	20.7	2.1	91.2
上海南市发电厂 DTM300/580 11#炉乙磨	116	95	21	2.1	92.9
上海南市发电厂 DTM300/580 12#炉甲磨	117	93.8	23.2	2.1	91.7
上海南市发电厂 DTM300/580 12#炉乙磨	117	94.5	22.5	2.1	92.4
上海南市发电厂 DTM300/580 13#炉甲磨	115	94.9	20.1	2.1	92.8
上海南市发电厂 DTM300/580 13#炉乙磨	115	93.8	21.2	2.1	91.7
上海石化第二热电厂 DTM300/580 1#磨	102.7	94.3	8.4	2.0	92.3
上海石化第二热电厂 DTM300/580 2#磨	109.5	94.8	14.7	2.0	92.8
南京扬子石化热电厂 DTM320/580 6#炉甲磨	116	94	22	2.0	92
南京扬子石化热电厂 DTM320/580 6#炉乙磨	115	93	22	2.0	91
北京滦河电厂 DTM350/600 1#炉甲磨	109.4	91.9	17.5	1.9	90
北京滦河电厂 DTM350/600 1#炉乙磨	109.1	93.3	15.8	1.9	91.4

一般球磨机噪声往往比周围背景噪声值要高 15dB(A）以上，因此背景噪声影响可不予考虑，环境气象影响修正值一般在 0.1dB 以下，也可不予考虑，而环境反射影响对测量结果影响较大，应予以计算。

总之，采用隔声套等综合治理措施，可使大型球磨机噪声降低 15～20dB。鉴于隔声套紧箍于筒体外侧，与筒体一同旋转，所以占地小，运转平稳，安全检查和设备维修都很方便，容易发现和排除事故隐患，也便于清除筒体下部的积物，有利于环境保护和劳动安全卫生。已装隔声套的球磨机有的已平稳运行三年多，降噪性能变化不大，电耗基本没有增加，颇受用户的欢迎。

【参考文献】

[1] 陈绎勤．噪声与振动的控制［M］．北京：中国铁道出版社，1986．

[2] 吕玉恒．噪声与振动控制设备选用手册［M］．北京：机械工业出版社，1988．

本文 1999 年刊登于《振动与冲击》第 1 期

（参与本文编写的还有上海柘林环保厂郑和平）

多台大型热泵机组噪声治理设计与效果

摘　要： 热泵机组广泛应用于宾馆、酒楼、商场、高级写字楼、影剧院等中央空调系统中，既是一个制冷制热源，又是一个噪声源，其噪声对周围环境带来污染。本文以多台大型热泵机组为例，通过采取消声、隔声、吸声、隔振等综合治理措施，使热泵机组噪声对居民住宅的影响由77dB(A)降为50dB(A)以下，热泵机组振动对楼下的影响由47dB(A)降为37dB(A)，可供参考。

关键词： 多台热泵　噪声　对策　效果

1　前言

改革开放以来，国内兴建了许多高级宾馆、写字楼、酒家、饭店、证券交易所、医院、娱乐中心、商场、公寓、别墅、影剧院等，这些地方的中央空调系统，多数是采用国际上先进、热门的热泵机组来解决供热制冷问题。应用较多的是开利公司（Carrier）产品（计有美国开利、日本开利、法国开利等），如30AQA240/480系列风冷热泵冷水机组、30GQ系列空气水热泵机组、30GH系列风冷式冷水机组、30AE/AQ系列冷热源空调机组等。另外，美国约克（YORK）公司AWHC系列热泵机组、意大利考思费（COSF）公司PAS系列热泵机组以及日本大金空调机组等，应用也较多。

热泵机组具有结构紧凑，占地小，适于室外安置，便于整体移装，性能稳定，开启自控等特点。采用空气冷却与换热，免去了冷却塔、冷却水泵、水池水箱等，安装迅速、方便，减少了土建工程投资。热泵机组采用多台半封闭压缩机和多回路设计，保证了机组运行可靠，节能效果显著，同时，采用低噪声风机及压缩机防振装置，可满足一般环境使用要求。但是对于环境要求特别严格的医院、疗养院、高级住宅、高级宾馆等敏感场所来说，热泵机组又是一个主要噪声源。

近年来，作者参与过20余个不同类型热泵机组的噪声与振动控制工程，本文侧重介绍多台大型热泵机组的噪声治理技术和效果。

2　热泵机组噪声特性及相关要求

热泵机组本身噪声源有三个：一是箱体下部压缩机噪声，二是箱体上部轴流排风机噪声，三是输送冷热水的循环泵（管道泵）噪声。箱体上部的轴流风机噪声一般比压缩机噪声高3～5dB(A)，而管道泵的噪声一般比压缩机噪声低5～6dB(A)。表1列出了常用的大型热泵机组单台噪声特性。

表 1　常用的大型热泵机组单台噪声特性

序号	热泵机组型号规格	A计权声级/dB(A)	倍频程中心频率/Hz								备注
			63	125	250	500	1000	2000	4000	8000	
			声压级/dB								
1	日本开利（Carrier）30AQA240风冷热泵冷却机组(50万大卡)	82	43.3	57.9	63.6	71.6	76.5	78.3	68.8	70.3	计权后
2	日本开利（Carrier）30AQA480风冷热泵冷却机组(100万大卡)	85	46.3	60.9	66.6	74.6	79.5	81.3	71.8	73.3	计权后
3	美国开利（Carrier）30GH190风冷式冷水机组(50万大卡)	83	76.8	81	76.6	77.4	75.4	68.8	61.2	57.6	未计权
4	美国开利（Carrier）30GQ120型热泵机组(30万大卡)	82	61.6	70.1	74.2	76.4	76.1	73.1	68.3	59.6	未计权

注：测距1.0m，离地高1.5m，水平方向，机组全负荷运行。

以30AQA240型热泵机组为例，该机组外形尺寸长×宽×高为5750mm×2150mm×2400mm，机组运行质量6700kg，下部压缩机共6台，上部轴流风机共12台，风机直径30″，总流量60000L/s。为通风散热和检修需要，该型机组规定在宽度方向每边留出间隙1200mm，长度方向每边应留出间隙600mm，高度方向应留出间隙2000mm，在留出的间隙中不得有遮挡物。多台热泵机组并排安装时，机组之间最小空隙为1800mm。这便于检修压缩机，最好在热泵机组底座与地面（或楼面）之间留出700mm间隙（即将热泵机组抬高安装）。

热泵机组运行条件限制：供热时，室外空气温度（OAT）为－15～24℃（干球），18℃（湿球）；供冷时，室外空气温度（OAT）为10～43℃（干球）。

热泵机组噪声治理受到上述相关要求的限制，也就是说，应在满足上述要求的前提下采取噪声控制措施，这就给热泵机组噪声治理带来很大困难。

这里需要特别指出的是，表1中所列的噪声数据是供货商提供的最理想的声压级，如30AQA240型热泵机组，样本上为82dB(A)，现场实测值为87dB(A)；30GQ120型热泵机组样本上为82dB(A)，实测值为85dB(A)。多台热泵机组同时开动，可按能量叠加进行计算，但一般比单台开动增加3～5dB(A)。因此，噪声治理措施，必须留有足够的余地，否则很难达标。

3　多台热泵机组噪声治理实例

实例1：中国海外房产工程有限公司海师花园7台热泵机组，一字形平行安装于裙房6层楼屋顶上，热泵机组型号均为30AQA240。裙房南侧为28层海师花园高级写字楼，距热泵机组约10m，裙房北侧为30层居民住宅楼（外销房），距热泵机组约3m。4台热泵机组同时开动，其噪声为88dB(A)。裙房北侧居民住宅楼8楼南窗外1.0m处，夜间噪声为

77dB(A)，传至15楼南窗外1.0m处为75dB(A)，传至28楼南窗外1.0m处为72dB(A)。热泵机组日夜连续运行，本地区系二类区，标准要求居民住宅窗外1.0m处昼间噪声应低于60dB(A)，夜间噪声应低于50dB(A)。未治理前昼间超标17dB(A)，夜间超标27dB(A)，居民难以忍受。

实例2： 上海柏庭建筑咨询有限公司园景苑5台热泵机组，一字平行安装于裙房4层楼屋顶上，其中3台热泵机组为30GQ120型法国开利，2台热泵机组为30AQA240型日本开利。在裙房的东、南、西三侧为3栋35层居民高级住宅（新加坡），距热泵机组最近处为7m。3台热泵机组同时开动，机组本身噪声为87dB(A)，传至居民住宅9层楼北窗外1.0m处，夜间噪声为75.5dB(A)，传至15楼为73dB(A)，传至30楼为70dB(A)。本地区也系二类区，昼间超标15.5dB(A)，夜间超标25.5dB(A)。由于热泵机组噪声高，直接影响到了楼盘价格和销售。

实例3： 上海万隆房地产开发有限公司东元大厦5台热泵机组交错安装于5层楼裙房屋顶上，主楼高28层，系商办住宅混合楼。热泵机组均为30GQ120型日本开利。2台同时开动，在7楼居民住宅东窗外1.0m处，夜间噪声为70dB(A)。在18楼夜间噪声为68dB(A)。本地区也系二类区，夜间超标20dB(A)。

4 多台大型热泵机组噪声治理对策

上述3个实例所采取的噪声治理措施基本相同。

在热泵机组箱体上部加装大型阻抗复合式消声器，以降低轴流风机噪声。

例如，30AQA240型热泵机组，其上部12台风机噪声为88dB(A)，在每台热泵机组的箱体上部加装一个长×宽×高约为5900mm×2200mm×2000mm阻抗复合式消声器，消声器与热泵机组完全脱开，用型钢支架支撑消声器，自成体系。消声器抗性段高约500mm，阻性段高约1500mm，采用垂直安装的活动消声插片结构，消声插片厚度分别为50mm、100mm、150mm三种，片间距为100mm和150mm两种，交错排列。消声器材料结构适合于室外常年不停机使用。该型消声器设计消声量为20dB(A)左右，压力损失为20Pa。

(1) 在多台热泵机组的左右两侧和后侧加装半封闭隔声室（封顶），背靠敏感点，前侧敞开

半封闭隔声室顶棚高度与热泵机组箱体上沿高度基本相同。本文实例1中7台热泵机组半封闭隔声室长×宽×高约为30m×10.5m×2.6m，实例2中5台热泵机组半封闭隔声室长×宽×高约为24m×16m×3.5m，实例3中5台热泵机组半封闭隔声室长×宽×高约为16m×15m×3m。半封闭隔声室顶棚和侧墙为隔声吸声板拼装结构，外侧隔声板为50mm厚彩钢夹芯板，内侧吸声层为50mm厚离心玻璃棉+玻璃丝布+铝合金穿孔板饰面。

(2) 在半封闭隔声室的后侧和左右两侧加装折板式进风阻性消声器

单元进风阻性消声器宽×高×厚约为1000mm×1500mm×500mm，通过风量、风速计算确定所需单元消声器的数量。消声器进风口风速一般控制在3m/s左右。本文实例1中7台热泵机组半封闭隔声室安装了32只单元进风消声器，实例2和实例3中5台热泵机组安装了26只单元进风消声器。

进风消声器消声片厚为50mm，片间距为100mm，消声片内填装离心玻璃棉，铝合金穿孔板金属饰面。消声片倾斜段上表面不穿孔。消声器通道路径长约 700mm，设计消声量为 15dB(A) 左右，压力损失 20Pa。

(3) **热泵机组隔振**

本文实例 1 中 7 台热泵机组底座下面原安装橡胶板，已压死，不起隔振作用。热泵机组下面正对 6 层楼总经理办公室，室内噪声为 47dB(A)，低频固体传声十分明显，按热泵机组运行总质量、支点质量分配值及频率特性，通过计算，选择了一种金属弹簧复合隔振器（大小弹簧露，套装），设计了一种特殊托架支撑隔振器，以确保热泵机组与进出水管中心高不变，管道泵加装了橡胶隔振器，进出水管加装了橡胶挠性接管。管道刚性托架改为弹性托架。

(4) **隔声门和隔声采光窗**

为进出热泵机组半封闭隔声室，在左右两侧开设两个钢结构隔声门。在半封闭隔声室的侧墙上安装若干扇双层玻璃隔声采光窗。同时在半封闭隔声室内加装照明灯具、配电箱、插座等，便于检查和维修设备。热泵机组和半封闭隔声室顶棚之间的空隙应采用橡胶板或软塑料板连接，以防振动传递和漏声。

5 多台大型热泵机组噪声治理效果

热泵机组上部加装阻抗复合式消声器后，使热泵机组轴流风机噪声由治理前的 85dB(A) 降为 64dB(A)，消声器插入损失（消声量）为 21dB(A)。

① 半封闭隔声室外噪声由治理前的 88dB(A) 降为 66dB(A) 左右，降噪 22dB(A)。

② 本文实例 1 海师花园热泵机组噪声对高层居民住宅的影响，夜间噪声由 77dB(A) 降为 52dB(A)，按规定进行背景噪声影响修正后，居民住宅处夜间噪声低于 50dB(A)。高层居民住宅在主要交通干道的边上，当地夜间背景噪声为 52dB(A)，治理结果低于当地背景噪声水平。

③ 本文实例 2 园景苑热泵机组噪声对居民住宅的影响，夜间噪声由治理前的 75.5dB(A) 降为 50dB(A)，与当地背景噪声相当。

④ 热泵机组隔振后，海师花园裙房 6 层楼总经理办公室内噪声由治理前的 47dB(A) 降为 37dB(A)，隔振降噪 10dB(A)。

总之，多台大型热泵机组噪声通过采取综合治理措施，全面达到了环保要求，业主和居民都十分满意。

本文 2000 年刊登于《噪声与振动控制》第 5 期

上海 110kV 凤阳变电站噪声治理

关键词： 变电站　变压器　噪声　治理

变电站一般由变压器室、开关室、控制室等组成。变电站的主要噪声源是变压器，系低频电磁噪声，峰值频率一般在 200Hz 左右。声压级为 75～85dB(A)。有的变电站还有冷却风机产生的气流噪声和机械噪声。

上海市区有许多变电站，多数被居民住宅所包围。变电站产生的噪声往往给周围环境带来污染，居民投诉较多。因此，研究并设法降低变电站噪声成为当前科技攻关项目之一。

位于上海市黄浦区凤阳路、黄河路的 110kV 凤阳变电站，自 1998 年投运以来，在大大缓解区域用电矛盾的同时，也带来了噪声扰民问题，投诉较多。受噪声影响最大的是距变电站正门 13m 处的高层住宅楼（凤阳路 288 号大楼）。在变电站降噪工程实施前，住宅楼门口的夜间噪声为 62.1dB(A)，整个住宅大楼都能听到变电站传出的“嗡嗡”声。

1　国内外治理变电站噪声的现状

据调查，国外变电站一般远离居民住宅，虽然有噪声，但不会影响居民的日常生活。国外对变电站噪声污染治理也正在研究中。鉴于变电站变压器产生的噪声接近于单一频率，故采用有源控制技术应该是有效的，即发出一个与变压器噪声声级相等、相位相反的声音，以抵消变压器噪声，从而达到降噪的目的。这一技术原理简单，但实施起来难度很大，它需要采用复杂的信号处理和计算机技术，国外也还停留在实验室试验研究阶段。

国内有一些小型变电房噪声治理的实例，有一定效果。大型变电站噪声污染治理正在研究，并已有一定进展。

2　变电站噪声治理特点

变电站噪声治理不同于其他工业噪声治理，有其特殊性。

① 变电站变压器的噪声，主要是由于变压器内的硅钢片、磁致伸缩引起的铁芯振动而产生的。受到制造工艺的限制，从声源上降低噪声，即主动控制已十分困难。所以，现在的研究均为被动控制，即在声源传播途径上采取隔声、吸声、消声、隔振等措施，降低变电站噪声对周围环境的影响。

② 已运行的变电站，在实施降噪措施时，应充分考虑变电站的特点，确保变电站的安全供电、变压器的通风散热和检修的要求。

③ 理论上，低频声难隔、难吸、难消，而变压器产生的正是低频噪声，其峰值频率在 200Hz 左右。

④ 已运行的变电站，其变压器已安装就绪，建筑物的立面已经确定，进、排风风道位置一般不允许改变，噪声控制措施受到很多边界条件限制。变压器的操作、维修、安装等规程要求十分严格，从而增加了噪声治理的难度。

3　110kV 凤阳变电站噪声治理实践

上海 110kV 凤阳变电站所在居民小区按规定为二类区，要求居民住宅窗外 1.0m 处昼间噪声应不大于 60dB(A)，夜间不大于 50dB(A)。为此，变电站的噪声下降值必须大于 10dB(A) 才能符合要求。

凤阳变电站设计安装 3 台主变压器（简称主变），目前已安装运行 2、3 号 2 台，1 号主变待装。每台变压器都有独立的房间以及各自的进、排风风道。2、3 号主变压器声级分别为 72.6dB(A) 和 76.5dB(A)，其频谱特性见表 1。

表 1　2、3 号主变压器频谱特性

项目	测点	频率/Hz							
		31.5	63	125	250	500	1k	2k	4k
声压级/dB	2 号主变前	53.0	67.0	80.8	87.0	66.0	58.5	46.5	34.0
	3 号主变前	55.0	61.5	73.8	72.0	71.1	62.5	53.5	38.8

已运行的 2 台主变压器的冷却方式均为自冷式，无气流和机械噪声。由表 1 可知，主变峰值频率在 125～250Hz。1kHz 之后，噪声下降很快。

该变电站噪声控制主要采取隔声、消声、通风等综合治理措施。

3.1　内墙面贴泡沫玻璃吸声砖

每台主变的散热量约为 6.6910kJ/h，对于室内变电站，这些热量必须通风排出，方能保证主变正常工作。一般噪声控制常用的墙面、顶面吸声材料为吸声系数很高的离心玻璃棉或岩棉。实践表明，由于它们的传热系数小，用来作为吸声材料，变压器室内的热量不易散发，如果变电站本身自然通风条件差，那么在高温季节高负荷时，变压器室的运行温度就可能升得很高，从而影响主变的安全运行。

变电站的变压器室内 3m 以下墙面均布有进出线，所以，从运行安全角度出发，其顶面及 3m 以下墙面的吸声材料应满足绝缘、阻燃或难燃、防潮、防火、防霉、防蛀、防鼠害等要求。本治理工程在凤阳变电站变压器室内 3m 以下墙面贴了吸声泡沫玻璃砖，平均吸声系数约为 0.43，可基本满足安全要求。

3.2　变压器加装吸声板

在主变本体与散热器之间，加装吸声板。吸声板共 2 块，每块规格为 5700mm×1700mm×104mm（长×高×厚）。吸声板采用 100mm 厚岩棉板，中间夹一层阻尼钢板，穿孔钢板护面。密度为 80kg/m^3，100mm 厚岩棉的平均吸声系数为 0.71。中间阻尼钢板起隔声作用。

3.3 变压器室大门改为隔声门

原变压器室大门是单层钢板门，在变压器运行时，钢板门随之振动，振感明显。本次工程将单层钢板门改为隔声门。隔声门框架采用4mm冷轧钢板折弯制作，隔声门外侧为4mm钢板，钢板内涂阻尼材料，隔声门内侧为0.8mm穿孔铝板，内外板之间是100mm厚离心玻璃棉吸声材料，用玻璃丝布包覆。隔声门四周为硅胶嵌条。隔声门的隔声量大于15dB(A)。

3.4 变压器室进风窗改为消声通风窗

由于主变压器室采用的是自然通风，既要消声又要通风，在首先满足通风要求的情况下，还必须有足够的消声量。在本治理工程中，对变压器的自然通风重新进行了计算，适当地扩大进风口，同时设计了300mm厚半月牙形消声通风窗，消声量为5～7dB(A)。

3.5 变压器基座减振

利用检修机会在变压器基座下面垫装了橡胶隔振带，减少了变压器振动噪声的影响。

4 结语

上海市黄浦区环境监测站于2002年1月23日对该变电站进行了噪声测试，居民住宅楼门前夜间噪声由原来的62.1dB(A)降为50dB(A)，达到了《城市区域环境噪声标准》二类区规定值。凤阳路288号高层住宅楼内上百户居民不再受到变电站噪声影响。本工程的成功实施，不仅具有良好的社会效益和环境效益，对同类变电站的噪声治理也具有一定的参考意义。

【参考文献】

[1] 吕玉恒，等．噪声与振动控制设备及材料选用手册［M］．北京：机械工业出版社，1999.
[2] 虞仁兴，等．变压器的噪声及其降低［J］．噪声与振动控制，2001（5）：35-36.

本文2002年刊登于《电力环境保护》第4期
（参与本文编写的还有上海电力设计院汪筝）

特大型双曲线自然通风冷却塔噪声治理设计及效果

摘　要：火力发电厂闭式循环冷却水系统多数是采用钢筋混凝土结构自然通风冷却塔，其噪声污染治理是一个难题。本文以上海吴泾电厂八期1[#]、2[#]机组所用特大型双曲线自然通风冷却塔为例，介绍其噪声特性、控制措施及治理效果，可供同类冷却塔噪声控制参考。

关键词：电厂　冷却塔　噪声治理　效果

1　前言

大型自然通风冷却塔是火力发电厂闭式循环冷却水系统的关键设备之一，其噪声是影响周围环境的主要污染源之一。但因此类冷却塔体积庞大，噪声治理难度高，所需费用多，虽然有不少厂家想治理，但实施的很少，可以说目前在国内还是个空白。

2000年上海吴泾电厂（后更名为上海吴泾第二发电有限责任公司）八期1[#]、2[#]两台600MW发电机组投入运行后，与1[#]、2[#]机组配套的1[#]、2[#]冷却塔噪声影响厂界和居民住宅处噪声达标，居民有投诉。为此受上海吴泾第二发电有限责任公司委托进行噪声治理设计。

2　冷却塔噪声特性及其影响

上海吴泾第二发电有限责任公司1[#]、2[#]机组2座9000m^2特大型双曲线自然通风冷却塔，高度均为150.6m，集水池内径为ϕ121.7m，进风口高度为9.8m，喉部高度为119.8m，喉部直径为ϕ65.8m。冷却塔出水温度为31.44℃，冷却水量为74200t/h，平均淋水密度为8.24$m^3/(m^2 \cdot h)$。1[#]冷却塔距南厂界围墙水平距离约20m，距南侧东杨村居民住宅约300m。

按GB 12348—1990和GB 3096—1993以及上海市规定，本地区为Ⅲ类区，要求厂界和居民住宅处昼间噪声应低于65dB(A)，夜间噪声应低于55dB(A)，未治理前超标较多。实测1[#]冷却塔本身噪声及其影响列于表1。1[#]冷却塔距南厂界最近。

冷却塔噪声主要是水滴下落冲击水池水面产生的连续性噪声，如同下雨时的“哗哗”声。同时水滴在回收池、淋水板及支柱等表面上冲击也产生冲击性噪声，这些噪声通过冷却塔下部吸风口传出。

实测结果表明，单台冷却塔本身噪声为84.8dB(A)，声级很稳定，系中高频噪声，中心频率为1000～8000Hz，声级均在76dB以上，峰值频率为4000Hz，声级79.5dB。冷却塔噪声虽然是高频声，但因体积庞大，呈立体分布，距离衰减接近线声源特性。未治理前，厂界昼间超标13.1dB(A)，夜间超标23.1dB(A)。在300m外的居民住宅处，冷却塔不开，夜间为47.5dB(A)；冷却塔开，夜间为59.6dB(A)，噪声提高了12.1dB(A)，夜间超标

4.6dB(A)。1#冷却塔噪声监测结果见表1。

表1　1#冷却塔噪声监测结果（治理前）

序号	测点位置		A计权声级/dB(A)	倍频程中心频率/Hz									备注
				31.5	63	125	250	500	1000	2000	4000	8000	
				声压级/dB									
1	距冷却塔1.0m		84.8	58.5	65	63.9	62	72.7	76.4	76.9	79.5	78	冷却塔本身噪声
2	南侧厂界处(距冷却塔20m)		78.1	60.4	61.6	59.2	59.6	66.4	70	71.2	73.1	69.9	厂界噪声
3	南侧厂界外20m(距冷却塔40m)		69.9	55.2	58	50.2	47.3	60.9	62.6	63.2	64.7	59.7	—
4	南侧厂界外40m(距冷却塔60m)		66.8	58.9	59	53.7	57.2	52.5	57.9	60.8	61.4	56.8	—
5	东杨村居民住宅二楼窗外(距冷却塔约300m)昼间		62	52.4	59.1	52.3	54	59.1	55.4	53.2	50.6	46.2	居民住宅处噪声
6	东杨村居民住宅二楼窗外(距冷却塔约300m)夜间		59.6	58.3	60.9	49.8	45.6	46.3	52.1	51.6	46.8	30	
7	东杨村居民住宅处背景噪声(冷却塔不开)	昼间	50.9	—	—	—	—	—	—	—	—	—	—
		夜间	47.5	—	—	—	—	—	—	—	—	—	—

3　噪声治理方案的选择

根据现场实际情况及治理达标要求，对1#、2#机组冷却塔噪声治理提出了5种方案，由于2#冷却塔在1#冷却塔的北侧，距南厂界较远，故先治理1#冷却塔，2#冷却塔暂不考虑。

第一种方案——挡声土坡加绿化带。

在1#冷却塔与东杨村居民住宅之间，有一条东西向的放鹤路，利用路边1.5m高的土坡，设置绿化带。绿化带长约160m，宽约30m，种植高低相间的不落叶树木和灌木，共12排，每排宽约2m。每10m林带可降噪1～2dB(A)。预计挡声土坡及绿化带可降噪3～4dB(A)。虽然费用较省，但降噪量较低，达不到标准要求。

第二种方案——建造辅助房间隔声。

在1#冷却塔南侧厂界处建造一排4层楼辅助用房，作为材料库等，长约200m，宽约8m，高约13m，形成一道屏障，预计厂界和居民住宅处可达标，但建房涉及总图布置、土建审批，又影响厂区道路，施工周期长。

第三种方案——冷却塔进风消声器。

在1#冷却塔南半部分设置半圆形进风阻性消声器，消声器距冷却塔水池边约3m，消声器高约10m，厚约0.8m，总长约288m。消声器消声片厚100mm和200mm相间排列，片间距150～200mm。消声器体积计约2300m^3，消声量15～20dB(A)，可满足达标要求。但因消声器距冷却塔较近，怕影响通风效果，治理费用也较高。虽然国外有先例，但用户不太放心。

第四种方案——落水消能降噪装置。

该装置是安装在冷却塔淋水池水面上，装置主要由飘浮式支承架及消声器两大部分组成。飘浮式支承架由浮体、飘浮框架和支承栅等三种组件通过结点卡座组装而成。降噪消声器采用PVC平片垫压成型黏结组成的蜂窝型式。其降噪机理是：消除声源形成条件，避免落水对水池的直接撞击，在落水点采用缓冲消能措施，实现降噪目标。根据实验室试验结果表明：该装置可使落水噪声降低16dB(A)左右，但由于该成果尚未在工业塔中安装使用，业主担心在塔内安装是否会对冷却塔安全运行产生影响。因此，未能采用。

第五种方案——隔声吸声屏障。

在1#冷却塔与南厂界及居民住宅之间设置隔声吸声屏障，以阻隔冷却塔噪声的传播。隔声吸声屏障也有两种做法。

第一种做法是在距1#冷却塔约20m的南侧设置一道“「”型隔声吸声屏障，屏障长×高约为（30＋200＋30）m×13(m)，面积约3380m²。隔声吸声屏障隔声量大于20dB，平均吸声系数大于0.60。隔声吸声屏障下部为钢筋混凝土结构，上部为轻钢结构，立柱为30#H钢，横向为16#槽钢，柱距4m，顶端有圆柱形吸声体。

第二种做法是在距1#冷却塔南侧8m处设置交错式半圆弧隔声屏障及进风消声通道，详见图1。最后确定选用第五种方案中的第二种做法。

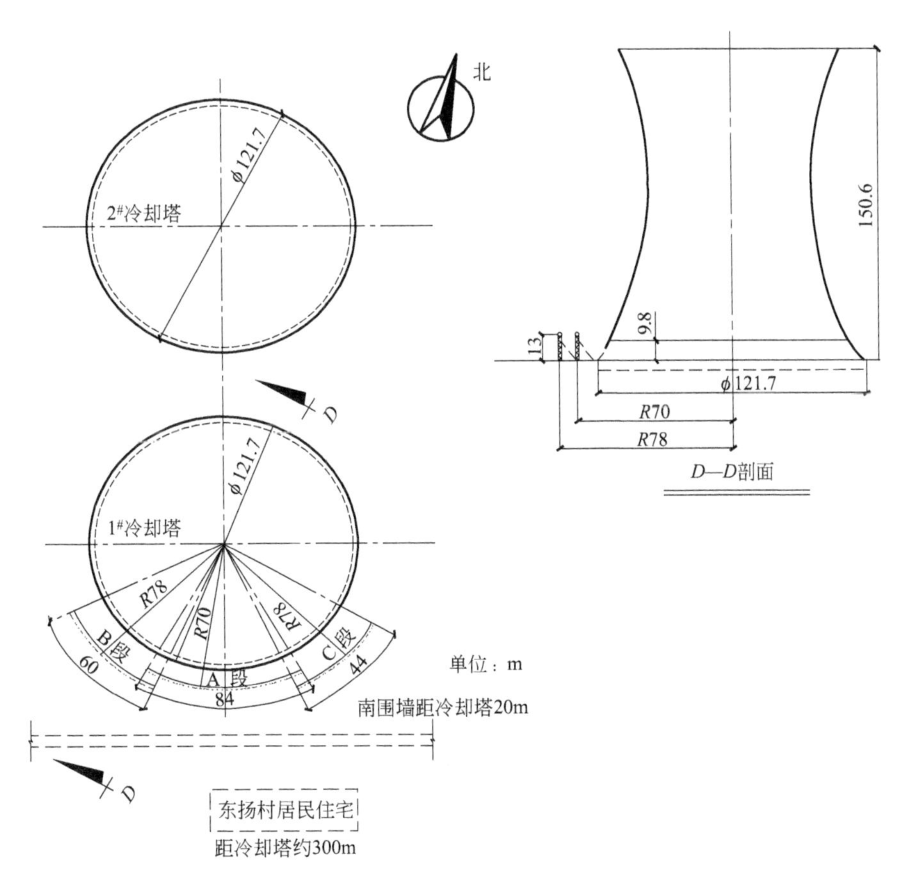

图1　大型冷却塔隔声屏障平剖面示意图

4　具体实施

按冷却塔形状尺寸、噪声实测数据以及初步确定的方案，利用德国 CADNA/A 软件计算治理后监测点（或敏感点）能否达标；按达标要求反过来再核定隔声屏障的高度和长度。若采用上述第五种方案中的第一种做法，隔声吸声屏障总长约 260m，高 12.7m，离开冷却塔水池边约 30m。经软件计算，夜间在东杨村居民住宅二楼，噪声可由治理前的 59.6dB(A) 降为 54.9dB(A)。综合考虑了冷却塔噪声特性及声屏障的各种参数，经反复计算和论证，最后确定了如图 2 所示的实施方案（计算过程略）。

在 1# 冷却塔的南侧设置了 A、B、C 三段半圆弧形隔声屏障。正南侧 A 段半圆弧形隔声屏障距冷却塔中心半径约 70m（距冷却塔水池边约 8m），半圆弧长约 84m，高 13m。西南侧 B 段半圆弧形隔声屏障距冷却塔中心半径约 78m（距冷却塔水池边约 16m），半圆弧长约 60m，高 13m。东南侧 C 段半圆弧型隔声屏障距冷却塔中心半径约 78m（距冷却塔水池边约 16m），半圆弧长约 44m，高 13m。隔声屏障总长约 188m，高出冷却塔进风口上沿约 3.2m。隔声屏障总面积约为 2444m^2。

A、B、C 三段半圆弧隔声屏障相互之间交错重叠约 8m。为便于冷却塔进风，又减少噪声外泄，将交错重叠部分做成一个消声通道，在隔声屏障上安装吸声结构，外侧隔声板为彩钢夹芯板，内侧为百叶式吸声板，内填防潮离心玻璃棉吸声材料，用美国杜邦（PVF）膜和玻璃丝布包覆，为不透明结构。

A、B、C 三段半圆弧形隔声屏障的主体结构是 6mm 厚透明 PC 板隔声板，用不锈钢螺栓固定于型钢框架上。PC 板隔声板标准规格为长×高＝4000mm×2000mm，2000×2000mm。型钢立柱为 35# H 钢，柱距 4m，柱高 13m。柱基为钢筋混凝土，斜支撑为 10# 槽钢、角钢等。

为提高隔声屏障的隔声效果，减小屏障顶端的绕射声，在 A、B、C 三段圆弧形隔声屏障的顶端又加装了一个圆筒状吸声体，吸声体直径约为 ϕ600mm，在 A、B、C 三段圆弧形隔声屏障顶端统长安装。

半圆弧形隔声屏障外观照片如图 2、图 3 所示。

图 2　隔声屏障外形照片（一）

图 3　隔声屏障外形照片（二）

5　治理效果实测与评价

隔声屏障安装就绪后，进行了现场实测，对 A、B、C 三段隔声屏障近场（即屏障内外)、厂界、居民住宅处等敏感点分别进行了测试。

5.1 近场测试

在南侧A段半圆弧形隔声屏障的内侧，距冷却塔水池边约8m，实测淋水噪声为82dB(A)，在距水池边1.0m处为84.8dB(A)，在隔声屏障的外侧为61dB(A)；在西南侧B段半圆弧形隔声屏障的内侧，距冷却塔水池边约为16m，噪声为78dB(A)，在外侧为55dB(A)；在东南侧C段半圆弧形隔声屏障的内侧，距冷却塔水池边约为16m，噪声为80dB(A)，在外侧为59dB(A)。近场测试，隔声屏障的隔声量（内外声级差，或称插入损失）均在20dB(A)以上，隔声效果优良。

5.2 厂界处噪声测试

上海吴泾第二发电有限责任公司1#、2#机组的建造，是上海市政府重大工程之一，倍受各方重视，噪声治理效果由上海市环境监测中心测试评价。在距1#冷却塔南侧20m处南围墙厂界处，昼间噪声由治理前的78.1dB(A)降为治理后的55dB(A)，夜间噪声由治理前的70.7dB(A)降为治理后的53.1dB(A)。昼夜降噪均在17dB(A)以上，厂界处全面达到了Ⅲ类区标准规定。

5.3 居民住宅处噪声测试

在距1#冷却塔南侧300m处的东杨村居民住宅二楼窗外测试，昼间噪声由治理前的62dB(A)降为55.8dB(A)，夜间噪声由治理前的59.6dB(A)降为治理后的47.8dB(A)，接近当地的背景噪声，基本上听不到冷却塔噪声。居民住宅处昼夜均全面达到了GB 3096—1993Ⅱ类区标准规定[Ⅱ类区标准昼间为60dB(A)，夜间为50dB(A)]，优于原设计要求达到Ⅲ类区的规定，居民十分满意。

上海吴泾第二发电有限责任公司特大型双曲线冷却塔噪声治理的实践说明，在冷却塔周边加装隔声吸声屏障是降低冷却塔噪声影响的有效措施之一，1#冷却塔已正常运行3年，噪声治理措施对冷却塔的制冷效果基本无影响，而且外形美观大方，与周围建筑相谐调，是电厂的一道新景观。本工程的实践，为国内众多的大型双曲线自然通风冷却塔的噪声治理提供了范例，填补了国内空白，积累了经验，具有一定参考价值。

【参考文献】

[1] 马大猷．噪声与振动控制工程手册[M]．北京：机械工业出版社，2002.
[2] 吕玉恒，王庭佛．噪声与振动控制设备及材料选用手册[M]．北京：机械工业出版社，1999.
[3] DL 5000—2000．火力发电厂设计技术规程[S].

本文2004年刊登于《工程建设与设计》第10期
（参与本文编写的还有华东电力院黄平、王震洲，上海申华公司张明发、康俊）

微穿孔板消声器应用于大型冷却塔噪声治理

摘　要：上海通用汽车有限公司一期工程冷冻站房15台大型冷却塔（每台冷却水量1020m^3/h）噪声偏高，直接影响厂界和居民住宅处噪声达标。在冷却塔上部出风口处设计安装了大型微穿孔板消声器，使厂界处噪声由65dB(A)降为51.5dB(A)，400m外居民住宅处夜间噪声由55.6dB(A)降为47.1dB(A)，全面达到了2类区标准规定。本文侧重论述微穿孔板消声器的设计及效果。

关键词：大型冷却塔　微穿孔板　降噪

1　前言

上海通用汽车有限公司位于上海市浦东新区申江路1500号，主要生产别克轿车系列产品，一期工程已建成投产数年。为生产车间提供通风空调的冷冻站房在厂区西北角，冷冻站房内安装着17台各型冷冻机，总制冷量为54780kW，号称亚洲第一冷冻站房。与冷冻机组配套的17台冷却塔安装于冷冻机房的屋顶上。总冷却水量为16100m^3/h，其中15台大型冷却塔为今日实业股份有限公司产品，每台冷却水量为1020m^3/h，电动机功率为37.3kW，风量为499320m^3/h，风机直径为ϕ4270mm，每3台或4台冷却塔为一组。3台一组的冷却塔外形尺寸长×宽×高约为24425mm×8500mm×9380mm，4台一组的冷却塔外形尺寸长×宽×高约为34000mm×8500mm×9380mm。15台大型冷却塔分南北两排安装。北排距北厂界（厂界外为巨峰路主要交通干道）约50m，距西北侧大片居民住宅（华高二村）约400m，详见图1。

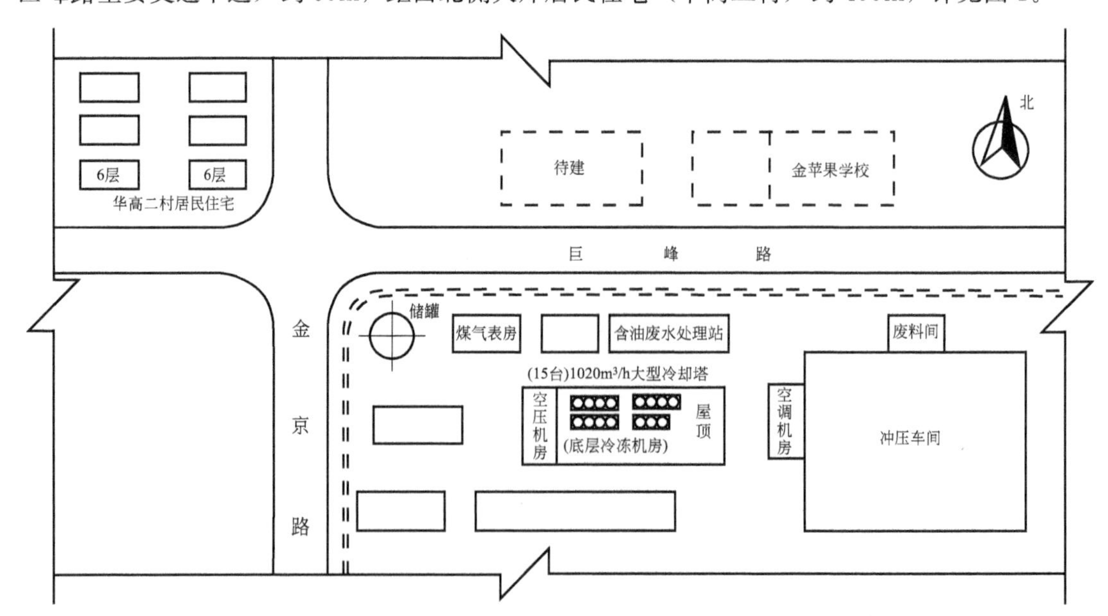

图1　上海通用汽车有限公司大型冷却塔安装位置示意图

由于冷却塔本身噪声偏高，又敞开安装于离地高约23m的屋顶上，冷却塔噪声直接影响厂界和居民住宅处噪声达标。按上海市和浦东新区噪声区划，本地区系GB 3096—1993和GB 12348—1990规定的2类区，要求厂界和居民住宅处昼间噪声应低于60dB(A)，夜间应低于50dB(A)。未治理前，昼夜均超标，居民反应强烈，有投诉。

上海通用汽车有限公司十分重视环境保护工作，已采取不少治理措施，但仍超标。通过调查测试和设计计算，采取了更严格的治理措施，使一期工程冷冻站房等，尤其是大型冷却塔的噪声对居民住宅的影响，全面达到了2类区标准规定，已通过市级验收。

2　噪声污染测试分析

上海通用汽车有限公司一期工程冷冻站房、空压机房、污水处理间、煤气表房等室内噪声源，已采取隔声、吸声、消声等常规噪声治理措施，取得了预期效果，本文不再赘述。下面侧重论述冷却塔的噪声治理。

冷却塔的噪声源主要有两个：一是上部出风口处风机气流噪声，二是下部进风口的淋水噪声。以1020m^3/h冷却塔为例，其治理前后的计权声级和频谱特性列于表1。

表1　1020m^3/h冷却塔噪声及其影响（设计者测试）

测点位置 / 频谱特性	1/1倍频程中心频率/Hz							计权声级		备注
	125	250	500	1000	2000	4000	8000	A计权/dB(A)	C计权/dB(C)	
	声压级dB									
1020m^3/h冷却塔上部出风口D_f处(45°方向，测距4.2m)噪声治理前	76	81	86	86	81	75	67	91	98	—
1020m^3/h冷却塔上部出风口D_f处(45°方向，测距4.2m)噪声治理后	73.7	64.6	57.5	56.3	52.4	46	39	67.5	75	—
1020m^3/h冷却塔下部进风口处[测距1.0m，离地高1.5m]噪声治理前	68	69	72	71	70	67	64	78	90	—
多台1020m^3/h冷却塔开动，其噪声传至北厂界(巨峰路)处，噪声治理前(昼间)	—	—	—	—	—	—	—	65	71	—
多台1020m^3/h冷却塔开动，其噪声传至北厂界(巨峰路)处，噪声治理后(昼间)	57.5	48.1	46.2	46.6	43.6	32.8	21	52	59	浦东新区环境监测站2003.1.16实测治理后厂界处昼间噪声为51.5dB(A)
多台1020m^3/h冷却塔开动，其噪声传至400m外，华高二村居民住宅处，噪声治理前	—	—	—	—	—	—	昼间	60.2	65	—
	—	—	—	—	—	—	夜间	55.6	63	—
多台1020m^3/h冷却塔开动，其噪声传至400m外，华高二村居民住宅处，噪声治理后(夜间)	53	46.1	45.3	43.7	38	26.2	11.2	48.7	57	浦东新区环境监测站2003.1.16实测治理后居民住宅处夜间噪声为47.1dB(A)

由表1可知，单台冷却塔未治理前上部出风口处噪声高达91dB(A)，系宽频带噪声。下部进风口处淋水噪声为78dB(A)，系中高频噪声。由于冷却塔体积庞大，发声部位多，呈立体分布，周围无遮挡物，噪声影响范围大。冷却塔系钢结构支撑，有振动，固体传声明显，低频声较强。虽然采用了阔叶片低噪声风机和PVC降噪装置，但噪声仍较高。单台冷却塔开动其噪声传至北厂界处为62dB(A)，多台开动为65dB(A)。昼间厂界超标5dB(A)，夜间厂界超标15dB(A)。多台冷却塔开动，其噪声传至华高二村居民住宅处昼间为60.2dB(A)，夜间为55.6dB(A)。昼间居民住宅处超标0.2dB(A)，夜间居民住宅处超标5.6dB(A)。

3 控制对策

3.1 拆除原有冷却塔隔声导向装置

为降低冷却塔上部出风口处风机噪声影响，曾在每台1020m^3/h冷却塔上部加装了一个长×宽×高约为4900mm×4900mm×5000mm，半封闭隔声导向装置，共8套，南侧敞开，其余三个面封闭。由于冷却塔排出的热气在导向装置内打转，排不出去，影响了冷却塔制冷效果，同时导向装置内无消声插片，降噪量只有3～5dB(A)，达不到设计要求。导向装置的稳定性和安全性也存在一些问题，本方案不采用这种隔声导向装置，已将其拆除，改为大型微穿孔板出风消声器。

3.2 微穿孔板出风消声器

一般冷却塔的进水温度为37℃，出水温度为32℃，在冷却过程中排出的热气中含有水蒸气。因此冷却塔的降噪装置应防水、防潮、防霉、防蛀、防紫外线，不怕风吹、日晒、雨淋，同时具有隔声、吸声、消声等作用。采用铝合金穿孔板、彩钢夹芯板和钢件热镀锌等，可基本满足这些要求。以1020m^3/h冷却塔为例，采用如图2所示的阻抗复合式微穿孔板出

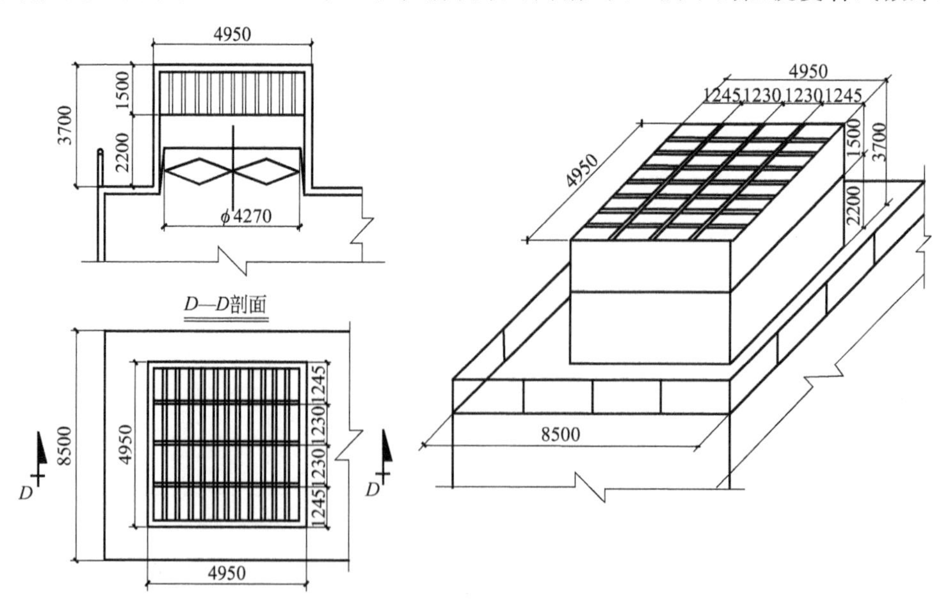

图2 1020m^3/h大型冷却塔微穿孔板出风消声器示意图

风消声器，出风消声器外形尺寸长×宽×高约为 4950mm×4950mm×3700mm，阻性段为铝合金微穿孔板消声插片，阻性段高为 1500mm，消声插片厚为 150mm，片间距为 196mm。抗性段为空腔，又系设备检修空间，抗性段高 2200mm，外框为 100mm 厚彩钢夹芯板。抗性段上开设一个宽×高为 1000mm×2000mm 的检修门。微穿孔板出风消声器型钢支架与原冷却塔支柱间用不锈钢螺栓连接。出风消声器自成体系，可以拆装。每台冷却塔安装一个微穿孔板出风消声器，消声器体积约 $91m^3$，重约 1.7t。

3.3 微穿孔板消声插片结构

根据马大猷教授微穿孔板吸声结构理论及各型微穿孔板吸声结构吸声系数实测结果，结合冷却塔出风口风机噪声频谱特性，经计算和优化，最终设计了如图 3 所示的消声插片结构。

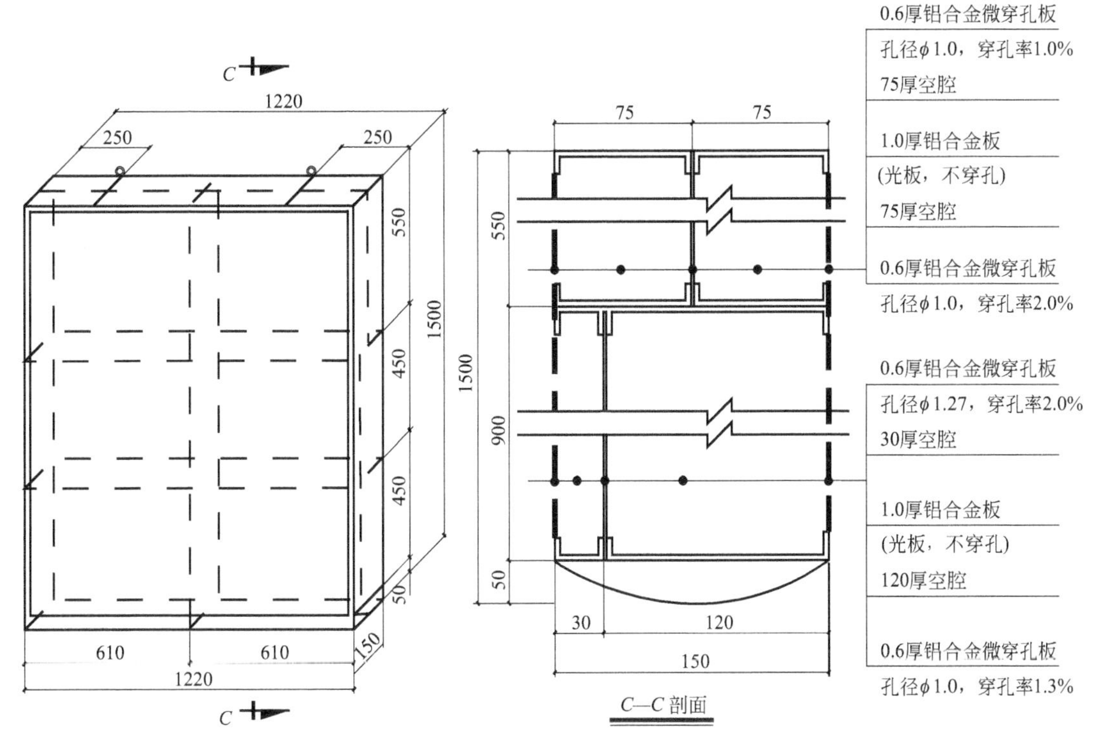

图 3　微穿孔板消声插片结构示意图

消声插片厚 150mm，空腔尺寸有 3 种组合：75mm、30mm、120mm。铝合金微穿孔板厚为 0.60mm，中间隔离板厚为 1.0mm，不穿孔。微穿孔板孔径为 ϕ1.0mm 和 ϕ1.27mm，穿孔率分别为 1.0%、2.0%和 1.3%三种。

消声插片端部为半圆弧结构，以减小阻力损失。标准单元消声插片长×宽×厚为 1220mm×1500mm×150mm，每台 $1020m^3/h$ 冷却塔出风消声器微穿孔板消声插片共 56 个。15 台 $1020m^3/h$ 冷却塔，微穿孔板消声插片共计 840 个。

3.4 冷却塔进风口消声装置

为降低冷却塔下部进风口淋水噪声影响，除整修原有的 PVC 降噪填料外，将进风挡板改为消声挡水板。采用新型泡沫铝吸声板材与原挡水板间不等空腔，构成吸声结构，以降低中高频淋水声。每台 $1020m^3/h$ 冷却塔进风口面积约为 $52m^2$，泡沫铝消声挡水板面积约为 $94m^2$。原设计方案提出若安装出风消声器后敏感点达标，则不再安装进风口消声装置。现未安装。

4 治理效果

4.1 冷却塔近场降噪

实施上述对策措施后，现场实测结果详见表 1。冷却塔出风消声器外形照片如图 4 所示。

图 4 大型冷却塔出风消声器照片

单台 $1020m^3/h$ 冷却塔上部出风口 45°方向，测距 D_f 为 4.2m，噪声由治理前的 91dB(A) 降为治理后的 67.5dB(A)，降噪 23.5dB(A)。

4.2 冷却塔噪声对厂界的影响

15 台 $1020m^3/h$ 大型冷却塔同时开动（含冷冻机房、空压机房、煤气表房等，设备也开动），其噪声传至北厂界（巨峰路边）处，由治理前的 65dB(A) 降为治理后的 51.5dB(A)，降噪 13.5dB(A)。在北厂界处基本上听不到冷却塔传来的噪声。

4.3 冷却塔噪声对居民住宅处的影响

工况同上，在距冷却塔约 400m 外的华高二村居民住宅处，夜间噪声由治理前的 55.6dB(A) 降为 47.1dB(A) 降噪 8.5dB(A)，昼夜全面达到了二类区标准规定，居民十分满意。

4.4 消声性能稳定，检修方便

自 2001 年 12 月安装出风消声器以来，已安全运行 3 年，消声性能基本未变，冷却塔热工性能有所改善，设备维修保养也比较方便。上海通用汽车有限公司车身车间循环水泵房等处 10 余台冷却塔噪声治理，也参照上述做法进行处理，均取得了满意的效果。目前正着手对上海通用汽车有限公司二期工程 7 台 $2000m^3/h$ 大型冷却塔噪声进行治理。本文可供类似冷却塔的噪声治理借鉴。

【参考文献】

［1］ 马大猷．噪声与振动控制工程手册［M］．北京：机械工业出版社，2002.

［2］ 吕玉恒，王庭佛．噪声与振动控制设备及材料选用手册［M］．2 版．北京：机械工业出版社，1999.

本文 2005 年刊登于《全国第十届噪声学术会议论文集》

（参与本文编写的还有本院冯苗锋，上海通用汽车公司刘丽华、陈月基等）

自然通风消声窗的设计与应用

摘　要： 道路交通噪声污染影响人们的正常工作、生活与休息，采取降噪措施的方法之一是安装自然通风消声窗。本文通过设计、研究、制作、调试、测试各型自然通风消声窗的性能，并将其应用于上海市闵行区中春路两侧的7个小区，取得了较好的效果，为在高架道路边的居民住宅提供了一个比较安静的环境。

关键词： 交通噪声污染　噪声控制　自然通风消声窗

1　引言

随着我国经济和城市建设的发展，社会对交通运输也提出了更高的要求，全国各地的各种道路建设迅猛发展，但是随之而来的交通噪声污染问题又严重影响了周围环境。为降低交通噪声污染，已采取或拟采取各种措施加以控制。其中在受影响的居民住宅处安装自然通风消声窗是一种选择。本文侧重介绍一种新型自然通风消声窗的结构性能、特点并结合安装于闵行区中春路的实例，分析评价其降噪效果。

2　道路交通噪声污染与控制

道路交通为人们提供了方便，但其噪声直接影响人们正常的工作、生活与休息。道路交通噪声污染已成为危害人们身心健康和社会经济发展的公害之一。在环保部门信访统计中，投诉反映噪声问题的占46%以上。

据统计，目前国内大中城市交通噪声大多在70dB(A)左右。若用交通干道两侧标准考核（即GB 3096—1993规定的4类区），昼间噪声应≤70dB(A)，夜间≤55dB(A)。以上海市为例，2003年噪声等效声级平均值昼间为70.4dB(A)，夜间为66.4dB(A)，昼夜均超标。交通噪声强度和频率特性与行驶的车辆类型、车流量、车速以及道路路面的材料等有关。一般情况下，交通噪声的频率特性呈中低频特性，其峰值频率在500～1000Hz。城市中常见的高架道路、轻轨和地面道路所形成的几股机动车交通噪声，其沿线的辐射是一种非稳态不连续的流动声源。同时，将形成一个柱面声源，向四周扩散。由于路边建筑的分布，其噪声在传播途中将要经过多次反射，会产生直达声和反射声的叠加，其衰减慢，传播距离远，影响危害也大。交通噪声已成为城市环境噪声的主要构成部分，同时也是环境噪声控制中的难点。

控制或改善交通噪声对城市道路两侧居民的影响是当今社会迫切需要解决的问题之一，国内外许多专家提出了各种控制对策，主要有以下几个方面：

① 安装道路声屏障是目前最常用的措施之一。但由于道路声屏障在降噪量和使用范围上有一定局限性，尤其是对声影区外的中高层建筑实际效果并不理想。

② 购置低噪声车辆，尽量降低机动车辆行驶时产生的噪声，如设计使用低噪声发动机，安装消声效果比较好的排气消声器，保养好机动车性能等。

③ 在城市规划和建设时合理布局，将居住区、学校、医院和其他需要安静的建筑安排在远离交通干线的地方。在城市道路两侧栽种一定高度的成片绿化带，居住区与道路保持一定的间距等。

④ 制定科学合理的道路交通管理法规和控制标准，完善道路交通设施，强化道路交通管理，严格执法，逐步扩大禁鸣喇叭的城区等。

⑤ 安装使用自然通风消声窗是一种新的选择。上海闵欣环保设备有限公司与深圳保泽环保科技开发有限公司合作，在上海市多个小区推广应用自然通风消声窗，取得了很好的社会效益。该窗已取得国家专利，是一种具有广阔市场前景的绿色环保产品。

3 自然通风消声窗的设计及性能

人们居住和工作场所的各类窗户，其结构和材料的种类很多，开启的形式各异。传统意义上的开窗主要是通风换气，但随之而来的问题是室外噪声亦进入室内，影响人们的生活工作环境。在关窗阻隔室外噪声时，却同时失去了通风功能。降低噪声，通常用密闭或双层中空窗的方式来达到目的。因此，在自然通风的状态下，能尽量隔离和降低噪声是现代人们孜孜以求的美好目标。

3.1 自然通风消声窗的组成

自然通风消声窗主要由普通铝合金窗和专用消声器组成。根据一般铝合金窗的结构，消声窗中设计了专用消声器和特制铝型材，几者巧妙地组成消声窗的结构。在外观上，基本上与普通窗无异。实际应用时，却形成了既能良好采光和自然通风，又能隔声消声的窗户。

3.2 自然通风消声窗的作用

自然通风消声窗主要是在声传播途径中控制噪声。消声窗的结构中设计有采光、通风、隔声和吸声的技术措施。交通噪声伴随着空气从室外传来，经过自然通风消声窗后，空气流过，噪声被窗内消声器所吸收、衰减和部分隔离，使声能大大降低，达到了自然通风和消声降噪的双重效果。

3.3 消声窗专用消声器

消声器通常是控制空气动力性噪声的有效措施之一，被广泛应用于各种交通工具、机械设备、压力容器和管道阀门等的进排气。消声器是一种既能允许气流顺利通过，又能有效地阻止或减弱声能向外传播的装置。消声窗中的消声器具有良好的消声性能，其降低噪声的效果非常显著。经上海建筑科学研究院检测，消声窗能降低噪声 27dB(A) 左右。在设计上，充分考虑了结构简单、轻巧坚固、便于加工安装。其内外壳体及小孔穿孔板均由耐磨薄钢板制作后喷塑，具有防锈耐腐蚀、使用寿命长的功能。

自然通风消声窗外形美观大方，适用范围广，无须能源消耗，且成本较低，能很好地兼顾自然通风、采光、隔声、消声等几种功能。

3.4 自然通风消声窗的结构

窗体基本上由普通铝合金窗扇和消声器组合而成，分上下（或左右）两部分。例如，上部（传统意义上的气窗）为双层结构，由朝向室外的外窗和朝向室内的内窗组成，形成可控制空气流通量或开闭的气流通道。双层窗扇结构中以及与下部单层结构中间设置消声窗的降噪部件——消声器。如果有必要，上下部分或左右部分均可以作出不同形式的组合设置。

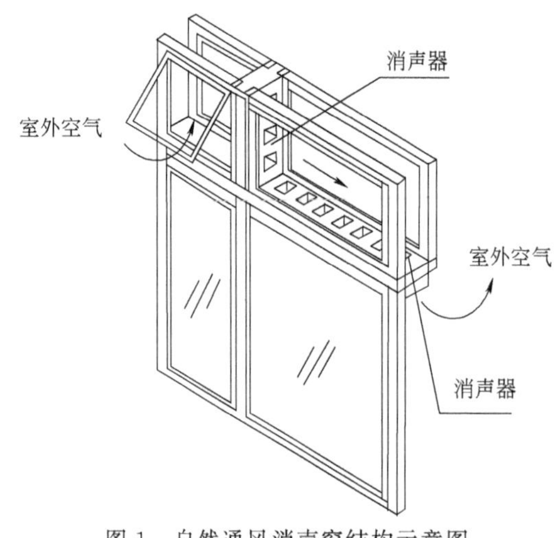

图 1　自然通风消声窗结构示意图

消声器在气流通道上均匀设置了通气孔。为提高吸声效果，必要时通气孔内还可以设计一个折弯角。边侧采用小孔穿孔板饰面，内衬吸声材料。内外壳体及小孔穿孔板均由耐腐薄钢板制成后喷塑。

自然通风消声窗的主要材料为 1.4mm 厚的普通铝合金型材、部分特制铝合金型材和 8mm 厚玻璃。另外，根据节能或更高要求的降噪需要，也可采用中空玻璃制作，届时，其降噪性能将进一步提高。当然，制作的成本相应也略有增加。图 1 所示为自然通风消声窗的结构示意图。

3.5 自然通风消声窗的声学性能

按照国家标准 GB/T 8485—2002《建筑外墙空气声隔声性能分级及检测方法》的规定，由上海市建筑科学研究院对自然通风消声窗的声学性能进行测试，表 1 给出了开窗通风换气情况下隔声量的实测值，图 2 为其隔声频谱特性。表 2 给出了闭窗情况下隔声量的实测值，图 3 为其隔声频谱特性。

表 1　开窗通风换气状况下的隔声量

检测结果	中心频率/Hz	100	125	160	200	250	315	400	500	630	800
	隔声量/dB	8.8	8.8	13	20	21	25	22	22	21	23
	中心频率/Hz	1000	1250	1600	2000	2500	3150	4000	5000	6300	8000
	隔声量/dB	29	30	30	29	32	35	36	38	39	39
	空气声计权隔声量 R_w:27dB										

表 2　闭窗状态下隔声量

检测结果	中心频率/Hz	100	125	160	200	250	315	400	500	630	800
	隔声量/dB	17	22	19	26	25	28	27	28	29	30
	中心频率/Hz	1000	1250	1600	2000	2500	3150	4000	5000	6300	8000
	隔声量/dB	30	30	30	29	32	34	37	39	41	43
	空气声计权隔声量 R_w:31dB										

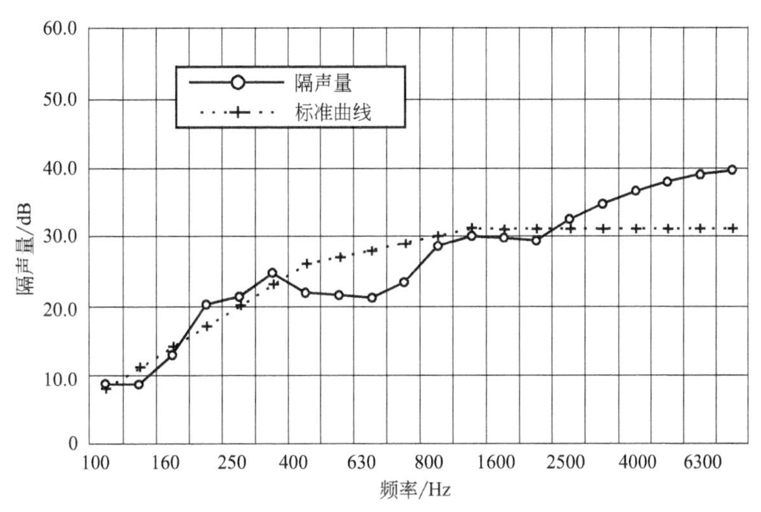

图2　开窗通风换气状况下隔声量频谱图

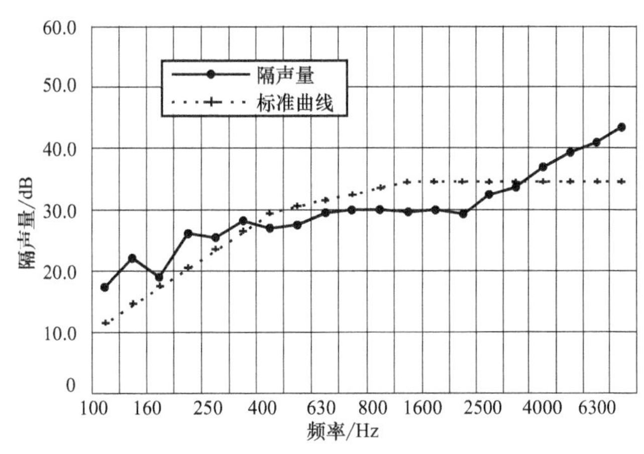

图3　闭窗状态下隔声量频谱图

4　自然通风消声窗的应用及效果

消声窗的优点在于：

① 不凸出墙体之外，不会违反一些城市的建筑规定。

② 适用范围广，对新建或已有窗户安装改装均很方便。

③ 结构简单，与铝合金窗安装连接容易、方便。

④ 消声器采用镀锌钢板制作，外表喷塑，防锈耐腐蚀，使用寿命长。

⑤ 消声器中气流通孔边侧均设有小孔板，内衬吸声材料，具有良好的吸声降噪功能。

⑥ 材料来源广泛，成本相对较低，具有实用推广价值。

⑦ 既可满足自然通风的要求，又能达到隔声降噪的目的。

⑧ 外表美观，窗扇中不含有大块状不透明部分，符合传统建筑美学要求。

⑨ 无须能源消耗。

⑩ 特别适应于高架道路、交通干线、热闹集市或厂矿企业附近的住宅、机关、医院、学校等场所，能有效地改善和提高人们学习、工作和生活的环境质量。

本自然通风消声窗产品已获国家专利，并已形成批量生产。在环保主管部门的大力支持关心下，上海闵欣环保设备工程公司已在闵行区中春路两侧的莘松四村、西环一村、莘松六村、莘松七村、西湖苑、金城绿苑和西环公寓7个小区1000余户居民住宅的原窗处安装了自然通风消声窗，同时与诸多单位达成了安装自然通风消声窗的意向。

通过对安装于闵行区莘松四村小区居民住宅楼自然通风消声窗现场实测可知，当窗外交通噪声在70dB(A)左右时，室内噪声于通风隔声状态下为45dB(A)左右，消声隔声量为20～25dB(A)，昼间实测结果列于表3。图4所示为安装于莘松四村的自然通风消声窗的外形照片。

表3 安装自然通风消声窗现场实测值

序号	测点位置	噪声源	实测值 L_{eq}/dB(A)	备注
1	窗外1m	交通噪声	68.7	—
2	室内全开窗	交通噪声	55.1	—
3	室内全关窗	交通噪声	40.8	—
4	室内开外窗，关内窗	交通噪声	45.8	通风隔声状态

注：本实测值由上海市闵行区环境监测一站提供。

图4 自然通风消声窗外形照片（装于莘松四村居民住宅窗上）

5 结语

自然通风消声窗在开窗通风换气状况下计权隔声量 R_w 为27dB，现场实测隔声量为20～25dB(A)，将其安装于交通干线两侧的居民住宅处可以有效地降低城市交通噪声对沿街居民住宅的影响。一般情况下可达到国家标准GB 3096—1993《城市区域环境噪声标准》2类区的规定，即在居民住宅室内测试，昼间噪声为50dB(A)左右，夜间噪声为40dB(A)左右。自然通风消声窗可为居民营造一个自然和谐、文明健康、安静舒适的居住环境等。自然通风消声窗外形美观大方，与原有建筑相谐调，安装维修方便，实际使用效果良好，深受居民欢迎。

【参考文献】

[1] 吕玉恒，等．噪声与振动控制设备及材料选用手册［M］．北京：机械工业出版社，1999.
[2] 韩善灵，朱平，林忠钦．交通噪声综合影响指数及噪声控制研究［J］．噪声与振动控制，2005（1）：25-28.
[3] 徐连蜂．城市道路交通噪声控制［J］．噪声与振动控制，2004（4）：23025.
[4] 李岚，吕玉恒．生态型住宅小区的噪声控制［J］．噪声与振动控制，2004（1）：22-24.

本文2005年刊登于《全国第十届噪声学术会议论文集》
（参与本文编写的还有上海闵欣环保公司苏克堡等）

多台大型冷却塔噪声综合治理

摘　要：大型冷却塔噪声污染是十分突出的问题之一。本文以某公司数十台千吨以上大型冷却塔为例，通过调查、测试、方案论证设计、施工安装直至验收，因地制宜采取不同的控制措施，解决了这些冷却塔的噪声污染问题，全面达到了相关标准规定，取得了较好的经济、社会、环境效益。

关键词：多台　大型冷却塔　噪声　综合治理

1　概况

冷却塔是空调制冷或循环用水中的常用设备，尤其是机械通风式冷却塔广泛应用于石油、化工、船舶、汽车、制药、食品、纺织、机械制造、冶金、高级宾馆、酒店等领域。上海某公司大型冷冻站房、试验中心等使用的冷却塔，冷却水量一般在千吨以上，其噪声对周围环境带来污染，有的是使厂界噪声超标，有的是影响到居民住宅，引起投诉。通过调查、测试、设计计算、预测评价、方案论证、施工设计、具体施工安装直至达标验收等全过程，对上述几十台大型冷却塔因地制宜，采取了隔声、吸声、消声、隔振等综合治理措施，全面达到了相关标准规定，取得了满意的效果。

2　冷却塔噪声污染状况

2.1　某公司一期工程冷冻站房冷却塔噪声

某公司一期工程冷冻站房其规模在国内名列前茅，在冷冻站房的屋顶上安装了 15 台大型冷却塔（详见图 1），每台冷却水量为 1020m^3/h，分两排组合，北侧一排由 8 台冷却塔拼装而成，外形尺寸长×宽×高约为 66000mm×8500mm×13250mm，南侧一排由 7 台冷却塔拼装而成，外形尺寸长×宽×高约为 59500mm×8500mm×13250mm。每台上部风机直径为 ϕ4270mm，风量约 50 万 m^3/h，电动机功率为 37.5kW。在未加噪声治理措施前，于冷却塔上部风机出风口 45°方向、测距 1.0m 处，噪声为 91dB(A)；于冷却塔下部风机进风口 1.0m，离地高 1.5m 处噪声为 78dB(A)，详见表 1。15 台冷却塔同时开动，在距冷却塔约 100m 的西北侧厂界处昼间噪声为 65dB(A)，在距冷却塔约 400m 的西北角大片 6 层楼居民住宅的 5 楼窗外 1.0m 处，昼间噪声为 60.2dB(A)，夜间噪声为 55.6dB(A)。按规定，本地区执行国家标准 GB 3096—1993《城市区域环境噪声标准》2 类区标准，即昼间噪声≤60dB(A)，夜间噪声≤50dB(A)。在居民住宅处夜间噪声超标约 6dB(A)，居民有投诉。

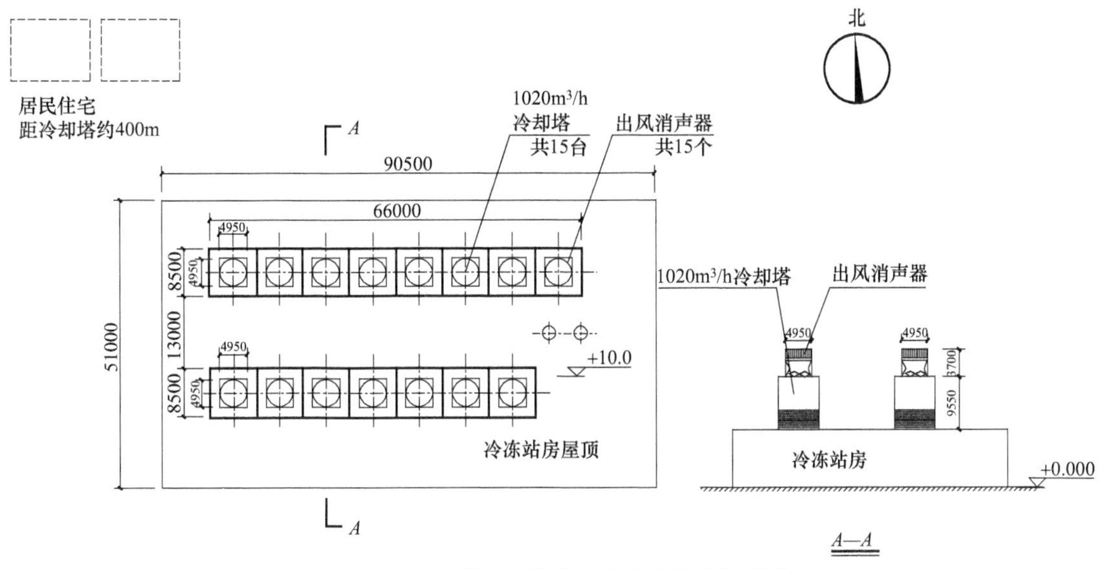

图1 一期工程冷冻站房大型冷却塔平剖面图

表1 1020m³/h冷却塔噪声频谱特性

名称	倍频程中心频率/Hz							A计权声压级/dB(A)	备注
	125	250	500	1000	2000	4000	8000		
	声压级/dB								
冷却塔上部风机出风口处	76	81	86	86	81	75	67	91	测点在风机出口45°方向,测距1.0m
冷却塔下部进风口处淋水噪声	68	69	72	71	70	67	64	78	测点在进风口外1.0m,离地高1.5m

注：冷却塔下部进风口处淋水噪声中还包括了一部分上部风机倒灌下来的噪声以及壳体辐射的结构噪声。

2.2 某公司扩建工程冷冻站房冷却塔噪声

某公司扩建工程在冷冻站房的东侧安装了一排7组大型冷却塔（详见图2）。每组冷却塔冷却水量为2000m³/h，总冷却水量为14000m³/h。冷却塔外形尺寸长×宽×高约为80000mm×11400mm×12000mm。为降低冷却塔噪声，每组冷却塔用4台风机组成，风机直径约为ϕ5200mm，风量为41万m³/h，风叶转速为125r/min，电动机功率为15kW。

鉴于该站房为新建工程，要求冷却塔本身应采取降噪措施。冷却塔供应商承诺，该型冷却塔在风机出风口处45°方向、测距一倍塔径（D_f为5m）处噪声为68dB(A)，在冷却塔当量直径（D_m为13m）处噪声为60dB(A)。由于种种原因，未达到上述承诺。冷却塔安装就绪后，单台开动，在D_f处实测值为73.4dB(A)，在D_m处实测值为70.9dB(A)。在距冷却塔约30m的东厂界处昼间噪声为66.2dB(A)，夜间为65.1dB(A)。按国家标准GB12348—1990《工业企业厂界噪声标准》3类区考核，昼间超标1.2dB(A)，夜间超标10.1dB(A)。

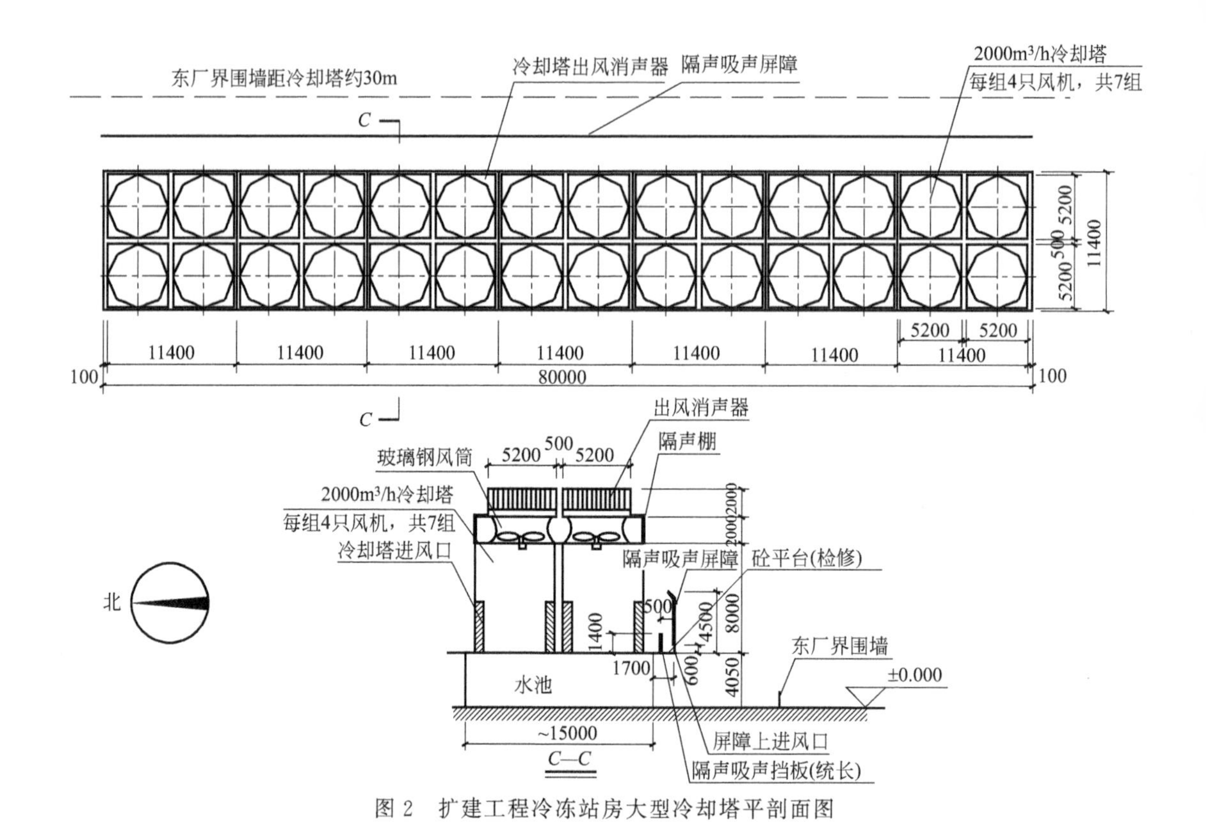

图 2　扩建工程冷冻站房大型冷却塔平剖面图

2.3　某试验中心冷却塔噪声

在某试验中心西侧安装了 3 台冷却塔，冷却水量总计 1500m³/h，一字排开（详见图

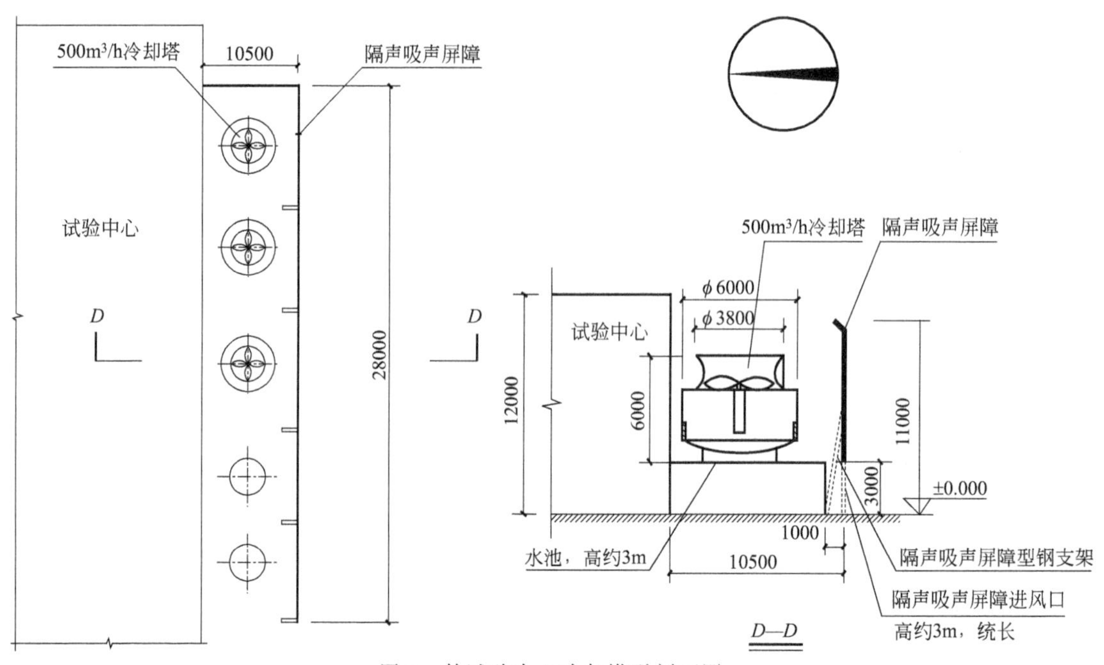

图 3　某试验中心冷却塔平剖面图

3)。外形尺寸长×宽×高约为 28000mm×8500mm×9000mm。上部出风口噪声为 84dB(A)，下部进风口噪声为 79dB(A)。在距冷却塔约 100m 外有大片小高层居民住宅，在 10 楼窗外夜间噪声为 60.6dB(A)，超过 2 类区标准 10.6dB(A)，居民有投诉。

3　采取的主要技术措施

3.1　降噪量的设计计算

无论是新安装的冷却塔还是已有的冷却塔，在采取降噪措施前均应根据冷却塔本身的噪声、标准要求、距敏感点距离以及周围环境情况等进行预测、估算，确定达标需要的降噪量。鉴于冷却塔体积庞大，声源呈立体分布，频带又较宽，往往距敏感点又较近，因此一般应按线声源或面源模式进行匡算。

线源模式的计算公式如下：

$$L_p(r)=L_p(r_0)-10\lg\frac{r}{r_0}-\Delta L$$

式中　$L_p(r)$——预测点处声压级（dB）；

$L_p(r_0)$——已知点（声源）处声压级（dB）；

r_0——已知点至声源中心的距离（m）；

r——预测点至声源中心的距离（m）；

ΔL——环境影响（阻隔）衰减量（dB）。

面源模式的计算公式如下。设 l 和 h 分别为声源的长和高，r 为测点至声源中心的距离（单位均为 m）。

当 $r<\frac{l}{\pi}$，$r<\frac{h}{\pi}$时，声级几乎不衰减；

当 $r\leqslant\frac{h}{\pi}$（设 $l>h$）时，则

$$L_p(r)=L_p(r_0)-5\lg\frac{r}{r_0}-\Delta L$$

当$\frac{h}{\pi}<r\leqslant\frac{l}{\pi}$时，则

$$L_p(r)=L_p(r_0)-10\lg\frac{r}{r_0}-\Delta L$$

当 $r>\frac{l}{\pi}$时，则

$L_p(r)=L_p(r_0)-20\lg\frac{r}{r_0}+10\lg l+5\lg h-\Delta L$，若有多台冷却塔同时开动，其噪声叠加的模式如下：

$$L_{总}=10\lg(10^{0.1L_{p1}}+10^{0.1L_{p2}}+\cdots+10^{0.1L_{pn}})$$

式中　L_{p1}，L_{p2}，…，L_{pn}——每个声源的声压级；

$L_{总}$——叠加后的总声压级。

3.2 一期工程冷冻站房大型冷却塔噪声治理（详见图 1）

鉴于冷却塔淋水声系高频声，随距离增加很快就衰减掉了，传至 400m 外敏感点处的主要是冷却塔风机的低频声，因此治理的重点确定为对冷却塔风机加装出风消声器（详见图 4）。单台冷却塔出风消声器外形尺寸长×宽×高约为 4950mm×4950mm×3700mm。消声器外框采用彩钢夹芯板拼装，内部消声插片为微穿孔板结构（详见图 5），每片消声插片长×宽×高约为 1240mm×150mm×1500mm，片间距 150～200mm。消声插片厚为 150mm，不等腔，两面微穿孔板的厚度、空腔尺寸、穿孔孔径、穿孔率等按设计要求计算确定。消声插片为活络结构，可沿导向件插入和抽出，安装维修方便。

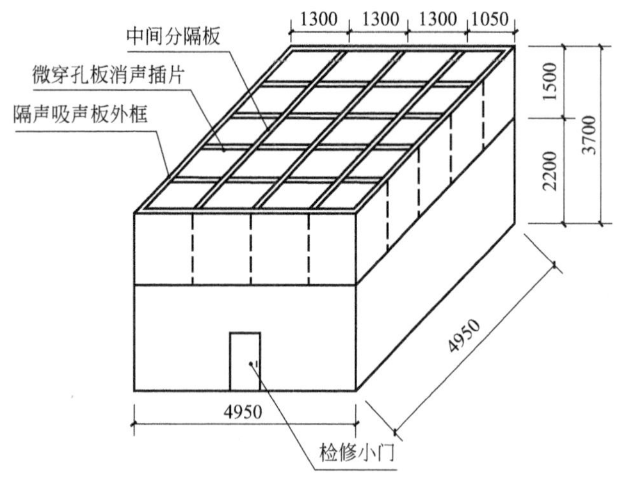

图 4　1020m^3/h 冷却塔出风消声器透视图

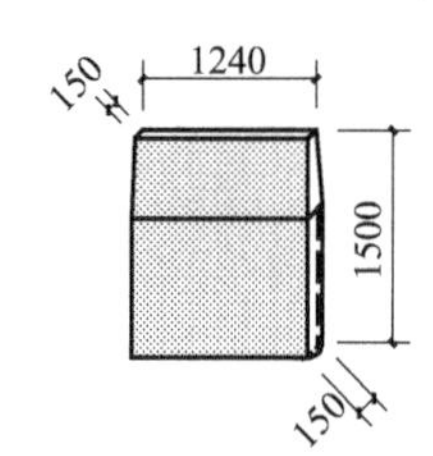

图 5　1020m^3/h 冷却塔出风消声器微穿孔板消声插片透视图

3.3 扩建工程冷冻站房冷却塔噪声治理（详见图 2）

冷却塔风机、电动机、减速器等选用低噪声型，风机叶片为低噪声阔叶片，材质为铝合金。电动机为变频型，减速器为低噪声小振动结构。本型冷却塔与同吨位的普通型相比，噪声低 5～8dB(A)。

在冷却塔上部风机出风口处安装微穿孔板出风消声器，单台出风消声器外形尺寸长×宽×高约为 5200mm×5200mm×2000mm，共 28 只出风消声器，结构与 3.2 节基本相同，详见图 4、图 5。

冷却塔下部设置开口型隔声吸声屏障，呈“┌”型，距冷却塔进风口约 1.7m，沿原有护栏边安装，隔声吸声屏障长×宽×高约为 83400mm×14800mm×4500mm。在隔声吸声屏障下部开设一条长×宽约为 80000mm×600mm 的进风口，详见图 2。

在冷却塔与隔声吸声屏障之间加装一道隔声吸声挡板，形成一个进风消声道，以取代进风消声器。隔声吸声挡板长×高×厚约为 80000mm×1400mm×100mm，与隔声吸声屏障之间的距离约为 500mm。

在冷却塔与东厂界之间适当进行绿化，以进一步降低冷却塔噪声影响。

3.4　某试验中心冷却塔噪声治理（详见图3）

在冷却塔旁边设置一道大型隔声吸声屏障，利用平台缺口进风，不专门设置冷却塔出风消声器和进风消声道。隔声吸声屏障长×宽×高约为28000mm×10500mm×11000mm，隔声吸声屏障顶部比冷却塔出风口高出约2000mm。

4　治理效果及简要结论

① 采取上述各项措施后现场实测情况如下：冷却塔出风消声器消声量（插入损失）为15～20dB(A)；进风消声器消声量为15dB(A)左右；隔声吸声屏障在声影区内降噪量（内外声级差）为8～10dB(A)；进风消声道综合消声量约为10dB(A)。

② 上述三处冷却塔综合治理效果详见表2。

表2　冷却塔噪声治理效果一览表

序号	冷却塔安装地点及台数	冷却塔本身噪声/dB(A)		敏感点处噪声/dB(A)		备注
		治理前	治理后	治理前	治理后	
1	一期工程冷冻站房大型冷却塔，每台冷却水量1020m³/h，共15台，2排，每排8台(7台)	91	72.7	400m外多层居民住宅5层窗外夜间55.6	400m外多层居民住宅5层窗外夜间47.1	达到2类区标准
2	扩建工程冷冻站房大型冷却塔，每台冷却水量2000m³/h，共7组，每组4台，一字排列	73.4	64	30m外东厂界夜间66	30m外东厂界夜间55	达到3类区标准
3	试验中心冷却塔，每台冷却水量500m³/h，共3台，一字排列	79	70	100m外大片小高层居民住宅10楼窗外夜间60.6	100m外大片小高层居民住宅10楼窗外夜间49.5	达到2类区标准

③ 以往为确保冷却塔制冷效果，一般将冷却塔安装于屋顶上或距厂界较近的角落处，这给冷却塔噪声治理带来困难，建议在总图布置上尽量将冷却塔远离厂界或居民住宅等敏感点处，同时选用低噪声或超低噪声冷却塔。

④ 因地制宜有针对性地对冷却塔采取降噪措施，一般敏感点在距冷却塔200m外，可以不考虑冷却塔淋水噪声影响，重点解决冷却塔风机噪声。

⑤ 冷却塔的通风条件及阻力损失要求比较严格，应通过匡算或实测综合确定冷却塔降噪量。冷却塔设备检修较频繁，治理措施应便于设备维修和保养，外观也应与原有建筑相协调。

【参考文献】

[1]　马大猷．噪声与振动控制工程手册［M］．北京：机械工业出版社，2002.

[2]　吕玉恒，王庭佛．噪声与振动控制设备及材料选用手册［M］．北京：机械工业出版社，1999.

[3]　马大猷．微穿孔板结构的设计［J］．声学学报，1988（13）：174-180.

本文2008年刊登于《噪声与振动控制》第4期

（参与本文编写的还有本院冯苗锋、上海通用汽车公司刘丽华、上海新华净公司王兵）

混凝土机力冷却塔降噪实例

摘　要：3500～4000t/h 混凝土机力冷却塔是目前国内最大的机力冷却塔，风机直径大于 9m，其噪声对周围环境带来污染。本文通过两个实例介绍了该型冷却塔噪声特性，采取的降噪措施以及治理效果可供同类大型冷却塔降噪参考。

关键词：特大型冷却塔　降噪　设计　效果

1　前言

实例 1：南通某纤维有限公司为四期工程配套的 4 台特大型混凝土机力冷却塔，安装于厂区东侧，单台冷却水量为 3500t/h，该塔距东厂界约 70m，东厂界外有大片居民住宅。未治理前，特大型冷却塔噪声传至东厂界和居民住宅处昼间基本达标，夜间超标 5dB(A) 以上。

实例 2：上海某丙烯酸有限公司为改建项目配置的大型冷却塔，共有 8 台，其中 4 台每台冷却水量为 1900t/h，另外 4 台为混凝土特大型机力冷却塔，每台冷却塔冷却水量为 4000t/h，一字型安装在北厂界的南侧，距厂界约 8m。本地区也系 3 类区，厂界处昼间噪声超标 11dB(A)，夜间超标 21dB(A)，亟待解决。

2　冷却塔技术参数及噪声分析

2.1　冷却塔技术参数

实例 1 冷却塔风机直径为 ϕ9144mm，风机叶片 10 片，转速 127r/min，电动机功率为 185kW，风筒底部直径 ϕ10090mm，风筒上口直径 ϕ10190mm，风筒高约 3800mm，风量约为 $300\times10^4 m^3/h$，进水最高温度 45℃，最大温差 10℃。单台冷却塔外形尺寸长×宽×高约为 15800mm × 15800mm × 12600mm，4 台组合为一体后，外形尺寸长 × 宽 × 高约为 66600mm×15800mm×19600mm。详见图 1。

实例 2 为 8 台特大型冷却塔，总冷却水量为 23600t/h，其安装位置及隔声屏障平面图如图 2 所示。

2.2　冷却塔噪声分析

冷却塔噪声大体由以下 5 部分组成。

① 风机气流噪声。上塔体风机由电动机、传动轴、减速箱带动，风机运行时的气流噪声通过风筒出风口及玻璃钢风筒四壁传出。实测单台冷却塔风筒上部出风口处噪声为 85dB(A)（45°方向，测距 1.0m 处），系低频噪声。两台冷却塔同时开动，在风筒外侧钢筋混凝土平台上噪声为 80dB(A)。

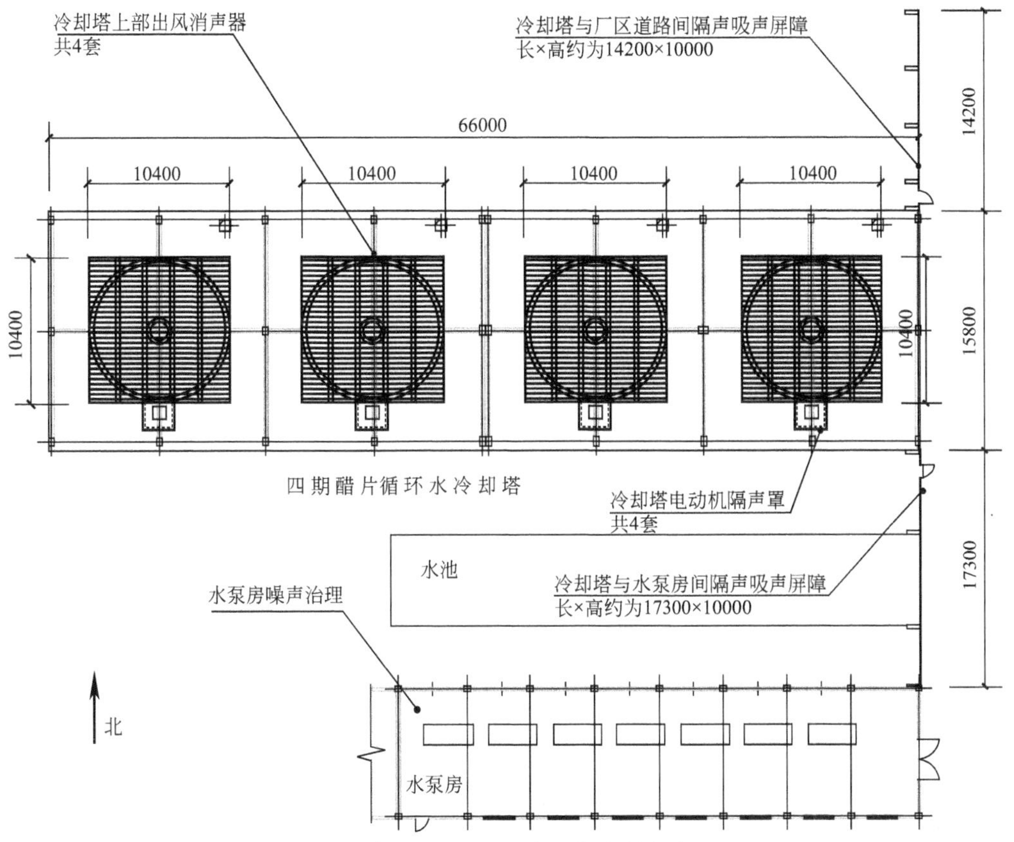

图1 实例1的4台特大型机力冷却塔噪声治理平面图

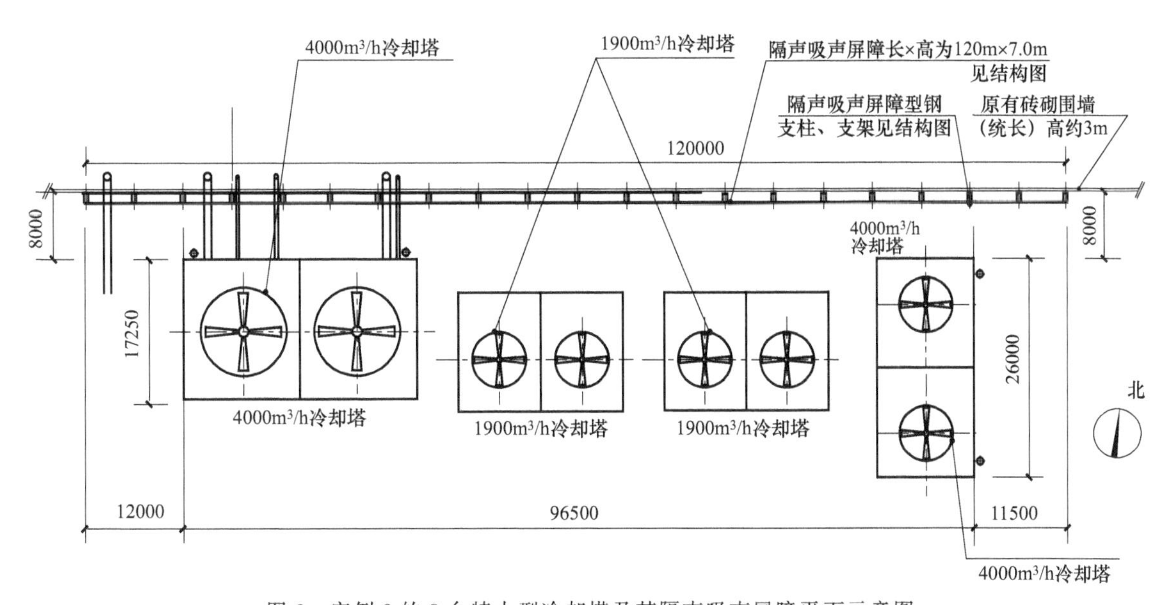

图2 实例2的8台特大型冷却塔及其隔声吸声屏障平面示意图

② 电动机噪声。电动机安装于风筒外侧钢筋混凝土平台上，单台开动噪声为86dB(A)(测距1.0m，离地高1.5m处)，系宽频带噪声。

③ 冷却塔淋水噪声。在冷却塔下部进风口处，未安装消声倾斜挡板时，淋水噪声为88dB(A)，安装消声倾斜挡板后为78dB(A)（测距1.0m，离地高1.5m处），系中高频噪声。下部淋水噪声除落水冲击水池声之外，还有上部风机通过布水器等倒灌下来的风机低频声。

④ 风筒壳体等结构噪声。冷却塔风机、电动机、减速箱等振动源引起风筒壳体、钢支架、混凝土平台等振动，辐射出低频结构噪声。

⑤ 水泵噪声及管道传声。

实例1：紧靠冷却塔的水泵房内安装着7台大型水泵，室内噪声为95dB(A)，室外噪声为85dB(A)（门窗开）。

实例2：冷却塔边上进出水管、水流冲击阀门和管道产生的噪声高达90dB(A)。

3 冷却塔降噪措施

由于冷却塔体积庞大，声源位置高，声级高，低频声强，声源呈立体分布，距敏感点近，其间无遮挡物，多种声源相互叠加干扰，背景噪声又比较高，这些不利因素致使冷却塔噪声治理难度很高。

3.1 冷却塔上部出风消声器（实例1）

如前所述，单台冷却塔风量为$300\times10^4 m^3/h$，其气流噪声是主要的，降低气流噪声最有效的办法是在出风口处加装消声器。鉴于冷却塔温度高，温差大，有气雾、漂水和锈蚀，气流速度也较高（出口风速大于10m/s），采用了声学泰斗马大猷教授发明的微穿孔板消声结构，设计了如图3所示的微穿孔板出风消声器，安装于冷却塔风筒的上部。

单台冷却塔出风消声器外形尺寸长×宽×高约为10400mm×10400mm×2800mm，出风消声器实际上为阻抗复合式结构，抗性段高为1300mm，阻性段高为1500mm。出风消声器坐落于型钢搭建的支架上，钢结构支架长×宽×高约为11600mm×11600mm×3800mm，钢结构框架固定于钢筋混凝土纵横大梁上。

为便于施工、安装和设备检修，每只微穿孔板出风消声器由15个消声单元组成，每个消声单元外形尺寸长×宽×高约为3350mm×1950mm×2800m，消声单元中插入9个微穿孔板消声插片，每个消声插片长×厚×高约为1740mm×100mm×1500mm。

消声插片是消声器的核心元件之一，消声插片分为不等厚的两个腔，腔深为40mm和60mm，中间隔离板为1.2mm厚铝合金光板，消声插片面层为0.6mm厚铝合金微穿孔板，穿孔孔径为ϕ0.8mm，穿孔率分别为1.57%和2.37%，用“п”形轻钢龙骨支承。消声插片为活络结构，用拉手沿导向件可抽出和插入框架内，片间距为200mm。

冷却塔风筒出口为圆形，而微穿孔板出风消声器为方形，圆变方之间缺口用彩钢夹芯板封堵。本型微穿孔板出风消声器按别洛夫公式设计计算消声量（插入损失）约为12dB(A)。

3.2 电动机隔声罩（实例1）

明露于冷却塔风筒外侧的风机电动机加装一个长×宽×高约为2000mm×1500mm×2000mm隔声罩，用隔声吸声板拼装，预留进出风散热口及消声装置。

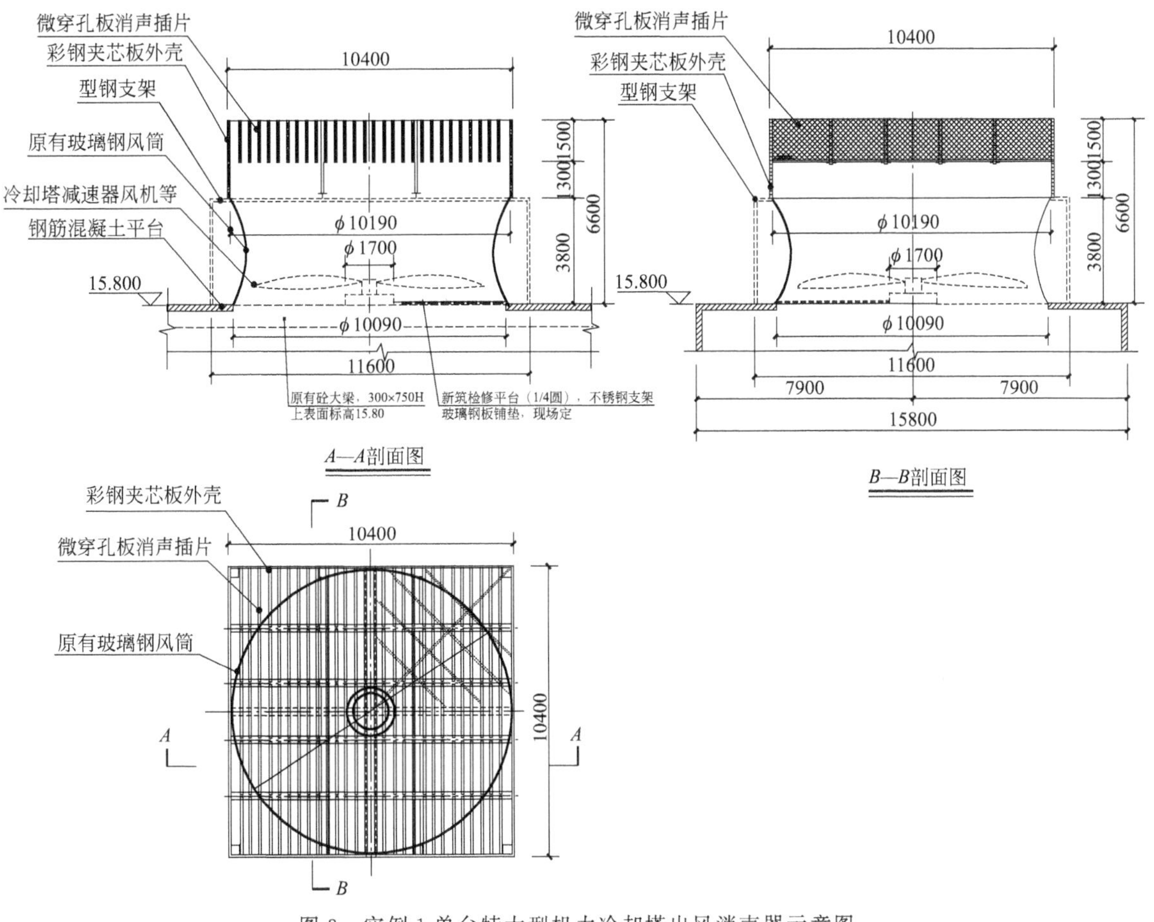

图3 实例1单台特大型机力冷却塔出风消声器示意图

3.3 冷却塔玻璃钢风筒外侧隔声围护结构（实例1）

为减小冷却塔玻璃钢风筒噪声外泄和使外形美观化，采用100mm厚彩钢夹芯板作挡板，将其固定于出风消声器钢结构框架四周，形成一个封闭的隔声围护结构。隔声围护结构长×宽×高约为11600mm×11600mm×3800mm。

实例1：特大型机力冷却塔安装出风消声器后外形照片及消声单元照片，如图4所示。

图4 出风消声器及消声单元照片

3.4 大型隔声吸声屏障（实例 2）

上海某丙烯酸有限公司冷却塔经论证，在北厂界砖砌围墙的内侧与大型冷却塔之间设置一道大型隔声吸声屏障，使噪声监测点位于声屏障的声影区内。该型声屏障长 120m，高 7.0m，最近处距冷却塔约 6.5m，冷却塔大型隔声吸声屏障断面图及用料如图 5 所示。

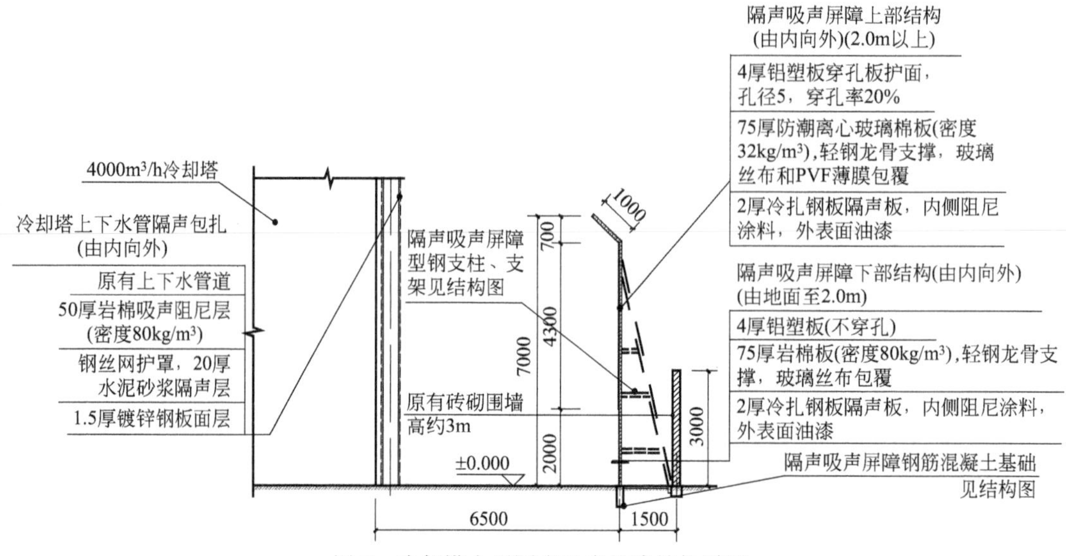

图 5　冷却塔大型隔声吸声屏障结构详图

4　冷却塔噪声治理效果

实例 1：南通某纤维有限公司冷却塔噪声综合治理前后的声级变化即降噪效果列于表 1。

实例 2：上海某丙烯酸有限公司设置大型隔声吸声屏障后，冷却塔噪声对北厂界的影响也列于表 1。

经治理，实例 1 对东厂界和居民住宅处的影响，按规定进行背景噪声影响修正后，昼夜均达到 3 类区标准规定，已通过验收。实例 2 在北厂界处的噪声已由治理前的 76.5dB(A) 降为 58dB(A) 左右，符合设计要求，昼间达到了 3 类区标准规定。隔声吸声屏障在声影区内降噪量约为 18dB(A)，正待验收。

表 1　冷却塔噪声治理前后同一点的实测值

实例	序号	测点位置	未治理前/dB(A)	治理后/dB(A)	降噪效果/dB(A)
实例 1	1-1	单台 3500t/h 冷却塔上部出风口处	85	72	13
	1-2	两台冷却塔之间平台处(风筒外侧)	80	70	10
	1-3	冷却塔风机电动机处(隔声罩内外)	86	72	14
	1-4	东厂界处只开四期工程 4 台冷却塔	61	56.2	4.8
	1-5	东厂界外居民住宅处(背景噪声 55dB(A)	60.3	56	4.3

续表

实例	序号	测点位置	未治理前/dB(A)	治理后/dB(A)	降噪效果/dB(A)
实例 2	2-1	2 台 4000t/h 冷却塔(西北侧)下部进风口对应的北厂界处(声屏障外)	76	56.5	19.5
	2-2	2 台 1900t/h 冷却塔(东北侧)下部进风口对应的北厂界处(声屏障外)	76.5	58	18.5

【参考文献】

[1] 马大猷．噪声与振动控制工程手册［M］．北京：机械工业出版社，2002.

[2] 吕玉恒，等．微穿孔板消声器应用于大型冷却塔噪声治理［J］．噪声与振动控制（增刊），2005，11：254-257.

[3] 吕玉恒，王庭佛．噪声与振动控制设备选用手册［M］．北京：机械工业出版社，1999.

本文 2009 年刊登于《全国第十一届噪声学术会议论文集》

（参与本文编写的还有本院冯苗锋、黄青青）

降噪防尘移动作业室的设计、研究和应用

摘　要： 可移动、可拆卸的降噪防尘移动作业室，在道路及管线施工现场具有隔声、降噪、防尘功能，可实现由“文明工地”向“环保型”工地发展的需要。通过市场调查、测试分析、多次改进而设计研究成功的移动作业室已通过产品鉴定并成功应用于许多工地，极大地改善了工地周围居民的生活环境，取得了较好的社会、环境、经济效益。

关键词： 降噪　防尘　移动作业　可拆卸

1　前言

建筑工地文明施工，已经是社会的普遍要求，“文明工地”正进一步向“环保型”工地发展。随着开发建设步伐的加快，施工现场（特别是道路开挖）的噪声及粉尘污染对周围居民的影响这一矛盾已日益突出。以上海为例，环境噪声污染的投诉已占环保部门每年收到的投诉总量的48%，其中由于管线夜间施工的噪声投诉占到60%以上。解决施工噪声和粉尘污染已引起各级政府部门的重视。据介绍，2006年全国环境污染治理投资为2402.8亿元，其中城市环境基础设施建设投资1314.3亿元；工业污染源治理投资492.7亿元；新建项目“三同时”环保投资595.8亿元。2006年，环境污染治理投资占国内生产总值的1.15%。

上海电力系统为确保上海电网安全运行和市民、企事业单位用电，正在加大电网建设力度，改善电网结构，进一步提高电网供电能力。这就要求电力部门对各变、配电站进行改造和扩容，同时还有大量架空线入地工程的实施。上述工程的施工现场都会进行开挖道路、敷设电缆，而施工现场往往又都与居民相隔很近，施工时所产生的噪声以及粉尘等污染已经成为亟待解决的问题之一。为此，2006年上海市电力公司科技立项，由上海市电力公司市区供电公司和上海腾隆（集团）有限公司共同研究开发了“降噪防尘移动作业室”（以下简称：作业室）。

市场调查表明：目前国内外施工使用的先进的低噪声风动或电动施工机具如风铲、风镐、电钻、凿洞机等在作业状态下噪声为100～120dB(A)。若环境要求夜间≤50dB(A)，则必须降噪50dB(A)以上或施工场地离开敏感目标在300m以上，这是比较困难的。国内风动或电动工具研究单位也对施工机具采取了不少降噪措施，但无突破性进展。国内部分施工单位在作业场所的周围设置固定式隔声屏障、隔声挡板、护栏或护罩等，有一定的降噪作用，但效果不明显。因此，通过利用现有降噪、防尘等技术，首先研制适用于电力系统的作业室，进而推广到其他行业，以适应建设工程发展和环境保护相结合的需要。

2　降噪防尘移动作业室的研究设计

2.1　作业室的设计要求

① 作业室应具有降噪防尘两种功能。

② 作业室可快速装拆，转移方便，以适应施工现场要求。

③ 作业室的总体尺寸控制在长×宽×高为4000mm×2500mm×2200mm，面积约$10m^2$，以适应道路施工及移动需要。

④ 作业室的质量应<1.2t，分解后可以用载重2t卡车运输到现场，无道路限高限制。

⑤ 4位工人30min内可在现场安装完毕，装卸和拼装作业室无须吊车等设备。

⑥ 为满足施工现场不同管线长度的要求，作业室可实现单元与单元之间按长度方向连接接长。

2.2 作业室的隔声设计

无论是白色路面还是黑色路面开挖时，作业室降噪功能应满足夜间道路施工的作业要求，其隔声量应大于20dB。

降噪防尘作业室隔声构件若用单层匀质板材，其隔声量R可计算如下：

$$R = 20\lg \frac{\pi P_A f}{\rho c} \text{(dB)} \tag{1}$$

式中 P_A——隔声板单位面积质量（kg/m^2，1mm厚钢板$P_A=7.8$，1.0mm铝板$P_A=2.6$）；

f——入射声波频率（Hz）；

ρ——空气密度（kg/m^3，一般为1.2）；

c——声波在空气中的传播速度（m/s，一般为340）。

本作业室隔声板采用多层复合结构，其平均隔声量$\overline{R}$可估算如下：

$$\overline{R} = 18\lg(P_{A1}+P_{A2}) + 8 + \Delta TL \text{（当} P_{A1}+P_{A2} > 100kg/m^2 \text{时）(dB)} \tag{2}$$

$$\overline{R} = 13.5\lg(P_{A1}+P_{A2}) + 13 + \Delta TL \text{（当} P_{A1}+P_{A2} < 100kg/m^2 \text{时）(dB)} \tag{3}$$

式中 P_{A1}，P_{A2}——双层结构的面质量（kg/m^2）；

ΔTL——附加隔声量（dB）。

隔声构件的隔声量可以通过计算求得，也可以通过实验室实测给出。一般1.0mm厚钢板平均隔声量为27.9dB，低频250Hz以下隔声量为20dB左右，中频500～1000Hz，隔声量为25dB左右，1000Hz以上的高频隔声量>30dB。1.0mm厚铝板平均隔声量为20.5dB，低频隔声量只有10dB左右，中频15dB，高频25dB左右。

本设计采用1.0mm厚彩钢板+阻尼材料+50mm厚防潮离心玻璃棉吸声材料（密度为$32kg/m^3$）+0.7mm厚穿孔彩钢板护面，其综合隔声量经计算和类比调查，平均隔声量>30dB。

2.3 作业室吸声材料选用

为降低封闭空间内的混响时间，进一步降低作业室噪声对内对外的影响，隔声构件的内侧应进行吸声处理。

一般吸声处理前后的声级差ΔL（dB）可估算如下：

$$\Delta L = 10\lg \frac{\overline{\alpha}_2}{\overline{\alpha}_1} = 10\lg \frac{R_2}{R_1} = 10\lg \frac{T(60)_1}{T(60)_2} \text{(dB)} \tag{4}$$

式中　$\overline{\alpha}_1$，$\overline{\alpha}_2$——吸声处理前后室内平均吸声系数；

R_1，R_2——吸声处理前后室内房间常数（m^2）；

$T(60)_1$，$T(60)_2$——吸声处理前后室内混响时间（s）。

$$R=\frac{S\overline{\alpha}}{1-\overline{\alpha}}(m^2) \tag{5}$$

$$T(60)=0.163V/A=0.163V/S\overline{\alpha}(s) \tag{6}$$

式中　S——房间总表面面积（m^2）；

V——房间体积（m^3）；

A——房间吸声量（m^2）。

本设计选用50mm厚防潮离心玻璃棉板贴实，密度为32kg/m^3，其平均吸声系数$\overline{\alpha}=0.78$，详见表1。中高频吸声性能优良。

表1　50mm厚防潮离心玻璃棉吸声性能（密度32kg/m^3贴实）

频率/Hz	125	250	500	1000	2000	4000	平均吸声系数$\overline{\alpha}$
吸声系数α	0.24	0.63	0.91	0.97	0.98	0.99	0.78

防潮离心玻璃棉吸声性能稳定，不怕潮湿，回弹性好，不刺手。

针对作业室内风镐产生的噪声频谱特性系以中高频为主，而本设计确定的隔声构件材料、结构，所选用的吸声材料等也是以隔离或吸收中高频声音为主，很有针对性，故降噪效果优良。

2.4　作业室的防尘设计

用隔声吸声板拼装而成的作业室，本身就形成了一个半封闭的空间，对外界就起了防尘的作用，减小了施工粉尘对外界的影响。在作业室内还配备了喷淋装置，有效地降低了作业室内粉尘浓度，保护了作业人员的职业健康与安全。

2.5　作业室的结构设计

作业室的透视图及照片如图1、图2所示。

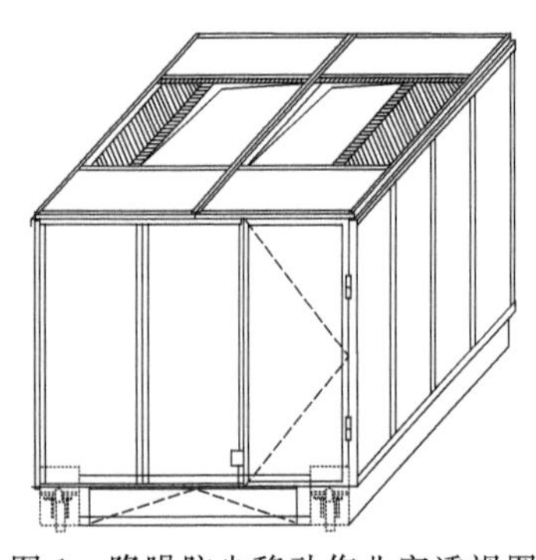

图1　降噪防尘移动作业室透视图

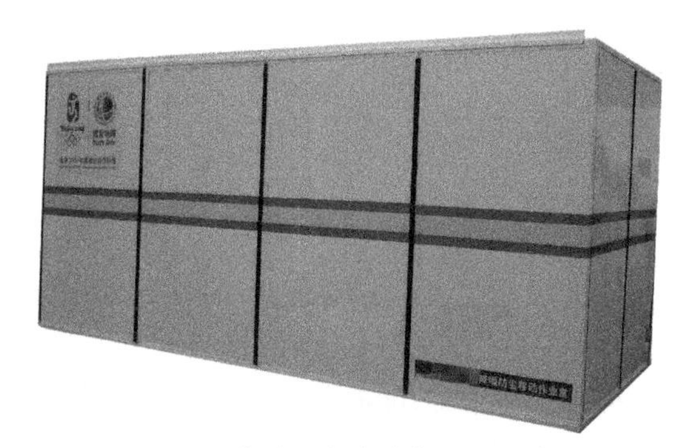

图2　降噪防尘移动作业室照片

作业室采用框架结构和插入式快速连接方式，由框架体、隔声围护件、移动滚轮和专用配件、附件组成。

框架体由底架、立柱和顶架组成，详见图 3。框架体采用插接、铰链和销钉螺栓连为一体，快捷简便又牢靠。

底架外形尺寸长×宽×高为 4000mm×2500mm×335mm，立柱高 1850mm，顶架外形尺寸长×宽×高为 4000mm×2500mm×60mm。顶棚半封闭，由两块斜面隔声吸声板拼装而成。

整个作业室由 20 件隔声围护板块组成，其中墙面 13 块，顶面 4 块，隔声门 1 块，斜面 2 块。

作业室底部移动滚轮 4 个，其中 2 个是万向轮，可固定在 45°、90°、135°三个位置，移动定向十分方便，并可起到刹车作用。

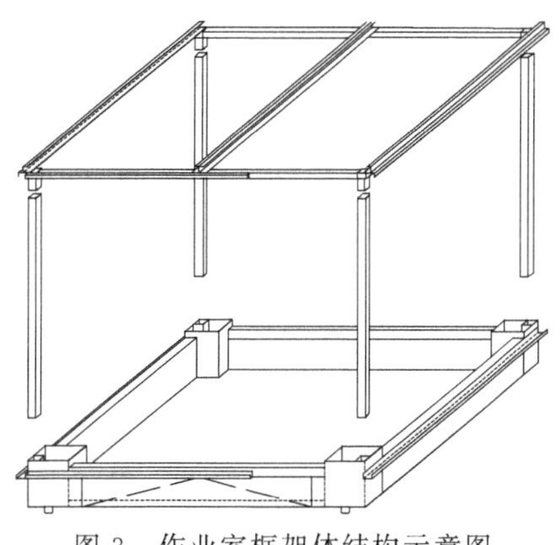

图 3　作业室框架体结构示意图

3　降噪防尘作业的实测效果

道路开挖常见的有白色路面和黑色路面两种，在这两种路面上使用降噪防尘作业室的实际效果，由上海市环境监测部门进行了现场实测。

3.1　隔声效果

作业室内风镐在开凿白色路面时室内噪声为 105.5dB(A)，室外 1.0m 处为 84.1dB(A)；作业室内风镐在开凿黑色路面时，室内噪声为 105.3dB(A)，室外 1.0m 处为 83.2dB(A)。作业室内外声级差，即现场隔声效果都在 21dB(A) 以上，详见表 2。

表 2　作业室降噪效果实测值

序号	设备名称（工作情况）	测点位置	实测结果		备注
			A 声级	C 声级	
1	风镐(白色路面)	作业室内	105.5	107.7	—
2	风镐(白色路面)	作业室外	84.1	89.5	作业室外 1.0m
3	风镐(黑色路面)	作业室内	105.3	106.9	—
4	风镐(黑色路面)	作业室外	83.2	89.3	作业室外 1.0m
5	空压机	室外	73.1	86.8	距空压机 1.0m
6	柴油发电机	室外	79.7	89.4	距柴油发电机 1.0m

由于风镐是由空压机带动的，现场实测时空压机又是由柴油发电机组带动的，因此对空压机和柴油发电机组的噪声也同时进行了测定，实测效果也列于表 2。空压机和柴油发电机组尽量远离作业室，以减小对作业室实测效果的影响。为了解其频率特性，测试了 A、C 声级。

3.2 降尘效果

按国家标准 GB 5748—1985《作业场所空气粉尘测定方法》规定，对作业室不同工况下空气粉尘浓度进行了测定，其降尘效果列于表 3。采样点在作业室外 1.0m，离地高 1.0m，施工点在作业室内，分淋水和不淋水两种工况。本底情况取施工现场作业室外一般环境。

表 3 作业室降尘效果实测值

序号	测试工况	测点位置	粉尘浓度/(mg/m^3)
1	本底(无施工)室外一般空气	作业室外 1.0m	0.4
2	室外施工,无淋水,作业室外空气	作业室外	69.7
3	室内施工,无淋水,作业室内空气	作业室内	147.7
4	室内施工,无淋水,作业室外空气	作业室外	0.4
5	室内施工,淋水,作业室内空气	作业室内	8.8
6	室内施工,淋水,作业室外空气	作业室外	0.4
7	国家标准规定允许浓度≤10mg/m^3		

实测结果表明，施工作业时产生的扬尘已被有效地限制在作业室内，对外部环境基本无影响。作业室内已配备了喷水装置，在淋水时粉尘大幅度降低，基本达到国家标准规定。同时在作业室内工作的人员要求佩戴耳塞和口罩等劳动保护用品，有效地降低粉尘和噪声影响。

4 结语和展望

从 2007 年 5 月起，降噪防尘移动作业室已在上海中心城区多条管线施工现场进行了试点应用，受到使用单位和附近居民的欢迎，达到了预期目标。

2007 年 7 月，由上海市电力公司、上海市建设管理办公室、上海市道路监察办、上海市环保局、上海市疾病控制中心、上海市环保协会等部门的专家组成的新产品鉴定委员会对“降噪防尘移动作业室”进行了鉴定，鉴定结论是：降噪防尘移动作业室具有良好的降噪、防尘性能，产品结构采用模块化设计，运输方便、现场装配快速、移动性好，适用于电力等管线局部施工场所。该产品属国内首创，同意通过产品鉴定，同时建议进一步完善产品结构和性能，扩大产品系列规格和使用范围，满足市场需求。

产品鉴定会之后，根据使用情况，又继续开发了适用于常规路面开挖、人行道路面开挖和电缆排管开挖等系列产品；同时，在使用材料上创新发展，开发出新型轻质材料，在满足原有降噪效果和牢固程度的基础上，作业室质量可减少到原来的 60%，进一步提高了产品的使用灵活性和美观程度。

上海市建委、市环保局等部门正考虑出台相关政策规定，积极推动在道路管线施工中使用降噪防尘措施。因此该项成果具有广阔的市场前景，社会效益、环境效益和经济效益显著。

【参考文献】

[1] GB 5748—1985. 作业场所空气中粉尘测定方法 [S].

[2] GB J87—85. 工业企业噪声控制设计规范 [S].

[3] 国家环境保护总局. 中国环境状况公报 [R]. 2006.

[4] 李太山. 城市环境空气中颗粒物污染特征分析 [C]. 上海环境科学，2000.

[5] 吕玉恒. 噪声与振动控制设备及材料选用手册 [M]. 北京：机械工业出版社，1999.

本文2015年刊登于《全国噪声学术会议论文集》

(参与本文编写的还有上海腾隆公司俞志锋、曹之芩，上海电力公司张峥、刘国强等)

第4章
工业噪声综合治理

电信数据楼空调外机噪声治理设计

摘　要： 本文以电信的3幢数据楼几百台空调外机降噪为例，通过对噪声源源强调研和测试，借助于Cadna/A软件进行噪声预测分析，将各空调外机噪声对周边环境的影响和不同运行工况噪声影响差异对比在软件中进行了模拟预测，得到了有关的噪声影响预测分析结论意见，在此基础上提出了针对性的降噪措施，达到了降低噪声的同时又改善通风散热的目的，可供同类型工程参考。

关键词： 数据楼　空调外机　噪声治理

1　前言

电信数据楼内往往布置有多个数据处理机房，这些机房空气调节方式一般采用分体式专用空调机组。机房数量越多，空调数量也相应增加。

各数据处理机房的空调外机一般布置在大楼屋面或外墙立面上，虽然单台空调外机噪声一般对环境影响相对有限，但当空调外机数量较多时，就容易产生较大的噪声污染问题。本文以某信息园区3幢数据楼空调外机噪声治理为工程实例，介绍电信数据楼空调外机的噪声治理技术。

2　数据楼和空调外机概况

该3幢数据楼位于某电信信息园区内，沿园区北厂界一字排列，与园区北厂界围墙相距约为22m和44m，数据楼北面正对有一新建住宅小区。该小区是一个由多幢高层住宅楼(18F)和别墅组成的中高端楼盘，其中高层住宅楼与数据楼的最近距离约为154m，别墅与数据楼的最近距离约为107m，具体布置见图1。

3幢数据楼长×宽×高约为60m×60m×16.8m，其中a楼和b楼的南立面和北立面均设有空调外机平台，而c楼仅南面有空调外机平台，所有空调外机平台宽度均约为2.5m。空调外机外平台按照楼层分为上下3层，层高约为5m，每层之间设有钢格栅以使气流相通。外平台的外墙为铝百叶通风幕墙，其余三侧墙均为砌块墙体，空调外机的进风和排风通过该铝百叶通风幕墙和顶部的钢格栅进出。

各数据楼的空调外机平台上布置有多台空调室外机组，有数据机房专用空调外机，如阿特拉斯、海洛斯机组，也有为大楼办公室所配制的VRV空调机组等。空调室外平台处的空调外机安装情况（未治理前）如图2所示。3幢数据楼的空调外机布置情况见表1。a楼空调外机计129台，b楼计116台，c楼计52台，总计297台。

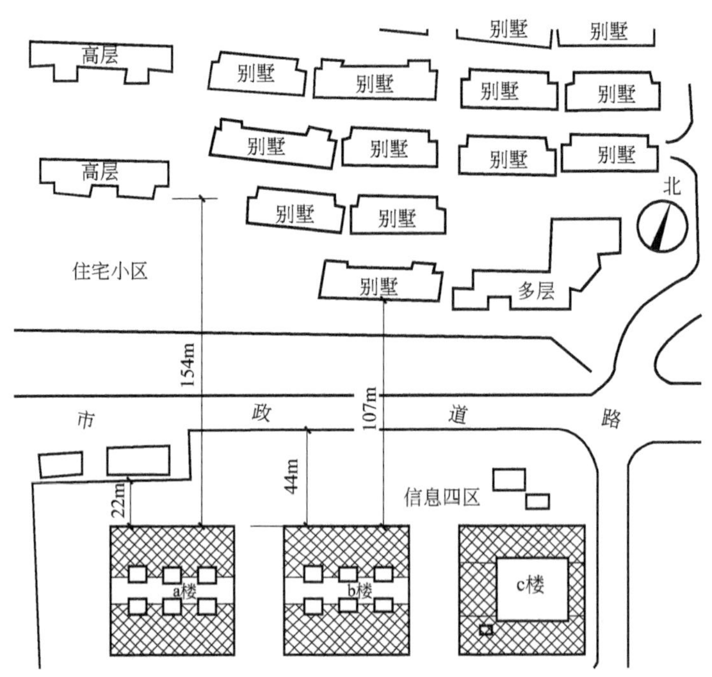

图1　数据楼与住宅小区的平面示意图

图2　a楼北侧外平台空调外机布置现状

表1　数据楼原有空调外机布置情况　　台（组）

楼名＼楼层	一层		二层		三层		屋面	合计
	北立面	南立面	北立面	南立面	北立面	南立面		
a楼	24	17	29	17	22	20	无	129
b楼	22	24	8	17	17	24	4	116
c楼	无	18	无	无	无	无	34	52

3　噪声控制指标

按规定，本地区为声环境功能区 2 类区，要求 a 楼、b 楼和 c 楼的空调外机噪声对北侧居民住宅楼的影响昼夜均符合《声环境质量标准》[1] 2 类功能区的要求，即噪声对住宅楼的影响昼间 $L_{eq} \leqslant 60$dB(A)，夜间 $L_{eq} \leqslant 50$dB(A)。对信息园区北厂界的影响昼夜均符合《工业企业厂界环境噪声排放标准》[2] 2 类功能区的要求，即噪声对厂界的影响昼间 $L_{eq} \leqslant 60$dB(A)，夜间 $L_{eq} \leqslant 50$dB(A)。

4　噪声源的源强及传播影响分析

4.1　噪声源强

本项目空调外机的噪声主要包括侧面的进风带噪声和排风机噪声[3]，a 楼的各类型空调外机噪声见表 2，厂界及居民住宅处的夜间噪声测试数据见图 3。

表 2　a 楼部分空调外机噪声测试数据

楼层		设备名称	声压级/dB(A)		
			排风口	幕墙外	进风口
一层	北侧	阿特拉斯	82.2	79.4	81.0
		大金 RY125DQY3C	66.3	64.5	—
		大金 RYZ50KMYIL	74.9	71.2	73.0
	南侧	阿特拉斯	—	77.0	—
		大金 RY125DQY3C 9	75.0	71.0	73.5
二层	北侧	阿特拉斯	79.5	74.3	83.3
		阿特拉斯	82.5	75.6	81.6
		大金 RY125DQY3C	68.7	66.5	—
		海洛斯	75.1	71	—
	南侧	海洛斯	76.7	73	—
			77.1	72	—
三层	北侧	阿特拉斯	71.4	67.4	—
		大金 RY125DQY3C	65.0	63.0	—
		海洛斯	75.6	71.5	78.0
	南侧	Liebert	70.0	67.9	69.2
			74.1	68.0	—
		大金 RHXYQ16PY1	75.4	—	—

4.2　噪声传播影响分析

本项目空调外机数量众多，声源源强差异性较大，又分布在不同数据楼的不同楼层或屋

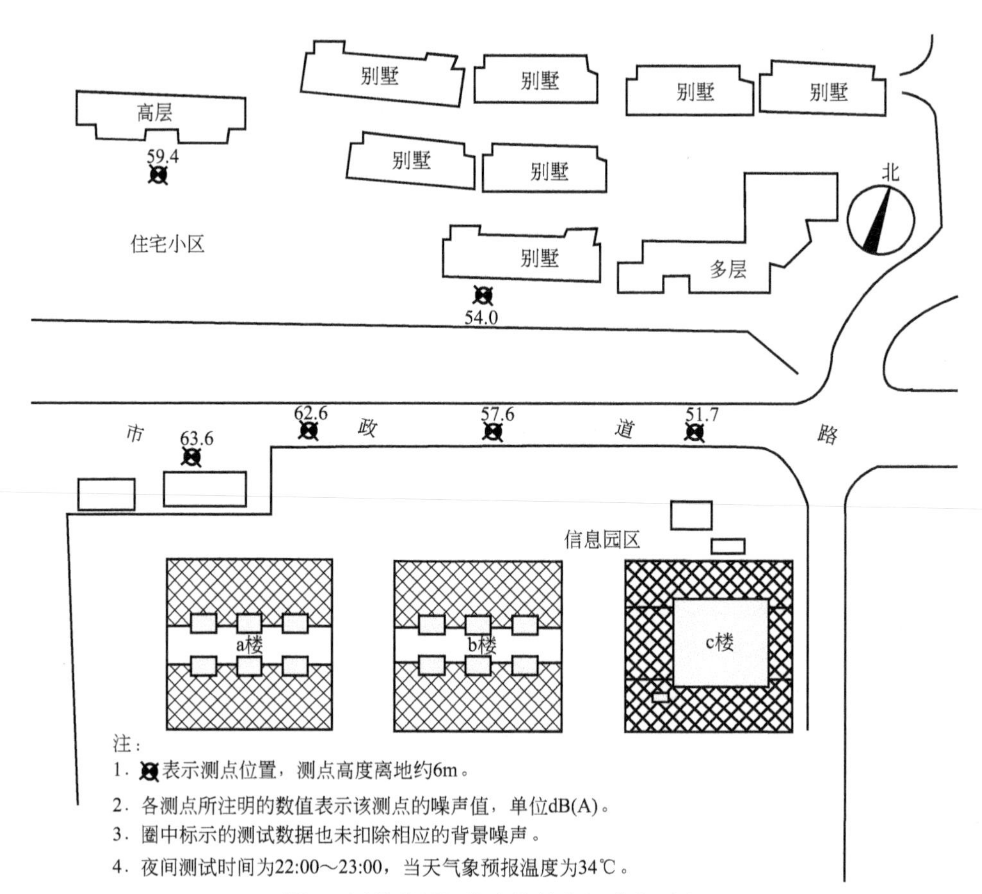

图 3　厂界及居民住宅处的夜间噪声测试

面，声源有直接朝向居民区（北侧外平台和屋面），也有背离居民区（南侧外平台），并且对于同一设备而言其噪声高低起伏变化具有周期性的特征，很难进行人工计算分析。为此，本项目采用了 Cadna/A 软件进行预测分析噪声传播影响情况，主要分 4 种运行工况进行预测：①3 幢数据楼的所有空调外机全部运行；②仅 a 楼、b 楼北侧立面的空调外机运行，3 幢楼的南侧立面和屋面空调外机不运行；③3 幢楼南侧立面的空调外机运行，北侧立面和屋面的空调外机不运行；④仅 3 幢楼屋面的空调外机运行，两侧立面的空调外机设备不运行。对上述 4 种工况分别进行预测分析，分析结论如下：

① 总体来看，各数据楼空调室外机组噪声对居民住宅楼的影响随住宅楼高度不同而有所不同。与数据楼最近的高层住宅楼 40m 高度处噪声约为 53dB(A)，与数据楼最近的别墅 8m 高度噪声约为 54dB(A)，按《声环境质量标准》2 类区考量，夜间分别超标 3dB(A) 和 4dB(A)，昼间达标。

② 最近处的高层住宅楼从底层往上，随着楼层的增高，噪声级逐渐增大，到达 15 层时，基本不再增加；最近处的别墅从 1 层至 3 层噪声级逐渐增大。与 2 类区夜间标准限值相比，最近处的高层住宅楼从底层至顶层均有不同程度的噪声超标，第 15 层噪声级预测值为 55.2dB(A)，夜间超标 5.2dB(A)。与 2 类区夜间标准限值相比，最近处的别墅从底层至顶层均有不同程度的噪声超标，噪声达到最大值的楼层为第 3 层，最大噪声级预测值 53.7dB(A)，夜间超标 3.7dB(A)。

③ 各数据楼空调室外机组噪声对北厂界的传播影响自西向东呈逐步降低的趋势。北厂界西部正对 a 楼噪声为 61～65dB(A)，北厂界中部正对 b 楼噪声在 56～60dB(A)，北厂界东部正对 c 楼噪声在 50～55dB(A)，北厂界按《工业企业厂界环境噪声排放标准》2 类区考量，昼夜均有所超标。

④ 在通风幕墙外，a 楼的南立面和北立面的噪声较 b 楼均要高出 3～5dB(A)，c 楼北立面通风幕墙外的噪声主要来自 b 楼的影响。a 楼和 b 楼南立面的空调外机噪声绕射至北立面处已低于 50dB(A)，并且 a 楼和 b 楼对最近处的别墅影响值要大于最近处的高层住宅楼。a 楼和 b 楼北立面的空调外机噪声较 c 楼的屋面空调外机对北侧居民楼的影响要大。

⑤ 根据对北面住宅小区的噪声传播影响程度来分析，噪声影响从大到小依次为：3 幢数据楼北立面的空调外机噪声影响大于屋面的空调外机噪声，屋面的空调外机噪声影响大于南立面的空调外机噪声。

⑥ a 楼、b 楼北立面的空调外机噪声是引起北侧住宅小区夜间噪声超标的主要原因，应重点对其采取噪声控制措施，同时也要对 c 楼屋面的空调外机采取适当的降噪措施，对于 3 幢楼南立面的空调室外机组暂可不采取降噪措施。

5 噪声控制设计

5.1 噪声控制难度分析

本项目虽然对单个空调外机而言噪声源强不是太高，3 幢数据楼的空调外机噪声对居民的影响超标也不多，但由于受设备数量、噪声差异、通风散热和围护结构空间等因素限制，主要存在以下技术难度：

① 空调外机数量众多，共有 297 台，而且噪声差异性较大，需对这些噪声差异的设备采取不同的降噪措施，并且昼夜的总体噪声传播影响程度差异不大。

② 空调外机安装区域的外平台空间狭窄，还有维修巡视的工艺需要，降噪措施的安装空间受限制较大。

③ 空调外机安装区域主要靠单侧的通风幕墙进行通风散热，大部分机组是水平向外排风，由于设备布置密集及空间狭长，存在着一些进风和排风的短路问题，对热工系统影响较大，因此降噪措施还需兼顾该现状，尽量不加重这种不利因素。

④ 通风幕墙有质量的限制，并要校核结构的承载。

⑤ 各空调外机中低频声压级均较高，而且伴随气流噪声，隔声、消声效果有限。

各降噪措施应以不影响数据楼正常安全运营为前提。

5.2 噪声治理技术措施

(1) a 楼的噪声治理措施

首先将北侧外平台的大部分空调外机搬至屋面，并更新部分机组（选用低噪声空调外机），留在北侧外平台的机组进行适当移机，使机组布置尽量分散，同时将机组的排风从原水平出风改为向上出风。待空调外机搬迁、更新后，北立面室外平台处各噪声大的室外机组的排风口加排风消声器和消声弯头（见图 4），机组的东侧、西侧、北侧用单面隔声吸声屏

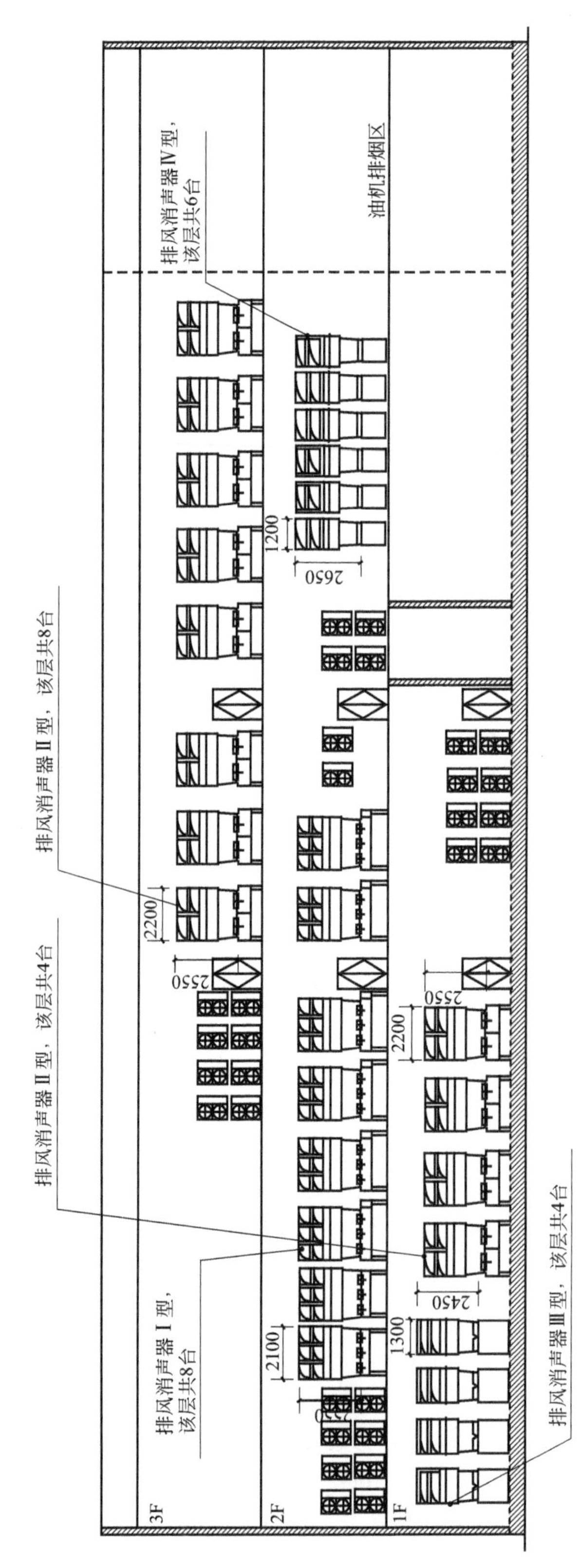

图 4　a楼北立面室外平台空调外机消声器布置图

障或通风消声窗围隔，其他集中布置的多台空调外机区域的北侧加装通风消声窗墙体，降低机组进风口噪声向外传播的强度，同时在空调外机正对的墙面进行吸声处理。屋面处的各空调室外机排风口加排风消声器，机组安装区域设置单面吸声隔声屏障和双面吸声隔声屏障，每台机组进风正对的地坪面上铺设吸声结构，北侧和东侧女儿墙的内侧安装吸声结构，详见图 5。表 3 为 a 楼空调外机设备搬迁、更新情况汇总。

表 3　a 楼空调外机设备搬迁、更新情况汇总

楼层	原始位置	搬迁位置	数量	备注
1F	1F 夹层	1F 楼面	4 台	
	1F 楼面	原楼层	2 组	更新
	1F 楼面	2F 楼面	4 组	
	1F 风井	2F 楼面	6 台	
2F	2F 楼面	屋面北侧第一排	1 组	
	2F 楼面	屋面北侧第一排	2 组	更新
	2F 楼面	屋面北侧第二排	4 组	更新
	2F 楼面	屋面北侧第二排	8 组	
3F	3F 楼面	原楼层	4 组	更新
	3F 楼面	屋面北侧第一排	3 组	更新
	3F 楼面	屋面北侧第一排	7 组	
	3F 楼面	原楼层平移 7m	8 台	

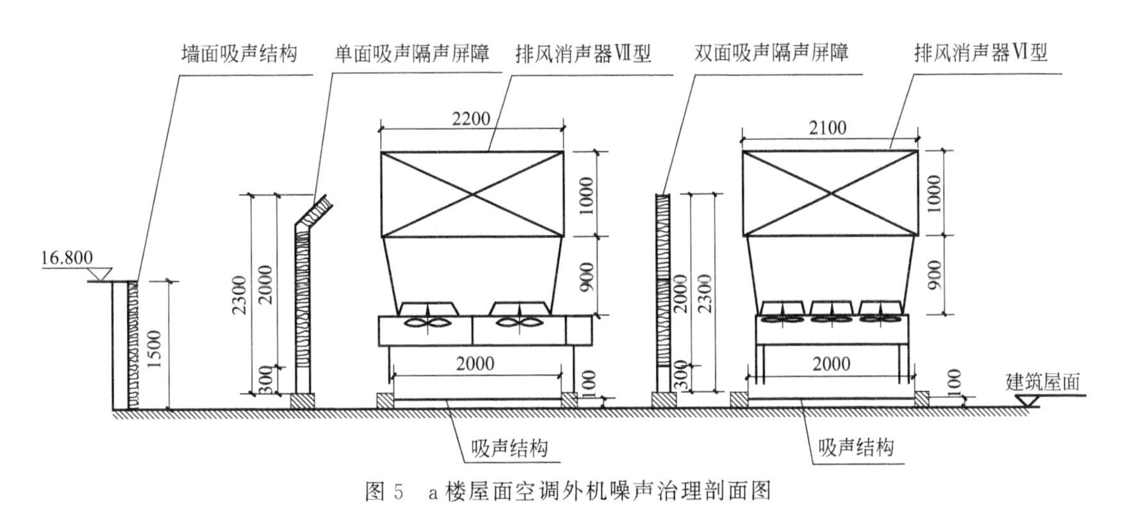

图 5　a 楼屋面空调外机噪声治理剖面图

（2）b 楼的噪声治理措施

基本同 a 楼（本文略）。

（3）c 楼的噪声治理措施

在各空调外机布置区域的北侧加装隔声吸声屏障。隔声吸声屏障净高 2.5m，向机组侧斜伸 0.5m，弯直后的高度为 2.66m，部分声屏障的底部 0.3m 敞开不设隔声吸声屏体，用于进风。

6 噪声治理效果预测

对 3 幢数据楼采取所有既定的噪声治理措施后，各空调外机噪声对居民楼的影响基本低于 46dB(A)（贡献值），满足《声环境质量标准》2 类区标准限值要求；如果叠加居民楼处的环境背景噪声［计 49.0dB(A)］后，居民楼窗外 1m 处的噪声基本在 49～50dB(A)（预测值）之间；对园区北厂界处基本满足《工业企业厂界环境噪声排放标准》2 类区标准限值要求。

7 后语

本文以某电信信息园区的 3 幢数据楼为例，根据空调外机的噪声源强、传播影响特性和超标情况，采取搬迁、更换空调外机和风机消声、机组安装隔声屏障的综合性降噪措施，既实现项目厂界和居民区双达标，又改善原有空调外机热工性能，实现了一举两得的目的，可作为类似工程参考。

【参考文献】

［1］ GB 3096—2008. 声环境质量标准［S］.
［2］ GB 13248—2008. 工业企业厂界环境噪声排放标准［S］.
［3］ 马大猷. 噪声与振动控制工程手册［M］. 北京：机械工业出版社，2002.

本文 2015 年刊登于《噪声与振动控制》增刊
（参与本文编写的还有本院冯苗锋、陈梅清、黄青青等）

上海带锯厂冲床上楼噪声控制设计

1 概述

冲床一般均置于底层，有时因场地限制而将冲床布置在楼层上。上海带锯厂新建冲床车间就是将25台不同吨位的冲床置于抛光车间二楼。该厂是以生产带锯、手板锯、木工锯为主的专业厂，其中木工锯产品占全国的60%。厂址原在上海市普陀路。因设备拥挤、厂房简陋，周围又系居民住宅，生产过程中产生的磨抛粉尘、热处理油烟，尤其是强烈的噪声污染，使200余户居民直接受害，厂群矛盾非常尖锐，被上海市列为中心城区必须“拔点”的工厂，并作为1990年市政府为人民办实事的内容之一。该厂新址在上海市西侧泸定路。周围虽然没有居民住宅，但冲床噪声高达100dB(A)，对操作者危害十分严重。再加上冲床置于二楼，必须进行噪声与振动综合治理。

通过设计、施工，安装隔声、吸声、隔振等构件，使噪声得到有效控制，经环保和卫生防疫部门测试，冲床车间噪声低于90dB(A)，已通过上海市组织的竣工验收。

2 冲床布置及噪声污染

上海带锯厂新冲床车间生产设备均系老车间设备搬迁。为控制新冲床车间噪声，首先对冲床设备及原车间噪声进行了测试分析。冲床车间共有10种型号25台设备，开齿机、冲齿机、拔齿机、冲孔机、双头冲、切头打孔机等均由冲床改装。各型设备规格、数量及噪声频谱列于表1。8t2″开齿机单台噪声高达99.5dB(A)，当设备正常运行时，老车间内噪声为98dB(A)，系宽频带噪声，从250～4000Hz，声级均在90dB以上。

新冲床车间设备布置图详见图1。

表1 冲床车间及其噪声级

编号	设备名称	台数	A声级/dB	C声级/dB	倍频程中心频率/Hz								
					31.5	63	125	250	500	1000	2000	4000	8000
1	8t2″开齿机	2	99.5	99.5	75	83	88	88	89	94	93	94	90
2	6.3t冲齿机	6	97	97	75	74	81	89	88	94	92	89	85
3	6.3t冲齿机(木工锯)	4	98	98	76	84	86	89	92	94	91	89	86
4	5t拔齿机	1	85	84	69	72	75	74	80	80	75	72	71
5	5t冲齿机	1	—	—	—	—	—	—	—	—	—	—	—
6	3t×2双头冲	2	93	96	—	—	—	—	—	—	—	—	—
7	10t冲孔机	2	114	(脉冲)	—	—	—	—	—	—	—	—	—
8	8t切头打孔机	2	—	—	—	—	—	—	—	—	—	—	—

续表

编号	设备名称	台数	A声级/dB	C声级/dB	倍频程中心频率/Hz								
					31.5	63	125	250	500	1000	2000	4000	8000
9	剪板机	2	99.5	(脉冲)	—	—	—	—	—	—	—	—	—
10	砂轮机	3	95	96	—	—	—	—	—	—	—	—	—
11	老冲床车间噪声(设备正常运行,车间中部)	—	98	99	80	86	89	92	93	93	90	92	87

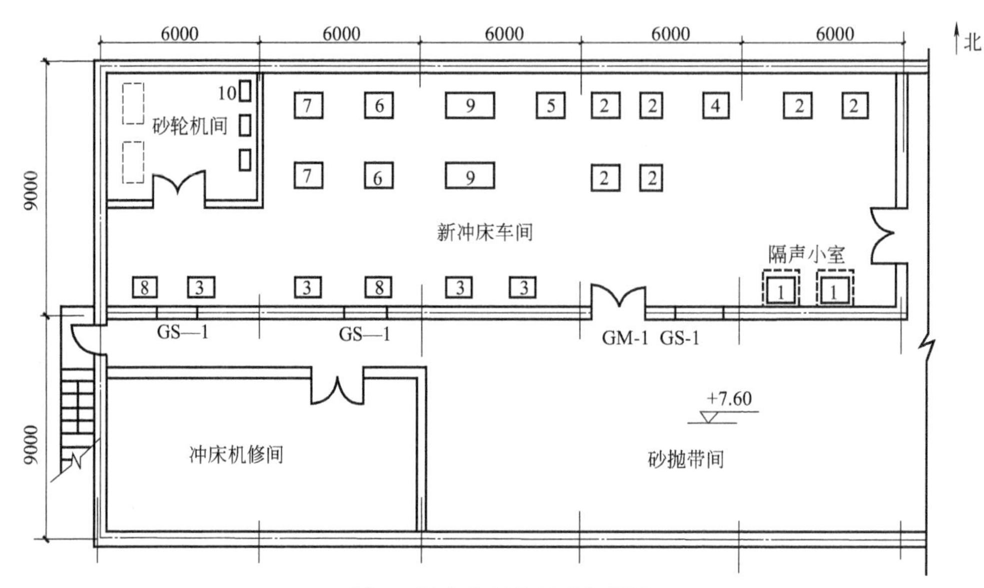

图1　新冲床车间平面布置图

3　主要技术措施设计计算

3.1　FC板轻型复合隔声墙

为减小冲床噪声对同层其他车间的影响，在该车间东侧和南侧用FC板轻型复合隔声墙隔断。隔声墙下部（高900mm）用120mm厚砖砌筑，两面抹灰，隔声墙中部（高1200mm）采用双层FC板面层，内部为轻钢龙骨并填装岩棉板构成的轻型复合隔声结构；隔声墙上部采用外隔内吸式轻型结构，外表面为8mm厚FC板，内侧为4mm厚酚醛树脂穿孔纤维板，内填用玻璃丝布袋装裹的离心玻璃棉毡，构成复合隔声结构。详见图2。

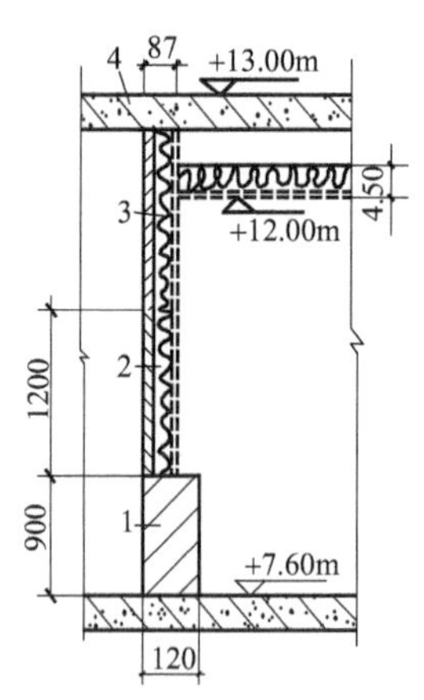

图2　轻型复合隔声墙及吸声吊顶详图

1—120mm厚砖墙，两面抹灰刷涂料；2—双层FC板隔声墙结构、8mm厚FC板，C75型轻钢龙骨支撑，75mm厚岩棉板或离心玻璃棉毡下脚料，4mm厚FC板，表面涂料；3—外隔内吸式隔声墙结构、8mm厚FC板，C75型轻钢龙骨支撑，75mm厚离心玻璃棉毡（容重25kg/m^3），4mm厚酚醛树脂穿孔纤维板（$P=20\%$），背面贴一层玻璃丝布，表面涂料；4—吸声吊顶结构：三楼钢筋混凝土现浇楼板，空腔，T20型轻钢龙骨（不上人），50mm厚超细玻璃棉毡（容重30kg/m^3），4mm厚酚醛树脂穿孔纤维板，背面贴一层玻璃丝布，表面涂料

本设计采用了4种国产新型隔声吸声材料。

FC板——高压水泥压力板，防火，防潮，

成型好，强度高，便于施工，是江苏吴江新型建筑材料厂新产品。

离心玻璃棉毡——用离心法生产的新型吸声保温材料，防火，防潮，防霉，防蛀，容重轻，弹性好，吸声性能优良，不刺手，是上海平板玻璃厂的新产品。

岩棉板——用玄武岩为原料生产的新型保温吸声材料，防火，防霉，成型好，保温与吸声性能优良，价格便宜，是安徽铜陵岩棉厂的新产品。

酚醛树脂穿孔纤维板——是经过特殊处理的纤维板，冲制通孔，穿孔率大于18%，有各种图案，防潮，不变形，装饰效果好，符合防火规范要求，由上海奉贤柘林环保设备厂生产。

轻型复合隔声墙现场实测其综合隔声减噪量（内外声级差）为18dB(A)。

3.2 隔声门、隔声窗

南侧和东侧隔声墙上各安装一个GM-1型钢木结构隔声门，在南侧墙上还安装三个GS-1型可开启式隔声采光窗。

隔声门窗的隔声量与轻型复合隔声墙基本相当。

3.3 吸声降噪

新车间为钢筋混凝土结构，水磨石地坪，大块玻璃窗，现浇混凝土楼板，反射较强。为此，进行了吸声降噪计算并采取了相应措施。老车间也系钢筋混凝土结构，未做吸声处理，治理前车间噪声以此为参考。吸声降噪计算详见表2，频谱变化详见图3。

表2 冲床车间吸声降噪计算表

序号	名称	A声级/dB	倍频程中心频率/Hz						
			125	250	500	1000	2000	4000	8000
			α Sα	α Sα	α Sα	α Sα	α Sα	α Sα	α Sα
一	新冲床车间原有吸声量	—	—	—	—	—	—	—	—
1	顶棚(钢筋混凝土)270m^2	—	0.01 2.7	0.01 2.7	0.02 5.4	0.02 5.4	0.02 5.4	0.03 8.1	—
2	地坪(水磨石)270m^2	—	0.01 2.7	0.01 2.7	0.01 2.7	0.02 5.4	0.02 5.4	0.02 5.4	—
3	墙面(砖墙粉刷)337m^2	—	0.02 6.7	0.03 10.1	0.04 13.5	0.04 13.5	0.05 16.9	0.05 16.9	—
4	玻璃窗 84m^2	—	0.35 29.4	0.25 21	0.18 15.1	0.12 10.1	0.02 1.7	0.04 3.4	—
	原有吸声量小计 $ZS_1\alpha_1$	—	41.5	36.5	36.7	34.4	29.4	33.8	—
二	新冲床车间吸声处理后吸声量	—	—	—	—	—	—	—	—
1	吸声顶棚 270m^2	—	0.25 67.5	0.47 126.9	0.81 218.7	0.99 267.3	0.82 221.4	0.95 256.5	—
2	部分吸声墙面 113m^2	—	0.25 28.3	0.23 26	0.64 72.3	0.91 102.8	0.81 91.5	0.88 99.4	—

续表

序号	名称	A声级/dB	倍频程中心频率/Hz						
			125	250	500	1000	2000	4000	8000
			α Sα	α Sα	α Sα	α Sα	α Sα	α Sα	α Sα
二	新冲床车间吸声处理后吸声量	—	—	—	—	—	—	—	—
3	墙面(砖墙粉刷,FC板)224m^2	—	0.02 4.5	0.03 6.7	0.04 9.0	0.04 9.0	0.05 11.2	0.05 11.2	—
	现有吸声量小计(包括地坪、玻璃窗)$\sum S_2\alpha_2$	—	132.4	183.3	317.8	394.6	331.2	375.9	—
三	计算吸声降噪量 $\Delta L=10\lg\frac{\sum S_2\alpha_2}{\sum S_1\alpha_1}$(dB)	—	5	7	9.3	10.5	10.5	10.4	—
四	实测原冲床车间噪声级/dB	96	88	90	92	92	88	89	85
五	实测新冲床车间噪声级/dB	89	83.5	80.5	83	81	80	79	77
六	冲床车间实测降噪量/dB	7	4.5	9.5	9	11	8	10	8

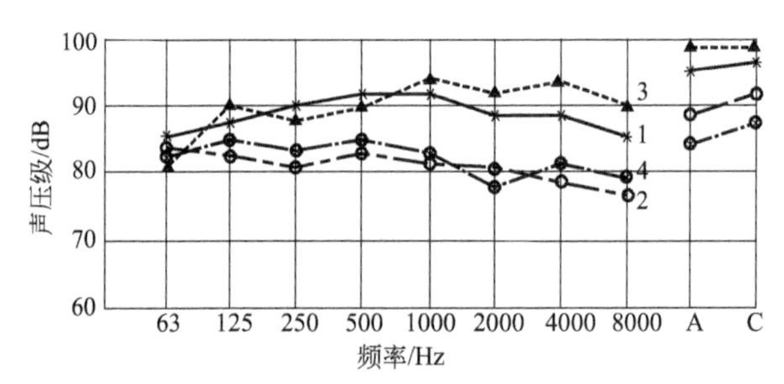

图3 冲床车间噪声治理前后变化及隔声小室内外声级差

1—老车间（未治理）；2—新车间（治理后）；3—隔声小室内（开齿机开）；4—隔声小室外（开齿机开）

在设计过程中，对新车间的吸声降噪量进行了反复计算，适当增加了新筑南墙和东墙的吸声量。实测各频带吸声降噪量与计算吸声降噪量基本相同，符合设计要求。总的吸声降噪效果为7dB(A)。

3.4 隔振

冲床上楼后其冲击性固体传声十分严重，它不仅影响楼上楼下及同层其他车间，而且会提高冲床车间本身的噪声级。为此，针对不同吨位的冲床选择了不同型号规格的隔振器和隔振垫，详见表3。图4所示为8t2″开齿机隔振器安装示意图。

表3 各类冲床所用的隔振器

设备名称	台数	SD型橡胶隔振垫(双层)/个	I-F-1A型或DJ1-2型隔振器/个	纺织机械减振器/个
8t2″开齿机	2	2×4=8	2×4=8	2×1=2
6.3t冲齿机	6	—	6×4=24	6×1=6
6.3t冲齿机(木工锯)	4	—	4×4=16	4×1=4

注：①其他13台设备均采用SD型，每台4～6个，共56个。

②SD型橡胶隔振垫每块85mm×85mm×20mm，中间夹铁板。

③I-F-1A冲床隔振器每只ϕ120mm×50mm，螺栓为M10。

④DJ1-2型碟形减振器每只ϕ112mm×64mm，螺栓为M10。

⑤纺织机械减振器每块148mm×80mm×53mm，中间螺孔现场配钻。

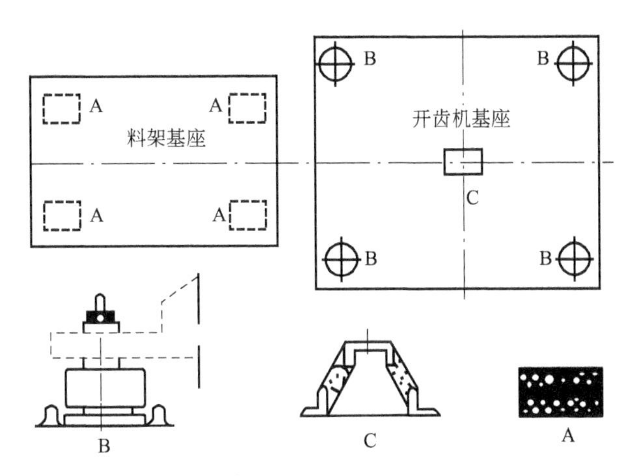

图4　8t2″开齿机隔振器安装示意图

A—SD型橡胶隔振垫（双层）；B—I-F-1A冲床隔振器或DJ1-2型碟形隔振器；C—纺织机械减振器

为解决冲床因受水平方向力干扰而移位的问题，在纺织机械减振器上加压板，压于冲床基脚之上。在压板和基脚之间再垫装一层SD型橡胶隔振垫。采取上述隔振措施后振动及固体传声明显降低，正常运行时，实测正对冲床车间楼下仓库内的噪声级为76dB(A)、88dB(C)。

3.5　隔声小室

冲床车间两台8t2″开齿机噪声最高，单台开动为99.5dB(A)，故单独设计了两个隔声小室，将其围遮于内。隔声小室长×宽×高为1700mm×2100mm×2100mm，一边靠墙，采用钢木隔声结构，其外形如图5所示。

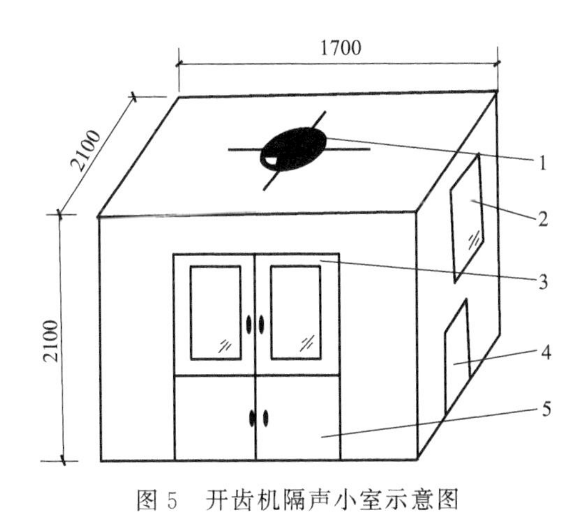

图5　开齿机隔声小室示意图

1—4号低噪声轴流排风机；2—隔声观察窗（两侧各一）；3—上部双扇隔声小门（设观察窗）；4—进出料口孔洞（两侧各一）；5—下部双扇隔声小门（检修用）

隔声小室采用外隔内吸式拼装结构，隔声板厚60mm，外表面为2mm厚钢板，内表面为0.8mm厚穿孔钢板（穿孔率20%），空腔内填装60mm厚离心玻璃棉毡，木挡支撑，预留进出料口孔洞，正面为上下双开隔声小门，三面留有玻璃观察窗，顶部安装4号低噪声轴流排风机 1 台，还有照明灯具等。

当两台开齿机同时开动时，实测隔声小室隔声降噪量（内外声级差）为 11.5dB(A)，其频带隔声量如图 3 所示。

4 效果与评价

采取上述综合治理措施后，新冲床车间全部开机其噪声经普陀区卫生防疫站监测，车间西部为 86.5dB(A)，东部为 89dB(A)，中部为 90dB(A)。车间噪声平均为 88.5dB(A)，比老冲床车间 98dB(A) 降低了 9.5dB(A)

单个隔声小室隔声减噪量（内外声级差）为 16dB(A)。

本文 1991 年刊登于《造船工业建设》第 3 期

水泥厂噪声及其治理

一般水泥厂有两大污染源，一是粉尘，二是噪声。据福建省56家水泥厂统计，其中82.3%的设备其噪声均超过GBJ 87—1985《工业企业噪声控制设计规范》所规定的90dB(A)的标准要求，它不仅直接危害操作者，而且给周围环境带来严重的噪声污染。

水泥厂主要噪声源来自各类球磨机、鼓风机、破碎机、空压机、搅拌机、提升机械、振动槽以及气锤、带锯等。水泥厂噪声的特点是：

第一，水泥厂设备均系大型或重型设备，其噪声声级高，分布面广。

第二，噪声频带宽，中低频声较强。例如，原料磨（球磨机）在1000Hz以下声级均在95dB以上，反击式破碎机峰值频率在125Hz，声级高达105dB，等等。

第三，噪声污染面大，治理难度高。水泥厂生产设备一般很大且笨重，厂房多数是敞开结构，设备检修频繁，因此，无论是从声源上还是在传播途径上控制其噪声都很难。

本文侧重介绍水泥厂球磨机、鼓风机、空压机等噪声治理的措施及效果，对于车间控制室或值班室的噪声控制也略加阐述。

1 球磨机噪声治理

球磨机是水泥厂的主要生产设备。球磨机噪声主要来源于球磨机滚筒内金属球和筒壁以及被加工物之间的相互撞击，属机械噪声。整个球磨机是一个发声体，系整体噪声源，呈立体分布。有些球磨机噪声高达120dB(A)（测距1.0m）。对于这样庞大的噪声源，从设备本身来控制是较难的。目前常用的方法是：加装橡胶衬板、隔振、阻尼减振和隔声等。

(1) 球磨机筒体加装橡胶衬板

球磨机筒体内是一层锰钢衬板，为减小钢球和筒体碰撞而产生的冲击性噪声，将锰钢衬板更换为橡胶衬板，使金属间的撞击变成金属球和橡胶之间的撞击，可大大降低噪声。采取这种措施对球磨机改造之后，产量不受影响，噪声降低幅度较大。但这种改造工作量较大，费用也高，且需停产施工，因此，对正在使用的球磨机推广这种治理方法就受到一定限制，而在制造新的球磨机时，采用这种措施则是降低其噪声的有效途径之一。

(2) 隔振、阻尼减振

在滚筒的内表面与内衬之间铺放弹性层可以减轻球磨机外壳振动辐射的噪声，降噪效果可达10～15dB(A)。弹性层材料可采用工业用耐热橡皮片。由于球磨机内被磨碎材料的温度较高，为了使橡皮片不受过热影响而老化，可在球磨机内衬与软橡皮片之间再铺放一层10～15mm厚的工业毛毡。这种隔振措施是行之有效的。

在球磨机外壁表面涂上阻尼材料，也可以取得10dB(A)左右的降噪效果。由于球磨机不停地转动，金属球对滚筒冲击很大，阻尼材料和筒壁要贴得很牢，这在工艺上是有一定困难的。另外，由于在运行中滚筒温度较高，阻尼材料抗高温性能一般较差，致使这种方法在使用上也受到一定限制。

（3）隔声包扎

在球磨机的外表面紧贴一层橡胶，再加一层玻璃棉或工业毛毡，最外面再包上金属外套，用卡箍紧紧地把它们压在球磨机罐体上。采用这种隔声包扎措施，可降噪10～15dB(A)。这种方法的缺点是增加了球磨机运转中的负荷，给维修也带来一定的不便。

（4）隔声降噪

目前最常用的也是最有效的方法是对球磨机加装隔声罩或设置隔声室。

用隔声罩将整个球磨机罩起来，这种方法加工起来简单可靠，降噪效果好，但缺点是占地面积较大，用料多，费用高，往往受到工作场地的限制，设备检修也较麻烦。

北京耐火材料厂粉碎车间使用的ϕ1.5m×5.7m球磨机，1979年设计安装了一个整体隔声罩，经多年使用和复验，该隔声罩性能优良，隔声降噪30dB(A)，较好地解决了散热问题，操作维修也较方便。该隔声罩分为5段，上半部分制成半径为1.6m的圆弧形，下半部分为长方形。每段由角钢焊成500mm见方的网状骨架，上面铺焊2.5mm厚钢板，作为隔声板壁，钢板内侧涂敷5号沥青掺加石棉绒的阻尼浆，沥青与石棉绒的质量比为5∶2。最后将吸声层用焊接在角钢上的螺栓固定在罩子内侧，吸声层采用50mm厚超细玻璃棉，容重30kg/m^3，平均吸声系数大于0.6。隔声罩下半部分开设两个人孔，作为观察窗，凡接缝处注意了密封，不漏声。为解决隔声罩密封后的通风散热问题，在罩子的端部接一通风管道，利用设备除尘系统的多余风量进行通风散热，从而保证了传动齿轮处于正常工作状态。

山东胶南水泥厂有3台ϕ1.83m×6.4m大型球磨机，采用通风隔声罩后，单机噪声由103～105dB(A)降为85dB(A)，3台球磨机同时运行时车间内平均噪声级降为90dB(A)。隔声罩外侧隔声板壁为2.5mm厚钢板，内侧涂沥青石棉绒阻尼层（沥青与石棉绒质量比为5∶1），吸声材料为55mm厚岩棉板，用玻璃丝布袋装裹，内侧用4目/时铁丝网护面。实测隔声罩的隔声量为22.5dB(A)。沥青石棉绒阻尼层不仅抑制了吻合效应，而且减小了高价共振，改善了低频隔声效果。鉴于水泥生产中要求熟料粉磨温度不得超过110℃，故球磨机加装隔声罩后，采取了强力机械通风及淋水等降温措施。利用隔声罩基部地下消声通道进风，风道长10m左右。在隔声道顶部装有6m长的排气管道，由设在二楼的离心通风机排风。在隔声罩顶部下侧与球磨机之间加装有冷却水淋水管，向球磨机筒体外表面淋水降温。

小型球磨机一般可采用隔声罩把整机罩起来，效果很好。

在采取隔声罩方法控制球磨机噪声时应因地制宜，可用金属隔声板拼装隔声罩，也可采取土建结构隔声室。例如，杭州华丰造纸厂综合车间1号水泥球磨机，用砖墙砌筑隔声室，效果也很好。该隔声室长×宽×高约为8.3m×7m×4.5m，双层门窗，墙四周内壁钉装一层吸声软板，屋架下弦安装吸声板平顶。隔声室投入使用后，在球磨机1.0m处噪声级为106.5dB(A)，在隔声室外噪声级为72.5dB(A)，降噪34dB(A)。

2 鼓风机噪声治理

水泥厂使用的风机种类繁多，风机噪声主要是气流噪声、机械噪声以及其振动激发的二次噪声，应按不同情况采取不同措施来治理其噪声。一般来说，可概括为加装消声器及综合治理两种情况。

(1) 采用消声器降低气流噪声

鼓风机噪声以进气口和排气口辐射的空气动力性噪声为最强，因此，应首先在进排气管道上加装消声器。目前多数是阻性消声器，可按风机型号来选用相应的消声器。国内不少消声器生产厂家或噪声控制设备厂可提供各类风机消声器系列产品，由用户按要求选用。因安装位置限制或经费等原因，现在多数是自行设计和制造风机消声器。

广州水泥厂立窑车间有3台风机，一台为罗茨200，一台为罗茨250，一台为9号叶氏鼓风机（备用）。其噪声主要由安全阀和放风阀部位发出，将分散的放风阀和安全阀集中于楼顶上，共用一只迷宫式消声器，消声器呈长方形，长×宽×高约为4000mm×2000mm×1400mm，消声器内安装吸声尖劈，交错排列出200mm×800mm气流通道，采用矿渣棉吸声材料，楼面和消声器之间垫一层4～6mm沥青隔离层，减少振动。消声器安装就绪后，实测风机噪声由111dB(A)降为89dB(A)，消声22dB(A)，效果十分满意。

辽宁省金县水泥厂生产水泥熟料配用的D60×90-250/3500罗茨风机，用消声器降噪。为了提高低频消声效果，在进风口和进风消声器之间自行设计了一个两室两次扩张式消声室。经测定，在操作位置噪声由112dB(A)降为79dB(A)。

(2) 鼓风机噪声综合治理

鼓风机除安装消声器外，还要采取隔声、吸声、阻尼减振、隔声包扎等多项措施进行综合治理。对于小型鼓风机组，若整个机组都密闭在隔声罩内，同时采取安装消声器、机组隔振、罩内壁吸声等措施，可以收到很好的降噪效果。但应注意鼓风机进气口的位置问题以及鼓风机配用电动机的散热问题。往往需要另加进风消声器和散热小风机。

3　水泥厂空压机噪声治理

水泥厂所用空压机多数是采用综合治理措施来控制其噪声。

江南水泥厂矿山风泵间有2台5L-40/8空压机，其进气口噪声为93dB(A)，电动机噪声为90dB(A)。在进气口安装了空压机进气消声器，空压机房四壁和顶棚进行了吸声处理，门窗进行了隔声处理，专门设置了一间值班室。经治理，空压机进气口噪声由93dB(A)降为78dB(A)，值班室内噪声为61.5dB(A)。

4　设置专门的隔声值班室或休息室

鉴于水泥厂噪声设备数量多，体形庞大笨重，影响面广，有时对每台噪声源均进行治理不太经济或不太可能，此时，可采取“闹中取静”的措施，设置专门的隔声值班室或休息室。

总之，水泥厂的噪声是比较严重的，对于正在使用的高噪声设备应逐步加以治理；对于新建水泥厂则应从总图布置、设备选型、工艺流程、厂房构造等多方面采取综合治理措施，力争达到GBJ 87—1985《工业企业噪声控制设计规范》以及GB 12348—1990《工业企业厂界噪声标准》规定的要求。

本文1992年刊登于《建材标准化与质量管理》第3期

（参与本文编写的还有福建省劳动保护科学研究所陈锦灿，江苏省江南水泥厂闻爱英）

悬挂于窗外的大型隔声屏障的设计与效果

1 前言

在噪声源和接收者之间设置隔声屏障是噪声控制的常规措施之一，多数隔声屏障是落地式的。但在某些特殊场所，如噪声源位置高，接收者位置低；噪声源和接收者均离地面有一定高度；噪声源本身是高温物体，车间门窗必须开启并利用车间与隔声屏障之间的空腔散热；噪声源本身散发蒸汽需要利用隔声屏障形成排风通道；利用隔声屏障进行室外装潢等。这样，隔声屏障需要离开地面悬空安装。作者通过实际设计、施工及测试，介绍三个工程实例。

2 隔声屏障隔声减噪量估算

隔声屏障是利用声波的反射原理，把高频声反射回声源，从而在屏障后面形成一个“声影区”，使人们感到噪声有明显的降低。隔声屏障声衰减值与下列 4 个因素有关：

① 声波波长 λ。波长短，隔声效果好；波长长，可绕射过隔声屏障继续传播，隔声效果差。250Hz 以下的低频声，波长均大于 1.4m，声衰减值较低。

② 隔声屏障实际高度 H。高度越高，声衰减值越大，隔声效果越好。

③ 声波转向接收者的角度 θ。θ 角越大，隔声效果越好。

④ 隔声屏障本身的隔声量。隔声屏障所选用的材料和结构本身必须具有 20dB 以上的隔声量，同时，隔声屏障朝向声源一侧若能适当加装吸声结构，隔声屏障隔声效果会更好。

对于线声源来说，隔声屏障插入损失 ΔL 可估算如下：

$$\Delta L=10\lg\frac{\sqrt{b^2-a^2}\,\varphi_1}{2\lambda}-10\lg\tanh^{-1}\frac{\sqrt{b^2-a^2}\tan\frac{\varphi_1}{2}}{a+b} \tag{1}$$

式中

$$a=3\lambda$$

$$b=10\left[\frac{h_1^2}{d_1}+\frac{h_1-h_2^2}{d_2}-\frac{h_2^2}{d_1+d_2}\right]$$

d_1——噪声源与隔声屏障之间的距离；

d_2——接收者与隔声屏障之间的距离；

h_1——隔声屏障离开地面的高度；

h_2——接收者离开地面的高度；

φ_1——线声源中点和接收点连线与线声源上某点和接收点连线之间的夹角。

悬挂于窗外的大型隔声屏障可参照上述估算方法进行设计计算。

3　上海第一制线厂生产大楼阳台外大型隔声屏障

上海第一制线厂生产大楼共 4 层，在距该大楼 4m 以外即三层楼居民住宅。隔声屏障立面图如图 1 所示。

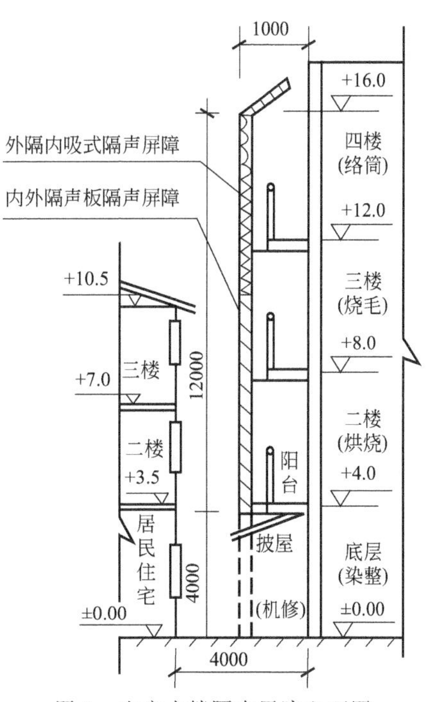

图 1　生产大楼隔声屏障立面图

未治理前，实测二楼烘烧车间内噪声为 85dB(A)，三楼烧毛车间内噪声为 90dB(A)，四楼络筒车间内噪声为 80dB(A)。工艺要求上述车间应开窗生产，一般情况下，上述车间噪声传至本大楼南阳台外侧为 80dB(A)，系中高频噪声，传至居民住宅三楼北窗外 1.0m 处深夜噪声为 68dB(A)，超标 13dB(A)。

将三楼烧毛车间噪声作为线声源，居民住宅三楼北窗处作为接收点，隔声屏障置于大楼南阳台外侧。线声源声级按 80dB(A)，接收处按 55dB(A) 考虑，估计到噪声源距离衰减（－5dB）和隔声屏障声绕射（＋7dB）等因素，隔声屏障的插入损失为 80－55－5＋7＝22dB，代入式(1) 进行反复验算，并取 $d_1=2.0$m，$d_2=4.0$m，$h_1=4$m，$h_2=2$m，$\varphi_1=80°$，以 1000Hz（$\lambda=0.34$m）为例，计算得 $\Delta L=24$dB。

隔声屏障宽×高＝15m×12m，上部为“Γ”型雨棚，下部悬空于二楼阳台外侧，隔声屏障支撑骨架用 ϕ140mm 钢管及 L50mm×50mm 角钢焊接而成，并用 L50mm×50mm 与原生产大楼南墙及柱子相连接，以抗御台风影响。隔声屏障为轻型复合结构，总厚度为 87mm。外侧隔声板用 8mm 厚 FC 板钉装（每块规格 2.4m×1.2m)，内侧一部分为隔声板，用 4mm 厚 FC 板钉装，一部分为吸声板，用 4mm 厚穿孔 FC 板钉装穿孔率 20%，吸声板与隔声板之间填装 75mm 厚防潮离心玻璃棉毡，容重 20kg/m^3，用玻璃丝布包裹。内外隔声板之间为 75 号“Ⅱ”型轻钢龙骨，用抽芯铆钉将内外隔声板固定于轻钢龙骨上。吸声板面积为整个隔声屏障面积的 40%。隔声屏障节点详图如图 2 所示。

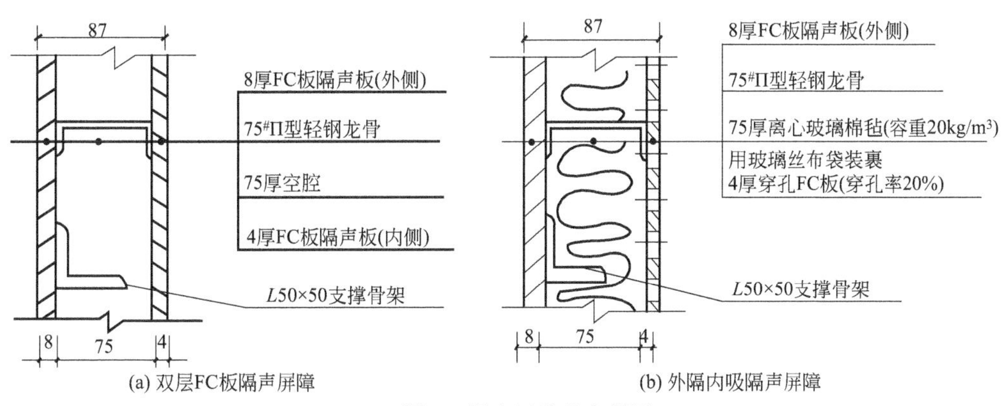

图 2　隔声屏障节点详图

隔声屏障施工结束后，经区环境监测站实测，居民住宅处深夜噪声由治理前的 68dB(A) 降为 54dB(A)，达到了二类混合区标准要求。

4 上海培德玻璃厂制瓶车间窗外大型隔声屏障

上海培德玻璃厂制瓶车间系二层楼建筑，底层为风机房、料仓、堆场等，二楼为玻璃烘炉及制瓶机等生产设备，为高温车间，车间长×宽＝60m×24m，底层高 4m，二楼高 8m。车间有通风散热需求，要求二楼南墙上 6 个大型玻璃窗必须常开启，其中 2 个窗宽×高＝4m×2.4m，4 个窗宽×高＝4m×1.5m。在距该车间南墙 15m 处即居民住宅，系平房，与车间南窗高差约 9m。制瓶车间内制瓶机噪声为 104dB(A)，玻璃熔炉噪声为 94dB(A)，车间内噪声传至南侧墙外为 82dB(A)，传至南侧居民住宅处为 67dB(A)，未治理前深夜超标 12dB(A)。制瓶车间大型隔声屏障平立面图如图 3 所示。

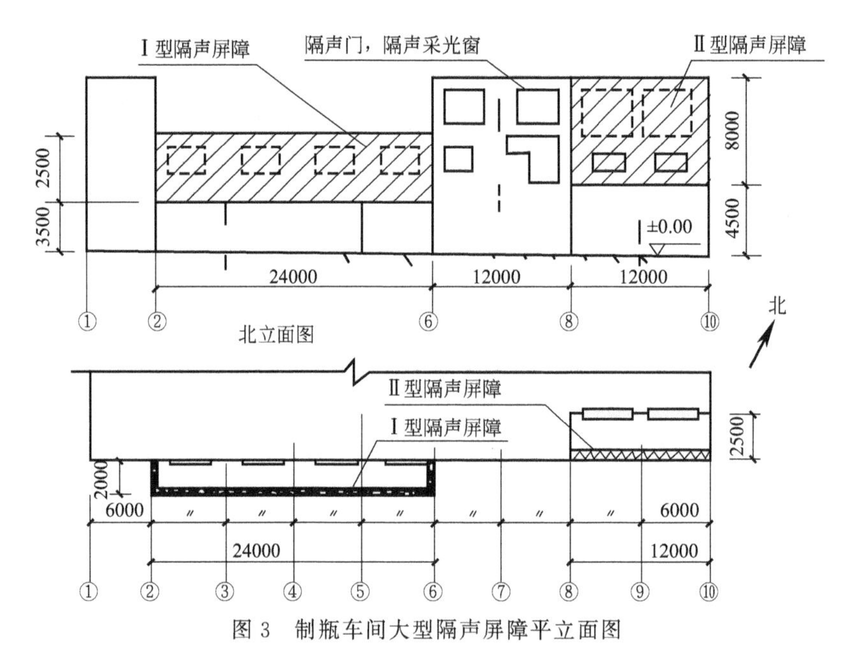

图 3 制瓶车间大型隔声屏障平立面图

在轴线②～⑥南窗外 2m 处安装Ⅰ型隔声屏障，该屏障宽×高＝24m×2.5m，在轴线⑧～⑩南窗外 2.5m 处安装Ⅱ型隔声屏障，该屏障宽×高＝12m×8m，在轴线⑥～⑧，由于该段已在车间内侧天桥处安装隔声挡板，车间南墙上门窗已安装隔声门和隔声采光窗，故该处不再在窗外设置隔声屏障。为使空气对流将车间热量带走，在隔声屏障下侧设置了两个进风消声器，消声器长×高×厚＝2m×1m×0.3m。

鉴于居民住宅低，声源位置高，隔声屏障与居民住宅之间夹角约 30°，隔声降噪量估算较复杂。再加上车间三角形屋顶为石棉瓦，西山墙挡风板也为石棉瓦，漏声部位较多，设计期望Ⅰ、Ⅱ型隔声屏障隔声降噪量为 10～12dB(A)。隔声屏障支撑骨架用 8# 槽钢和 L50×50 角钢焊接，与原车间南墙及柱子拉为一体，隔声屏障采用双层 FC 板加 C50 轻钢龙骨组成复合结构，外侧 FC 板厚 8mm，内侧 FC 板厚 6mm，隔声屏障总厚 64mm，构造节点与图 2 基本相同。

隔声屏障竣工后实测居民住宅深夜噪声为 57dB(A)。

5 上海啤酒厂灌装车间三、四楼窗外悬空安装大型隔声屏障

上海啤酒厂生产大楼长×宽×高=32m×31m×30m，系 5 层楼建筑。三楼灌装车间是从意大利引进的灌装线，噪声为 86dB(A)，四楼灌装车间是从保加利亚引进的灌装线，噪声为 93dB(A)。车间噪声传至西侧窗外为 80dB(A)，在车间西侧 10m 处即大片居民住宅区，多数为二层楼建筑，居民住宅处深夜噪声为 64dB(A)，主要是中低频噪声，本地区属二类混合区，深夜超标 9dB(A)。原灌装车间三、四楼西窗为大块双层钢窗，西窗上部安装有轴流排风机及消声器，西窗关闭后在居民住宅处深夜噪声曾降为 60dB(A)。由于车间内灌装啤酒时有蒸气泄出，需将蒸气排至室外，原双层钢窗大部分开启，致使居民住宅处噪声超标较多，当爆瓶时居民住宅处噪声高达 70dB(A)。灌装车间三、四楼窗外 1.0m 处悬空安装的隔声屏障如图 4 所示。隔声屏障长×高=29m×13.2m，隔声屏障底部离地高 8.5m。

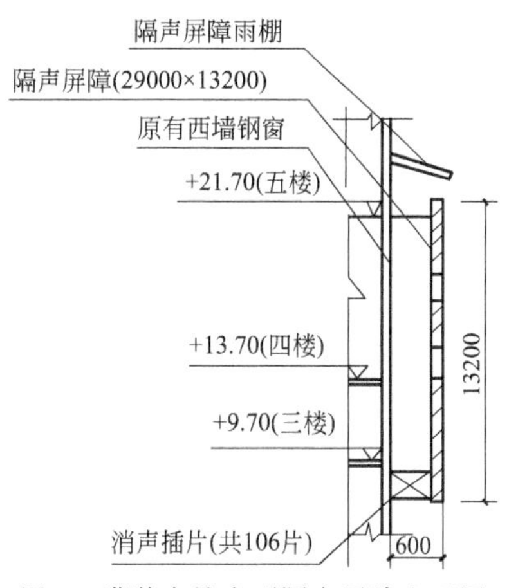

图 4 灌装车间大型隔声屏障立面图

隔声屏障由 12# 槽钢和 L50mm×50mm 角钢焊成支撑框架，通过 M16 胀锚螺栓将其悬空固定于生产大楼钢筋混凝土柱子和西墙上。隔声屏障内外侧均为 6mm 厚 FC 板，中间为 C75 轻钢龙骨，在该屏障上开设 20 个双层玻璃隔声采光窗，每个隔声采光窗宽×高=1.2m×1.2m。在隔声屏障下端与生产大楼西墙之间吊挂消声片，构成一个阻性消声器，以利车间通风散热，吊挂消声片范围为长×宽=29m×1.2m，每个消声片宽×高×厚=0.6m×0.7m×0.1m，片间距离 0.15m，斜挂，共 106 片，消声片面层为 PVC 穿孔板，穿孔率 20%，消声片内填装离心玻璃棉毡（防潮，容重 20kg/m^3），用玻璃丝布袋装裹。隔声屏障上端设置石棉瓦雨棚，雨棚宽 1.2m。

工程竣工后实测居民住宅处深夜噪声由 64dB(A) 降为 57dB(A)。由于生产大楼固体传声严重，低频声很强，隔声屏障对低频声隔声效果较差，故目前仍超标 2dB(A)，拟在车间内采取吸声措施、在生产大楼北侧安装隔声屏障，力争深夜也达到二类混合区标准要求。

6 结语

悬挂于室外的大型隔声屏障在噪声控制工程中应用实例尚少，本文列举的 3 个例子虽然隔声降噪量较大，但理论研究和计算很不完善，凭经验估算，有时出入较大，拟开展这方面的应用研究。

室外悬空安装大型隔声屏障既要考虑其声学性能，又要考虑受风载荷及安装等因素，还要考虑防水、防潮、日晒、雨淋等影响其寿命问题，尤其是不同地区、不同高度的风载问题，应通过结构计算，采取牢靠稳定的措施。

本文 1993 年刊登于《噪声与振动控制》第 4 期

大型电站锅炉风机噪声原因分析及治理

摘　要： 本文分析了嘉兴发电厂二期锅炉侧风机噪声产生的原因，对二期锅炉侧风机噪声进行了综合整治，设备的进气处噪声采取安装消声器，未达到降噪标准的部分通过在发声设备外侧敷设吸声材料，通过吸声材料内耗衰减，在控制生产性噪声上已取得较好效果，建议该降噪方法在火力发电厂生产现场进行推广。

关键词： 声学　风机噪声　噪声控制

嘉兴发电厂二期工程 4 台 600MW 机组全部建成投产后，嘉电已经成为“长三角”地区重要的火力发电基地。嘉电二期工程生产现场普遍存在着噪声超标问题。高强度的噪声，不仅损害人的听觉，引起听力下降，而且对神经系统、消化系统、心血管系统等都有不同程度的影响。由于火电厂是一种连续的生产过程，因此，火电厂所产生的噪声也是连续的。公司领导非常重视噪声整治项目，为保护员工和周围居民的身心健康而进行噪声控制和治理。

1　嘉电二期锅炉侧风机噪声分析

嘉电二期工程 3#、4#、5#、6# 共 4 台 600MW 燃煤汽轮发电机组已投入商业运行，经噪声测试，北面厂界超标，发电设备多处噪声级也很高，对主要的生产环境有较大影响。

二期选用的风机都是大型的高压混流风机，风量大，压头高，装机功率大，其中一次风机的装机功率、压头更高。送风机及一次风机机体及管道的外形尺寸都很大，电动机安装在风机的外端进风口下面，用联轴器与风机轴连接，风机的进风口由弯头接至电动机的上方，并安装进风消声器。室外的空气经过进风消声器进入风机的机体，被高速旋转的叶轮推压至叶轮的前端，沿风管进入锅炉。由于送风机及一次风机都已安装进风消声器，风机的排风口与风管是密封连接的，进风排风的风动力噪声不会从进风排风口向外传播，在风机安装处的噪声主要是风机机体壁和风管壁辐射的噪声，是风机的风动力噪声或空气动力性噪声“透过”风机及风管壁向外辐射的噪声，同时还有电动机的电磁噪声、冷却风扇的噪声、风机电动机的联轴器噪声及轴承的旋转噪声等。空气动力性噪声是由电动机的冷却风扇旋转产生的空气压力脉动引起的气流噪声。

送风机及风管的体积较大，机体壁及风管壁展开面积很大，所辐射的噪声级较高，辐射噪声的声能总量较大。送风机及风管的附近噪声级在 100dB(A) 左右，一次风机风管壁近场的噪声级要接近 110dB(A)，风机的噪声呈现了中频偏低的频谱特性，频带较宽。风机的强噪声对厂区的环境影响较为严重，影响范围也比较大，是目前影响厂界环境超标的主要噪声源。根据现场实际情况，公司决定首先对 3 号炉侧风机进行噪声整治。

2　嘉电3号锅炉侧风机噪声的治理

当对噪声源采取措施后，噪声还未达到允许标准时，通过吸声、消声、隔声、隔振的办法，从传播途径的降噪措施来控制总体噪声效应和改善电厂员工的工作环境。经多方努力，首先对3号炉侧风机进行了噪声整治，并在控制生产性噪声上已取得一定成效，下面介绍一下3号炉侧风机噪声控制的一些具体做法。

2.1　送风机A、B的噪声控制

从噪声源分析可知，3号炉送风机A、B的噪声主要是送风机内部高强的风动力噪声透过送风机机壳及风管管壁向外辐射形成的噪声，可采取的降噪措施是对送风机机壳及风管进行隔声包扎，使噪声向外辐射的强度有所降低，即采用离心玻璃棉板＋岩棉板＋JNH吸声抹面料＋彩钢板的隔声包扎方法。

3号炉送风机A、B由上海鼓风机厂制造，风量：211.2m^3/s（BMCR），型号：FAF-26.6-14-1安装于锅炉房0米层平台。

对送风机噪声的控制，主要采用了隔声吸声技术，具体工艺如下：

① 风道上焊接钩钉，要求每平方米焊接10只直径为4mm、长为150mm的钩钉，这样能固定吸声材料。

② 本次3号炉侧送风机降噪采用第一层敷设50mm厚、容重为32kg/m^3的离心玻璃棉吸声材料，第二层敷设50mm厚、容重为100kg/m^3的岩棉，之后采用JNH吸声抹面料进行30mm厚的抹面，外护层选用彩钢板。离心玻璃棉（规格：1200mm×600mm×30mm，平均吸声系数为0.60）具有质轻、柔软、直径小、纤维长、安装时不太刺皮肤等优点，作为吸声材料在工程上得到广泛应用。

③ 施工工艺要求做到一层错缝，两层压缝，无空隙，表面平整，每层吸声材料要用压板固定并用铁丝网扎紧。

④ 铁丝网外用JNH吸声抹面料进行泥浆抹面，厚度不小于30mm，将铁丝网盖住，做到表面平整光滑，这样既能起到隔声作用，又有良好的防水作用。

⑤ 泥浆抹面以后再焊接4mm×4mm的角铁，以固定彩钢板，角铁的焊接质量影响到外护板的外观，要求其平整圆滑，安装彩钢板时要从下到上，搭接朝下，具有良好的防水性能，做到外观平整美观，如图1所示。

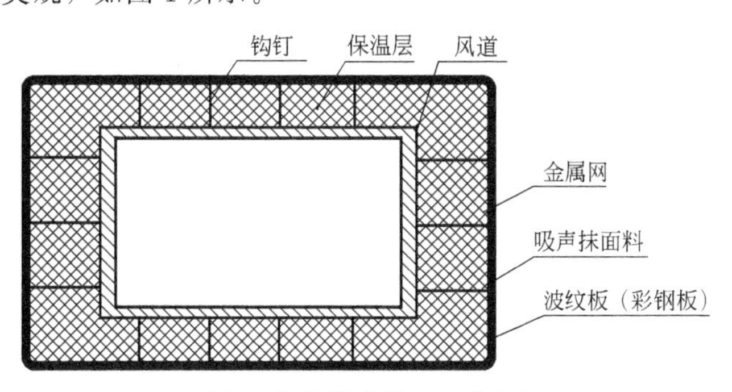

图1　风机降噪施工工艺图解

使用 HS6288B 型噪声频谱分析仪，在现场距设备噪声源 1m 处进行监测分析。经过整治，3 号炉送风机的噪声由原来的 102dB(A) 左右下降为 87dB(A) 左右，有效改善了锅炉 0 米层的噪声作业环境，符合《工业企业噪声卫生标准》中的要求，治理效果令人满意。以下是 3 号炉送风机 A 治理前后噪声测定数据（见表 1）。

表 1　3 号炉送风机 A 治理前后噪声测定

测点	No. 1	No. 2	No. 3	No. 4	No. 5	No. 6	平均值
治理前数值/dB(A)	105.5	104.0	97.7	98.2	102.9	95.8	102
治理后数值/dB(A)	90.6	90.0	82.4	85.0	86.1	81.7	87.3

2.2　一次风机 A、B 噪声的控制

3 号炉一次风机 A、B 由上海鼓风机厂制造，风量：81.72m^3/s（BMCR）；型号：PAF-19-12.5-2。通过噪声测量及分析可知，一次风机的噪声主要是进气口和出气口辐射空气动力性噪声和机壳与管壁辐射机械性噪声。对一次风机噪声的控制，主要采用了隔声吸声技术，具体工艺如下：

本次 3 号炉一次风机本体噪声治理工作采用第一层敷设 50mm 厚、容重为 32kg/m^3 的离心玻璃棉，第二层敷设 50mm 厚、容重为 32kg/m^3 的离心玻璃棉，第三层敷设 50mm 厚、容重为 100kg/m^3 的岩棉，之后采用 JNH 吸声抹面料进行 30mm 厚的抹面；另一侧风道（炉墙内侧）噪声治理工作采用第一层敷设 50mm 厚、容重为 32kg/m^3 的离心玻璃棉，第二层敷设 50mm 厚、容重为 100kg/m^3 的岩棉，之后采用 JNH 吸声抹面料进行 30mm 厚的抹面。其他工艺步骤同送风机要求。

根据《工业企业噪声卫生标准》第 5 条中规定，“工业企业的生产车间和作业场所的工作地点的噪声标准为 85dB(A)。现有工业企业经过努力暂时达不到标准时，可适当放宽，但不得超过 90dB(A)。”参照本次测试结果可以看出，3 号炉侧风机生产场所的噪声水平达到了标准要求（见表 2）。

表 2　3 号炉一次风机 A 治理前后噪声测定

测点	No. 1	No. 2	No. 3	No. 4	No. 5	No. 6	平均值
治理前数值/dB(A)	106.8	104.3	99.8	101.3	95.2	97.8	102.5
治理后数值/dB(A)	91.1	90.4	89.1	91.5	87.1	89.0	89.9

经采取上述整改措施后，3 号锅炉一次风机的噪声由最高时 107dB(A) 左右降至 89dB(A) 左右，达到了工业企业噪声卫生标准。

3　结语

合理选择吸声抹面材料能进一步达到降噪效果，我们施工中所使用的 JNH 吸声抹面料对中低频到高频的各种噪声均有良好的吸声效果。

经环保专业人员测定，3 号锅炉送风机、一次风机区域平均噪声降到 89.9dB(A)，而在治理之前的 3 号炉风机区域在相同情况下平均噪声为 102.5dB(A)。通过本项目的实施，目

前 3 号炉送风机附近部分区域噪声已降到 85dB(A)，捞渣机附近部分区域噪声已降到 80dB(A) 以下，极大地改善了 3 号炉现场作业环境。实施隔声包扎后北面厂界处的噪声有明显的降低，治理后 3 号炉风机区域的平均噪声强度仅相当于治理之前 3 号炉风机区域的 1/10，该项目为二期其他锅炉风机噪声治理树立了样板。在随后实施的 4 号炉、5 号炉、6 号炉风机区域噪声治理项目达到了相同的整治效果，截至 2008 年年初，嘉电公司已全面完成二期锅炉侧风机噪声治理工作。采取上述措施后使厂界噪声达标，符合有关的职业卫生标准。建议该方法在火电系统内进行推广。

【参考文献】

[1] 马大猷．噪声与振动控制工程手册 [M]．北京：机械工业出版社，2002.
[2] 吕玉恒，王庭佛．噪声与振动控制设备及材料选用手册 [M]．北京：机械工业出版社，1999.
[3] 徐雪松．火电设备噪声机理分析及综合整治 [C]．全国火电大机组（300MW 级）竞赛第三十五届年会论文集，2006.
[4] GBJ 87—1985．工业企业噪声控制设计规范 [S].
[5] GBZ 1—2002．工业企业设计卫生标准 [S].

本文 2009 年刊登于《噪声与振动控制》增刊
（参与本文编写的还有嘉兴电厂徐雪松等）

大型电站空压机房噪声治理

摘　要： 空压机是电站必备的生产辅助设施，其运行过程中产生的高噪声，不仅对设备运行人员的身心健康造成很大危害，而且严重污染环境，因此，降低和控制其噪声是劳动保护和环境保护的重要问题。空压机噪声包括空气动力性噪声、电磁噪声、机械噪声及其他辐射噪声。本文介绍了大型空压机组噪声的治理方法及取得的成效。

关键词： 声学　空压机　噪声　治理　措施　评述

嘉兴发电厂一期机组水处理室安装两台上海英格索兰有限公司生产的EP-100型空压机供水处理室及制氢站用气，该机组为一种电动机驱动，单级螺杆压缩机，每台排气量为$10m^3/min$，排气压力为0.86MPa，电动机功率为75kW，压缩机、滤清器、电动机、风扇等已置于钢结构隔声罩内。两台EP100型空压机和干燥器等安装于钢筋混凝土结构的单层厂房内，即空压机房内，空压机房长×宽×高约为25m×7m×6m，空压机房有两个门、四个朝外的窗户、四个朝内的窗户、两个排风扇、两个通风百叶窗等。

1　噪声源分析及问题提出

空压机噪声主要来自进气噪声、驱动机机体辐射噪声、排气噪声、管道及干燥器噪声等。空压机在进气口间歇进气，随压缩机气缸进气阀的间断开启，空气被吸入气缸，而后进气阀关闭，气缸内的空气被压缩，吸气和压缩交替进行，在进气口附近产生了压力脉动，压力脉动以声波的形式从进气口传出，形成进气噪声。对于固定式空压机，进气噪声是主要的噪声源。空压机在运行过程中或即将停止运转时，将多余的压缩气体排出，产生强烈的噪声。在空压机房内为97dB(A)。两台空压机同时开动，噪声叠加，在两台之间实测噪声为104.5dB(A)（吸气时），稳定运行时为99.5dB(A)。在空压机房中部噪声为93.1dB(A)，单台EP100型空压机开动，在距机1.0m，离地高1.5m处实测其噪声为103dB(A)（吸气时），稳定运行噪声在干燥器处噪声为96dB(A)，在空压机房大门外为86dB(A)（拆除了部分原机壳板后测得）。由于空压机房内噪声超过国家有关标准规定，散热条件又比较差，温度较高，必须进行治理。

2　空压机房噪声治理目标

通过现场调查实测数据，同时结合有关资料数据，根据我们已治理过的工程项目的实践，提出以下治理目标要求。

① 根据GBZ 1—2002的规定：连续接触噪声8h，噪声应≤85dB(A)，对于噪声超过90dB(A)的噪声源，国家规定应进行治理。空压机房内噪声现状是104dB(A)，若降为85dB(A)，则必须降噪19dB(A)以上，噪声治理难度是很大的。

② 空压机房内温度不宜太高，应确保空压机加罩后能正常运行。

③ 噪声治理措施外形应美观大方，与原有建筑及设备布置相协调，应便于设备的维修保养。

3　采取的主要技术措施

(1) 整修原有空压机隔声罩

英格索兰公司生产的EP100型空压机为减少其噪声影响，已在空压机外侧加装了一个钢板拼装的隔声罩。但由于公司安装此空压机时未将空压机热气引至室外，致使空压机房内温度较高。因此将空压机隔声罩部分隔声板拆除，以便通风。本次实施将空压机热气引至室外，因此重新整修空压机原有隔声罩，使其具有10dB(A)以上隔声效果。

(2) 空压机房顶棚满铺吸声吊顶

空压机房顶棚满铺吸声结构，鉴于空压机在室内进气，为保护空压机正常运行，室内吸声材料不宜用玻璃纤维、陶瓷、木屑等结构。现拟采用铝合金小孔板（孔径ϕ3mm，穿孔率20%，板厚0.6mm）饰面，小孔板后面粘贴一层由国外进口的吸声无纺布，后部留有一定空腔，轻钢龙骨支撑，小孔板吸声结构面积计约175m^2。空压机房侧墙不再加装吸声结构，仍维持原状。空压机房顶棚吸声降噪量为5～9dB(A)，可使空压机房内中部噪声由治理前的93dB(A)降为85dB(A)以下。

(3) 增设5$^\#$低噪声轴流风机

为改善空压机房内通风条件，在空压机房的北墙窗户上面加装2只5$^\#$低噪声轴流风机向室内送风。

(4) 安装空压机排风消声器

将原有空压机房窗台下面的通风百叶窗拆去，将空压机原有排风消声器拆下改为消声过渡段，新装一个空压机排风消声器，排风消声器长×宽×高约为1.2m×2m×1.3m，共两套。消声器过渡段长×宽×高约为0.4m×2m×1.36m，共2套。空压机排风消声器消声量（含过渡段）为12～15dB(A)，可使空压机原排风口处噪声由99dB(A)左右降为85dB(A)左右。

(5) 安装钢结构隔声门和塑钢隔声窗

为减小空压机房噪声对周围环境的影响，将原有双扇钢板门更新为钢结构隔声门，门宽×高约为2m×2.4m。为减小空压机房噪声对周围环境的影响，在原有钢窗的内侧再加一道塑钢隔声窗。窗宽×高约为2.4m×3m，共4个。

另外，空压机干燥器排空管有气、油雾等喷出并伴有噪声，可将其接入地坑（用管道接至室外阴沟内），也降低了部分噪声。空压机房治理措施如图1所示。

图 1　噪声综合治理后的空压机房

4　效果分析

空压机房内采取上述 5 项综合治理措施后，使得空压机房内最高噪声由 104.5dB(A) 降为 83dB(A) 左右，空压机房内平均噪声仅为 82.2dB(A) [原平均噪声超过 100dB(A)，瞬时值可达 104dB(A) 以上]，最大值 83.3dB(A)，室内可以正常通话。另外在通过综合治理后，空压机房室外平均噪声由 86dB(A) 降为 75dB(A)。检测仪器采用 HS6288B 噪声频谱分析仪（空压机房内部治理前后设备稳定运行时噪声测定数值见表 1）。

表 1　空压机房内部治理前后噪声测定

测点	No. 1	No. 2	No. 3	No. 4	No. 5	No. 6	平均值
治理前数值/dB(A)	103.0	99.5	96.6	104.5	100.3	98.1	101.2
治理后数值/dB(A)	83.3	81.5	81.3	83.0	82.3	81.2	82.2

其中吸声处理是首次试点，效果良好，达到 GBZ 1—2002 规定的工作场所噪声应≤85dB(A) 的要求。空压机房内的通风散热条件也有很大改善，噪声治理措施实施后工作现场外形美观、大方、整齐，为空压机房创建了一个文明的工作环境。

5　结语

综上所述，笔者认为电站空压机房噪声是可以治理的，通过我们的工作实践体会到：

① 空压机噪声的综合治理，设备的进气噪声、排气噪声采取安装消声器，使噪声强度和振动强度明显降低，从而达到降噪并美化环境的效果。

② 安装吸声吊顶，减少室内混响噪声；窗户增加一道改为双层窗，房门改为钢质隔声门，减少对外界的影响；平衡机房内部通风，改善空压机工作环境。

③ 合理选择吸声材料能进一步达到降噪效果，我们施工中所使用的进口吸声无纺布对中低频到高频的各种噪声均有良好的吸声效果。

④ 采用吸声吊顶加进排气口采取安装消声器的施工工艺，以其较少的投入，先进成熟的技术，优良的吸声材料使空压机房噪声强度明显降低，取得较好的效果，达到预期目标，

可逐步推广应用。

【参考文献】

[1]　马大猷．噪声与振动控制工程手册［M］．北京：机械工业出版社，2002.
[2]　吕玉恒，王庭佛．噪声与振动控制设备及材料选用手册［M］．北京：机械工业出版社，1999.
[3]　徐雪松．火电设备噪声机理分析及综合整治［C］．全国火电大机组（300MW级）竞赛第三十五届年会论文集，2006.
[4]　GBJ 87—1985．工业企业噪声控制设计规范［S］.
[5]　GBZ 1—2002．工业企业设计卫生标准［S］.

本文2009年刊登于《噪声与振动控制》增刊
（参与本文编写的还有本院冯苗锋，嘉兴电厂徐雪松，上海新华净公司王兵）

声屏障在化工行业的应用

摘　要：化工行业噪声源多，声级高，防火、防爆、防腐、防风险等要求特别严格。采用常规噪声控制措施，受到许多限制，而采用隔声吸声屏障降噪，有一定效果，颇受欢迎。本文以上海几个化工企业为例，论述了隔声吸声屏障的设计、应用及效果。

关键词：化工行业　隔声吸声屏障　降噪　效果

1　前言

近年来化工行业发展迅速，在总体规划上虽然注意了化工企业的相对集中，尽量远离居民住宅等敏感目标，但众多老化工企业由于历史原因，距居民住宅较近，化工设备又往往是日夜不停地运行，其噪声对周围环境带来污染，使厂界或居民住宅处超标，引起投诉，成为亟待解决的问题之一。

作者近年来完成了几个化工企业的噪声治理设计咨询、施工安装、测试验收等工作。针对化工行业的特点，主要采取了安装隔声吸声屏障、管道隔声包扎、小型设备加装隔声罩等技术措施，取得了较满意的效果。

2　化工行业噪声治理的特点和难点

化工行业的设备又高又大，有的有数层楼房高，噪声源多，声级高，往往呈立体分布，情况比较复杂。很多设备是敞开安装，难以在设备本身采取降噪措施。

化工行业防火、防爆、防腐、防水、防潮、防霉、防蛀、防冻等要求特别高，必须采用与常规噪声治理措施不同的结构和材料，噪声治理难度大。

化工行业多数采用管道输送物料，管道、料仓、支架等均为钢结构，都是刚性连接，动力发声设备通过这些结构产生的固体传声十分强烈，低频声很丰富，难衰减，在很远的地方就能听到“嗡嗡嗡”的低频管道噪声。

化工行业对防腐蚀、防尘、防二次污染要求严格，多数采用不锈钢、玻璃钢、无纤维散落的隔声吸声材料，成本高，难加工。

化工行业动力设备（多数为发声设备）的通风散热要求较高，通风装置、电气装置要求防火、防爆。设备检修也比较频繁，安全措施周全。噪声控制装置最好是拼装结构，大修时拆去，大修完成后再拼装，性能不应变化。

化工行业在总图布置上往往将辅助生产设备，如冷却塔、水泵房、变电站、锅炉房等安装于厂边处，距厂界噪声考核验收点很近，这给噪声控制带来困难，若移位，几乎不可能，若治理，费用很高。

3 声屏障设计简介

针对化工行业噪声治理的特点，较难采用常规的隔声、吸声、消声、隔振、阻尼减振的方法进行控制，而采用在噪声传播途径上设置声屏障，使敏感点处于声屏障的声影区，就成为化工行业降噪的主要技术措施之一。

众所周知，在自由声场中，隔声吸声屏障的降噪量 NR（dB）可估算如下：

$$NR = 10\lg N + 13$$

式中

$$N = 2/\lambda(A + B - d)$$

N——菲涅耳数（量纲为 1）；

A——声源至屏障顶端的距离（m）；

B——屏障顶端至接受者的距离（m）；

d——声源至接受者之间的直线距离（m）；

λ——声波波长（m）。

也可参照环保部行业标准 HJ/T 90—2004《声屏障声学设计和测量》给出的计算公式进行设计计算。

4 声屏障典型案例

4.1 上海某丙烯酸有限公司大型隔声吸声屏障

该公司为技术改造项目而配置的 8 台大型冷却塔，一字排列于厂区北围墙边，其中 4 台为混凝土特大型机力冷却塔，单台冷却水量为 4000t/h，另 4 台为钢结构冷却塔，单台冷却水量为 1900t/h，总冷却水量为 23600t/h。8 台冷却塔外形尺寸长×宽×高约为 95m×17m×16m。冷却塔距北厂界围墙只有 8m。冷却塔噪声传至北厂界围墙处为 76dB(A)。

该公司在北厂界处还安装了一套丙烯酸装置，这套装置由各种储罐、水泵、真空泵、压缩机、蒸馏塔、钢平台、钢支架、各种管道等组成，整套装置长×宽×高约为 100m×35m×15m，距北厂界围墙约 15m。丙烯酸装置昼夜运行，其噪声传至北厂界处高达 75dB(A)。

按规定本地区执行国家标准 GB 12348—2008《工业企业厂界环境噪声排放标准》Ⅲ类区规定，要求厂界围墙处昼间噪声应≤65dB(A)，夜间噪声应≤55dB(A)。大型冷却塔噪声使北厂界昼间超标 11dB(A)，夜间超标 21dB(A)。丙烯酸装置噪声使北厂界昼间超标 10dB(A)，夜间超标 20dB(A)。

在北厂界原砖砌围墙的内侧设置了两段大型隔声吸声屏障。其中一段设在大型冷却塔和北围墙之间，隔声吸声屏障长×高约为 120m×7m，距原砖砌围墙约 0.5m。该段声屏障实施后，在北围墙处屏障声影区内噪声由治理前的 76dB(A) 降为 58dB(A)，降噪 18dB(A)。

另一段大型隔声吸声屏障设置在丙烯酸装置和北围墙之间，隔声吸声屏障长×高约为 132m×7m，距原砖砌围墙约 0.5m。该段屏障正待实施。

丙烯酸有限公司设备及声屏障平面布置图如图 1 所示。大型隔声吸声屏障的实景照片如图 2 所示。

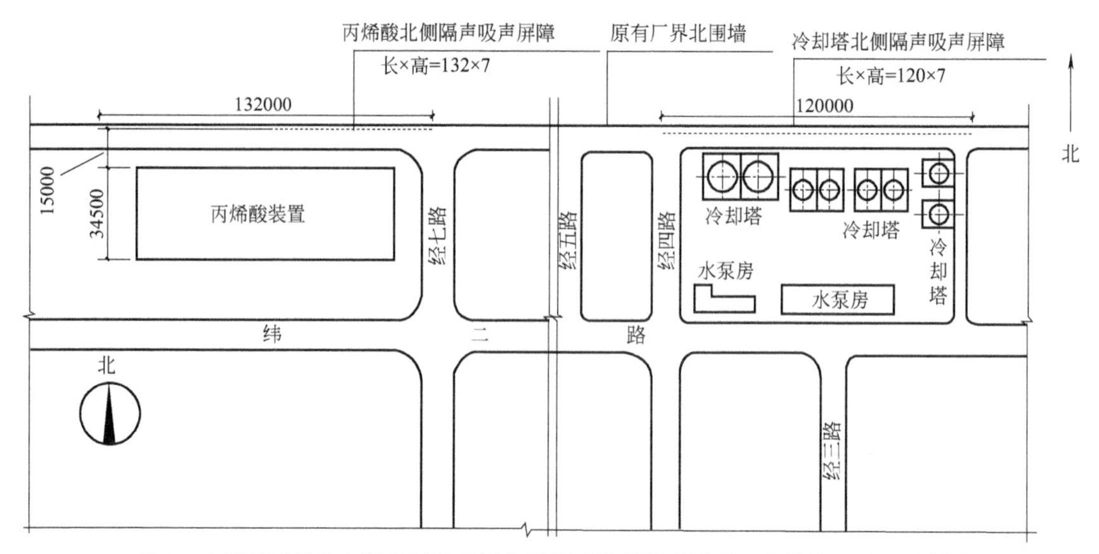

图 1 上海某丙烯酸有限公司冷却塔和丙烯酸装置噪声治理（声屏障）平面示意图

图 2 上海某丙烯酸有限公司大型隔声吸声屏障实景照片

4.2 上海某溶剂有限公司两段隔声吸声屏障

该公司为一家外资企业，以汽油、煤油、柴油为原料生产脱芳烃环保溶剂产品，年产量 6 万 t。生产装置长×宽×高约为 72m×42m×40m，全敞开结构，噪声源有热煤炉、热油泵、缓冲罐、机泵、压缩机、调节阀、空冷装置等。在距该套装置 20m 范围内为防火区，不得安装任何阻挡物。生产装置距南厂界约 40m，距西南角厂界约 80m，厂界外 20m 处有大片二层楼居民住宅。本地区也系Ⅲ类区（即工业区）。

在南厂界原有砖砌围墙的内侧设置一段长×高约为 60m×5.5m 的隔声吸声屏障，距南围墙约 0.5m。在西南厂界原有砖砌围墙的内侧设置一段长×高约为（27＋36）m×5.5m 的隔声吸声屏障，距围墙约 0.5m。

在设置隔声吸声屏障的同时，对调节阀、缓冲罐、蒸馏塔进行工艺调整，对空冷装置、机泵等进行维修、保养、润滑处理，对明露的管道进行隔声包扎，在调节阀处加装小型隔声罩。这样在声源处噪声降低了 8～10dB(A)。

经综合治理，南厂界处噪声由治理前的 67dB(A) 降为 53.2dB(A)，降噪 13.8dB(A)。西南角厂界处噪声由治理前的 69dB(A) 降为 53dB(A)，降噪 16dB(A)。昼夜均达到了Ⅲ类区标准规定。该项目已于 2009 年 7 月通过了清洁生产审核验收。

某溶剂有限公司隔声吸声屏障平面示意图如图 3 所示，安装就绪后的声屏障照片如图 4 所示。

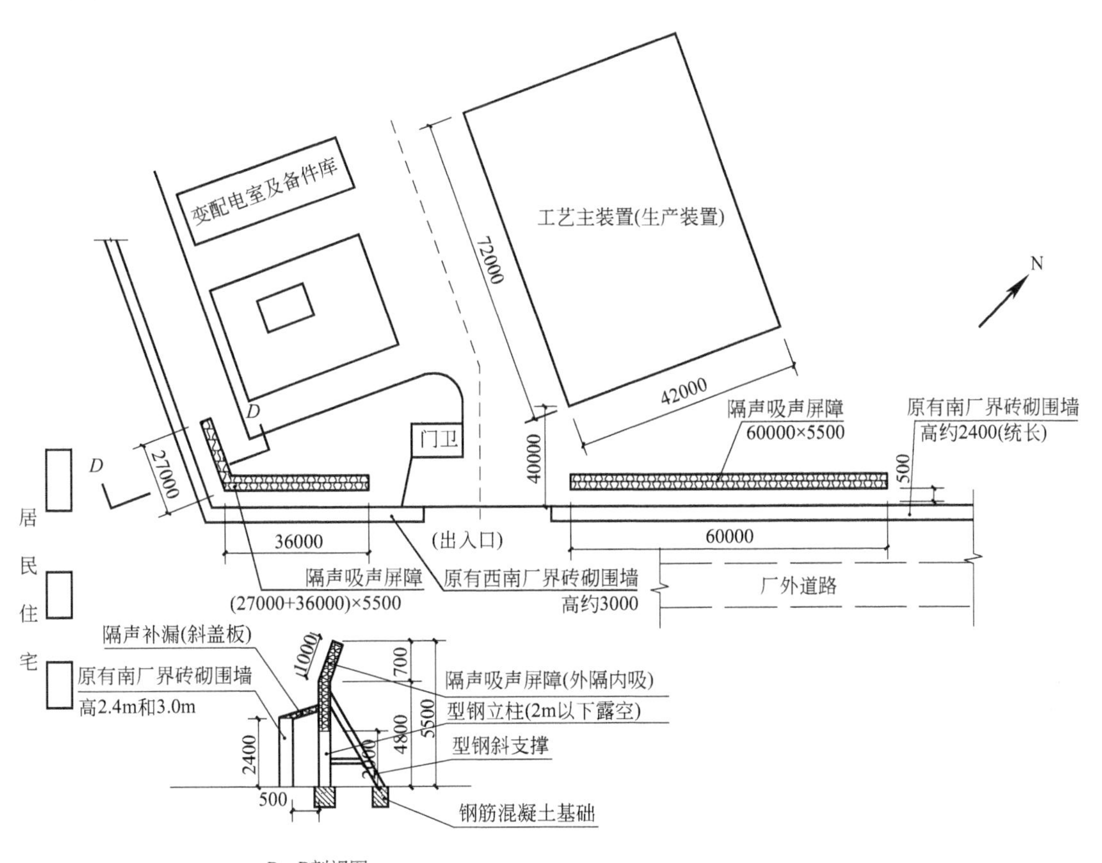

D—D剖视图

图 3　某溶剂有限公司隔声吸声屏障位置示意图

(a) 原有设备

(b) 声屏障

图 4　上海某溶剂有限公司隔声吸声屏障照片

4.3 上海某聚氨酯事业部三段隔声吸声屏障

该事业部将辅助生产设备冷却塔、消化装置、聚醚车间泵房等置于厂区东、北、南厂界处，如图5所示。2台1500t/h冷却塔外形尺寸长×宽×高约为20m×10m×16m，距东厂界约15m，未治理前东厂界处噪声为67dB(A)。一套消化装置外形尺寸长×宽×高约为40m×20m×20m，距北厂界约20m，未治理前北厂界噪声为63dB(A)。聚醚车间泵房长×宽×高约为32m×20m×12m，距南厂界约15m，未治理前南厂界噪声为69dB(A)。

在东厂界处设置了一段“—”字型大型隔声吸声屏障，长×高约为60m×7m。在屏障外花格围墙处实测冷却塔噪声影响，已由治理前的67dB(A)降为54dB(A)，降噪13dB(A)。

在北厂界处设置了一段“┌”型隔声吸声屏障，长×高约为(10+220)m×4.5m。在屏障外砖砌墙上测试，消化装置噪声对北厂界的影响已由治理前的63dB(A)降为55dB(A)，降噪8dB(A)。

在南厂界处设置了一段“—”字型大型隔声吸声屏障，长×高约为70m×4.5m，对水泵加装隔声罩。在屏障外花格围墙处测试，聚醚车间泵房噪声对南厂界的影响已由治理前的69dB(A)降为56dB(A)，降噪13dB(A)。按规定进行背景噪声影响修正后，上海某聚氨酯事业部厂界噪声昼夜均达到Ⅲ类区标准规定。该项目已正常运行工作，用户比较满意。

图5所示为上海某聚氨酯事业部三段隔声吸声屏障平面布置示意图。图6所示为厂区东

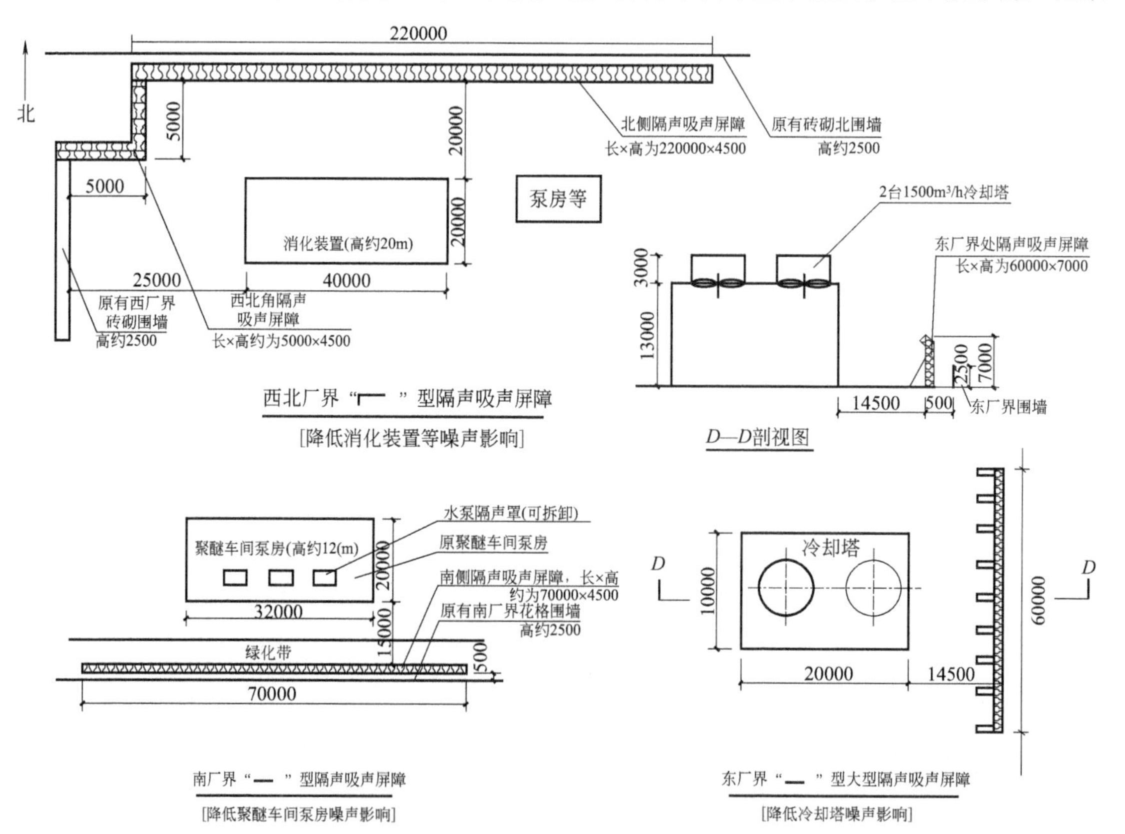

图5 上海某聚氨酯事业部三段隔声吸声屏障平面布置示意图

侧立于冷却塔与绿化带之间的声屏障照片图。

图6 立于冷却塔与绿化带之间声屏障照片

5 结语

在化工行业采用大型隔声吸声屏障降噪措施，对原有设备性能无影响，符合防火、防爆要求，也方便于设备的操作、维修和保养，较受欢迎。

隔声吸声装置的长度和高度，应根据监测点（敏感点）的降噪要求，通过计算确定。一般5～7m高的隔声吸声屏障在声影区有8～15dB(A)的降噪效果。

隔声吸声屏障所用材料的选用，应满足室外耐候性以及化工行业的特殊要求。声屏障的型钢立柱、横梁、支架、地脚、混凝土基础等应满足抗风载（台风）、抗地震等要求。

本文2010年刊登于《中国环保产业》第8期

（参与本文编写的还有本院冯苗锋、黄青青，上海佳榈环保设备有限公司姚玉明）

环境保护声屏障降噪效果分析与应用

摘　要：声屏障是保护环境降低噪声影响的技术措施之一，近年来发展较快，应用广泛。本文以作者设计并已竣工的几个声屏障工程为例，分析其影响因素及降噪效果。

关键词：声屏障　效果　实例

1　前言

随着生产的发展和物质文化生活水平的提高，人们对于环境的要求越来越高，但是我国环境污染的速度高于治理的速度，环境保护是基本国策之一，正引起各方面的重视。环境保护中声环境质量的改善和提高是人们追求的目标之一。安静的环境可以提高人们的工作效率、学习成绩和生活质量，相反吵闹的环境不仅分散精力、影响睡眠、引起疾病而且缩短寿命。因此，人们想方设法降低噪声危害，其中常见的方法之一是设置隔声吸声屏障，简称声屏障。上海高速路、高架路、轻轨两侧以及施工场地周边，到处可看到声屏障，但其效果如何？怎样设计更合理？性价比更好？本文就此进行分析探讨并举出作者设计完成的几个应用实例，供同行参考。

2　影响声屏障降噪效果的几个因素

声屏障就是在噪声传播途径上，在噪声源和接收者之间加装一道隔声吸声屏障，使接收者处于声屏障的“声影区”内，从而降低噪声影响。

在自由声场中，声屏障的降噪量 NR 可估算如下：

$$NR = 10\lg N + 13(\mathrm{dB})$$

式中

$$N = \frac{2}{\lambda}(A + B - d)$$

N——菲涅耳数（量纲为1）；

A——声源至屏障顶端的距离（m）；

B——屏障顶端至接收者的距离（m）；

d——声源至接收者之间的直线距离（m）。

A、B、d 详见图1。

λ——声波波长，$\lambda = \frac{c}{f}$（m）；

c——声速，声波在空气中传播，$c = 340\mathrm{m/s}$；

f——频率，低频声 f 为 63～250Hz，中频声 f 为 500～1000Hz，高频声 f 为 2000～8000Hz。

为方便起见，可按声源频率特性，即声波波长、声屏障的尺寸计算出 N，然后在图2

上查得声屏障的声级衰减值（即降噪量）。

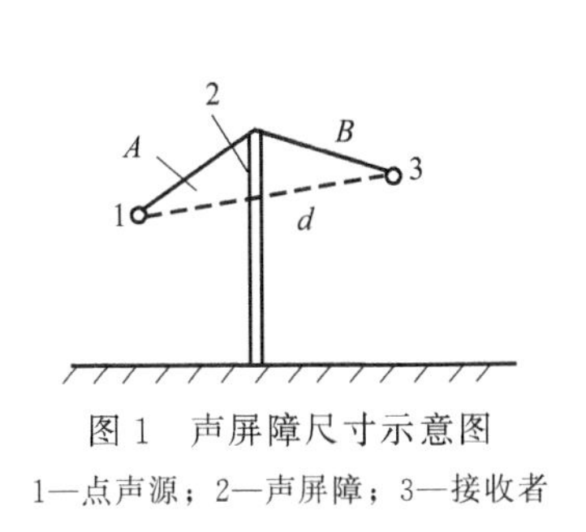

图 1　声屏障尺寸示意图

1—点声源；2—声屏障；3—接收者

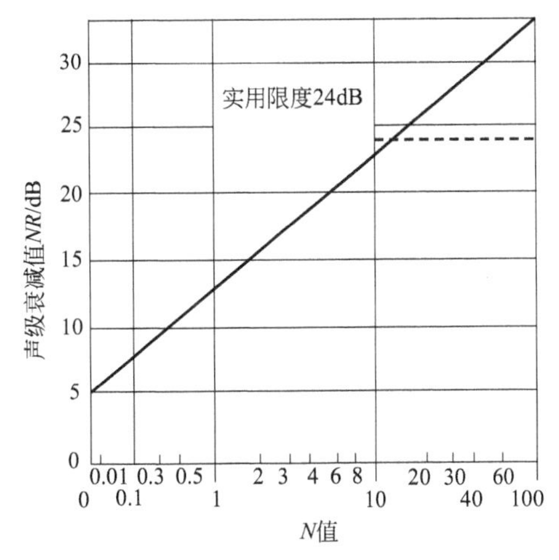

图 2　声屏障声级衰减曲线

由上述图文可知，声屏障的降噪效果与多种因素有关：

① 声源频率越低，降噪效果越差，低频声不仅难隔、难吸、难消，而且由于波长长，可绕过屏障继续传播。声屏障对于中高频声降噪效果较好。

② 声屏障离声源和接收者的高度越高越好，但受风载和安装结构限制，不能很高。

③ 声源和接收者两者之间距离声屏障越近，效果越好。

④ 声屏障越长，效果越好，噪声从声屏障两端绕过去的声音少。

⑤ 声屏障本身材质的隔声、吸声性能好坏也有一定影响，一般声屏障本体的隔声量应大于 20dB，平均吸声系数应大于 0.6。

声屏障的降噪效果是有限的，从理论上分析其极限降噪量为 24dB。一般来说，声屏障有 8～15dB 的降噪量已经很不错了。在室外安装的声屏障应满足全天候使用要求，迎声面最好做吸声处理，以减少反射声。在室内安装的声屏障应进行吸声处理，否则不宜用上式估算其降噪量。

3　工业设备采用声屏障降噪

有些工业设备露天安装，噪声很高，需要通风散热或防火、防爆或为了检修方便，不宜采用封闭结构的隔声罩或隔声室，多数是采用在这些噪声设备与接收者之间安装隔声吸声屏障。

例如，上海某发电厂特大型双曲线自然通风冷却塔的淋水噪声影响到 300m 外的大片居民住宅，有投诉。冷却塔体积庞大，外形尺寸直径×高度约为 ϕ120m×150m。冷却塔淋水面积 9000m^2，冷却水量 74200t/h，进风口高度 9.8m，淋水噪声 84.8dB(A)（测距 1.0m，离地高 1.5m）。未治理前冷却塔噪声传至 20m 外厂界处为 78.1dB(A)，传至 300m 外居民住宅处夜间为 59.6dB(A)［背景噪声为 47.5dB(A)］。夜间超 3 类声功能区 4.6dB(A)。在冷却塔和居民住宅之间靠近冷却塔处设置了一道半圆弧形声屏障，声屏障距冷却塔外缘约8m，声屏障总长约 200m，高约 13m，如图 3 所示。采取隔声屏障后，厂界处噪声由78.1dB(A) 降为 55dB(A)，居民住宅处噪声由 59.6dB(A) 降为 47.8dB(A)。由于淋水噪声主要是 1000～4000Hz 的高频声，因此降噪效果显著，全面达到了 3 类声功能区的标准规定，已安全稳定运行近 10 年。

图 3 上海某发电厂特大型冷却塔声屏障外形照片

又如，上海某丙烯酸有限公司 8 台大型机力通风冷却塔，其中 4 台冷却水量为 1900t/h，4 台为 4000t/h，一字排列安装于距北厂界只有 8m 的厂区内。未治理前冷却塔上部风机出口处噪声为 85dB(A)，下部淋水噪声为 78dB(A)，北厂界围墙处噪声为 76dB(A)。鉴于冷却塔台数多、声级高、体积大、距厂界近，为节省治理费用，经多方论证，在北围墙内侧距墙约 1.5m，搭建了一道长×高约为 120m×7m 的隔声吸声屏障，如图 4 所示。安装隔声吸声屏障后，在厂区北侧围墙处噪声由治理前的 76dB(A) 降为 58dB(A)，达到了 3 类区昼间标准规定，已安全运行 5 年。

图 4 某丙烯酸有限公司冷却塔隔声吸声屏障照片

4 地面交通运输设备采用声屏障降噪

火车、汽车、高铁、磁悬浮、轻轨、高架等运输设备产生的交通噪声广泛采用声屏障降噪。全封闭式声屏障降噪效果最好，但价格昂贵，在特殊场所使用，多数是采用半封闭式或一侧或两侧或三侧安装道路声屏障。落地声屏障比高架上的声屏障降噪效果好，因高架道路振动会产生结构低频声。接收点（如居民住宅）在声屏障的“声影区”内才有降噪效果，若在接收点能看到运输设备则声屏障就无作用了。

例如，上海外环线全长98km，跨越6个区，双向8车道，车速80～100km/h，已投入数亿元安装了不同型式、不同高度、不同长度道路声屏障。作者参与完成的外环线广顺小区段、莘梅花园段和虹莘新村段道路声屏障工程，长约3.8km，高为6.5m。其结构示意图如图5所示，声屏障实照如图6所示。在距声屏障约50m外的6层楼居民住宅四楼，未安装声屏障之前夜间噪声为71dB(A)，安装声屏障后为59dB(A)，降噪约12dB(A)。在同一位置的二层楼降噪13dB(A)，在六层楼降噪9dB(A)，虽然未达到4a类夜间噪声应<55dB(A)的规定，但居民住宅处声环境得到较大改善，居民基本可以接受。

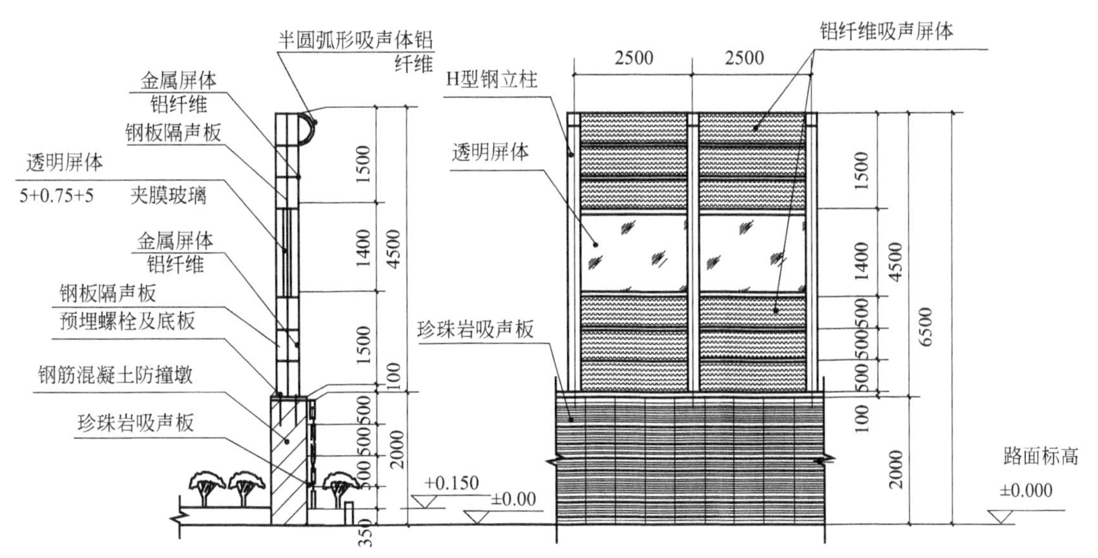

图5 外环线声屏障结构示意图

图6 外环线道路声屏障实照

5 民用建筑中公建配套设施采用声屏障降噪

宾馆、酒店、商办楼、商住楼、商场、饭店、超市、大卖场以及娱乐场所等，都会有公建配套实施热泵机组、冷却塔、水泵、风机、冷冻机、VRV 等噪声设备，为降低其噪声，也常采用声屏障降噪技术。声屏障和进排风消声相结合以满足通风散热要求。

例如，上海某房产公司在高层写字楼和高层住宅楼的六层裙房屋顶上并列安装了 7 台大型热泵机组，单体热泵机组外形尺寸约 5.5m×2.2m×2.2m，热泵机组距写字楼约 10m，距住宅楼约 3m。热泵机组同时开动，噪声未治理前为 88dB(A)，传至住宅楼 8 楼窗外夜间噪声为 77dB(A)，传至 15 楼为 75dB(A)，传至 28 楼为 72dB(A)。在热泵机组和住宅楼之间设置了一道长×高约为 20m×5m 的隔声吸声屏障，在 7 台热泵机组上沿搭建了一个隔声吸声棚，在隔声吸声棚的侧墙上安装了进风消声器，在热泵机组的上部风机出风口加装了出风消声器，热泵机组底部加装了阻尼弹簧减振器。采取上述综合治理措施后，在居民住宅楼 8 楼窗外夜间噪声由 77dB(A) 降为 52dB(A)。经背景噪声影响修正后，昼夜全面达到了 2 类区标准规定，用户十分满意。图 7 所示为热泵机组降噪照片。

图 7 热泵机组降噪照片

6 施工场地采用声屏障降噪

为减小施工扬尘和施工噪声对周围环境的影响，按上海市规定必须在施工场地周边设置不低于 2m 的声屏障（又称围护结构），它具有一定的降噪效果，有时在搅拌机、切割机、打桩机、空压机等高噪声施工设备处设置半封闭隔声棚或隔声间，以降低施工噪声的影响。

7 结语

声屏障是环境保护噪声控制中一项较成熟的技术，在实际工程应用中种类繁多，各有特色，尤其是新材料、新结构在声屏障中的应用更引起广泛的重视，取得了较大进展和良好效果，但费用较高，降噪效果有限，同时还受到安全性能、使用寿命、防台风等多种因素影响，在设计、施工安装、维护保养等方面应特别慎重。

【参考文献】

[1] 马大猷．噪声与振动控制工程手册［M］．北京：机械工业出版社，2002.

[2] 吕玉恒，郁慧琴，刘丽华，等．微穿孔板消声器应用于大型冷却塔噪声治理［J］．噪声与振动控制（增刊），2005，11：254-257.

[3] 吕玉恒．噪声控制与建筑声学设备和材料选用手册［M］．北京：化学工业出版社，2011.

本文2012年刊登于上海市老科学技术工作者协会《技术交流论文集》

隔振屏障应用探讨

摘　要：在地下设置隔振屏障降低振动传递，是一种振动控制的有效措施。通过两个典型案例的实践，探讨大型冲压设备的振动影响、设计要求、采用大型隔振屏障的实测效果等，可供类似工程参考。

关键词：大型冲压设备　隔振屏障　实测效果

1　前言

应用隔声屏障降低空气传声已十分普遍，但应用隔振屏障降低振动和固体传声的案例并不多见。作者近年来有机会在一些工程实践中应用隔振屏障技术措施降低大型往复式机械、大型压力机、大型冷镦机等振动对周围环境的影响，取得了较满意的治理效果。本文以两个典型工程为例，通过调研、测试分析、技术论证、工程实践、验收监测等来探讨隔振屏障的应用，以供同行借鉴。

2　设计要求

2.1　典型案例之一——上海某高强度螺栓有限公司隔振工程

该公司生产桥梁和高层建筑使用的大型高强度螺栓，新建于上海临港重装备产业区，冷镦车间和温镦车间大型设备产生的振动对周围环境有影响。其中冷镦车间长×宽约为66m×24m，安装着900t冷镦机1台，400t双击冷镦机4台，600t多工位冷镦机2台，300t多工位冷镦机2台。冷镦机将圆钢盘料经机内模具切割、镦击成螺栓坯（最大M36），再进行加工和热处理，属冷加工。温镦车间长×宽约为96m×24m，安装着400～100t冲压机共22台。温镦车间是经中频加热的螺栓螺母坯料经模具冲压成型，属热加工。

由类比实测可知，400t双击冷镦机单台垂向振动级为88dB（机组基础外，距机1.0m，下同)。多工位冷镦机单台垂向振动级为90dB。冷镦车间和温镦车间一字排列，总长为162m。车间距北厂界约为15m，北厂界外为另一家企业，安装有精密设备。因供电关系，冷镦和温镦车间夜间生产。

环境评价要求典型案例之一厂界处振动执行GB 10070—1988《城市区域环境振动标准》工业集中区的规定[1]，即厂界处夜间垂向振级$VL_z \leqslant 72$dB。典型案例一的平面示意图如图1所示。

2.2　典型案例之二——上海某阀板有限公司隔振工程

该公司主要生产汽车用阀板、吸气片、排气片、限位板、各类支架等，是汽车零部件配套企业，系迁建项目。新冲压车间长×宽约为72m×24m，安装着2台500t冲床、2台300t

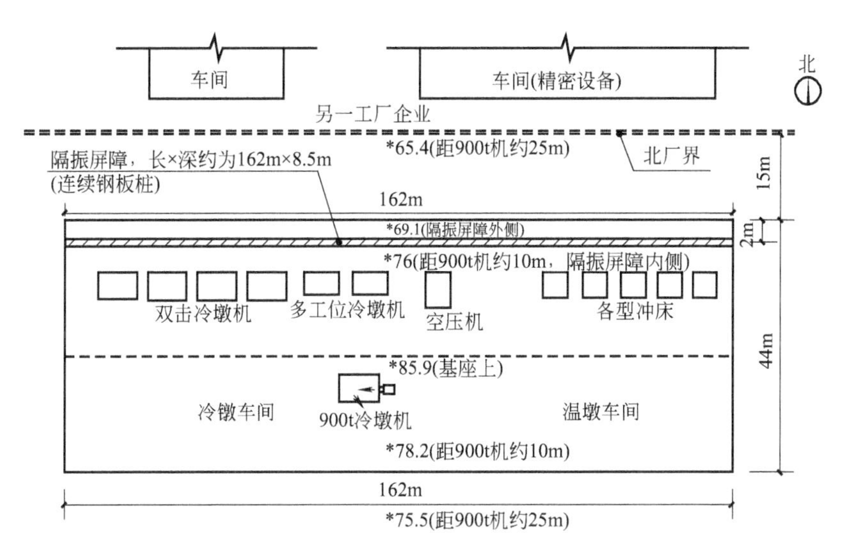

图 1 典型案例一车间设备布置及隔振屏障平面示意图

(图中＊表示振动测点，数据表示振级 VL_z 值，dB)

冲床以及 250～25t 各型冲床 19 台。

实测 500t 冲床冲制 5～7mm 厚钢板零件时，冲击速度为 36 次/min，工作台面上振动级为 116dB，距机 1.0m 处为 109.6dB。200t 冲床工作台面上振动级为 123.7dB，距机 1.0m 处振动级为 98.6dB。冲床车间距北厂界外居民住宅约 52m，也是夜间生产。

环境评价要求典型案例之二居民住宅处振动执行居民文教区规定，夜间居民住宅处振动级 $VL_z \leqslant 67$dB。典型案例二的平面示意图如图 2 所示。

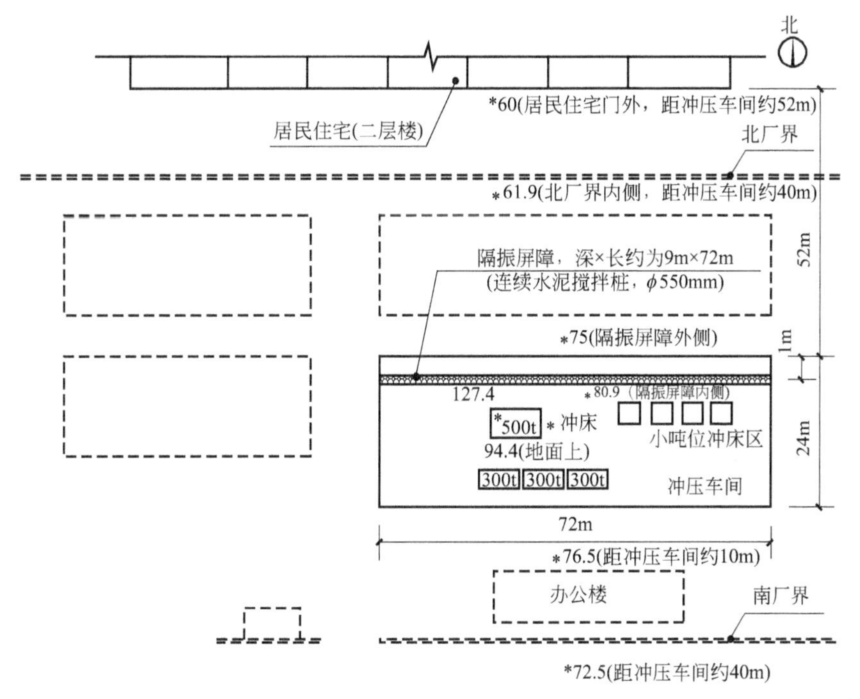

图 2 典型案例二车间设备布置及隔振屏障平面示意图

(图中＊表示振动测点，数据表示振级 VL_z 值，dB)

2.3 振动影响分析

各种动力设备所产生的振动，经由设备基础和土壤介质向外传播并逐渐衰减。上述两个典型案例中的冷镦、温镦机及冲床等均属压力机，其撞击性的振动向四周传递。在无隔振措施的情况下，接收点（厂界或居民住宅等敏感点）应在“防振距离”之外。表1列出了《隔振设计手册》中有关压力机“防振距离”要求[2]，该要求是按不同的振动源、精密设备的允许振动速度、土壤分类、实测设备基础振幅和频率，经反复计算、调整和修正后提出来的，是隔振设计的依据之一。

表1 《隔振设计手册》防振距离 m

动力设备	设备类型	振动速度/(mm/s)				
		0.03	0.05	0.10	0.30	0.50
压力机	500t左右	280	220	150	65	45
	315t	220	170	110	50	35
	250t	175	140	80	40	30
	160t	125	95	60	30	25

按最新颁布的国家标准GB 50868—2013《建筑工程容许振动标准》规定[3]，若按一般建筑物容许振动速度值夜间为0.25mm/s要求，500t压力机“防振距离”约为100m（插入法估算）。典型案例一冷镦、温镦机车间距北厂界15m，典型案例二冲床车间距居民住宅约52m，均在100m“防振距离”之内，应采取隔振措施。

2.4 压力机振动随距离衰减的实测值

由于振动在地面上传播的复杂性和不确定性，按距离衰减计算的误差较大，多数以实测或经验估算为主。我们曾对典型案例一、二中的主要设备400t双击冷镦机、600t多工位冷镦机以及500t、200t冲床的振动级随距离变化进行了实测，其结果列于表2。

表2 压力机振动级实测值 VL_z（dB）

设备型号 / 测距/m	典型案例一					典型案例二	
	400t双击冷镦机		600t多工位冷镦机		160t冲床	500t冲床	200t冲床
	垂向	水平	垂向	水平	垂向		
设备台面	—	—	—	—	—	116	123.7
距1.0m	88	80	90	87	87.5	109.6	98.6
距2.0m	—	—	—	—	93.5	78.6	83.8
距5.0m	88	79	—	—	6.0m 85	74.7	84.8
距10.0m	83	76	82	77	12.0m 90	73.5	76.6
距20.0m	—	—	17.0m 72	17.0m 62	83	68.7	80.9
距30.0m	—	—	—	—	—	69.7	71
距50.0m	—	—	—	—	—	71.7	70.5
距55.0m	—	—	—	—	—	70	69

由表2可知，典型案例一中600t多工位冷镦机振动传至17.0m处为72dB，160t冲床振动传至20.0m处为83dB。典型案例一冷镦和温镦车间距厂界约15m，若不采取隔振措施，考核点北厂界将超标（标准要求$VL_z \leqslant 72$dB）。典型案例二中500t冲床和200t冲床振动传至50m外，振动级均在70dB以上。北厂界外52m为居民住宅，要求夜间$VL_z \leqslant 67$dB，若不采取隔振措施，考核点也将超标。除对这些压力机本身采取部分隔振措施外，经商定，在这些压力机振动传播途径上和考核点之间采取隔振屏障等积极隔振措施，降低其振动影响，力争达到相关标准规定。

3　隔振屏障技术措施

地面屏障式隔振是隔振设计规范中介绍的隔振方式之一，它主要是采用排桩或隔板来隔离振动。入射于土壤中的波动，遇到不同介质（如屏障）时就会产生反射和折射，其被反射和折射的波动与入射波的互相作用，就形成了波的散射现象。当异性介质（屏障）的尺寸比入射波的波长大很多时，则在屏障后面形成一个波的强度被减小很多的屏蔽区，这个屏蔽区就相当于噪声控制中的“声影区”，振动得到很大衰减[4]。定性来说，影响地面振动衰减的因素颇多。首先是振动源特性，撞击性振动源比周期性振动源衰减的要快，能量大的和频率高的衰减快，垂直振动比水平振动衰减快，沙土类和松散土层比亚黏土层衰减快，同类土质中水位低的衰减快，桩基或深基础比天然地基或浅基础衰减快。鉴于影响振动在土壤中传播的因素很多，情况比较复杂，虽然有些经验公式可供距离衰减计算参考，但多数是以实测值为准，以实践经验为主[5]。对动力设备采取积极隔振措施，既要满足隔振效果要求，又要保证动力设备自身振动小于允许振动值，不影响动力设备的运行和精度要求。

典型案例一、二都是多台动力设备一字排列，距厂界或敏感目标居民住宅都很近，采取近场隔振措施是比较有利的。

3.1　典型案例一的隔振

典型案例一除对200t、315t压力机采取安装橡胶隔振垫的技术措施外，在冷镦车间和温镦车间北墙内距车间北墙约2.0m处设置一道大型隔振屏障，如图1所示。

隔振屏障长×深约为162m×8.5m，采用凹凸槽截面形式的钢板桩，一根板桩的凸边插入另一根板桩的凹槽内，所有板桩连为一体，形成一垛地下连续屏障，隔振屏障的深度不小于从室外地坪标高以下8.5m，即屏障在地面以下的深度为8.5m。隔振屏障距北厂界约15m。

3.2　典型案例二的隔振

典型案例二除对200t、500t冲床设置大型基础和隔振沟外，在冲压车间的北墙内侧、距北墙约1.0m（不碰钢筋混凝土基础为原则）统长设置一道隔振屏障。隔振屏障长×深约为72m×9m，如图2所示。

隔振屏障为水泥搅拌桩，水泥搅拌桩的直径约为ϕ550mm，单排桩，桩深9m，连续浇灌，形成一道地下连续墙似的隔振屏障。隔振屏障距北侧居民住宅约52m。

4 隔振屏障实测隔振效果

典型案例一：某高强度螺栓有限公司已建成并投入正常生产 5 年余，如图 1 所示。冷镦车间和温镦车间有振动的设备运行时，实测最大吨位的 900t 冷镦机（韩国进口，自身重约 200t，基础重约 400t）基座上振级 VL_z 为 85.9dB，600t 多工位冷镦机基座上振级 VL_z 为 90dB。振动传至隔振屏障内侧 VL_z 为 76dB，隔振屏障外侧 VL_z 为 69.1dB（相距均为 1.0m）。隔振屏障近场内外之差为 6.9dB。振动传至距冷镦车间 15m 的北厂界处 VL_z 为 65.4dB，达到了工业区振级应≤72dB 的标准规定。该项目已通过环保验收。

典型案例二：某阀板有限公司也已建成并投入运行 4 年余，如图 2 所示。实测新安装的 500t 冲床基座上振级 VL_z 为 127.4dB，距机 1.0m 地面上为 94.4dB，振动传至隔振屏障内侧 VL_z 为 80.9dB，隔振屏障外侧 VL_z 为 75dB（相距均为 1.0m），隔振屏障近场内外之差为 5.9dB。振动传至距冲压车间约 40m 的北厂界处 VL_z 为 61.9dB，传至距冲压车间约 52m 的居民住宅处为 60dB，厂界和居民住宅处全面达到了 2 类区振级≤67dB 的标准规定。该项目也已通过环保验收。

在距振动源相同距离处，以典型案例一为据，25m 处有隔振屏障一侧振级为 65.4dB，无隔振屏障一侧振级为 75.5dB，两者相差 10.1dB。以典型案例二为据，40m 处有隔振屏障一侧振级为 61.9dB，无隔振屏障一侧振级为 72.5dB，两者相差 10.6dB。说明在一定距离内隔振屏障有 10dB 左右的隔振效果。

如前所述，典型案例一若不采取隔振措施，距冷镦机 25m 的北厂界将会超标，因为实测无隔振措施的南侧 25m 处振级为 75.5dB。典型案例二若不采取隔振措施，距冲压车间 40m 处的北厂界和 52m 处的居民住宅将会超标，因为实测无隔振措施的南侧 40m 处振级为 72.5dB。

5 结语

上述两个典型案例说明，隔振屏障在近场有 5～6dB 的隔振效果。在 50m 内相同距离处，有隔振屏障比无隔振屏障振级将降低约 10dB。两个典型案例说明采取隔振屏障后确保了考核点（厂界和居民住宅处）振动达标，若无隔振屏障将超标。因此设置隔振屏障是必要的，正确的，有效的。

【参考文献】

[1] GB 10070—1988. 城市区域环境振动标准 [S].
[2] 中国船舶工业总公司第九设计研究院等. 隔振设计手册 [M]. 北京：中国建筑工业出版社，1986.
[3] GB 50868—2013. 建筑工程容许振动标准 [S].
[4] GB 50463—2008. 隔振设计规范 [S].
[5] 王庭佛，杨云. 振动屏障隔振的一次尝试 [J]. 造船工业建设，2006，1：83-87.

本文 2013 年刊登于《噪声与振动控制》增刊
（参与本文编写的还有本院冯苗锋，上海师范大学沈黎雯，上海新华净公司王兵）

预拌混凝土企业噪声治理

摘　要：国家规定建筑工程使用商品混凝土，因此各地新建和改建了不少混凝土搅拌企业，但其噪声和粉尘污染成为突出的问题之一。本文以上海浦东新区两个混凝土搅拌企业为例，采取设置大型半封闭隔声棚和隔声屏障技术措施，降低了噪声影响，达到了环保要求，可供同行参考。

关键词：混凝土搅拌　大型隔声棚　降噪　达标

1　前言

改革开放以来我国大兴土木，座座高楼平地而起，条条道路四通八达，这些用钢筋混凝土堆积起来的建筑物，其中主要成分是水泥、石子、黄沙、辅料等经搅拌而成的混凝土。以往每个建筑工地都有混凝土搅拌机或搅拌站，其噪声和粉尘严重污染周围环境。近年来，国家规定建筑工地应使用商品混凝土，上海市明文规定禁止在工程施工现场搅拌混凝土。这样预拌混凝土企业迅速发展，但在其生产过程中也存在噪声和粉尘污染。作者在上海浦东新区就碰到过两个典型项目——川沙某预拌混凝土有限公司和北蔡某混凝土有限公司，都是噪声和粉尘治理工程。通过调查、测试、方案论证、具体实施、工程验收等全过程，解决了这两个项目的噪声和粉尘污染问题，取得了较满意的治理效果，均已通过环保验收。

2　混凝土生产工艺流程及噪声污染

以川沙某预拌混凝土有限公司为例，该公司有1#、2#两条混凝土生产线。水泥、黄沙、石子等原料由驳船运来，通过厂区东侧的浦东运河码头卸货至厂区堆场，再经皮带输送机送至离地高约20m的1#、2#搅拌楼料仓，由计量斗按比例计量后配送至搅拌机搅拌，经搅拌均匀后的混凝土从出料斗输出至运输车上，装有混凝土的运输车马上开往需浇灌混凝土的工地进行施工。

生产过程中混凝土搅拌机噪声约为90dB(A)，输送机噪声为85dB(A)，除尘风机噪声为90dB(A)，带有发动机和造气压缩机的装载机噪声为105dB(A)，粉料车、大型混凝土运输车的噪声为90dB(A)。川沙某预拌混凝土有限公司占地约13500m^2，日产商品混凝土2000m^3，三班制运行。厂区西侧为川沙路交通干道，东侧为浦东运河，南侧为陈家沟河道，北侧为另一家企业。厂区西侧隔川沙路就是上海国际金领居民住宅小区，由多栋11层居住楼组成，西厂界与居民住宅楼相距约50m，如图1所示。

未治理前，码头、料场、输送带、1#和2#搅拌机等全都是敞开安装的，装载机、粉料车、运输车等未采取控制措施。厂区道路上的噪声为75～80dB(A)，西厂界处噪声为74dB(A)(同时受川沙路交通噪声影响)。2010年8月5日上海浦东新区环境监测站实测与厂界

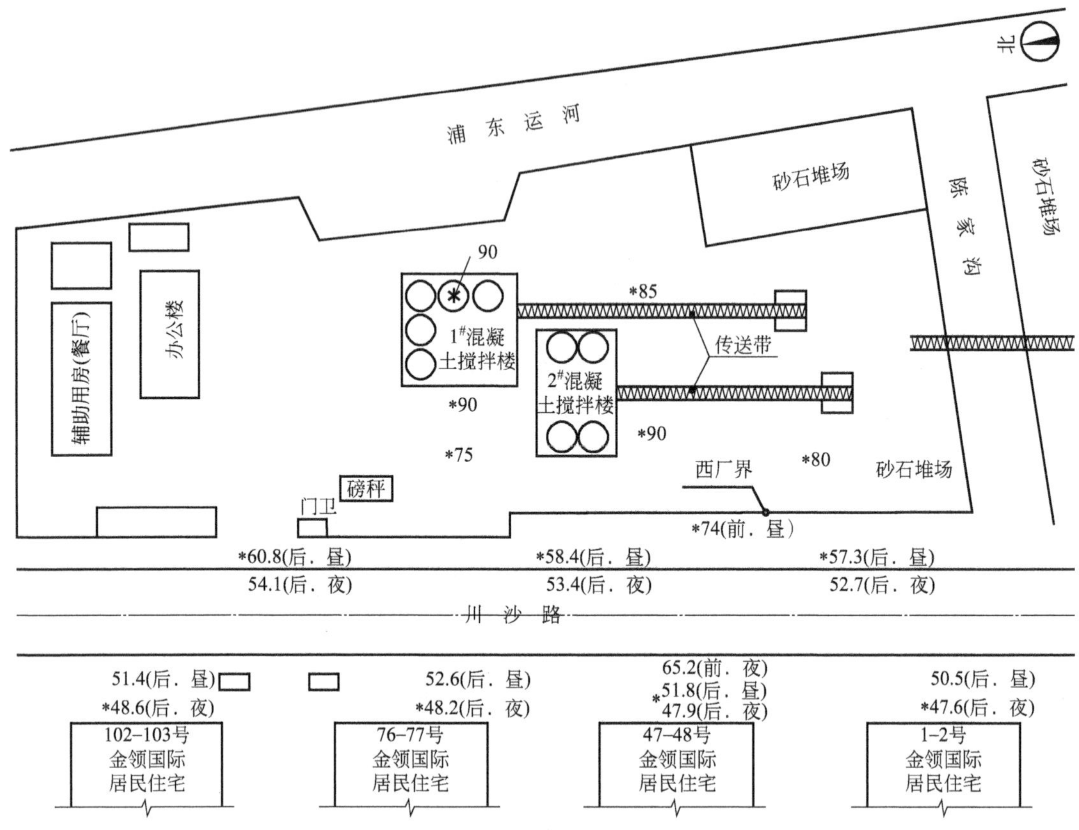

图 1　上海川沙某预拌混凝土有限公司平面布置图及噪声测点位置图

图中 * 表示噪声测点，数据表示该点的声压级，dB(A)；括号内“前．昼”表示治理前昼间噪声，“后．昼”表示治理后昼间噪声，“后．夜”表示治理后夜间噪声

相距约 50m 的金领国际居民小区 47 号楼 602 室窗外夜间噪声为 65.2dB(A)。按规定本地区执行声环境区划 2 类区标准，即居民住宅处昼间噪声应低于 60dB(A)，夜间噪声应低于 50dB(A)。西厂界距川沙路 20m，按规定可执行 4a 类规定，即昼间噪声应低于 70dB(A)，夜间应低于 55dB(A)。无论是厂界还是居民住宅处都严重超标，居民反映强烈，多次上诉，已成为浦东新区百家污染源整治重点单位之一，责令限期整改，否则停产。

3　采取的主要技术措施

3.1　声源降噪

如前所述，带有发动机和造气压缩机的装载机噪声高达 105dB(A)，对其进行改装，去掉造气压缩机，用固定式空压机替代，空压机置于室内，同时采取隔声消声措施，使装载机噪声由 105dB(A) 降为 80dB(A) 左右。原粉料筒仓除尘装置安装于离地高约 25m 的筒仓顶部，除尘风机噪声呈立体分布向四周传播，影响范围很大，现将除尘装置移至地面，并加装隔声罩和消声器，其噪声由 90dB(A) 降为 75dB(A) 左右。

3.2 搭建一个大型半封闭隔声棚

在主要生产区搭建一个大型隔声棚，隔声棚长×宽×高约为 148m×33(44)m×15m，面积约 $5200m^2$，如图 2 所示。

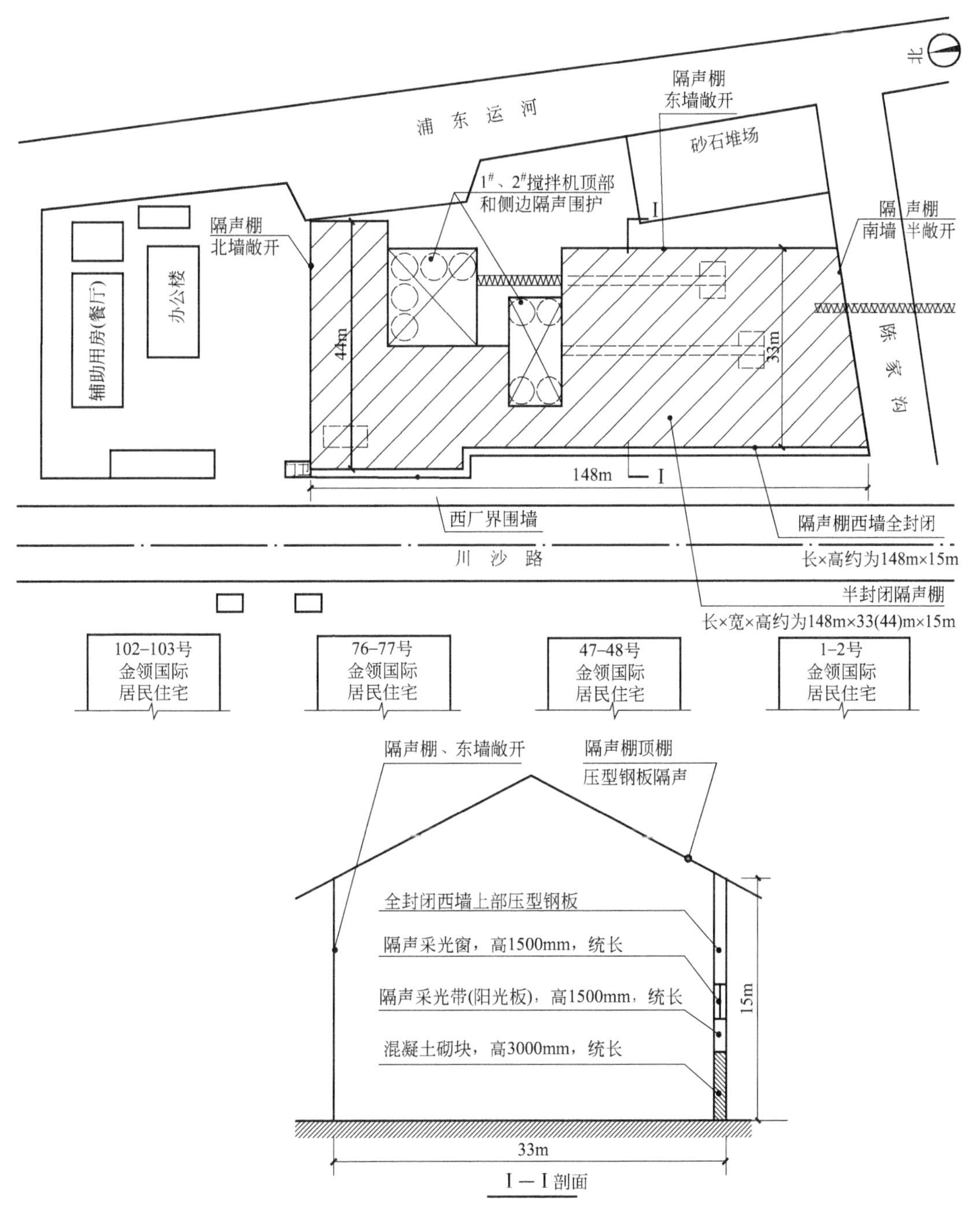

图 2 上海川沙某预拌混凝土有限公司噪声治理半封闭隔声棚平剖面示意图

隔声棚的西侧全封闭，东侧和北侧敞开，南侧半封闭，将 1#、2# 搅拌生产线，传送带，部分料场，装卸货工位等置于隔声棚内，既防止粉尘外泄，又有利于隔声降噪。隔声棚用型钢搭建，顶部隔声板为压型钢板（厚0.5mm），顶部设隔声采光带（阳光板），面积约5200m^2。顶棚设置檐沟和雨水管。西墙由下向上全封闭，下部离地高3.0m为砖砌墙体，玻璃隔声采光窗高约1500mm，统长。阳光板采光带高约1500mm，统长。西墙上部为压型钢板隔声板，高约9000mm，统长。隔声棚顶棚和西墙综合隔声量约为15dB(A)。

3.3 1$^{\#}$、2$^{\#}$搅拌楼隔声围护结构

1$^{\#}$、2$^{\#}$搅拌楼离地高约20m，除筒仓外，其余部分都是敞开的，楼顶长×宽约为16m×15.5m。用压型钢板将敞开部分封闭，侧边也用压型钢板封堵，以降低搅拌机噪声对外影响，搅拌楼围护结构综合隔声量约为15dB(A)。

3.4 加强管理

由于混凝土运输量较大，差不多每5min就有一辆装满混凝土的大型运输车从西门进出，西门正对金领国际居民住宅。运输车出门加速或避让行人按喇叭时，噪声直接传至居民住宅处，尤其是夜间，夜深人静时噪声影响更为突出。（附带说一句，上海市规定大型货车昼间不运行，夜间运行，这也加剧了夜间噪声影响。）川沙某预拌混凝土有限公司制定了较详细的管理办法，设置了禁鸣和减速标志，路面进行了平整并洒水，不用声控用光控指挥车辆进出等，尽量减小噪声干扰。

4 治理效果与实测验收

4.1 厂界处噪声

采取了上述4项治理措施后，西厂界处综合噪声由治理前的74dB(A）降为治理后的67dB(A)。2011年10月28日工程验收监测时，在大型隔声棚西墙外临川沙路一侧布置了3个测点（图1)。在1$^{\#}$、2$^{\#}$搅拌生产线等正常运行时，同时避开川沙路交通噪声影响，昼间3个点实测值分别为60.8dB(A)、58.4dB(A)、57.3dB(A)，夜间实测值分别为54.1dB(A)、53.4dB(A)、52.7dB(A)。川沙路有车辆行驶时，西厂界昼间噪声为67.2dB(A)，夜间为58.3dB(A)。如前所述，西厂界可执行4a标准，实测表明，西厂界基本达到了4a标准要求。

4.2 居民住宅处噪声

采取了综合治理措施后，金领国际居民住宅处夜间噪声由治理前的65.2dB(A）降为47.9dB(A)。工程验收监测时在居民住宅处布置了4个监测点，在1$^{\#}$、2$^{\#}$搅拌生产线正常运行时，同时避开川沙路交通噪声影响，昼间4个测点的实测值分别为51.4dB(A)、52.6dB(A)、51.8dB(A)、50.5dB(A)，川沙路上有车辆通过时为61.3dB(A)。夜间4个测点在川沙路上无车辆通过时，实测噪声分别为48.6dB(A)、48.2dB(A)、47.9dB(A)、47.6dB(A)，有车辆通过时为54.3dB(A)。总之，川沙某预拌混凝土有限公司噪声对金领国际居民住宅的影响昼间低于53dB(A)，夜间低于49dB(A)，全面达到了2类区标准规定。

2011 年 11 月已通过浦东新区环保验收，各方都比较满意。

5 结语

混凝土生产企业的特点是物料流量特别大，多数靠近航运码头或铁路或公路边布置，生产设备粗犷、庞大，敞开安装，位置高，声源频带宽、声级高，呈立体分布，影响范围大，噪声和粉尘污染严重，是环境污染治理的重点之一。川沙某预拌混凝土有限公司投资 300 多万元解决了这一问题。

另一个项目是浦东北蔡某混凝土有限公司在厂区东、北两侧有居民住宅的厂界处搭建了两道高约 10m 的隔声吸声屏障，总面积约为 900m^2，投资约 80 万元。使居民住宅处于声屏障的“声影区”内，混凝土生产设备围蔽在声屏障之内，也取得了较满意的治理效果，达到了 2 类区标准规定，也已通过环保验收。

上述两个项目噪声和粉尘污染同时治理，粉尘治理措施及效果本文略。

本文 2013 年刊登于《噪声与振动控制》增刊
（参与本文编写的还有本院冯苗锋，上海新华净公司王兵）

上海某汽车公司研发中心大楼噪声与振动治理

摘　要： 某汽车公司研发中心大楼五层屋顶安装了诸多设备，其噪声对内对外均有影响，采取了常规隔声、吸声、消声、隔振措施后，外环境已达标，但五楼高级办公室内仍超标，通过测试，查找原因，进一步采取隔振措施，室内噪声降为40dB(A)，达到了设计要求。

关键词： 噪声　振动　消声器　隔振

1　概况

上海某汽车公司研发中心大楼位于嘉定区，东临洛浦路，北靠和静路，南侧和西侧为顾浦河。该大楼占地面积2347m^2，总建筑面积为14495m^2，是一栋五层楼钢筋混凝土框架结构的研发楼，地下一层为车库。五楼屋顶上安装了4台大型风冷热泵机组、3套循环水泵、2套大型排风机等。这些设备的噪声对内对外均有影响。按规定本地区执行声环境2类区标准，即厂界处昼间噪声$L_{eq}\leqslant$60dB(A)，夜间$L_{eq}\leqslant$50dB(A)。大楼1～5层均为办公、研发用房，要求室内噪声符合办公建筑多人办公高标准规定，即要求室内噪声$L_{eq}\leqslant$40dB(A)。

五层屋顶设备安装就绪后，其噪声和振动超标很多，办公人员尤其是老外反映强烈，要求整改。按用户要求及相关标准规定，经调查测试、方案论证、施工安装、反复调整，最后取得了满意的治理效果。

2　噪声源测试分析

2.1　风冷热泵机组

五层屋顶上安装了2组4台螺杆式风冷热泵机组（以下简称热泵机组），型号为ACDX-HP270R，每台外形尺寸长×宽×高约为5500mm×2235mm×2570mm，每台机组上部有12台轴流风机，单台轴流风机风量为24500m^3/h，电动机功率为2.2kW，单台热泵机组开动，其上部出风口45°方向，测距1.0m处，噪声为90.9dB(A)。下部压缩机边，测距1.0m，离地高1.5m处，噪声为88.1dB(A)。

2.2　循环水泵

五层屋顶上安装了3台循环水泵，单台开动，测距1.0m，离地高1.0m处，噪声为80dB(A)。

2.3　风机

五层屋顶北侧和东侧各安装了1台大型加压和排烟风机，单台开动，噪声为85dB(A)。

2.4　女儿墙边、厂界和五楼室内

五层屋顶女儿墙边噪声为 79.5dB(A)，北厂界处为 67.7dB(A)。当两台热泵机组开动时，五层楼室内中部噪声为 57.9dB(A)。

研发中心五层楼屋顶设备平面布置图如图 1 所示，未治理前五楼办公室中部噪声频谱特性曲线如图 2 所示。

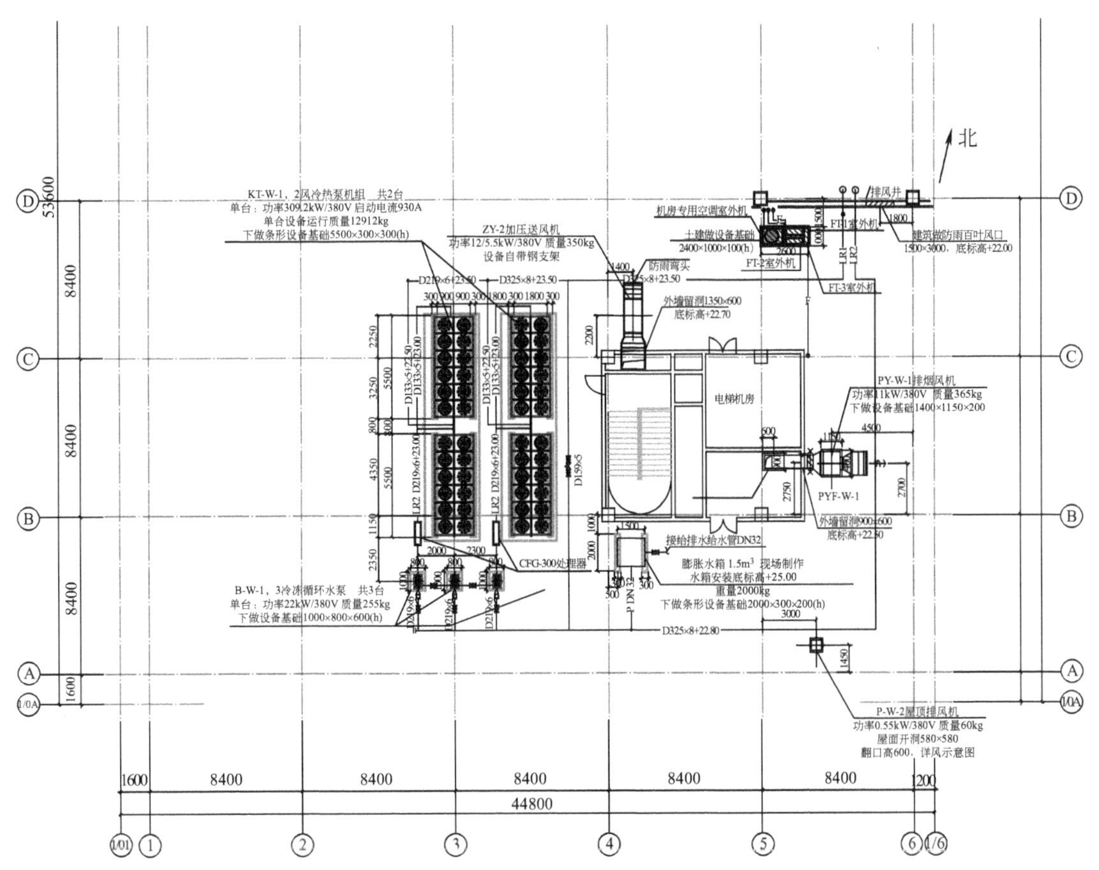

图 1　研发中心五层楼屋顶设备平面布置图

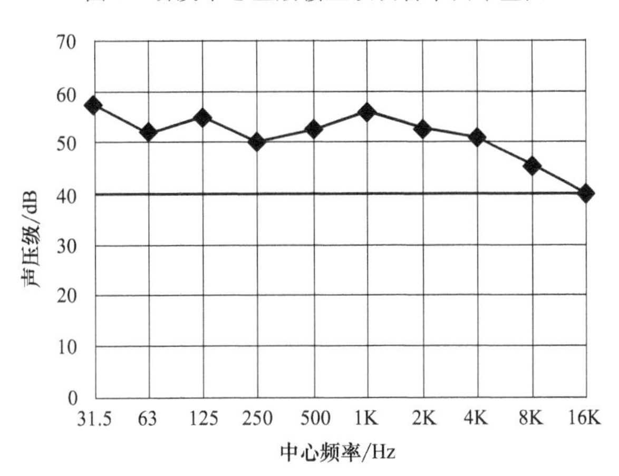

图 2　未治理前五楼办公室中部噪声频谱特性曲线

热泵机组主要噪声源有三个：一是热泵机组下部压缩机噪声，系机械噪声；二是热泵机组上部轴流风机气流噪声；三是机组振动引起的壳体、管道固体传声。一般上部风机噪声比下部压缩机噪声要高 3～5dB(A)。轴流风机气流噪声是治理的重点。与热泵机组配套的循环水泵噪声，包括其泵体的机械噪声、电动机的电磁噪声、联轴器的啮合噪声等。热泵机组与水泵相连的管道由于机组振动也会产生管道噪声。

3 采取的主要技术措施

热泵机组噪声治理平剖面示意图如图 3 所示。

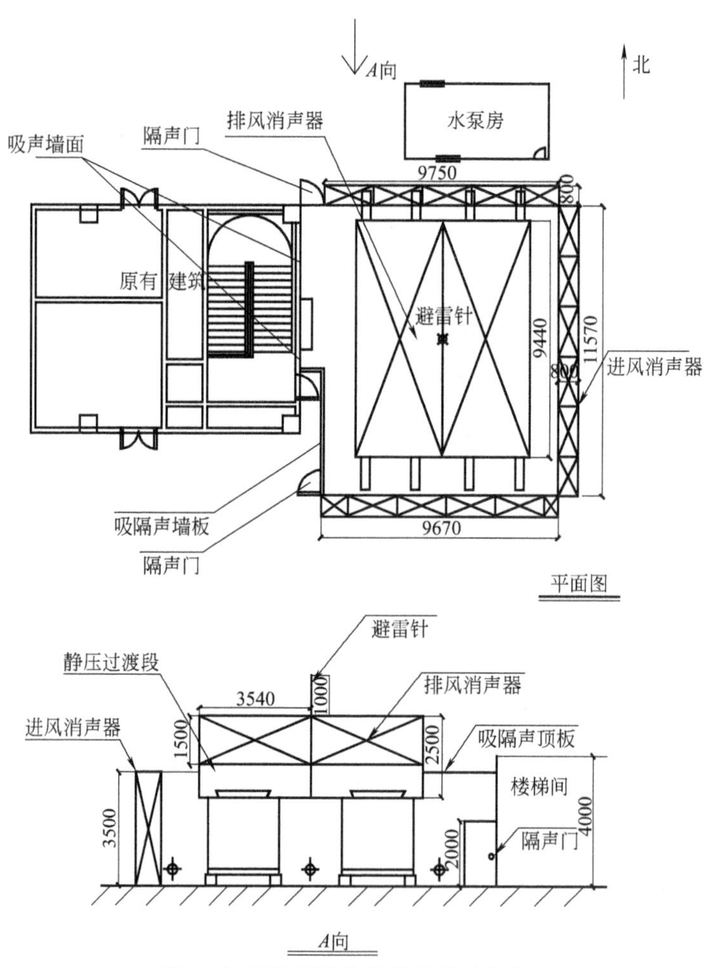

图 3 热泵机组噪声治理平剖面示意图

3.1 热泵机组出风消声器

在每台热泵机组的上部轴流风机出风口处加装出风消声器，出风消声器外形尺寸长×宽×高约为 5700mm×2500mm×2500mm，共 4 套；在高度方向，消声器过渡段（稳流段）高约 1000mm，消声器有效高度（即安装消声插片的高度）为 1500mm。出风消声器外壳为

100mm 厚彩钢夹芯板拼装，消声插片厚为 100mm，片间距为 150mm，出风消声器及其消声插片结构示意图如图 4 所示。

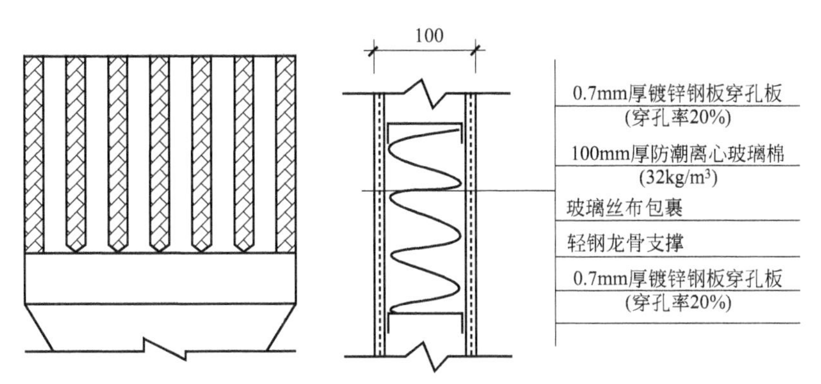

图 4 出风消声器及其消声插片结构示意图

3.2 热泵机组隔声吸声棚

为隔离热泵机组压缩机及其壳体、管道等噪声向外传播，在其四周搭建一个隔声吸声棚。隔声吸声棚长×宽×高约为 13200mm×11200mm×3500mm，顶高大于热泵机组上沿。采用 100mm 厚彩钢夹芯板作为外侧隔声板，内侧吸声层厚 50mm，用穿孔护面板加 50mm 厚防潮离心玻璃棉吸声，用玻璃丝布袋装裹，轻钢龙骨支撑。

3.3 隔声吸声棚侧墙进风消声器

由于热泵机组总风量约为 24500×12×4＝1176000m^3/h，为确保其制冷效果，在隔声吸声棚的南、北、东三侧墙上加装进风消声器，南北侧进风消声器长×高×厚约为 9670(9750)mm×3500mm×800mm，东侧进风消声器长×高×厚约为 11570mm×3500mm×800mm，进风消声器由多只单元消声器拼装而成。进风消声器插片呈“/‾‾\”形，厚为 100mm，片间距为 100mm，进风消声器消声插片结构如图 5 所示。

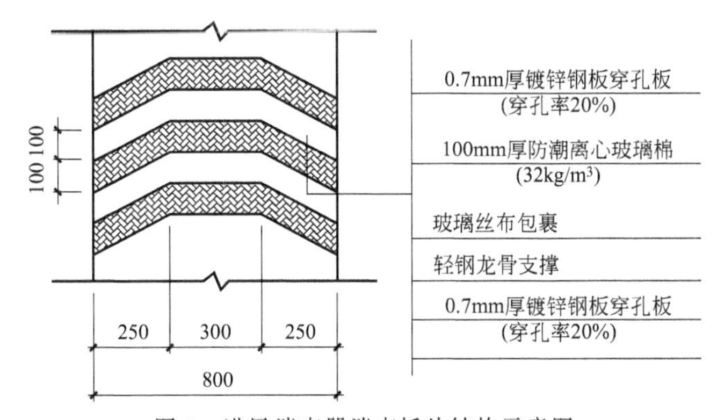

图 5 进风消声器消声插片结构示意图

3.4 隔声吸声棚隔声门、隔声采光窗

在隔声吸声棚的西侧和北侧开设 2 扇隔声门，门宽×高约为 800mm×2000mm。在隔声

吸声棚的南、北、东侧开设12个隔声采光窗。每个窗宽×高约为800mm×700mm。

3.5 循环水泵隔声罩

在3台循环水泵的外侧加装一个长×宽×高约为5000mm×2000mm×1500mm隔声罩。用隔声吸声板拼装，可拆卸。

3.6 热泵机组和循环水泵隔振

热泵机组和循环水泵供货单位按常规在其基座下部加装了隔振器，管道加装了木质U形托架，水泵加装了橡胶隔振垫。

3.7 辅助措施

五层屋顶北侧和东侧的加压风机和排烟风机加装了消声器，热泵机组加装了维修踏板，小楼梯，隔声吸声棚内安装了照明和电气开关等。

4 治理效果测试

按上述各项治理措施实施后，现场测试热泵机组出风消声器消声量为15～20dB(A)；隔声吸声棚进风消声器消声量为15dB(A)，隔声吸声棚内外声级差（隔声量）为15～20dB(A)。五层屋顶女儿墙边噪声由79.5dB(A)降为65dB(A)。北厂界处噪声由67.7dB(A)降为55dB(A)，厂界处昼间噪声（设备夜间不开动）已达到标准规定。在五楼办公室内中部测试，噪声由57.9dB(A)降为49.5dB(A)，降噪8.4dB(A)。但五楼办公室内仍能明显听到屋顶传来的“嗡嗡嗡”的低频声，很不舒服，要求进一步整改。

5 整改措施

现场调查测试表明，五楼办公室内噪声偏高的原因是屋顶上热泵机组和循环水泵的振动引起的，系固体传声，振动通过楼板、柱子、侧墙传递，在办公室内引发了二次噪声，即结构噪声，因此整改的关键是隔振处理。

5.1 振动测试

对热泵机组原已安装的隔振装置进行测试分析，实测其振动加速度和速度，详见表1。

实测结果表明，原有的热泵机组和水泵的隔振装置有一定的隔振效果，但不太理想，隔振效率较低。隔振后的底座上振动加速度还有0.6m/s^2，振动速度还有0.4mm/s，管道支架传至楼板上的振动加速度还有0.03m/s^2，振动速度还有0.03mm/s。同时发现每台热泵机组下部安装了8只隔振器压缩量不均匀，是等距排列，有的隔振器已倾斜或压死，管道支架有的刚性连接直接固定在楼板上，有的未装隔振器，热泵机组出风消声器支架个别与土建大梁直接连接，多处形成“声桥”。振动通过“声桥”就传递出去了。

表 1 热泵机组原有隔振装置振动测试

测试位置	方向	振动加速度/(m/s^2)	振动速度/(mm/s)
热泵机组隔振器上壳	垂向	1.6～2.4	1.4～2.5
热泵机组隔振器底盘	垂向	0.5～0.6	0.3～0.4
热泵机组隔振器下壳	水平方向	0.5	0.4
热泵机组进出口管道支架上	垂向	0.10～0.17	0.5
热泵机组进出管道支架下地面	垂向	0.02	0.03
主管道支架上	垂向	0.17	0.3
主管道支架下地面	垂向	0.03	0.03

5.2 隔振措施

① 按新设计要求，更换原热泵机组隔振器，要求金属弹簧隔振器工作频率低于 2.5Hz，每台热泵机组配置 14 只隔振器，安装时调整其压缩量基本一致。

② 所有管道托架，支架下面均安装小型隔振台座，台座下面安装工作频率低于 3.2Hz 的金属弹簧隔振器。

③ 管道 U 形木托架全部改为橡胶弹性托架。

④ 所有进出风消声器钢支架，隔声吸声棚立柱支架等与热泵机组完全脱开，避免形成“声桥”。

⑤ 循环水泵基座下面橡胶隔振垫全部更换为金属弹簧隔振器，进出管道安装橡胶挠性接管，支架托架为弹性连接。

6 总体效果

热泵机组采取了隔声、吸声、消声、隔振等技术措施后，厂界处已达到 2 类区标准要求，特别是整改了热泵机组等隔振装置后，五楼办公室内的噪声又有了明显的降低，在 5 楼办公室中部实测噪声为 40dB(A)，全面达到了设计要求，用户比较满意。

【参考文献】

[1] 吕玉恒．噪声控制与建筑声学设备和材料选用手册［M］．北京：化学工业出版社，2011.

[2] 马大猷．噪声与振动控制工程手册［M］．北京：机械工业出版社，2002.

本文 2015 年刊登于《全国第十四届噪声学术会议论文集》

（参与本文编写的还有上海新华净公司王兵、金忠民）

食品行业噪声治理实践

摘　要：因行业的特殊性，食品行业对噪声治理的结构、材料、施工等方面要求较高，导致治理难度较大，通过对降噪方案的深入优化，选取合适的材料、专业的加工制作，在食品行业的降噪工程中取得了一定的成果和经验，所承接的工程达到了客户的要求，已通过竣工验收。

关键词：食品行业　噪声治理　流水线隔声罩

1　概述

对于食品行业，我们第一印象就是安全、卫生，而对于食品企业内部的相关人员来说噪声是一个不可避免的问题，食品企业和其他工业企业一样也存在着突出的噪声问题，人员的身心健康直接受其影响，同样须按国家法律法规的要求对噪声进行治理。

由于行业的特殊性，食品企业对降噪的设计、材料选用、工艺等有特殊要求，使得食品企业噪声治理难度较大。所以噪声治理方案需要结合实际，不能照搬一般企业降噪措施，必须充分考虑其特点，有针对性地采取措施，选用合适的材料，严格按照相关要求进行，才能达到满意的降噪效果。

2　食品行业噪声特点及治理难点

2.1　食品行业噪声特点

① 噪声源众多。食品企业工序多，流水线长，所需的机器设备多，这样就造成了噪声源比较多。特别是自动化的流水线，从原料到半成品，再从成品到包装出货，全部由自动化机器设备串联起来，这些设备都可能是噪声源。还有一些通用的工业设备，如风机、空压机、冷却塔、柴油机、水泵等，这些设备一般会布置在专属区域或者车间外部，但其噪声依然会对车间内外，乃至厂界产生不利影响，也是需要治理的。

② 持续时间长。很多食品企业因为自动化程度高，订单量大，采取 24 小时不间断生产，机器设备长时间运行，噪声持续影响车间的工作人员。同时外部的相关动力设备，如空压机、风机、冷却塔等也处于不停机运行状态，噪声对企业内部和厂界处的声环境都有可能产生不利的影响。总之机器不停，噪声就不会消失，对周围声环境的影响就不会停止。

③ 危害严重。很多食品企业设备运行时产生的噪声声压级较高，而且由于布局不合理，众多噪声源处于同一个车间内，噪声叠加，再加上墙面反射，使得车间内声环境非常恶劣，如果再加上 24 小时轮班不间断生产，相对于普通 8 小时工作时间，有更多人员受到噪声影响，危害身心健康。有的食品企业虽然自动化程度较高，但是设备的噪声还是不可避免，而且生产线上有一定数量的工位，特别是在像包装流水线等处，工位数量和工作人员比其他地

方更多，噪声的危害并没有减少。

2.2 噪声治理难点

① 材料要求严格。食品加工过程肯定是要安全卫生，无毒无害，因此噪声治理所采用的材料也不能例外。在直接接触食品的设备和流水线处，金属材料镀锌钢板、冷轧钢板、岩棉彩钢板等材料以及表面喷涂等都是不允许使用的。一般常规使用的吸声材料如玻纤吸声棉、硅酸铝棉等就不可使用，因其不环保，会飘絮，所以必须甄选甚至研发符合食品企业要求又能满足声学要求的材料。

② 结构设计和加工要求高。食品企业车间以及一些相关设备经常要清洗和维护，所以在方案设计中要考虑不能留有不易清洁的卫生死角和缝隙，影响食品安全。一些结构还要方便拆卸，便于维护和清洁。在生产上，对加工制作也有较高的要求，如焊接、打磨、表面粗糙度等。

③ 施工及安全要求高。食品企业对进场施工队有严格的管理要求，需经培训才能进场施工，施工过程必须严格遵守相关安全规定。食品行业与化工行业有点类似，要求安全第一，劳防必备。焊接需要开动火证，登高要有健康证。食品行业还要求施工材料及机具等要符合清洁卫生的规定，施工人员要进行体检等，因此施工成本比较高。

3 食品行业降噪实例

3.1 巧克力流水线隔声罩

(1) 噪声源概述

所要治理的设备为巧克力流水线，该流水线的主要噪声源是振动皮带和脱模机。振动皮带的作用是气锤横向敲击盛有巧克力浆液的模具，使其在模具中均匀分布，噪声主要由气锤往复运动以及撞击模具产生，该处的噪声为 90～95dB(A)。脱模机噪声主要是气锤垂直方向撞击模具时产生（撞击的作用是使凝固后的成品巧克力块从模具中脱离掉落到包装流水线上)，该噪声高达 105dB(A)。上述两处噪声均呈中高频特性，声音比较刺耳，该车间内有两条类似的流水线，每条流水线有一台脱模机和多处振动皮带，因此噪声对车间内的声环境尤其是工位处影响比较严重，客户要求降噪治理后脱模机和振动皮带处的工位噪声降至 85dB(A) 以下。

(2) 治理措施

降噪措施是为振动皮带和脱模机各设计建造一个隔声罩。由于一条流水线上的几处振动皮带位置相距较远，每处振动皮带各设计安装一个独立的隔声罩。两台脱模机隔声罩外形尺寸长×宽×高约为 5m×2m×2.5m，振动皮带隔声罩外形尺寸长×宽×高约为 10m×1.2m×2m。

隔声罩使用的金属材料全部为 304 不锈钢。隔声罩的钢结构框架采用 100mm×50mm 和 50mm×50mm 不锈钢矩形管，管内部填充物 80K 岩棉并用不锈钢板封堵端口，防止岩棉泄漏。框架之间的焊接全部为满焊处理，不留缝隙。在客户要求可拆卸的立柱部位，采用不锈钢紧固件连接。

隔声罩在人员观察和操作一侧，安装100mm厚透明隔声门，另一侧则使用50mm厚不锈钢隔声门。透明隔声门使用大面积双层PC板隔声结构，由两层厚度分别为15mm和12mm的PC板加空气隔声层组成。PC板比玻璃具有更好的耐冲击性能和隔声性能，同时透光性媲美玻璃，非常适合工厂车间内使用。在两层PC板隔层内部四周使用密胺吸声棉和穿孔板组成吸声结构。在门与门框之间安装密封条，门锁采用压紧式结构，保证门关闭后密封良好，防止漏声。

在隔声罩内部，除了透明隔声门以外的内表面，全部安装了50mm厚吸声层。该吸声层为可拆卸式，主要由密胺吸声棉和不锈钢穿孔板组成。密胺棉外形如同海绵，多孔材料，具有无毒无味，耐腐蚀、耐高温、耐低温等优点，是特别适合食品企业降噪使用的吸声材料。由于密胺棉无法直接清洗，因此使用PVF薄膜对其包裹。PVF膜可以隔绝密胺棉和罩内空气及食品接触，其表面光滑，方便清洗，同时膜的厚度很薄，不妨碍吸声材料对噪声的吸收。在清洗维护时可以将吸声层拆下，对穿孔板和PVF膜包裹的密胺棉直接清洗，反复使用。

施工安装后的隔声罩如图1、图2所示。

图1　流水线隔声罩竣工后实照一（局部）

图2　流水线隔声罩竣工后实照二（局部）

(3) **治理效果**

工程完成后在隔声罩外1m处监测噪声值均小于85dB(A)，达到了客户的降噪要求。

3.2　包装机隔声改造

(1) **噪声源概述**

所要治理的车间内有多台不同型号的巧克力包装机，布置比较集中。主要噪声为巧克力等硬质糖果从高处下落与金属材质的多头秤和漏斗撞击产生的高频噪声，同时有的设备还有一些机械噪声。在包装机周边的工位处监测噪声均超过90dB(A)，客户要求降至85dB(A)以下。出于对空间以及维护等方面考虑，客户不建议使用隔声罩等降噪措施。

(2) **治理措施**

由于条件限制，降噪措施主要是对设备进行隔声改造。通过加强密封、更换部分零配件等方法提高自身的隔声性能，降低其噪声对周围环境的影响。隔声改造的前提是不能对设备的操作维护以及正常运行产生影响，同时所用的结构和材料等需满足食品企业要求。

所有的包装机外部都有一个封闭或半封闭的透明保护罩，但是该保护罩的隔声和密封都较差，因此改造的主要措施就是更换保护罩和加强密封。

更换所有的门和封板，全部采用更厚的PC板并用不锈钢包边，在原来没有封板的部位加装透明封板，门板和封板边缘四周均安装密封条，紧贴框架，加强密封。门上采用强磁铁门锁，压紧门板，防止缝隙漏声。

在保护罩内部有空间的地方“见缝插针”，加装如本文中3.1节（2）中介绍的50mm厚可拆卸吸声层，增强整体隔声和吸声效果。

改造前的包装机照片如图3所示，改造后的包装机照片如图4所示。

图3 包装机改造前照片

图4 包装机改造后照片

（3）治理效果

在排除其他噪声和振动源干扰的情况下，包装机周围的工位处噪声已由治理前的90dB（A）降为85dB(A）以下。

3.3 其他治理措施

食品企业有很多送料的管子和漏斗，硬质的糖果和巧克力等在管内输送时高速撞击管壁，产生刺耳的管道噪声，由于卫生要求，管道不宜采用隔声包扎等措施。

我们采用新型阻尼隔声不锈钢板，按1∶1制作成新的料管和料斗，替换原有的零件。阻尼隔声不锈钢板由两层304不锈钢板中间夹阻尼隔声材料，通过特殊工艺制作而成。采用复合阻尼隔声不锈钢板比原来的单层不锈钢板声学性能有很大改善，多数可使管道噪声降低5～8dB(A)。

4 总结

食品行业的噪声治理实践说明，企业卫生要求高，噪声治理难度大。通过上述工程的实施，积累了一些设计和施工经验，可供同行借鉴。关键是要充分了解食品行业的降噪特点，结合现场实际情况，不断优化设计、精心加工制作和施工安装，才能最终满足客户的降噪要求。

【参考文献】

[1] 马大猷．噪声与振动控制工程手册［M］．北京：机械工业出版社，2002.
[2] 吕玉恒．噪声控制与建筑声学设备和材料选用手册［M］．北京：化学工业出版社，2011.

本文 2015 年刊登于《全国噪声学术会议论文集》
（参与本文编写的还有上海泛德声学工程有限公司任百吉、李春锋）

第5章
交通噪声治理

上海市城市噪声污染现状及对策建议

摘　要： 作为国际化大都市噪声污染控制十分重要。本文列举了上海市工业噪声、交通噪声、施工噪声和社会生活噪声污染现状和已采取的治理措施，同时对进一步降低上海城市噪声提出了对策建议。

关键词： 上海　城市噪声　现状　对策建议

1　前言

随着生产的发展和物质文化生活水平的提高，人们追求安静、舒适、文明、和谐的工作环境和生活环境。上海作为特大型国际大都市，要建成经济、金融、贸易、航运中心，对环境的要求越来越高。通过多年的努力，采取了一系列措施，上海的声环境有所改善，但是还没有得到根本改变。噪声污染的投诉占全市环保问题投诉的46%。2003年全市昼间噪声平均值为56.7dB(A)，夜间为49.1dB(A)。随着城市的发展，车流量的增加，道路的拥堵，交通噪声的影响显得十分突出，2003年昼间交通噪声平均值为70.4dB(A)，夜间交通噪声平均值为66.4dB(A)，与2002年相比，昼间提高了0.8dB(A)，夜间提高了0.6dB(A)。噪声不是下降而是提高。举例来说，20世纪70年代在上海最高的建筑国际饭店顶层夜间可测到38dB(A)，而现在上海所有的20层以上的建筑窗外夜间噪声都在50dB(A)以上。人们工作环境最好在50dB(A)以下，睡眠环境最好在35dB(A)以下，而上海很多地方都达不到这一要求。在国内来说，上海是一个比较吵闹的城市，应该引起各方面的重视。

众所周知，《中华人民共和国环境噪声污染防治法》中指出，环境噪声是指工业生产、交通运输和社会生活中所产生的干扰周围环境、干扰他人正常生活、工作和学习的声音。任何单位和个人都有保护声环境的义务，并有权对造成环境噪声污染的单位和个人进行检举和控告，要用法律来保护环境，保护人们的切身利益。

2　城市噪声污染简介

2.1　工业噪声

从20世纪80年代开始，上海结合创建安静小区工作，对工业企业固定源噪声已采取很多治理措施，内环线以内的工业噪声基本上得到控制。新建企业均按照“三同时”原则，对生产设备和辅助设备产生的噪声进行治理，使厂界噪声达到有关标准规定，工业噪声污染的投诉减少了。

2.2　交通噪声

交通噪声是指飞机、汽车、火车、摩托车、地铁、轻轨、磁悬浮、船舶等发出的声音，系流动性噪声，影响范围大、声级高，是最头痛的问题之一。

(1) **飞机噪声**

上海有虹桥、浦东、大场、崇明、龙华等5个机场，飞机噪声影响较大。以浦东国际机场为例，目前第一条、第二条跑道已投入运行，还要造第三条、第四条和第五条跑道，拟建成亚洲最大的国际航空港。现在的起飞架次是每天约500架。2011年全年达到38.5万架次，高峰时小时飞行量为107架，平均33s起降一架飞机。噪声高达100～110dB。一般跑道长4km，起降范围各5km，长度方向约14km，宽度方向约4km，直接影响浦东新区和南汇区，扩建工程（即第二条跑道）投资约200亿元人民币，连续等效感觉噪声级超过70dB的面积达126km^2，在75dB范围内需动迁的居民有5000余户，计约1.8万人。为治理超标噪声需投资1.7亿元。

(2) **磁悬浮噪声**

上海磁悬浮列车是世界上第一条投入商业运行的高速列车，从浦东龙阳路地铁站至浦东国际机场，长约30km，投资100亿元人民币，其中环保投资6.4亿元，最高时速430km/h，全程约需7分20秒。在距磁悬浮25m处，高速时噪声为96dB(A)，在60m范围内噪声为90dB(A)，在200m范围内噪声为60dB(A)。磁悬浮是高速、便捷、安全、环保型的交通工具，填补了飞机和火车之间运输工具的空白（即速度在500～200km/h），具有广阔的发展前景。据说在世博会之前上海至杭州要建磁悬浮，半个小时就到杭州了。磁悬浮是高科技，是中德合作的典范，美国人来中国学习建造磁悬浮的技术。可以说，磁悬浮体现了当今的速度，但也存在一个噪声污染周围环境的问题。目前上海磁悬浮影响13个敏感点，需动迁500余户居民，拆迁面积约12万m^2。

(3) **铁路噪声**

上海是一个老工业城市，进入市区的铁路干线和支线颇多，浦东还要兴建一条铁路。国家虽然颁布了铁路边界噪声限值标准，在距铁路外侧轨道中心线30m处，等效声级昼夜均应低于70dB(A)，但因列车本身声级高，有些老建筑距轨道小于30m，有的房地产发展商为了充分利用地皮，紧贴铁路边界建造高层和小高层居民住宅（如中鼎家园）。上海有141km铁路沿线居民受到列车噪声和振动影响。列车经过时居民住宅窗外噪声有的高达80dB(A)，若鸣笛要高达90dB(A)。有人说，习惯了，就可忍受了，这是一种对噪声危害缺乏认识的糊涂观念。

(4) **汽车噪声**

城市噪声中最突出的是汽车噪声。上海市中心城区道路总长度约为2350km，郊区公路总长度约4300km。10年来，道路面积增加了约2.8倍，但汽车拥有量增加了约8.2倍。目前，上海机动车共有203万辆（不包括外地牌照车），出租车约6万辆，公交车约1.5万辆，私家车约30万辆[2004年4月份统计为24万辆，每年增加5万～6万辆（拍卖牌照）]，助动车约40万辆，自行车约1000万辆。道路面积的增加滞后于车辆数的增加。有人说，路修到哪里，车辆就堵到哪里。车辆是流动噪声源，车流量越大，车速越高，噪声就越高。据统计2003年市区道路平均车流量昼间为2268辆/h，夜间为1082辆/h。若按GB 3096—1993《城市区域环境噪声标准》规定的4类区，即交通干道两侧来评价[4类区要求昼间噪声＜70dB(A)，夜间噪声＜55dB(A)]，昼间超标路段占总干线的40%以上，夜间超标路段占总干线的80%以上。以内环线高架和南北高架为例，沿线两侧平均噪声为75～77dB(A)，最大值可达 90dB(A)。夜间超标 20dB(A) 以上。

时代发展的标志之一是高速。上海中心城区道路拥挤，机动车和非机动车混杂，行人不遵守交通规则，致使车速很慢，昼间平均车速只有 23.3km/h。为改善这一局面，上海投资兴建了内环线高架 44km，延安路高架 14km，成都路南北高架 8km，轨道交通 3# 线 25km，还有外环线 98km，中环线（部分通车）55km，共和新路高架 11km，逸仙路高架 9km，磁悬浮 30km，轨道交通 5# 线 17km，另外沪闵、莘闵、沪杭、沪宁、沪嘉、沪青平等入城高架路等，现有高速路约 540km。这些道路的建成，改善了交通状况，提高了出行速度，但同时又增加了噪声和振动污染。高架道路构成的立体声场影响比地面道路的声级要提高 2～3dB(A)，在离地面 10m 以上的空间 70dB(A) 以上的影响范围扩大了 20～40m，致使高架道路两侧受到的交通噪声的干扰范围大，声级高。比较典型的例子是卢湾区兴业中学和黄浦区储能中学均在高架路边上，学生上课听不清，老师只得通过麦克风向学生授课。内环线高架天山路上面（靠近上海市人才市场）居民住宅窗口距高架只有 0.7m，尽管安装了道路声屏障，但居民住宅窗外噪声仍高达 70dB(A)，这叫人怎么入睡？

上海浦东新区是中国改革开放的象征，是现代化建设的缩影，是国家环保模范城区，各方面都好，就是噪声太高。全区 34 个典型点位监测表明，2000 年夜间噪声平均值为 45.2dB(A)，2001 年增加为 47dB(A)，2002 年增加为 50.8dB(A)。交通噪声 2001 年昼间为 70dB(A)，2002 年增加为 71.9dB(A)。夜间交通噪声 2001 年为 66.1dB(A)，2002 年增加为 67.3dB(A)。昼夜每年增加 1.0～1.9dB(A)。浦东新区生产总值每年以 15%～20%的速度增长，噪声污染不应该同步增长，现在已经到了必须控制的地步。

上海市夜间交通噪声提高的原因之一是从 1993 年起实行了货车夜间行驶制度。大型卡车、集装箱车、建筑土方运输车、环卫垃圾车等夜间行驶，虽然缓解了昼间交通压力，但夜间车流量增加了 50%左右。重型卡车噪声高达 90～95dB(A)，低频声很强，再加上路况差，司机夜间喜欢开快车、揿喇叭，致使夜间噪声超标很多。不少住在交通干道两侧的居民为了保护自己加装了隔声窗，但往往夜间被吵醒，投诉甚多。

(5) 轻轨和地铁噪声

上海轨道 3# 线由西南至东北贯穿 5 个行政区，现长 25km，由于是在老铁路路基上改建，两边早已建成的学校、医院、商办楼、住宅楼等距轻轨很近，最近处只有 0.5m。以本文作者之一所在的武宁路 303 号第九设计研究院大楼为例，南侧距轻轨约 30m，列车开过时，在大楼 3 楼窗外（轻轨已设声屏障，在声影区内）噪声为 80dB(A)，在 6 楼窗外为 83dB(A)，在 13 楼窗外为 89dB(A)。该大楼北侧为中山北路高架，相距约 40m，在 6 楼北窗外噪声为 75dB(A)，在 13 楼北窗外为 80dB(A)，真是两面夹攻，深受其害，一年四季只得关窗办公。

上海地铁 1#、2#、3#、5# 线已通车，全长约 84km，4# 线即将建成通车。上海在“十一五”期间准备建造地铁 360km，可望改善上海交通拥阻的状况。地铁 1# 线通车后环境噪声有 4 个站超标，2# 线通车后有 8 个站超标。本文作者受上海地铁公司委托对 12 个超标站进行了噪声控制设计、咨询、施工、安装，最终通过了国家验收。超标的主要原因是地铁站风塔、风井口、通风百叶窗等传出的风道噪声以及空调冷却塔、水泵、热泵机组等固定源噪声，个别是列车运行噪声。以常熟路和江苏路站为例，地铁排风口距居民住宅窗口只有 8m 左右，传至居民住宅处噪声为 74dB(A)。通过采取隔声、消声、吸声等技术措施，居民住宅处噪声降为 50dB(A)，达到了 2 类区标准规定。

(6) 内河航运噪声

上海黄浦江、苏州河、川杨河、淀浦河等内河航运噪声由来已久，亲水建筑是最受欢迎的，发展商利用一切机会在河道边开发建造住宅楼，而夜间航行的挂桨船噪声十分烦人。挂桨船一般采用单缸 195 柴油机作动力源，其噪声传至岸边夜间实测值为 80dB(A)，传至 20m 外的居民住宅窗外仍高达 70dB(A) 左右。据统计，受内河航运噪声影响的居民有 10 多万，中远两湾城就是一个典型的例子。市有关部门拟限制挂桨船夜间在苏州河上航行。但生活垃圾和诸多建筑材料等都是靠挂桨船运输的，生活垃圾又要求在夜间清运，这个问题有待妥善解决。

2.3　施工噪声

上海有 3000 多个建筑工地，每年建造 2000 多万平方米建筑，高楼拔地而起，一年一个样。房地产对国民经济的贡献很大，但施工噪声此起彼伏。虽然施工单位努力执行 GB12523—1990《建筑施工场界噪声限值》国家标准，一般夜间不施工。但上海很多建筑是见缝插针，距居民很近，施工机具产生的噪声以及运输车辆产生的噪声等使场界超标，投诉颇多。还有每户人家装修房子产生的噪声影响楼上楼下、左邻右舍，这也是一个较难解决的问题。

2.4　社会生活噪声

上海城区历史遗留的问题是工业、商业、办公、文教、居民等混杂在一起，近年来建造的高层写字楼、宾馆、饭店、酒家等所用的空调冷冻机、冷却塔、水泵、热泵机组、通风机、油烟净化器、变压器等固定源噪声，给周围环境带来了新的噪声污染。新建的居民住宅小区内的水泵房（进出管道及水泵）、变电房（变压器、电抗器、通风机）、地下车库（排风机）空调器室外机组、垃圾处理站（垃圾压缩机）以及电梯机房（卷扬机）等产生的噪声和振动，这些噪声源都会影响到小区的安静。还有人为的嘈杂声，狗叫声，进出小区的汽车声，助动车摩托车声，遮阳棚下雨时的落水声等。若要建设生态型小区，这些社会生活噪声应逐项加以控制。

3　已采取的措施

上海市环境噪声特别是交通噪声严重超标的问题已引起市区各级领导的重视，已采取不少行政管理和技术降噪措施，有一定效果。

3.1　创建噪声达标区

从 20 世纪 90 年代开始，上海创建环境噪声达标区，重点解决固定源噪声影响问题，到 2003 年年底，环境噪声达标区覆盖率已达 78.7%，面积约 580km^2，为改善上海声环境质量打下了一个好的基础。

3.2 禁止机动车辆违章鸣号

在环保部门和公安部门的配合下，全市平均鸣号率由1998年的10%降为2003年的3%左右。上海铁路局2003年发布了市区限制机车（轨道车）鸣笛的通知，使沪宁线市区段鸣笛率由10%降为1%以下。

3.3 限制汽车新车车外噪声

国家标准GB 1495—2002规定，2002年10月以后生产的新车，要求其加速行驶车外噪声比GB 1495—1979标准要低4～9dB(A)，从声源上控制噪声，逐步淘汰老的噪声高的车型，这就为降低交通噪声创造了条件。

3.4 建造道路声屏障

从2004年起，凡在高架道路建成之前的两边建筑物距离高架30m以内的，由市政部门增设声屏障；两边建筑物建成于高架道路之后的，由建设单位自筹资金安装声屏障。上海市内环线高架、南北高架、共和新路高架、明珠线、莘闵线等已安装各型声屏障，计约60km。声屏障在声影区内具有3～8dB(A)的降噪作用，是一种常用的有一定降噪效果的措施。

3.5 开展噪声污染防治研究，支持新产品的开发

近十年来噪声控制技术的研究和新材料、新结构的开发应用，取得了一定成绩，如新型隔声、吸声材料，声屏障新结构，低噪声路面，减振降噪弹性扣件等。

3.6 加强管理，严格执法

从2000年12月起上海设立市区联网的环保应急热线电话“68263110”，从2002年6月起又开通了全国联网的“12369”热线电话，接受市民的电话投诉和环保咨询，发挥了公众参与环保建设，为政府决策提供参考作用。对于噪声超标的单位加强监管，发出限期整改通知书或超标收费单，有效地促进了噪声治理工作。

4 对策措施建议

治理环境噪声影响是一个系统工程，既有行政管理问题又有技术措施问题，总的原则应该是以规划为先导，以科技进步为导向，以执法为手段，以达标为目的，以公众参与为基础，以治理措施为保证，各方努力共同搞好环境噪声治理工作。

4.1 科学规划，合理布局

一个城市，一个地区直至一个项目，科学、严密、合理、有前瞻性的规划是最为重要的，是先导，是基础，是从根本上解决环境噪声特别是交通噪声扰民的关键。例如，飞机场建在海边就比较合理，磁悬浮走向与地面交通道路相结合，地面道路、轨道交通和高架道路组合为一体，形成立体交通网络，占地少，留出足够的退界距离和增设绿化带，可以有效地

控制交通噪声影响。一般来说，铁路和轨道交通距轨道边两侧各 100m 退距，形成绿化带；磁悬浮两侧各留出 200m，进行绿化；高速路两边各留出 100m，种植绿化。这样的规划可有效控制交通噪声影响。新建的学校、医院、疗养院、高级别墅、高级宾馆等噪声敏感建筑，一定要远离交通干线。

4.2　执行环评法，严格审批制度

2002 年颁布的《中华人民共和国环境影响评价法》是为了实施可持续发展战略，预防因规划和建设项目实施后对环境造成的不良影响，促进经济社会和环境的协调发展而制定的。对规划和建设项目进行分析、预测和评估，提出预防或者减轻不良环境影响的对策和措施，进行跟踪监测。凡对环境有影响的新建、扩建、改建项目都要进行环境影响评价，编制环境影响报告书或报告表或专项报告，经专家论证和环保主管部门审批后，才准实施。江苏铁本公司就是由于未执行环评法而被取消了。

4.3　精心设计，把问题解决在图纸上

任何项目设计是第一关，噪声控制对策首先在设计图纸上反映出来。对于固定源噪声要选用低噪声产品，采取隔声、吸声、消声、隔振等在传播途径上控制噪声。一定要设计正确，措施得当，照图施工。现在有些项目噪声超标，进行事后治理，往往是设计深度不够或设计不合理或不是专业人员设计或不按设计实施，结果是事倍功半。

4.4　开展科学研究，进行综合治理

政府要拨出经费，筛选课题，对环境噪声尤其是交通噪声治理进行攻关研究，把实验室的成果应用于实际工程中。

4.5　加强行政管理，严格执法制度

环境保护是利在当代，功在千秋的好事，主管部门要严格执法，严格管理，开展宣传教育，动员公众参与，编制新的环保三年行动计划。建议主管领导要通过科协、媒体、学会、协会等途径，真心实意地听取各方面意见，进行技术咨询，逐步解决上海城市噪声的污染问题，创建一个文明、安静、舒适、和谐的环境。

本文 2006 年刊登于《中国环境保护》第 1 期
（参与本文编写的还有上海市环境保护局魏化军）

世博会场馆处的一个噪声源——上海打浦路隧道3# 排风塔噪声治理设计与效果

摘　要： 打浦路隧道3# 排风塔位于世博会选址范围内，其噪声严重超标。本文通过采取消声、吸声、隔声等综合治理措施，使3# 排风塔噪声对周边环境的夜间影响由65.7dB(A) 降为50.2dB(A)。可供其他隧道风塔噪声治理及地铁排风口噪声治理参考。

关键词： 声学　隧道　风塔　噪声治理

1　引言

上海浦江桥隧运营管理有限公司所属上海打浦路隧道是上海黄浦江下面第一条隧道，原称651工程，已投入运行30余年。为解决隧道内的通风问题，在浦西段设置了两组送、排风塔，在浦东段设置了两组送、排风塔，其中浦东段3# 排风塔位于现后滩轮渡口附近的后滩路62号北侧，正处于待建世博会展览区中。3# 排风塔长×宽×高约为11800mm×12400mm×33800mm，离地高约23m，从卢浦大桥经过，一眼就看到了此风塔。

由于历史的原因，在建造打浦路隧道3# 排风塔时未采取噪声治理措施，致使隧道内特大型排风机噪声通过排风塔出口传出，影响周边环境。30年来成为桥隧公司一大难题。

2002年12月3日上海世博会申办成功，浦江桥隧公司领导决心解决这一问题。通过现场调查测试，多方案分析论证，采取了严格而有效的治理措施，创造了一个安静的环境，达到了环保标准规定，为世博会的举办出了一份力。

2　3# 风塔噪声污染测试分析

2.1　风道风塔

一般隧道内通风装置分为送风道和排风道，一组风塔内配置两台送风机和两台排风机。圆形隧道内通风装置断面如图1所示。

2.2　风机及其噪声

打浦路隧道3# 风塔内两台排风机和两台送风机型号规格基本相同，均为05-12No-28大型轴流风机，单台风量33万m^3/h，全压75mmH_2O，转速480r/min，电动机功率为130kW，叶轮外径ϕ2800mm，外形尺寸5100mm×3020mm×3310mm。单台开动，在出风口45°方向，测距5.0m处噪声为99dB(A)，在测距1.0m处，噪声为106dB(A)。

2.3　风塔噪声

送风机噪声通过风道和送风塔传出，送风塔离地面较低（约7m)，在送风塔百叶窗外

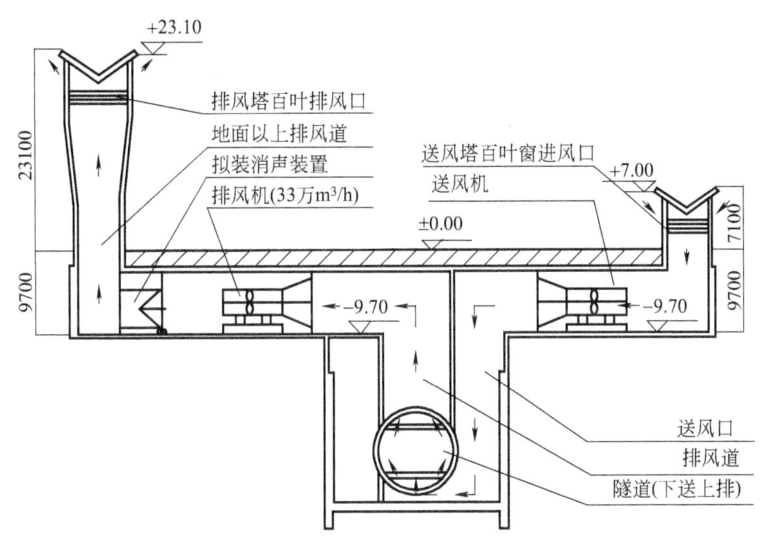

图1　圆形隧道内通风装置断面示意图

5m处噪声为85dB(A)。在距送风塔南侧8m处围墙边噪声为78dB(A)、85dB(C)。

排风机噪声通过排风道和离地面高约23m的排风塔百叶窗传出，在地面上距排风塔5m处测试，噪声为77dB(A)、89dB(C)，低频声较强。在距风塔西南8m处厂界围墙边噪声为76dB(A)、86dB(C)，声级稳定，昼夜差不多。由于排风塔出口距地面23m，无法在塔顶测试，若按距离衰减推算，在23m高出风口处噪声将高达90dB(A)，影响范围很大。未治理前在距排风塔1km范围内都能听到排风塔噪声。因此，排风塔噪声是治理的重点。

国家标准GB 12348—1990《工业企业厂界噪声标准》规定了各类区域厂界噪声限值。按《浦东新区声环境功能区划》3#风塔所在地目前为3类区，即工业区，要求厂界噪声昼间应低于65dB(A)，夜间应低于55dB(A)。未治理前，厂界处昼间超标11dB(A)，夜间超标21dB(A)。

2.4　居民住宅处噪声

在3#排风塔西南相距约125m处即大片老式居民住宅，以浦东新区后滩路62号居民住宅底层门口为例，未治理前，昼间噪声为66.2dB(A)，夜间为65.7dB(A)（浦东新区环境监测站于2002年4月25日实测）。按国家标准GB 3096—1993《城市区域环境噪声标准》规定，3类区即工业区，昼间噪声应低于65dB(A)，夜间应低于55dB(A)。由于2010年世博会场馆就在此处，其功能区可能调整为2类区。未治理前，居民住宅处夜间噪声超过3类区规定10.7dB(A)，夜间超过2类区规定15.7dB(A)。虽然浦江桥隧公司采取过一些噪声治理措施，但未彻底解决问题，居民反映强烈，投诉不断。

3　采取的主要技术措施

3.1　方案比较

根据以往我们设计治理上海地铁1#线、2#线排风机噪声的实践经验，结合打浦路隧道的实际情况，曾提出大小两种方案。大方案是远期方案，拟在排风塔地面以上部分及出风口处采取降噪措施，考虑更换现有风机为低噪声风机，单台风量由 33 万 m^3/h 加大为 43 万 m^3/h。该方案工程量大，降噪效果好，便于设备维修保养和调换，可确保全面达标，但治理费用多。小方案即近期方案，拟在地下风道内充分利用现有空间，安装活动式消声降噪装置，更换风机时可将其移开。该装置加工制造复杂，施工安装难度高，风险大，降噪效果适中，最后确定选用小方案。

3.2 消声装置［详见图 2］

首先解决 3# 排风塔排风机的气流噪声问题。利用排风机地下风道与垂直排风塔之间地下室局部空间安装阻性片式消声器。消声器长×宽×高约为 4000mm×7400mm×4000mm，消声器体积约 118.4m^3，消声片厚 200mm，片间距 200mm，风机风量 2×33 万 m^3/h，风机出口风速 14.9m/s，全压 750Pa，消声器通流面积约 17m^2，片间流速 10.8m/s，阻力损失约 30Pa，设计计算消声量（插入损失）为 28dB(A)。

消声器分上下两段，上段固定，高约 1300mm，下段消声器消声插片固定于可移动的小推车上，高约 2700mm，推车下面为万向轮。平时小推车上下左右固定，若更换风机或大修时可将小推车推开。个别消声片为推移结构，平时检修时，人可从消声片间穿过。

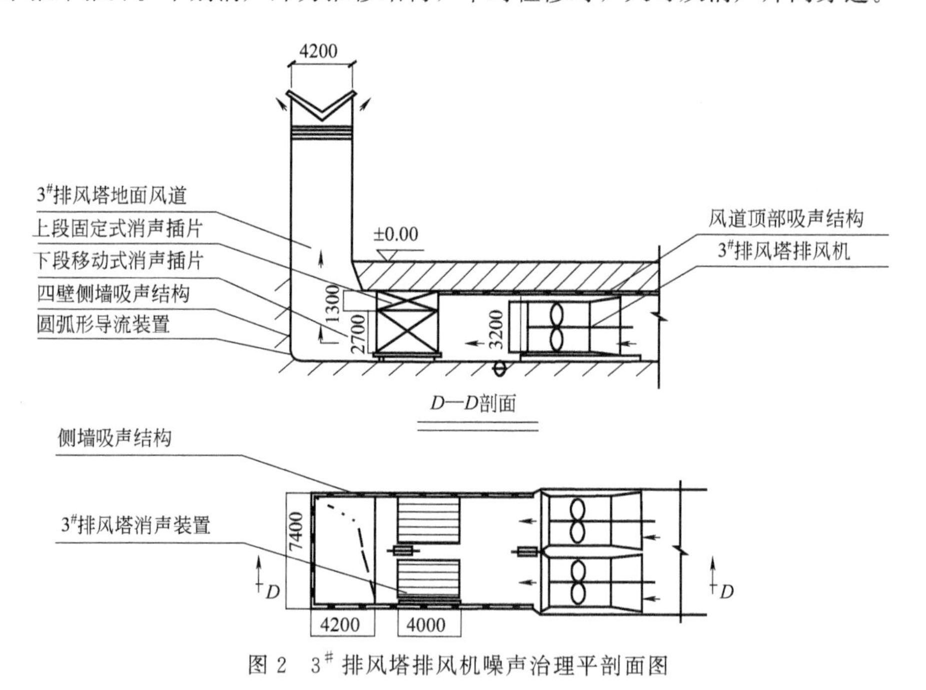

图 2　3# 排风塔排风机噪声治理平剖面图

3.3 吸声结构

为降低排风道内反射声，提高排风塔的消声效果，在地下风道的四壁和顶棚安装吸声结构——50mm 厚的防潮离心玻璃棉吸声材料（密度 32kg/m^3），用玻璃丝布和农用薄膜包覆，护面板为 1.2mm 厚镀锌金属多孔板（穿孔率 20%）。吸声结构总面积为 125.49m^2。设计计算吸声降噪约为 3dB(A)。

3.4 导流装置及隔声门

在地下风道四壁转角处设置内空圆弧形导流装置，既可以减小涡流又可以提高低频吸声效果。排风塔地面以上出入口安装钢结构隔声门，门宽×高×厚为2480mm×3280mm×100mm，隔声门面积约8.1m^2，设计隔声量为30dB。

4 治理效果

按小方案实施上述几项措施后，取得了比较理想的治理效果。

4.1 排风塔噪声

在23m高排风塔下部地面上距排风塔5m处，两台排风机同时开动，其噪声由治理前的77dB(A)降为治理后的58dB(A)，降噪19dB(A)。

4.2 厂界噪声

在排风塔西南侧8m处厂界围墙边，其噪声由治理前的76dB(A)降为治理后的55dB(A)，降噪21dB(A)。

4.3 居民住宅处噪声

以后滩路62号居民住宅处为例，夜间噪声由治理前的65.7dB(A)降为治理后的50.2dB(A)（上海市浦东新区2003年12月19日关于3$^{\#}$排风塔噪声治理监测报告），降噪15.5dB(A)。由于排风塔内排风机不能停运，未测得当地的背景噪声，实际治理效果已达到当地的背景噪声水平，基本上听不到排风塔传来的声音，居民十分满意。30多年来未解决的扰民问题，终于乘着世博会的东风解决了。

4.4 运行情况

3$^{\#}$排风塔噪声治理项目于2003年12月通过验收，实际运行一年来证明，消声装置对排风机各项性能基本无影响。3$^{\#}$送风塔送风机噪声虽然也偏高，但因其安装位置低，拟在下阶段进行适当治理。

4.5 打浦路隧道的效应

3$^{\#}$排风塔噪声治理的实践，对延安路隧道、大连路隧道、复兴路隧道、外环线隧道以及中环线军工路和上中路隧道等风塔噪声治理有一定的参考价值，对地铁大型进排风口的噪声治理也有一定的借鉴作用。

【参考文献】

[1] 马大猷．噪声与振动控制工程手册［M］．北京：机械工业出版社，2002.

[2] 吕玉恒，王庭佛．噪声与振动控制设备及材料选用手册［M］．北京：机械工业出版社，1999.

本文2005年刊登于《噪声与振动控制》增刊

（参与本文编写的还有上海浦江桥隧运营管理有限公司张宗琴、张树帆）

上海大众汽车有限公司汽车试车场噪声评价及治理效果

摘　要：汽车试车场噪声影响厂界和居民住宅处达标，根据德国Cadna/A计算软件预测数据，采取大型隔声吸声屏障治理措施，在居民住宅处达到了环保要求。本文对汽车交通噪声控制有一定的参考价值。

1　概况

上海大众汽车有限公司在上海安亭镇兴建了一个世界一流的汽车试车场，由德国设计，上海大众规划建设，投资12亿元人民币，占地1.44km^2，有25km的行驶路程。2003年建成并已投入使用。目前主要从事大众公司生产的各种型号规格的轿车性能试验。经启用后，能在6个月内得出整车寿命的数据，并且能与德国大众试车场测试数据通用，互相认可。试车场呈西南—东北向的椭圆形，拥有高环道路、强化试验道路、耐久交变试验道路、坡道、动态试验区和制动试验道等38处不同路段，能满足汽车开发过程中各种整车性能试验、道路耐久试验及技术鉴定试验等方面的需求。试车场长约2000m，宽约800m，椭圆半径约400m。试车场周长约5000m。试车车速一般为150～180km/h，最高220km/h，一般轿车要连续运行30万km。试车时试车员轮换，而被试车辆日夜不停地运行。试车时虽然车流量（试车密度）不大，一般为150～200辆/h，但因车速较高，试车噪声还是比较高的，对周围环境有一定影响。大众试车场西南角和西北角有大片居民住宅，夜间试车时居民有反映。

按国家标准GB 3096—1993《城市区域环境噪声标准》、GB 12348—1990《工业企业厂界噪声标准》和上海市有关规定，本地区系2类区，要求试车场厂界噪声和居民住宅处噪声，昼间应低于60dB(A)，夜间应低于50dB(A)。未治理前厂界和居民住宅处均有些超标。

2　噪声源测试分析

试车时车辆即噪声源，其噪声主要来自三个方面：一是轮胎和路面摩擦产生的轮胎噪声；二是车辆高速行驶时产生的气流噪声；三是车辆发动机等产生的机械噪声。三种噪声中轮胎噪声是主要的，呈中高频特性。

为了治理试车噪声对周围环境的影响，采用三套仪器同时测试被试车辆全速开过时的车辆噪声、厂界噪声和居民住宅处噪声。测点分为三组，一组在试车场西南角直线段，二组在试车场西北角转弯处，三组在试车场北部直线段。试车场平面图及测点布置图如图1所示。

第一组：试车车辆噪声测点1A布置在直线试车道段护栏边上，距快车道约1.0m，离地高 1.5m；厂界噪声测点 1B 布置在直线试车道南侧砖砌围墙上 1.0m，距试车道约 5m；居民住宅处噪声测点 1C 布置在直线试车道南围墙外距快车道最近的居民住宅二层楼门前，即安亭镇新泾村 237 号门前，距快车道约 10m。

第二组：试车车辆噪声测点 2a 布置在西北角转弯道斜坡护栏边上，距快车道约 1.0m；厂界噪声测点 2b 布置在转弯斜坡下面围墙上，比车辆噪声测点低 4m 左右；居民住宅处噪声测点 2c 布置在转弯斜坡下面，距试车道约 12m，比试车道低 4m 左右。

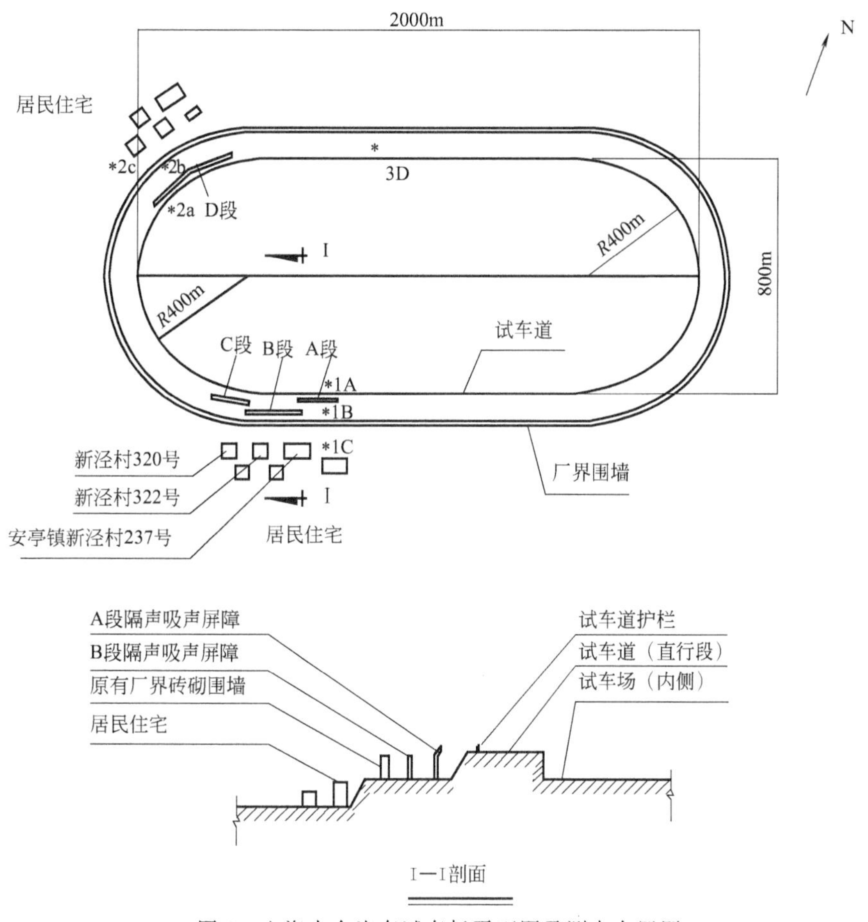

图 1　上海大众汽车试车场平面图及测点布置图

第三组：在试车道的北侧，试车车辆噪声测点 3D 布置在直线试车道护栏边 1.0m 处，离地高 1.5m。

未治理前，各测点最大 A 声级和等效 A 声级列于表 1。

由表 1 可知，直行车道试车车辆噪声为 95dB(A) 左右，转弯车道车辆噪声为 88dB(A) 左右；厂界处噪声直行段为 73dB(A)，转弯处为 63dB(A) 左右；居民住宅处噪声直行段为 64dB(A)，转弯处为 58dB(A) 左右。试车场周围无其他噪声源干扰，当地的背景噪声还是比较低的，试车噪声较稳定，昼夜噪声变化不大。若按 2 类区要求，厂界处昼间超标 13dB(A)，夜间超标 23dB(A)；居民住宅处昼间超标 4dB(A)，夜间超标 14dB(A)，应进行治理。

表 1　三组测点最大 A 声级和等效 A 声级

组别	测点	测试内容	最大 A 声级/dB	等效 A 声级 L_{eq}/dB	备注
第一组(昼间)	1A	直行车道车辆噪声(南侧)	95	75.9	有时最大声级为 100dB(A)
	1B	直行车道处厂界噪声(南侧)	73	64.1	—
	1C	直行车道处居民住宅噪声(南侧)	64	61.5	—
第二组(昼间)	2a	转弯车道车辆噪声(西侧)	88	—	有时最大声级为 93dB(A)
	2b	转弯车道厂界噪声(西侧)	63	—	—
	2c	转弯车道居民住宅处噪声(西侧)	58	—	—
第三组(昼间)	3D	直行车道车辆噪声(北侧)	95	—	—
背景噪声(昼间)	1C	未试车,南侧居民住宅处	49	41.6	—

3　噪声治理方案的确定

3.1　预测模式

采用德国 DataKustik 公司编制的声场模拟 Cadna/A 计算软件进行预测计算。该软件依据 ISO 9613、RLS-90、Schall 等标准并采用专业领域内认可的方法进行修正，同时得到我国环保局环境工程评估中心评审，该软件可以三维模拟声场分布。

车辆噪声 L_{mE} 定义如下：

$$L_{mE}=L_{m}^{(25)}+D_{r}+D_{stro}+D_{stg}$$

式中　$L_{m}^{(25)}$——自由声场中，距车道中心线水平距离 25m，高度 2.25m 处平均声级；

$$L_{m}^{(25)}=37.3+10\lg[M\times(1+0.082\times P)]$$

式中　M——单车道道路小时平均车流量；

P——大小车百分比；

D_{r}——不同车速的声级修正；

D_{stro}——不同道路表面的声级修正；

D_{stg}——不同坡度的声级修正。

对于单车道道路噪声声级 L_{mi} 可定义如下：

$$L_{mi}=L_{mE}+D_{1}+D_{s}+D_{BM}+D_{B}$$

式中　L_{mE}——车辆产生的噪声；

D_{1}——计算中采用的声源分段长度 l 引起的声级不同；

$$D_{1}=10\lg(l)$$

D_{s}——不同距离及空气吸收引起的声级不同；

$$D_{s}=11.2-20\lg(S)-S/200$$

S——声源至受声点的距离；

D_{BM}——不同地面吸收和气象因素引起的声级不同；

$$D_{BM}=(h_{m}/S)\times(34+600/S)-4.8$$

D_{B}——不同地形、建筑物引起的声级不同。

按初步确定的预测参数输入上述软件中，经反复计算修正，确定治理方案及有关数据。

3.2　隔声吸声屏障位置、长度及高度的确定

从声源上解决试车噪声，目前难以实施；在敏感点——厂界或居民住宅处采取防护措施，涉及面广，难度大；比较可行且有效的办法是在噪声传播途径上加装隔声吸声屏障，使敏感点处于声影区内，从而降低试车噪声影响。

通过现场踏勘、模式计算和工程实施分析，最后确定在西南角和西北角居民住宅与试车场之间设置隔声吸声屏障，北侧厂界外为某化工厂，暂时不设置隔声吸声屏障。隔声吸声屏障平面图及剖面图如图 1 所示。具体实施后的照片如图 2、图 3 所示。

图 2　A 段隔声吸声屏障照片

图 3　A、B 段隔声吸声屏障照片

西南角 A、B、C 三段隔声吸声屏障：A 段设置于安亭镇新泾村 237 号居民住宅与试车场直行段之间，靠近试车场一侧，A 段隔声吸声屏障长×高约为 140m×6m；B 段设置于新泾村 322 号居民住宅与试车场直行段之间，靠近厂界南围墙处，长×高约为 200m×6m；C 段设置于新泾村 320 号居民住宅与试车场将要转弯段之间，靠近试车场一侧，长×高约为 130m×5m。西南角 A、B、C 三段隔声吸声屏障总长约 470m，面积计约 2690m^2。B 段与 A、C 段之间相互重叠约 10m，以提高其降噪效果。

西北角 D 段隔声吸声屏障，设置于居民住宅与试车场转弯车道之间，呈圆弧状，转弯半径约 400m，圆弧状隔声吸声屏障长×高约为 300m×5m，面积约 1500m^2。

3.3　隔声吸声屏障结构

A、B、C、D 段隔声吸声屏障结构基本相同。外侧为 75mm 厚彩钢夹芯板隔声层，内侧为 50mm 厚防潮防火离心玻璃棉吸声层（密度为 32kg/m^3），用玻璃丝布和 PVF 杜邦薄膜包覆，面层为铝合金百叶式吸声装饰板（百叶穿孔率为 15%）。支撑结构立柱为 H 钢（150×150×7×10），柱距 2m，斜支撑为角钢（∠63×63×6），立柱地脚为 ϕ300mm 钢筋混凝土基础，深约 1200mm，斜支撑地脚为 ϕ300mm 钢筋混凝土基础，深约 300mm。隔声吸声屏障标准板块长×高×厚约为 2000mm×1000mm×125mm，插入 H 钢立柱之间。

3.4　隔声吸声屏障效果预测

按上述确定的治理方案，输入 Canda/A 软件预测模式，在未施工前预测降噪效果等声

曲线如图 4～图 6 所示。由图可知，A、B、C 三段隔声吸声屏障高为 5～6m，可以满足达标要求，居民住宅均处于 2 类区的覆盖面内。

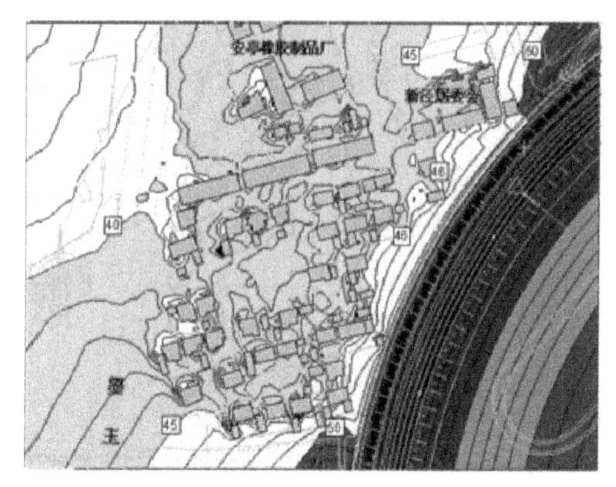

图 4　A 段隔声吸声屏障预测等声曲线图

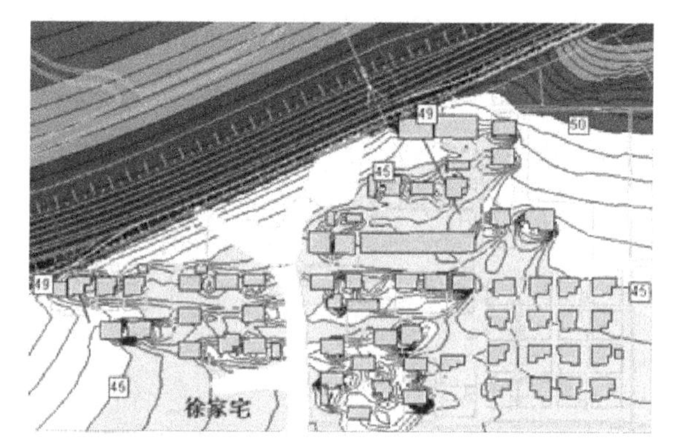

图 5　B 段隔声吸声屏障预测等声曲线图

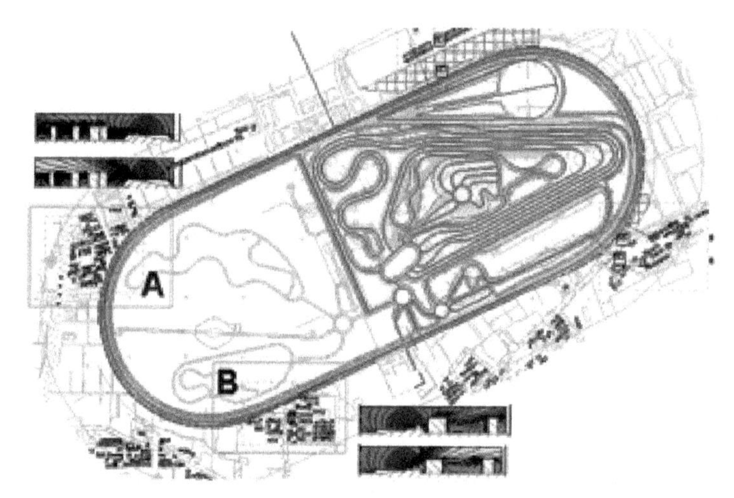

图 6　隔声吸声屏障预测垂直等声曲线图

4　治理效果验收测试

大众汽车试车场噪声治理是上海市环保局的重点项目之一，按上述设计施工安装完成后，由上海市环境监测中心进行了现场昼夜监测，在居民住宅处达到了环保要求，已于 2003 年 10 月通过了上海市环保局环保竣工验收。表 2 列出了厂界处和居民住宅处日夜噪声实测数据。

表 2　试车场噪声治理效果实测值

序号	测点位置	噪声源	监测时段	最大声级 L_{max}/dB	等效声级 L_{eq}/dB(A)	备注
1	南侧直行车道边，距快车道 1.0m，离地高 1.5m	轿车试车噪声	昼间	95.8	75.9	声源噪声
			夜间	92.3	70.2	

续表

序号	测点位置	噪声源	监测时段	最大声级 L_{max}/dB	等效声级 L_{eq}/dB(A)	备注
2	南侧直行车道厂界围墙 1.0m 处，隔声吸声屏障外	轿车试车噪声	昼间	72	50.5	厂界噪声
			夜间	74	50.8	
3	西南侧安亭镇新泾村 320 号居民住宅处，隔声吸声屏障外	轿车试车噪声	昼间	65.2	47.6	居民住宅处噪声
			夜间	58.8	45.6	
4	西北角转弯处，试车场隔声吸声屏障外居民住宅处	轿车试车噪声	昼间	64	49.4	居民住宅处噪声
			夜间	64	49.1	

由表1、表2实测结果可知，大众试车场噪声传至厂界处昼间噪声已由治理前的64.1dB(A)降为治理后的50.5dB(A)，降噪13.6dB(A)，夜间噪声已降为50.8dB(A)。居民住宅处昼间噪声（以安亭镇新泾村320号居民住宅为例）已由治理前的61.5dB(A)，降为治理后的47.6dB(A)，降噪13.9dB(A)，夜间噪声降为45.6dB(A)。昼夜全面达到了2类区标准规定，居民十分满意。噪声治理措施对试车场的性能无影响。

【参考文献】

[1]　马大猷．噪声与振动控制工程手册［M］．北京：机械工业出版社，2002.

[2]　吕玉恒，王庭佛．噪声与振动控制设备及材料选用手册［M］．北京：机械工业出版社，1999.

本文2006年刊登于上海环科院“噪声专刊”8月号

（参与本文编写的还有上海环境科学研究院祝文英，上海大众汽车公司吴节林，上海新华净公司王兵等）

上海中环线越江隧道口噪声治理

摘　要：上海中环线上中路越江隧道口交通噪声对周围环境带来影响。路边设置“⺁”型声屏障和路中设置“Y”型声屏障，两道声屏障均采用新型超微孔复合通孔吸声板及PC板制成屏体，安装于H钢立柱之间，取得了满意的降噪效果。

关键词：声学　隧道口　声屏障　新材料　降噪

上海中环线是继内环线和外环线建成后的又一条城市快速道路，它对缓解上海城市交通的拥堵状况将起很大作用。中环线上中路隧道是上海中环南段穿越黄浦江的过江通道，浦西段西起上中路、龙川路交叉口东侧，与上中路衔接。线路分南线上下层、北线上下层共4条线路（双向8车道），设计速度80km/h，达到高速公路标准。上中路隧道浦西出入口的引道路北侧有园南三村大片居民住宅和上海工商外国语学校。本地区系声功能2类区，敏感目标颇多，上中路隧道高峰小时车流量预测PCU约为1万辆，交通噪声对敏感目标的影响十分严重，预测居民住宅处噪声高达65～70dB(A)，为此对该隧道出入口的噪声进行治理，主要采取新颖的道路声屏障，由上海新华净环保工程有限公司制作、安装。中环线上中路浦西段隧道出入口及声屏障位置如图1所示。

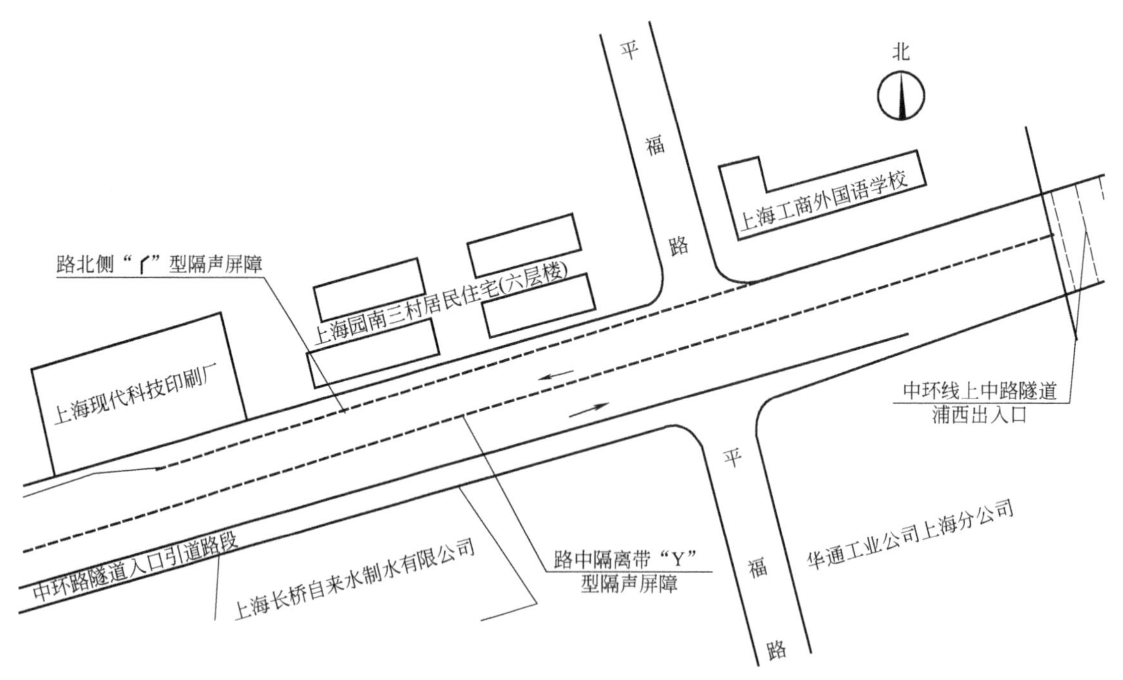

图1　中环线上中路隧道浦西段出入口及声屏障位置示意图

1 噪声治理措施

1.1 道路声屏障长度、高度及形状设计

利用德国CADNA噪声预测软件，按声环境等级、车流量、车种比、日夜比，车速及周边环境情况等，编制了环评报告书和噪声治理初步设计文件，根据预测计算，决定设置如图1所示的两道隔声屏障，第一道设置于浦西引道段北侧防撞护壁上，屏障长×高约为246.2m×4.54m。第二道设置于浦西引道段路中隔离带防撞护墙上，屏障长×高约为267.7m×4.14m，路北侧屏障采用“ᒥ”型结构，双面吸声，中间隔声。外侧吸声可有效减少地面交通噪声在声屏障上产生的对路侧敏感目标的不利影响，减少反射声。路中声屏障采用“Y”型，双面吸声结构，中间隔声。由于路侧和路中声屏障相向面都有吸声结构，因此可减少交通噪声在两道声屏障之间的来回多次反射，克服“声廊”效应，从而提高屏障的降噪效果。

1.2 声屏障屏体组成

图2所示为路北侧路基“ᒥ”型声屏障的屏体结构示意图。

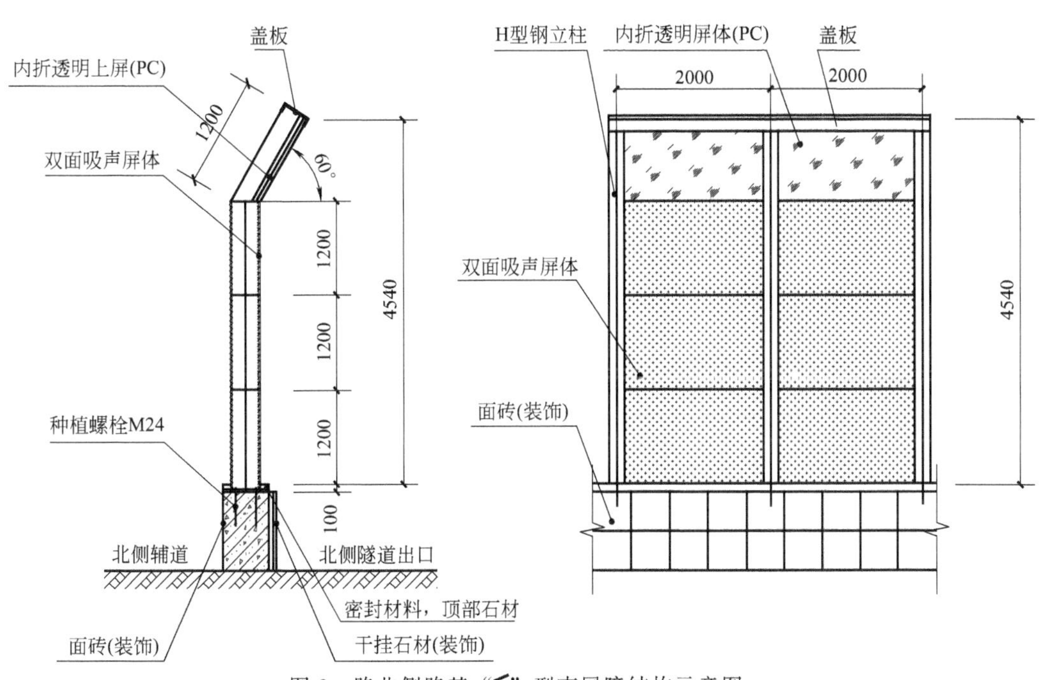

图2 路北侧路基“ᒥ”型声屏障结构示意图

声屏障顶部向内弯折60°，采用8mm厚PC耐力板制成透明屏体，长约1200mm。

图3为路中路基“Y”型声屏障的结构示意图。

路中“Y”型声屏障高4145mm，厚126.7mm，由三块单面吸声结构拼装而成，直立屏体高3500mm，上部屏体弯折40°，采用8mm厚PC耐力板制作透明屏体。

“Γ”型和“Y”型两种声屏障顶部透明屏虽不具有吸声性能，但其隔声量较高，且经济安全，通过合理搭配使用，可以减少声屏障的压抑感，增加采光和透明性，改善路侧视觉效果，起到景观视窗的作用。

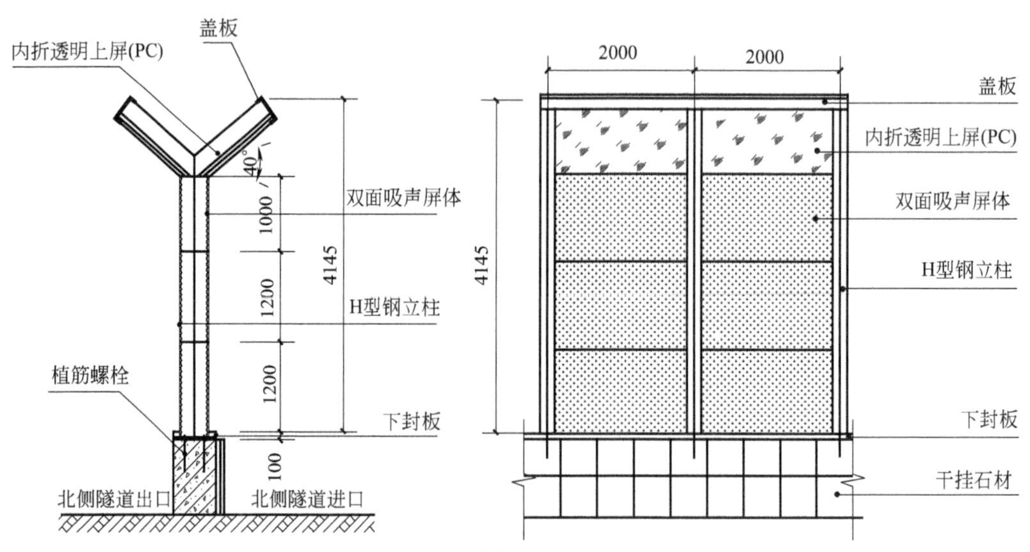

图 3　路中路基“Y”型声屏障结构示意图

1.3　声屏障屏体新型材料

① 本段声屏障虽然不长，但所用材料与上海内环线、外环线、郊环线等道路声屏障略有不同，这种新型吸声材料的基材是铝板，在 1.0mm 厚的铝板上通过特殊工艺压制冲以小于 $\phi0.2$mm 的超微孔制成新型复合通孔吸声板。吸声板厚为 1.3～1.4mm，最大幅面为 1200mm×2500mm。

经实测，该型复合通孔吸声板降噪系数 NRC＞0.70，抗老化，不存在变色、脱落、老化现象，设计使用寿命 20 年，板厚 1.3～1.4mm，抗拉强度＞60MPa，延伸率＜5%，单侧表面静电喷涂，涂层厚度≥60μm。将这种新型吸声材料制成双面吸声屏体或单面吸声屏体，构成声屏障的吸声主体。

② PC 耐力板隔声板。本段声屏障上部采用 8mm 厚 PC 耐力板拼装而成，PC 耐力板隔声量≥28dB，属难燃 B_1 级材料，透光率≥80%，双面抗紫外线，落锤冲击试验（2m，3kg），表面无裂纹。耐温 40～120℃。

③ 屏体内金属隔声板。单面吸声屏体的背面板和双面吸声屏体的中间板采用 1.2mm 厚镀锌钢板制作，构成屏体的隔声构件。屏体内部龙骨用 1.2mm 厚镀锌钢板折边制作。屏体可满足强度和刚度要求，挠度≤L/600mm（L 为屏体宽度）。PC 耐力板固定在 50mm×40mm×2mm 的铝合金管材边框上。

1.4　声屏障屏体立柱及屏体固定

声屏障屏体中的立柱采用 HW150×150×7×10 型钢，间距 2000mm。H 型钢立柱与固定底板及加强筋板按照强满焊要求，用靠模垂直焊接牢固。每根立柱与 8-M24 预埋地脚螺栓用双螺母固定在混凝土防撞护壁顶面。

采用插屏模块式屏体，将金属吸声屏体插入 H 型钢立柱内，顶部的透明隔声屏采用强力金属弹簧片，实现屏体与立柱的连接和固定，下屏体底部与石材顶部的间隙采用黑色硅胶填实及装饰密封板保证密封和美观，声屏障屏体采用 ϕ4mm 钢丝绳与 H 型钢立柱串联在一起，防止由于屏体跌落而造成安全事故。

1.5 声屏障防腐处理

H 型钢立柱焊接加工完后，打磨平毛口，除渣、除锈。采用热浸镀锌，镀层厚度≥80μm，热浸镀锌后进行静电喷涂 RAL7045（全亚光），涂层平均厚度≥60μm。

吸声屏体表面层为 1.3mm 复合通孔吸声板，外表面静电喷涂 RAL7045（全亚光），涂层平均厚度≥60μm。

屏体的所有镀锌钢板外侧进行静电喷涂 RAL7045（全亚光），涂层平均厚度≥60μm。

2 噪声治理外观及效果

中环线部分路段已通车，上中路隧道未达到额定车流量，交通噪声对敏感点园南三村及工商外国语学校的影响正待测试。按环评报告声屏障的预测以及类比调查可知，4.5～5.0m 高“Γ”型声屏障在设计长度范围内有 6～8dB(A) 的降噪效果，再加上路中“Y”型声屏障即两道声屏障实施后总的降噪效果可达 8～12dB(A)，隧道口交通噪声对居民住宅的影响按预测可达到 2 类标准规定。

本文 2009 年刊登于《全国噪声学术会议论文集》
（参与本文编写的还有上海新华净公司王兵、金忠民）

上海外环线道路声屏障的施工及降噪效果

摘　要： 上海外环线交通噪声污染十分突出，通过安装大型声屏障取得了较满意的效果。本文侧重介绍外环线两段道路声屏障的施工安装以及降噪实测效果，可供类似工程参考。

关键词： 上海　外环线　声屏障　效果

上海外环线（又称 A20 公路）全长约 98km，跨越 6 个区，双向 8 车道，设计车速 80～100km/h，已投入运行。目前高峰车流量约 8000 辆/h，大型车辆居多，道路边线处噪声高达 85～90dB(A)。外环线是上海市中环线和郊环线（A30 公路）之间的一条大动脉，对缓解上海的交通拥堵局面起了很大的作用，但其交通噪声对沿线敏感点的影响也十分突出。原设计已预计到交通噪声影响，因此采取了低噪声路面、绿化隔离带措施，但仍未达到要求，投诉颇多。2007 年上半年通过外环线道路声屏障试验段的实践，在取得经验的基础上，2007 年至 2008 年分一、二期工程投资 2 亿多元设计安装了不同高度、不同长度、不同型式的道路声屏障，以解决外环线的交通噪声影响问题。

上海新华净环保工程有限公司通过公开招投标，取得了施工安装单屏长度约 3.8km 的外环线道路声屏障任务。在市公路主管部门的支持下，在设计单位上海交通设计所有限公司的指导下，完成了广顺小区段、新梅花苑段和虹莘新村段声屏障的施工安装工程。上海市环境监测中心对该路段声屏障降噪效果的实测表明，达到了原设计要求。该段工程已通过国家环保验收。

1　道路声屏障的设计要求

1.1　安装位置

广顺小区段：广顺居民住宅小区位于外环线天山路立交的南侧路东。居民楼距外环线车行道边线约 48m，在外环线路东及中间隔离带东侧安装道路声屏障，总长约 885m，其中路东侧声屏障长×高约为 458m×6.5m，路中声屏障长×高约为 427m×4.95m。

新梅花苑和虹莘新村段：在外环线莘庄立交北部东侧，居民住宅距外环线车行道边线约 48m，在外环线的环外侧、环中侧、环内侧安装总长约 2879m 声屏障，其中环外侧长×高约为 293m×4.5m，环中侧长×高约为 1293m×4.95m，环内侧长×高约为 1293m×6.5m。环中侧声屏障为双面吸声，其余均为单面吸声。道路声屏障的安装位置如图 1、图 2 所示。

1.2　声屏障设计降噪量及材料选择

按外环线车流量预测数据，通过德国 CADNA 噪声预测软件计算，敏感点居民住宅处

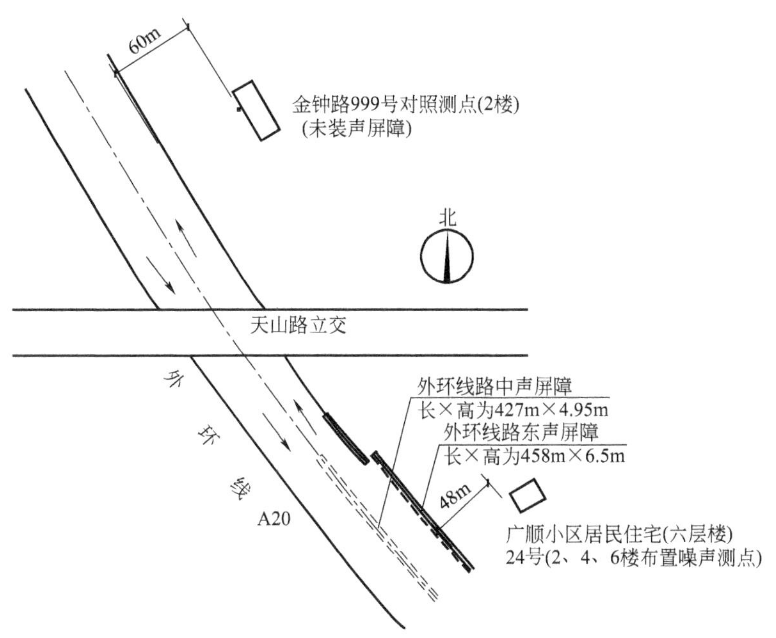

图1　外环线广顺小区声屏障及噪声测点位置图

设计要求降噪量为4.3～8.7dB(A)，平均降噪量应为7dB(A)左右。外环线交通噪声的频谱呈中低频特性，100～2000Hz声级都较高，因此隔声吸声材料的选择应符合交通噪声的特性。本段声屏障选用铝纤维和珍珠岩两种吸声材料为面板，铝纤维在500Hz以上有较好的吸声特性，两种材料搭配，可达到降噪系数NRC＞0.70的设计要求。声屏障隔声部分采用1.2mm厚镀锌钢板，隔声量＞30dB。声屏障下部为混凝土防撞墩，面层贴珍珠岩吸声板，该板隔声量＞26dB。中部透明隔声屏体作为景观和视窗，采用(5＋0.75＋5)mm夹层安全玻璃，隔声量＞25dB。屏体的基本风压按0.60kN/m^2、基本风速按33.8m/s进行设计计算。

1.3　声屏障的结构型式

根据计算结果选用H型钢立柱(175×175×7.5×11和150×150×7×10)，立柱连接螺栓为4-M33和4-M30，C型轻钢龙骨。屏体基部为2000mm高钢筋混凝土防撞墩及基础(部分屏体基部高为850mm)。屏体顶部为半圆弧形中空吸声体，用螺栓固定在H型钢立柱上。

2　道路声屏障的现场施工安装

2.1　H型钢立柱预埋件施工

H型钢立柱安装于预埋的底板及螺栓上。底板及螺栓预埋于钢筋混凝土的防撞墩上，应平整垂直，中心线误差应＜5mm。底板与防撞墩配筋焊牢，用植筋胶填实空隙，外露的螺栓进行防护处理。预埋底板间距应按屏体尺寸确定，并编号记录。清除预埋底板上的杂物，螺栓涂润滑油。

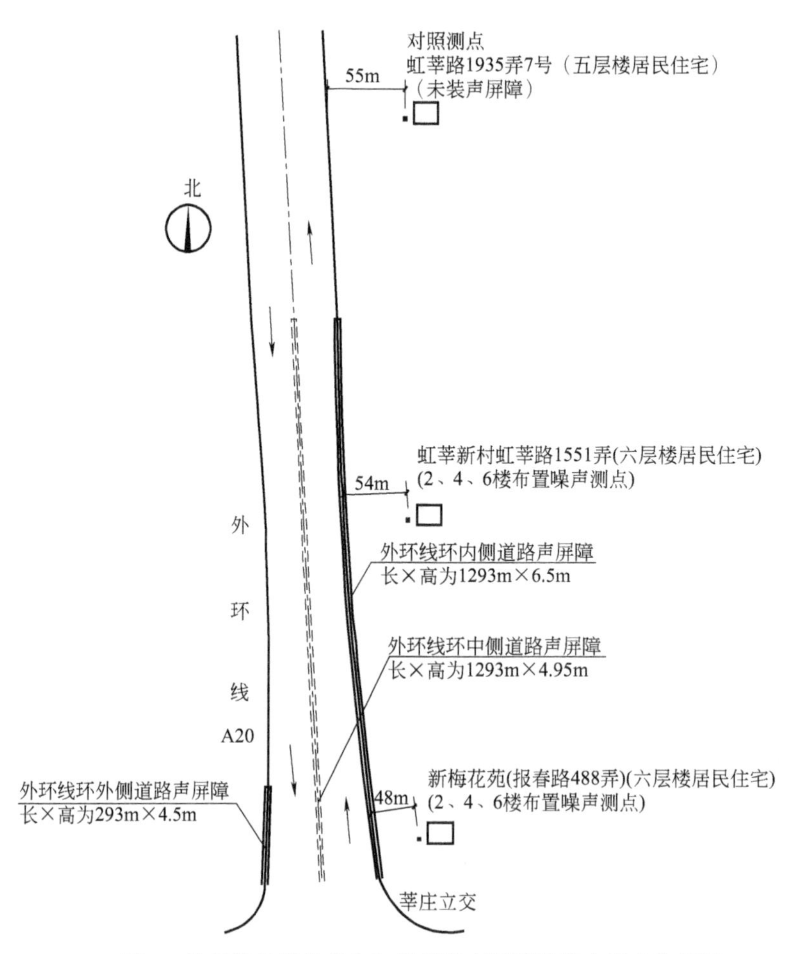

图 2　外环线新梅花苑和虹莘新村声屏障及噪声测点位置图

2.2　H 型钢立柱的制作安装

将符合国标要求的 H 型钢立柱按设计尺寸截料，再与固定底板和加强筋垂直满焊为一体，焊接时采用靠模，以保证垂直度。固定底板上的连接孔应与上述预埋底板上的螺栓各个尺寸相符，经检验合格后再进行防腐处理。H 型钢立柱采用热浸镀锌，镀层平均厚度大于 80μm，热镀锌后进行静电喷涂（全亚光），涂层平均厚度不小于 50μm。

2.3　金属屏体及透明隔声屏的安装

金属屏体是采用 1.35mm 厚铝纤维前面板＋93mm 厚连接龙骨（空腔）＋1.2mm 厚镀锌钢板后面板组合而成的。透明隔声屏是将（5＋0.75＋5)mm 夹膜玻璃嵌装于 100mm×52mm×112mm 镀锌钢板弯折成的框架内，框架外表面静电喷涂。H 型钢立柱在基础上安装到位后，利用专用吊装工具，将屏体吊运到两相邻 H 型立柱的凹槽上，将它们慢慢放下嵌入到 H 钢立柱的适当高度，并调整到位。

2.4　下部珍珠岩吸声板的安装

路基段混凝土防撞墩表面安装带有装饰图案的珍珠岩吸声板，按珍珠岩吸声板背面预留安装孔的位置，在防撞墩的表面定位并打胀锚螺栓，用定位螺母及连接螺栓将珍珠岩吸声板调整到位，再用结构胶将珍珠岩吸声板黏结在防撞墩墙面上。

2.5 缝隙处理

为防止屏障漏声，凡有缝隙的地方用水泥浆填实，屏体之间的空隙用玻璃硅胶填充密实。图3所示为声屏障的结构示意图，图4所示为声屏障的照片。

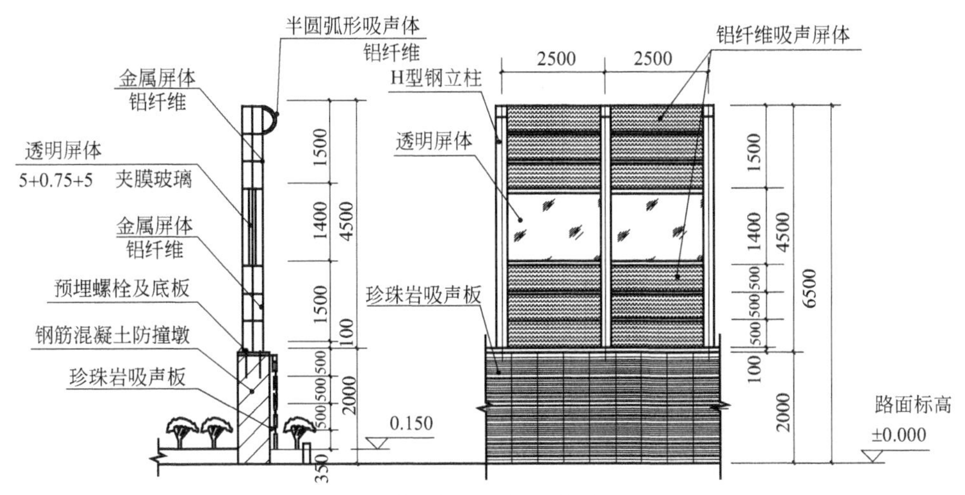

图3 外环线声屏障结构示意图

图4 外环线安装声屏障后实景

3 声屏障的效果

3.1 广顺小区声屏障实测结果

广顺小区24号为六层楼居民住宅，距声屏障约48m。在二、四、六层楼上布置监测点(受声点)，实测安装声屏障后的A计权声级。为评价声屏障的降噪效果，在同一路段的北侧未装声屏障的金钟路999号二楼西窗外布置对照测点，对照测点距外环线约60m，同步测试的结果列于表1。

表 1　广顺小区声屏障测点及效果

测点位置		实测平均A声级/dB(A)		测试距离	降噪效果/dB(A)	
		昼间	夜间		昼间	夜间
广顺小区24号（受声点）已装声屏障	二楼202室西窗外1.0m	61.1	57.5	测点距声屏障约48m	73.8－61.1＝12.7	71.3－57.5＝13.8
	四楼402室西窗外1.0m	62.3	58.9		73.8－62.3＝11.5	71.3－58.9＝12.4
	六楼602室西窗外1.0m	64.9	61.9		73.8－64.9＝8.9	71.3－61.9＝9.4
金钟路999号（对照测点）未装声屏障	二楼办公室西窗外1.0m	73.8	71.3	测点距外环线车道约60m	—	—

3.2　新梅花苑和虹莘新村声屏障实测结果

新梅花苑即报春路488弄，虹莘新村即虹莘路1551弄，均在外环线莘庄立交的北面东侧。新梅花苑六层楼居民住宅距离声屏障约48m，虹莘新村也系六层楼居民住宅，距声屏障约54m，对照测点选在未安装声屏障的虹莘路1935弄7号五楼居民住宅的窗外。对照测点距外环线约55m，进行同步测试。实测结果列于表2。

表 2　新梅花苑和虹莘新村声屏障测点及效果

测点位置		实测平均A声级/dB(A)		测试距离	降噪效果/dB(A)	
		昼间	夜间		昼间	夜间
新梅花苑报春路488弄（受声点）已装声屏障	23号二楼203室西窗外	60	56.6	测点距声屏障约48m	73.8－60＝13.8	71.4－56.6＝14.8
	35号四楼403室南窗外	61.7	59.1		73.8－61.7＝12.1	71.4－59.1＝12.3
	35号六楼604室南窗外	67.7	65.1		74.8－67.7＝7.1	72.6－65.1＝7.5
虹莘新村虹莘路1551弄（受声点）已装声屏障	25号二楼202室北窗外	59.8	54.9	测点距声屏障54m	73.8－59.8＝14	71.4－54.9＝16.5
	40号四楼402室北窗外	64.2	58.9		74.8－64.2＝10.6	72.6－58.9＝13.7
	40号六楼602室北窗外	65.2	62.4		74.8－65.2＝9.6	72.6－62.4＝10.2
虹莘路1935弄（对照测点）未装声屏障	7号四楼402室西窗外	73.8	71.4	测点距外环线车道约55m	—	—
	7号五楼502室西窗外	74.8	72.6		—	—

实测结果表明，道路声屏可使二楼居民住宅噪声降低 13dB(A) 左右，可使四楼居民住宅噪声降低 11dB(A) 左右，可使六楼居民住宅噪声降低 9dB(A) 左右。安装道路声屏障后，外环线两侧居民住宅处昼间可以达到 4 类区标准规定。昼间由治理前的 74dB(A) 降为治理后的 67dB(A)，比标准要求的 70dB(A) 低了 3～4dB(A)，而夜间在四层楼以下噪声由治理前的 73dB(A) 左右降为治理后的 65dB(A) 以下，夜间噪声仍有些超标，但比未装道路声屏障之前噪声降低 8dB(A) 左右，达到了降噪 7dB(A) 左右的设计要求，声环境得到很大改善，居民基本可以接受。外环线道路声屏障的实施，得到各方面的重视和肯定，取得了一定经验，同时也得到当地居民的欢迎，可供类似工程参考。

本文 2009 年刊登于《中国环保产业》第 3 期
（参与本文编写的还有本院冯苗锋，上海新华净公司王兵、金忠民）

地铁噪声与振动控制初探

摘　要： 国内许多大城市正在兴建地铁。地铁的噪声和振动问题十分突出。本文以上海地铁为例，初步分析了地铁噪声和振动成因，结合作者治理上海地铁噪声的实践，列举了典型案例的治理措施和效果，介绍了减振扣件的实测结果，进行了综合分析和评价，可供同行参考。

关键词： 地铁　噪声　振动　成因　案例　效果

1　概述

我国城市化的进程很快，城市人口和车辆急剧增加，交通问题十分突出。要改善市内出行条件，最有效、最准时、最便捷的交通工具是轨道交通，俗称地铁。国内许多城市正在兴建地铁，已建成并投入运行的地铁中，上海居全国第一，居世界第二（世界第一是英国伦敦地铁）。上海自1995年4月16日建成地铁1#线并投入运行以来，历经15年的发展，至2010年5月1日世博会开幕之日为止，共建成并投入运行的地铁总长度为425km，计12条线——1#、2#、3#、4#、5#、6#、7#、8#、9#、10#、11#、世博专线13#等。

上海地铁网络已覆盖中心城区，连接市郊新城，贯穿主要枢纽——上海浦东和虹桥两大机场，上海站、上海南站两大火车站，虹桥交通枢纽以及长途客运总站等。地铁日客流量已达560万人次。世博会期间将承担50%参观客流（预计世博会参观者将达1亿人次），日客流量极端高峰时可能超过700万人次。

世博后，上海仍将大力发展地铁。“十二五”期间将兴建200km地铁，到2015年上海地铁总长度将达到620km，成为国内也是国际上地铁线路最长的城市。目前上海地铁承担的客运量占城市公共交通日出行总量的20%左右，5年后将承担总量的40%左右，出行就方便多了。

地铁建设优点很多，但带来的负面影响尤其是噪声和振动对环境的污染绝不可小觑。作者自20世纪90年代中期参与上海地铁噪声和振动治理工作十多年来，完成了地铁1#线4个站，地铁2#线12个站的噪声治理任务，积累了一些经验，也发现了一些问题，有必要提出来进行探讨、分析，供同行参考。

2　地铁噪声和振动简要分析

地铁噪声分为设备噪声和运行噪声，对内对外都有影响。

设备噪声中最突出的是风机带来的风道气流噪声，风亭、风塔、风井的出口噪声。一般每个车站两端各设有3～4个风道——新风风道、回排风风道、事故风道、活塞风道等。风机多数是大风量的轴流风机，风量为16万～24万m^3/h，电动机功率为75～110kW，噪声为 106～110dB(A)。设备噪声中还有为地铁车站提供冷热空调的冷冻机、水泵、冷却塔、热泵机组、空调室外机等噪声。

运行噪声包括地铁列车车厢内外噪声、停车大厅噪声和站台噪声等。

地铁噪声对内环境的影响主要包括：控制室、站长室、交接班室、警务室、售票室、工务室、站务员室、屏蔽门管理室、配电间、更衣室等。

地铁噪声对外环境的影响主要是通过暴露于地面的风塔、风井、风亭、百叶窗等将地铁噪声传出。还有安装于地面的设备噪声等。若附近有学校、医院、居民住宅等敏感目标，地铁噪声将会使这些敏感点噪声超标，引起投诉。

地铁埋深一般在 10m 以下，其振动通过铁轨、扣件、轨枕、盾构基面和侧壁传至地面建筑物，引起结构振动和二次辐射噪声，成为又一个较难处理的污染源。

据介绍，上海地铁目前仍有 200 多个敏感点和 22 处振动引起的投诉点，亟待解决。

3　地铁噪声治理典型案例

在作者治理过的 16 个地铁站中，有代表性的是上海地铁 2# 线静安寺站。静安寺站位于北京西路和华山路交叉口的静安公园北侧，有东西两个风口，西部风井口正好在静安寺下沉式音乐广场喷水池的边上，如图 1 所示。

静安寺下沉式音乐广场举办音乐会，某市领导来剪彩，广场中央背景噪声为 66dB(A)，观众台上背景噪声为 65dB(A)。市领导问，哪里来的声音这么吵！怎么举行音乐会？简直是噪声污染会。问题就出在地铁风道内噪声通过明露于下沉式广场侧壁的进排风百叶窗传

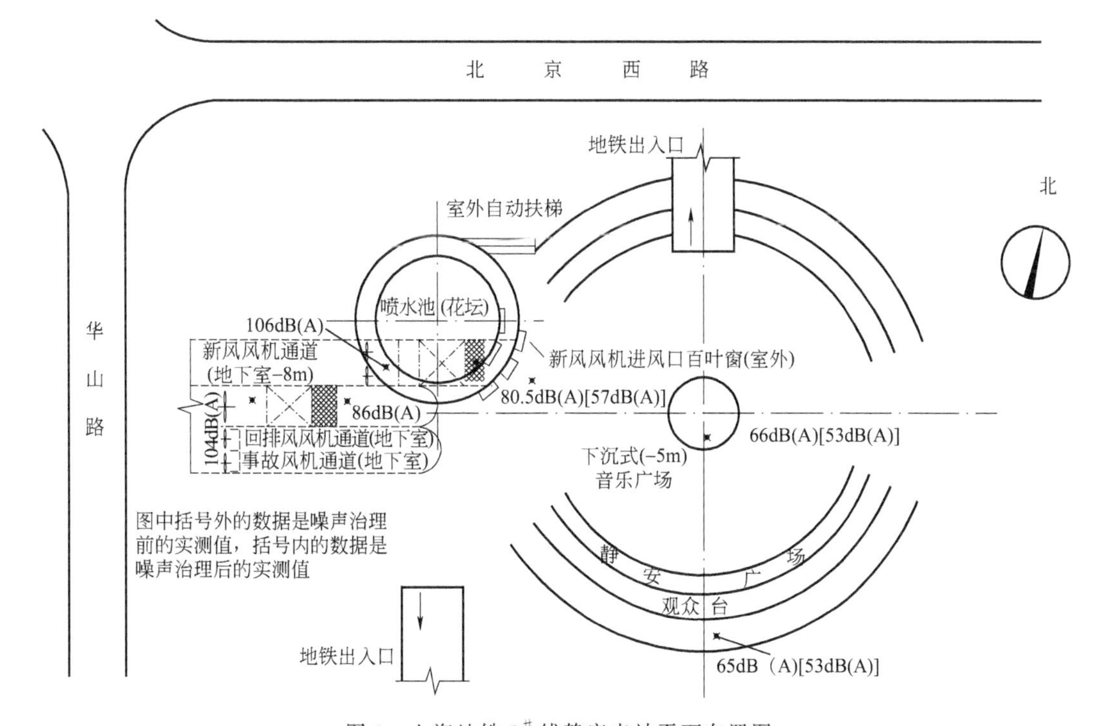

图 1　上海地铁 2# 线静安寺站平面布置图

出，百叶窗处噪声高达 80.5dB(A)。怎么可能在这样吵闹的环境中举行音乐会呢？

经查，噪声源在地下，在新风风道内安装了 2 台 16# 轴流风机，每台风量为 178220m^3/h，风压为 719Pa，转速为 960r/min，电动机功率为 75kW，噪声为 106dB(A)。在回排风风道内安装了一台 16# 轴流风机，风量为 172140m^3/h，风压为 1082Pa，电动机功率为 75kW，噪声为 104dB(A)。还有一台事故风机，风量为 237600m^3/h，电动机功率为 110kW，噪声为 105dB(A)。上述三大类风机在设计时已加装片式消声器，消声量为 15～20dB(A)，但消声量不够，通过消声器还有高达 86dB(A) 的噪声，片间距太大，漏声部位多，风口为铝合金百叶，风速高产生二次噪声，致使百叶进出风口处噪声高达 80.5dB(A)。

采取的主要技术措施是：①在新风风机原片式消声器的前后端再加两节阻性消声器，每只新加阻性消声器外形尺寸宽×高×长为 6000mm×6000mm×2000mm，消声器体积约为 144m^3；②在回排风风机原片式消声器的后端再加一节阻性消声器，消声器外形尺寸宽×高×长为 4000mm×6000mm×2000mm，消声器体积约为 48m^3，新加消声器为积木式结构，现场拼装；③整修原有消声器，增加风道隔声措施，封堵漏洞；④将原铝合金百叶改为不锈钢饰面的消声百叶窗，消声百叶窗长×高×厚约为 12800mm×2200mm×550mm，体积约为 15.5m^3。

阻性消声器的结构如图 2 所示，消声器外形照片如图 3 所示。

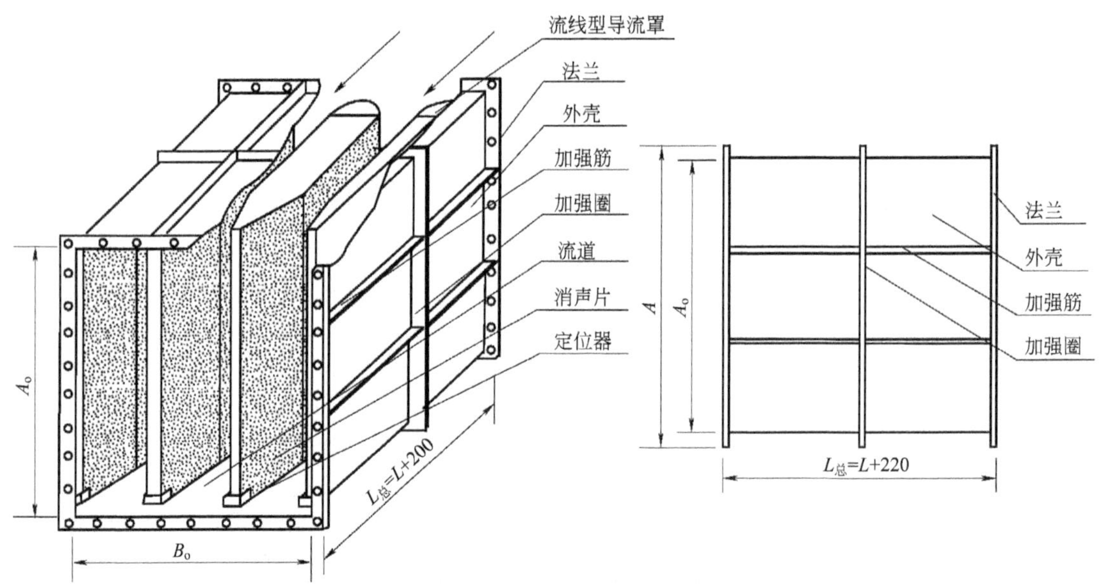

图 2　阻性消声器结构示意图

图 3　阻性消声器外观照片

采取上述各项治理措施后，在下沉式音乐广场侧墙消声百叶窗外实测噪声由治理前的80.5dB(A)降为治理后的57dB(A)；在下沉式音乐广场中央噪声由66dB(A)降为53dB(A)；在观众台上噪声由65dB(A)降为53dB(A)，与当地的背景噪声相当，已听不到由百叶窗传出的地铁噪声，可以举办露天音乐会了，达到了设计要求。十多年来，静安寺站运行正常，颇受欢迎。

4 地铁振动测试分析及对策

上海地铁投入运行15年来，不断总结经验教训，在设计、施工、安装、运行各个阶段较好地解决了空气传声的问题，减少了噪声方面的投诉。近5年来，又花了较大精力和财政投入解决地铁振动问题。上海申通公司、上海交大、同济大学和上海市环科院在这方面有突出的贡献。

4.1 地铁振动标准比较

以往地铁环境影响评价均是按国家标准GB 3096—2008《声环境质量标准》和GB 10070—1988《城市区域环境振动标准》进行考量。若为2类功能区（住宅等混合区）敏感点处（窗外）昼间噪声应<60dB(A)，夜间应<50dB(A)。振动加速度级（室外0.5m），昼间应<75dB，夜间应<72dB。

鉴于地铁地下线引起的振动及结构噪声与地面不完全相同，有它的特殊性，因此，建设部于2009年颁布了行业标准JGJ/T 170—2009《城市轨道交通引起建筑物振动与二次辐射噪声限值及其测量方法标准》，振动频率为4～200Hz，二次辐射噪声频率为16～200Hz。若为2类功能区，室内垂向振动加速度级昼间应<70dB，夜间应<67dB，室内噪声（关窗）昼间应<41dB(A)，夜间应<38dB(A)。

上海市结合自己的特点，于2009年颁布了地方标准DB31/T 470—2009《上海市轨道交通列车运行引起住宅建筑物室内噪声与振动限值及测量方法》，2010年3月1日起执行。振动频率为1～80Hz。噪声用等效A声级和最大A声级考量。若为2类功能区，住宅室内垂向振动加速度级最大值VL_{Zmax}昼间应<72dB，夜间应<69dB。住宅室内结构噪声昼间L_{eq}应<45dB(A)，夜间L_{Aeq}应<35dB(A)，夜间L_{Amax}应<45dB(A)。上海地方标准比国标和住建部标准要严格，执行起来需要采取更多更严格的治理措施。

4.2 地铁振动实测案例

上海地铁按环评报告，在设计、施工、安装时对敏感点已采取诸多隔振措施，取得了较好的效果。归纳起来，减振措施大体有以下三种：

第一种：减振道床。采用德国生产的钢弹簧浮置板，将混凝土道床板悬浮支承在钢弹簧隔振器上。隔振器内放有螺旋钢弹簧和黏滞阻尼材料。这项技术可以减少振动20dB左右，但价格较贵，单线每公里造价约为1200万元。该产品分为高档和中档两种，高档浮置板主要用于地铁直穿医院、疗养院等特殊敏感的场所，中档浮置板可用于地铁直穿居民区地段的隔振。

第二种：减振轨枕。主要是梯形轨道，将传统的轨枕（垂直于轨道）设计为纵向沿钢轨布置，并在两根纵向轨枕间设置连接钢管，轨枕下设置弹性防振材料，达到减振的目的。该技术可减少振动 10～15dB。

第三种：减振扣件。减振扣件种类较多，有轨道减振器、LORD 扣件、ZB 扣件、DTⅢ扣件、科隆蛋、先锋扣件等。将减振扣件安装于钢轨和轨枕之间，使列车的振动与轨枕隔离开来，从而降低振动传递。这些扣件有 5～10dB 的隔离效果。

为比选各种扣件的隔振效果，上海申通公司在地铁 8# 线青云路站附近设置了 100m 长的试验段，测点设在地面已动迁的六层楼居民住宅房间内（一、二、三层），地面一楼地坪距地铁轨顶约 17m，距隧道顶约 12m。选择了以下三种扣件进行对比试验——DTⅢ2 扣件，弹性支承块、先锋扣件（英国产品）。实测结果证明，先锋扣件隔振效果最好，比其他扣件隔振效果要好 10dB(A) 左右，安装先锋扣件可基本满足 2 类功能区对振动和噪声的要求。

5 结语

通过上面简要分析可知，地铁引起的空气传声以及振动引起的二次结构噪声是可以控制的，只要采取严格的治理措施，可以达到相关标准的规定。

地铁噪声和振动控制是一个综合性系统工程，从环境评价、方案设计、施工图设计直至施工、安装、运行，各个环节都要认真对待，一旦既成事实，再进行整改是十分困难的。

国内各大城市都在兴建和准备兴建地铁，地铁噪声与振动控制技术的发展很快，投入也比较大，因此加强交流、沟通信息、相互借鉴是十分必要的。

【参考文献】

[1] 马大猷．噪声与振动控制工程手册［M］. 北京：机械工业出版社，2002.
[2] 吕玉恒，王庭佛．噪声与振动控制设备及材料选用手册［M］. 北京：机械工业出版社，1999.
[3] 孙家麒．城市轨道交通振动和噪声控制简明手册［M］. 北京：中国科学技术出版社，2002.

本文 2011 年刊登于《全国噪声学术会议论文集》
（参与本文编写的还有本院冯苗锋、黄青青）

第6章

民用建筑噪声控制

民用建筑噪声控制设计

摘　要：民用建筑噪声控制是实现安静化的主要措施之一。本文以标准规范为依据，通过噪声源分析，提出控制对策，以供环境保护和建筑声学设计人员参考。

关键词：民用建筑　噪声　控制

1　前言

随着经济的发展，人民生活水平的提高，各地兴建了许多高层民用建筑——写字楼和商住楼等，也兴建了许多住宅小区和花园别墅。以上海为例，每年新建上千万平方米民用建筑，2002 年将投资 500 亿元兴建 1600 万平方米高质量住宅。这些民用建筑追求现代化、智能化和大面积绿化，"以人为本"，安全文明，舒适安静。很多房产发展商把小区环境的安静化作为优势之一，广而告之。要实现安静化，必须对有关噪声源采取严格的控制措施。

作者近年来在承担民用建筑噪声控制工程设计中以及在参与新建项目的环境影响评价中，经常碰到固定源噪声、流动源噪声、施工噪声以及社会生活噪声，对它们进行测试调查，预测分析，提出防治对策，进行有效控制，达到环保要求，积累了一些经验。现分述如下。

2　固定源噪声控制

2.1　民用建筑中常见的固定源噪声

① 空调系统的冷冻机、水泵、冷却塔、溴化锂机组及热泵机组等，其噪声一般为 80～90dB(A)。分体式空调器室外机组噪声一般为 60dB(A) 左右。

② 给排水系统的生活水泵、消防水泵、污水处理泵、罗茨风机以及给水管网至水箱的进水噪声，还有屋顶水箱的落水噪声等。其噪声一般为 70～80dB(A)。

③ 地下车库进排风风机噪声，一般为 80～90dB(A)。

④ 小区供电系统变电站、变电房、箱式变压器噪声以及机房通风机噪声，一般为 60～70dB(A)。

⑤ 小区内餐饮系统及会所油烟机、净化器及风机等噪声，一般为 70dB(A) 左右。

⑥ 小区内娱乐场所 KTV、迪斯科、卡拉 OK 等噪声，一般为 80～90dB(A)。

⑦ 住宅内电梯、厨房油烟脱排机及抽水马桶等噪声一般为 50～60dB(A)。

2.2　固定源噪声控制标准

民用建筑中固定源噪声一方面可能会对外环境产生影响，另一方面可能会对内环境产生影响。对外部的影响一般用两个标准来限制：一个是 GB 3096—1993《城市区域环境噪声标准》，一个是 GB 12348—1990《工业企业厂界噪声标准》。这两个标准中均规定了不同类别、不同功能区昼间和夜间噪声限值。例如，常见的Ⅱ类区，即居住、商业、工业混杂区，昼间在居民住宅窗外 1.0m 处，等效 A 声级最高限值不得超过 60dB(A)，夜间不得超过 50dB(A)。若在厂界（边界）处测试，Ⅱ类区限值数据同上。对内部的影响，一般也有两个标准限制：一个是 GBJ 118—1988《民用建筑隔声设计规范》，对住宅内卧室、书房和起居室分 3 个等级，规定了允许噪声级，如一级（较高标准）住宅卧室内噪声应低于 40dB(A)，起居室内应低于 45dB(A)；另一个标准是 GB 50096—1999《住宅设计规范》，要求分户墙和楼板的空气声计权隔声量应大于或等于 40dB，楼板的计权标准化撞击声压级宜小于或等于 75dB。

2.3 固定源噪声治理措施

从声源上控制噪声是最积极最有效的方法之一。对于新建项目，首先应该选用低噪声产品。所谓低噪声产品，是指容量规格相同的同类品种噪声低 10dB(A) 以上的产品。有的产品号称低噪声，其实噪声并不低，设备选型时一定要注意这一问题。

在设备的布置上，应将高噪声设备远离敏感点或集中布置或安装于地下。例如，生活水泵噪声和振动，以往是影响民用建筑的主要噪声源之一。现在上海市明确规定，水泵房在主体建筑外单独设置，同时采取噪声和振动治理措施，这样水泵噪声问题就解决了。

新建项目可以通过模式计算或类比调查确定噪声源的影响程度，以便针对性地采取措施。固定源噪声可以认为是点声源，其户外传播衰减可估算如下：

$$L_{A(r)}=L_{Aref}(r_0)-(A_{div}+A_{bar}+A_{aim}+A_{exc}) \tag{1}$$

式中 $L_{A(r)}$——距声源 r 处的 A 声级；

$L_{Aref}(r_0)$——参考位置 r_0 处的 A 声级；

A_{div}——声波几何发散引起的 A 声级衰减量；

A_{bar}——遮挡物引起的 A 声级衰减量；

A_{aim}——空气吸收引起的 A 声级衰减量；

A_{exc}——附加 A 声级衰减量。

固定源噪声的几何发散可计算如下：

$$A_{div}=L_W-20\lg r-11 \tag{2}$$

当声源靠近地面时

$$A_{div}=L_W-20\lg r-8 \tag{3}$$

式中 L_W——噪声源声功率级（dB）；

r——测点距声源中心距离（m）。

通过模式计算，对敏感点超标的噪声源应根据不同情况采取隔声、吸声、消声、隔振、阻尼减振等治理措施。

例如，近年来使用颇多的空调热泵机组，它具有制冷、制热两种功能，占地小，结构紧凑，安装便捷，自动化程度高及管理方便等，可不设冷却塔、锅炉房及烟囱等。一般将热泵机组安装于高层建筑裙房屋顶上，以 20 万大卡热泵机组为例，其噪声源有两个：一个是下部的压缩机噪声，声级为 75dB(A) 左右；一个是上部的多台轴流风机，声级为 80dB(A) 左右。为了减小热泵机组噪声对主楼高层的影响，或对其他敏感目标的影响，有的在热泵机组的上面搭建一个隔声吸声棚或隔声房，将热泵机组置于棚内。实践证明，这种方法是不可取的。由于影响到了热泵机组的通风散热效果，最终将棚拆去。本文作者采取的有效控制措施是在热泵机组上部风机出口处加装阻性片式消声器，出风朝天排放；在热泵机组下侧沿热泵机组上缘搭建一个半封闭隔声吸声棚，在适当位置加装进风消声器，可使热泵机组噪声控制在 60dB(A) 左右。

又如地下车库噪声控制：高层建筑或新建小区一般均设置地下车库，地库内上百辆汽车的尾气废气通过管道排至室外。地库的进排风风机必须加装消声器，排风口离开地面一定高度，其外形应与地面建筑相协调。

再如变电房、变电站、箱变等噪声控制：变压器的低频电磁噪声是较难治理的，还有变电房的进排风风机噪声也应进行治理。在满足供电部门检修和电力设计规范要求的前提下，一般是在变电房四壁下侧安装吸声结构（顶棚不安装吸声结构，以防尘粒掉下来引发变压器事故），加装隔声门、隔声采光窗、大面积进风消声百叶以及风机进出口消声器等。通过治理可使变电房内噪声对外部的影响降至 55dB(A) 以下。小型箱式变电，只要保证其与居民住宅间的距离大于 15m，一般箱变噪声以及电磁辐射不会对居民住宅带来影响。

电梯噪声和振动的影响往往被忽视，但它们带来的后果很难补救。在购置电梯时，一定要选用质量好、精度高、运行平稳的电梯，电梯机房和井道应进行声学处理。井道不应紧邻卧室和书房，可以用辅助房间隔开或增加隔声措施，以减小电梯固体传声的影响。

3 流动源噪声控制

流动噪声源指汽车、摩托车、轻轨、地铁、磁悬浮、火车、飞机、船舶等噪声。流动噪声源的声级高低与车种、速度、功率、流量、路面以及周围环境等都有关系，且较难控制。随着交通的发展，车辆的增加以及人流的增多，流动噪声源的影响范围及程度越来越大。以上海为例，全市交通噪声等效声级平均值昼间为 70.5dB(A)，夜间为 64.1dB(A)，致使全市区域环境噪声昼间高达 56.6dB(A)，夜间高达 49.2dB(A)。

新建住宅若在主要交通干道边或轻轨或地铁附近，一定要进行预测或类比调查，并采取相应的治理措施。

3.1 交通噪声预测

目前国内对道路两侧的交通噪声多数采用美国联邦公路局的公路噪声预测模型（FHWA）进行预测。FHWA 模型如下：

$$L_{eq}(h)_i = L_{oei} + 10\lg\left(\frac{N_i \pi D_0}{S_i T}\right) + 10\lg\left(\frac{D_0}{D}\right)^{1+\alpha} + 10\lg\left[\frac{\phi_\alpha(\varphi_1, \varphi_2)}{\pi}\right] + \Delta S - 30 \tag{4}$$

式中 $L_{eq}(h)_i$——第 i 类车辆的小时等效声级；

L_{oei}——第 i 类车的参考能量平均辐射声级，大车为 85dB(A)，小车为 75dB(A)；

N_i——在指定时间 T(1h) 内通过某测点的第 i 类车流量；

D_0——测量车辆辐射声级的参考距离，$D_0=15$m；

D——从车道中心到预测点的距离（m）；

S_i——第 i 类车辆的平均速度（km/h）；

T——计算等效声级的时间（1h）；

α——地面覆盖系数，取决于现场地面条件，$\alpha=0$ 或 $\alpha=0.5$；

ϕ_α——有限长度段的修正系数，其中 φ_1、φ_2 为预测点到有限长路段两端的张角（rad）；

$$\phi_\alpha(\varphi_1,\varphi_2)=\int_{\varphi_1}^{\varphi_2}(\cos\phi)^\alpha \mathrm{d}\phi \tag{5}$$

其中，$-\frac{\pi}{2}\leqslant\phi\leqslant\frac{\pi}{2}$。

ΔS——由遮挡物引起的衰减量［dB(A)］。

混合车流的等效声级 L_{eq}（T）是将各类车流按能量叠加原理进行计算。

$$L_{eq}(T)=10\lg\left(\sum_{i=1}^{n}10^{0.1L_{eq}(h)_i}\right) \tag{6}$$

多车道、多车型的复杂车流，采用分车道、分车型的方法分别计算各类车、各车道在测点处产生的声级，再使用能量叠加的方法计算总声级。

车辆声级 L_{oe} 与车速 S_i 及路面性质有关。当测距 $D=7.5$m 时，按北京劳动保护科学研究所给出的回归方程式，L_{oe} 与车速 S_i 间的关系式，轻型车为 $34+24\lg S$，相关系数取 0.92；重型车为 $45+24\lg S$，相关系数取 0.90。一般预测时车速取 40km/h（高速取 80km/h）。

道路两侧为沥青混凝土硬地面时，α 取 0，若为草坪 α 取 0.2。道路边若有 10m 宽的绿化带，遮挡物引起的声衰减可取 1.5dB(A)。

在同一道边若已有同类建筑，也可采用类比调查法预估交通噪声影响。

3.2　交通噪声治理

目前常规的做法是在道路两边设置声屏障或绿化或在道路与敏感点之间增加辅助建筑，也可设计铺设低噪声路面。在道路声屏障的声影区内有 3～5dB(A) 的降噪效果，在声影区外效果不大。若要求降噪 10～20dB(A)，则必须设置封闭式屏障（即隧道式隔声结构）。

以上海地铁 2 号线为例，地铁列车运行时产生的噪声通过风井口传出，地下机房大型通风机噪声也从风井口传出，直接影响地面以上居民住宅。作者与上海地铁总公司共同完成了地铁 1 号线、2 号线共计 12 个车站风井口的噪声治理项目，取得了满意的效果。例如，地铁 1 号线常熟路站风井口对居民住宅的影响由治理前的 70dB(A) 降为 52dB(A)。地铁 2 号线江苏路站风井口对愚园路 805 弄 4 层楼居民住宅的影响由治理前的 74dB(A) 降为 50dB(A)。

4　施工噪声控制

环境噪声污染防治法对施工噪声做了明确规定，国家标准 GB 12523—1990《建筑施工场界噪声限值》对不同施工阶段产生的噪声做了限制。例如，土石方阶段推土机、挖掘机、装载机等噪声传至场界昼间应低于 75dB(A)，夜间应低于 55dB(A)；打桩阶段各种打桩机昼间噪声传至场界应低于 85dB(A)，夜间禁止打桩施工；结构阶段混凝土搅拌机、振捣机、电锯等噪声传至场界昼间应低于 70dB(A)，夜间应低于 55dB(A)。施工期除了粉尘、渣土、污水等影响之外，噪声影响是最突出的。重型卡车的运输噪声一般要超过 90dB(A)，打桩机撞击性噪声在 30m 外仍高达 90dB(A) 以上。上海明确规定，在高考期间一个月内不允许打桩机开动。限制施工噪声影响除采取行政干预外，有的在施工场地和敏感目标之间搭建临时声屏障或将搅拌机、电锯、柴油发电机临时电源等置于专门设置的隔声室内或采用商品混凝土，不设搅拌站等。

5 建筑物内部噪声控制

民用建筑除了对上面所述的外环境的要求外，对内部环境也有许多要求。按国家标准有关规定，围护结构分户墙及楼板的隔声量，对于一级建筑（较高标准），计权隔声量应大于 50dB；对于二级建筑（一般标准），计权隔声量应大于 45dB。楼板撞击声隔声（计权标准化撞击声压级）应小于 65dB。要达到上述要求，在施工时必须采取严格的措施。目前反映较多的是轻质复合墙体隔声量不够，楼层间撞击声隔绝量太低，居民之间互有影响。

为控制撞击声影响，可在楼板上垫装隔离层或在木地板格栅下部加装隔振垫或设置浮筑式地坪。厨房、厕所、电梯机房不得设在卧室的上层，也不得将电梯与卧室相邻布置，厨房间、卫生间以及垃圾道有关管道可能引起固体传声的，不得设在卧室一侧的墙上。为了减小由门窗传入的噪声，可设置双层密封隔声采光窗和隔声门。

环境噪声污染防治法中还规定，居民使用家用电器、乐器或者进行其他家庭室内娱乐活动时，应当控制音量或者采取其他有效措施，避免对周围居民造成环境噪声污染。在已竣工交付使用的住宅楼内进行室内装修活动，应当限制作业时间，并采取其他有效措施，以减小影响。这些规定对减少建筑物内部噪声影响，提高生活质量都是有益的。

6 结语

民用建筑中的噪声控制既是一个老课题，又是一个迅速发展的新课题。人们生活质量的提高，有许多追求，但安静舒适、宽敞明亮、安全文明、整洁温馨的工作环境、休闲场所、家居住宅则是第一位的。本文从标准规范要求出发，分析了各种噪声源的影响，提出了对策措施建议，结论是民用建筑的噪声是可以控制的。在工程列项、环境影响预测阶段就应该引起重视；在设计、施工、安装阶段具体实施、主动控制，应避免在竣工投入运行后因超标而反过来再采取措施，进行被动治理。

【参考文献】

[1] 吕玉恒．噪声与振动控制设备及材料选用手册［M］．北京：机械工业出版社，1999.

[2] 吕玉恒．民用工程噪声控制常见病分析研究与对策［J］．中国环保产业，2000（8）：35-38.

本文 2002 年刊登于《声学技术》第 1 期

（参与本文编写的还有山西大学杨捷胜）

高层住宅水泵房噪声与振动治理

摘　要： 为解决高层居民住宅生活用水和消防用水，一般均设置水泵房，若水泵房设计安装不当，将成为扰民的噪声源和振动源。本文以上海几栋高层住宅水泵房为例，通过采取隔振、软连接、隔声、吸声、通风等措施，有效地控制了振动传递，降低了噪声，达到了环保标准要求。

关键词： 高层住宅　水泵　隔离　降噪

1　前言

上海近年来建造了不少20层以上的高层居民住宅，为了供给居民生活用水及消防用水，一般需要在大楼内设置水泵房和水箱。例如，上海田林新村、乐山新村、药水弄新村、番禺路新村等高层居民住宅都是在大楼底层、或地下室、或地下室夹层内安装水泵、电气控制柜、进水水箱等。凡将水泵房组合于大楼内而又未采取严格的治理措施，往往存在着噪声与振动影响居民安宁的问题，居民会有投诉；凡在大楼外单独建造水泵房，其噪声和振动干扰就比较少。本文以上海徐汇区番禺新村番禺路801弄9#、10#两栋24层居民住宅楼为重点，介绍高层住宅水泵房噪声与振动污染情况、治理措施及实际效果。

2　噪声与振动污染情况

番禺路801弄9#、10#建筑基本相同，生活水泵和消防水泵安装于大楼地下室的阁楼上，生活水泵共4台，其中两台为50TSWA×9型九级泵，流量为18m^3/h，扬程为85m，电动机功率为7.5kW，转数为1450r/min，频率为24Hz。两台为50TSWA×5型五级泵，另外4台消防水泵平时不开，生活水泵按水箱水位不同自动开启和关闭，水泵房平面布置图及其顶部居民住宅平面图如图1所示。

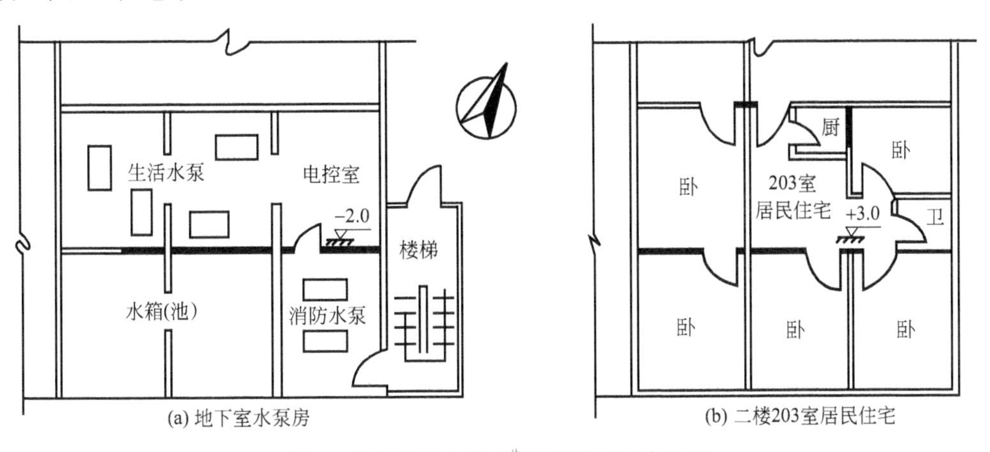

图1　番禺路801弄9#水泵房平面布置图

鉴于原设计将生活水泵刚性固定于地下室阁楼楼板水泥墩上，进出水管直接固定于墙上或楼板上，致使水泵振动和固体传声十分严重，14 层以下的居民住宅都能感到水泵噪声的影响，实测生活水泵本身噪声为 88dB(A)，传至 2 楼 203 室居民卧室内（正对下面的水泵房）噪声为 69dB(A)，传至 3 楼 303 室居民卧室内为 68dB(A)，传至 6 楼 603 室为 56dB(A)，传至 14 楼 1403 室为 50dB(A)。水泵噪声及其对 203 室居民住宅的影响频谱如图 2 所示。

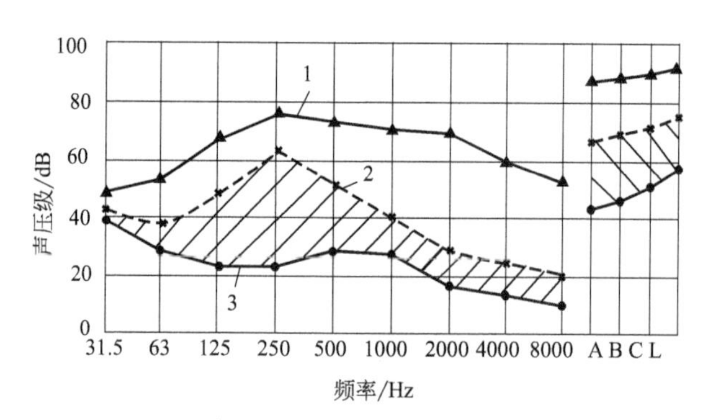

图 2　水泵噪声及其对 203 室影响频谱

1—水泵本身噪声；2—未治理前 9# 203 室居民室内噪声；3—治理后 9# 203 室居民室内噪声

按国家标准 GB 3096—1993《城市区域环境噪声标准》规定，本地区系 2 类区，水泵昼夜间歇运转，要求室外夜间噪声应低于 50dB(A)，如在室内测试应低于 40dB(A)。未治理前夜间超标 29dB(A)，水泵一开，居民住宅室内达到了难以忍受的程度。

实测生活水泵本身振动值为 136.4dB（VAL），振动传至 203 室居民卧室为 109.4dB（VAL），水泵振动及其对 203 室影响的频谱如图 3 所示。

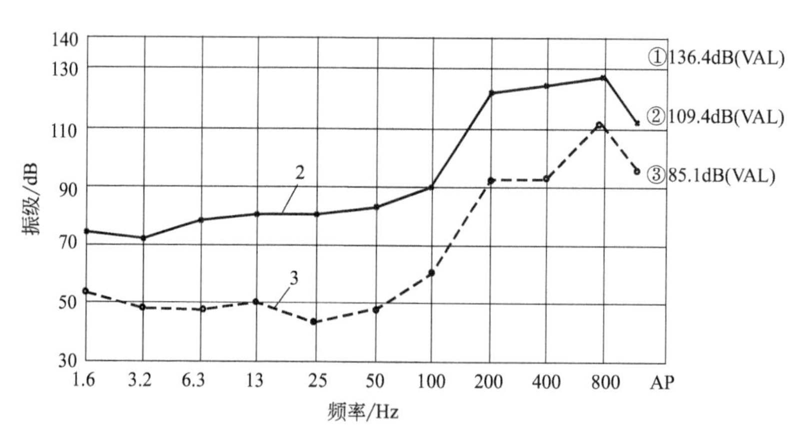

图 3　水泵振动及其对 203 室影响的频谱

1—水泵本身振动；2—未治理前 9# 203 室居民室内振动；3—治理后 9# 203 室居民室内振动

按国家标准 GB 10070—1988《城市区域环境振动标准》规定，居民文教区铅垂 Z 振级昼间为 70dB，夜间为 67dB。振动超标很多，振感十分强烈。水泵一开，茶杯在台子上会抖动。由于振动和噪声的危害，居民多次投诉，《新民晚报》、上海电视台和电台等均有报道，为此，徐汇区政府数次发文，这个拖了两年多的难题，终于在 1994 年 8 月解决了。

3 采取的主要治理措施

3.1 隔振

水泵振动及其引起的固体传声是影响达标的关键，将原直接固定水泵的水泥墩子敲掉，重新设计安装水泵隔离振动系统，详见图 4。

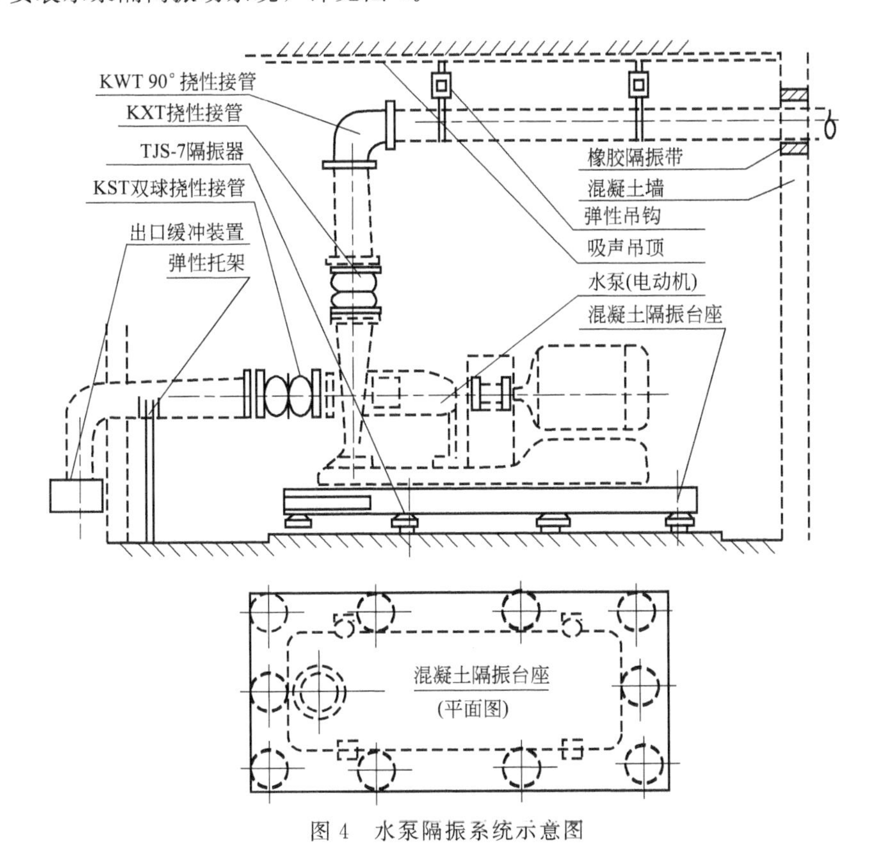

图 4 水泵隔振系统示意图

按总荷载及振动频率设计计算隔振台座和隔振器，一般总荷载 W 包括静荷载 Q 和动荷载 R 两种，静荷载 Q 主要由设备质量 Q_1 和基座质量 Q_2 构成，为简化计算，近似采用设备质量 Q_1 乘以动荷系数 β 来替代设备质量及扰力 G，即 $G=Q+R=Q_1\beta$。动荷系数 β 可根据设备质量 Q_1 的大小和扰动频率 f 的高低来确定，一般取 $\beta=1.1\sim1.4$（当 Q_1 大，f 值低，β 取小些；当 Q_1 小，f 值高，β 取大些）。故

$$W=G+Q_2=Q_1\beta+Q_2=1.4Q_1+Q_2$$

经反复验算，新设计了钢筋混凝土隔振台座，隔振台座长×宽×高约为 1860mm×900mm×170mm。水泵等设备质量 Q_1 为 750kg，隔振台座质量 Q_2 为 680kg，总荷载 W 为 1730kg。

将水泵安装于钢筋混凝土隔振台座上，在隔振台座下面均布放置 10 只 TJS-7 型预应力阻尼弹簧减振器（浙江湖州马腰弹力减振厂产品）。单只 TJS-7 外形尺寸为 ϕ222mm×131mm，预压 106kg，最大 212kg。

经计算，隔振系统固有频率 f_0 为 2.6Hz，变形 25mm，频率比 $\lambda=f/f_0=24/2.6=9.2$，传递率 $\tau_0=0.015$，隔振效率 $T=98.5\%$，隔振效果优良。

3.2 橡胶挠性接管软连接

为减少水泵振动通过进出水管传出，在水泵进水管处串接两个 KXT 型橡胶挠性接管；在水泵出水管处加装一个 KST 型双球橡胶接管，在水泵转弯处加装一个 KWT 型 90°挠性接管，挠性接管既可减少振动传递，又可补偿轴向、径向安装误差（挠性接管均系上海松江橡胶制品厂产品）。

3.3 弹性吊钩、托架及橡胶隔振带

为减小管道固体传声，将进出水泵的管道用 TJ8 型橡胶弹性吊钩吊挂，用弹性托架支撑，凡穿墙管道，在墙洞与管道之间垫装 TJ 型橡胶隔振带。

3.4 水泵房顶棚吸声处理

为减小水泵房噪声及其对外部的影响，在水泵房顶棚满铺铝合金穿孔板饰面的吸声结构，轻钢龙骨，50mm 厚防潮离心玻璃棉毡，用玻璃丝布袋装裹。

3.5 隔声与通风

水泵房朝外的门安装隔声门，朝外的钢窗改为消声通风百叶窗，以利通风散热。

3.6 降低水箱噪声

市政进水管通至地下室水箱，由于落差较大，进水时产生 80dB(A) 落水噪声，采取加长进水管，减小落差；在进水管出水口处加装一个吊篮似的缓冲装置；水箱检查孔安装隔声门等措施，使水箱噪声降低至 65dB(A) 左右。

4 效果与结语

番禺路 801 弄 9# 、10# 大楼水泵房噪声治理同时施工，治理前后噪声与振动值及其对居民住宅的影响列于表 1。

表 1 水泵房治理前后噪声与振动值变化

序号	设备名称或室间名称	治理前		治理后		本底	
		噪声/dB(A)	振动/dB(L)	噪声/dB(A)	振动/dB(L)	噪声/dB(A)	振动/dB(L)
1	9# 大楼水泵房	88	136.4	76	90.1	45	90
2	9# 大楼 203 室居民卧室内	69	109.1	43.2	85.1	43.2	80.8
3	10# 大楼 103 室居民卧室内	70	109.1	36.6	84.1	33.8	80.8

由表 1 可知，水泵正常运行，9# 大楼水泵房内噪声由治理前的 88dB(A) 降为治理后的 76dB(A)，降噪 12dB(A)；9# 大楼 203 室居民卧室内噪声由治理前的 69dB(A) 降为治理后的 43.2dB(A)，降噪 25dB(A)；振动由治理前的 109.1dB (L) 降为治理后的 85.1dB (L)，振动降低了 24dB (L)；噪声和振动达到了室内本底值水平，水泵开与不开，基本相同，在居民住宅室内已听不到水泵噪声，感觉不到水泵振动了，10# 大楼 103 室噪声由治理前的 70dB(A) 降为治理后的 36.6dB(A)，降噪 33dB(A)，治理效果比 9# 大楼还要好，居民感谢政府为民办了一件实事。

治理前后噪声频谱变化由图 2 可知，低频声降低幅度较大，频率从 125～500Hz，声级降低均在 20dB 以上。

水泵噪声治理的关键是隔振，只要将水泵这个振动源与地坪、墙面、楼板、管道等脱开，减少固体传声，就可以减小水泵噪声和振动对居民住宅的影响。

与番禺路 801 弄 9#、10# 基本相同的上海药水弄高层居民住宅 2# 楼水泵房采取噪声振动治理措施后，居民住宅室内噪声由治理前的 57dB(A) 降为 43dB(A)，达到了预期效果，居民都十分满意。

【参考文献】

[1] 陈绎勤．噪声与振动的控制［M］．北京：中国铁道出版社，1981.
[2] 吕玉恒，等．噪声与振动控制设备选用手册［M］．北京：机械工业出版社，1988.

本文 1996 年刊登于《上海环境科学》第 10 期

民用工程噪声控制常见病分析研究与对策

摘　要： 民用工程中的噪声污染问题十分突出，对其进行归类分析，找出原因，制定对策，具体实施，全面达标，具有较高的经济效益、社会效益和环境效益。

关键词： 民用工程　噪声　分析　对策　效果

1　概况

随着经济的发展和人民生活水平、生活质量的提高，人们希望生活在一个安静、舒适、清洁、文明的环境中。近年来，在我们承接的上百个噪声治理项目中，民用工程占90%以上。民用工程中噪声污染是最突出的问题之一，尤其是工程竣工投入使用后，反馈回来的信息和提出投诉的信函颇多。将民用工程中经常遇到的噪声问题进行归类，分析其产生的原因，提出治理对策，完成施工安装达标验收，它不仅对解决设计遗留问题、提高设计质量有益，更重要的是帮助客户解决了噪声污染问题，有利于社会安定。

2　民用工程中常见的噪声污染源

民用工程中经常碰到的噪声源有数十种，其中下列12种是常见的，有的噪声源经设计治理后不再对周围环境带来影响，有的则直接对内外环境造成噪声污染。

① 各种类型的送风机、排风机、风机箱。

② 各种型号的冷却塔、冷却风扇。

③ 生活水泵、循环水泵、管道泵、油泵。

④ 热泵机组、冷水机组、空调机组。

⑤ 电梯、扶梯、货梯。

⑥ 水箱、马桶、盥洗设备。

⑦ 宾馆、酒楼、饭店等餐饮厨房间炉灶通风与净化装置。

⑧ 锅炉房鼓风机、引风机、燃烧器。

⑨ 迪斯科舞厅、卡拉OK、KTV包房等娱乐噪声、保龄球馆球道和收瓶机噪声与振动。

⑩ 变电房、变电站、变压器、调相机、发电机房。

⑪ 地铁、轻轨、高架道路、高速公路等交通噪声，还有火车、飞行器、船舶等噪声。

⑫ 施工机具噪声、房屋装修以及隔声量不够带来的邻居生活噪声、娱乐噪声等。

3　噪声常见病病因分析

噪声污染是由噪声源引起的，上述列举的诸多噪声源，由于在设计、施工安装、运行维修中未予重视，未采取治理措施或措施不到位，致使其噪声超标，对民用建设工程内部带来危害，对外部环境带来噪声污染。造成超标的原因大体有下列4种因素，即噪声控制常见病的主要表现。

① 设计因素，设计中未采取治理措施或措施不完善，设计选型不当，设计经验不足，设计深度不够。

② 设备及安装因素，未采用低噪声设备，设备质量差，设备安装不当。

③ 维修保养不当，措施失败，功效降低。

④ 其他因素，环境条件不合理，布局不当，建设单位不重视等。

表1为导致噪声超标的原因统计。

从排列图和统计表中可看出，A区设计原因和安装原因占83%，其中设计原因占44%。

表1　导致噪声超标的原因统计

序号	项目名称	频数/次	所占百分比/%	累计百分比/%
1	设计原因	36	44	44
2	设备安装原因	32	39	83
3	运行管理	8	9.8	92.8
4	其他原因	6	7.2	100
合计		82	100	—

通过因果分析，找到了影响民用工程噪声超标的原因。为了正确找出主因，专门邀请了7位有噪声治理实践经验的专家，对各因素用头脑风暴法来确定主因，详见表2。

表2　主因确定

序号	原因	专家							票数
		A	B	C	D	E	F	G	
1	噪声控制标准不全	1	1	1	1	1	1	1	7▲
2	设计经验不足、设计深度不够	1	1	1	0	1	1	1	6▲
3	设备选用不当	1	1	1	1	1	1	1	7▲
4	缺乏成熟的噪声控制材料	1	1	0	1	1	1	1	6▲
5	布置不合理	1	0	1	1	0	0	0	3
6	安装材料不符合要求	1	1	1	1	1	1	1	7▲
7	设备安装位置变动	0	1	0	1	0	0	1	3
8	业主取消治理措施	1	0	1	0	1	1	0	4

注：表中▲者为主因。

4　对策措施

根据头脑风暴法得知，噪声控制标准规范不全、非噪声控制专业人员设计、设备选型不当(未选用低噪声设备)、缺乏成熟的噪声控制材料、安装材料不符合要求5条为主因，这些主因有的是管理问题，有的是专业水平问题，有的是材料问题，这些问题当然应该解决，是对策措施的一个方面；另一方面就是噪声控制技术，具体来说大体有下列 8 种技术可供选择。

① 正确选址，合理布局，将噪声敏感目标远离噪声源。

② 优先选用低噪声设备，从声源上控制噪声。

③ 在噪声传播途径上采取隔声措施。

④ 采取吸声措施、减小噪声反射和降低混响声。

⑤ 对于气流噪声，在其传输管道上安装消声器。

⑥ 对有振动的设备采取隔振措施，安装隔振器、隔声垫、弹性吊钩、挠性接管等，减小振动引起的固体传声。

⑦ 在隔声构件和薄壁部件的内表面涂刷阻尼材料。

⑧ 在某些特殊的场合，无法在声源上和传播途径上采取噪声控制措施，可对接受者采取佩戴耳塞、耳罩、头盔等辅助措施，以降低噪声影响和危害。

5 实施

表 3 列出了部分实例，它是按照上述因果图分析结果，有针对性地采取治理措施，通过噪声源调查测试、多方案比较、施工图设计、设备材料选型、现场施工安装、竣工测试验收等全过程，取得了满意的治理效果，达到了设计要求或环保标准规定。

表 3 噪声治理实例

序号	治理项目名称	治理前	治理后	备注
1	番禺路 801 弄 1#、2# 高层地下室水泵房噪声影响居民住宅	63dB(A)	40dB(A)	室内
2	瑞南新苑 1～4# 高层水泵房及市政进水噪声影响居民住宅	70dB(A)	45dB(A)	室内
3	中科院药物研究所动物房风机噪声影响高层住宅	68dB(A)	50dB(A)	室外夜间
4	康平路 189 号高级住宅热泵、水泵噪声影响花园住宅	60dB(A)	45dB(A)	室外夜间
5	芝大厦地下车库风机噪声影响多层居民住宅	70dB(A)	50dB(A)	室外夜间
6	金茂大厦电梯噪声影响观光旅游	80dB(A)	60dB(A)	电梯边
7	地铁衡山路变电站噪声影响高层居民住宅	60dB(A)	50dB(A)	室外夜间
8	海狮花园裙房 7 台大型热泵机组噪声影响高层办公、住宅	72dB(A)	52dB(A)	室外夜间
9	宜川购物中心冷却塔噪声影响新村居民住宅	63dB(A)	52dB(A)	室外夜间
10	金叶大厦锅炉房噪声影响该大厦及居民住宅	75dB(A)	55dB(A)	室外昼间
11	时代广场特大型迪斯科舞厅影响周围 2km 范围内居民	70dB(A)	52dB(A)	室外夜间
12	富川大酒家冷冻机房噪声影响居民住宅	68dB(A)	50dB(A)	室外夜间

6　结语

解决民用工程中的噪声污染问题，是环境保护的重要内容之一，是利在当代，功在千秋的事业，它既可以帮助受到噪声影响或危害的单位与个人摆脱困境，又可以从查找造成超标的原因中提高设计质量、施工安装质量，改变“先污染后治理”的局面，将噪声控制技术提高到一个新水平，同时可以取得较好的经济效益、社会效益和环境效益。

本文2002年刊登于《中国环保产业协会专家论坛征文集》

生态型住宅小区的噪声控制对策

摘　要： 生态型住宅小区的试点建设在于引导创建健康、舒适的居住环境，实现社会、经济、环境效益的统一，其噪声控制问题是重要内容之一。本文从标准要求着手，通过分析小区内外噪声源，提出了控制对策建议，可供环境评价、建筑设计和竣工验收参考。

关键词： 生态住宅　噪声　控制

1　概述

随着生产的发展和人民物质、文化、生活水平的提高，要求营造一个自然和谐、文明健康、安静舒适的居住环境。国内外对生态型城市、生态型住宅小区正展开研究和试点。上海市颁布了生态型住宅小区建设管理办法及技术实施细则，要求以可持续发展为目标，生态学为基础，以人和自然的和谐为核心，以现代技术为手段，减少对环境的冲击。为此分为 6 个子系统，给出了相应的技术要求和措施，即小区环境规划设计、建筑节能、室内环境质量、小区水环境、材料与资源、固体废弃物收集与管理系统。本文针对小区环境规划设计和室内环境质量中的有关噪声控制问题进一步分析探讨，以期在环评、设计、施工安装、竣工验收中重视声环境问题，将措施落实在各个阶段，为创建生态型住宅小区提供技术参考。

2　住宅小区内常见的噪声源

住宅小区内常见的噪声源有来自内部的噪声源影响，也有来自外部的噪声源影响，内部噪声源易于治理，而外部流动噪声源较难控制。

2.1　住宅小区内固定噪声源影响

① 生活水泵（含消防水泵）噪声。水泵房内噪声一般为 70～80dB(A)，以往水泵房多数是设置于住宅楼底层或地下室，水泵噪声和振动传至住宅室内有时高达 60dB(A)。

② 电梯噪声。电梯机房内噪声一般为 70dB(A) 左右，若处理不当，电梯噪声和振动传至居民住宅室内有时也高达 50～60dB(A)。

③ 空调器噪声。小型分体式空调器室外机组噪声一般为 50～60dB(A)，中小型中央空调机组噪声为 70dB(A) 左右。

④ 变电房噪声。1 万伏以下小型变电房噪声一般为 70dB(A) 左右，箱式变压器噪声为 55dB(A) 左右。

⑤ 垃圾压缩站噪声。压缩站机械噪声一般为 60dB(A) 左右。

⑥ 地库排风机噪声。地下车库通风排气排风量一般按 6 次/h 考虑，采用大型轴流风机（6# 以上）排风，其噪声为 80～90dB(A)，小型轴流风机噪声一般为 70dB(A) 左右，风机

噪声通过排风筒风口传出。

⑦ 热泵机组噪声。小区内会所或商店多数采用热泵机组制冷制热，热泵机组噪声一般为70～80dB(A)。

⑧ 冷冻机、冷却塔噪声。小区内会所或物业有时采用冷冻机、水泵、冷却塔系统制冷，冷冻机房内噪声一般为85dB(A)左右，冷却塔敞开安装，容量在100t/h以上，噪声为75dB(A)左右。

⑨ 餐饮炉灶排烟机噪声。若小区内设置餐饮业，其厨房炉灶油烟排风机噪声一般约为75dB(A)。

⑩ 娱乐场所噪声。若小区内有歌舞厅、卡拉OK厅、KTV包房等，其娱乐噪声有时高达90dB(A)。

⑪ 居民住宅室内噪声。卫生间抽水马桶噪声为70dB(A)左右，厨房油烟脱排机噪声为70dB(A)左右，家用电器如音响、吸尘器、电冰箱、洗衣机、电视机、电吹风等噪声一般为50～70dB(A)。

2.2 住宅小区外部噪声影响

① 工厂企业噪声。若小区周边有工厂企业固定源噪声影响，根据“谁污染，谁治理”的原则，请他们进行治理达到有关标准规定，一般来说易于处理。

② 流动源噪声。若小区边上有交通干线或高架道路或轻轨或高速公路或地铁或铁路或磁悬浮或机场或船舶航道等，其交通噪声可能成为小区外部噪声的主要污染源，流动噪声难以处理，应认真对待。

国家标准GB 3096—1993《城市区域环境噪声标准》规定，交通干线两侧执行4类标准，即昼间噪声应小于70dB(A)，夜间应小于55dB(A)。而上海市全市交通噪声等效声级年平均值昼间为70.5dB(A)，夜间为64.1dB(A)，昼夜均超标。上海市浦东新区在创建“国家环保模范城区”的过程中，对于交通噪声控制做了许多工作，目前全区交通噪声年平均值昼间为69.6dB(A)，基本达标，夜间为64.7dB(A)，超标9.7dB(A)。作者之一所在的武宁路303号6楼，北窗外距中山北路内环线高架约50m，昼间噪声为72dB(A)；南窗外距明珠线轻轨约30m，昼间噪声为80dB(A)左右。作者也曾调查测试过一些20层以上的高层住宅室外噪声，夜间窗外1.0m处噪声均在50dB(A)以上，主要是交通噪声影响。

要确定各种噪声对住宅小区的影响，应通过实测或类比调查或模式计算，在环评阶段就应预测、评价，列出影响范围及影响程度并提出相应对策建议。

3 生态型住宅小区噪声设计要求

3.1 住宅小区内的环境噪声

生态小区内环境噪声应符合《国家生态住宅小区建设重点与技术导则》中规定的声环境指标。即：生态小区室外白天≤50dB(A)，夜间＜45dB(A)；生态小区室内白天≤45dB(A)，夜间＜40dB(A)。

3.2 室内声环境应达到的规定（表1）

表1 室内声环境应达到的规定

序号	房间及构件	噪声指标/dB(A)
1	室内噪声:卧室和书房	昼间≤45,夜间≤35
2	室内噪声:起居室	≤45
3	分户墙空气声计权隔声性能	≥50
4	分户门空气声计权隔声性能	30～35
5	临街建筑的外窗空气声计权隔声性能并使室内噪声级达到	30～35 昼间≤50,夜间≤40
6	楼板空气声计权隔声性能	45～50
7	楼板计权标准化撞击声声压级	65～75
8	换气排烟设备及管道造成的居室噪声	≤45
9	卫生设备、排水管道造成的居室噪声	≤45

4 噪声控制主要技术措施

为确保住宅小区的安静，应消除各种噪声源的污染，减小各种噪声对住户的干扰。针对上述噪声源应分别采取隔声、吸声、消声、隔振、阻尼减振、选用低噪声产品等单项或多项综合治理措施进行控制。本文列出几种常见的噪声源控制方法。

4.1 水泵房噪声治理

① 水泵房在住宅楼外单独建造。

② 选用低噪声节能型水泵或变频水泵。

③ 水泵安装于隔振台座上，隔振台座下面安装金属弹簧减振器。

④ 水泵进出水管加装单球或双球橡胶挠性挠管。

⑤ 水泵进出水管由弹性托架、弹性支架和弹性吊架支撑。

⑥ 水箱出水管口加装出水消声器、电磁控制阀等。

⑦ 水泵管道穿墙或穿楼板处，应与原墙面或楼板脱开来，其间填装隔振垫或隔振带。

⑧ 必要时水泵房顶棚和部分侧墙安装防潮、防火、防霉、防蛀吸声结构，安装隔声门、隔声采光窗和进排风消声器等。

4.2 变电房噪声治理

① 选用低噪声变电设备。

② 变电房侧墙安装防火、防潮、防静电吸声结构。

③ 变电房检修大门改为隔声门。

④ 变电房进风口、排风口安装消声百叶或消声器。

⑤ 变压器隔振。

4.3　排风机噪声治理

① 选用低噪声节能型排风机。

② 在排风机进出口加装消声器。

③ 风机基座隔振，风机与消声器及风管之间软连接。

④ 必要时对风机壳体、电动机、传动部分加装隔声罩。

⑤ 用弹性支架或弹性吊架支撑或吊装风机。

4.4　空调器和热泵机组噪声治理

① 按《上海市空调设备安装使用管理规定》选用和安装空调器。

② 大型中央空调或热泵机组底座下面安装金属弹簧减振器隔振。

③ 热泵机组上部风机加装出风阻抗复合式消声器。

④ 热泵机组下侧压缩机加装隔声罩或隔声棚或隔声屏。

⑤ 进出热泵机组管道软连接，管道用弹性支架支撑。

4.5　交通噪声控制

① 确定最近距离。按交通噪声类别、车流量、车种、车速等引起的噪声与标准规定相对照，确定生态住宅小区离开交通干道的最近距离，在总图布置上予以落实。一般来说，生态小区距高速公路水平距离应大于200m，距轻轨、磁悬浮、地铁、铁路等应大于150m，距市内汽车干道应大于100m。线声源距离衰减应在20dB(A)以上。

② 绿化。在交通干线和生态住宅小区之间设置绿化隔离带，种植不同的树种，每10m宽林带可使噪声衰减1.5dB(A)左右。

③ 声屏障。必要时在交通干线和生态住宅小区之间设置隔声吸声型屏障，一般声屏障有3～5dB(A)的降噪效果。

④ 小区建筑隔声措施。可在居民住宅的敏感处安装隔声采光窗、隔声门、吸声阳台、消声百叶等，确保室内噪声达标。

4.6　室内噪声控制

① 按《民用建筑室内环境污染控制规范》(GB 50325—2001) 和上海市《住宅设计标准》(DGJ 08-20—2001) 要求，合理选择建筑隔声材料和构件，严格控制工程质量，确保分户墙、分户门、楼板、窗户等的隔声量。

② 厨房和卫生间应集中布置，卫生间与卧室与书房分隔开，居室不应与电梯间、管道间、设备用房相邻。

③ 室内装修最好采用木地板或浮筑式地板，装饰吸声结构应与吊顶装饰、墙裙装饰相结合，室内摆设软沙发、席梦思等，降低室内混响时间和减小对楼上楼下的影响。

5 结语

声环境作为生态型住宅小区试点工作的主要内容之一，有许多问题有待探讨解决。目前正在建筑面积超过 5 万 m^2 的一些住宅小区中实践，生态住宅小区建成后，应通过政府主管部门的测试验收，依据生态住宅标准打分考核，综合评估，达到标准者授予铭牌，同时接受住户的监督。本文提出的一些对策、措施和建议，可供试点参考并在实践中不断完善。

本文 2004 年刊登于《声学技术》第 1 期

上海超高层建筑中的噪声问题及治理措施

摘　要：高层和超高层建筑中声环境要求很高，但其噪声和振动影响也十分突出。本文通过对高层和超高层建筑中常见噪声源和振动源的分析，提出了控制建议，同时结合作者多年的实践，给出了治理实例，可供类似工程参考。

关键词：高层超高层建筑　噪声振动治理　实践

1　概述

上海作为国际性大都市，高楼林立、见缝插针，密度极高，噪声问题十分突出。一般来说，层高在 6 层以下称为多层建筑，20 层以下称为小高层，20 层称为高层，高度在 200m 以上则称为超高层。据介绍，上海超过 20 层的高层建筑已有 3000 余栋。这些高层建筑系高级宾馆、饭店、酒楼、行政办公楼、写字楼、商务楼、医院、高级公寓、高级住宅楼等。

上海 3 栋超高层（高度均超过 400m）位于上海浦东陆家嘴地区，呈品字形，已形成上海标志性建筑。其中金茂大厦总高度 420.5m，地上 88 层，地下 3 层。总建筑面积 29 万 m^2，1998 年 8 月 28 日建成，已运行 10 余年。

上海环球金融中心总高度 492m，地上 101 层，地下 3 层，总建筑面积 38 万 m^2，2008 年 8 月建成，已投入运行。该栋建筑是目前国内最高的，离地面 472m 的“观光天阁”是世界上人可到达的最高处。85 层的游泳池，78～93 层五星级酒店，93 层中餐厅都是世界上最高的。为抗风载和摇晃，在 90 层安装了重达 150t 的阻尼器，这也是世界上超高层首次采用的隔振措施。

2008 年 11 月 28 日开工建设的上海中心拟于 2014 年建成，该大厦将成为中国第一高楼。总高度 632m，地上 121 层，地下 5 层，总建筑面积 57.8 万 m^2，总投资 148 亿元。上海中心将是一座绿色超高层建筑，兼具五大功能——24 小时甲级办公，超五星级酒店，精品商业，观光娱乐，特色会议等。四大环境亮点——形成微气候环境，室内环境达标率 100%；充分利用再生能源，节能率大于 60%；雨污水收集起来，利用率不低于 40%；建筑材料绿色优先，再循环材料的利用率超过 10%。以上 3 栋超高层建筑的效果如图 1 所示。

图 1　上海 3 栋超高层建筑效果
（图中最高的建筑物为上海中心）

高层和超高层建筑中都有许多噪声源和振动源，虽然在设计过程中有所考虑。但实践证明，在投入运行后才发现有的设计不周，有的安装不当，有的无措施，从而造成超标，引起投诉，反过来再进行治理。多年来，作者在诸多高层和超高层建筑噪声和振动控制设计中有一些体会，本文略作介绍，以引起各方重视。

2 高层和超高层建筑中常见的噪声源和振动源

一般高层建筑中的公用配套设施，如空调系统、通风系统、给排水系统、供电系统、乘载系统、消防系统、餐饮和娱乐场所以及车辆出入等都会产生噪声和振动。许多设备集中安装于设备层内或裙房屋顶或主楼顶。以上海中心为例，噪声设备共有635台，分别置于地下室和22、54、86、118层等5个设备层内。

(1) 中央空调系统

中央空调系统设备主要有空调冷冻机组、冷却塔、循环水泵、热泵机组、管道泵等。冷却塔和热泵机组需要敞开安装于室外，其噪声和振动可能会对内外环境产生影响。

(2) 供电系统

各型变压器、变电箱往往置于地下室或设备层内，其低频电磁声和振动影响较大，也较难处理。

(3) 供热系统

锅炉房一般置于地下室或地上设备层内，无论是燃油锅炉还是燃气锅炉燃烧器噪声和烟道的振动，都会给内部带来影响。

(4) 电梯噪声和振动

金茂大厦有73部电梯，环球金融中心有126部电梯，电梯的运行噪声和机房的振动往往被忽视，再进行治理十分困难。

(5) 给排水系统

各型给水泵、排水泵、游泳池冷热水泵、消防水泵等泵体的噪声和振动，以及管道传声等，是治理的重点之一。

(6) 通风系统

由于高层和超高层建筑多数为封闭结构，室内通风显得特别重要，各型空调风机箱、排风机、新风机、排烟风机以及地下车库排风机等，数量多，风量大，影响范围广，是治理的重点之一。

(7) 餐饮及娱乐场所噪声

厨房油烟净化通风装置的噪声，有些高层内设置KTV包房、音乐茶座、动感咖啡屋、迪斯科舞厅和保龄球馆等娱乐场所，又在夜间营业，其噪声和振动影响更为突出。

(8) 车辆出入噪声

金茂大厦地下室停放1000辆轿车，环球金融中心地下室停放1100辆轿车，上海中心地下室停放2000辆轿车，这些车辆出入时的噪声也是不可忽视的问题之一。

另外还有超高层建筑外部风场噪声、装饰件噪声［如某大厦外部装饰件噪声对内部影响有时高达60～70dB(A)，未解决］，大楼的晃动问题，施工打桩噪声和振动问题都应引起重视。

3　高层和超高层建筑的噪声评价及要求

我国已颁布许多噪声和振动标准，对于不同地区、不同类型、不同用途的建筑规定了室内外要求。2008年新颁布的3个标准，规定了外环境对内环境的影响，应按此进行环境影响评价。对于高层和超高层建筑来说，还应按国家标准GBJ 118—1988《民用建筑隔声设计规范》和GB 50096—1999《住宅设计规范》进行考核。2008年民用建筑隔声设计规范修编送审稿中提出，住宅建筑中卧室、书房高要求的一级标准室内允许噪声级昼间≤40dB(A)，夜间≤30dB(A)；旅馆建筑中特级客房昼间噪声≤35dB(A)，夜间≤30dB(A)；办公建筑中办公室会议室内噪声≤35dB(A)。

对于住宅来说，室内振动限值应符合国家标准GB/T 50355—2005《住宅建筑室内振动限值及其测量方法标准》的相关规定。凡因室内噪声源的振动引起的固体传声应达到国家标准GB 22337—2008《社会生活环境噪声排放标准》的要求，即睡眠房间1类区昼间噪声应≤40dB(A)，夜间≤30dB(A)，2、3、4类区昼间应≤45dB(A)，夜间≤35dB(A)。同时应达到从31.5～500Hz频带内声压级的要求。

4　高层和超高层隔振降噪实例

4.1　上海金茂大厦51层设备层的噪声治理

上海金茂大厦51层设备层共分为4个区，安装着多台水泵、风机、变压器等。原设计已加装隔振装置。但隔振效率低，个别设备安装不当，部分隔振器已压死，支架托架为刚性连接，致使楼下50层办公室内噪声超标，A声级为54～55dB，C声级为79～80dB。"嗡嗡嗡"的低频声使人难以忍受，多年来租不出去。

通过现场调查，测试，与用户商讨，首先对51层设备层内水泵、风机及其水管采取隔振措施，将原有隔振器更换为上海新民隔振器材有限公司生产的预应力阻尼弹簧减振器，所有支架、托架、吊架改为弹性结构，进出水管与水泵间加装金属波纹管或橡胶挠性接管等。其次对6台变压器振动对楼下的影响不采取隔振措施，而采取隔声吸声措施，将变压器对应的50层楼下的顶棚加装隔声层、弹性吊件、吸声吊顶。经治理，50层办公室空场噪声最高处由治理前的55dB(A)降为42dB(A)，整个楼层噪声平均值由治理前的54dB(A)降为40dB(A)，达到了设计要求，业主比较满意。上海金茂大厦振动噪声治理措施如图2、图3所示。

图2　上海金茂大厦外形

图3　上海金茂大厦水泵机组隔振实照

4.2 上海瑞吉红塔大酒店噪声治理

上海瑞吉红塔大酒店位于浦东东方路，是一家超五星级大酒店，高 45 层。地下室安装了一台大型油锅炉，锅炉燃烧器噪声和排烟管道振动，使一层大堂内地面垂向振动级高达 80dB，振动十分明显。将锅炉排烟管道刚性连接改为弹性连接，所有吊杆改为弹性吊钩，穿墙部分加装隔振带，管道进行隔声保温包扎。采取这些措施后一层大堂地面振动级由 80dB 降为 60dB，已无振感。

4.3 上海金光外滩变压器振动治理

上海金光外滩是由金光外滩置地广场、五星级威斯汀大酒店和威斯汀公寓等三栋高层组成的现代化高层建筑群，位于上海市延安东路，层高 50 层。在大楼 B1 层设置了两间主变室，内置 35kV/10kV 变压器各 1 台。变压器的振动对 1～5 楼均有影响。通过测试分析和计算，在电力部门的配合下，将变压器抬高，在其基座下面安装了由上海新民隔振器材有限公司生产的《变电设备的噪声与振动控制装置》（专利号为 ZL200520045634.5），使 3 楼室内噪声由 54dB(A)、72dB(C) 降为 35.7dB(A)、53dB(C)，5 楼客房内噪声由 51.4dB(A)、69.5dB(C) 降为 36.1dB(A)、53dB(C)。所采取的技术措施如图 4、图 5 所示。其振动治理效果列于表 1。

图 4 上海金光外滩外形

图 5 上海金光外滩变压器隔振装置实照

表 1 1# 主变压器振动治理效果一览表

测点位置		测试方向	振动加速度/(m/s^2)		振动速度/(m/s)		振动位移/mm	
			治理前	治理后	治理前	治理后	治理前	治理后
1# 主变压器	左侧地面	铅垂方向	0.22	0.028	0.30	0.022	0.80	0.001
	右侧地面		0.30	0.020	0.80	0.020	1.20	0.001
	后侧地面		—	0.020	—	0.030	—	0.001
	门口地梁上		0.14	0.007	0.20	0.008	0.80	0.001

4.4　中国铁路物资大厦空调水泵噪声振动治理

中国铁路物资大厦位于上海市会文路，系一栋高层办公楼，在13层室内安装了4台大型立式水泵，为空调系统配套服务。由于隔振措施不当，致使楼下12层的多功能大厅无法使用，11层至9层的办公室也受到水泵振动的影响。通过调查分析和测试评估并与用户商量，拆除原水泵隔振装置，重新设计安装了上海新民隔振器材有限公司阻尼弹簧减振器及配套钢混隔振基座系统，更新了橡胶挠性接管，所有支架吊架均改为弹性支撑，水泵房内安装了吸声吊顶。经综合治理，12楼多功能大厅内噪声由58dB(A)降为36dB(A)，10楼办公室内由51dB(A)降为38dB(A)，9楼办公室内由50dB(A)降为39dB(A)。用户十分满意。图6所示为空调水泵隔振装置照片。

图6　空调水泵隔振装置实照

4.5　上海环球金融中心变压器隔振

上海环球金融中心共配置了由江苏华鹏变压器有限公司提供的51台1600kV·A/1200kV·A型变压器，分别安装于地下2层，6层，18层，30层，42层，54层，66层等7个设备层内。为降低变压器噪声和振动对楼上楼下的影响，在所有51台变压器下方安装了由上海新民隔振器材有限公司生产的“变电设备的噪声与控制装置”（专利号为ZL200520045634.5），包括钢结构支座和金属弹簧隔振器。投入运行1年多来，业主普遍反映良好，既保证了变压器的正常运行，又隔离了固体传声影响，图7、图8所示为变压器隔振装置措施。目前，该装置在上海新建变电站中均已广泛运用。

图7　上海环球金融中心外形

图8　上海环球金融中心变压器隔振实照

5 结语

高层和超高层建筑中的噪声和振动问题十分敏感，作者碰到的都是投入运行后噪声超标或有投诉再去调查、测试，提出治理方案，采取降噪措施，虽然问题都可以解决，都可以达到相关标准的规定，但十分被动，也很吃力，同时还要承担较大的风险。若能在设计、施工、安装、调试、测试验收过程中将这些问题解决，那是很方便的。这些大型高档的建筑，最好从一开始就聘请噪声和振动专业工程师担任技术顾问，进行技术咨询，将问题解决在设计阶段，解决在图纸上。声学工程师应参与建设项目的全过程，从选用低噪声设备开始，特别注意对敏感点的影响，采取严格的治理措施，精心设计和精心施工安装，就会取得满意的效果。

本文2011年刊登于《全国噪声学术会议论文集》

住宅小区环境影响评价中的噪声控制

摘　要：环境影响评价中噪声控制是主要内容之一。本文以住宅小区为例，给出了常见的噪声源声压级、规范控制要求以及需要采取的治理措施，可供同行参考。

关键词：环评　住宅小区　噪声控制

1　概述

环境保护是热门话题，又是基本国策。噪声污染已成为环境污染的四大公害之一，正引起各方重视。国家颁布了《环境保护法》《环境噪声污染防治法》《环境影响评价法》等法规，还颁布了《声环境质量标准》《工业企业厂界环境噪声排放标准》《社会生活噪声排放标准》《建筑施工场界环境噪声排放标准》等国家标准。各地政府也制定了相应的条例、办法、规定、导则等，目的在于控制噪声污染。

住宅小区的建设是房地产开发的主要内容之一，建筑面积在10万m^2以上的住宅小区，均应编制环境影响报告书。住宅小区除了大气、水、固废、电磁辐射之外，噪声和振动控制是环境影响评价的主要内容之一。住宅小区环评报告书一般应论述外环境对住宅小区的影响；住宅小区污染源对周围环境的影响以及住宅小区污染源对自身的影响。内外污染源均应采取治理措施和管理措施，达到相关标准的要求，最后通过环保验收，投入运行。

2　住宅小区噪声源及其控制

无论是新建住宅小区还是老的住宅小区，常见的噪声源声压级、防护距离要求以及应采取的降噪措施简述如下。

2.1　水泵

生活水泵（含消防水泵），其噪声一般为80dB(A）左右，若有水箱，水箱噪声为70dB(A）左右。水泵应安装在独立建筑的水泵房内，若安装在地下室，其上部不应该对应住宅卧室。水泵应采取隔振，进出水管软连接，管道应装弹性吊钩或弹性支架，以降低固体传声影响。水泵房同时应采取隔声吸声等措施，水泵噪声和振动不能影响相邻住宅。

2.2　地下车库排风机

地库风机噪声一般为80dB(A）左右，风机应安装在专门的风机房内，地库通风换气次数为4～6次/h。风机进出口加装消声器，管道软连接，其地面出风口距住宅最近距离应大于10m（2类声功能区）。若出口朝向人行道，其出口离地面高度应大于2.5m，进风口应设在花坛内。

2.3 地下车库出入口

车辆出入地库时噪声一般为65dB(A)左右，地库出入口距敏感建筑（如住宅等）应大于8m（2类声功能区）。若不符合此要求，则应在地库坡道处搭建隔声棚、花架等，并进行绿化、美化。

2.4 空调机组

小型空调室外机组噪声为60dB(A)左右。按空调不同功率大小，控制其对相邻方、相对方门窗的距离。上海市规定，制冷电功率为2～5kW的最近距离为4m，5～10kW为5m，10～30kW为6m。

住宅小区若有配套的商场、餐饮、娱乐场所、物业管理、会所等，其空调系统有可能采用大型风冷热泵机组，或水冷冷冻机、水泵、冷却塔系统。一般10万大卡以上的热泵机组，其上部风机噪声为85dB(A)左右，下部压缩机噪声为80dB(A)左右。对于热泵机组来说，上部风机应加装出风消声器，下部压缩机应搭建隔声棚和安装进风消声器，与热泵机组配套的循环水泵应加装隔声罩。对于采用冷冻机、水泵、冷却塔系统的空调装置，冷冻机噪声为85dB(A)左右，水泵噪声为80dB(A)左右，冷却水量在$100m^3/h$以上的普通冷却塔，其上部风机噪声为75dB(A)左右，下部淋水声为70dB(A)左右。冷冻机和水泵多数置于专门的房间内，其噪声对外部影响不大。而冷却塔需要安装在室外通风条件比较好的地方，噪声影响较大。多数是在冷却塔上部风机出口处加装出风消声器，下部进风和淋水声加装进风消声百叶或隔声吸声屏障或搭建隔声吸声棚。

2.5 变电房变压器

居民住宅小区1万伏以上的变电房噪声一般为65dB(A)左右，箱变噪声一般为55dB(A)左右。变电房变压器低频噪声以及电磁辐射会对周围环境带来影响。规范规定，变压器主变方向距住宅应大于12m，其他方向应大于8m，箱变距住宅应大于6m，基本可达标。

2.6 电梯

电梯噪声一般为65dB(A)左右，其卷扬机噪声和振动会对相邻的住宅有影响，电梯井道壁不应与住宅为同一堵墙，电梯卷扬机应采取隔振措施，机房内和井道最好进行吸声处理。

2.7 锅炉

有的住宅小区设有温水游泳馆，供热水的锅炉燃烧器噪声以及冷热水泵（有时还有油泵）噪声一般为70dB(A)左右，锅炉房单独设置，应采取隔声吸声措施。

2.8 家用电器

居民住宅内的家用电器颇多，如厨房油烟脱排机风机噪声一般为70dB(A)左右，卫生间抽水马桶噪声为65dB(A)左右，电视机、电冰箱、洗衣机、吹风机、电扇、吸尘器、洗碗机、收音机、微波炉等家用电器噪声一般为50～65dB(A)。有的住户还有钢琴、电子琴、小鼓、小号等乐器，其噪声有时高达 80dB(A)。住宅内的家用电器噪声以不影响上下左右邻居的安静生活为原则。

2.9 餐饮

有的住宅小区设置饭店、小吃店、快餐店等餐饮行业。饭店厨房间油烟脱排机风机、进排风风机噪声为 80dB(A) 左右，炒菜、洗碗以及服务人员的嘈杂声也有 70dB(A) 左右，店群矛盾时有发生。规范要求，餐饮业距居民住宅应大于 8m，其烟道应集中设置并应距住宅大于 20m。

2.10 娱乐场所

有的住宅小区设置 KTV、音乐茶室、保龄球馆、舞厅等，这些娱乐场所多数是在夜间营业，其噪声影响甚大，是投诉的重点。上海市严禁在住宅小区内设置这些娱乐场所。若独立设置，也应通过严格审批并采取严格的噪声和振动治理措施。住宅小区内中央公园往往是广场舞的所在地，跳舞时的音乐声和嘈杂声也经常引起投诉，这需要各方协商，加强管理。

2.11 外部交通

有的住宅小区周边可能有交通干线、公路、铁路、高架、轻轨、地铁、立交桥、航道、磁悬浮等，受交通噪声影响十分突出，住宅窗外噪声有时高达 75～80dB(A)，夜间影响更大。对于新建住宅小区，除采取按规划退界、绿化、铺设低噪声路面、设置隔声吸声屏障之外，仍不能达标的话，则应对住宅采取封闭阳台，安装隔声门、隔声通风窗等被动控制措施，使室内噪声达到 GB 50118—2010《民用建筑隔声设计规范》的要求，即住宅卧室内关窗情况下，昼间噪声≤45dB(A)，夜间噪声≤37dB(A)。门窗的隔声量一般应大于 25dB。对于老的住宅小区（先有房后有路)，凡噪声超标的住户，可考虑搬迁或改变功能，或进行改造，采取严格的治理措施，使室内达到 GB 50118—2010 的标准规定。

2.12 其他

针对上述噪声源的污染控制，上海市颁布了《社会生活噪声污染防治办法》，另外对住宅小区周围商店室外音响、学校广播、公园音响器材、宠物噪声干扰、装修作业等噪声也提出了限值要求和处罚规定。

3 结语

环境影响评价是项目建设审批中的第一关，十分重要。编制环境影响评价文本时，应通过调查、测试、类比分析、查阅资料、工程分析、多方协商等，首先搞清楚项目存在的主要噪声源，列出噪声源的名称、台数、容量、外形尺寸、安装位置、声级高低、频谱特性、距敏感目标和距厂界的距离等，按环评技术导则给定的计算公式或软件模式计算噪声源的影响程度和范围，绘制等声级曲线图，与应该执行的质量标准和排放标准进行比较，确定噪声超标量。声环境的预测值应包含贡献值和背景值。根据噪声超标量及频谱特性，提出有针对性和可操作性的控制措施，进行达标分析，为用户提供切实可行而又经济实用、经久耐用的治理方案，满足工程验收标准的要求。

【参考文献】

[1] 马大猷．噪声与振动控制工程手册［M］. 北京：机械工业出版社，2002.

[2] HJ 2034—2013，环境噪声与振动控制工程技术导则［S］.

[3] 吕玉恒．噪声控制与建筑声学设备和材料选用手册［M］. 北京：化学工业出版社，2011.

本文 2013 年刊登于《全国噪声学术会议论文集》

（参与本文编写的还有本院冯苗锋、黄青青、陈梅清等）

窗外大型声屏障解决餐饮与居民住宅矛盾

摘　要：大城市餐饮业多数设在闹市区或居民住宅区，其噪声和油烟是影响周围环境的因素之一。本文以上海浦东某坊大型餐饮业为例，测试分析了餐饮噪声源特性，采取在二楼走道窗外安装大型隔声吸声屏障，对120余台空调室外机组加装出风消声器等措施，达到了声环境2类区标准规定，解决了长期投诉餐饮噪声扰民的问题。

关键词：餐饮扰民　窗外声屏障　降噪

1　前言

据介绍，上海注册的餐饮饭店有3万余家，多数设在闹市区和居民住宅区。为控制餐饮业油烟和噪声对居民住宅的影响，国家和上海市颁布了多项标准和规范。由于历史的原因，往往餐饮饭店与居民住宅相距很近或组合于同一栋楼内，从而引起的矛盾十分尖锐。作者曾碰到过几个案例，其中较突出的是上海浦东新区某坊大型餐饮和上海普陀区某海鲜大型餐饮。以某坊为例，共有1#、2#两栋三层楼沿市政道路开设饭店、烧烤、网吧、商铺、物流、超市等，1#楼东西长约120m，2#楼东西长约180m，各色大小餐饮共有20多家，统称某坊。在某坊的南侧相距约15m就是居民小区多栋六层楼居民住宅，两者平行相对，如图1所示。

某坊厨房油烟以及厨房风机、空调外机、水泵、车辆进出、搬运等噪声再加上饭店洗碗、洗菜、炒菜等人为嘈杂声传至居民住宅处，有时夜间高达60～70dB(A)，居民无法忍受，曾多次去市里、区里有关部门群体上访，电台、电视台和报刊上也报道过，成为所在地居委会一大难题，是影响社会稳定的因素之一。多年来虽然也采取了设置围墙、加强绿化等措施，但问题没有根本解决。2011年被列为浦东新区环保重点解决的民生问题之一。

类似的情况还有普陀区某海鲜大型餐饮，东西长约150m，一楼至三楼共开设20余家饭店，南侧相距约10m就是小高层居民住宅，两者平行相对，某海鲜油烟和噪声超标排放，引起居民群访投诉，也成为政府维稳的内容之一。经治理，已达标，本文略。

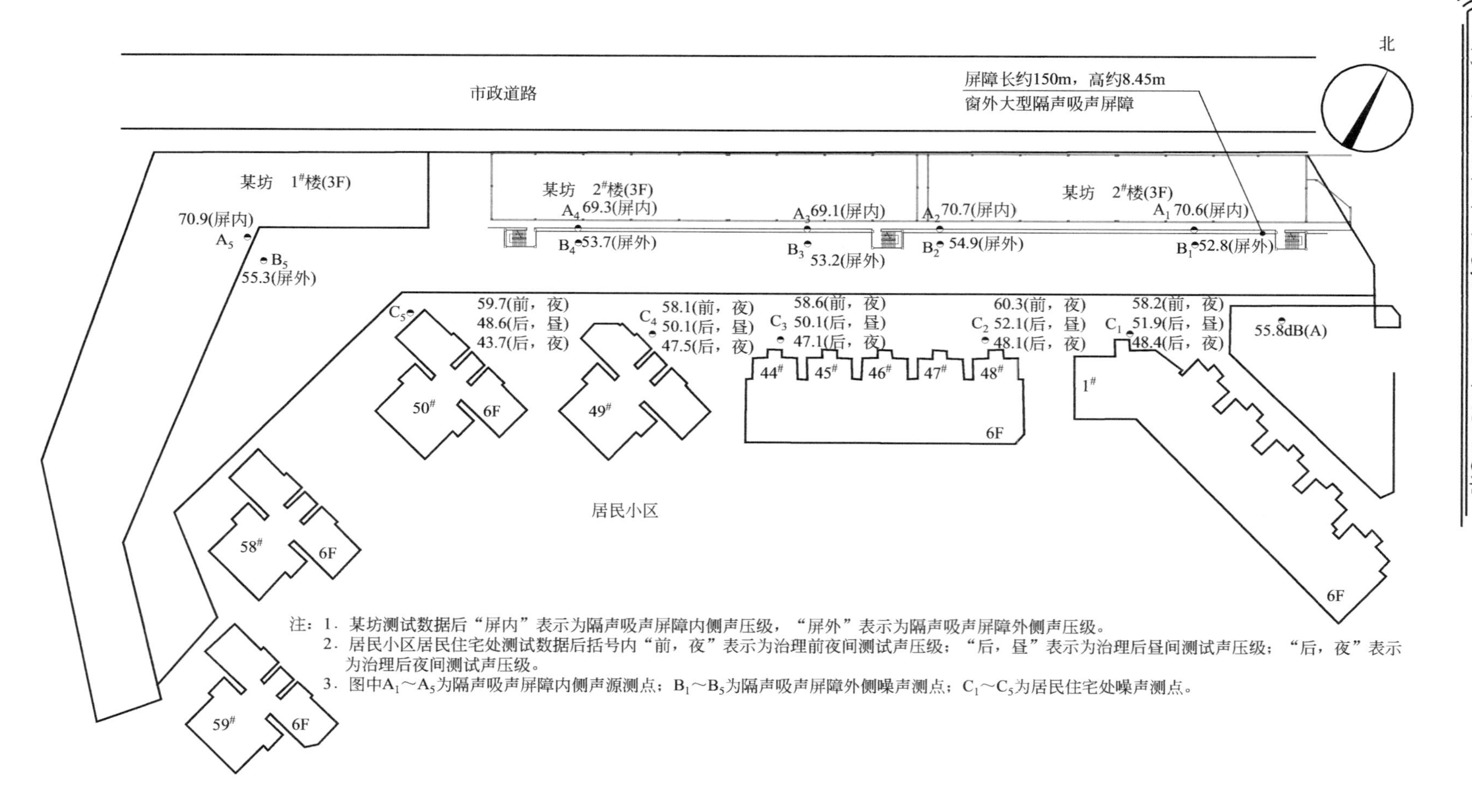

注：1．某坊测试数据后“屏内”表示为隔声吸声屏障内侧声压级，“屏外”表示为隔声吸声屏障外侧声压级。

2．居民小区居民住宅处测试数据后括号内“前，夜”表示为治理前夜间测试声压级；“后，昼”表示为治理后昼间测试声压级；“后，夜”表示为治理后夜间测试声压级。

3．图中A_1～A_5为隔声吸声屏障内侧声源测点；B_1～B_5为隔声吸声屏障外侧噪声测点；C_1～C_5为居民住宅处噪声测点。

图1 某坊大型餐饮与相邻居民住宅小区平面示意图以及噪声治理前后测试数据变化

2　噪声源的调查分析

2.1　主要噪声源

以某坊为例，主要有4种噪声源对居民有影响：

① 厨房间油烟净化排风机、送风机噪声，某坊2#楼1～2层有20多个厨房间，风机噪声一般为80dB(A)左右。

② 空调室外机组噪声，某坊2#楼南侧窗外小平台上一字排列安装了120多台空调室外机组，其噪声为70dB(A)左右；某坊1#楼南侧窗外吊挂了10台VRV室外机组，其噪声为75dB(A)左右。

③ 车辆进出噪声，某坊1#楼南侧地面上为机械停车库，底层为超市仓库，夜间车辆进出鸣笛、卸货冲击声对居民影响较大，冲击声有时高达90dB(A)。

④ 某坊1～3层南侧有宽敞的外走廊，是厨房备菜、洗碗的场所和通道，人为的嘈杂声、厨房炒菜的敲击声、推小车的叫喊声直接传至15m外的居民住宅处，有时高达70dB(A)，使人十分烦恼。

2.2　影响范围

上述4种噪声直接影响到南侧居民小区1#、44#、45#、46#、47#、48#、49#、50#、58#、59# 10栋住宅。未治理前在与某坊2#楼相对应的居民小区48#楼5楼窗外夜间实测噪声为60.3dB(A)，在与某坊1#楼相对应的50#楼居民住宅6楼窗外夜间实测噪声为59.7dB(A)。

按规定，本地区执行上海市声功能区划2类区标准，即居民住宅窗外昼间噪声$L_{eq}\leqslant$60dB(A)，夜间$L_{eq}\leqslant$50dB(A)。未治理前，居民住宅处昼间基本达标，夜间超标10dB(A)。

2.3　频谱特性

某坊2#楼几个厨房间噪声及居民住宅处44#楼噪声频谱见图2。居民住宅处夜间要达到50dB(A)规定，其频谱特性应满足NR45号曲线要求。

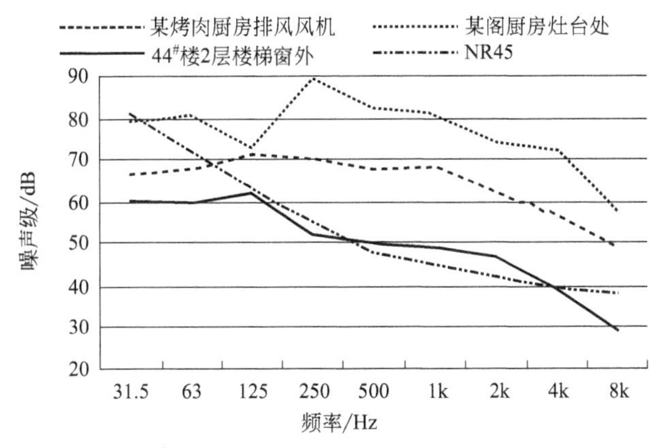

图2　某坊2#楼几个厨房间噪声对居民住宅影响频谱特性

由图 2 可知，某坊噪声对居民住宅的影响，低频段（＜250Hz）为 10dB 左右，中频段（250～1000Hz）为 15～20dB。要全面达到 2 类区标准规定，必须采取严格的治理措施。

3 采取的主要技术措施

3.1 窗外大型隔声吸声屏障

经多方案比较，既要降低某坊餐饮设备噪声、人为噪声，也要便于管理，噪声治理设施还要求外形美观、大方，与原有建筑相协调。最后商定在某坊 2# 楼南侧通道窗外设置一道大型隔声吸声屏障。隔声吸声屏障总长约 150m，总高 8.45m，有效高 3.6m，如图 3 所示。

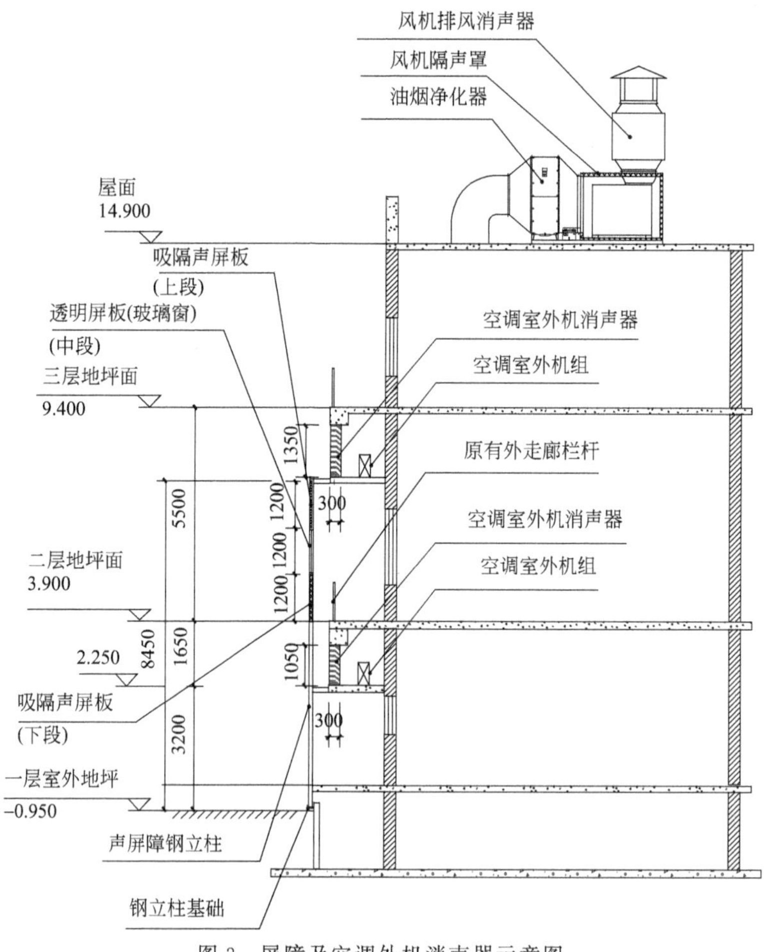

图 3　屏障及空调外机消声器示意图

隔声吸声屏障分为三段，上段为吸隔声段，中段为隔声玻璃窗采光段，下段为吸隔声段，立柱为 10# 工字钢，间距 2m。隔声吸声屏障采用板式插入结构，每块板长×高×厚为 2000mm×1200mm×80mm。图 4 所示为隔声吸声屏障现场安装实照。

图 4 隔声吸声屏障现场安装实照

3.2 120 多台空调室外机组出风消声器

在某坊 2# 楼南墙 2 楼、3 楼平台上安装了各型空调室外机组 120 余台，东西方向一字排列。在其外侧加装两排统长出风消声器，消声器高分别为 1050mm 和 1350mm，厚度均为 300mm。原有空调室外机组与消声器之间距离约为 500mm，便于通风散热和设备检修。

3.3 厨房油烟净化器和风机隔声消声装置

在某坊 2# 楼 3 层屋顶上安装了两台厨房油烟净化器、风机隔声罩及排风消声器，如图 3 所示。将各家厨房油烟管道连接到一个大的排烟管道内并伸向屋顶，再经净化后排空。油烟净化器风机加装隔声罩和排风消声器后可使其噪声降低为 65dB(A) 以下。

3.4 VRV 室外机组出风消声器

某坊 1# 楼外墙上吊挂的 VRV 室外机组，在其出风口加装阻抗复合式消声器，消声器外形尺寸约为 1200mm×1000mm×1200mm，消声量为 15dB(A) 左右，可使 VRV 室外机组噪声降为 60dB(A) 以下。

4 治理效果

4.1 总体治理效果

采取上述 4 项治理措施后，经有资质的单位实测居民小区居民住宅处，昼间和夜间全面达到了 2 类区标准规定。大型隔声吸声屏障内外声级差以及居民住宅处各栋楼治理前后的声压级变化如图 1 所示。

4.2 隔声吸声屏障的降噪效果

窗外大型隔声吸声屏障的降噪效果（内外声级差）为 10～15dB(A)，空调室外机组百叶式通风消声器消声量为 8～10dB(A)，150m 长的大型隔声吸声屏障以及两条百叶式消声器，不仅降低了某坊各家厨房噪声对居民住宅的影响，而且外形美观、大方、挺括，就像一条风景线，与周围建筑相协调，各方都比较满意。

4.3 居民小区居民住宅处降噪效果

居民小区居民住宅处噪声大幅度降低，以 48# 5 楼北窗外为例，夜间噪声由治理前的 60.3dB(A) 降为治理后的 48.1dB(A)，降噪 12.2dB(A)。又如反映比较强烈的 44# 5 楼北窗外夜间噪声由治理前的 58.6dB(A) 降为治理后的 47.1dB(A)，降噪 11.5dB(A)，均优于 2 类区夜间噪声应小于 50dB(A) 的标准规定。居民感谢政府为老百姓办了一件大好事，解决了多年来投诉无果的扰民问题。2011 年 11 月 2 日已通过环保验收。

【参考文献】

[1] GB 3096—2008，声环境质量标准 [S].
[2] 吕玉恒. 噪声控制与建筑声学设备和材料选用手册 [M]. 北京：化学工业出版社，2011.
[3] 马大猷. 噪声与振动控制工程手册 [M]. 北京：机械工业出版社，2002.

本文 2013 年刊登于《噪声与振动控制》增刊
（参与本文编写的还有本院冯苗锋）

汉光影剧院建筑声学（改造）设计与效果

1 概况

河北省邯郸市汉光影剧院原为国营汉光机械厂俱乐部，1982年建成。该影剧院是以戏剧为主兼以电影会议等用途的多功能厅堂。使用10年来，演戏剧，听音乐，其音响效果尚好，但放电影或作报告则听不清，语言清晰度较差，混响时间偏长。1990年对该影剧院建筑声学（改造）进行了设计计算，1991年施工安装完毕，经调整测试及主观评价，效果良好，符合设计要求，已通过验收。

汉光影剧院观众厅呈钟形，有楼座，最大长度28.5m，宽15～27m，平均高度11.5m，观众厅池座面积$680m^2$，楼座面积$332m^2$，观众厅有效容积$7827m^3$，容纳1664座，每座容积$4.7m^3$，挑台开口深12.3m，高5.7m，挑台开口深与高之比为2.2。舞台长×宽×高为24m×14m×15.5m，容积$5208m^3$，台口宽×高为15m×8m。影剧院池座和楼座平面图及剖面图详见图1、图2。

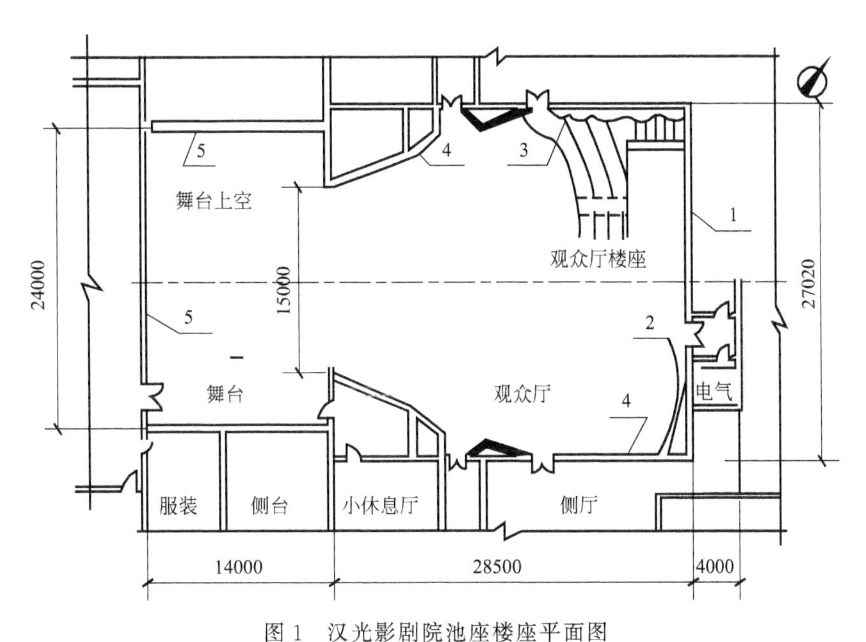

图1 汉光影剧院池座楼座平面图

1—穿孔板吸声结构；2—后墙木装饰条吸声结构；3—南北侧墙木装饰条吸声结构；
4—薄板共振吸声结构；5—舞台铝板网强吸声结构

原设计观众厅顶棚为六角形水泥船形体，共120个，每个长×宽为2350mm×1340mm，施工时改为铸铝船形体。舞台前部吊顶面光和楼座后部顶棚为板条钢板网抹灰。观众厅四壁侧墙为水泥砂浆抹灰，无光漆粉饰。观众厅南北两侧折墙反射面为纸筋灰可赛银粉饰。观众

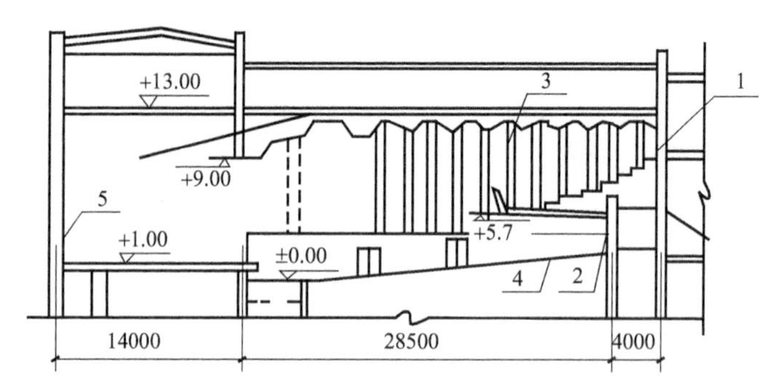

图 2　汉光影剧院剖面图

1—穿孔板吸声结构；2—后墙木装饰条吸声结构；3—南北侧墙木装饰条吸声结构；
4—薄板共振吸声结构；5—舞台铝板网强吸声结构

厅为水泥地坪。舞台四壁为清水砖墙，木地坪，钢筋混凝土预制板顶棚。乐池为水泥地坪。观众厅座位全为木板硬背椅。

按剧场来说，可分为专业剧场和多功能剧场两大类，专业剧场包括话剧院、歌剧院和地方戏剧院等三种；多功能剧场则以某种主要用途来命名，如以音乐为主的多功能剧场，或以语言清晰度为主的多功能剧场，或可变声学条件的多功能剧场等。按电影院来说，可分为专业电影院、报告厅以及多功能影院等。

汉光影剧院原设计在建筑体形上和内部装修上是以戏剧院为主的。但近年来，该影剧院的经营方针以放映电影为主，由于混响时间太长，有时上座率又很低，虽然对电声扩声系统进行过某些调整，可是效果不大。该影剧院的经济效益受到一定影响，迫切要求进行建筑声学改造，由戏剧为主改为电影为主并兼顾多功能需要。

2　设计要求

多功能影剧院的音质设计最终目标是满足观众有一个良好的听闻环境。评价一个好的听闻环境包括主观和客观两个方面。对于一个兼作语言和音乐使用的多功能大厅来说，主观评价大体有 5 个方面：合适的响度；高的清晰度；足够的丰满度；无回声和颤动回声；低噪声。客观评价的指标主要有：混响时间（T60）；声场不均匀度；声扩散值；脉冲响应；频率不均匀度；允许噪声级和噪声评价曲线等。控制音质好坏的因素有很多，其中混响时间、声场不均匀度和背景噪声是主要的。不同用途的厅堂其音质要求也不同。例如，以听语言为主的电影院、报告厅，需要有较高的清晰度，混响时间应较短，频率特性平直。如以音乐、戏剧为主的场所，则希望声音丰满，优美动听，混响时间应长些。图 3 给出了经过综合的各类厅堂混响时间最佳值推荐曲线。

对汉光影剧院来说，由于其体形、相互比例、有效容积、室内装修等已基本确定，改造措施必须与原建筑相协调，再加上改造经费有限，这就给建筑声学改造设计带来了一定困难。以电影为主的影剧院首先要求有较高的语言清晰度，而语言清晰度在一定程度上是综合了厅堂的响度、混响时间、声场分布、反射声分布和方向性扩散等客观因素。按汉光影剧院的体形、有效容积若以放电影作报告为主，则中频（500Hz）混响时间（满场）一般希望控制在1.0～1.2s。而为了兼顾听音乐、演戏剧，则希望混响时间控制在1.5～1.6s。这两种不同的用途，在控制混响时间上是相矛盾的，只能采取折中的办法。设计要求通过改造使500Hz混响时间控制在1.2～1.5s，频率特性基本平直，低频可略长些。

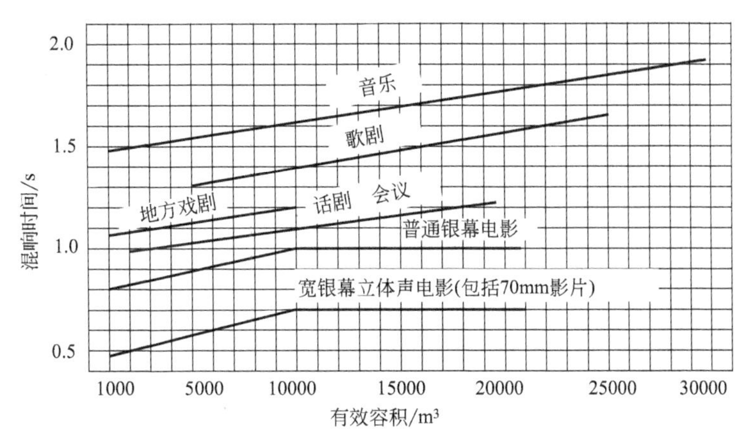

图3 各类厅堂混响时间最佳值推荐曲线

图中曲线有±0.15幅度，可根据具体情况取值

3 设计计算

(1) 观众厅混响时间设计计算

根据使用要求，确定适中的混响时间后，就需要进行混响时间计算，框定影剧院内所需的吸声量。按所需吸声量，选择不同的吸声材料和吸声结构，经反复比较，选择试算，使之达到设计要求。

目前，影剧院观众厅混响时间（T60）的计算，一般采用伊林公式，即

$$T60=\frac{0.161V}{-S\ln(1-\bar{\alpha})+4mV}(\mathrm{s})$$

式中 V——观众厅有效容积（m^3）；

S——观众厅内总表面面积（m^2）；

$\bar{\alpha}$——观众厅内平均吸声系数；

$4m$——空气吸声系数。

通常计算125Hz、250Hz、500Hz、1000Hz、2000Hz、4000Hz 6个倍频程中心频率下的混响时间。

为进行汉光影剧院声学改造，首先根据原有实测空场混响时间算出原有的吸声量，按改造后所期望的混响时间，计算出实际需要的吸声量，两者之差即必须增加的吸声量；其次，结合影剧院原有建筑与室内装修要求，选定或设计不同的吸声材料、吸声结构，按其吸声系数和面积，匡算增加的吸声量；再次，经过反复调整吸声结构并考虑观众吸声增量，计算出吸声处理后的满场混响时间；最后，通过实测空场和满场混响时间，再与设计计算值比较，对于二者出入较大而又必须进一步调整改造的，提出修订补充意见或建议。

观众厅空场和满场混响时间计算值和实测值列于表1。

表 1　观众厅混响时间计算表

<table>
<tr><th rowspan="2">项目</th><th rowspan="2">序号</th><th rowspan="2">内容(装置位置及选用材料)</th><th rowspan="2">表面积/m^2</th><th colspan="2">125Hz</th><th colspan="2">250Hz</th><th colspan="2">500Hz</th><th colspan="2">1000Hz</th><th colspan="2">2000Hz</th><th colspan="2">4000Hz</th></tr>
<tr><th>α</th><th>$S\alpha$</th><th>α</th><th>$S\alpha$</th><th>α</th><th>$S\alpha$</th><th>α</th><th>$S\alpha$</th><th>α</th><th>$S\alpha$</th><th>α</th><th>$S\alpha$</th></tr>
<tr><td rowspan="6">设计要求混响时间及需要增加的吸声量</td><td>1</td><td>观众厅未改造前实测空场混响时间/s</td><td rowspan="6">—</td><td colspan="2">4.70</td><td colspan="2">4.30</td><td colspan="2">3.80</td><td colspan="2">3.70</td><td colspan="2">3.00</td><td colspan="2">1.90</td></tr>
<tr><td>2</td><td>设计要求混响时间(按图 3 选定的期望满场混响时间)/s</td><td colspan="2">1.2×1.4=1.68</td><td colspan="2">1.2×1.15=1.38</td><td colspan="2">1.20</td><td colspan="2">1.20</td><td colspan="2">1.20</td><td colspan="2">1.20</td></tr>
<tr><td>3</td><td>观众厅未改造前空场原有吸声量 [$-S\ln(1-\bar{\alpha})+4mV$]</td><td colspan="2">268</td><td colspan="2">293</td><td colspan="2">331.6</td><td colspan="2">340.5</td><td colspan="2">420</td><td colspan="2">663</td></tr>
<tr><td>4</td><td>观众厅设计所期望的满场吸声量 [$-S\ln(1-\bar{\alpha})+4mV$]</td><td colspan="2">750</td><td colspan="2">913</td><td colspan="2">1050</td><td colspan="2">1050</td><td colspan="2">1050</td><td colspan="2">1050</td></tr>
<tr><td>5</td><td>观众厅满场观众吸声增量(观众坐在木板硬椅上,1664 座)</td><td colspan="2">0.10/166.4</td><td colspan="2">0.15/249.6</td><td colspan="2">0.21/349.4</td><td colspan="2">0.24/399.4</td><td colspan="2">0.26/432.6</td><td colspan="2">0.22/366.1</td></tr>
<tr><td>6</td><td>满场需要增加的吸声量(不包括观众吸声增量)</td><td colspan="2">315.6</td><td colspan="2">370.4</td><td colspan="2">369</td><td colspan="2">310.1</td><td colspan="2">197.6</td><td colspan="2">20.9</td></tr>
<tr><td rowspan="5">结构吸声量穿孔板吸声</td><td>7</td><td>原观众厅楼座后墙板条抹灰吸声系数</td><td rowspan="5">127</td><td colspan="2">0.02</td><td colspan="2">0.04</td><td colspan="2">0.04</td><td colspan="2">0.06</td><td colspan="2">0.05</td><td colspan="2">0.05</td></tr>
<tr><td>8</td><td>穿孔板吸声结构吸声系数(50mm 厚离心玻璃棉毡,4mm 厚穿孔纤维板饰面)</td><td colspan="2">0.19</td><td colspan="2">0.36</td><td colspan="2">0.59</td><td colspan="2">0.63</td><td colspan="2">0.50</td><td colspan="2">0.51</td></tr>
<tr><td>9</td><td>穿孔板吸声结构钉于板条抹灰墙上吸声系数 $\bar{\alpha}$</td><td colspan="2">0.17</td><td colspan="2">0.32</td><td colspan="2">0.55</td><td colspan="2">0.57</td><td colspan="2">0.45</td><td colspan="2">0.46</td></tr>
<tr><td>10</td><td>$-\ln(1-\bar{\alpha})$</td><td colspan="2">0.186</td><td colspan="2">0.385</td><td colspan="2">0.797</td><td colspan="2">0.843</td><td colspan="2">0.597</td><td colspan="2">0.616</td></tr>
<tr><td>11</td><td>观众厅楼座后墙增加的吸声量 [$-S\ln(1-\bar{\alpha})$]</td><td colspan="2">23.6</td><td colspan="2">48.9</td><td colspan="2">101.2</td><td colspan="2">107.1</td><td colspan="2">75.8</td><td colspan="2">78.2</td></tr>
<tr><td rowspan="5">木装饰条吸声结构吸声量</td><td>12</td><td>原观众厅池座后墙及南北侧墙砖墙抹灰吸声系数</td><td rowspan="5">172</td><td colspan="2">0.01</td><td colspan="2">0.02</td><td colspan="2">0.02</td><td colspan="2">0.03</td><td colspan="2">0.04</td><td colspan="2">0.05</td></tr>
<tr><td>13</td><td>木装饰条吸声结构吸声系数(50mm 厚离心玻璃棉毡,50mm 厚空腔、装饰木条、阻燃织物)</td><td colspan="2">0.15</td><td colspan="2">0.35</td><td colspan="2">0.75</td><td colspan="2">0.85</td><td colspan="2">0.80</td><td colspan="2">0.70</td></tr>
<tr><td>14</td><td>木装饰条吸声结构钉于砖墙抹灰墙上吸声系数 $\bar{\alpha}$</td><td colspan="2">0.14</td><td colspan="2">0.33</td><td colspan="2">0.73</td><td colspan="2">0.82</td><td colspan="2">0.76</td><td colspan="2">0.65</td></tr>
<tr><td>15</td><td>$-\ln(1-\bar{\alpha})$</td><td colspan="2">0.15</td><td colspan="2">0.40</td><td colspan="2">1.30</td><td colspan="2">1.71</td><td colspan="2">1.42</td><td colspan="2">1.04</td></tr>
<tr><td>16</td><td>池座后墙、南北侧墙木装饰条增加的吸声量 [$-S\ln(1-\bar{\alpha})$]</td><td colspan="2">25.8</td><td colspan="2">68.8</td><td colspan="2">223.6</td><td colspan="2">294.1</td><td colspan="2">244.2</td><td colspan="2">178.8</td></tr>
</table>

续表

项目	序号	内容(装置位置及选用材料)	表面积/m²	125Hz α Sα	250Hz α Sα	500Hz α Sα	1000Hz α Sα	2000Hz α Sα	4000Hz α Sα
薄板共振吸声结构(三夹板和五夹板)吸声量	17	原观众厅墙裙为砖墙抹灰其吸声系数	71	0.01	0.02	0.02	0.03	0.04	0.05
	18	薄板共振吸声结构(三夹板)吸声系数(三夹板面层,空腔100)		0.51	0.38	0.18	0.05	0.04	0.08
	19	薄板共振吸声结构(三夹板)钉于砖墙抹灰墙上吸声系数 $\overline{\alpha}$		0.50	0.36	0.16	0.02	0.04	0.03
	20	$-\ln(1-\overline{\alpha})$		0.69	0.44	0.17	0.02	0.04	0.03
	21	薄板共振吸声结构(三夹板)墙裙增加的吸声量[$-S\ln(1-\overline{\alpha})$]		49	31.2	12.1	1.4	2.9	2.1
	22	薄板共振吸声结构(五夹板)吸声系数(五夹板面层,空腔100)	142	0.20	0.10	0.13	0.06	0.06	0.19
	23	薄板共振吸声结构(五夹板)钉于砖墙抹灰墙上吸声系数 $\overline{\alpha}$		0.19	0.08	0.11	0.03	0.02	0.14
	24	$-\ln(1-\overline{\alpha})$		0.21	0.08	0.11	0.03	0.02	0.15
	25	薄板共振吸声结构(五夹板)墙裙增加的吸声量[$-S\ln(1-\overline{\alpha})$]		29.8	11.4	15.6	4.3	2.8	21.3
	26	薄板共振吸声结构(三夹板和五夹板墙裙合计)增加的吸声量(序号21+25)	71+142=213	78.8	42.6	27.7	5.7	5.7	23.4
舞台台口吸声量	27	舞台台口的吸声系数	120	0.30	0.30	0.40	0.40	0.50	0.50
	28	$-\ln(1-\overline{\alpha})$		0.35	0.35	0.51	0.51	0.69	0.69
	29	舞台台口增加的吸声量$-S\ln(1-\overline{\alpha})$		42	42	61.2	61.2	82.8	82.8
满场总吸声量及混响时间	30	空气吸声系数 $4mV$ ($V=7827\text{m}^3$)	—	—		—	27.4	78.2	187.8
	31	安装吸声结构后观众厅满场实际增加的吸声量(计算值)		170.2	202.3	413.7	495.5	486.7	551
	32	安装吸声结构后观众厅满场现有总的吸声量(计算值)(序号3+5+31)		604.6	744.9	1094.7	1235.4	1339.3	1580.1
	33	安装吸声结构后观众厅满场混响时间(计算值)/s		2.08	1.69	1.15	1.02	0.94	0.80
	34	实测观众厅满场混响时间/s(实际上1/3座位未坐观众)		2.76	1.97	1.56	1.29	1.15	0.96

由表1可知，按设计选定的吸声材料、吸声结构所计算出的混响时间与实测满场混响时间，在高频段基本接近，且略低于期望值；在低频段实测值比计算值要长些，且均高于期望

值。若能再增加些低频吸声，适当抑制高频吸声，则观众厅的音质还会有所改善。中频 500Hz 混响时间期望值为 1.2s，计算值为 1.22s，实测值为 1.56s，实测值较长的主要原因是满场测试时，观众并未坐满，约有 1/3 座位无观众，吸声量不足，致使 500Hz 混响时间偏长。

(2) 舞台混响时间设计计算

以往剧场建筑声学设计偏重于观众厅，对舞台声学效果考虑不足。事实上演和听是演出效果的两个方面，演员（即声源）在舞台上演得好，观众在座位上听得好，这才是完美的统一。如果舞台声学条件欠佳，就会直接影响演员演出的自我感觉、掌握力度和平衡。

汉光影剧院有一个很大的舞台，舞台有效容积为 5208m^3，是观众厅有效容积 7827m^3 的 2/3，舞台后墙，两侧墙为清水砖墙，未做声学处理。舞台 500Hz 混响时间（计算值）为 3.8s。作为多功能剧场，一般要求舞台混响时间应接近或稍大于观众厅的混响时间。汉光影剧院舞台混响时间偏长，这就会造成舞台和观众厅之间通过台口的耦合而引起音质缺陷。为了满足多功能剧场在自然声条件下演奏或演唱，防止声能在巨大的舞台上逸散和吸收，使演奏者能正确地掌握力度和速度，达到演奏的平衡和融洽，同时为了改善观众厅声场均匀度，适当增加观众厅前、中座的早期反射声，增加直达声强度，从而提高亲切感，有必要对舞台进行专门的设计计算。

汉光影剧院舞台改造前后空场混响时间计算结果列于表 2。

表 2　舞台混响时间计算结果

项目	序号	内容(装置位置及选用材料)	表面积/m^2	125Hz		250Hz		500Hz		1000Hz		2000Hz		4000Hz	
				α	Sα	α	Sα	α	Sα	α	Sα	α	Sα	α	Sα
舞台原有吸声量及混响时间	1	舞台后墙、两侧墙、台口两侧，清水砖墙吸声系数及吸声量	1058	0.02/	21.2	0.03/	31.7	0.04/	42.3	0.04/	42.3	0.05/	52.9	0.05/	52.9
	2	舞台顶棚钢筋混凝土预制板吸声系数及吸声量	336	0.01/	3.4	0.01/	3.4	0.02/	6.7	0.02/	6.7	0.02/	6.7	0.03/	10.1
	3	舞台地坪为木格栅地坪，其吸声系数及吸声量	336	0.15/	50.4	0.10/	33.6	0.10/	33.6	0.07/	23.5	0.06/	20.2	0.07/	23.5
	4	舞台开口吸声系数及吸声量	120	0.30/	36	0.30/	36	0.40/	48	0.40/	48	0.50/	60	0.50/	60
	5	原有舞台布景吸声系数及吸声量	120	0.73/	87.6	0.59/	70.8	0.76/	90	0.71/	85.2	0.76/	91.2	0.70/	84
	6	舞台原有总吸声量($\sum S\alpha$)	—	198.6		175.5		220.6		205.7		231		230.5	
	7	舞台原空场混响时间/s $T60=\frac{0.163V}{\sum S\alpha}, V=5208m^3$	—	4.27		4.83		3.85		4.13		3.67		3.68	
舞台铝板网强吸声结构吸声量	8	舞台后墙，两侧墙安装铝板网强吸声结构吸声系数(50mm 厚离心玻璃棉毡，密度为 30kg/m^3，玻璃丝布袋子裹，铝板网护面)	—	0.05		0.10		0.50		0.85		0.70		0.65	
	9	铝板网强吸声结构钉于清水砖墙上吸声系数($\bar{\alpha}$)	—	0.03		0.07		0.46		0.81		0.65		0.60	
	10	舞台后墙，两侧墙铝板网强吸声结构增加的吸声量 $S\bar{\alpha}$	—	10.9		25.5		167.4		294.8		236.6		218.4	

续表

项目	序号	内容(装置位置及选用材料)	表面积/m^2	125Hz		250Hz		500Hz		1000Hz		2000Hz		4000Hz	
				α	$S\alpha$	α	$S\alpha$	α	$S\alpha$	α	$S\alpha$	α	$S\alpha$	α	$S\alpha$
舞台铝板网强吸声结构吸声量	11	舞台改造后总吸声量(序号6+10)($\sum S\bar{\alpha}$)	—	209.5		201		388		500.5		467.6		448.9	
舞台改造后空场混响时间	12	舞台改造后空场混响时间计算值(s) $T60=\dfrac{0.163V}{\sum S\alpha}(V=5208m^3)$	—	4.05		4.22		2.18		1.70		1.82		1.89	
	13	舞台改造后空场混响时间实测值(s)	—	2.94		2.61		2.58		2.46		2.41		1.90	

由表2可知，舞台增加吸声措施改造后，其500Hz空场混响时间由3.85s降为2.18s，与观众厅实测空场混响时间2.58s相接近，与原期望值基本相同。另一方面，为满足在自然声条件下演奏或演唱，又要求能在舞台上设置活动的声反射板或反射罩，简称为音乐罩。为此，将舞台后墙和两侧墙铝板网强吸声结构设计为活动翻板，一面为铝板网强吸声，另一面为硬质纤维板反射。放电影时为强吸声面，在自然声条件下演奏或演唱，将活动翻板翻至反射面。

4 主要技术措施

① 观众厅楼座后墙安装穿孔板吸声结构，面积为127m^2，吸声材料为50mm厚离心玻璃棉毡（防潮、防火、防霉、防蛀），密度为30kg/m^3，用玻璃丝布袋装裹，饰面材料为4mm厚穿孔纤维板，穿孔率10.64%，每块规格500mm×500mm，钉于50mm×50mm木筋上，木筋纵横间距为500mm×500mm，纤维穿孔板吸声结构节点详图见图4。

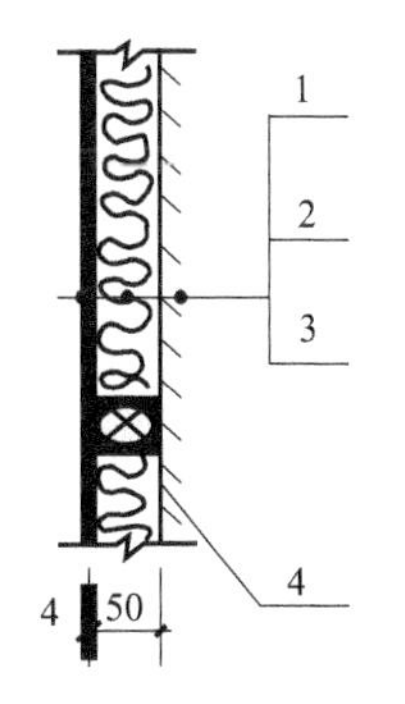

图4 穿孔板吸声结构节点详图

1—4mm厚穿孔纤维板饰面；2—50mm厚离心玻璃棉毡用玻璃丝布袋装裹；3—原有墙面；4—50mm×50mm木筋

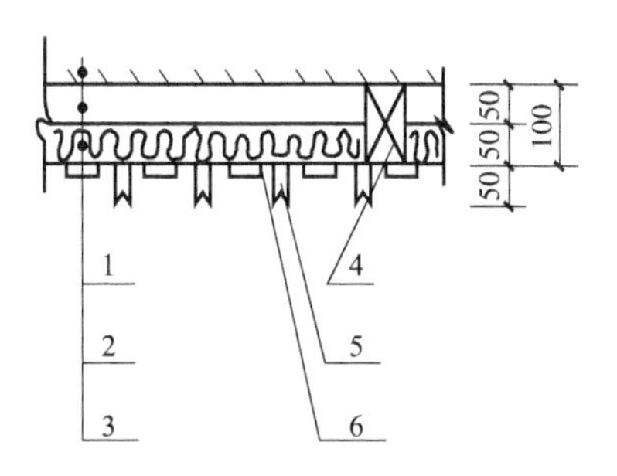

图5 木装饰条吸声结构节点详图

1—原有墙壁（砖墙抹灰）；2—50mm空腔；3—50mm厚离心玻璃棉毡（密度为30kg/m^3，用玻璃丝布袋装裹）；4—100mm×50mm木筋@-@100；5—20mm×50mm木装饰条（水平方向不开槽）；6—阻燃织物饰面

② 观众厅池座后墙钉装木装饰条吸声结构，面积为 $81m^2$；观众厅南北侧墙上部折墙部分也钉装木装饰条吸声结构，面积计 $85m^2$。吸声材料为 50mm 厚离心玻璃棉毡，密度为 $30kg/m^3$，用玻璃丝布袋装裹，与原墙面之间空腔为 50mm，阻燃织物饰面，外部钉木装饰条，漏孔率为 36%，木装饰条钉于 100mm×50mm 木筋上。木装饰条吸声结构节点详图见图 5。

③ 薄板共振吸声结构钉于观众厅池座南北侧墙墙裙部分（由地坪至 3.8m 高）及楼座楼梯口两侧。共振腔深 100mm，墙裙下半部分为五夹板饰面，面积计 $142m^2$，墙裙上半部分为三夹板饰面，面积计 $71m^2$。五夹板或三夹板钉于 100mm×50mm 木筋上，木筋纵横间距为 600mm×600mm，薄板共振吸声结构节点详图见图 6。

④ 翻板式吸声结构安装于舞台后墙及两侧墙，由舞台台面至 7m 高，面积计 $364m^2$。翻板厚 50mm，正面为铝板网强吸声结构——46mm 厚离心玻璃棉毡，密度为 $30kg/m^3$，用玻璃丝布袋装裹，铝板网护面，铝合金压条，钉于 50mm×50mm 木筋上。反面为 4mm 厚硬质纤维板反射面，钉于 50mm×50mm 木筋的另一侧。翻板式吸声结构每块规格 900mm×1700mm（个别为 900mm×1200mm）。翻板式吸声结构点详图见图 7。

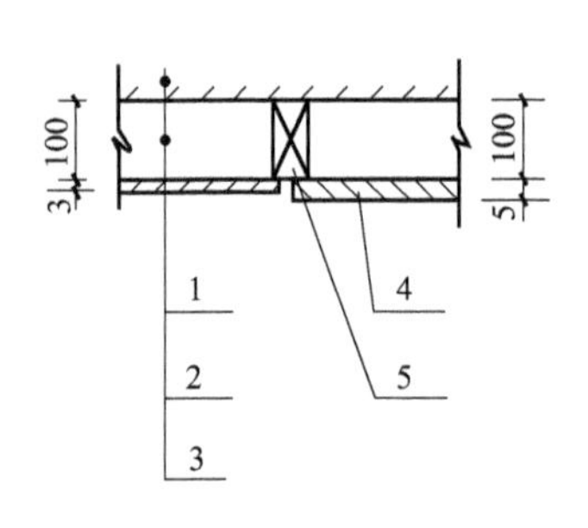

图 6 薄板共振吸声结构节点详图

1—原有墙壁（砖墙抹灰）；2—100mm 空腔；3—3mm 厚三夹板饰面；4—5mm 厚五夹板饰面；5—100mm×50mm 木筋

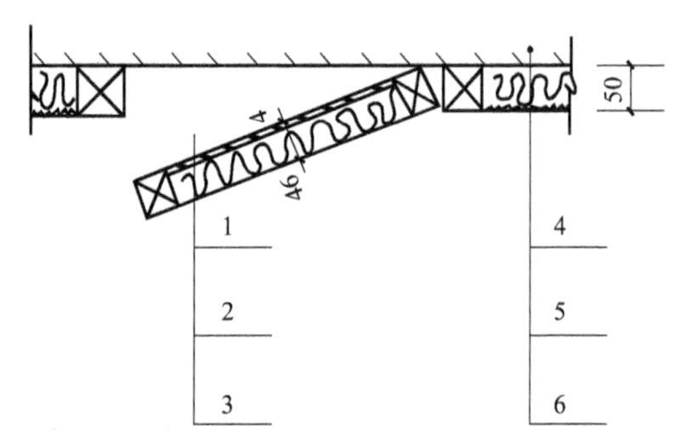

图 7 翻板式铝板网吸声结构节点详图

1—4mm 厚硬质纤维板反射面；2—46mm 厚离心玻璃棉毡（密度为 $30kg/m^3$，用玻璃丝布袋装裹）；3—铝板网饰面；4—原有墙壁（清水砖墙）；5—50mm 厚离心玻璃棉（密度为 $30kg/m^3$，用玻璃丝布袋装裹）；6—铝板网饰面

另外，通风口、暖气罩、隔声门斗等处也做了装饰和吸声处理，不再赘述。

5 效果与评价

采取上述措施施工安装完工后，对观众厅空场和满场混响时间、本底噪声、声场不均匀度等进行了测试，听取了汉光机械厂部分观众的主观评价。混响时间变化曲线详见图 8。

由图 8 可知，未改造前观众厅空场混响时间（500Hz）为 3.80s，改造后（一期工程）为 2.58s [河北省电影放映公司实测观众厅空场混响时间（500Hz）为 2.09s]；改造后满场混响时间（500Hz）为 1.56s，测试时间是 11 月，实际上座率为 65%左右。改造后满场混响时间比改造前空场混响时间（500Hz）缩短了 2.24s。主观反映语言清晰度有了较大改善，

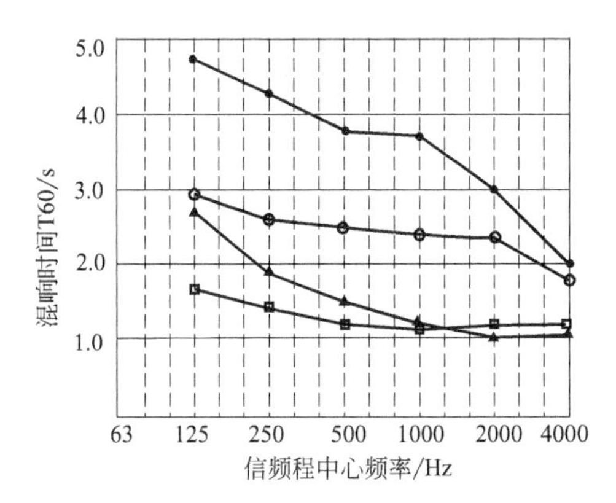

图 8 汉光影剧院观众厅混响时间变化曲线

●—改造前空场混响时间；○—改造后空场混响时间；

△—改造后满场混响时间；□—观众厅期望混响时间（满场）

作报告和放电影对白能听清楚了，演地方戏、唱歌及听音乐等丰满亲切，音质良好。

空场通风系统不开动，影剧院背景噪声为 42dB(A)；通风系统开动时，影剧院背景噪声为 54dB(A)。

500Hz 声场不均匀度为±3dB。

新加措施与原建筑比较协调，装饰效果美观大方，一期工程已通过验收，各方面都较满意。

鉴于汉光影剧院所在地邯郸市丛台区联纺路地段，影剧院布点不合理，在不到 1.5km 的范围内有 5 家电影院，因此，上座率不高。汉光影剧院楼座上一般无观众，池座有时也坐不满，致使其满场混响时间较长，影响听闻效果。该影剧院拟再进行二期工程改造，期望观众厅空场混响时间降为 1.0～1.2s，频率特性基本平直，方案另行制定。

本文 1992 年刊登于《造船工业建设》第 3 期

第7章
消声室设计

舰船仪器仪表用消声室工艺设计及其特点

1 概述

现代舰船对噪声控制提出了非常严格的要求。要进行噪声测试和研究，消声室是必备的手段之一。

所谓消声室，就是用人为的方法在室内创造一个自由声场环境，正如一个广阔无垠的空间一样，其声场处在均匀的各向同性的无边界介质中。根据消声室的结构型式，目前分为全消声室、半消声室和二者兼顾的消声室。按所选用的吸声、隔声、隔振构造不同，可分为要求严格的精密消声室、要求一般的简易消声室以及特殊用途的消声室。以上各种型式统称为消声室。

在实际工程应用中，通常把室内六面均装有吸声构造、声源在室中心、声波向自由空间辐射、形成球形自由声场的室（间）称为全消声室，把五面装有吸声构造、一面（多数为地坪）作为反射面、形成半球形自由声场的室（间）称为半消声室。由于被试对象总存在一定的反射面，而且有一定的质量，为测试方便，目前国内外均推荐建造半消声室。为扩大消声室的用途，如果在半消声室的反射地面上再铺以活动吸声体，则可兼作全消声室使用。全消

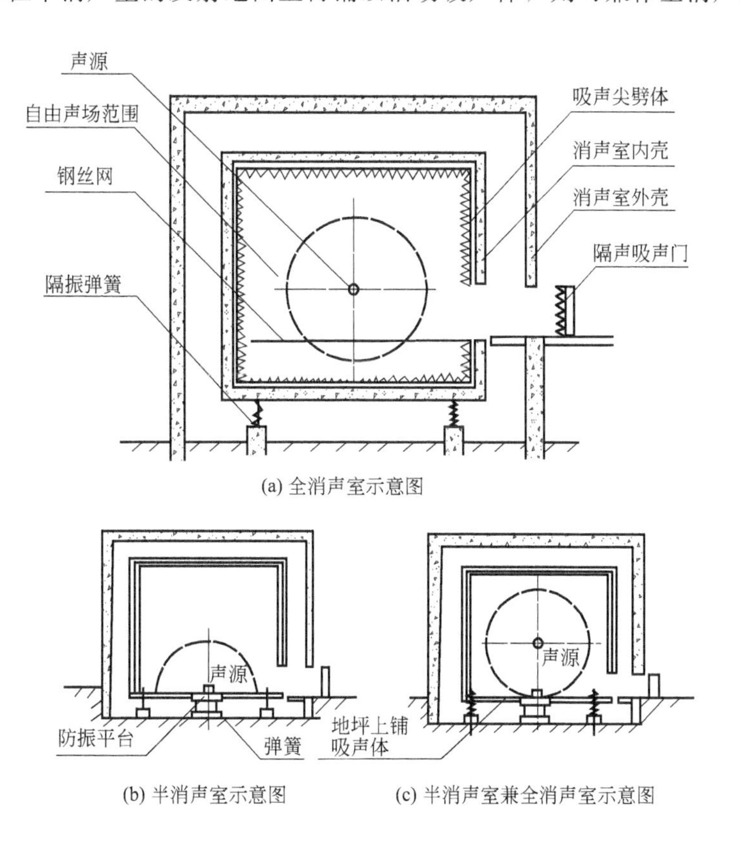

图 1 全消声室、半消声室以及二者兼顾的消声室示意图

声室、半消声室以及二者兼顾的消声室示意图，如图 1 所示。

在消声室内，声强或声压随传播距离按指数规律衰减，即点声源辐射的声压级以每倍增距离减少 6dB 的比例衰减。对于同一声源，声功率相等，在半消声室内由于地面反射，所测得的声压级从理论上计算比全消声室增加 3dB。

消声室应满足下列 5 个基本条件：

① 足够低的背景噪声级。

② 一定容积的自由声场。

③ 恰当的下限频率。

④ 避免声场畸变。

⑤ 减少环境温度、湿度、气压以及电磁场等的干扰影响。

上述 5 项基本条件是由一系列参数决定的，这些参数对消声室的声场性能和建造费用影响很大，必须正确、合理地确定。

舰船导航仪器仪表用消声室，除具有一般消声室的特性外，还具有测试下限频率要求很低、固体传声控制严格、被试对象尺寸较大等特点。

本文主要从产品要求出发，结合消声室设计过程中的实测试验，根据舰船仪器仪表用消声室的特点，探讨其主要参数的选择。

2　舰船导航仪器仪表噪声测试要求

舰船噪声的总声级及其频谱特性，是舰船的主要战术性能之一，尤其是潜艇的快速性、安静性和隐蔽性对噪声提出了更为严格的要求。降低和控制舰船噪声是一个重大课题。实测表明，舰船噪声频谱以低、中频为主。而潜艇噪声主要是 300Hz 以下的低频声，虽然人对低频声不敏感，但因其波长长，传得远，往往成为舰艇水声观通器材的搜索信号源，成为水中兵器追踪和起爆源，成为本艇的干扰源。因此，对低频声应特别加以考核和限制。据介绍，美国潜艇控制的频率范围为 100Hz～10kHz，英国、荷兰等国为 30Hz～10kHz。

舰船仪器仪表噪声虽然不是舰船的主要噪声源，但也应加以限制。因为在某些战斗状态下，潜艇主机、发电机、螺旋桨等主要噪声源可以关掉，但导航仪器仪表始终不能停止工作，这时它的噪声就比较突出了，关于舰船导航仪器仪表噪声的限额与控制，我国也开展了这方面的研究，并已制定了部分标准。例如，船用电机振动和噪声试验方法（试行本）规定，噪声级测定范围为 50Hz～10kHz，并要求以 Lin 和 C 计权记录所测得的声压级。目前，我国舰船导航仪器仪表一般是规定在整机工作状态下测试其噪声，记录总声级。表 1 列出了我国舰船导航仪器仪表噪声要求（测量距离 1m）。

表 1　我国舰船导航仪器仪表噪声要求一览表

产品类型	陀螺类产品				测量船用		计程仪	操舵仪	指挥仪	船用电机		
	电子设备	惯性导航设备	电气设备	仪器舱	电子设备	电气设备				第一类	第二类	第三类
噪声要求	＜40dB	＜50dB	40～70dB	＜75dB	＜40dB	＜60dB	≯70dB	≯70dB	≯75dB	≤60dB	60～85dB	≥85dB

3 消声室背景噪声的确定及隔声隔振方案的选用

背景噪声是指被试声源停止发声时，消声室内仍然存在着的噪声级，它是由消声室外其他声源或振源传入或激发的噪声。消声室背景噪声的确定主要取决于以下三个因素。

① 被试对象要求的最低噪声级。消声室背景噪声当然越低越好，但由于受到技术和经济条件的限制，不可能也不必要搞得无限低。ISO 3745 规定，消声室内被试对象噪声级在每一个测点处和每一个频段中的声压级与单独背景噪声级之差，不得低于 6dB，一般不低于 12dB，最好不低于 15dB。如果二者之差在 6～15dB，测试结果则应按表 2 予以修正，即在被试声源上再加修正值。

表 2　消声室背景噪声声压级修正值 dB

被试声源噪声级与单独背景噪声级之差	6	7	8	9	10	11	12	13	14	15
修正值	1.3	1.0	0.8	0.6	0.4	0.3	0.3	0.2	0.2	0.1

② 被试对象要求的声压级测试精度。测试精度越高，则消声室背景噪声应越低。从表 2 可知，若测试精度要求为 0.4dB，其他因素不考虑，仅背景噪声修正这一项就要求单独背景噪声级必须低于被试声源声压级 10dB 以上。

③ 拟建消声室处的环境噪声。当环境噪声比较高时，如果背景噪声级定得比较低，那么就增大了隔声和隔振的困难，同时也必然增加其基建费用。因此，有时宁可牺牲一些使用上的方便，用加修正值的办法适当降低背景噪声的要求。但是，当环境噪声值比较低时，允许把背景噪声值确定得低一些，这时就要充分考虑工艺上的合理性。显而易见，消声室应尽量建造在较为安静的地方，周围的空气噪声和固体传声应尽量小。

为满足消声室背景噪声的要求，一般采用隔声措施来隔绝空气噪声，采用隔振措施来隔绝固体传声。消声室的隔声量等于环境噪声与消声室所要求的背景噪声之差。因为影响隔声量的因素较多，计算误差较大，通常均是选用实验测定的数据。表 3 列出了消声室常用隔声方案及隔声量。

表 3　消声室隔声方案及隔声量

隔声方案	主要参数	隔声量
单砖墙	墙厚 240mm，面质量 480kg/m^2	52.6dB
双砖墙	墙厚 480mm，面质量 960kg/m^2	58.6dB
双层墙	二层单砖墙间留有 120mm 空气间隙	72.6dB
	二层单砖墙间留有 1250mm 空气间隙	81.2dB
	二层单砖墙间留有 1460mm 空气间隙	94.9dB

在某厂拟建舰船导航仪器仪表用消声室处测得环境噪声级为 85dB(A)、90dB(C)。根据表 1、表 2 要求，消声室背景噪声级允许值按 20dB(A)、30dB(C) 来考虑，则其隔声量应大于 65dB(A)、60dB(C)。若采用双层墙，其间留出 1m 左右的检修通道（即空气间隙），

则可满足隔声要求。消声室门、洞、孔、缝是隔声的薄弱环节。按等传声量设计的原则，墙的隔声量应略高于门窗的隔声量，但不能悬殊太大。

外界振动和冲击将引起消声室固体传声，它是消声室背景噪声的主要成分，且难以处理。若消声室背景噪声要求在50dB(C)以下，一般均应采取隔振措施。当然，消声室应建在远离噪声源和振动源的地方，最好单独建造，被试对象应放置在与消声室脱开的独立建造的试验平台上。目前，消声室的隔振，大部分是采用金属弹簧（火车弹簧），它可以隔绝固体传声10～14dB(C)，若在弹簧中再加黄油阻尼，其隔绝固体传声可达15～16dB(C)。此外，消声室也有用软木、橡胶、玻璃纤维板等弹性垫层材料来隔振的。

为满足消声室背景噪声的要求，在工艺设备布置、公用设施安装等方面也必须采取相应的措施。如通风降温设备的隔声隔振，在风管风道中消声；特种电源机组隔振；照明和通信监察设备（如对讲机、工业电视）等应尽量避免产生电磁声；进出消声室的各种管道、电缆连接线路等，尽量采用软连接，防止形成声桥，增加固体传声等。总之，从设计、施工、安装到使用，必须注意每一个环节，才能保证消声室的性能。

4 消声室净空尺寸的确定和吸声构造的试验选用

(1) 消声室尺寸的确定

消声室自由声场的大小决定了消声室的净空尺寸、容积乃至外形，而自由声场的范围取决于被试对象的尺寸大小、误差要求、测试距离以及测试下限频率等。目前大都按以下4种方法确定消声室的尺寸：

① 按被试对象体积估算。ISO 3745 建议，为使测量处于声源的远辐射场中，推荐消声室的体积比需要测试声源的体积至少大200倍，即声源体积最好小于消声室体积的0.5%。

② 按自由声场尺寸估算。可以假定远场从离声源 $2a$ 处开始，a 为声源的最大尺寸。测量面应至少距消声室吸声表面 $\lambda/4$ 远，λ 为有意义的最低频带的中心频率相对应的波长，其示意图如图2所示。

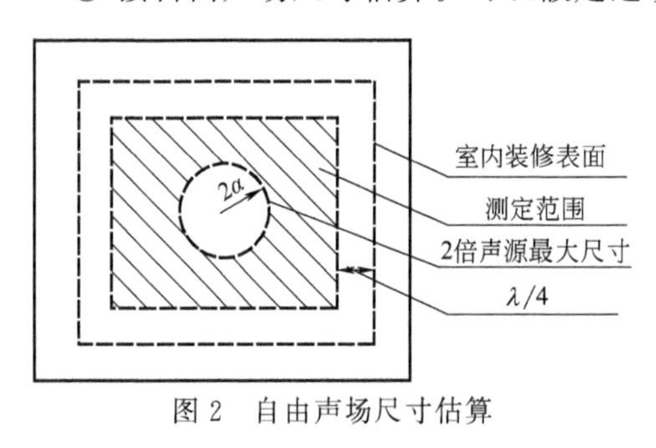

图2 自由声场尺寸估算

③ 按实际测试需要估算。在消声室内测试时，被试声源置于消声室的几何中心，设球面声场的中心正好是声源的声学中心，为保证测点处于远场范围，测试球面半径应等于或大于声源长边尺寸的2倍，在半消声室内测试时，测试半球面的半径等于或大于声源长边尺寸的2倍，并应不小于1m。

④ 按奥尔逊（H. F. Olson）公式估算

根据室内声学原理，在消声室内任意点，声源反射声能密度 Er 与直达声能密度 Ed 之比为

$$\frac{Er}{Ed}=\frac{16\pi\gamma^2}{S\ln(1-\alpha)} \tag{1}$$

式中 γ——测点离声源距离（m）；

S——消声室内总表面积（m^2）；

α——吸声构造的吸声系数。

如果按上式以空间各界面的多次反射为基础，对反射声能进行计算，则可用下式来表示测量位置的最大偏差 δ（即实测值与自由声场理论值之差）：

$$\delta=10\lg\frac{Ed+Er}{Ed}=10\lg\left[1+\frac{16\pi\gamma^2}{-S\ln(1-\alpha)}\right](\mathrm{dB}) \tag{2}$$

从式(2) 可知，δ、γ、S、α 这 4 个因素是互相影响的，若给定其中三个参数，则可求出第四个参数，若给定其中两个参数，则另外两个参数可以互相调节。吸声系数 α 一般取 99%，测量误差 δ 和测量距离 γ 按被试对象要求确定，故吸声总表面面积 S 即可求出，消声室净空尺寸也就求出来了。

对于内表面面积为 24～1000m^2 的房间内（相当于边长 2～13m 的立方形空间），在测量距离为 1～12m，内表面吸声系数为 99%时，偏离球面波自由声场声压级的最大预期偏差 δ 是消声室大小和测量距离 γ 的函数，图 3 的曲线表明了它们相互间的关系。

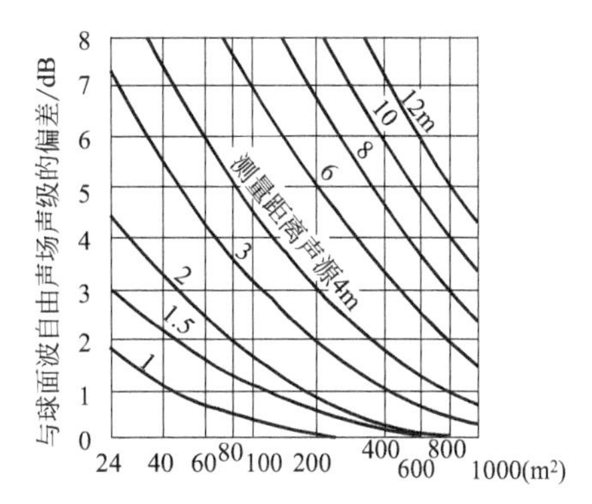

内表面总面积$S(m^2)$从吸声材料的齿尖算起

2　3　4　5　6　7　8　10　12　m

与内表面总面积S相等的立方形消声室边长L(m)

图 3　吸声系数为 99%时，消声室大小、偏差与测量距离的关系曲线

按舰船导航仪器仪表噪声测试要求，用上述几种方法估算，其结果基本相同。设 α 为 99%，δ 为±1dB，则消声室总表面积 S 为 170m^2 左右，总体积为 150m^3 左右（高为 4m 时），其边长 L 为 5～6m。

消声室的长宽比例没有严格规定，但一般均是建成长方形，长宽比例相差不大。由于自由声场范围是以消声室的几何中心为中心、以测量距离为半径画球形或半球形来衡量的，长宽悬殊太大会造成浪费，通常均是相差 1～2m，将门开在长边角落方向，以减少门对声场的影响。关于消声室的净高尺寸决定，只要能满足测试对象要求的自由声场范围和试件吊装的需要即可，不宜太高。一般全消声室净高为 6～8m，半消声室为 3～4m。

(2) 截止频率的确定

人们通常把吸声系数大于 99%（或反射系数低于 0.1）的低限频率定义为吸声构造的截止频率。它主要按消声室内被试对象所要求的下限频率来选择，被试对象下限频率越低，则截止频率也应越低。鉴于吸声构造的吸声系数往往随着入射声波频率的降低而下降，因此，吸声构造吸声性能的好坏主要看其对低频的吸收效果如何，截止频率越低，吸声构造吸声性能越好。吸声构造的长度一般等于截止频率对应波长的 1/4（即 $\lambda/4$）。

消声室的下限频率与所选用吸声构造的截止频率有关，但不相等。一般将消声室竣工鉴定时实测其符合自由声场误差和距离要求的最低频率称为消声室的下限频率，也就是被试对象可以测得的下限频率。截止频率越低，下限频率也越低。国内几个消声室声场鉴定表明，消声室下限频率一般比吸声构造截止频率（设计要求）低 10～20Hz 或更低。这是由于消声室净空尺寸偏大、声波不完全是垂直入射于吸声构造所致。

ISO 3745 规定了一般用途消声室的测定频率范围，倍频程为 125～8000Hz，1/3 倍频程为 100～10000Hz，对特殊用途的消声室，其频率范围可以超出任意一端。舰船对低频要求严格，设计建造舰船仪器仪表用消声室，必须首先满足较低的下限频率的测试要求。例如，船用电机测试频率下限要求 50Hz，而且要求记录 C 挡计权，因此，其吸声构造的截止频率的确定应慎重对待，认真分析各因素。舰船仪器仪表用消声室截止频率设计要求可按 60～70Hz 来考虑。

图 4 给出了消声室大小、测试偏差与测量距离、吸声系数（反射系数）的关系曲线。

随着消声室净空尺寸的加大，测试下限频率向低频方向推移。反之，为保证测试下限频率的要求，亦可适当加大空间尺寸，不一定死抠吸声系数必须大于 99%或吸声构造长度一定要等于 $\lambda/4$ 的要求等，这里要从经济合理性、技术可能性等各方面全面考虑。

(3) 吸声构造的试验选用

消声室声场性能的好坏，关键在于吸声构造吸声效果的优劣。根据渐变层声传播理论，吸声构造的声阻抗与空气阻抗越接近、越匹配，则吸声效果越好。因此，吸声构造的材料应选择密度小、声阻抗低的多孔型吸声材料，其形状要符合密度逐渐变化的要求，断面应由小到大，使声能尽量吸收。目前，常用的吸声材料有中粗玻璃纤维、超细玻璃棉、矿渣棉、泡沫塑料、麻丝下脚料、棉维织品的边角余料等。吸声构造可制成长尖劈、短尖劈、锯齿形、阶梯形、无规菱形、平板形以及窗帘帷幕形等。图 5 表示了几种常用的吸声构造的形状。

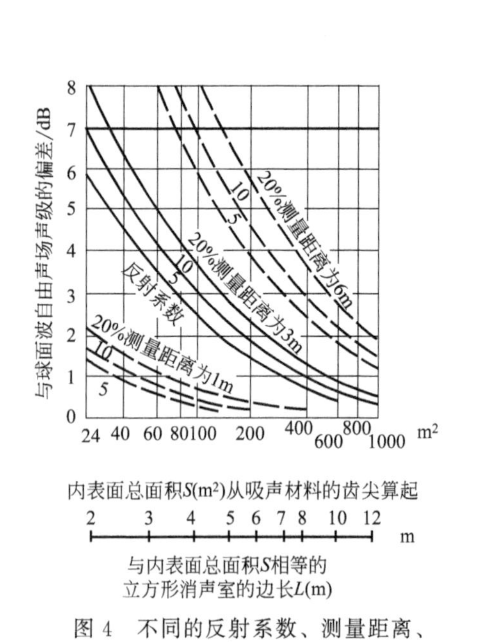

图 4　不同的反射系数、测量距离、净空尺寸与测试偏差的关系曲线

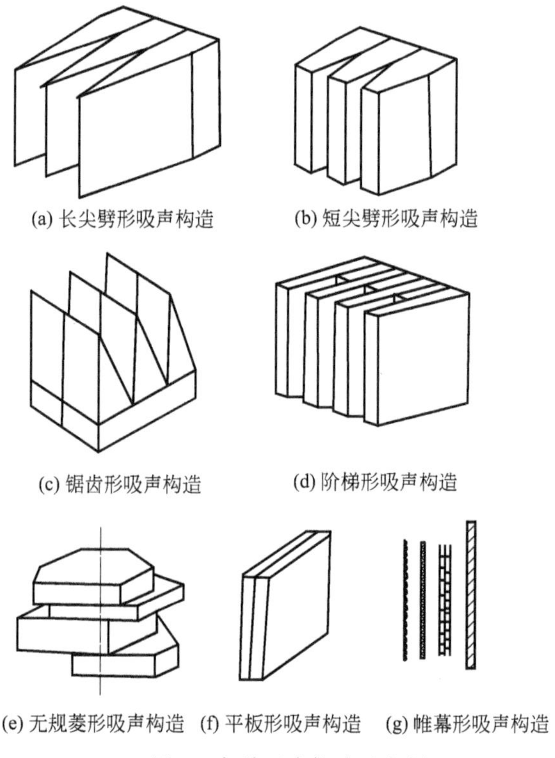

(a) 长尖劈形吸声构造　(b) 短尖劈形吸声构造

(c) 锯齿形吸声构造　(d) 阶梯形吸声构造

(e) 无规菱形吸声构造　(f) 平板形吸声构造　(g) 帷幕形吸声构造

图 5　各种吸声构造示意图

最佳的吸声构造要求有尽可能小的几何尺寸和最简单的构造，加工制作方便，用料省，在很宽的频带范围内具有很高的吸声系数，并尽可能从很低的频率开始。当前，使用最广泛的是吸声尖劈体，尖劈体各部分几何尺寸的设计和内填吸声材料的选择，是控制其吸声性能的主要因素。各因素间互相牵连，目前尚无完善的理论公式可供计算，通常都是通过对各种尖劈试件进行实测试验、对比分析，选出最佳设计方案。

一机部第八设计院、同济大学以及中船九院，对吸声尖劈体进行过不少测试研究。在设计某舰船仪器仪表用消声室的过程中，加工制作了一批不同容重、不同形状尺寸、不同安装方式的尖劈体进行实测比较，最后决定选用如图6所示的吸声尖劈体。该尖劈体长为1m，底座尺寸为600mm×600mm，空腔尺寸为150mm，系两个尖劈头。尖劈内填上海产酚醛树脂玻璃纤维板切块，纤维粒径18～26μm，容重100kg/m^3，尖劈骨架由ϕ4钢筋焊成，外罩塑料窗纱护面。当吸声系数大于99%时，其截止频率为65Hz。

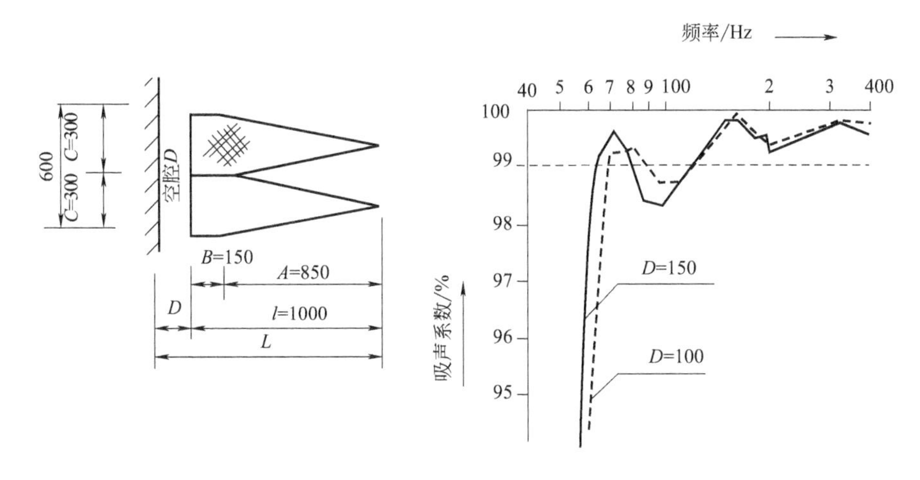

图6 试验尖劈体构造与吸声特性

(4) 其他

为保证消声室内自由声场范围及误差要求，除尽可能地加大声吸收之外，还必须防止声场畸变，避免在消声室内产生不必要的反射。例如，消声室内管道、杆系、支承、电缆、钢丝、台阶以及操作人员在消声室内等，均会引起声反射，使某些频段的测试误差超出限值，这是不允许的，应尽量避免。

5 某舰船仪器仪表用消声室简介

该消声室结构型式以半消声室为主，兼作全消声室使用。半消声室自由声场半径为1.5m，误差为±1dB，半径为1.5～2.0m时，误差为±2dB；兼作全消声室使用时，自由声场半径为1.5m时，误差为±2dB。消声室净空尺寸长×宽×高＝7.2m×6.6m×4.5m，截止频率为70Hz。本底噪声≤30dB(C)，≤20dB(A)。双层半砖墙隔声，火车弹簧隔振，室内通风降温等。图 7 所示为其示意图。

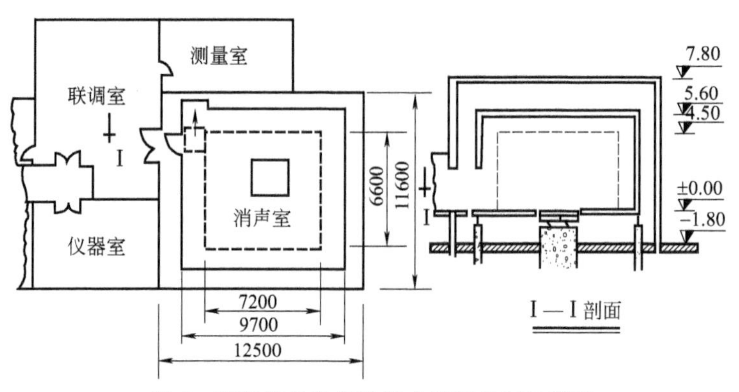

图 7　某舰船导航仪器仪表用消声室示意图

本文 1980 年刊登于六机部九院《技术年刊》第 1 分册

简易消声室吸声构造测试分析

近年来我国兴建精密消声室、半消声室的单位越来越多，耗资大，周期长，然而竣工后的利用率较低。不少生产厂家是为了对本厂产品进行噪声测试，因此，可否在基本满足测试要求的前提下，建造花钱少、见效快、简便适用的简易消声室，这正是建筑声学设计要研究的课题之一。

本文从讨论影响消声室声场性能的因素出发，通过对简易消声室吸声构造的实测分析，比较其优缺点，探讨建造简易消声室的几种方案，供设计参考。

1　消声室吸声要求

理想消声室就是用人为的方法创造一个无反射、无干扰的“自由声场”环境，实际上这很难做到。在工程上，根据测试对象、产品尺寸、声源性质、测频范围（尤其是低限频率）、测试距离（自由声场范围）、测试误差以及消声室选址的环境噪声等，通过多方案比较以确定消声室的大小、形状、吸声构造、隔声、隔振及消声措施等。

根据声波在室内传播的理论，可以给出测试误差 ΔLp 与测试距离 r、吸声系数 α、室内总表面积 S 的关系式如下：

$$\Delta Lp = 10\log_{10}\left[1+\frac{16\pi r^2}{-Sl_{\mathrm{n}}(1-\alpha)}\right] \tag{1}$$

该式的假定条件是在理想的扩散声场中，室内声波多次反射叠加，且各点均匀。但是，作为消声室，一般吸声系数 α 远大于 0.50，可以只考虑一次反射声对直达声的影响，二次以上的反射声很小，可以忽略不计。

当假定消声室为正方形，声源在室中心，六个面一次反射声到达某点相位均相同，且与直达声的相位相同或相反，在这些极端条件下，可估算出消声室某点一次反射声对自由声场的最大误差 ΔLp 的近似式为

$$\Delta Lp = 20\log_{10}(1+6|R|r/L) \tag{2}$$

式中　$|R|$——反射系数模量：

$$|R| = 1-\alpha$$

α——吸声系数；

r——测点离开声源距离（m）；

L——边长（m）（设消声室为正方形）。

式(2) 适用于吸声系数 $\alpha>0.90$ 的全消声室估算，且声源为纯音。用上式估算的误差为最大误差，它比实际测试的声场误差大。

一般机器设备的噪声不是纯音，而是宽频带噪声，声源也不是点声源，且机器设备总存在着一定的反射面，因此当在消声室内测试宽频带噪声，不同频率的反射波和直达波相位差不同，声压的叠加很复杂，只能用能量的叠加来估算反射声对直达声的影响。设吸声系数为

α，则声能的反射系数 $R_C=1-\alpha$。若声源放在室中心，则 6 个反射声能叠加在直达声能上所产生的误差 ΔLp 可用下式估算：

$$\Delta Lp=10\log_{10}\left(1+6R_C\frac{r^2}{L^2}\right) \tag{3}$$

式中　r——测点离开声源距离（m）；

　　　L——边长（m）（设消声室为正方形）。

从式(2)、式(3) 可知，消声室的声场性能与消声室的大小（即边长 L）、吸声系数、测试误差、测试距离等 4 个主要因素有关。为此，W. Bausch 氏提出的一组函数关系曲线可供参考，如图 1 所示。

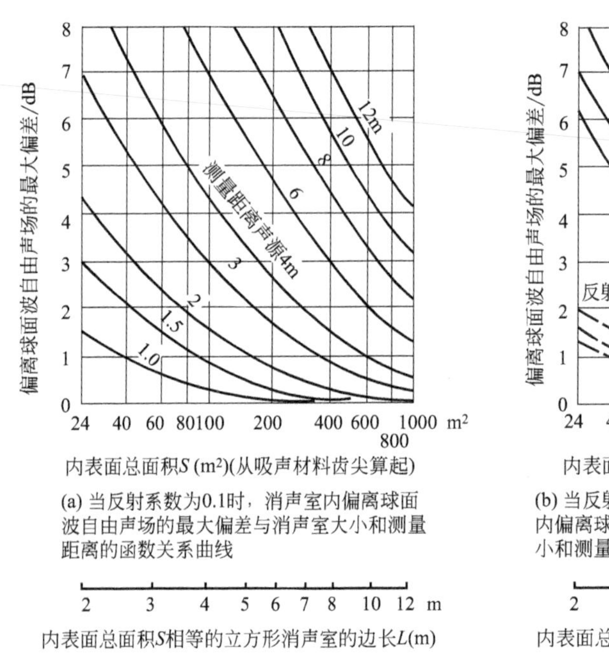

(a) 当反射系数为0.1时，消声室内偏离球面波自由声场的最大偏差与消声室大小和测量距离的函数关系曲线

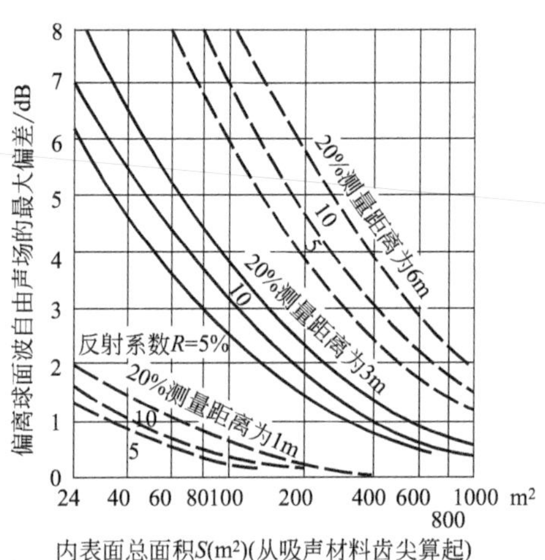

(b) 当反射系数R为0.05、0.10、0.20时，消声室内偏离球面波自由声场的最大偏差与消声室大小和测量距离的函数关系曲线

图 1　吸声系数、测试误差、测量距离及室内总面积的关系曲线

由图 1 可知，吸声构造的吸声性能是决定消声室自由声场范围大小的关键性因素。所以通常把吸声系数达 0.99 的最低频率定义为吸声构造的低限截止频率（f_o），并以此作为衡量消声室吸声构造优劣的标准之一。按一般理论估算，吸声构造的长度（或厚度）L（包括空腔 D）约等于截止频率 f_o 对应波长的 1/4（即 $\lambda/4$）为好。但是，根据国内已建成的几个精密消声室声场鉴定测试表明，消声室的低限测试频率一般比吸声构造（如尖劈）的截止频率要低一个 1/3 倍频程或一个倍频程。这是因为 f_o 是在驻波管内测得的垂直入射时 $\alpha=0.99$ 对应的频率，条件较苛刻，而消声室内声波是无规则入射的，相当于提高了吸声系数。若按照实际测试结果估算，吸声构造的长度等于截止频率对应波长的 1/5～1/6，不一定非追求 $\lambda/4$ 不可。

对于用作宽频带噪声源测试的消声室，根据计算，界面吸声系数只要大于 0.83，就可在全室内获得误差小于 1dB 的自由声场。鉴于一般机器设备总有一定的质量、体积，实际上存在着一定的反射面，故在半消声室内测试，更显得符合实际情况，简易半消声室可以满足一般机器设备的噪声测试。对于简易消声室，如果适当扩大消声室的空间尺寸，吸声构造的吸声系数可以低一些，不一定非追求 $\alpha \geqslant 0.99$ 不可。

表 1 列出了在测试距离和测试误差给定的情况下，简易消声室吸声构造吸声系数与室内净空尺寸的估算值。例如，当 $r=2\text{m}$ 时，$\Delta Lp=\pm 1\text{dB}$。当 $\alpha=0.80$ 时，消声室边长 $L=4.3\text{m}$。当消声室边长为 4.0m 时，$\alpha=0.70$，则可获得 $r=1.5\text{m}$，$\Delta Lp=\pm 1\text{dB}$。

表 1 简易消声室吸声系数与净空尺寸估算

吸声系数 α_0	测试距离与误差							
	$r=1\text{m}$		$r=1.5\text{m}$		$r=2.0\text{m}$		$r=2.5\text{m}$	
	$\Delta Lp=\pm 1\text{dB}$	$\Delta Lp=\pm 2\text{dB}$	$\Delta Lp=\pm 1\text{dB}$	$\Delta Lp=\pm 2\text{dB}$	$\Delta Lp=\pm 1\text{dB}$	$\Delta Lp=\pm 2\text{dB}$	$\Delta Lp=\pm 1\text{dB}$	$\Delta Lp=\pm 2\text{dB}$
	消声室边长 L/m							
0.95	1.1	1.0	1.7	1.5	2.2	2.0	2.7	2.5
0.90	1.6	1.1	2.3	1.6	3.1	2.1	3.8	2.6
0.85	1.9	1.3	2.8	1.7	3.7	2.5	4.7	3.1
0.80	2.2	1.5	3.3	2.2	4.3	2.9	5.4	3.6
0.75	2.4	1.6	3.7	2.4	4.9	3.2	6.1	4.0
0.70	2.6	1.8	4.0	2.7	5.3	3.5	6.6	4.4
0.65	2.9	1.9	4.3	2.9	5.7	3.8	7.2	4.8
0.60	3.1	2.1	4.6	3.1	6.1	4.1	7.7	5.1
0.55	3.3	2.2	4.9	3.3	6.5	4.3	8.1	5.4
0.50	3.4	2.3	5.2	3.4	6.8	4.6	8.6	5.7

影响消声室吸声构造吸声系数的因素颇多，如材料、容重、结构、组合方式等。最初有人曾设计并建造过一些平板状或帷幔状吸声构造的简易消声室，后来研究证明，尖劈状吸声构造效果较好，因此用之居多，但采用长尖劈状吸声构造建造的消声室的成本高，加工安装较复杂，吸声构造一般要占去整个消声室土建费用的一半以上。近年来国内又对结构简单、成本低的吸声构造重新研究，并兴建了一些简易消声室。

下面我们通过对平板状、阶梯状、帷幔状、包裹状简易吸声构造的实测分析，探讨建造简易消声室的最佳吸声构造。

2 平板状吸声构造

平板状吸声构造（见图 2），是将多孔性吸声材料，如矿渣棉、岩棉、玻璃纤维、超细玻璃棉、泡沫塑料等装在饰面材料的后面，组成一个个吸声单元。

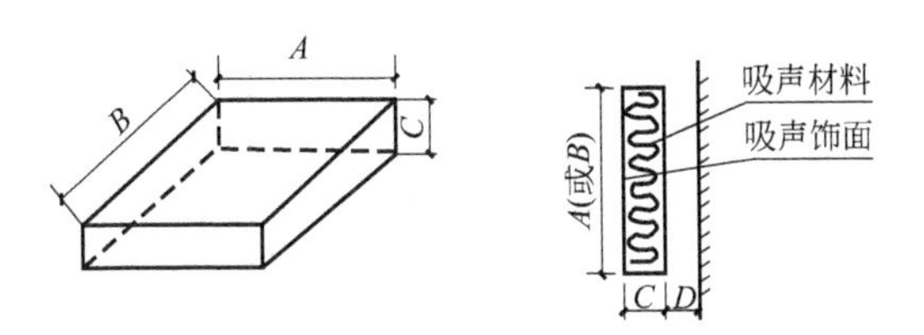

图 2 平板状吸声构造示意图

A，B，C—吸声构造长、宽、厚；D—吸声构造离刚性壁距离（空腔）

消声室要求低中高频吸声性能都要好，以往的测试表明，多孔性吸声材料，其高频吸声性能一般比较好，中低频稍差，中低频吸声性能除取决于吸声材料的种类、容重、厚度之外，还与各类材料的组合方式(如空腔及饰面材料不同等）有关。现成的公式、数据尚不够完善。目前多数是通过实测试验，优选出最佳吸声构造。

(1) 超细玻璃棉板状吸声构造

超细玻璃棉容重轻、不刺手、好施工、吸声频带宽，乐为各界所采用。表 2 列出了采用超细玻璃棉毡（上海工业玻璃二厂出品，出厂容重 20kg/m^3，装填容重 30kg/m^3 和 40kg/m^3），试件尺寸长×宽＝600mm×600mm，厚度分别为 50mm、100mm、350mm，空腔 $D=0$，于同济大学大型直立式驻波管内测得的正入射吸声系数。

表 2　超细玻璃棉板吸声构造与吸声系数表

序号	测试工况			频率/Hz																
	材料	容重/(kg/m^3)	厚度/mm	50	60	70	80	90	100	110	120	130	140	150	160	200	250	315	400	500
				吸声系数/%																
1	玻璃布和金属软边网护面	30	50	7	7	7	7	10	12	15	16	19	22	25	30	48	72	88	88	87
2			100	10	14	19	27	40	52	66	76	86	92	95	95	85	72	70	66	67
3	玻璃布和 804 型钙塑穿孔板护面	30	50	7	8	7	7	10	12	15	19	25	29	37	47	75	96	86	78	77
4	玻璃布和 7952-1 型钙塑板护面	30	50	7	7	7	10	11	14	20	26	37	45	58	70	96	87	73	65	66
5			100	12	18	27	44	64	80	96	99	96	92	86	80	65	60	71	70	59
6	玻璃布和 50-3 型穿孔纤维板护面（穿孔率 10.64%）	30	50	8	9	10	8	10	10	12	15	17	19	24	29	52	81	94	86	80
7			100	12	17	21	28	41	52	70	81	91	96	97	95	82	71	72	72	74
8	一层玻璃布护面	40	350	53	58	60	57	54	50	50	50	50	51	52	51	52	62	70	72	75

由表 2 可知：

① 同一厚度的超细玻璃棉毡，低频（100Hz 以下）吸声性能不如中高频吸声性能好。

② 超细玻璃棉厚度由 50mm 增加为 100mm，吸声系数在 100Hz 以下成倍地增长，在 100～200Hz 增长也较大，在 200Hz 以上增长缓慢。继续增加超细玻璃棉的厚度（如 350mm 厚，$D=0$）对提高 100Hz 以下吸声系数和 400Hz 以上吸声系数有利，对 100～400Hz 吸声系数提高不多，因此，超细玻璃棉不宜太厚。一般取 100mm 厚为宜。

③ 超细玻璃棉毡外面，以穿孔板饰面，当穿孔板的穿孔率大于 10%时，罩与不罩穿孔板，实测其吸声系数基本相同（即 400Hz 以下穿孔板对其吸声性能没有多大影响）。当穿孔率小于 10%时，对其吸声系数有一定影响，穿孔率低对低频吸收有利，高于 200Hz 则不利。

④ 100mm 厚超细玻璃棉毡，外部罩以 7952-1 型凹凸钙塑装饰吸声板（上海塑料制品十八厂产品）或穿孔率大于 10%的纤维吸声板，当 $D=0$ 时，在 110Hz 以上吸声系数 α 均大于 0.70，其吸声性能均较好，是拟采取的较好吸声构造之一。

(2) 岩棉板板状吸声构造

表 3 列出了用北京新型建筑材料厂生产的岩棉板（出厂容重 80kg/m^3，每块规格 910mm×910mm×50mm）作吸声材料，不同厚度、不同饰面、不同空腔尺寸时的吸声系数

实测值。由表 3 所知：

① 岩棉板厚度增加一倍（由 50mm 增加为 100mm）在 200Hz 以下低频段吸声系数相应提高 2～3 倍，在 200Hz 以上吸声系数稍有提高，即增加厚度有利于低频吸收。

② 岩棉板面层再罩以玻璃布或塑料窗纱或铁窗纱或金属软边网，对其吸声性能没有多大影响，吸声系数波动范围为 0.02～0.03。也正是驻波管测试误差的波动范围，面层罩以 804 型钙塑穿孔装饰板或 7952-1 型钙塑装饰吸声板，其吸声系数比面层罩以穿孔纤维板（穿孔率大于 10%）稍有提高。面层罩以不同穿孔率的纤维板，穿孔率低的（如 6.1%）在 200Hz 以下吸声系数高，穿孔率高的（如大于 10%）当频率在 400Hz 以下时对其吸声性能没多大影响。（据资料介绍，当频率在 1～4kHz 时，对其吸声性能有一定影响。）

③ 空腔（D）尺寸大，可提高低频吸收，但在中高频处会出现低谷。采用二层岩棉板（厚 100mm），取空腔 D=50mm，外罩玻璃布加塑料窗纱在 100Hz 以上，吸声系数均大于 0.70，是一种较好的可推荐的吸声构造。

④ 50mm 厚的岩棉板（容重 80kg/m^3）与 50mm 厚的超细玻璃棉毡（容重 30kg/m^3）相比，在 200Hz 以下岩棉板吸声系数高。同为 100mm 厚，岩棉板在 90Hz 以下，250Hz 以上，吸声系数也比超细玻璃棉毡高，因此，岩棉板也是一种新型的较理想的多孔性吸声材料。

表 3　岩棉板状吸声构造吸声系数

序号	工况	空腔（D）/mm	频率/Hz																
			50	60	70	80	90	100	110	120	130	140	150	160	200	250	315	400	500
			吸声系数/%																
1	50mm 厚岩棉板，玻璃布护面	0	10	8	10	11	12	15	19	20	24	25	27	31	43	56	70	77	86
2		50	10	11	13	18	25	32	43	50	57	63	68	72	80	83	82	80	80
3	50mm 厚岩棉板，玻璃布和塑料窗纱护面	50	10	11	13	18	24	31	40	48	57	62	67	72	81	84	82	80	83
4	50mm 厚岩棉板，玻璃布和铁窗纱护面	50	12	12	12	17	25	31	40	46	55	60	66	70	80	82	82	80	85
5	50mm 厚岩棉板，玻璃布和金属软边网护面	50	11	13	13	18	24	31	41	47	54	62	66	70	78	82	81	79	81
6	100mm 厚岩棉板，玻璃布护面	0	11	14	20	26	33	40	48	55	60	65	67	70	78	82	83	80	84
7	100mm 厚岩棉板，玻璃布和塑料窗纱护面	50	14	21	31	47	63	72	80	84	87	84	84	82	77	75	78	76	82
8		100	22	37	53	72	85	87	87	86	83	80	76	73	70	68	75	73	80
9	100mm 厚岩棉板，玻璃布和 804 型钙塑板护面	0	14	17	24	34	44	51	61	66	71	76	78	80	84	82	81	75	73
10	100mm 厚岩棉板，玻璃布和 7952-1 型钙塑板护面	0	12	16	24	34	47	57	67	73	73	83	85	87	89	80	79	67	60

续表

序号	工况		空腔(D)/mm	频率/Hz																
				50	60	70	80	90	100	110	120	130	140	150	160	200	250	315	400	500
				吸声系数/%																
11	100mm厚岩棉板，玻璃布和纤维穿孔板护面	穿孔率5.57%	0	15	20	26	35	46	54	60	67	67	72	75	76	77	76	77	70	70
12		穿孔率6.1%	0	12	18	24	32	42	50	59	64	67	73	75	77	80	81	78	77	80
13		穿孔率10.64%	0	12	17	22	27	39	43	52	58	63	67	71	74	81	82	85	81	83

(3) **软质超细玻璃棉板吸声构造**

表4列出了上海平板玻璃厂生产的软质超细玻璃棉板不同组合时的吸声系数实测值。该种棉板是将普通超细玻璃棉毡外部用黏结剂贴一层玻璃纤维窗纱，在电烘箱内烘干成型的一种定型产品，其每层厚度为40～50mm，容重40kg/m^3，每块规格长×宽×厚＝700mm×600mm×40mm，可在一面或两面贴玻璃纤维窗纱。

由表4可知，软质超细玻璃棉板的吸声性能比超细玻璃棉毡稍微低一些，其原因是表层黏结剂烘干后有硬层，流阻大。增加吸声层厚度或加大空腔有利于提高吸声系数。这种构造成本较高，成型不太理想，一般还需在外部罩以饰面构造，因此使用受到一定限制。

表4 软质超细玻璃棉板、蜂窝纸板酚醛树脂玻璃纤维板、泡沫塑料等板状吸声构造吸声系数

序号	工况		空腔(D)/mm	频率/Hz																
				50	60	70	80	90	100	110	120	130	140	150	160	200	250	315	400	500
				吸声系数/%																
1	50mm厚软质超细玻璃棉板容重40kg/m^3，铁窗纱护面		0	12	8	7	7	9	10	13	13	15	16	19	23	33	53	67	84	92
2	100mm厚软质超细玻璃棉板容重40kg/m^3	铁窗纱护面	0	9	11	12	15	20	25	31	38	47	53	60	66	85	93	94	93	91
3			50	10	12	15	21	30	40	55	66	77	85	92	95	97	91	85	80	85
4		804型钙塑板护面	0	10	12	16	20	27	37	50	60	70	76	83	89	95	91	83	83	82
5	40mm厚软质超细玻璃棉板，容重38kg/m^3，无护面		100	—	—	10	12	18	23	33	43	50	62	70	80	99	98	90	85	
6	80mm厚软质超玻璃棉板容重80kg/m^3，804钙塑板护面		0	—	—	25	35	52	70	86	96	99	99	96	91	88	70	70	80	85
7	50mm厚酚醛树脂玻璃纤维板，容重80kg/m^3，玻璃布护面		100	—	—	28	37	45	50	60	68	70	77	80	82	92	97	97	93	92
8	40mm厚蜂窝纸板，穿孔纸板护面		100	—	—	6	5	5	6	6	5	8	10	10	12	17	23	20	20	

续表

序号	工况	空腔（D）/mm	频率/Hz 50	60	70	80	90	100	110	120	130	140	150	160	200	250	315	400	500
			吸声系数/%																
9	50mm厚聚氨酯泡沫塑料无护面	0	6	9	11	8	9	10	11	12	16	17	20	20	25	37	50	57	76

(4) **酚醛树脂玻璃纤维板（又称冷藏板）吸声构造**

表4还列出了苏州长青玻璃纤维厂生产的酚醛树脂玻璃纤维板的吸声系数实测值（该种板规格长×宽×厚=600mm×600mm×50mm，容重80～90kg/m^3），当材料厚度为50mm，D=100mm时，在110Hz以上，α大于0.60；在250Hz以上α大于0.90。其低频吸声性能比超细玻璃棉还好，也是一种较理想的板状吸声材料，但它容重较大，刺手，施工不便。

(5) **蜂窝状纸板吸声构造**

表4还列出了浙江黄岩城关塑料厂生产的蜂窝状吸声纸板（规格600mm×600mm×40mm，纸板厚40mm，孔ϕ8mm，穿孔率2.5%，两层蜂窝纸叠合），该纸板已被作为喇叭箱内壁吸声材料，实测表明，这种板状吸声构造虽然简单、便宜，但吸声系数太低（只有0.2～0.3），不防火，不适于做简易消声室吸声构造。

(6) **泡沫塑料板状吸声构造**

不少资料介绍，泡沫塑料也是一种较理想的多孔性吸声材料，但由于泡沫塑料品种繁多，而且每批产品性能不同，吸声系数不稳定。本次选用长×宽×厚=600mm×600mm×50mm的聚氨酯泡沫塑料板状吸声构造，实测其吸声系数并不理想（表4），在250Hz以上α大于0.3。泡沫塑料不防火，有气味，易老化，成本高，因此作为简易消声室板状吸声构造应慎重选择。

(7) **几种不同材料组合的板状吸声构造**

据资料介绍，不同容重的几种吸声材料组合起来，可以得到非常好的吸声效果，迎声面采用容重轻、流阻小的吸声材料，越接近刚性壁面选用容重越大的材料，特性阻抗逐渐变化。现将超细玻璃棉毡或软质超细玻璃棉板（容重30～40kg/m^3）与岩棉板（容重80kg/m^3）组合在一起，实测其吸声系数如表5所示。

表5 几种不同材料组合的板状吸声构造吸声系数

测试工况		空腔（D）/mm	频率/Hz 50	60	70	80	90	100	110	120	130	140	150	160	200	250	315	400	500
			吸声系数/%																
1	50mm厚岩棉板，容重80kg/m^3（靠墙）；50mm厚超细玻璃棉毡，容重30kg/m^3（迎声面），玻璃布和塑料窗纱护面	0	10	12	15	21	29	38	54	64	74	80	87	84	95	87	76	80	82
2	同上	50	16	20	26	41	61	74	88	96	97	95	93	88	78	70	72	69	76

续表

测试工况		空腔(D)/mm	频率/Hz																
			50	60	70	80	90	100	110	120	130	140	150	160	200	250	315	400	500
			吸声系数/%																
3	50mm 厚岩棉板，容重 $80kg/m^3$（靠墙），100mm 厚超细玻璃棉毡，容重 $30kg/m^3$（迎声面），玻璃布和塑料窗纱护面	0	16	26	43	62	80	92	98	97	94	89	86	81	72	71	76	76	79
4		50	23	42	63	89	98	97	93	87	82	78	76	73	69	74	75	77	76
5	50mm 厚岩棉板，容重 $80kg/m^3$（靠墙），50mm 厚软质超细玻璃棉板，容重 $40kg/m^3$（迎声面），玻璃布和铁窗纱护面	50	14	17	21	32	47	60	73	83	90	93	95	95	92	87	87	87	91

几种组合的吸声性能都不错。较理想的构造是 100mm 厚超细玻璃棉毡（容重 $30kg/m^3$），以玻璃布和塑料窗纱饰面，后部填装 50mm 厚岩棉板（容重 $80kg/m^3$），空腔 $D=0$，在 90Hz 以上，α 大于 0.70。当采用 50mm 厚超细玻璃棉毡（容重 $30kg/m^3$）加 50mm 厚岩棉板（容重 $80kg/m^3$），$D=0$，在 120Hz 以上，吸声系数均在 0.64 以上，该种组合材料省，结构简单，是推荐的构造之一。当采用 50mm 厚超细玻璃棉毡加 50mm 厚岩棉板，$D=50mm$ 时，在 100Hz 以上 α 大于 0.70，吸声效果也较理想。

3 阶梯形吸声构造

为简化尖劈形吸声构造，省去尖劈骨架和尖劈套子，而将纤维板状吸声材料直接拼装成阶梯形吸声构造，堆放在消声室四壁的支架上，外面再整个罩以玻璃布和塑料窗纱饰面。顶棚仍用尖劈而组成一个消声室。国外有的资料说，这种吸声构造吸声效率低，故很少采用。我们在结合某厂简易消声室的设计过程中，曾加工制作了一批阶梯形吸声构造，进行实测试验。结果表明，该种构造吸声性能良好，结构也比较简单，既适用于一般精密消声室，更适用于简易消声室。

阶梯形吸声构造形状及尺寸如图 3 所示。

采用苏州产酚醛树脂玻璃纤维板（容重 $80\sim90kg/m^3$），切割为长度不同、宽度不等的长方形块，用 12 块（每块厚 50mm）叠成底面积为 600mm×600mm，高度不等的直条状阶梯形吸声构造，实测吸声系数列于表 6。由表 6 可知，当阶梯形吸声构造总长为 300mm、200mm、100mm 组合时，空腔 $D=100mm$，外罩一层玻璃布，在 100Hz 以上 α 大于 0.70，在 140Hz 以上 α 大于 0.93。当阶梯形吸声构造总长为 150mm、100mm 组合，空腔 $D=100mm$，在 110Hz 以上 α 大于 0.6，在 150Hz 以上 α 大于 0.80，在 180Hz 以上 α 大于 0.90，吸声性能都较好。

同济大学曾用阶梯形吸声构造改建了一个简易消声室，经实测，其吸声性能与同样长度的尖劈形吸声构造相差不多，声场性能良好，成本低，施工方便，这种阶梯形吸声构造有一定的推广价值。

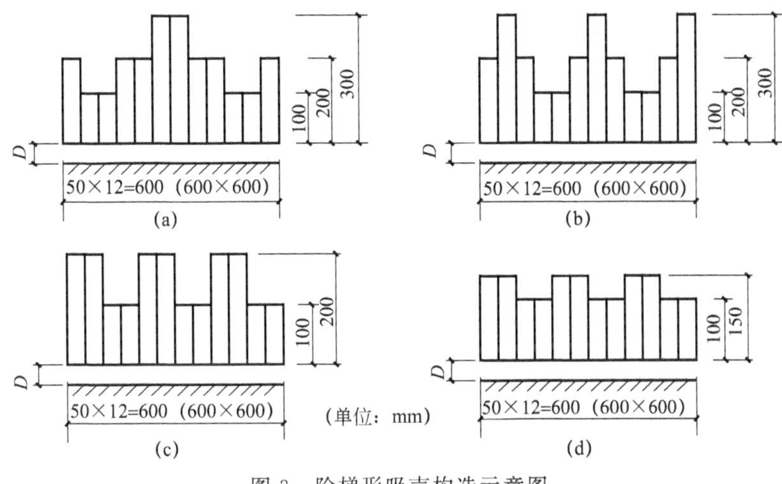

图 3 阶梯形吸声构造示意图

4 帷幔和泡沫塑料吸声构造

上海先锋电机厂在 20 多年前曾用帷幔吸声构造建造了一个简易消声室，其吸声构造如图 4 所示，其吸声系数列于表 6。

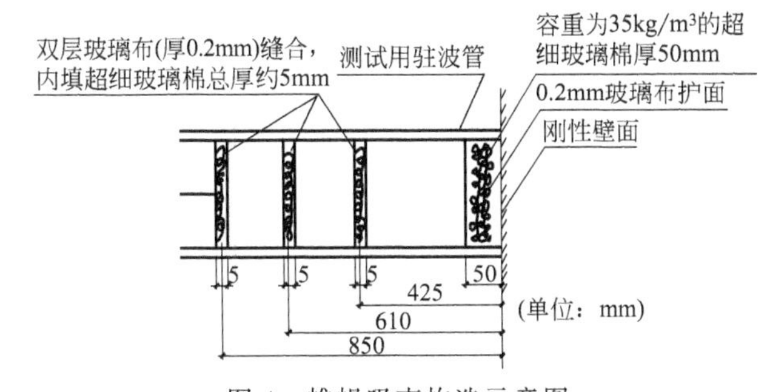

图 4 帷幔吸声构造示意图

表 6 阶梯形和帷幔形吸声构造吸声系数

序号	工况		空腔(D)/mm	频率/Hz																		备注
				70	80	90	100	110	120	130	140	150	160	170	180	190	200	250	315	400	500	
				吸声系数/%																		
1	300mm，200mm，100mm 长酚醛树脂玻璃纤维板，容重 $80kg/m^3$	无护面	50	22	26	31	38	45	52	60	65	70	75	78	82	85	89	95	97	97	—	图 3(a)
2			100	27	35	42	47	60	67	75	80	84	87	90	94	96	96	99	98	95	—	同上
3		玻璃布和尼龙网护面	100	32	42	52	60	70	75	85	86	90	93	95	97	98	98	99	98	96	96	同上
4		玻璃布护面	100	35	43	53	60	72	77	85	90	91	94	94	97	98	98	99	97	96	—	同上
5			100	42	52	60	70	78	85	89	93	95	96	98	99	99	98	98	95	95	—	图 3(b)

续表

序号	工况	空腔(D)/mm	频率/Hz																		备注
			70	80	90	100	110	120	130	140	150	160	170	180	190	200	250	315	400	500	
			吸声系数/%																		
6	200mm,100mm长,酚醛树脂玻璃纤维板,容重80kg/m^3,玻璃布护面	100	25	35	42	50	60	72	75	83	85	88	92	94	97	98	98	96	95	—	图3(c)
7	150mm,100mm长,酚醛树脂玻璃纤维板,容重80kg/m^3,玻璃布护面	100	26	33	43	46	60	65	70	78	80	85	88	90	93	94	99	92	90	93	图3(d)
8	5mm,5mm,5mm,50mm厚四层超细玻璃棉毡组合帷幔形吸声构造,双层玻璃布护面	0	86	96	96	96	94	91	88	86	84	83	—	86	—	89	99	97	93	—	图4

为使帷幔吸声构造得到最大的声吸收，按理论估算，它离开刚性壁面的距离约为1/4波长的奇数倍，低限频率越低，要求离开刚性壁面的距离越大，帷幔层次越多，可以得到越多的共振吸声频率。帷幔吸声构造简便，省事，只要选择得当，可望得到较好的吸声效果。

上海交通电器厂设计建造了一个将20mm厚的泡沫塑料包于高为400mm的丁字型纤维板骨架上，组成一个个圆锥形的吸声单元，再将其安装于壁面和顶棚上。据介绍在350Hz以上，吸声系数可达0.95，上海电动工具厂、上海跃进电机厂、芜湖微型电机厂等为进行噪声测试分析已建或正在筹建简易消声室，但对其吸声构造一般未专门测试研究，因此按以上试验结果提出几条设计选择的意见很有必要。

5 简易消声室吸声构造设计选择

① 按被试产品要求，由表1首先确定测试距离、测试误差、消声室边长（即体积大小），测试低限频率等，选择合适的吸声系数值，再按此选择不同的吸声构造。

② 当消声室净空每边尺寸（长×宽×高）悬殊不大，边长在3.0m以下，测试误差$\Delta Lp \leqslant \pm 1$dB，测试距离$r=1.50$m（自由声场范围），测试低限频率$f_c=150$Hz，一般就应该采用吸声系数$\alpha>0.95$，吸声构造长度大于500mm的尖劈形吸声构造或采用长度大于300mm（另加空腔$D=100$mm）的阶梯形吸声构造。

③ 当消声室净空尺寸（最小边长）在4～5m，$r=2.0$m，$\Delta Lp \leqslant \pm 1$dB，$f_c=150$Hz，$\alpha$为0.80～0.90，采用长度大于200mm（另加$D=100$mm）的阶梯形酚醛树脂玻璃纤维板（容重80～90kg/m^3）吸声构造或采用两层（厚100mm，$D=0$）软质超细玻璃棉板（容重40kg/m^3）或采用一层岩棉板（厚50mm，容重80kg/m^3，另加$D=50$mm），一层软质超细

玻璃棉板（厚 50mm，容重 $40kg/m^3$）组合的平板状吸声构造，可基本满足测试要求。

④ 当消声室净空尺寸（边长）在 5～6m 时，$r=2.0m$，$\Delta Lp \leqslant \pm 1dB$，$f_c=150Hz$，要求 α 为 0.75～0.80，采用两层（厚 100mm，$D=0$）软质超细玻璃棉板（容重 $40kg/m^3$）或两层岩棉板（厚 100mm，容重 $80kg/m^3$，再加 $D=50mm$）或一层酚醛树脂玻璃纤维板（厚 50mm，$D=100mm$，容重 $80\sim90kg/m^3$）或一层岩棉板（厚 50mm，$D=0$，容重 $80kg/m^3$）与一层超细玻璃棉毡（厚 50mm，容重 $30kg/m^3$）组合构造，可基本满足要求。

⑤ 消声室净空尺寸（边长）较大，在 7m 以上，$r=2.0m$，$\Delta Lp \leqslant \pm 1dB$，要求 α 大于 0.50，用一层（厚 50mm，$D=50mm$）多孔性纤维吸声材料或两层（厚 100mm，$D=0$）多孔性纤维吸声材料或两种多孔性吸声材料组合（总厚 100mm，$D=0$），均可基本满足要求。

⑥ 当测试误差为 $\pm 2dB$，在同样净空尺寸和测试距离下，吸声构造的吸声系数可低些，所需吸声层厚度可薄些。

⑦ 采用几种吸声材料的组合构造，吸声性能都较好，饰面材料采用钙塑泡沫塑料装饰板或穿孔吸声纤维板（穿孔率大于 10%）均可改善其低频吸声性能，但在 1kHz 以上由于表面反射可能有一些影响。留空腔相当于加厚了吸声材料的厚度，此时可适当减薄吸声材料，但施工麻烦。

⑧ 岩棉板成型好，性能稳定，加工安装方便，成本低，吸声性能好，是一种值得大量推广应用的新型吸声材料。

本测试研究报告着重于实际数据比较和工程应用。在测试过程中得到同济大学声学研究室朱芳英同志，青岛三三三七厂李守逵、焦健根同志的大力协助，本文经同济大学王季卿教授审阅，在此一并致谢。鉴于本人水平有限，谬误之处望以指正。

本文 1984 年刊登于《造船工业建设》第 2 期

工程实用消声室的设计与应用

上海跃进电机厂于 1983 年设计改建了一个工程实用消声室，用于测试电机噪声与振动，该消声室各项声学性能符合设计要求，结构简单，投资省；施工方便，使用情况良好；采用板状复合吸声结构，重量轻、成本低、吸声性能佳，为设计建造经济实用的消声室提供了新的有效途径。

1 设计要求

① 消声室的型式。按电机噪声测量方法国家标准规定，测量精度（不确定度）至少应满足工程级 3dB 的要求，但该厂不易找到这样的测试环境，若建造精密消声室则花钱多，周期长，工艺流程不尽合理。参考国内外有关资料及我们已有的研究成果，经商定在该厂试验大楼二楼老厂房内改建一个能满足工程级测量精度的简易而实用的消声室。消声室净空尺寸长×宽×高＝6.39m×4.70m×3.90m，净面积 30m^2，净体积 117m^3。另有仪器室、准备室等辅助面积 38m^2。该消声室是地面（水磨石）为一反射面，其余五面安装有板状吸声构造的半消声室。平剖面图详见图 1。

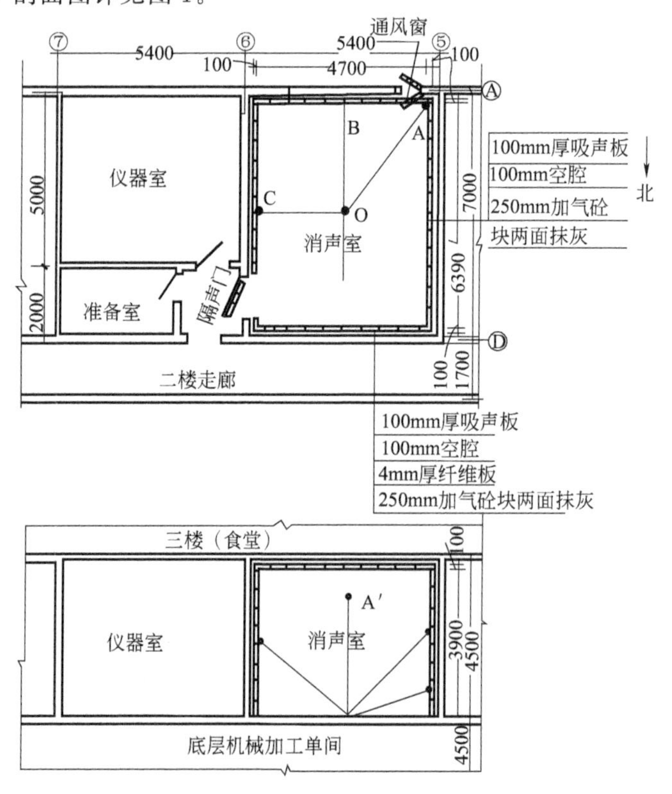

图 1　上海跃进电机厂工程实用消声室平剖面图

② 消声室测试对象。Y 系列中小型电机，中心高为 80～160mm，测试频率 250Hz～10kHz，环境修正系数≯2dB。

③ 消声室背景噪声。在周围无大的振动源和噪声源的情况下，争取值<35dB(A)，保证值<40dB(A)。

④ 消声室内设置一个自然通风窗。消声室中部设置一只吊钩，承重 100kg。

⑤ 在消声室地坪上可同时测试电机振动速度值。

2　消声室设计

消声室在二楼中部改建，周围环境较恶劣；底层为机械加工车间，有数十台金属切削机床开动，二楼楼板下安装有 2t 电动葫芦；同层楼有型式试验间、计量室等；三楼为职工食堂；北侧为落料及嵌线车间，南侧为居民菜场。未改建前于拟建消声室处实测其环境噪声为 74dB(A)，有时达 82dB(A)。

(1) **隔声设计**

为保证消声室背景噪声低于 40dB(A)，外墙（南侧）仍利用厚 240mm 砖墙，将原玻璃窗用 240mm 砖砌封；东、西、北侧新筑隔墙，因受楼板负荷限制，采用 250mm 厚加气砖块砌筑，两面抹灰；在北墙内侧再钉一层厚 4～5mm 的纤维板。隔声吸声门高×宽×厚＝2100mm×1200mm×100mm，内外面层为 9mm 厚胶合板，中间为 2mm 厚钢板，其间装填玻璃纤维保温板，门周边钉 3mm 厚工业毛毡，下部钉 3mm 厚软橡皮拖脚。自然通风窗长×宽×厚＝600mm×600mm×80mm，分内外两扇，空腔 100mm，面层用 1mm 厚涂塑钢板，内钉五夹板，其间装填玻璃纤维保温板。隔声吸声门和自然通风窗隔声结构如图 2、图 3 所示。

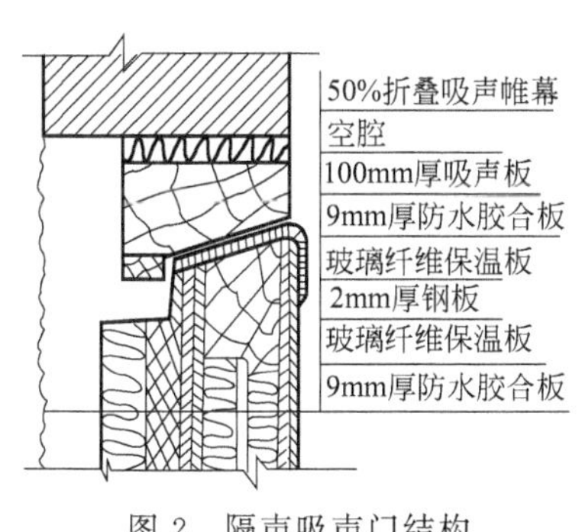

图 2　隔声吸声门结构

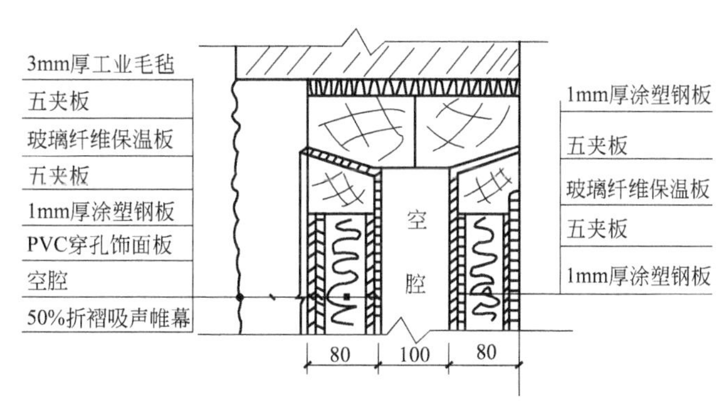

图 3　自然通风窗隔声结构

(2) **吸声设计**

按 ISO 3744（声学——噪声源声功率级的测量——适用于反射面上自由场条件的工程级方法）、GB 3767—1983（噪声源声功率的测定——工程法和准工程法）以及 GB 2806—1981（电机噪声测定方法）的有关规定，环境修正系数 K 由下式确定。

$$K=10\lg\left(1+\frac{4S}{A}\right)(\mathrm{dB}) \tag{1}$$

式中　A——测试间吸声量（m^2）；

　　S——被测试件测量包络面面积（m^2）。

为保证工程级测试精度，应满足 $A/S>6$，$K<2dB$。

$$A=S_V\overline{\alpha}(m^2) \tag{2}$$

式中　S_V——测试间（消声室）吸声表面面积（m^2）；

　　$\overline{\alpha}$——吸声材料平均吸声系数。

中小型电机测量距离 $r=1.0m$，半球包络，拟改建消声室的房间长×宽×高＝7.0m×5.4m×4.2m，测试下限频率争取从 80Hz 开始，$K<2dB$。按式(1)、式(2) 计算吸声构造的吸声系数 α 应大于 0.38。

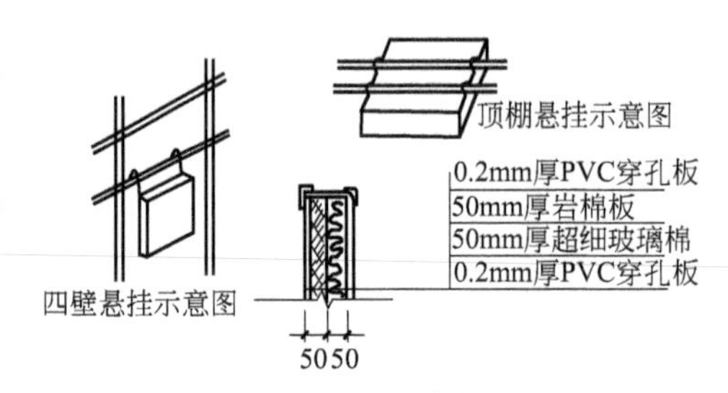

图 4　板状吸声构造

采用如图 4 所示的超细玻璃棉和岩棉板复合板状吸声构造，每块吸声板长×宽×厚＝600mm×600mm×100mm，悬挂于顶棚和四壁，吸声板与壁面间距（空腔）为 100mm，吸声板正面（迎声面）为 50mm 厚超细玻璃棉毡（容重 $40kg/m^3$），背面为 50mm 厚岩棉板（容重 $80kg/m^3$），装于角钢框架内，吸声板 6 个面均以 PVC 穿孔吸声板（厚 0.2mm，穿孔率>23%）饰面，PVC 内层粘贴白色玻璃布。该种板状复合吸声构造于同济大学声学研究室直立式大驻波管内，实测其吸声系数如表 1 所示。

表 1　实测板状复合吸声构造吸声系数

频率/Hz	80	90	100	110	120	130	140	150	160	200	250	315	400	500
吸声系数(α_0)	0.41	0.61	0.74	0.88	0.96	0.97	0.95	0.93	0.88	0.78	0.70	0.72	0.59	0.76

表内各频段平均吸声系数 $\overline{\alpha}=0.78$。

对于电机噪声测试（非纯音），可只考虑一次反射声对直达声的影响，测试误差 δ 计算如下：

$$\delta=10\lg\left(1+6R'_C\frac{r^2}{L^2}\right)(dB) \tag{3}$$

式中　$R'_C=1-\alpha$（R'_C为反射系数，α 为吸声系数）；

　　r——测量距离（m）；

　　L——消声室边长（m）。

按上述拟建消声室房间的大小、所采用的吸声构造及测距，计算 δ，当 $r=1.0m$ 时，$\delta=0.4dB$；当 $r=1.5m$ 时，$\delta=0.9dB$。

3　消声室声学性能

(1) 隔声减噪量

按有关标准及规范规定，实测该消声室各部分隔声降噪量如表 2 所示。

表 2　实测消声室隔声降噪量

名称	总平均隔声降噪量/dB(A)	主要频段(250Hz～8kHz)平均隔声降噪量/dB
消声室围护结构(四壁、顶棚、地坪)	47	48.6
新筑东、西、北墙	48.4	50
隔声吸声门	41.5	43.5

(2) 背景噪声

当消声室周围无大的噪声源和振动源时（厂休）为 21dB(A)；有较强的噪声源时为 31.5dB(A)[在二楼走廊发出 98dB(A) 白噪声，底层机床不开动]；有较强的噪声源和振动源时为 37dB(A)(工厂上班，底层机床开动，二楼型式试验间电机开机)，均符合设计要求。但因消声室改建于二楼，又未采取专门的隔振措施（受经费与条件限制），低频固体传声明显，250Hz 以下背景噪声较高，隔声效果较差。

(3) 环境修正系数

当采用标准声源法，$r=1.0$m，半球包络，实测该消声室环境修正系数 $K=0.4$dB；当采用多表面法，求得 $K=0.68$dB；当按式(1) 计算时，$K<1.0$dB。

(4) 声场性能

参照 ISO 3745（声学——噪声源声功率级的测定——适用于消声室和半消声室的精密方法）的有关规定，在如图 1 所示的 OA、OA'、OB、OC 4 个方向上采用粉红噪声和纯音作声源，连续自动记录声压级（L_p）与离开声源距离（r）的衰减曲线（即 $P—r$ 曲线），确定实测值与理论值（符合反平方定律的自由声场）的最大偏差 δ 为多少 dB。OA 方向 1/3 倍频程 $P—r$ 曲线（粉红噪声）如图 5 所示。

实测结果表明：在所测试的各个方向上，当以消声室地坪中心为球心，半径 $r=1.5$m 的半球范围内，粉红噪声频率从 125Hz～16kHz，$\delta\leqslant\pm2.0$dB；纯音频率从 400Hz～16kHz，$\delta\leqslant\pm2.0$dB（其中 1.6～2kHz 略有畸变）。用粉红噪声测试，该消声室达到了精密半消声室的水平（ISO 3745 允许用粉红噪声作声源）。在该消声室内测量电机等产品的噪声，其测量结果无须进行环境修正。

(5) 与精密消声室比较

为验证该实用消声室测量结果与精密消声室测量结果有何不同，对电机噪声测量是否有影响，选用本厂生产的 QU、YU 电机以及 ARSS-2 标准声源，取相同的测点、测距，在上海电器科学研究所精密消声室（1980 年鉴定符合 ISO 3745 标准）内测试并记录频谱，再与本实用消声室实测结果比较，两者所测声功率级之差<0.4dB，对电机噪声测量结果的影响可忽略不计。两者频谱图基本相符，峰值频率基本一致，实测结果如图 6 所示。

另外，选取 12 台中大电机在本实用消声室地坪弹性垫上实测其振动速度值，再与在上海电器科学研究所精密消声室内防振平台上实测的振动速度值相比，两者之差在 0.05～0.40mm/s 之内，实测值均低于电机振动限值标准（1.8mm/s）的要求。故在本实用消声室地坪上测试电机振动是可行的。

消声室经过半年多的实际使用，实测 113 台电机噪声与振动，均符合电机噪声与振动测量方法及限值国家标准的要求，消声室性能良好，使用方便，颇受欢迎。

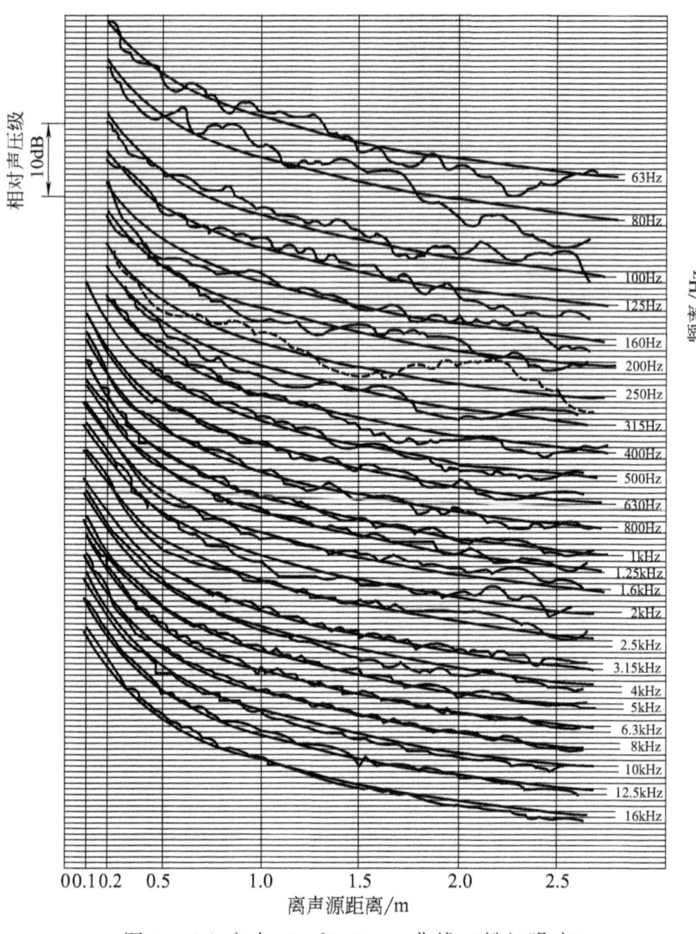

图 5　*OA* 方向（45°）*P*—*r* 曲线（粉红噪声）

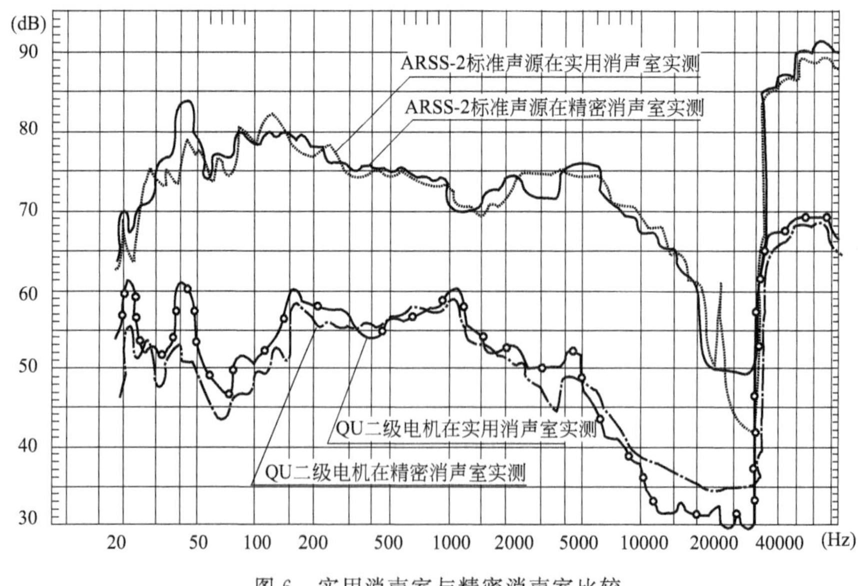

图 6　实用消声室与精密消声室比较

（测距 $r=1.0$m，测点离地高 0.25m，上海跃进电机厂实用消声室测试时，工厂上班，底层机床开，上海电器科学研究所精密消声室测试时，操作人员在室内）

4 经济分析

消声室公用土建改建费用决算总计 23500 元，其中吸声构造费用 6500 元，隔声构造费用 4000 元，施工安装费 6000 元，设计、测试、鉴定费 2000 元，零星料及未预见费 5000 元。平均每立方米总造费 200 元，每平方米总造价 800 元。而采用尖劈吸声构造的精密消声室一般每立方米总造价需 1500～2000 元，是本消声室造价的 7～10 倍。板状吸声构造每平方米造价 45 元，而尖劈吸声构造（长为 500～600mm）每平方米造价 250～320 元，板状吸声构造比尖劈吸声构造便宜 5～7 倍。当然，两种消声室、两种吸声构造的精度要求是不同的。

5 结语

① 本消声室用来测量宽频带噪声，其测量精度不仅高于工程级的要求，而且达到了精密级的水平，测量结果可不考虑环境反射修正。

② 消声室的设计建造经历了一个由简到繁，又由繁到简的发展过程。采用板状复合吸声构造替代吸声尖劈是一个新的尝试，板状复合吸声构造较简单、省钱，加工方便，便于标准化、系列化、商品化，新老厂房均可安装。

③ 对于中小型电机噪声与振动出厂检验或进行一般测试分析，新建或改建工程实用消声室是经济合理的，测量精度可满足要求。

④ 本消声室改建于楼上，又未隔振，固体传声会影响低声级和低频声较丰富的设备的噪声测试分析，对于纯音或窄带噪声的测试分析也受到一定限制。

本文 1985 年刊登于《噪声与振动控制》第 5 期

（参与本文编写的还有本院梁正云）

天水风动工具研究所消声室吸声尖劈设计

1 前言

1982年完成了天水风动工具研究所噪声实验室的设计，1983年9月工程全部竣工，同年12月请上海电器科学研究所等声学单位进行了声学测定，声场性能全部达到设计要求。1984年7月，第一机械工业部委托甘肃省机械工业厅组织了验收会，会议认为：该项设计基本达到国内先进水平；消声室隔声好，声场性能全部符合国际标准要求；所设计的新型吸声尖劈较大地减短了尖劈的长度，取得了较好的效果。

2 简介

天水风动工具研究所消声室的吸声结构，是以600mm×600mm×730mm的四平头吸声尖劈为主体的新型吸声结构。该吸声尖劈长为730mm，空腔为70mm。劈部长650mm，内装超细玻璃棉毡；基部长80mm，内装岩棉板，其特点是基座大，长度短，重量轻，形状简单，施工方便，投资省，吸声效果好。

3 设计思想

消声室吸声结构的优劣是影响消声室自由声场大小及测试误差高低的关键因素，也是消声室能否达到工艺要求的最重要的方面。吸声结构的造价一般要占整个消声室土建总造价的一半以上。为了节省投资，对吸声结构的设计给予了足够的重视，做了一定的工作。

吸声结构的型式繁多，有帷幕式、平板式、阶梯式、尖劈式等。理论与实践证明：尖劈式吸声结构，吸声性能较好，吸声面大，声阻抗小，符合渐变层吸声机理，国内外广泛采用尖劈式吸声结构。吸声尖劈有尖头式、平头式，每只尖劈又有二头、三头、四头之分。根据工艺要求，在调查研究的基础上，参考同济大学、机械工业部第八设计院等单位的建议，决定采用尖劈吸声结构。

本着“适用、经济、在可能条件下注意美观”的原则，对吸声尖劈的形状、尺寸、材料等进行专门设计和测试分析，优选最佳吸声结构。

4 吸声尖劈设计与测试

影响尖劈吸声性能的因素颇多，如尖劈的长度、角度不同，劈部和基部的比例不同，所装吸声材料种类及容重不同，骨架成型和护面材料不同，空腔尺寸不同等，都会引起吸声效果的变化，这些因素相互关联，互相影响。目前还未能建立起表示其复杂关系的数学表达式，多数是按经验公式经过初步试算后，最终通过实测试验，分析比较，综合权衡，以满足设计要求。

(1) **尖劈长度的设计**

计算尖劈总长度的经验公式为

$$L=L_1+D=\frac{1}{4}\lambda_0$$

式中 L——尖劈总长度（即包括空腔的吸声层总厚度，m）；

L_1——尖劈实际长度（m），$L_1=A+B$（A 为尖劈劈部长度，B 为尖劈基部长度，m）；

D——空腔尺寸（即吸声尖劈基部与刚性壁之间的距离，m）；

λ_0——低限截止频率 f_0（Hz）对应的波长（mm）：

$$\lambda_0=\frac{c}{f_0}$$

c——在5℃时空气中的声速（m/s）；

f_0——低限截止频率（即吸声系数均大于0.99所对应的最低频率）。

本消声室的低限截止频率 $f_0=80\text{Hz}$，空气中声速 $c=340\text{m/s}$，故 $L=\frac{\lambda_0}{4}=1.06\text{m}$。

近年来，国内所建的消声室中，在相同低限截止频率的情况下吸声尖劈长度不尽相同，从而说明，尖劈的吸声效果不仅与其长度有关，与其他一些因素也有着密切的关系，如能把尖劈的各种因素处理得当，适当缩短尖劈的总长度是可能的。

另外，国产吸声材料工业发展迅速，产品种类较多，可选择性较大，这些都为我们设计吸声尖劈提供了有利条件。

通过对部分实测资料的分析比较和试算，拟将尖劈长度缩为 $\frac{\lambda_0}{5}\sim\frac{\lambda_0}{5.5}$。设计 $L=L_1+D=0.75+0.05=0.80(\text{m})$，此时，$L=\frac{\lambda_0}{5.3}$。

(2) **尖劈基座大小的确定**

鉴于测试尖劈吸声系数的大驻波管截面尺寸一般为400mm×400mm或600mm×600mm，因此，国内已建的消声室，其尖劈基部长×宽多数为400mm×400mm，个别的为600mm×600mm。根据工艺要求，本消声室的有效空间（即净空尺寸）为8.4m×6.6m×5.4m，吸声界面已定。按设计选定的尖劈长度及基座大小，可算出尖劈数量。若基座尺寸取400mm×400mm，共需尖劈1570只；若取600mm×600mm，共需尖劈698只，大基座尺寸比小基座尺寸可使尖劈数量减少约60%。型号简化，数量减少，材料省，加工方便，可节省投资约1.1万元。

(3) **尖劈顶角设计**

尖劈吸声效果与尖劈顶角（σ）的大小有着十分密切的关系，σ 越小吸声效果越好。但 σ 过小会引起劈数的增多，造成加工困难。有的资料介绍，顶角取10°～14°为宜。将基座600mm×600mm，基部长100mm，劈部长650mm的尖劈分为4个头计算，此时顶角 $\sigma=$ 10°18″。已有资料介绍，将尖劈尖角略削为平头，对其吸声性能影响不大，且有利于扩大消声室的净空尺寸。本设计采用每劈平头宽度为33mm的四平头尖劈，详见图1。

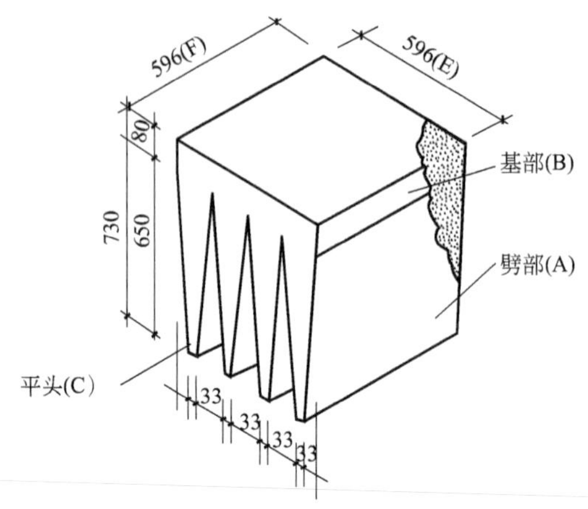

图1　吸声尖劈

(4) **劈部长度与基部长度的确定**

尖劈实际长度 L_1 与空腔 D 之间、尖劈劈部长度 A 与基部长度 B 之间存在一个最佳比例关系。根据资料介绍取 L_1：$(B+D)=3.8:1\sim4:1$，$A:B=4:1\sim7:1$ 为宜。加大空腔尺寸有利于低频吸收，也可缩短尖劈基部长度，从而减少吸声材料用量。它们与所用吸声材料也有关。本设计拟取 $D=50$，$A=650$，$B=100$，$750:150=5:1$，$650:100=6.5:1$。空腔 D 的尺寸大小通过实测试验最后确定。

(5) **尖劈骨架设计**

为保证尖劈设计形状，使其处于最佳吸声状态，对尖劈骨架用心予以设计。骨架应牢固，不易变形，声反射小，采用 $\phi4$ 镀锌铁丝焊成，焊点进行防锈处理。因尖劈块体较大，采取部分加强措施。骨架要求形状规整，尺寸准确，无虚焊，去毛刺，误差不大于±1mm。骨架实际加工尺寸为596mm×596mm×730mm。

(6) **尖劈内装填吸声材料的选择**

好的吸声材料应具备吸声系数高、防火、防霉、防蛀、不污染空气、不刺手、加工简单、损耗小、价格低等优点。吸声材料的种类繁多，性能各不相同，选好吸声材料是吸声尖劈设计的一项主要工作。我国已建的消声室，多数采用沥青玻璃纤维和酚醛玻璃纤维做吸声材料，这类材料容重大、纤维短、粒径粗，对低中频声波的吸收效果较好，但有刺手和污染空气的缺点。近年来，不少单位选用超细玻璃棉毡作为吸声结构的吸声材料，这种材料的特点是纤维细而长，容重小，质软好加工，对高频声波吸收较好，但容易吸湿，受潮后质量加大，吸声效果也会降低。

鉴于本消声室内进行机械通风，又是建造于西北地区，气候干燥，材料吸湿问题不突出，故选用长纤维的超细玻璃棉毡作为尖劈劈部的吸声材料。为改善尖劈的中低频吸声性能，在尖劈基部装填容量较大、粒径较粗的岩棉板。岩棉板是一种新型的纤维状吸声材料，具有加工简便、不刺手、损耗小、价格适中等优点。本设计采用两种吸声材料复合的吸声结构，发挥各自的优势，在低、中、高频段均得到最大的声吸收。这种尖劈劈部轻、基部重，对骨架的受力情况也有改善。

(7) **尖劈护面及防风防油雾措施**

为避免尖劈内纤维状吸声材料在机械通风的消声室中散落飞扬，选用质地密实的玻璃布缝制尖劈套，套于尖劈骨架之外。由于风动工具产品在消声室内测试噪声时，风动工具排出大量气体，其中带有水雾、油雾及其他杂质。为减少它们对尖劈的污染，保证其吸声性能，在尖劈安装后，于整个消声室各吸声面外侧，再增挂一层塑料窗纱帷幕。该帷幕便于更换清洗。在各风洞口处，采用异型吸声尖劈，将风洞口与吸声部分分开，风洞用专用隔声吸声塞子封严。

(8) **尖劈设计定型测试**

1982 年 7 月按上述考虑完成了消声室吸声结构的设计。为确保质量，寻找最佳方案，满足设计要求的 $f_0=80\text{Hz}$，在尖劈大批量加工之前，制作了三个长度分别为 750mm、780mm、800mm 的尖劈骨架去上海进行设计测定，于 1982 年 10 月到同济大学声学研究室大型直立式驻波管内进行了实测，并进行了全超细玻璃棉尖劈的对比测试。尖劈形状如图 1 所示。

在测试中，因原设计容重为 80kg/m^3 的岩棉板无货，现场决定改用容重为 100kg/m^3 的岩棉板；将尖劈基部长度由 100mm 改为 80mm，劈部长度仍为 650mm，尖劈长度成为 730mm。四只试件长度分别为 730mm、750mm、780mm、800mm，空腔分别取 50mm、70mm、100mm。尖劈内装填吸声材料分两种情况：一是劈部和基部均装填超细玻璃棉毡，改变不同容重和不同空腔尺寸；二是劈部装填超细玻璃棉毡，基部装填岩棉板，两种材料复合，改变不同空腔尺寸。另外，对尖劈套采用不同厚度的玻璃布也进行了比较试验。

从 20 组不同条件的测试比较中最后选定尖劈较短、材料较省、吸声性能最佳的结构——尖劈长 $L_1=730\text{mm}$，劈部长 $A=650\text{mm}$，基部长 $B=80\text{mm}$，空腔 $D=70\text{mm}$，劈部装填容重为 35kg/m^3 的超细玻璃棉毡，基部装填容重为 100kg/m^3 的岩棉板，外包 0.1mm 厚玻璃丝布套。此种结构低限截止频率 $f_0=80\text{Hz}$。将尖劈转 90°复测，f_0 也为 80Hz。详见表 1。

表 1　定型尖劈尺寸

序号	尖劈基座/mm		尖劈长度/mm		平头宽 C/劈数	夹角 δ	空腔 D	尖劈数量/个	应用位置
	E	F	A	B					
1	596	596	650	80	33/4	10°	70	679	顶棚和四壁
2	596	447	650	80	33/3	10°	—	4	门洞处
3	596	149	650	80	33/1	10°	—	4	门洞处
4	596	596	650	80	33/4	10°	—	11	风口处留 ϕ400 孔

(9) **测试结果分析讨论**

① 实测数据表明，短尖劈的设计是成功的。只要尖劈各部分尺寸搭配得当，吸声材料种类和容重选择合理，在保证吸声系数≥0.99 的情况下，尖劈总长度可以小于$\frac{\lambda_0}{4}$。本设计方案考虑和最后选型基本一致，尖劈总长 $L=L_1+D=730+70=800(\text{mm})$，相当于$\frac{\lambda_0}{5.3}$，

比理论估算缩短了 1/4。

② 吸声效果与尖劈长度成正比，一般加长尖劈可以提高吸声性能。在长度相差不甚大的情况下，其吸声效果的优劣还与吸声材料的种类和容重等因素有很大关系，全部装超细玻璃棉毡的短尖劈吸声频谱起伏较大。

③ 在吸声材料和容重相同的情况下，装填方式不同，对吸声性能有一定影响，劈部吸声材料按要求切齐比不切齐乱装吸声性能要好。

④ 超细玻璃棉毡尖劈，尖劈基座与刚性壁之间所留空腔的大小，对吸声性能影响不甚显著，小空腔似比大空腔为好。

⑤ 尖劈护面材料——尖劈套的厚薄，对尖劈的吸声效果有一定影响，但不明显，厚套子有利于低频吸声，但价格稍贵。

⑥ 尖劈劈部和基部均装填容重较轻的超细玻璃棉毡（35kg/m^3，或 40kg/m^3，或 45kg/m^3），虽然在 80～130Hz 时 $\alpha \geqslant 0.99$，但在 150～170Hz 处出现低谷（$\alpha < 0.99$），这是不太理想的。而采用两种材料的复合吸声结构（劈部装填容重为 35kg/m^3 的超细玻璃棉毡，基部装填容重为 100kg/m^3 的岩棉板）则可以弥补这个低谷，当 $f_0 \geqslant 80$Hz 时，$\alpha \geqslant 0.99$。两种材料复合，对吸声效果有较大改善。价格与同一种材料差不多，而且好施工，不刺手，损耗小。

5　吸声尖劈的加工注意事项

为保证吸声尖劈的加工质量，确保每个尖劈都具有合格的吸声性能，加工前编写了加工工艺和注意事项，要求专人负责把关，严格遵守工艺规程。吸声材料按不同部位和不同容重，把质量称好再细心装填均匀，整理平整。尖劈劈头填料要松，两种吸声材料的交界处要做到密实无空隙，尖劈骨架要求尺寸准确，外形挺括，尖劈套要洁净完整，防止弄脏碰破。

6　吸声尖劈安装

为使消声室各界面吸声均匀，外形整齐美观，将毗邻尖劈相互垂直交错排列，严格控制尖劈基部和墙壁间的空腔尺寸。为避免隔声吸声门处尖劈下垂或外界面边缘尖劈受振变形，用镀锌铅丝将其绑扎牢固。尖劈悬挂完毕，进行全面检查和个别修整，使每只尖劈均处于设计要求最佳状态。最后挂上塑料窗纱帷幕。竣工后现场观察，可隐约看到排放井然有序的尖劈壁面，立体感较强，色调柔和，美观大方。

7　吸声尖劈造价及设计体会

该消声室吸声尖劈的设计，在吸取别人经验的基础上又进行了新的尝试。采用大基座、短尖劈和帷幕防护，将两种吸声材料复合于同一尖劈内，缩短了尖劈长度，提高了吸声性能，简化了施工，节省了投资。吸声尖劈全部费用为 4.99 万元，占土建工程总造价的 36%，仅此一项为国家节约投资 5 万元。

在设计、测试、施工、安装过程中，我们感到：

① 吸声尖劈的设计是消声室设计的关键，影响因素颇多，难度较大。虽然不少单位对尖劈已做过研究，但需要探讨的问题很多。上述总结中的观点偏重于实际应用，理论研究有待深入。

② 在条件许可的情况下采用 600mm×600mm 的大基座吸声尖劈比小基座节省投资；采用两种吸声材料复合比只填充一种吸声材料吸声性能好，施工不困难，价格差不多。

③ 吸声材料在施工现场装入尖劈骨架和尖劈套内，随装随挂，容易保证尖劈吸声性能，可避免在运输过程中因振动造成尖劈变形或吸声材料疏密不均或将尖劈套碰坏弄脏等。

④ 吸声尖劈在成批加工过程中的抽样检测是必要的，但应注意样品的代表性。当施工现场无测试条件（没驻波管等）时，如能加强施工指导和管理，也可不做大批量的抽样检测。

以上总结不当之处，望指正。

附记：本设计和测试得到同济大学声学研究室主任王季卿教授的指导，同济大学声学研究室朱芳英同志和中船总公司第九设计研究院梁正云同志参加测试工作，谨致谢意。

本文 1985 年刊登于《中州建筑》第 2 期

（参与本文编写的还有天水风动工具研究所王致中）

改建型精密半消声室的设计与应用

近年来，为进行噪声测试和分析，兴建精密消声室的单位日益增多。为减少周围环境对消声室的干扰和影响，多数均是与其他建筑物脱开而单独建造，这样成本高，建设周期长，工艺流程不尽合理。能否利用原有建筑，采取适当措施，既满足测试精度要求，又使工艺流程相对合理，投资又较少呢？我们在为航空工业部三三三七厂和苏州电机厂消声室的设计过程中进行了这一尝试，取得了满意的效果。现以三三三七厂的消声室为例，作一简要介绍。

该消声室是1981年设计的，1983年建成，1984年由航空工业部主持通过了技术鉴定验收。鉴定认为：消声室的设计是成功的，各项声学性能达到了设计要求，符合国际标准ISO 3745（声学——噪声源的声功率级的测定——消声室和半消声室的精密测定法）的规定；消声室性能优良，投资省，使用方便，为在老厂房内改建精密半消声室提供了有效途径，具有国内先进水平。

1 拟建消声室处的原始状况

改建的消声室在本厂科研试验大楼底层西南端，原为图书室，占地面积7.2×5.2＝37.4m^2，层高3m。本大楼结构良好，外墙距离厂区较高噪声源和振动源——空压站、冲压、铸造等车间较远（均在70m以上）。改建前在拟建消声室处实测环境噪声：室内为45～50dB(A)，室外为55～60dB(A)，60～70dB（Lin）。附近训练机场飞机飞过时室外为70dB（A）、80dB（D）。总的印象是周围环境较安静。消声室的平剖面图详见图1。

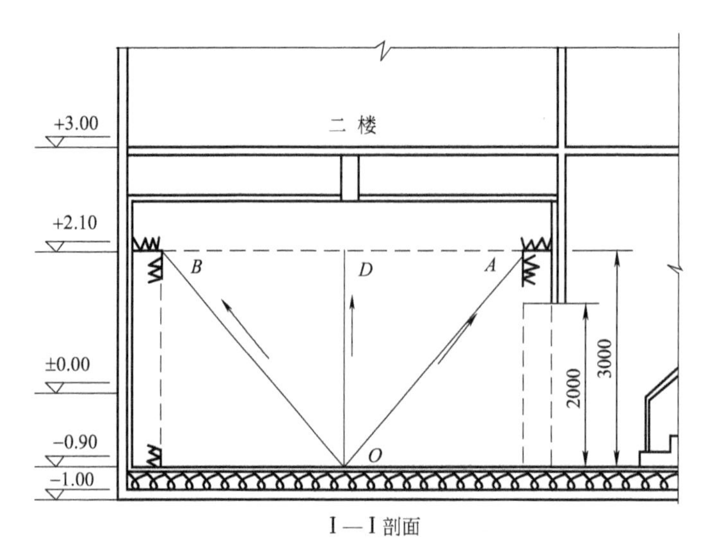

I—I 剖面

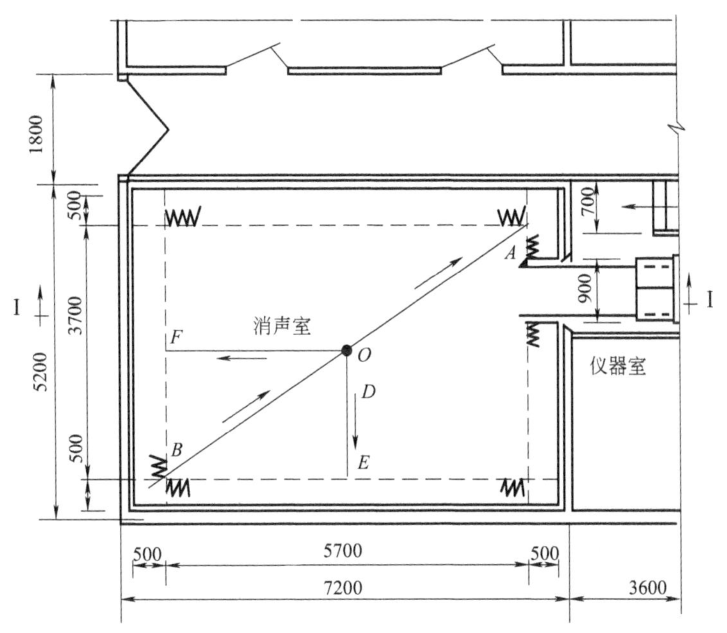

图1 消声室平剖面图

2 消声室的设计要求

① 消声室主要用来测试和分析气动手工具的噪声，也可用于小型机电产品及家用电器等噪声测试和分析。试件尺寸小于0.50m。

② 消声室系地面为一反射面，其余五面安装有吸声结构的精密半消声室。

③ 消声室背景噪声小于45dB(A)。

④ 消声室半自由声场半径为1.50m。误差符合ISO 3745的规定，即1/3倍频程中心频率≤630Hz，最大允许差值$\delta \leqslant \pm 2.5$dB；中心频率800～5000Hz，$\delta \leqslant \pm 2.0$dB；中心频率≥6300Hz，$\delta \leqslant \pm 3.0$dB。

⑤ 消声室测试低限频率为125Hz。

3 采取的主要措施

(1) 隔声

鉴于拟建消声室处无大的噪声源和振动源，环境噪声按70dB(A)考虑，消声室背景噪声设计要求小于45dB(A)，围护结构隔声减噪量应大于25dB(A)，将原有朝外开的门窗均用砖砌封，两面抹灰。新设计推车式隔声吸声门一个。门宽×高×厚＝900mm×2000mm×200mm，内外层均为2.5mm厚钢板，钢板内侧涂阻尼层，门周边钉工业毛毡密封，门内侧挂吸声尖劈，整个门置于4个轮子的小车上。门洞下部铺以11kg/m轻轨，推车式隔声吸声门在其上推进推出。另外，在北墙上新开设一个（宽×高）300mm×300mm的隔声通风洞，必要时可打开进行自然通风。凡进出消声室的信号电缆、通信线路、动力线、传动轴、牵引索等，均从专门设计的孔洞内引进引出。施工完毕用胶泥或石蜡封死，不得在消声室四壁和顶棚任意开凿孔、洞、缝隙，以防漏声。

（2）**吸声**

消声室低限测试频率设计要求为125Hz，采用尖劈吸声结构，其截止频率也按125Hz考虑。根据理论估算，吸声尖壁长度应为截止频率对应波长的1/4，即0.69m（包括空腔）。为优选最佳吸声结构，曾对各类型吸声尖劈进行了专门的测试研究。本消声室最后选定长为500mm的复合式短尖劈（空腔50mm），吸声尖劈基部为（长×宽）400mm×400mm的三个平头，基部厚50mm，装填岩棉板（北京新型建筑材料厂产品，容重80kg/m^3），劈部长450mm，装填超细玻璃棉毡（上海工业玻璃二厂产品，装填容重35kg/m^3），尖劈骨架由ϕ4mm镀锌铅丝焊接。整个尖劈用平纹玻璃布套装（浙江慈溪金属消声配件厂产品）。这种复合式短尖劈在大型驻波管内实测，当频率≥125Hz时，吸声系数α≥0.99。吸声尖劈实际长度比理论估算长度缩短了约1/4，吸声性能优良。吸声尖劈形状、尺寸及吸声特性曲线如图2所示。将该型吸声尖劈悬挂于消声室四壁及顶棚的预埋铁件上。隔声吸声门上也悬挂此类吸声尖劈。在墙裙部分的吸声尖壁玻璃布套外面再罩以塑料窗纱套。

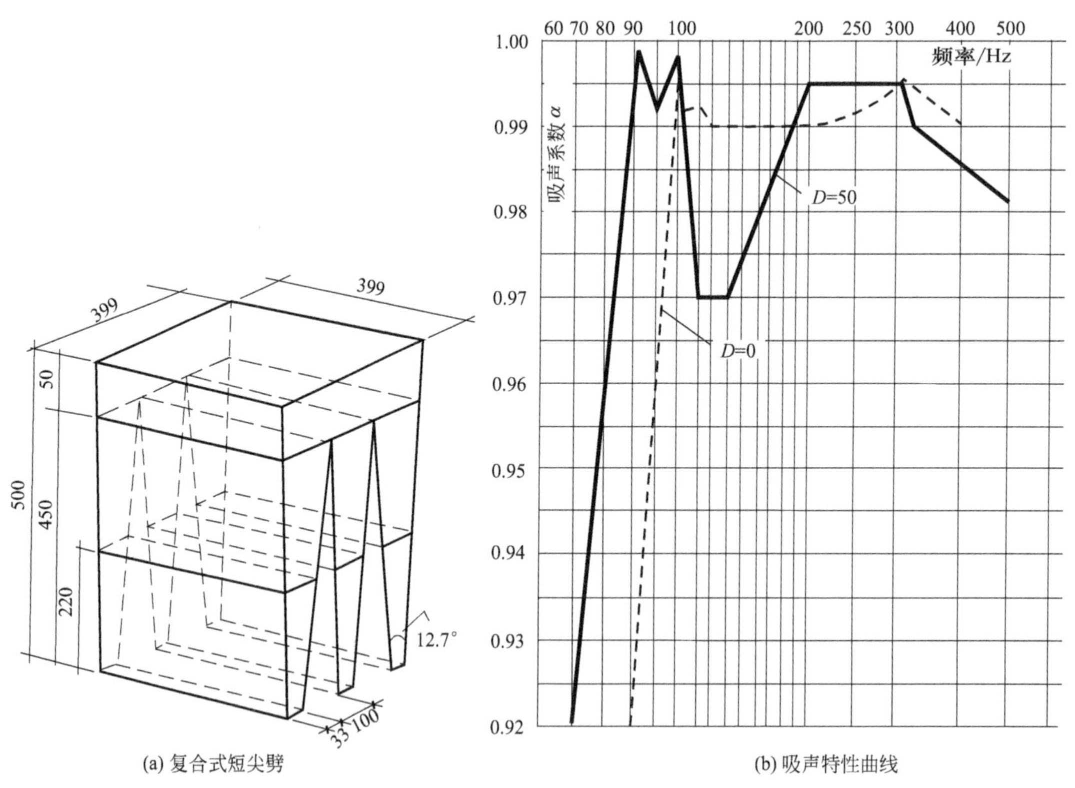

图2 平头短尖劈及其吸声特性曲线

（3）**隔振**

消声室原房层高为3.0m，若顶棚吊挂吸声尖劈后，则净高太小，故将消声室地坪向下挖深了0.90m。为减小固体传声影响，消声室地坪采用浮筑式隔振垫层，垫层材料为

120mm 厚的酚醛玻璃纤维板，压缩至 80mm 左右，垫层上部铺以油毛毡和钢筋水泥板，面层（即消声室地坪）为预制水磨石板。

对本大楼四楼顶上的三台 4-72 型风机，分别在其基座下部加装橡胶隔振垫，风管采用弹性软连接。在与消声室顶棚相对应的二楼工艺科地板上铺以塑料地坪，室内桌椅脚加装橡皮隔振套。

(4) 消声

为通风和减压，在隔声吸声门左侧顶部开设一个（长×宽）400mm×400mm 的消声通道，实际是一只阻性消声器，外面加装一扇小门，当进行精密测试时可将小门关闭，当进行一般测试时允许将小门开启。

4 实际效果及特点

消声室竣工后试用了一段时间。1984 年 4 月由上海同济大学声学研究所、上海电器科学研究所、山东省计量局等单位组成测试组，使用丹麦 B&K 公司生产的声学仪器，按 ISO 3745 规定，对消声室各项声学性能进行了测试。实测结果与设计要求对比见表 1。

表 1 消声室实测结果与设计要求对比

序号	名称	设计要求	实测结果
1	背景噪声	<45dB(A)	①无大的噪声源和振动源时(晚上)为 16dB(A)； ②有一般噪声源和振动源时(白天)为 24dB(A)； ③有较强的噪声源和振动源干扰时[消声室北墙外发出 95dB(A)的噪声和 4t 卡车经过时]为 38dB(A)
2	围护结构隔声降噪量	25dB(A)	①平均值 67.6dB(A)； ②倍频程平均隔声降噪量 61.4dB
3	测试低限频率	125Hz	100Hz
4	半自由声场半径	$r=1.5$m	$r=1.5$m
5	测试允许最大差值 1/3 倍频程中心频率≤630Hz 800～5000Hz >6300Hz	ISO 3745 规定 $\delta \leqslant \pm 2.5$dB $\delta \leqslant \pm 2.0$dB $\delta \leqslant \pm 3.0$dB	用纯音测试 $\delta \leqslant \pm 2.5$dB $\delta \leqslant \pm 2.0$dB $\delta \leqslant \pm 2.5$dB

实测结果表明消声室各项声学性能均符合设计要求，有的优于设计要求。其特点是：

① 消声室隔声、隔振效果优良，背景噪声低，有利于低声级机电产品的测试分析。

② 消声室半自由声场范围大，测试误差小。如图 1 所示的 OA、OB、OD、OE、OF 5 个方向上，以纯音作声源，自动记录声源声压级 L_p 衰减与离开声源距离 r 的关系曲线（即 L_p-r 曲线），再与符合反平方律的理论衰减曲线进行比较，半自由声场半径 $r=1.5$m，测试最大允许差值，低频和中频符合 ISO 3745 的规定，高频优于 ISO 3745 的规定。OA 方向各频段 L_p-r 曲线如图 3 所示。

③ 测试低限频率低。虽然吸声尖劈长度比理论估算值缩短了 1/4，但实测消声室低限频

率（100Hz）比吸声尖劈的低限截止频率（125Hz）还要低一个 1/3 倍频程。这说明采用复合式短尖劈、浮筑式隔振垫层等措施，取得了满意的效果。

④ 消声室建造费用总计 4 万元，投资省。若兴建相同规模的精密消声室则需投资 15 万～20 万元。同时，本消声室施工质量好、结构紧凑、因地制宜、经济实用。投产一年多以来，利用率较高，使用情况良好。

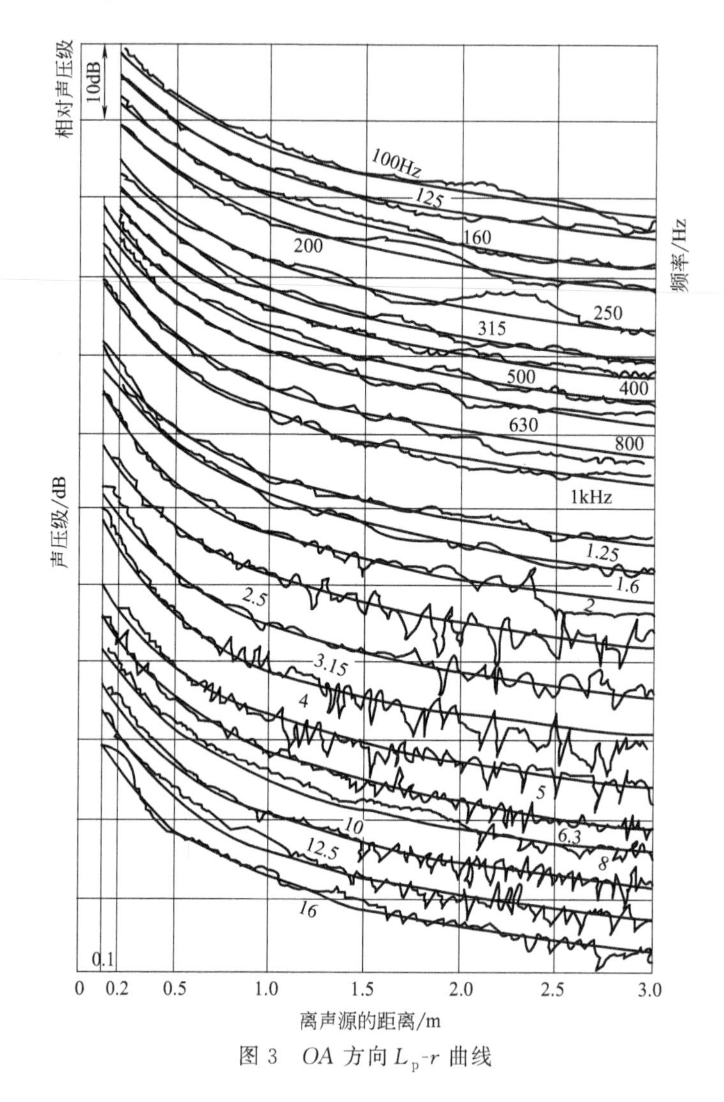

图 3　*OA* 方向 L_p-r 曲线

本文 1987 年刊登于《凿岩机械与风动工具》第 1 期

（参与本文编写的还有青岛三三三七厂李守逵、中船第九设计研究院梁正云等）

测试电机噪声与振动的精密半消声室

摘　要：用于测试8号座机以下电机噪声与振动的该消声室，各项声学性能和精度均符合ISO 3745的规定。在隔声、吸声及隔振等方面采取了一系列措施，经对比测试，该消声室符合设计要求，在室内测试的电机噪声值可不加修正。

关键词：电机　噪声　振动　测试

1　概述

为测试和分析中小型电机的噪声与振动，提高产品质量，上海南洋电机厂兴建了一个精密级半消声室。该消声室建于综合楼底层，外形尺寸长×宽×高＝8m×7m×5.6m，安装吸声尖劈后消声室净空尺寸长×宽×高＝5.36m×5.02m×4.23m，地面为水磨石反射面，四壁和顶棚安装长为600mm的吸声尖劈。消声室未采用专门隔振措施，消声室平剖面示意图详见图1。消声室1986年竣工后，经实测其各项声学性能符合ISO 3745（声学——噪声源的声功率级测定——适用于消声室和半消声室的精密测定法）的有关规定，并于1987年12月由上海电机公司组织了技术鉴定。

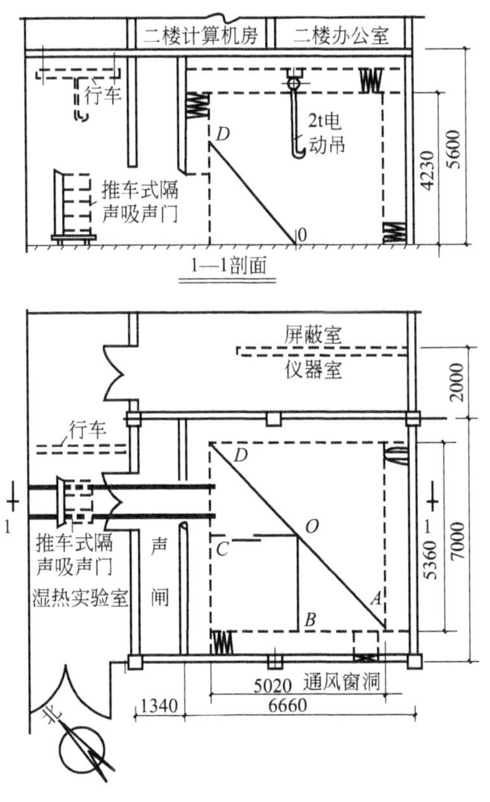

图1　消声室平剖面示意图

2 设计要求

① 该消声室主要用于机座号 8 号及以下电机的噪声与振动测试分析及出厂试验。

② 消声室背景噪声小于 30dB(A)。消声室本身不隔振，但置于综合楼内的凡有较强振动的设备，均采取隔振措施。

③ 消声室测试低限频率的 125Hz。

④ 以消声室地坪中心为球心，半球面自由场半径为 1.50m，精度符合 ISO 3745 规定，即 1/3 倍频程中心频率≤630Hz，其最大允许差值±2.5dB；中心频率为 800～5000Hz，其最大允许差值±2.0dB；中心频率≥6300Hz，其最大允许差值±3.0dB。

⑤ 消声室内不专门设置通风空调装置，仅在南侧墙上开设一个宽×高＝0.6m×0.6m 的通风窗。

⑥ 消声室中部设置了一个承重为 2t 的电动葫芦，被测电机进出消声室由专门小车运输。

3 采取的主要措施

为满足上述设计要求，在隔声、吸声及隔振等方面采取了一系列措施，同时十分注意施工质量，从而取得了较满意的效果。

(1) 隔声

① 消声室四壁采用 240mm 厚密实砖墙，砂浆饱满，两面抹灰，顶棚为混凝土预制板，在消声室开门一侧设置一个宽×长＝1.34m×7m 的声闸。

② 消声室外门为宽×高＝1.5m×2.4m 双扇普通隔声门，内门为一个推车式隔声吸声门，门长×高×宽＝1.2m×2m×0.8m，外侧为钢木结构隔声部分，内侧为吸声尖劈部分，将两者组合于有 4 个轮子的推车上，门周边为锥形塞子结构，锥形周边钉装工业毛毡。

③ 凡进出消声室的信号电缆、通信线路及电源动力线等，均从预留的 3 只 ϕ25mm 孔内通过，待线路安装就绪后用胶泥或石蜡将孔封堵。

④ 鉴于消声室本身未单独采取隔振措施，为减小固体传声影响，对综合楼内凡产生较强振动的设备均分别采取隔振措施，与消声室相对应的二楼计算机房和国外专家办公室均铺设地毯。

(2) 吸声

根据测试低限频率为 125Hz 的要求，参考已有的吸声尖劈研究成果，选用长为 600mm 的平头复合短尖劈，空腔为 100mm，尖劈基部长×宽×厚＝600mm×600mm×100mm，劈部长 500mm，4 个平头劈。劈部装填容重为 40kg/m^3 的超细玻璃棉，基部装填容重为 80～100kg/m^3 的岩棉板。尖劈骨架由 ϕ5mm 铁丝焊成，进行防锈处理，尖劈外部罩以白色玻璃布套。吸声尖劈形状尺寸及吸声性能如图 2 所示。

① 顶棚安装 2t 电动葫芦的周边，采用非标准型尖劈装填，以减少声反射。

② 备用吸声尖劈及杂物堆放于声闸夹道内，以降低声闸内的混响时间。

③ 消声室与仪器室之间安装对讲机，电源线及信号线等接至消声室内接线板上，再引至工作位置。

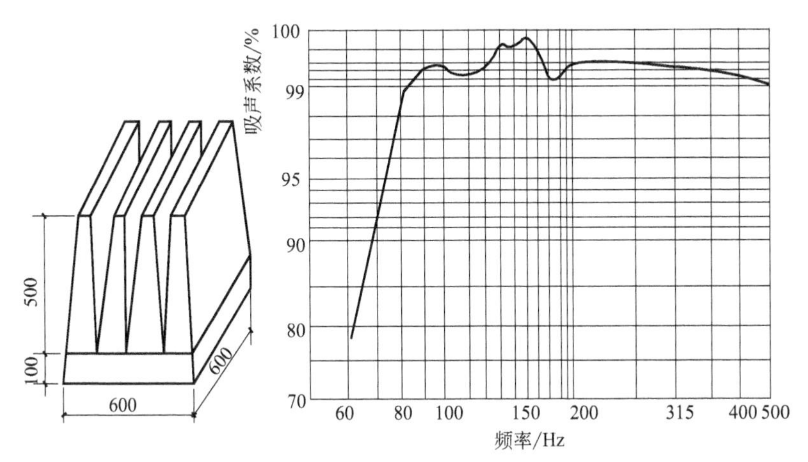

图 2 吸声尖劈外形尺寸及其吸声性能

4 达到的效果

消声室竣工并试用一段时间后，参照 ISO 3745 附录 A 的有关规定，对消声室的声学性能进行了全面测试。

（1）**消声室背景噪声**

背景噪声测试分正常使用、特别安静和极其吵闹三种情况进行。

消声室正常使用：白天工厂上班，消声室周围噪声源和振动源正常运行，消声室门关闭，通风窗洞关闭，此时，消声室内背景噪声平均值为 15dB(A)、46dB(C)。

消声室在特别安静的情况下：晚上工厂下班，背景噪声为 13.6dB(A)、43.6dB(C)。

消声室在极其吵闹的异常情况下：人为制造一些强噪声与强振动。例如，在消声室外开启声级为 97dB(A) 的音响设备，连续开动湿热间的行车和空压机等，此时消声室内背景噪声为 35.5dB(A)、60dB(C)。

一般中小型电机噪声均在 50dB(A) 以上，因此，即使消声室处于特别吵闹的异常情况下，在消声室内测试中小型电机的噪声，其测试结果可不加修正。

（2）**消声室隔声降噪量**

对消声室东、南、北三个隔声较薄弱的墙壁，进行隔声降噪量（即墙内外声级差）的测试，其平均隔声降噪量为 70dB(A)。开有隔声吸声门一侧的东墙隔声降噪频谱特性曲线如图 3 所示。

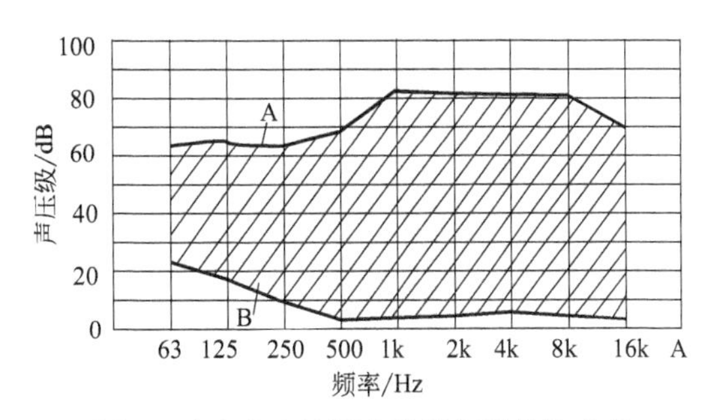

图 3 消声室东墙隔声降噪频谱特性曲线

A—隔声墙外侧；B—隔声墙内侧（消声室内）

（3）**低限测试频率及自由声场范围**

根据 ISO 3745 所规定的测试声源、测试方向及误差要求等，选择有代表性的消声

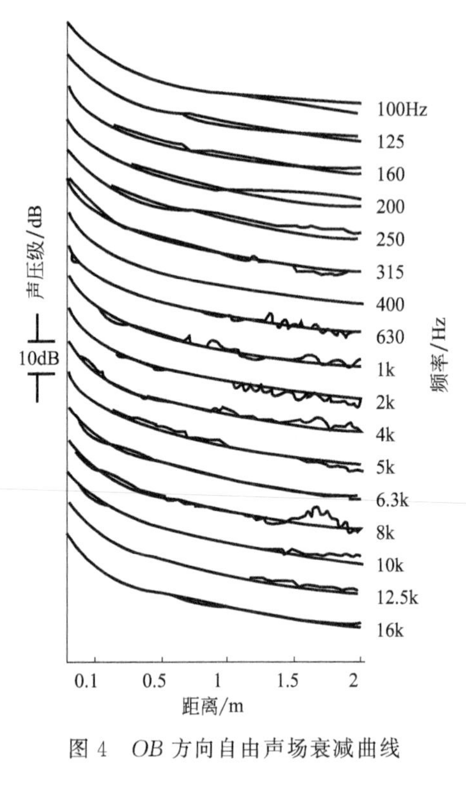

图 4　*OB* 方向自由声场衰减曲线

室对角线、长边及短边等 4 个方向，用单一频率（纯声）的电声，对消声室声场进行测试。

实测消声室低限截止频率为 100Hz。

在所测试的几个方向上，符合最大允许差值要求的自由声场半径均在 1.5m 以上，个别在 2m 以上，达到了设计要求。

（4）个别声场畸变的影响

虽然个别方向的个别中心频率下声场存在略有畸变的问题（超差 1dB 左右），但对于测试电机噪声（复合频率）而言，个别声场畸变对测试结果不会有多大影响。在图 1 所示的 *OB* 方向上，自由声场衰减曲线如图 4 所示。

（5）振动速度

实测消声室地坪振动速度值为 0.10mm/s。

（6）对比结果

选用同类电机在该半消声室和上海电器科学研究所全消声室内进行对比测试，其结果基本相同。

5　结论

对该半消声室的鉴定认为，该消声室从实际情况出发，因地制宜，设计是成功的，各项声学性能达到了 ISO 3745（或 GB 6882—1986）关于精密级半消声室的规定，在消声室内测试电机的噪声，其测试结果可不加修正。

本文 1988 年刊登于《造船工业建设》第 2 期

简便实用的半消声室设计及其性能

为检测日用和家用电器噪声，在老房子内改建了一个半消声室。消声室实测本底噪声17～28dB(A)，噪声降低量56dB(A)，低限频率100Hz，半球面自由声场范围2m，误差符合ISO 3745和GB 6882—1986有关规定，达到了精密级要求。建造周期短，费用省，深受用户欢迎。

1 概况

为测试各类产品噪声，国内已兴建不少精密级全消声室和半消声室，一般建造周期长，投资大。上海市产品质量监督检验所（以下简称质检所）曾设计了一个投资需百万元的大型消声室，由于经费限制，一时难以实施。可是近年来日用和家用电器噪声检测任务十分繁重，急需改建一个简便实用的半消声室。为此，通过几个方案的比较，最后选定在主检大楼底层西南角利用原实验室改建为精密级半消声室。该消声室设计建造周期3个月，投资9万元，各项声学性能符合ISO 3745和GB 6882—1986的有关规定，已通过上海市科委鉴定验收，简便实用，利用率高，已产生较大的经济效益和社会效益。

2 消声室设计

2.1 消声室用途与尺寸

随着产品质量监督检验业务的发展，近年来质检所对日用、家用电器承担类型已由电热类为主扩展为电动类、电动电热结合类、制冷类等兼有的电器产品，尤其是电风扇（吊扇、台扇、落地扇、转页扇及非标电扇）、吸尘器、脱排油烟机、电动打蜡机、电吹风、食品粉碎机、电动剃须刀、家用空调器、荧光灯镇流器等产品的噪声检测量更大。据统计，上述被试产品体积一般均不大于0.4m^3。根据ISO 3745《声学——噪声源的声功率级测定——消声室和半消声室的精密方法》规定，消声室体积一般为被试产品体积的200倍，故本消声室净空体积应大于80m^3。现选定消声室外形尺寸长×宽×高＝6.81m×5.95m×4.4m四壁和顶棚安装吸声尖劈后消声室净空尺寸长×宽×高＝5.33m×4.47m×3.74m，净面积23.8m^2，净体积89m^3，符合测试标准规定。消声室平剖面图如图1所示。

2.2 消声室本底噪声与隔声降噪量

日用和家用电器中，最低声级的产品其噪声级按40dB(A)考虑，根据规定，消声室本底噪声应比被试产品最低噪声级低10～15dB(A)，故本消声室本底噪声设计值为30dB(A)。环境噪声按70dB(A)考虑，设计要求消声室隔声降噪量为40dB(A)。对于周围环境中凡超过70dB(A)的噪声源和振动源均应采取控制措施。

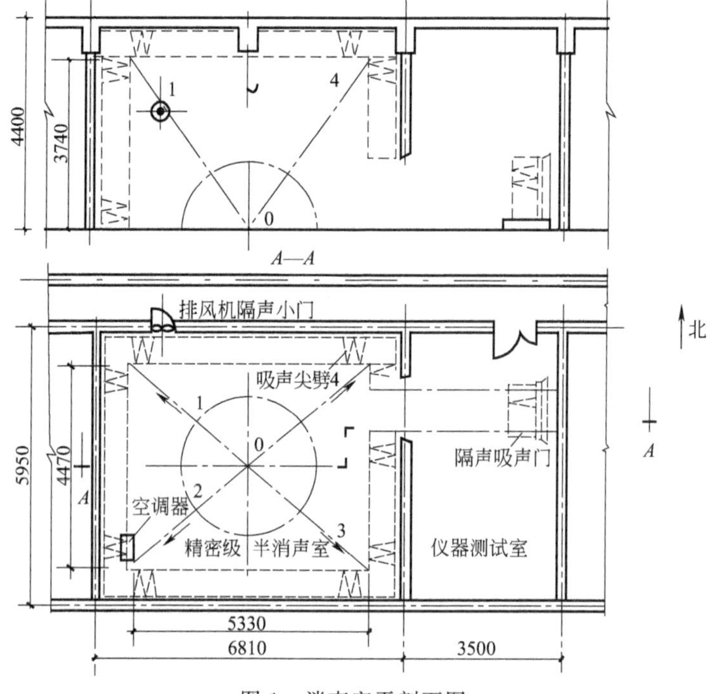

图 1　消声室平剖面图

2.3　消声室低限频率与吸声尖劈特性

日用和家用电器噪声测试分析低限频率设计值为 125Hz，相对应的吸声尖劈的低限截止频率（即在大型驻波管内测试其吸声系数 $\alpha_0 \geqslant 0.99$ 的最低频率）也为 125Hz。一般吸声尖劈长度等于低限截止频率相应波长的 1/4，故设计选定吸声尖劈长为 640mm、空腔为 100mm。吸声尖劈内填装容重为 20kg/m^3 的防潮离心玻璃棉毡，主尖劈为三劈平头。吸声尖劈外形尺寸及吸声特性曲线如图 2 所示。消声室内测试电风扇噪声时，风速较高，要求吸声尖劈纤维性吸声材料不得飞扬散落，故选用黏结性较好的离心玻璃棉毡，并用密实的玻璃

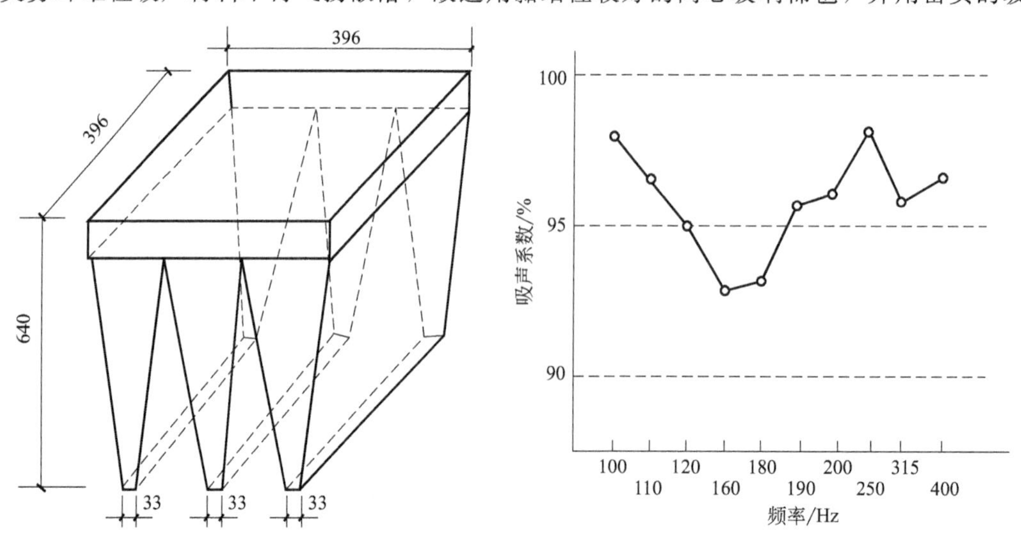

图 2　吸声尖劈外形尺寸及吸声特性曲线

丝布及塑料窗纱将吸声尖劈包覆。

2.4　消声室自由声场半径与测试误差

根据被试产品外形尺寸及测量方法规定，设计要求地面为反射面，水磨石地面吸声系数<0.06，四壁和顶棚安装吸声尖劈，以地面中心为球心，半球面自由声场半径为1.5m。误差应符合ISO 3745附录A的规定，即1/3倍频程中心频率≤630Hz，测得的声压级与理论声压级之间最大的允许差值为±2.5dB；频率在800～5000Hz，允许差值为±2.0dB；频率≥6300Hz，允许差值为±3.0dB。

2.5　消声室空调、通风及其他

有些电器产品噪声测试要求恒温，故消声室内配置了窗式空调器。为便于消声室内通风换气，专门设置了低噪声轴流排风机，在其外侧安装双层隔声小门。测试产品噪声时，空调器和排风机应关闭。消声室顶棚中部安装一只承重为150kg的吊钩。消声室采用推车式隔声吸声门，配置了专门的仪器测试室等。

3　消声室性能测试与评价

消声室改建完工后由上海市计量技术研究所按ISO 3745和GB 6882—1986《噪声源声功率级的测定——消声室和半消声室精密法》的有关规定，对该消声室各项声学性能进行了测试和评价。

3.1　消声室本底噪声

在外界无大的噪声源干扰情况下，消声室本底噪声为17dB(A)；当外界有噪声源干扰时（四楼稳压器开动），消声室本底噪声为28dB(A)，其频率特性如图3所示。

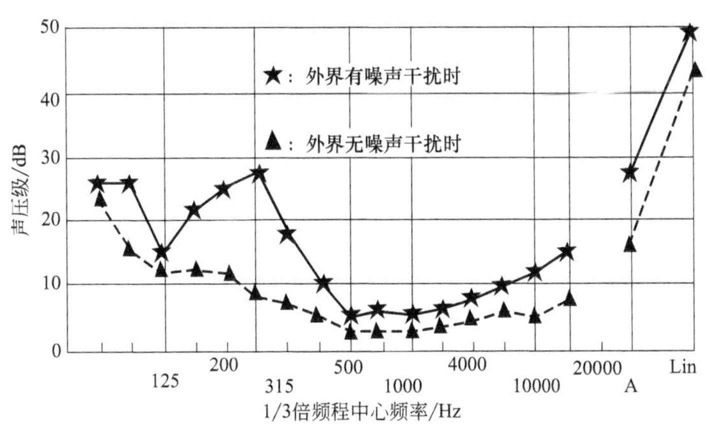

图3　消声室本底噪声频率特性

3.2　消声室隔声降噪量

消声室隔声的薄弱环节是隔声吸声门处和排风机隔声小门墙壁处（即靠走廊墙面），利用电声系统为声源，实测上述两处内外声级差即得到该处隔声降噪量。隔声吸声门处隔声降噪量为56.5dB(A)，靠走廊墙面隔声降噪量为66dB(A)，均优于设计隔声降噪量40dB(A)的要求，其隔声特性曲线如图4所示。

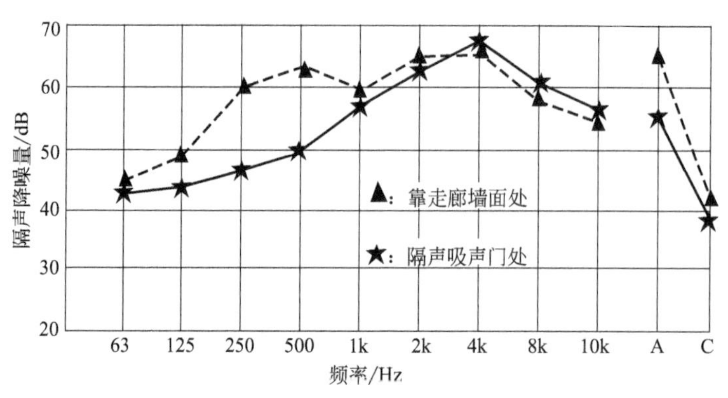

图4　消声室隔声特性曲线

3.3　消声室自由声场范围与误差

如图1所示，从消声室的地面中心向四个角各拉一条声场测试线，每条测试线上分别测6个点，各点间距为0.5m、1.0m、2.0m、2.5m、3.0m，每点均用1/3倍频程测得其声压级与距离之间的关系曲线（P-r 曲线），频率从63Hz至10000Hz，电声源声压级基本不变。

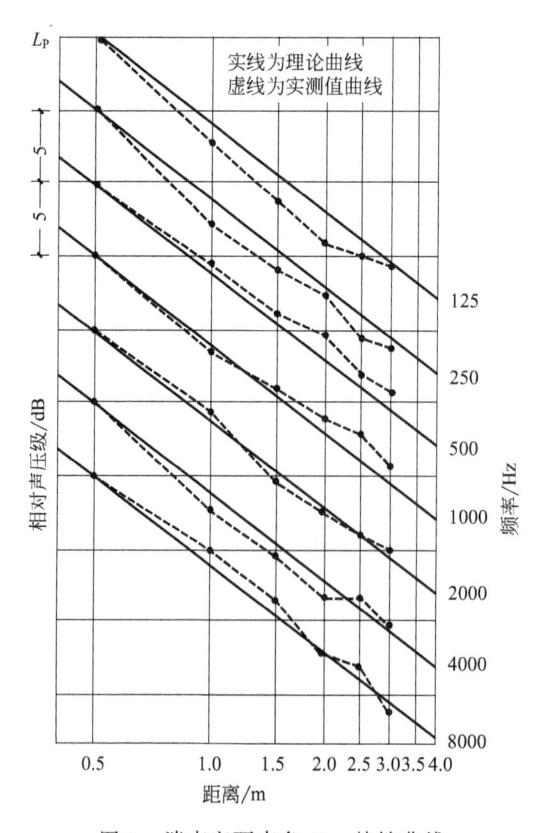

图5　消声室西南角 P-r 特性曲线

现以西南角第 2 条测试线为例，其 P-r 特性曲线如图 5 所示。

实测结果表明，符合测试误差要求的自由声场半径为 2.0m，优于原设计确定的自由声场半径为 1.5m 的要求。符合测试误差要求的低限频率为 100Hz，也优于原设计提出的 125Hz 的要求。消声室西南角测试线自由声场误差如图 6 所示。由图可知，在低限频率以上，于自由声场半径 2.0m 范围内，误差均小于±2.0dB，符合 ISO 3745 附录 A 的规定。

测试鉴定认为，该半消声室设计合理，主要指标符合或优于设计参数，能按照国家标准和国际标准对日用家用电器进行噪声声功率级的测试分析。建造周期短，费用省，简便实用。使用半年来，已检测 600 多台（件）产品，为电风扇、电吹风、家用空调器等产品生产与市场商品的噪声监督检验建立了质量保证体系，对生产企业提高产品质量和质检部门为企业技术服务等方面产生了较大的经济效益和社会效益，颇受用户欢迎。

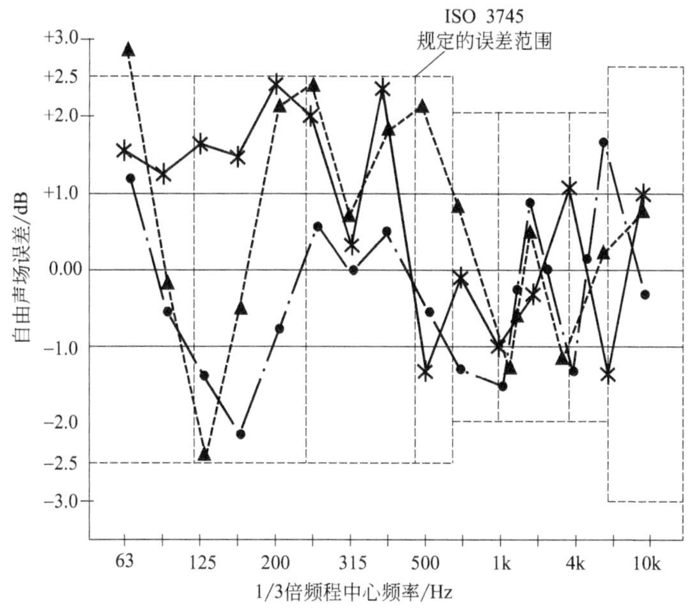

图 6 消声室西南角自由声场误差曲线

本文 1993 年刊登于《声学技术》第 3 期

可调温湿度的组合式精密消声室设计施工总结

摘　要：为了准确有效地测试分析家用空调器的噪声与振动，将精密级全消声室和半消声室有机地组合于一体，并可模拟实际使用工况下的温湿度，这种形式属国内首创。具有国内先进水平，可供类似工程参考。

1　前言

噪声的高低已成为国内外家用电器衡量其产品质量好坏的标准之一。为测试分析并设法降低家用空调器噪声，特别是模拟空调器于实际使用环境条件下的噪声情况，我们与上海家用空调器总厂合作，在该厂试验大楼底层兴建了一个可调温湿度的组合式精密消声室。所谓组合式，就是将精密级全消声室（又称内室）和精密级半消声室（又称外室）组合于一体，并可自动调节消声室内的温度和湿度，达到测试要求的标准工况。这种形式的消声室属国内首创。经过半年多的设计、施工、安装、调试、测试，目前该消声室已通过鉴定验收并已交付使用。各项性能参数达到设计要求，符合 ISO 3745 和 GB 6882—1986、GB 7725—1987 规定，居国内先进水平。该消声室由全消声室、半消声室、控制室和通风空调机房组成，其平剖面图如图 1 所示。

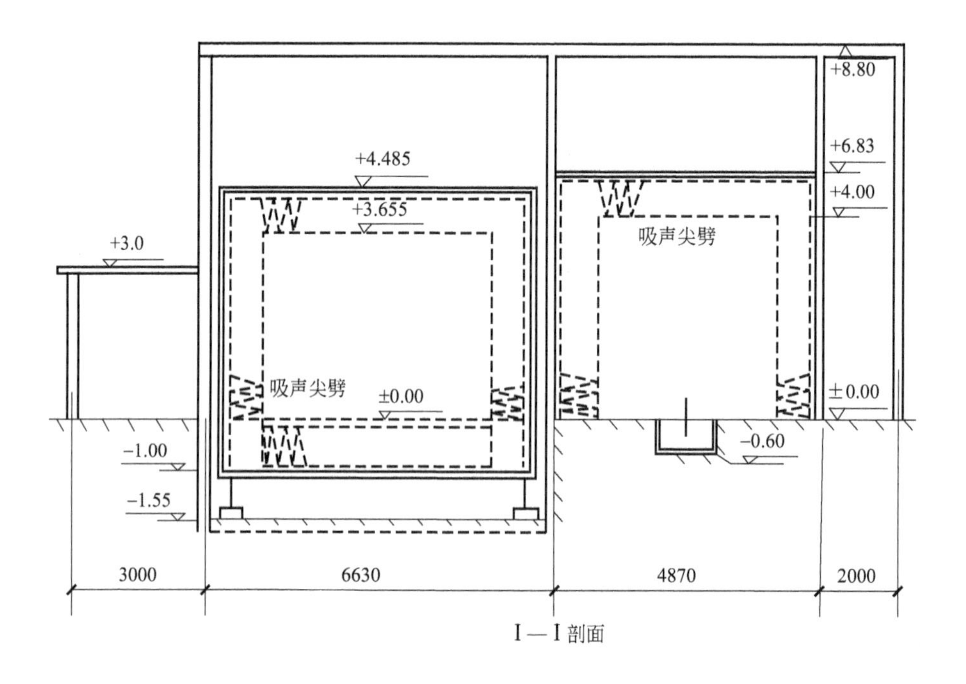

Ⅰ—Ⅰ剖面

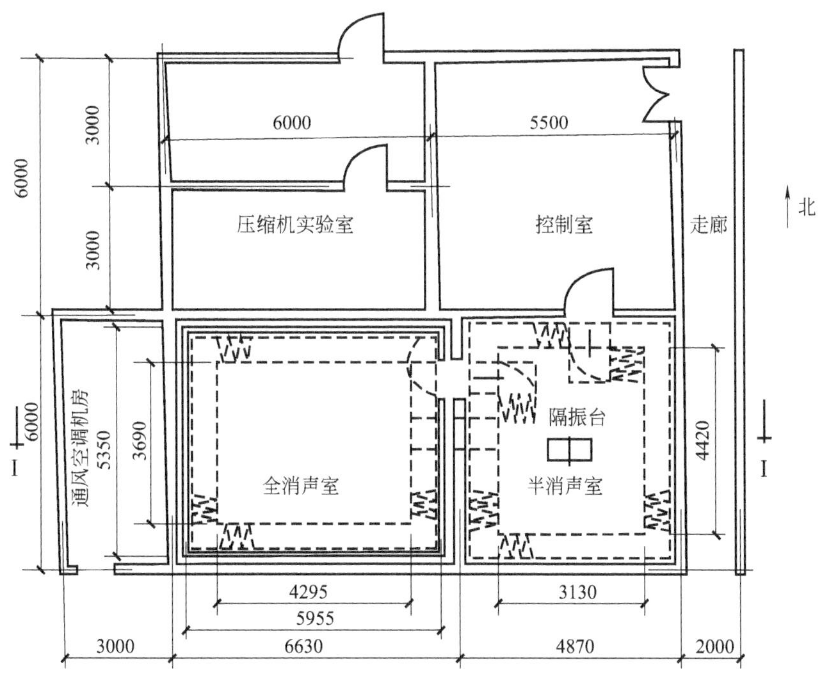

图 1 消声室平剖面图

2 设计参数

消声室主要用于窗式空调器、吊顶式挂壁式空调器、落地式空调器的噪声与振动测试，空调器体积不超过 $0.3m^3$。消声室位于试验大楼底层中部，该大楼底层均为各类试验室，二楼为产品设计开发部门，三楼为理化电工实验室，整个大楼内无大的噪声源和振动源。对于超过 60dB(A) 可能影响到消声室的噪声源和振动源应分别采取控制措施。

精密级全消声室为双层隔声结构——外壳为土建隔声，内壳为装配式金属板隔声，悬浮隔振结构，室内六面均安装吸声尖劈，系球面自由声场；精密级半消声室为土建隔声结构，不隔振，地面为反射面，其余五面安装吸声尖劈，系半球面自由声场。消声室主要设计参数如下：

① 本底噪声。全消声室≤18dB(A)，半消声室≤25dB(A)（测试本底噪声时通风空调机房机组和被试空调器应关闭）。

② 测试低限频率。全消声室 125Hz，半消声室 160Hz。

③ 自由声场范围。全消声室球面自由声场半径 $r=1.0$m，半消声室半球面自由声场半径 $r=1.0$m。

④ 测试误差。在测试低限频率以上，在自由声场范围内，应符合国际标准 ISO 3745《声学——噪声源声功率级测定——消声室和半消声室的精密方法》附录 A 和 GB 6882—1986 附录 A 的规定，即全消声室 1/3 倍频程中心频率≤630Hz，最大允许差值为±1.5dB，800～5000Hz 为±1.0dB，≥6300Hz 为±1.5dB，半消声室 1/3 倍频程中心频率≤630Hz，最大允许差值为±2.5dB，800～5000Hz 为±2.0dB，≥6300Hz 为±3.0dB。

⑤ 全消声室外形尺寸长×宽×高为 6630mm×6000mm×8800mm，内壳钢结构隔声室长×宽×高为 5955mm×5350mm×5285mm，安装吸声尖劈后全消声室净空尺寸长×宽×高为 4295mm×3690mm×3655mm，净面积为 15.8m^2，净空体积为 58m^3。半消声室外形尺寸长×宽×高为 4870mm×6000mm×6830mm，安装吸声尖劈后半消声室净空尺寸长×宽×高为 3130mm×4420mm×4000mm，净面积为 13.8m^2，净空体积为 55.3m^3。控制室（仪器室）面积为 33m^2，通风空调机房面积为 18m^2。

⑥ 全消声室和半消声室内温度和湿度应符合国家标准 GB 7725—1987《房间空气调节器》规定的标准工况，即内室（全消声室）干球温度为 27℃，外室（半消声室）干球温度为 35℃，内室和外室温度与湿度可调节。该标准工况适合于 7000W 以下空调器的测试。

3 隔声、隔振、吸声和消声

为满足上述设计参数要求，在隔声、隔振、阻尼减振、吸声、消声、通风空调等方面采取了一系列措施，同时十分注意施工质量，尤其是隐蔽工程的质量，从而取得了较为满意的效果。

（1）隔声

① 全消声室采取了双层隔声结构：外壳为土建隔声结构——四壁用 240mm 厚密实砖墙砌筑，砂浆饱满，两面抹灰，顶棚为原建筑钢筋混凝土预制板；内壳为钢结构隔声室——用总厚为 100mm 的双层钢板加阻尼材料组成的隔声板拼装成六面隔声的箱体隔声室，隔声板之间加装密封条，预留门、试验口及通风孔洞，其周边也做密封处理。钢结构隔声室外形尺寸长×宽×高为 5955mm×5350mm×5285mm，面积为 31.9m^2，体积为 168m^3，钢结构隔声板面积为 183m^2。

② 半消声室为单层隔声结构，四壁用 240mm 厚密实砖墙砌筑，砂浆饱满，两面抹灰，顶棚除利用原有建筑钢筋混凝土预制板隔声外，在顶棚下部又加装了一层钢结构隔声板拼装而成的隔声顶棚，隔声板结构同全消声室，预留孔洞周边密封。

③ 半消声室与控制室之间加装一扇钢结构隔声门，内侧为推车式吸声门，全消声室和半消声室之间加装一扇钢结构隔声吸声门，半消声室一侧为推车式吸声门。半消声室和全消声室之间试验孔加装活络式隔声板，周边工业毛毡密封，内外各一块，隔声板宽×高×厚为 600mm×600mm×100mm。

④ 凡进出消声室的信号电缆、通信线路、电源动力线等均从预留的孔洞内进出，安装就绪后用胶泥或石蜡封堵，不得在消声室四壁和顶棚任意开凿孔洞。在全消声室和半消声室钢结构隔声顶棚上部安装通风管道、消声器、电加热器等，并安装两个隔声小门，门宽×高×厚为 600mm×800mm×100mm。

（2）吸声

① 全消声室为六面吸声，按测试低限频率为 125Hz 的要求。参考我们已有的吸声尖劈的研究成果，采用长为 650mm 的平头吸声尖劈，空腔 80mm，每只吸声尖劈基部长×宽×厚为 400mm×400mm×80mm，劈部长 570mm，三平头，劈部填装容重为 25kg/m^3 的离心玻璃棉毡，基部填装容重为 80kg/m^3 的岩棉板，尖劈骨架用 ϕ5 钢丝焊成，尖劈外部套装白色玻璃丝布袋。该型吸声尖劈在大型驻波管内实测其吸声系数，在 100Hz 以上，其吸声系

数均大于 0.99。

② 半消声室为五面吸声，地面为水磨石反射面，吸声尖劈形状尺寸与全消声室相同，空腔尺寸为 100mm。

③ 由于消声室形状不规则，四壁和顶棚开设有送回风口、试验口、隔声吸声门等，故吸声尖劈种类繁多，大小共计 40 种。

④ 控制室满铺吸声吊顶——轻钢龙骨，50 厚离心琉璃棉毡吸声材料，用玻璃丝布袋装裹，铝合金穿孔板饰面。

(3) 隔振

① 全消声室内壳钢结构隔声室总重约 20t，安装于 25 只大型阻尼弹簧隔振器上（隔振器型号 ZT44—128)，用 25 号工字钢焊成的框架支撑。隔振器钢筋混凝土台座长×宽×高为 400mm×400mm×222mm，该台座底部即基坑上表面，基坑长×宽×深为 6000mm×6630mm×1550mm。钢结构隔声室与外壳连接处均为软连接或断开来，以免形成“声桥”，增加固体传声。

② 半消声室地坪中心设置一个简易隔振台，隔振台长×宽×深为 1000mm×1000mm×60mm，在钢筋混凝土质量块与基坑之间垫装双层橡胶隔振垫共 8 块。在试验铸铁平板（长×宽×厚=1000mm×1000mm×200mm）与钢筋混凝土质量块之间垫装双层橡胶隔振垫共 8 块，隔振台与半消声室地坪脱开，上表面取平。

(4) 消声

为满足全消声室和半消声室测试所需温度的要求，专门配备了通风空调机房。在全消声室送风和回风管道上均加装了消声器，送风段消声器长×宽×高为 1200mm×600mm×600mm，回风段消声器长×宽×高为 1800mm×600mm×600mm，风管外壁均做了隔声保温包扎。半消声室送风和回风管道上也装了消声器，消声器长×宽×高为 1200mm×500mm×500mm，风管外壁也同样进行了隔声保温包扎。

(5) 通风空调

为满足 GB 7725—1987 规定的标准工况，特配置了 H-15 型可调温度和湿度的空调器两组，同时相应地配备了电动阀、冷却塔、水泵、电气控制柜等。

4 实测效果与特点

消声室竣工后由上海市计量技术研究所对其各项声学性能进行了测试，总的来说，均达到设计要求，符合 ISO 3745 和 GB 6882—1986 有关规定。

(1) 本底噪声

设计要求全消声室本底噪声≤18dB(A)，实测全消声室白天本底噪声为 17dB(A)，夜晚为 16.2dB(A)。设计要求半消声室本底噪声≤25dB(A)，实测半消声室白天本底噪声为 17.5dB(A)，夜晚为 16.5dB(A)，均优于原设计要求。

(2) 隔声降噪量

原设计提出消声室周围环境噪声不得超过 60dB(A)，本底噪声若以 18dB(A) 来计，消声室隔声降噪量应大于 42dB(A)。实测消声室隔声最薄弱的地方——半消声室与控制室之间隔声门隔声降噪量（内外声级差）为 43.5dB(A)。实测半消声室与试验大楼走廊之间

240mm厚隔声墙隔声降噪量（内外声级差）为68dB(A)；全消声室与半消声室之间隔声降噪量为55.5dB(A)，全消声室与通风空调机房之间隔声降噪量为48.5dB(A)。

(3) 消声室测试低限频率

全消声室设计要求测试低限频率为125Hz，实测为100Hz，半消声室设计要求为160Hz，实测为100Hz，均优于原设计要求。

(4) 消声室自由声场范围

在测试低限频率以上，符合测试误差要求的自由声场半径全消声室设计值为1.0m，实测值球面自由声场半径$r=1.25$m。半消声室设计值为1.0m，实测值半球面自由声场半径$r=1.25$m，均优于设计要求。

(5) 消声室特点

① 将全消声室和半消声室组合为一体而测试家用空调器室内外机组噪声，这种形式在国内是第一个。

② 在消声室外形尺寸框定的情况下，为保证消声室内有较大的自由声场范围，净空尺寸大，相互干扰小，专门设计安装了三种型式隔声吸声门——外开转轴隔声门、推车式吸声门、将隔声与吸声组合为一体的隔声吸声门。这些门安装于消声室转角处，所占空间小，结构紧凑，开启方便，隔声吸声效果好。

③ 为在消声室内测试和分析空调器于使用实况下的噪声与振动数据，专门设计安装了可调节全消声室和半消声室内温度与湿度的通风空调系统，以达到GB 7725—1987规定的标准工况，这种形式在国内还未见报道。

④ 使用复合式平头短尖劈，吸声系数高，截止频率低。例如，吸声尖劈长650mm，空腔80mm（总长为730mm)，低限截止频率达100Hz，比常规吸声尖劈缩短了1/5左右，从而扩大了消声室净空尺寸，节省了费用。

⑤ 消声室配备了丹麦B&K公司3550型多通道分析系统声振测量仪器，实时分析和记录家用空调器噪声水平及频谱特性，这在国内来说是首屈一指的。

5 结语与评价

消声室竣工测试并试用了一段时间后，由上海市二轻局主持，请专家们进行了评议鉴定，一致认为：

① 该消声室是适用于家用空调器噪声与振动研究测试为主的专业性精密型实验室，其声学性能指标优于设计要求，完全符合GB 7725—1987《房间空气调节器》国家标准中有关声学测试要求并符合ISO 3745和GB 6882—1986的有关规定。

② 消声室隔声吸声门、推车式转轴吸声门，结构紧凑，占地小。平头复合短尖劈吸声性能优良。消声室设计有创新，施工质量好，操作使用方便。

③ 将装配式精密级全消声室和精密级半消声室有机地组合于一体，并可模拟空调器实际使用工况下的温湿度，同时配以先进的测量仪器，这种形式属国内首创，是国内设计先进、性能优良的家用空调器噪声与振动测试、分析、研究的一流实验室。

本文1993年刊登于《造船工业建设》优秀科技论文专辑

带工况精密级消声室设计研究

摘　要： 为测试分析并设法降低家用电器的噪声，国内外正在开展动态型消声室设计研究。本文结合两个测试空调器噪声的带工况精密级消声室的工程实例，分析了带工况消声室的设计要求、技术难点，介绍了所采取的主要措施及效果。上海市科委的鉴定结论是该项成果属国内领先水平。

关键词： 降噪　带工况　消声室

1　前言

噪声的高低已成为国内外家用电器衡量其产品质量好坏的标准之一。为测试分析并设法降低家用空调器噪声，特别是模拟空调器于实际使用环境条件下的噪声情况，我们开展了动态型消声室即带工况消声室的设计研究。所谓带工况，就是消声室模拟被测对象要求的环境条件、工作状况，在消声室内测试时被测声源开启，为消声室提供工况的声源也开启，测量结果与实际使用工况相近，不需要进行修正。本研究结合（日本）日立家用电器（芜湖）有限公司带工况精密级全消声室和（日本）上海大金空调器有限公司带工况精密级半消声室的工程设计、施工、安装、调试、测试等工作开展，解决了一些技术难题，有一定创新，已通过上海市科委成果鉴定。

2　设计参数

以（日本）日立家用电器（芜湖）有限公司带工况精密级消声室为例，其主要设计参数如下：

(1) 消声室用途

测试分析容量在1～3匹空冷热泵空气调节器（家用空调器）的噪声与振动，可测计权声级和进行实时频谱分析，计算机处理。空调器型式分为窗式、分体式、壁挂式、吸顶式和柜式等。

(2) 消声室型式

消声室由两间组成，分为室内侧和室外侧，室内侧为精密级全消声室，测试分析空调器室内机组噪声；室外侧为精密级半消声室，测试分析空调器室外机组噪声。为进行动态测试，各配置了一套工况处理机组。

(3) 消声室背景噪声

室内侧全消声室，动态，工况处理机组开动，背景噪声≤18dB(A)；

室外侧半消声室，动态，工况处理机组开动，背景噪声≤20dB(A)。

(4) 环境噪声与隔声量

消声室最好是独立建筑，也可与其他厂房组合，其环境噪声应≤70dB(A)，消声室隔声量应≥50dB(A)。

(5) **消声室测试低限频率**

室内侧全消声室和室外侧半消声室，测试低限频率相同，均为100Hz。

(6) **自由声场半径及测试误差**

室内侧全消声室球面自由声场半径为1.5m，在此范围内声波传播规律符合反平方定律，即距离增加一倍，声压级衰减6dB。测试误差应符合国际标准ISO 3745和国家标准GB 6882—1986附录A的规定，即1/3倍频程中心频率≤630Hz，误差为±1.5dB；800～5000Hz，误差为±1.0dB；≥6300Hz，误差为±1.5dB。

室外侧半消声室半球面自由声场半径为1.5m，地面为反射面，测试误差符合ISO 3745和GB 6882—1986附录A的要求，即1/3倍频程中心频率≤630Hz，误差为±2.5dB；800～5000Hz，误差为±2.0dB；≥6300Hz，误差为±3.0dB。

(7) **消声室净空尺寸及内外胆尺寸**

综合各种因素，消声室采取隔声、吸声、消声、隔振等技术措施后，室内侧全消声室净空尺寸长×宽×高为5816mm×5416mm×5666mm，内胆外形尺寸长×宽×高为7900mm×7500mm×7750mm。室外侧半消声室净空尺寸长×宽×高为5816mm×5416mm×5108mm，内胆外形尺寸长×宽×高为7900mm×7500mm×6150mm。室内侧全消声室和室外侧半消声室在同一个外胆之间，外胆外形尺寸长×宽×高为17800mm×10700mm×9500mm，全消声室基坑深2400mm。

(8) **工况要求**

室内侧全消声室模拟空调器室内机安装在室内的工作状况，室外侧半消声室模拟空调器室外机安装在室外的环境条件，室内侧及室外侧的温度、湿度可以自动调节，进行计算机控制。

室内侧全消声室温度范围为（15～35℃）±1℃，相对湿度为（30%～80%）±5%RH。室外侧半消声室温度范围为（−5～55℃）±1℃，相对湿度为（30%～80%）±5%RH。

(9) **辅助设施**

室内侧全消声室6个面均系吸声结构，必要时可将全消声室改为地面是反射面的半消声室，即在全消声室的格栅网上铺装反射板，其余5面为强吸声结构，构成半自由声场。

室内侧全消声室和室外侧半消声室设置通风换气装置，配电照明设备、安全监控装置等，进出消声室的连接管线、电缆线、信号线等设置专门的管线配件，防止漏声和串声。

3 主要研究设计内容

室内侧室外侧消声室剖、平面图如图1、图2所示。

3.1 隔声设计

在原有钢筋混凝土厂房内，再采取内外胆复合的隔声结构，外胆为钢筋混凝土框架及370mm厚密实砖砌墙体，两面抹灰，总厚度约为400mm；内胆为200mm厚复合隔声板，采用双层FC板加填料的隔声板拼装结构，型钢结构框架，内胆和外胆之间空腔宽为1200mm。

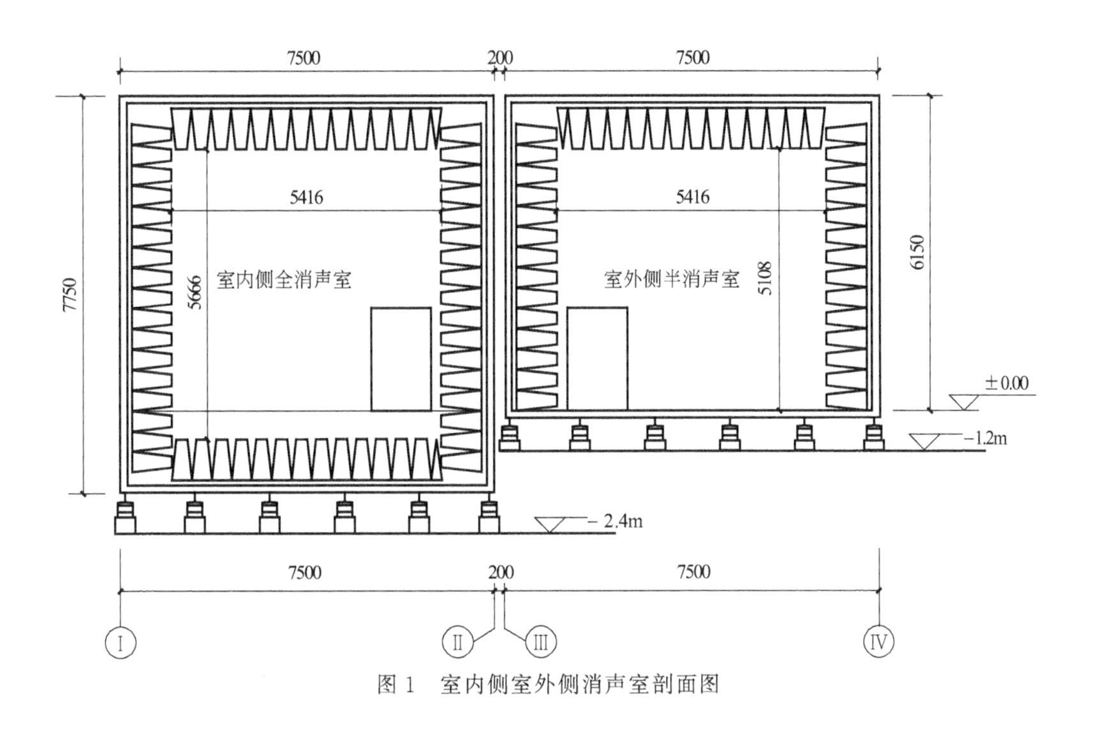

图 1　室内侧室外侧消声室剖面图

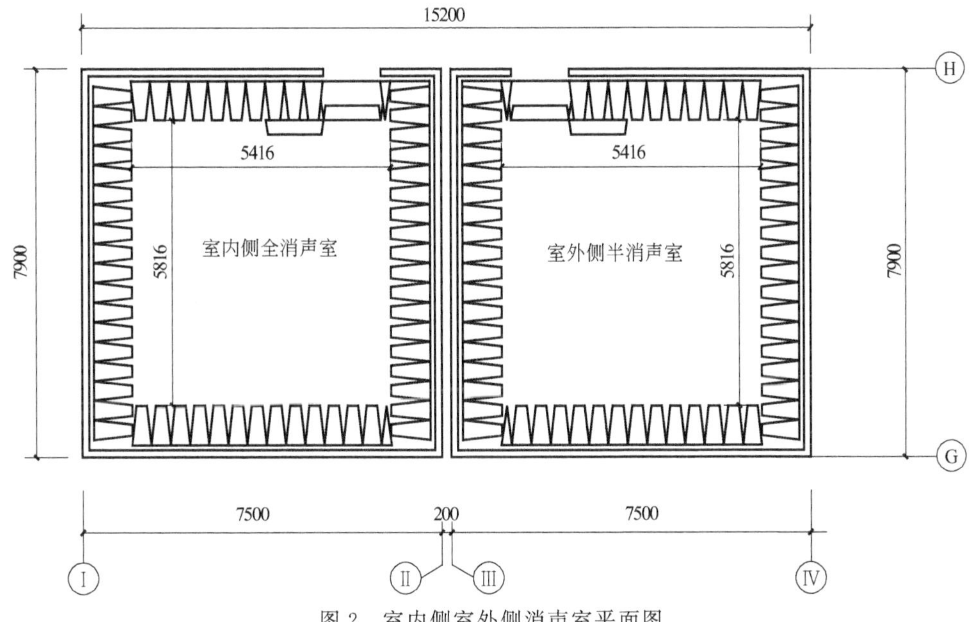

图 2　室内侧室外侧消声室平面图

进出消声室的门是隔声的薄弱环节，采用双道隔声门，外胆安装对开钢结构复合隔声门，门宽×高×厚约为 2000mm×2100mm×200mm，内胆安装转轴式隔声吸声门，门宽×高×厚约为 1800mm×2000mm×800mm。双道门的综合隔声量＞55dB(A)。

3.2　吸声设计

利用我们多年来设计研究吸声尖劈的成果，消声室选用的单个标准吸声尖劈外形尺寸宽×厚×长为400mm×400mm×800mm，吸声尖劈与内胆隔声板之间的空腔为100mm，吸声尖劈内填装防火、防潮、防霉、防蛀、无味、无刺手感的离心玻璃棉板，密度为32kg/m^3。吸声尖劈骨架用ϕ4mm防锈钢丝焊成，外包无碱纤维布和阻燃纱布，每只吸声尖劈重约5kg，外形挺括、美观、大方，呈乳白色。实测吸声尖劈在80Hz低限截止频率以上的吸声系数≥0.99。

室内侧全消声室吸声尖劈挂于四壁侧墙和顶棚上，地坪上的吸声尖劈置于踏板网格下面。室外侧半消声室吸声尖劈挂于四壁和顶棚上，地面为大理石反射面，吸声系数小于0.06。吸声尖劈总数约为3320个。

3.3 隔振设计

室内侧全消声室和室外侧半消声室隔振结构基本相同，将整个消声室内胆置于隔振装置上。使内外胆之间脱开来，两个消声室之间也是完全脱开来，隔振装置安装于室外地坪以下，室内侧全消声室挖深至地面以下－2.4m，室外侧半消声室挖深至地面以下－1.20m。隔振基坑为条形基础，进行防水防潮处理，基坑长×宽×深约为18600mm×11300mm×2400mm，体积约为505m^3。隔振基坑与消声室内胆地坪型钢之间安装预应力阻尼弹簧减振器。室内侧全消声室内胆总质量约140t，室外侧半消声内胆质量约为100t。通过设计计算最后在消声室内胆下面安装了60只预应力阻尼弹簧减振器，隔振装置固有频率约为3.5Hz。

3.4 消声设计

消声室采用上送上回通风方式。空气处理柜噪声一般为75dB(A)左右，要保证在开机的情况下消声室内背景噪声低于18～20dB(A)，通风空调系统的消声降噪量应大于55dB(A)。为此。在送风和回风系统中各自设计安装了4节阻抗复合式消声器，3个导向消声弯头，1个大的静压箱，消声路程长约15m。现场实测其插入损失（消声量）约为55dB(A)。空气处理柜和风机等加装了隔振器，风管和消声器间软连接，明露风管隔声包扎等。

3.5 工况控制设计

室内侧及室外侧的温度、湿度可以分别进行控制，即工况控制。工况控制设备即通风空调系统，采用进口冷冻机主机、空气加热器和电加湿器进行工况调节控制，数字调节器采用日本YOKOGAWAUT-350，温度湿度传感器变送器采用芬兰VAISALA产品，大功率SCR调功器采用日本CHINO产品。

消声室本身已具有较好的隔声隔热保温性能，但为确保消声室内温湿度要求，对消声室内胆四壁侧墙、顶棚和室内侧地坪专门采取了保温措施。消声室空调通风系统空气处理循环风机采用变频装置，按需要调节风量和风速，进一步降低了送回风噪声。

3.6 照明、安全监控、测量仪器及其他设计

消声室室内采用白炽灯照明，防止电磁噪声干扰，消声室室内配备必要的开关、插座、配电箱等。消声室内设置被测对象挂架、吊架，进出消声室的电缆线孔洞、管道接头等，配置电视摄像头、显示屏、电铃、对讲机等电声监控装置，确保安全。按需要购置德国朗德公司全套声学和振动测量仪器。

4 成果与效益

如前所述，本研究课题以（日本）日立家用电器（芜湖）有限公司带工况精密级消声室为例，参与了从设计、施工安装、调试直至测试验收的全过程。该消声室竣工后请上海市计量测试技术研究院进行了全面测试，测试结果符合 ISO 3745 和 GB 6882—1986 规定。

4.1 消声室背景噪声（又称为本底噪声）

实测室内侧全消声室在带工况的情况下背景噪声为 15.8dB(A)，优于设计要求的背景噪声≤18dB(A)。在不带工况时（即静态），消声室背景噪声为 15.5dB(A)。

实测室外侧半消声室在带工况的情况下，背景噪声为 17.5dB(A)，优于设计要求的背景噪声≤20dB(A)。静态（即不带工况），消声室背景噪声为 16dB(A)。

在不同工况、不同频率下消声室背景噪声实测值列于表 1。

表 1 消声室背景噪声实测值

室别	工况(变频频率)	倍频程中心频率/Hz										A 计权声级/dB(A)
		31.5	63	125	250	500	1000	2000	4000	8000	16000	
		消声室背景噪声/dB										
室内侧全消声室	不带工况（静态）	26.5	24.5	12.5	7.6	6	5	7	9.5	12.3	10.5	15.5
	标准工况（变频 43Hz）	26.3	32.2	19.3	13.5	10.8	6.5	7	9.7	12.4	10.5	16.7
	低速工况（变频 32Hz）	21.5	28	13.7	8.5	6.5	5	7	9.5	12.2	10.5	15.8
室外侧半消声室	不带工况（静态）	—	27	12.5	5	4	4	7	10	12.5	11.5	16
	标准工况（变频 40Hz）	—	32.5	24.5	17	15.5	10.8	8	10	12.5	10	18.5
	低速工况（变频 36Hz）	—	30.5	20	14.2	13.5	8.5	7	10	12.5	10	17.5

注：用变频器来调节风量。

4.2 消声室自由声场半径及测量误差

声场反射偏差用比较法进行，将丹麦 B&K 公司 4204 型标准声源置于消声室中部，取半径为 1.0m 和 1.5m 作为测量表面，在包络面上取 10 个测点，实测声场反射偏差。

表 2 列出了室外侧半消声室声场反射偏差，设计要求为≤2.0dB，实测值为≤±0.5dB。测量误差优于原设计要求。

4.3 隔声门隔声量

消声室内胆、外胆间的隔声门隔声量（插入损失）实测值为 53.9dB(A)，优于设计要求的 50dB(A)。其频带隔声量列于表 3。

表 2　消声室自由声场半径及测量误差　dB(A)

测点位置	1	2	3	4	5	6	7	8	9	10	L_w
声源标准值	82.6	82.6	82.6	82.6	82.6	82.6	82.6	82.6	82.6	82.6	90.6
1.0m 实测值	82.7	82.8	82.8	82.9	82.7	82.9	82.9	82.8	82.7	82.7	90.8
反射偏差值	+0.1	+0.2	+0.2	+0.3	+0.1	+0.3	+0.3	+0.2	+0.1	+0.1	+0.2

表 3　内胆外胆间隔声门隔声量

隔声门	倍频程中心频率/Hz										A 计权/dB(A)
	31.5	63	125	250	500	1000	2000	4000	8000	16000	
	隔声量/dB										
隔声门开	53.8	50.0	57.8	59.4	58.5	63.0	63.8	65.3	62.9	52.5	72.7
隔声门关	37.5	21.0	21.7	7.5	4.0	2.5	3.5	5.8	9.7	7.8	18.8
插入损失	16.3	29.0	36.1	51.9	54.5	60.5	60.3	59.5	53.2	44.7	53.9

4.4　消声室周围环境噪声

消声室周围环境噪声比原设计要高，机房内环境噪声为 87dB(A)，机房外环境噪声为 85dB(A)。由于采取了严格的隔声吸声技术措施，使消声室内背景噪声比设计要求值低得多。通风空调系统进风和回风系统消声器实际消声量大于 65dB(A)。

4.5　经济与效益分析

室内侧全消声室和室外侧半消声室投入使用后对提高空调器的噪声指标即产品质量将起很大的促进作用。带工况消声室模拟空调器的真实环境，测量数据真实可靠，比较直观，无须修正。对空调器噪声进行频谱分析容易发现在何部位、何部件产生何种噪声，有针对性地采取措施就可以降低空调器噪声，提高产品的市场占有率和企业的知名度。经济效益和社会效益是十分明显的，因此国外一些大企业或在中国投资的有名企业都竞相建造带工况消声室。

5　结语

带工况精密级消声室经过两年多的研究，同时结合工程设计实践，完成了预定目标，取得了比较满意的效果，主要表现在以下几个方面：

① 在带工况的情况下，消声室内背景噪声能够做到 16dB(A) 以下，这是一个突破，国内还未见报道。

② 为确保带工况下能正常测试，通风空调系统消声量高达 60dB(A)，这在消声室设计中也是少见的。

③ 消声室内自由声场及测试误差优于国际和国家标准规定，提高了消声室测试精度，尤其是动态测试精度，有推广价值。

④ 消声室内温度和湿度可以自动调节，风速、风量变频控制，实现了屏幕显示和计算机控制，提高了消声室的自动化和计算机化程度。

该消声室由上海市科委主持通过了科研成果鉴定，鉴定结论认为，该研究成果填补了国内空白，有创新，具有国内领先水平和推广价值。

本文2005年刊登于《声学技术》第6期
（参与本文编写的还有本院冯苗锋）

负 1 分贝背景噪声消声室的设计及效果

1 概述

消声室是声学测试的一个特殊实验室，是测试系统的重要组成部分，其声学性能指标直接影响测试的精度。背景噪声是消声室建造过程中的一个十分重要的技术参数，据介绍，在国内已经建成几个背景噪声小于 5dB(A) 的消声室。随着社会的发展，建设方希望背景噪声越低越好。

贵州省贵阳市的国家级检测基地中，要建造 4 个监督检验中心，其中要建造一个国家级电子基础元器件质量监督检验的消声室并进行了招标。上海泛德声学公司中标后承接该消声室设计建造工作。

2 消声室的主要技术要求

① 消声室主要尺寸：外形尺寸长×宽×高为 13.7m×12.5m×10.6m（其中地上 7.6m，地下 4.0m）；室内净空尺寸长×宽×高为 9.2m×8.0m×6.5m。

② 消声室的型式：半全消转换消声室，即将全消声室地坪上的吸声尖劈搬走后变成了半消声室。消声室带工况，即安装通风空调系统。

③ 消声室背景噪声：在通风系统关闭时背景噪声≤8dB(A)，在通风系统开启时背景噪声≤16dB(A)。

④ 自由场精度满足 ISO 3745，GB/T 6882 标准规定。

⑤ 自由声场半径：长度方向≥3.1m，宽度方向≥2.5m。

⑥ 截止频率：63Hz。消声室外界噪声按 65dB(A) 考虑。

⑦ 其他要求：空调通风，监控和照明，消声室内通水等。

3 技术风险和施工难点

3.1 周围环境复杂

消声室位于该检验基地机械电子产品检测大楼内。消声室在已有的建筑物内建设，外界房屋已经建好，楼顶平台上有中央空调，消声室地下部分的隔墙外就是地下停车库，外部噪声和振动会对消声室产生不利影响。

消声室占用空间受到限制，一部分在地下－4m 处，一部分在地上＋6m 处。地上部分四周墙体即大楼外墙面，同时原设计地面载荷为 $900kg/m^2$，不能满足消声室内壳体的承重设计要求。

3.2 施工难度大

消声室一部分在地下，一部分在地上，大楼整体装修都已结束，原土建结构只在控制室一楼侧墙上留有一个宽×高为1.8m×2.4m的洞口，无法运输安装消声室所需要的隔声、隔振、消声、吸声设备和装置，施工难度很大。

3.3 技术风险高

由于消声室地面荷载已定，无法采用重质量的隔声结构，消声室只能采用轻质复合隔声结构；消声室地面以下的尺寸已定，无法采用常规的隔振结构。这就给消声室的隔声和隔振设计带来很大风险。

4 采取的主要技术措施

4.1 首先解决施工场地问题

如前所述，原建筑预留了一个洞口无法施工，更无法下至−4m的消声室地下部分，故首先在控制室靠窗处的地面切出一个洞，安装升降机和行人楼梯，以解决人员和材料设备进出消声室的问题，如图1所示。

4.2 外墙隔声补漏

消声室采用双层隔声结构，外层也称“外胆”，利用原大楼外墙做“外胆”。但外墙有孔洞，还有为嵌挂外墙大理石而设置的钢筋和钢管，这些钢筋和钢管会形成“声桥”，故将其切除，再用水泥砂浆灌入管中，将钢管及原墙上的孔、洞、缝完全封堵，以确保外胆的隔声。

4.3 内胆墙面和顶面的隔声设计

消声室双层隔声结构的内层称为“内胆”，采用轻质复合隔声板搭建一个五面隔声的内胆隔声室。

内胆骨架采用100×100×5的钢管做支撑，钢管之间的距离为1000mm。为了确保顶面强度，横向和纵向各采用3根30#工字钢做主梁，如图2所示。

图1 搭建进入消声室地下部分的楼梯

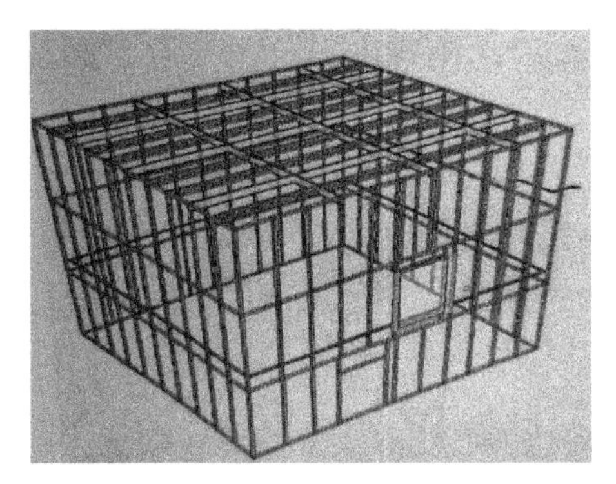

图2 内胆钢架示意图

内胆墙面和顶面总厚度为 150mm。其中用 50mm 厚的预制墙板铺设在钢骨架的外侧。在钢管的内侧铺设 1.5mm 厚的钢板。在 1.5mm 钢板与 50mm 预制墙板之间依次放入 50mm 厚玻璃棉、9mm 厚石膏板和 50mm 厚岩棉。同时要保证外墙面和内墙面之间完全断开，不能形成“声桥”。

4.4 内胆地面及减振系统设计

内胆地面采用 C30 钢筋混凝土浇筑。消声室内胆置于隔振系统上，隔振器嵌装于内胆地坪之内，浇筑混凝土时应采取防护措施防止混凝土掉入隔振器的内膛之中。安装隔振器时，将其调整到压缩状态，按照图 3 所示布置在原地面上。在布置隔振器之前，先在地面上铺设一层 0.3mm 厚的塑料薄膜，防止混凝土地面与原地面直接接触；再布置横向、纵向双层钢筋，钢筋和隔振器外壳焊接相连。

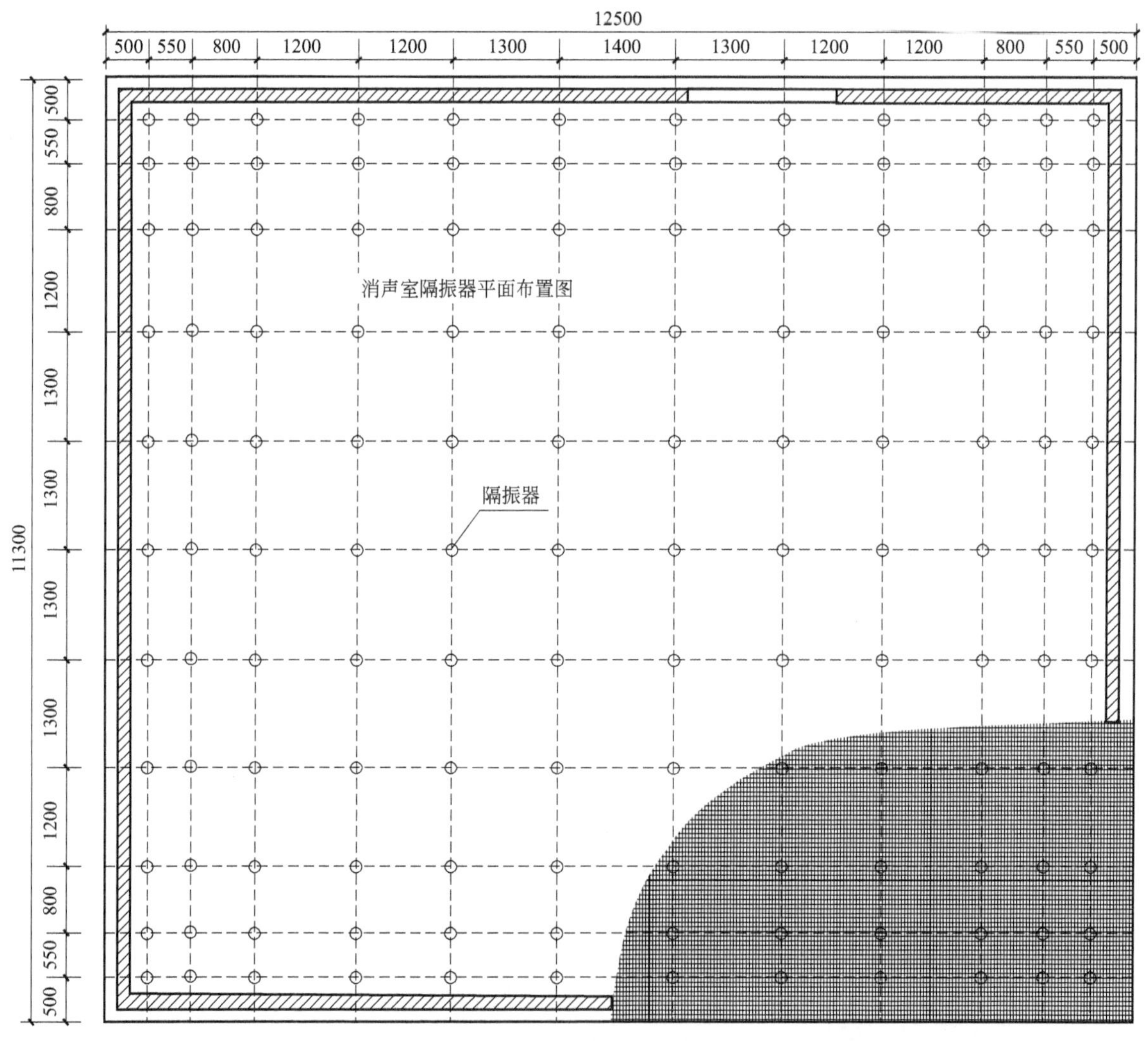

图 3　消声室隔振示意图

通过专业的设计计算，采取最合理的方式布置了 132 个青岛隔而固公司生产的金属弹簧隔振器。

4.5 隔声门的设计

消声室的门是传入外界噪声的主要薄弱环节之一，因此采用了特殊设计的隔声门，设计隔声量大于 45dB，同时设置“声闸”。本消声室的隔声门经上海同济大学声学实验室测量，单值计权隔声量为 52dB，平均隔声量为 48dB。其隔声特性曲线如图 4 所示。

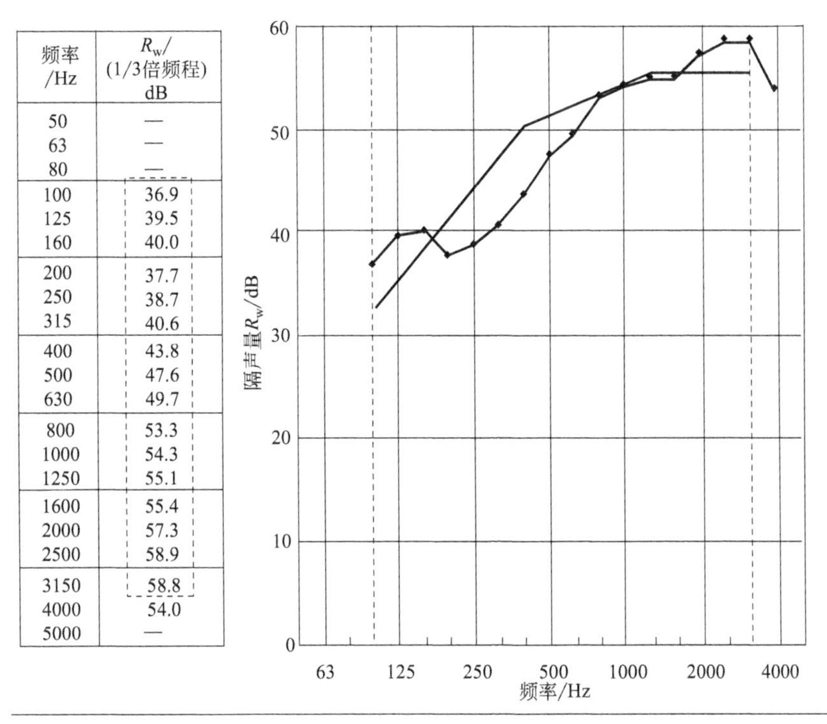

频率/Hz	R_w/(1/3倍频程) dB
50	—
63	—
80	—
100	36.9
125	39.5
160	40.0
200	37.7
250	38.7
315	40.6
400	43.8
500	47.6
630	49.7
800	53.3
1000	54.3
1250	55.1
1600	55.4
2000	57.3
2500	58.9
3150	58.8
4000	54.0
5000	—

依据 GB/T 50121—2005的评价指标值：（C为A计权粉红噪声修正；C_u为A计权交通噪声修正）

计权隔声量：R_w（C:C_u）= 52(−1.9:−5.2) dB　　平均隔声量：R_a=48dB

图 4　隔声门隔声特性曲线

4.6 通风空调系统设计

消声室空间很大，容积约 1000m^3，按照设计要求，空调开启即带工况，消声室内背景噪声应低于 16dB(A)。经计算，消声室内风口处的噪声应低于 12.3dB(A)，为降低气流噪声，必须将出风管口处的风速控制在 1.1m/s 以下。采用两根送风管和两根回风管。根据空调厂家提供的空调机组噪声为 65dB(A)，若风口处的噪声要求为 12.3dB(A)，经计算，消声器的长度应大于 16m，断面面积为 0.16m^2。实际安装送风段长度约 27m，回风段长约 14m，在转角处设置消声弯头，空调通风及消声装置设计如图 5 所示。

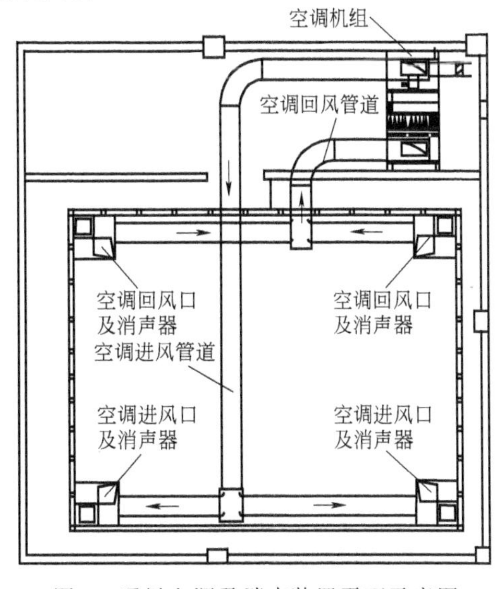

图 5　通风空调及消声装置平面示意图

4.7 消声室吸声设计

消声室设计要求的截止频率为 63Hz。理论计算消声室吸声尖劈的长度应大于 1350mm，实际采用吸声尖劈长度为 1250mm，后部留 100mm 的空腔。尖劈宽度为 800mm，高度为 800mm，双尖劈，表面为金属穿孔板饰面。该型吸声尖劈经过浙江省计量检测研究院的检测，在截止频率 63Hz 以上，吸声系数均大于 0.99，如表 1 所示。

表 1 消声室吸声尖劈吸声系数

频率/Hz	50	63	80	100	125
吸声系数	0.9383	0.9931	0.9913	0.9984	0.9986
频率/Hz	160	200	250	315	
吸声系数	0.9965	0.9990	0.9998	0.9995	

4.8 其他细部设计

为了达到消声室高的隔声量、吸声量和低的背景噪声，我们十分注意消声室的细部设计并采取相应的措施。为防止外界噪声从门缝（虽然门缝已经采用密封措施）进入消声室，在内胆和外胆两道隔声门之间再设置“声闸”。凡是进入消声室的动力管线、测试仪器数据线、监控装置信号线，其孔洞均做特殊处理，消声室要测试洗衣机之类的家用电器，需要配置上下水管，管道均做软性连接，防止形成“声桥”。为实现全消声室和半消声室的快速转换，在与地面齐平的高度上设置地网，地网的承载应牢靠，地面尖劈的搬运要方便。还有消声室内部照明、配电插座、开关、安全监控设备等都已认真考虑。

5 消声室性能检测

消声室完工后的平剖面图如图 6、图 7 所示。

消声室基本施工安装完成后，能否达到设计要求，还有什么需要改进的地方，首先邀请清华大学为我们进行测试。初步测试结果表明，消声室的性能优良。随后我们邀请了国内权威机构——中国计量科学研究院进行正式检测并提供测试报告。

① 检测所使用的仪器。B&K LANXI 型多通道分析仪、B&K4955 型低噪声传声器、B&K4231 型声校准仪等。

② 消声室尺寸。施工完成后，全消声室净空尺寸长×宽×高为 9.2m×8.0m×6.5m，改为半消声室后净空尺寸长×宽×高为 9.2m×8.0m×8.2m。

③ 自由声场半径。全消声室为 4.0m，半消声室为 3.9m，优于设计要求。其误差均符合 ISO 3745 和 GB/T 6882—2016 的规定。

④ 消声室背景噪声。在正常工作情况下，空调关闭时，全消声室的 A 计权背景噪声为 −1dB，搬走尖劈后地网以下半消声室的 A 计权背景噪声为 −1dB；空调单独开启时，即带工况全消声室的 A 计权背景噪声为 6dB，搬走尖劈后地网以下半消声室的 A 计权背景噪声为 6dB。

校准结果不确定度的描述：U=0.8dB（K=2），消声室的背景噪声优于设计要求。

⑤ 消声室通风空调系统、上下水、照明监控等均满足设计要求，建设方十分满意。

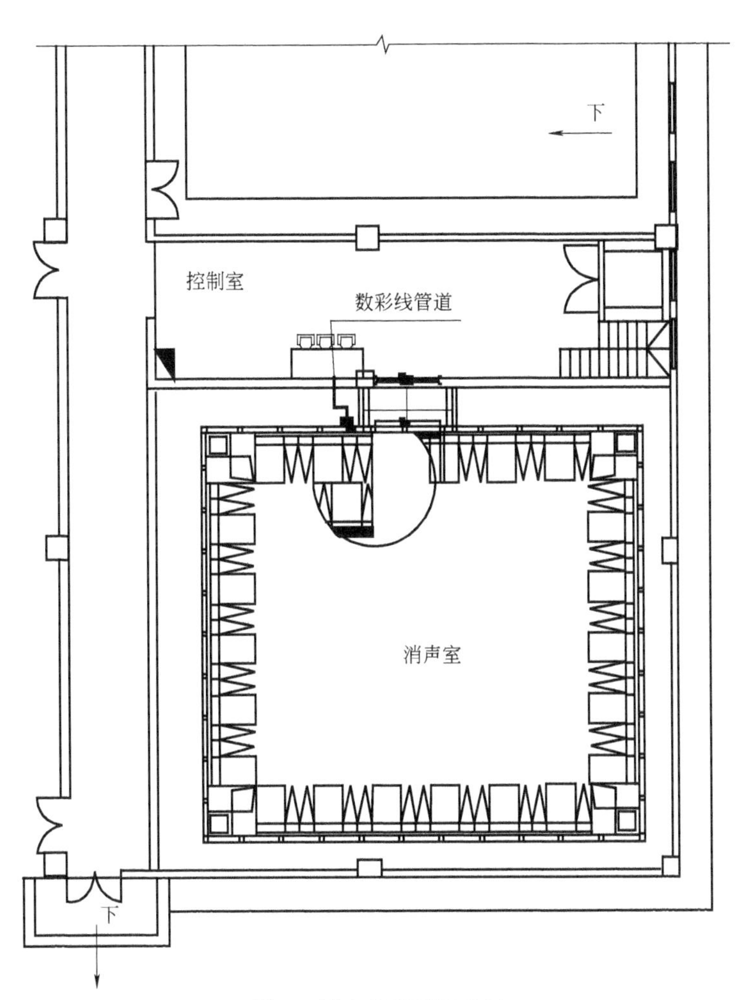

图6 消声室平面示意图

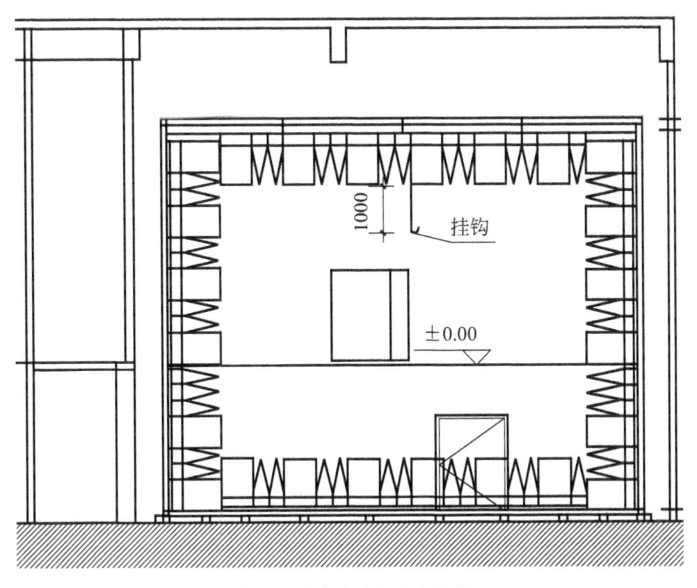

图7 消声室剖面示意图

6 结束语

上海泛德声学工程有限公司设计、施工、安装过多个声学实验室，其中消声室居多，但就背景噪声来说，本消声室是最低的，达到了－1dB(A)。这是在已有成功实践的基础上，从设计开始就注重多个环节，在施工安装过程中特别谨慎，化解风险，防止漏声和形成“声桥”。主要技术参数均进行计算和复核，选用最好的材料和装置，终于取得了满意的效果，本文可供同行参考。(在此特别感谢中船第九设计研究院和清华大学的帮助和指导)

本文 2018 年收录于《噪声与振动控制技术手册》
(参与本文编写的还有上海泛德声学公司任百吉、李犹胜)

第8章
声学测量

机器设备噪声声功率级测量误差探讨

1 前言

各类机器设备的噪声，既是污染环境的主要噪声源，又是评价产品质量的指标之一。为进行噪声控制，首先必须对机器设备的噪声水平与频谱特性进行测量和分析。目前表示机器设备噪声高低有用声压级的，也有用声功率级的，以声压级表示虽然比较简便，但因声压级受测试环境和测量距离影响很大，要给出机器设备的声压级，必须同时标明测量距离。而以声功率级表示机器设备的噪声水平，从理论上讲在一定的工作状态下，机器设备发射的声功率级是一个常数。因而它不随环境和测量距离而变化，能较准确地描述机器设备噪声发射的本质，便于同类机器或不同类机器噪声水平的比较。

本文主要结合我们在编制电机和木工机床噪声测量方法国家标准中的验证工作，从分析影响测量结果的因素出发，参考有关国际标准，对机器设备噪声声功率级现场测量（工程级）精度及误差进行探讨，并对其累积误差进行计算，以供一般机器设备噪声现场测量与分析参考。

2 机器设备噪声声功率级测量和计算

随着噪声测量技术的发展，很多技术先进的国家开展了机器设备噪声声功率级的研究，制定了相应的声功率级测量方法标准。ISO/TC43（国际标准化组织声学技术委员会）从1975年起陆续将ISO 3740～3746这7个国际标准草案分发给各成员国表决，到1981年全部通过并正式颁布。这套标准将机器设备噪声声功率级测量精度分为精密级、工程级和概测级三种，测量结果的不确定度以标准偏差最大分贝值表示，如表1所示。

表1 机器设备声功率级测量的不确定度 dB

国际标准编号	精度等级	测试环境	倍频带/Hz	125	250	500	1000～4000	8000	A计权
			1/3倍频带/Hz	100～160	200～315	400～630	800～5000	6300～10000	
ISO 3741 ISO 3742	精密	符合规定要求的混响室	—	3	2	1.5	1.5	3	—
ISO 3743	工程	特定的混响试验间	—	5	3	2	2	3	2
ISO 3744	工程	户外或大房间	—	3	2	2	1.5	2.5	2
ISO 3745	精密	全消声室 半消声室	—	1 1.5	1 1.5	1 1.5	0.5 1	1 1.5	— —
ISO 3746	概测	测试环境无特殊要求	—	—	—	—	—	—	5

近年来，我国有关行业已制定或正在制定各类机器设备噪声测量方法与限值的国家标准，而且多数均以声功率级来表示。

众所周知，声功率 W 是声源在单位时间内向周围辐射的总声能：

$$W=\oint SI_{\mathrm{n}}\mathrm{d}s(\mathrm{W}) \tag{1}$$

式中　S——包围声源的封闭面积（m^2）；

I_{n}——声强 I 在圆面积 $\mathrm{d}s$ 法线方向的分量（$\mathrm{W/m^2}$）。

在自由声场，点声源，以球面波向外辐射，声强 I 为

$$I=\frac{W}{4\pi r^2} \tag{2}$$

式中　r——包围声源的球面半径。

此时 $I=I_{\mathrm{n}}$，故

$$W=IS=I(4\pi r^2) \tag{3}$$

由于测量声强较难，需要专门的声强计，而一般噪声测量，使用声级计测声压级较简便，在自由声场中，对于球面波或平面波，声强和声压的关系为

$$I=\frac{P^2}{\rho c}(\mathrm{W/m^2}) \tag{4}$$

式中　P——声压（$\mathrm{N/m^2}$）；

ρ——介质密度（$\mathrm{g/m^3}$）；

c——声速（$\mathrm{m/s}$）；

ρc——特性阻抗。

故式(3) 可表示为

$$W=IS=\frac{P^2}{\rho c}S$$

声功率 W 以声功率级 L_W（dB）表示：

$$\begin{aligned}L_W&=10\lg\frac{W}{W_0}=10\lg\frac{P^2/(\rho c)\times S}{P_0^2/(\rho c)\times S_0}\\&=10\lg\frac{P^2}{P_0^2}+10\lg\frac{S}{S_0}\\&=\overline{L}_{\mathrm{p}}+10\lg\frac{S}{S_0}\end{aligned} \tag{5}$$

式中　W_0——基准声功率（$10^{-12}\mathrm{W}$）；

P_0——基准声压（$2\times10^{-5}\mathrm{N/m^2}$）；

S_0——基准测量面面积（m^2）；

S——测量面（球面）面积（m^2）；

$\overline{L}_{\mathrm{p}}$——测量面（球面）上测得的平均声压级（dB）。

在实际测量时，声压级 L_{p} 一般采取多点测量，求其平均值 $\overline{L}_{\mathrm{p}}$。

$$L_{\mathrm{p}}=10\lg\frac{1}{n}\left(\sum_{i=1}^{n}10^{0.1L_{\mathrm{p}i}}\right)(\mathrm{dB}) \tag{6}$$

式中　n——测点数；

L_{pi}——第 i 测点上的声压级（dB）。

若计算频带平均声压级也可采用式(6)，如计算 A 计权平均声压级还应加 A 计权修正。

在现场测量，声功率级 L_W 计算如下：

$$L_W=\overline{L}_p+10\lg\frac{S}{S_0}-k_1-k_2\cdots-k_n\,(\mathrm{dB}) \tag{7}$$

式中　k_1，k_2，…，k_n——修正值（dB）。

3　机器设备噪声测量误差分析

根据产品噪声要求，不同的精度等级应在不同的声学环境中进行测试分析。较理想的测试环境是消声室、半消声室或混响室，但设计建造这些专门实验室投资大，建设周期长，对于多数工厂企业来说，不可能也没必要均设计建造专门的声学实验室，多数应该采用工程级或概测级在现场进行测试分析，并按规定方法对测量结果加以修正，以表示机器设备“真正”的声功率级。

一般来说，机器设备噪声声功率级测量的总误差是由下列 10 种局部误差所引起的，也就是说这 10 个因素影响着测量结果。

(1) **背景噪声影响**（δ_1）

当机器设备工作时测得的噪声与不工作时测得的周围环境的噪声级（即背景噪声），两者之差越小，对测量结果影响越大。通常可按图 1 加以修正。

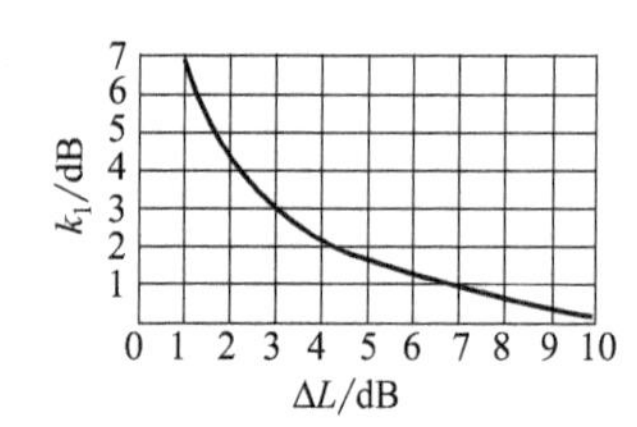

图 1　背景噪声修正值 k_1（dB）

ΔL 为声源工作时的声压级与背景噪声级之差（dB），声源工作时从所测得的声压级中应减去的修正值为 k_1(dB)。一般现场测量时，当 $\Delta L\leqslant 6$dB 时，测量无效，$\Delta L\leqslant 10$dB，背景噪声影响可忽略不计，测量结果不加修正。实际上这个被忽略的值为 0.4dB，故 δ_1 可视为 0.4dB。

在现场测量时，当周围环境不太安静，被测机器设备低频声又不太丰富，我们观察到频率在 125Hz 以下的声级一般均较高。$\Delta L<6$dB，有时 $\Delta L<3$dB，较难修正，此问题有待研究。

(2) **测量仪器误差**（δ_2）

声级计是噪声测量中最广泛应用的一种声学仪器，它分 0 型（标准）、Ⅰ型（精密）、Ⅱ型（普遍）、Ⅲ型（简易）4 种。当使用Ⅰ型声级计测量时，包括声级计、传声器、电缆等在内的整个测量系统误差一般为 0.7dB，即 δ_2 可视为 0.7dB。为保证测量精度，每次测量前后应使用校正仪器对声级计进行校准，还应定期送国家计量部门校验。

(3) **读数误差**（δ_3）

测量不同性质的声源，使用不同的动态特性读数，当测量稳态噪声（声级计指针摆动<±3dB）时，使用慢挡，取观察最大和最小声压级的平均值；当测量非稳态噪声（指针摆动>±3dB）时，使用快挡；当测量脉冲噪声（在同一测点，使用慢挡和脉冲挡读数之差>5dB）时，使用脉冲声级计。测量时为减少反射影响，声级计和传声器之间最好使用延接杆或延伸电缆，测试者应离开传声器 0.5m 以上，根据一般经验，读数误差 δ_3 可取为0.5dB。

(4) **气象条件影响**（δ_4）

测量时应尽量减少不利的气象条件的影响，如温度、湿度、气压、风速、强电场、强磁场等均会影响测量结果。在进行较精密测量时，温度和气压影响修正值（k_3）可用下式求得：

$$k_3 = 10\lg\left[\left(\frac{293}{273+\theta}\right)^{0.5} \times \frac{P_a}{1000}\right]\text{(dB)} \tag{8}$$

式中　θ——大气温度（℃）；

P_a——大气压（mbar）。

当$\theta=20$℃，$P_a=1000$mbar时，$k_3=0$；当温度变化为（20 ± 20）℃时（P_a不变），$k_3=0.5$dB；当气压变化为（1000 ± 40）mbar时（θ不变），$k_3=0.2$dB。

当在户外测量时，应于无雨、无雪，风力在3级以下的环境中进行。若风力为3～4级，风速＞1m/s，测量传声器应戴风罩；风力在5级以上（风速＞6m/s），应停止测量。在室内测量也应避免风和气流的影响。气象条件引起的误差δ_4一般可视为0.5dB。

(5) **近场误差**（δ_5）

声源振动产生噪声，一部分变成声能向外传播，一部分振动能量在声源附近使空气产生扰动引起空气压强的变化，被压力传感器（电容传声器）所接收，当声源尺寸比其声波波长大，且测量距离紧靠声源时，测出的声压大于向外传播的声波声压，即近场测试计算的声功率级大于远场的声功率级，引起声功率计算值的误差，即近场误差。特别是声源能量集中在低频段，近场误差更不能忽视。

为保证测试在远场进行，各类机器设备均规定了最小的测量距离。如图2、图3所示，将坐标原点0至基准箱（能包络被测机器设备外形的假想的最小矩形箱）顶角的距离D_0称为特征距离。

$$D_0 = [(0.5L_1)^2 + (0.5L_2)^2 + L_3^2]^{0.5} \tag{9}$$

式中　L_1，L_2，L_3——基准箱的长、宽、高。

当采用半球测量面时，最小测量距离$r\geqslant 2D_0$，或r等于声源几何中心与反射平面平均距离的4倍时，二者之中取大值，但不小于1m。半球测量半径r可优先选用1m、2m、4m、6m、8m、10m系列。一般在户外或声场条件较好的实验室，可采用半球包络的测量面。

当采用矩形六面体（或合成体）作为测量面时，如图3所示，测量距离d是基准箱与测量面之间的垂直距离。d最好为1m，不得小于0.25m，d可选用0.25m、0.5m、1m、2m、4m、8m系列。一般在室内或不利的声学环境中测试，采用矩形六面体（或合成体）测量面，又称方包络测量面。

对于测量距离和测量面尽管做了如上规定，但往往因声源尺寸较大或发射的主要是低频声能，近场误差δ_5有时达1dB左右。

(6) **有限点误差**（δ_6）

由式(1)、式(5)、式(6)、式(7)可知，要准确测量一台机器设备“真”声功率级，最好在测量面上测无穷多个点的声压。但事实上这是不可能的，实际测量时，只要能保证一定的测试精度，总是希望测点越少越好。测点应均匀分布在测量面上，测点数目取决于机器设备的大小和声场的均匀度，一般每平方米测量面上应布置一个测点。

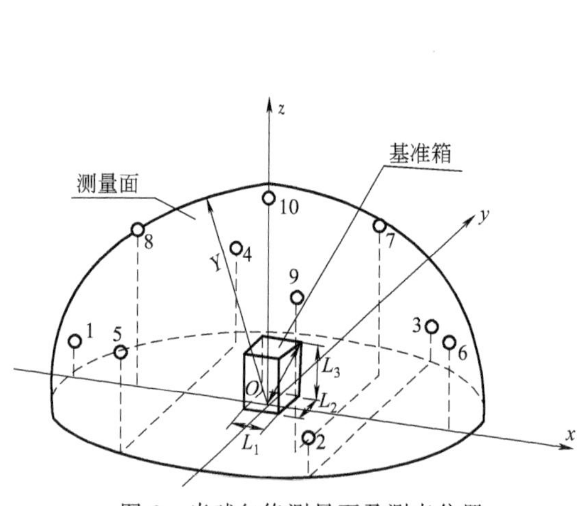

图 2 半球包络测量面及测点位置

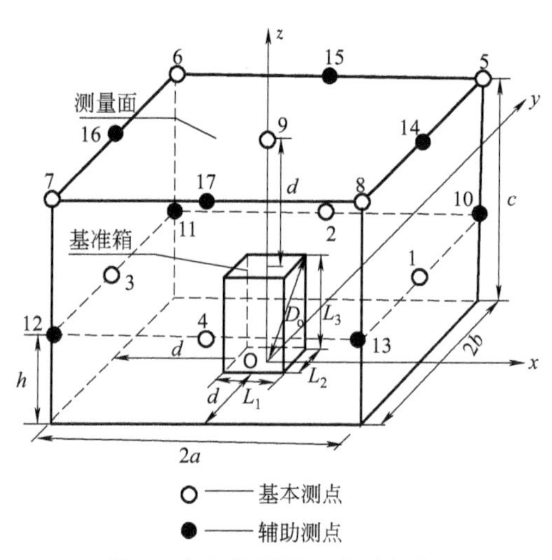

图 3 方包络测量面及测点位置

为验证测点多少对测量结果的影响，我们曾以电机和木工机床为例，于上海先锋电机厂消声室、上海电器科学研究所消声室和上海川沙蔡路机械厂户外，取测距为 1m 的长方包络面，比较 5 个、9 个、17 个测点对测量结果的影响，如表 2 所示。测点位置如图 3 所示。

表 2 不同测点数目对测量结果的影响

被测机器设备名称	设备尺寸/mm	测试场所 \ 测点数目	17 点（1～17）	9 点（1～9）	5 点（1～5）	5 个测点与 9 个测点之差	5 个测点与 17 个测点之差	9 个测点与 17 个测点之差
		测试内容	声功率级 L_W(A)/dB					
交流整流子电机 JZS_2-51-1 3/1 kW	ϕ400×630	上海先锋电机厂消声室	—	82	83.5	1.5	—	—
中频电机 BP-1.5 1.5kW	ϕ250×500	上海先锋电机厂消声室	—	85.4	86	0.6	—	—
中频电机 BP-22 5kW	ϕ270×580	上海先锋电机厂消声室	—	91.9	92.7	0.8	—	—
中频电机 BP-50 50kW	ϕ530×1150	上海先锋电机厂消声室	104.2	104.2	105.6	1.4	1.4	0
交流整流子电机 $JZS_2$9-3 75/25kW	ϕ680×1100	上海先锋电机厂消声室	101.7	101.7	102.7	1.0	1.0	0
标准声源 4204 顶置于 MJ104 木工圆锯机上	1000×710×1020	上海电器科学研究所消声室	92.04	92.62	94.03	1.41	1.99	0.58
木工圆锯机 MJ104	1000×710×1020	上海电器科学研究所消声室	93.12	93.23	94.39	1.16	1.27	0.11
木工小平刨 MB318 置于凳子上	800×275×360	上海电器科学研究所消声室	95.41	95.1	96.42	1.32	1.01	−0.31
木工圆锯机 MJ104	1000×710×1020	上海川沙蔡路机械厂户外小广场	94.47	94.18	95.69	1.51	1.22	−0.29
小平刨 MB318 置于凳子上	800×275×360	上海川沙蔡路机械厂户外小广场	95.65	95.91	97.11	1.2	1.46	0.26

从表 2 可知，在同一个测量面上，测点数目越少，其声功率级值越高，5 个测点比 9 个测点平均要高 1dB，5 个测点比 17 个测点平均要高 1.3dB，而 9 个测点比 17 个测点仅高 0.1dB 左右（个别的还低）。因此，一般取 9 个测点作为机器设备噪声测量的基本测点。只有在下列情况下才需要增加辅助测点：当基本测点上测得的声级最大和最小值的分贝差超过测点数目时；当基准箱尺寸大于 2 倍测量距离时；当机器设备辐射方向性很强的噪声时。另外，同一声源，采用不同的测量面（如半球包络或方包络）取测量面面积相同，但测试计算的声功率级略有不同，这是由声源的指向性不同，传声器位置不同，传声器离反射地面的距离不同等引起的，不同测量表面形状引起的误差，也属于有限点误差。一般有限点误差 δ_6 可视为 0.5dB。

(7) **安装与运转状态误差**（δ_7）

中小型电机和木工机床噪声实测表明，不同的安装方式所测得的噪声级不同。例如，中小型电机采用刚性安装比弹性安装要高 0.5～3.7dB(A)，电机置于地面弹性基础上比弹性悬吊安装要高 3dB(A) 左右。木工机床用地脚螺钉紧固在水泥基础上比无基础或只加橡皮垫测试要低 1～2dB(A)。因此，各类机器设备均应规定具体的安装方式。

声源运行状态不同，所辐射的噪声有很大的差别，在测试时应满足所规定的稳定运行状态不变，如无负荷、负荷、满负荷、最大噪声状态等。一般安装与运转状态误差 δ_7 可视为 0.5dB。

(8) **环境反射影响**（δ_8）

同一台机器设备，在不同的反射环境中测试，其声级差有时达 8～9dB。近年来，国内外对测试环境影响做了许多研究工作。为满足工程级 2dB(A) 测试精度的要求，噪声测量应在近似于半消声室的试验间或开阔平坦的户外或大房间或做了相应吸声处理的房间内进行。

根据声波在室内传播的理论，环境反射影响主要是混响声能对直达声能的影响。当采用球形测量面，声源指向性因数为 1，测点在临界距离之外，室内吸声较小时，经理论推导，环境反射影响修正值为 k_2。

$$k_2=10\lg\left(1+\frac{4}{A/S}\right)(\mathrm{dB}) \tag{10}$$

式中　A——测试间吸声量（m^2）；

　　S——测量面面积（m^2）。

k_2 值也可以从图 4 查得。

要保证工程级测试精度，ISO 3744—1981 规定，A/S 应大于 6，若 $A/S=6$，$k_2=2.2$dB。k_2 值可以采用标准声源法、混响时间法、声场法、多表面法、容积辅助测定等方法求得。

我们曾在户外、多跨大装配车间、单跨大厂房，中等试验间、小房间用以上几种方法，对同一台较稳定的噪声源，选择相同的测量面，比较其 k_2 值。所得结果列于表 3。

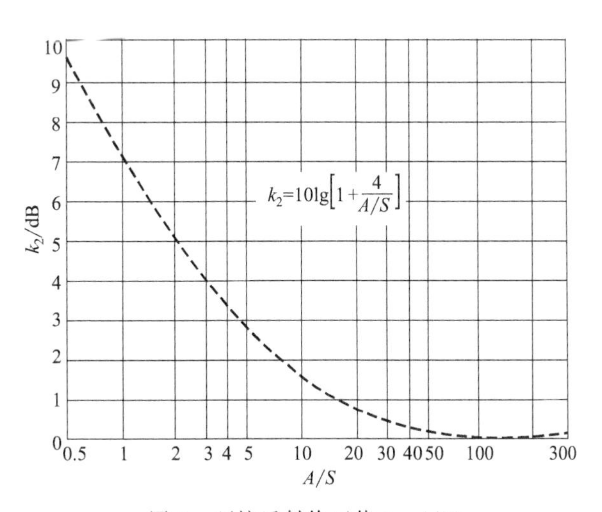

图 4　环境反射修正值 k_2（dB）

表 3　环境反射修正值 k_2 的比较

机器设备名称 \ 声功率级 L_W(A)/dB 测量环境	测量与修正方法	半消声室	现场测量										测量环境描述
			未修正	标准声源法			混响时间法			多表面法			
				k_2 标	修正后	差值	k_2 混	修正后	差值	k_2 多	修正后	差值	
BP-1.5 中频电机 1.5kW	中等试验间	85.4	88.7	2.4	86.3	0.9	2.72	85.98	0.58	3.1	85.6	0.20	上海先锋电机厂试验间，长×宽×高＝8m×8m×10m，上部与大车间连通
IRA618G-4AB20 西门子电机 30kW	中等试验间	83.2	86.2	—	—	—	3.6	82.6	0.60	3.3	82.9	−0.3	上海电器科学研究所轴承寿命试验间长×宽×高＝12m×6m×5m 水泥地，墙粉刷，有部分试验设备
MJ104 木工圆锯机	小房间	93.12	96.36	5.04	91.32	−1.8	4.58	91.78	−1.34	5.34	91.02	−2.1	上海川沙蔡路机械厂小装配车间长×宽×高＝8.1m×7.8m×2.9m 砖墙抹灰，芦苇顶
MB318 木工小平刨	小房间	95.41	98.61	4.37	94.24	−1.17	3.94	94.67	−0.74	4.2	94.41	−1.0	同上
MJ104 木工圆锯机	大房间	93.12	94.99	1.96	93.03	0.09	1.75	93.24	0.12	0.26	94.73	1.61	上海川沙蔡路机械厂大装配车间长×宽×高＝36m×15m×10m，砖墙、水泥地、玻璃窗面积 24m^2
MB318 木工小平刨	大房间	95.41	97.28	1.61	95.67	0.26	1.44	95.84	0.43	0.23	97.05	1.64	同上
BP-50 中频发电机 50kW	多跨大车间	103.2	103.9	0.40	103.5	0.30	2.0	101.9	−1.3	0.7	103.2	0	上海先锋电机厂试验站多跨厂房中部端头长×宽×高＝120m×60m×10m，中部墙高 5m
$JZS_2$9-3 75/25kW 交流整流子电机	多跨大车间	98.4	101.0	1.5	99.5	1.1	2.3	98.7	0.3	1.5	99.5	1.1	同上
MJ104 木工圆锯机	户外小广场	93.12	94.47	1.03	93.44	0.32	—	—	—	0.12	94.35	1.23	上海川沙蔡路机械厂轴皮车间外小广场、水泥地，长×宽＝18m×18m 范围内无反射物
MB318 木工小平刨	户外小广场	95.41	95.65	0.83	94.82	−0.59	—	—	—	0.55	95.1	−0.31	同上

由表 3 可见，对于中小房间，几种方法所得 k_2 值均大于 2dB，只有在大房间和户外 k_2 才小于 2dB。标准声源法和混响时间法所得 k_2 值基本一样，经修正后的声功率级与消声室的“真”声功率之差，一般在 0.5dB 之内，多表面法出入较大，不甚可靠。环境反射修正误差 δ_8 可视为 1.0dB。

(9) **消声室误差**（δ_9）

消声室被认为是理想的自由声场环境，应符合距离加倍声压级衰减 6dB 的规律，但对消声室声场鉴定测试表明，它不完全是自由声场，与理论数据也存在一定的偏差。ISO 3745 规定，消声室的偏差为 1.0dB（1000～4000Hz 为 0.5dB），半消声室的偏差为 1.5dB（1000～4000Hz 为 1.0dB）。若以消声室内测得的数据作为“真”值与现场或其他环境测得的结果进行比较，实际上消声室本身的偏差就包含在测量结果之中了。故消声室的误差 δ_9 一般可视为 1.0dB。

(10) **计算方法误差**（δ_{10}）

如式(6) 和式(7) 所示，测量面平均声压级的计算应是声能的平均，需进行对数、反对数的运算。有时为了简化运算而采用算术平均值。当测量面上声压级之差在 1～10dB 之间变化时，算术平均值与能量平均值之差为 0.02～2.47dB，当测量面上声压级差≤5dB 时，可以采用算术平均值，这时计算方法误差不会大于 0.7dB，故一般 δ_{10} 可视为 0.5dB。

4 误差计算

目前，计算总的累积误差（或称不确定度）通常有两种方法。一种是以均方根误差表示：

$$\delta_{总} = \sqrt{\sum_{i=1}^{n} \delta_i^2}\ (\text{dB}) \tag{11}$$

式中 $\delta_{总}$——总误差；

δ_i——各项误差最大值。

另一种是以相对误差表示：

$$\delta = 10\lg\left(1 + \frac{\delta_a}{a}\right)(\text{dB}) \tag{12}$$

式中 δ——以分贝表示的误差；

$\frac{\delta_a}{a}$——声功率变化量在声源所辐射的声功率中所占的百分比。如果 $\delta = \pm 1$dB，则 $\frac{\delta_a}{a} = \frac{25.9\%}{-21\%}$。即当误差为±1dB 时，说明它所引起的声功率变化量在“真”声功率值的 0.79～1.259 倍的范围内变化。

$$\left(\frac{\delta_a}{a}\right)_{总} = \sqrt{\sum_{i=1}^{n} \left(\frac{\delta_a}{a}\right)_i^2} \tag{13}$$

式中 $\left(\frac{\delta_a}{a}\right)_{总}$——累积百分比；

$\left(\frac{\delta_a}{a}\right)_i$——各项误差百分比。

将上述已分析过的10项误差汇总于表4并分别按式(11)～式(13)进行计算。

表4 各项误差汇总

误差名称 / 误差	背景噪声误差(δ_1)	测量仪器误差(δ_2)	读数误差(δ_3)	气象条件误差(δ_4)	近场误差(δ_5)	有限点误差(δ_6)	安装与运转状态误差(δ_7)	环境反射影响(δ_8)	消声室误差(δ_9)	计算方法误差(δ_{10})
误差分贝数	0.4	0.7	0.5	0.5	1.0	0.5	0.5	1.0	1.0	0.5
相对误差$\frac{\delta_a}{a}$	0.1	0.17	0.12	0.12	0.26	0.12	0.12	0.26	0.26	0.12

① $$\delta_{总}=\sqrt{\sum_{i=1}^{n}\delta_i^2}=\sqrt{\delta_1^2+\delta_2^2+\cdots+\delta_{10}^2}$$

$$=\sqrt{0.4^2+0.7^2+0.5^2+0.5^2+1.0^2+0.5^2+0.5^2+1.0^2+1.0^2+0.5^2}$$

$$=\sqrt{4.9}=2.21\ (\text{dB})$$

② $$\left(\frac{\delta_a}{a}\right)_{总}=\sqrt{\sum_{i=1}^{n}\left(\frac{\delta_a}{a}\right)_i^2}$$

$$=\sqrt{0.1^2+0.17^2+0.12^2+0.12^2+0.26^2+0.12^2+0.12^2+0.26^2+0.26^2+0.12^2}$$

$$=\sqrt{0.3137}=0.56$$

$$\delta_{总}=10\lg\left[1+\left(\frac{\delta_a}{a}\right)_{总}\right]=10\lg(1+0.56)=1.93(\text{dB})$$

鉴于声功率是机器设备在单位时间内向外辐射的声能，以上各项误差均是以分贝值表示的。因此采用第二种方法，计算累积总百分比及总误差（不确定度）较为合理，这种方法已在不少标准中被采用。

以上计算结果说明，只要严格按上述各项要求进行测试，就可以达到ISO 3744—1981所规定的精度要求［不确定度为2dB(A)］。但是，根据我国测量仪器精度、测量水平，尤其是测量环境的条件，对测量大的机器设备要寻找一个$A/S>6$的场地，尚有一定困难。因此，全国声学标准化技术委员会在讨论机器设备声功率级现场测量方法国家标准——工程法时，已提出测量的不确定度由2dB(A)放宽为3dB(A)，将$A/S>6$放宽为$A/S>4$，并把这种方法称为准工程法。

5 结语

① 以上分析的10个因素都会对机器设备声功率级测量带来影响。仪器误差、安装与运转状态误差、计算方法误差、消声室误差，一般来说变化不是太大，有限点误差、近场误差、读数误差与声源特性有很大关系，在测量方法一定的情况下，其变化也是有限的；背景噪声影响（k_1）、环境反射影响（k_2）、气象条件影响（k_3）、对测量结果影响较大，特别是

环境反射影响更为突出，因此在按式(7) 计算声功率级时，一般首先考虑 k_1、k_2、k_3 三个因素的影响。

② 工程级测量，环境反射影响修正值 k_2 的求法，以标准声源法较为准确简便，而多表面法与混响时间法所得结果出入较大，本身测试的一致性也较差，不宜采用。

③ 以均方根求平均标准偏差 $\delta_{总}$ 已超过 2dB，以百分比求 $\delta_{总}$ 约为 2dB，条件较为苛刻。现提出 $\delta_{总}$ 为 3dB 是符合我国国情的。

本文 1986 年刊登于《凿岩机械与风动工具》第 3 期

船用柴油机厂噪声污染现状

1 概述

从国内外有关文献可知，造船行业的噪声水平是较高的，而船用柴油机厂的噪声污染尤为严重。通过对国内有关柴油机厂噪声实测，可将其噪声源大体分为三类：一是产品噪声——柴油机部件装调与整机装调产生的噪声；二是工艺设备及生产过程中产生的噪声；三是辅助设备产生的噪声。这些噪声不仅严重影响本厂操作人员的身心健康，而且给厂区环境及周围居民带来严重的噪声污染。还有，柴油机产品安装在舰船上或其他部门，其噪声影响范围更广。因此，必须加以控制、治理。

2 船用柴油机噪声

船用柴油机多数系安装于舰船的机舱内，机舱噪声是舰船的主要噪声源。为了提高军用舰艇的战术性能，尤其是潜艇的安静性、隐蔽性，国外不惜工本降低其噪声。为了保护船员和乘客的身心健康，民用船舶对其噪声也提出了越来越严格的要求。目前，船用柴油机噪声限值标准，国内还没有制定出来，但是安装柴油机的舰艇和运输船舶，各工业国家均提出了各舱室的噪声限值标准。以运输船舶为例，国际 IMCO（政府间海事协商组织）1980 年 10 月制定了国际上能共同做到的准则——《船舶噪声级规程》，该规程规定，有人值班的机舱噪声允许值为 90dB(A)，无人（或间断）值班的机舱为 110dB(A)，控制室为 75dB(A)。我国交通部 1981 年 12 月提出了《运输船舶舱室噪声标准》（征求意见稿），该标准规定，无控制室机舱主机控制处为 90dB(A)，有控制室机舱和无人机舱为 110dB(A)，控制室为 75dB(A)。我国海军军用柴油机规范要求平台噪声应低于 110dB(A)。

舰船舱室噪声标准的制定，实际上也就对船用柴油机噪声提出了限制，很清楚，如果船用柴油机噪声高于 110dB(A)，将其装于舰船机舱内，很难使其机舱噪声低于 110dB(A)。

实测我国生产的船用高速、中速、低速柴油机试车噪声，绝大多数均在 100dB(A) 以上，有的高达 120～135dB(A)，影响面广，危害严重。

(1) 高速大马力柴油机

以河南柴油机厂生产的轻 42-160 型高速大马力柴油机为例，该柴油机马力为 4000 匹，42 只缸，转速为 1200～2000r/min，体积（外形尺寸）为 3700mm×1560mm×1630mm。在该厂柴油机试车间内于不同的工况下测得的噪声声压级及其频谱特性如表 1 所示。

实测结果表明：

① 轻 42-160 型高速大马力柴油机随着转速的提高，其噪声级也提高，在常用转速（1900r/min）下，噪声级为 120.9dB(A)，在最高转速（2200r/min）下，噪声级为 129.7dB(A)，最高噪声点在增压器进气口处（测点 8），噪声级为 135dB(A)。

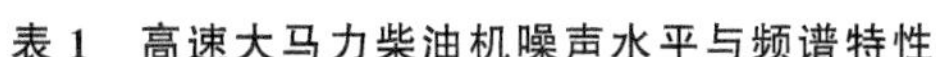

表 1　高速大马力柴油机噪声水平与频谱特性

测试场所及测点位置	装配车间　走廊　*9　*3　*4　*6　*2　*7　*5　*1　*8　柴油机试车间　*11　9.0m　*10　操作室　3.0m　3.5m　12.0m　北　厂区道路　*12　13 *　锻冶科办公室 测点1～5离机表面1.0m，离地高1.5m。 测点6离机表面1.0m，离地高10m。 测点7.8离机表面0.5m，离地高1.5m。 测点9～13离地高1.5m。														
工况及测点	总声级				倍频程中心频率/Hz										
	A	B	C	L	31.5	63	125	250	500	1k	2k	4k	8k	16k	31.5k
	声压级/dB														
测试数据：转速 1200r/min 测点 1～8 对数平均	115.3	118.2	119.6	119.6	85.9	93.1	113.7	118.9	112.9	110.3	107.9	104	96.3	85.5	—
转速 1700r/min 测点 1～6 对数平均	118.9	119.8	120.8	121.2	91.1	96.2	113.5	114.6	115.1	115.1	112.7	110.4	106	97.2	—
转速 1900r/min 测点 1～6 对数平均	120.9	122	123	123	—	—	—	—	—	—	—	—	—	—	—
转速 2000r/min 测点 1～6 对数平均	125.3	125.1	126.4	127.3	—	—	—	—	—	—	—	—	—	—	—
转速 2200r/min 测点 1～8 对数平均	129.7	129.2	129.2	130.4	—	—	—	—	—	—	—	—	—	—	—
转速 2200r/min 噪声最高点(8 点)	135	134	134	136	102	112	116	122	122	120	120	132	126	120	104
转速 2200r/min 操纵室内（10 点门关）	98	106	107	108	80	80	90	104	92	88	82	90	80	65	—
转速 2200r/min 离机 4m(9 点)	120	119	118	119	—	—	—	—	—	—	—	—	—	—	—
转速 2200r/min 窗外 1m(11 点)	104	106	107	108	—	—	—	—	—	—	—	—	—	—	—
转速 2200r/min 离试车间 20m（12 点）	90	91	92	93	—	—	—	—	—	—	—	—	—	—	—
转速 2200r/min 离试车间 40m（13 点）在锻冶科二楼窗开	82	83	84	83	66	63	77	70	76	75.5	73	77	65	50	—
测试时背景噪声	70	—	—	—	—	—	—	—	—	—	—	—	—	—	—
频谱特性曲线	倍频程声压级/dB（70～140）；倍频程中心频率/Hz：0　31.5　63　125　250　500　1k　2k　4k　8k　16k　315k　A　B　C　L (1) ×—× 最高噪声级（2200r/min 测点8） (2) ○—○ 中等转速下噪声级（1700r/min） (3) ▲－－▲ 操作室内(测点10)门关噪声级														

② 从其频谱特性曲线可知，高速大马力柴油机噪声呈宽频带，在 2200r/min 时，从 31.5Hz～31.5kHz，其声压级均在 100dB 以上。在近处高频噪声烦躁难忍，在远处低频噪声衰减小，声级高，沉闷揪心。在离试车间 20m 外的厂区道路上（测点 12）声压级为 90dB(A)，40m 外锻冶科办公室（测点 13）窗户开时噪声级为 82dB(A)。只要柴油机试车，方圆 1～2km 之内的居民都能听到“嘭嘭嘭”的试车声，尤其是晚上，直接影响周围居民睡眠，居民意见很大。

③ 在 2200r/min 时，于操纵室内工作人员耳位（测点 10），当门关闭时，声压级为 98dB(A)，常年在这样高的噪声情况下工作，会引起多种疾病。该试车间有两名中年工人，原来身体很好，是厂级篮球队员，但相继得心脏病去世了，这不能说与高噪声危害没有关系。

(2) 中速柴油机

广州柴油机厂生产的 6300 型中速柴油机，马力为 400～680 匹，有增压器，转速 600r/min，在该厂装配调试车间的试车台上单台开动和多台同时开动，其噪声水平及频谱特性曲线如表 2 所示。

实测结果表明：6300 型柴油机噪声也是较高的，单台开动（负荷 50%，无增压器）噪声级为 99.3dB(A)，全负荷有增压器噪声级为 102dB(A)，6 台同类型柴油机同时开动，其平均噪声级为 104dB(A)。噪声最高点在柴油机排气口处，其噪声级室内为 108dB(A)，在室外为 107dB(A)。在离试车台 20m 远的装配车间噪声级为 93dB(A)，40m 之外为 90dB(A)。鉴于柴油机试车台与装配车间组合在同一跨厂房内，柴油机试车噪声干扰甚大，整个装配车间的噪声均在 90dB(A) 以上。

(3) 中速大马力柴油机

上海沪东造船厂生产的我国自行设计制造的大功率二冲程中速柴油机 12V47-390 型，其功率为 8000 马力，12 缸，转速 480r/min，有增压器，总重 60t。在沪东造船厂柴油机车间试车平台上实测 12V47-390 的噪声水平及频谱特性，如表 3 所示。

实测结果表明：12V47-390 大马力柴油机，其试车噪声级为 108.7dB(A)，最高点为 109.5dB(A)，呈宽频带。在离试车台 30m 处，噪声级为 93dB(A)，60m 外为 85dB(A)，90m 外为 82.5dB(A)。柴油机试车时，整个柴油机车间受到严重的噪声污染。

将该类型柴油机装舰（甲）后，当主机转速为 465r/min 时，实测主机舱内的最大噪声级为 119dB(A)，平均噪声级为 116dB(A)，装舰（乙）后，当主机转速为 463r/min 时，主机舱内的最大噪声级为 116dB(A)，平均噪声级为 114.8dB(A)。

同一类型的柴油机，安装于舰船机舱内的噪声级比在生产厂试车台上实测的噪声级要高 8～10dB(A)。当然影响噪声级高低的因素甚多，也可能是机舱内容积小，混响严重，再加上别的声源的叠加，致使机舱内的噪声级提高了。但是这也说明，若要满足机舱内噪声级不应高于 110dB(A) 的噪声标准的要求，则生产厂试车台上测得的噪声级应低于 100dB(A)，即该类柴油机噪声级应控制在 100dB(A) 以下。

(4) 12VEDZ230/55 型中速柴油机

上海沪东造船厂生产的 12VEDZ230/55 柴油机，功率为 2250 马力[1]，12 缸，转速为 285r/min，无增压器，当负荷为 100%时，于该厂柴油机车间试车平台上实测其噪声水平及

[1] 1 马力＝0.7355kW。

频谱特性曲线如表 4 所示。平均噪声级为 98.7dB(A)，最高为 101dB(A)。

表 2 中速柴油机噪声水平与频谱特性

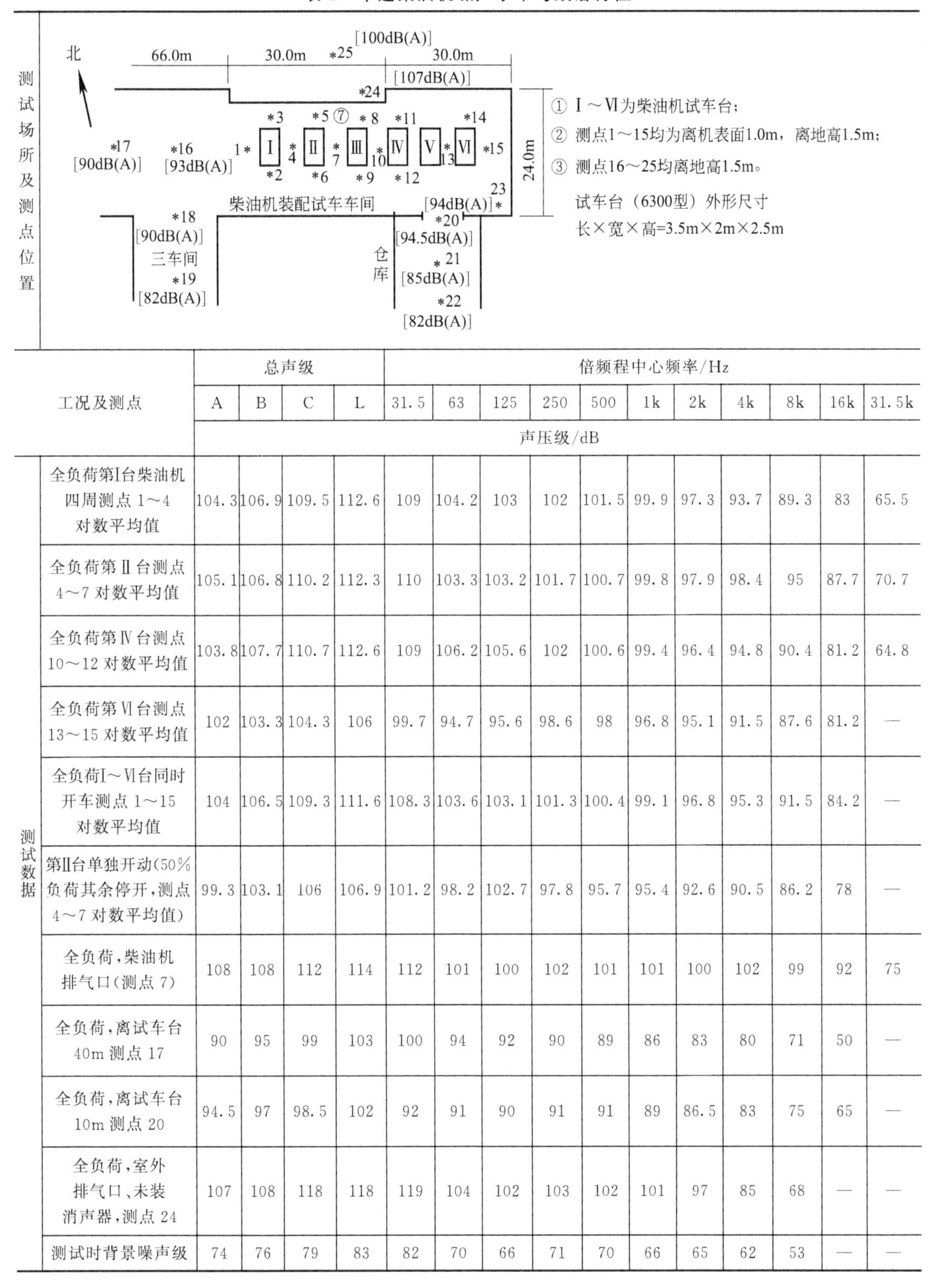

工况及测点	总声级				倍频程中心频率/Hz										
	A	B	C	L	31.5	63	125	250	500	1k	2k	4k	8k	16k	31.5k
	声压级/dB														
测试数据：全负荷第Ⅰ台柴油机四周测点 1～4 对数平均值	104.3	106.9	109.5	112.6	109	104.2	103	102	101.5	99.9	97.3	93.7	89.3	83	65.5
全负荷第Ⅱ台测点 4～7 对数平均值	105.1	106.8	110.2	112.3	110	103.3	103.2	101.7	100.7	99.8	97.9	98.4	95	87.7	70.7
全负荷第Ⅳ台测点 10～12 对数平均值	103.8	107.7	110.7	112.6	109	106.2	105.6	102	100.6	99.4	96.4	94.8	90.4	81.2	64.8
全负荷第Ⅵ台测点 13～15 对数平均值	102	103.3	104.3	106	99.7	94.7	95.6	98.6	98	96.8	95.1	91.5	87.6	81.2	—
全负荷Ⅰ～Ⅵ台同时开车测点 1～15 对数平均值	104	106.5	109.3	111.6	108.3	103.6	103.1	101.3	100.4	99.1	96.8	95.3	91.5	84.2	—
第Ⅱ台单独开动(50%负荷其余停开,测点 4～7 对数平均值)	99.3	103.1	106	106.9	101.2	98.2	102.7	97.8	95.7	95.4	92.6	90.5	86.2	78	—
全负荷,柴油机排气口(测点 7)	108	108	112	114	112	101	100	102	101	101	100	102	99	92	75
全负荷,离试车台 40m 测点 17	90	95	99	103	100	94	92	90	89	86	83	80	71	50	—
全负荷,离试车台 10m 测点 20	94.5	97	98.5	102	92	91	90	91	91	89	86.5	83	75	65	—
全负荷,室外排气口、未装消声器,测点 24	107	108	118	118	119	104	102	103	102	101	97	85	68	—	—
测试时背景噪声级	74	76	79	83	82	70	66	71	70	66	65	62	53	—	—

续表

频谱特性曲线

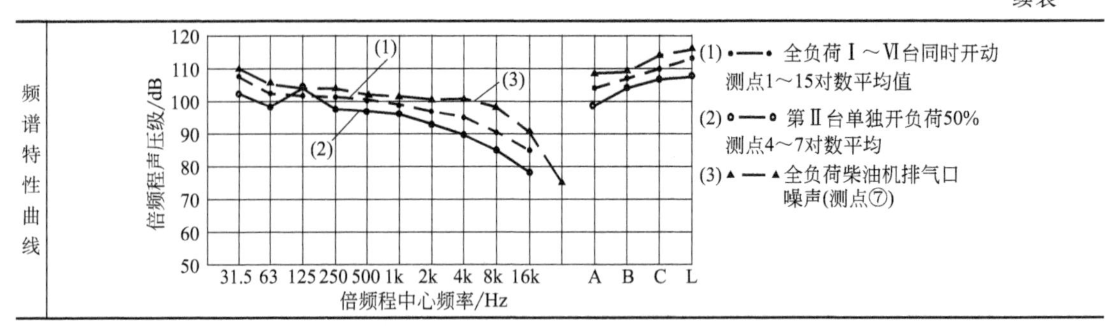

表3　中速大马力柴油机噪声水平与频谱特性

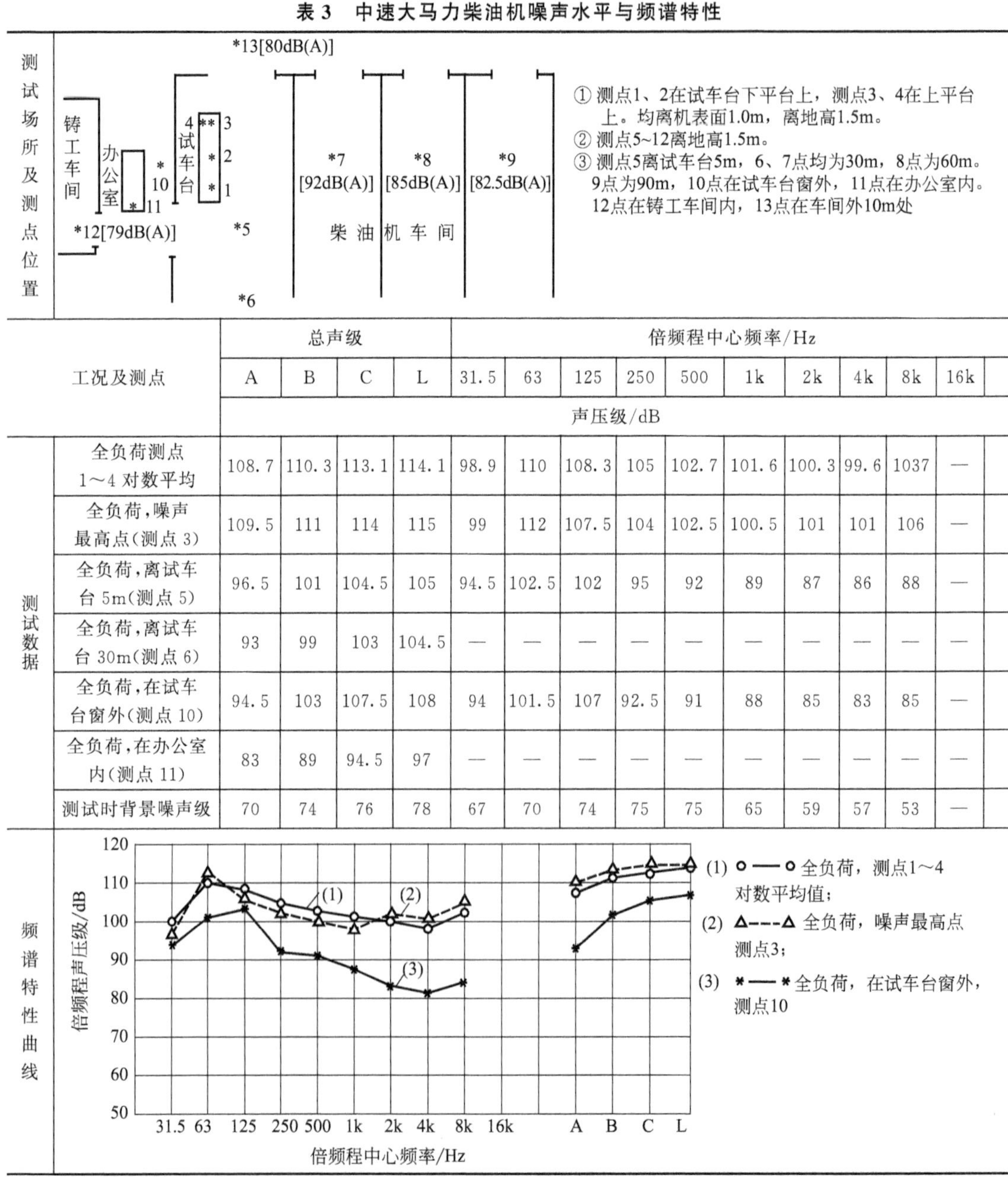

工况及测点		总声级 A	B	C	L	倍频程中心频率/Hz 31.5	63	125	250	500	1k	2k	4k	8k	16k
		声压级/dB													
测试数据	全负荷测点1～4对数平均	108.7	110.3	113.1	114.1	98.9	110	108.3	105	102.7	101.6	100.3	99.6	1037	—
	全负荷，噪声最高点(测点3)	109.5	111	114	115	99	112	107.5	104	102.5	100.5	101	101	106	—
	全负荷，离试车台5m(测点5)	96.5	101	104.5	105	94.5	102.5	102	95	92	89	87	86	88	—
	全负荷，离试车台30m(测点6)	93	99	103	104.5	—	—	—	—	—	—	—	—	—	—
	全负荷，在试车台窗外(测点10)	94.5	103	107.5	108	94	101.5	107	92.5	91	88	85	83	85	—
	全负荷，在办公室内(测点11)	83	89	94.5	97	—	—	—	—	—	—	—	—	—	—
	测试时背景噪声级	70	74	76	78	67	70	74	75	75	65	59	57	53	—

频谱特性曲线

表 4 中速柴油机（12VEDZ230/55）噪声水平及频谱特性

测试场所及测点布置	试车台 * 1 * 3 * 2 *4 ①测点1、2在试车台下平台上，离机表面1.0m，离地高1.5m。 ②测点3在试车台上平台上，离机表面1.0m。 ③测点4离试车台8.0m，离地高1.5m															
工况及测点		总声级				倍频程中心频率/Hz										
		A	B	C	L	31.5	63	125	250	500	1k	2k	4k	8k	16k	
		声压级/dB														
测试数据	全负荷测点 1	94.5	101	102.5	102.5	87	92	96.5	96.5	91	90	87	84	76		
	全负荷测点 2	101	102	102.5	102.5	80	90	97	97	96	94	92.5	93	84		
	全负荷测点 3	98.5	101	102.5	103	83	91	97	97	93.5	92	92	90	84		
	测点 1～3 对数平均值	98.7	101.4	102.5	102.7	84.3	91.1	96.8	96.8	93.2	92.3	91.1	90.3	82.6		
	全负荷测点 4	92	94	95.5	95.5	82	85	90	91.5	87	86.5	85.5	84	74		
	测试时背景噪声	70	—	—	—	—	—	—	—	—	—	—	—	—		
频谱特性曲线	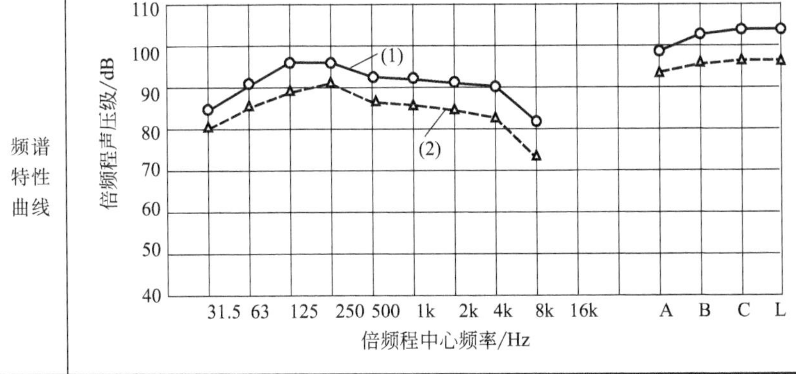															

(5) **8NVD48 型中速柴油机**

8NVD48 型柴油机，1320 马力，最高转速为 428r/min。在上海船厂柴油机试车台上测得的噪声级以及将该柴油机安装于东方红 32 号轮的机舱内，其噪声频谱特性如图 1 所示。

在试车台上噪声级为 100dB(A)，安装于机舱内为 102dB(A)。

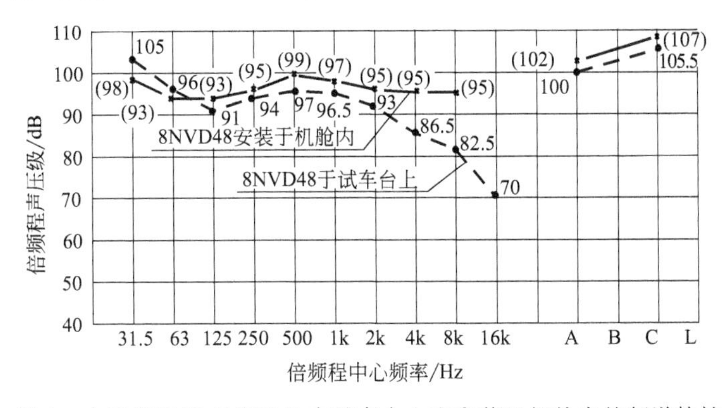

图 1 中速柴油机 8NVD48 在试车台上和安装于机舱内的频谱特性

(6) 低速柴油机

9ESDZ43/82B 低速柴油机（4500 马力，200r/min），SULZER6RND76/155 型低速柴油机（12000 马力，122r/min，增压器为 VTR631—1）以及 MANKZ78/155 型低速柴油机（7860 马力，115r/min，增压器 VTR630），其噪声频谱特性如图 2 所示。

9ESDZ 噪声级为 101dB(A)，6RND 噪声级为 104.4dB(A)，MANKZ 噪声级为 95.4dB(A)。

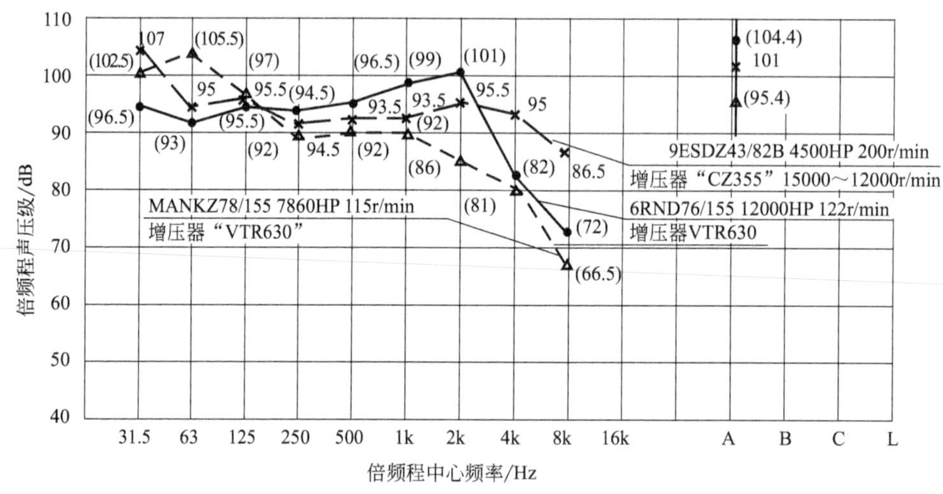

图 2　低速柴油机噪声频谱特性

3　船用柴油机厂工艺设备噪声

(1) 柴油机部件调试

柴油机整机试车时噪声是很高的，而部件试车以及零件加工时的噪声也相当高。例如，柴油机回油泵，射油泵、联合机组，热运转试验，铸件的清砂、落砂、喷砂，机械加工车间的大车床，自制多轴钻，珩磨机等非标准设备，其噪声都很高。

例如，河南柴油机厂回油泵试验车间、联合机组试验间，其噪声水平及频谱特性如表 5 所示。射油泵试验间的噪声水平及频谱特性如表 6 所示。

从上述测试结果可知，柴油机部件试车时的噪声多数在 100dB(A) 以上，回油泵噪声呈宽频带，联合机组噪声呈中频，射油泵噪声呈高频，联合机组最高噪声处为 114dB(A)，整个回油泵试验间噪声为 99.4dB(A)，射油泵试验间噪声为 101.7dB(A)。10m 之外均在 85dB(A) 以上，噪声污染严重。

(2) 柴油机大件加工

柴油机机械零件尺寸大、形状复杂，精度要求高，除通用的机械加工设备外，专用机床及自制非标设备居多，其噪声一般也很高。例如，广州柴油机厂三车间所用的 C7140-C-3 车床、缸头四轴钻、机座多轴钻、珩磨机等，在离机床表面 0.5m，离地高 1.5m 处测得的噪声级如表 7 所示。

(3) 柴油机零件铸造与清砂

柴油机基座缸体等铸件大，形状复杂，清砂工作量大，采用风动工具如风镐、风铲等清理铸件时，产生很强的噪声，铸工与清砂间噪声一般在 100dB(A) 左右，再加上粉尘等污染，使操作人员工作条件十分恶劣，为减轻手工劳动，采用了清砂机、喷砂机、落砂机等，但这些设备噪声也很高。表 7 列出了这些设备的噪声及频谱特性。清砂噪声呈中高频，刺耳难忍，应佩戴耳塞等个人劳保防护用品。

表 5　柴油机用回油泵联合机组噪声水平及频谱特性

测试场所及测点位置

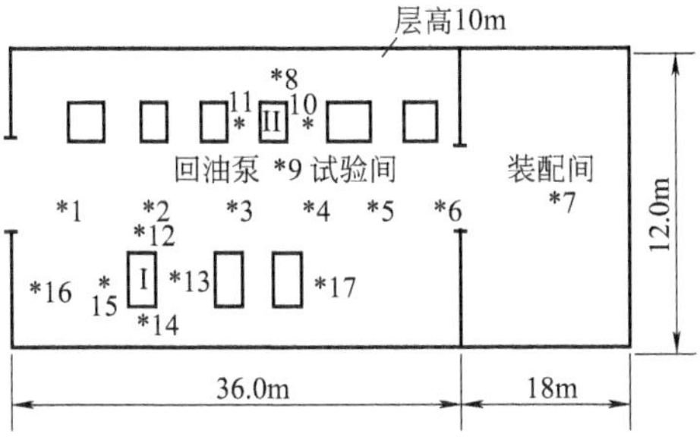

	工况及测点	总声级				倍频程中心频率/Hz									
		A	B	C	L	31.5	63	125	250	500	1k	2k	4k	8k	16k
		声压级/dB													
测试数据	当 8 台回油泵和 1 台联合机组同时开动时，整个试验间噪声(测点 1～6 对数平均值)	99.4	100.2	100.6	100.8	80.3	84.3	89.8	92.3	94.4	95.2	95.5	89	83.1	71.7
	联合机组Ⅰ单独开动，测点 12～15 对数平均值	105.2	104.7	104.3	104	78	88	91	91	89	101	98	98	90	82
	联合机组单独开动，噪声最高点(测点 12 处)	114	112	112	112	—	—	—	—	—	—	—	—	—	—
	回油泵单Ⅱ台开动其余停开，测点 8～11 对数平均值	101.9	101.6	101.7	102.4	72	74	77	79.5	92	96	100	97.5	95	86
	回油泵单Ⅱ台开动噪声最高点(测点 11 处)	108	107.5	107.5	108	79	91	91	94	94	103	102	101	92	84
	在离试验间 15m 外的装配间内的噪声(测点 7)	86	86	86.5	87.5	70	72	76	78	80	83	81	74	64	48
	测试时背景噪声级	70	—	—	—	—	—	—	—	—	—	—	—	—	—

频谱特性曲线

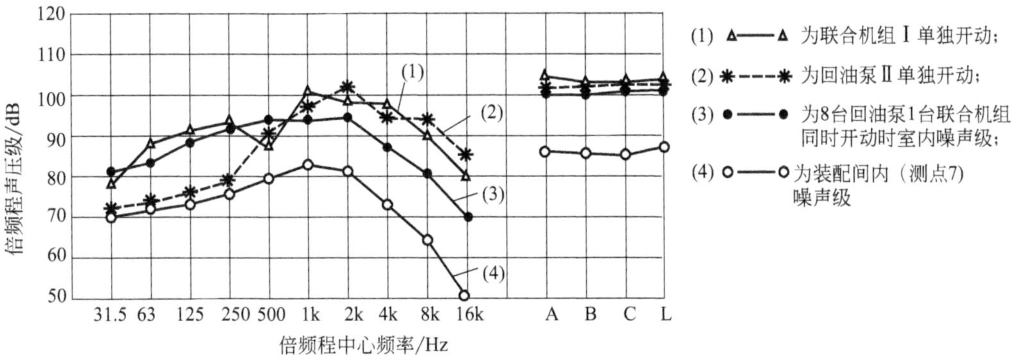

表 6　柴油机用射油泵噪声水平及频谱特性

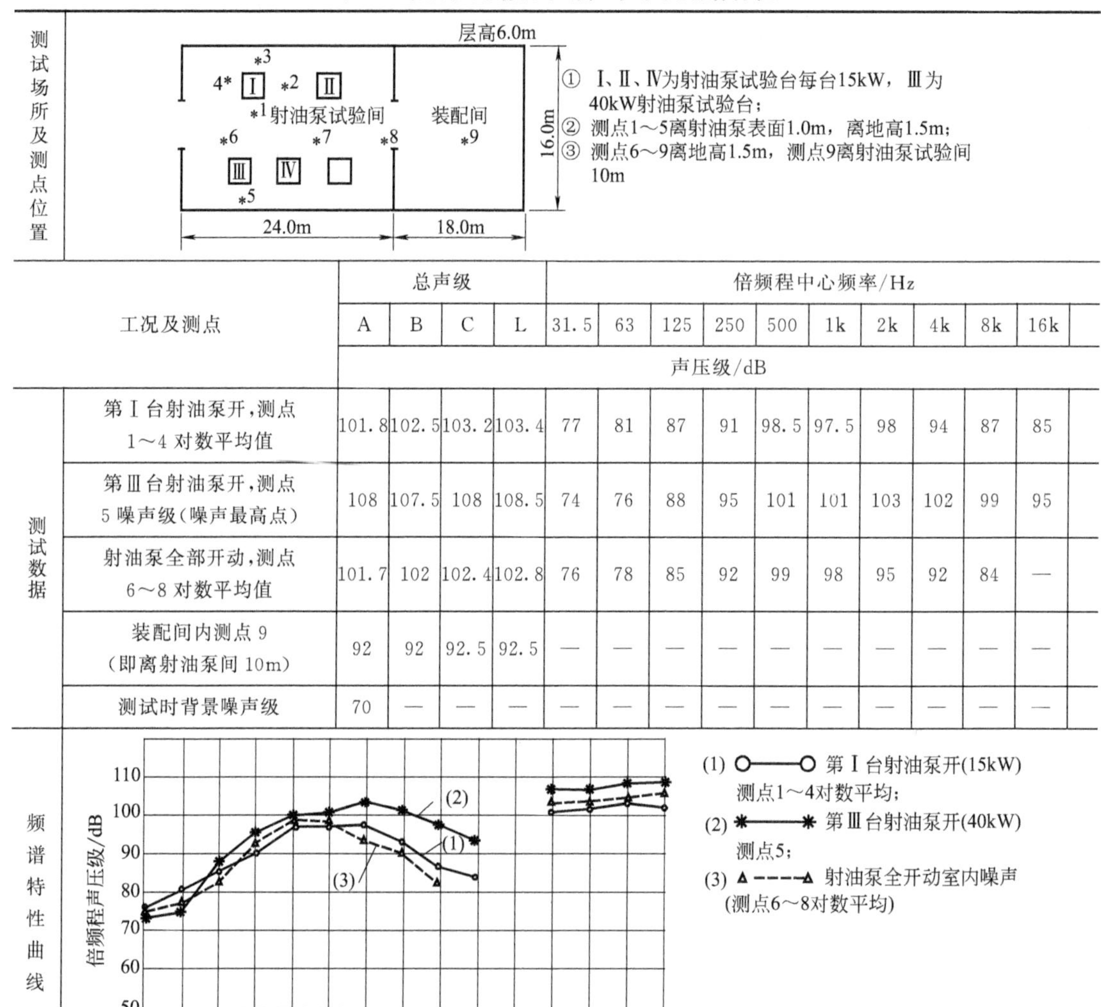

	工况及测点	总声级				倍频程中心频率/Hz									
		A	B	C	L	31.5	63	125	250	500	1k	2k	4k	8k	16k
		声压级/dB													
测试数据	第Ⅰ台射油泵开，测点1～4对数平均值	101.8	102.5	103.2	103.4	77	81	87	91	98.5	97.5	98	94	87	85
	第Ⅲ台射油泵开，测点5噪声级(噪声最高点)	108	107.5	108	108.5	74	76	88	95	101	101	103	102	99	95
	射油泵全部开动，测点6～8对数平均值	101.7	102	102.4	102.8	76	78	85	92	99	98	95	92	84	—
	装配间内测点9(即离射油泵间10m)	92	92	92.5	92.5	—	—	—	—	—	—	—	—	—	—
	测试时背景噪声级	70	—	—	—	—	—	—	—	—	—	—	—	—	—

表 7　柴油机厂工艺设备噪声水平及频谱特性

测试单位	工况及测点	总声级				倍频程中心频率/Hz									
		A	B	C	L	31.5	63	125	250	500	1k	2k	4k	8k	16k
		声压级/dB													
广州柴油机厂	C7140-C-3车床操作位置(离机表面0.5m，离地高1.5m)	102	102	102	102	75	78	81	86	89	97	101	96	70	—
	缸头四轴钻操作位置(离机表面0.5m，离地高1.5m)	97.5	98	98	99	85	75	78	86	94	92	88	90	92	80
	机座多轴钻操作位置(离机表面0.5m，离地高1.5m)	92	94	95	95	80	75	84	89	88	86	84	83	76	—
	珩磨机操作位置(离机表面0.5m，离地高1.5m)	92	93	91	95	76	76	85	90	90	88	84	75	68	51
	测试时背景噪声级	70	—	—	—	—	—	—	—	—	—	—	—	—	—

续表

测试单位	工况及测点	总声级				倍频程中心频率/Hz									
		A	B	C	L	31.5	63	125	250	500	1k	2k	4k	8k	16k
		声压级/dB													
广州柴油机厂	清砂机操作位置(离机表面0.5m,离地高1.5m)	92	95	104	106	105	90	94	90	87	85	84	84	80	65
	喷砂机操作位置(离机表面0.5m,离地高1.5m)	98	98	95	96	92	83	86	86	88	84	88	86	86	80
河南柴油机厂	落砂机操作位置(离机表面1.0m,离地高1.5m)	102	102	104	106	98	95	96	97	100	100	100	96	98	84
	风镐风铲清砂噪声平均值(工作者耳位,于清砂间)	122	120	120	121	86	90	94	99	102	100	112	123	119	104
	风镐风铲清砂噪声最高处(工作者耳位)	124	124	123	123	83	86	92	104	105	116	119	115	112	104
	测试时背景噪声	70	—	—	—	—	—	—	—	—	—	—	—	—	—
频谱特性曲线															

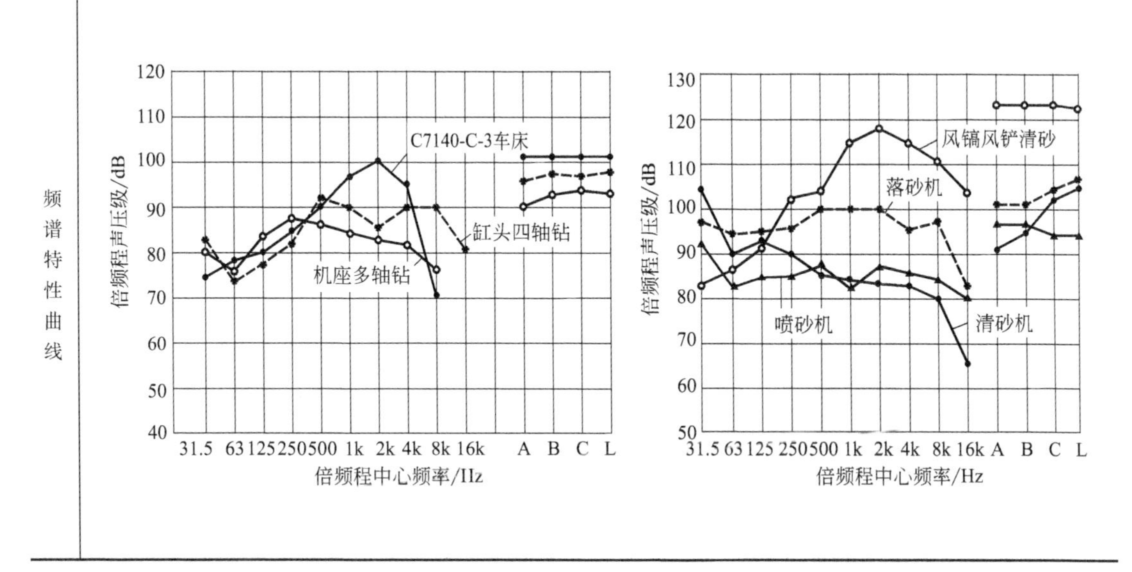

4 船用柴油机厂辅助设备噪声

为提供加工、装配、调试等需要的压缩空气、电力、热水、循环水、蒸汽等，不少船用柴油机厂均设有柴油发电机房、水泵房、空压站、锅炉房、风机房等，这些部门的噪声也很高，成为船用柴油机厂的主要噪声源之一。车间内起重运输设备，厂区内的汽车、电瓶车、铲车等也产生一定的噪声，污染厂区环境。

广州柴油机厂发电机房的噪声水平及频谱特性如表8所示。

表 8　柴油发电机房噪声水平及频谱特性

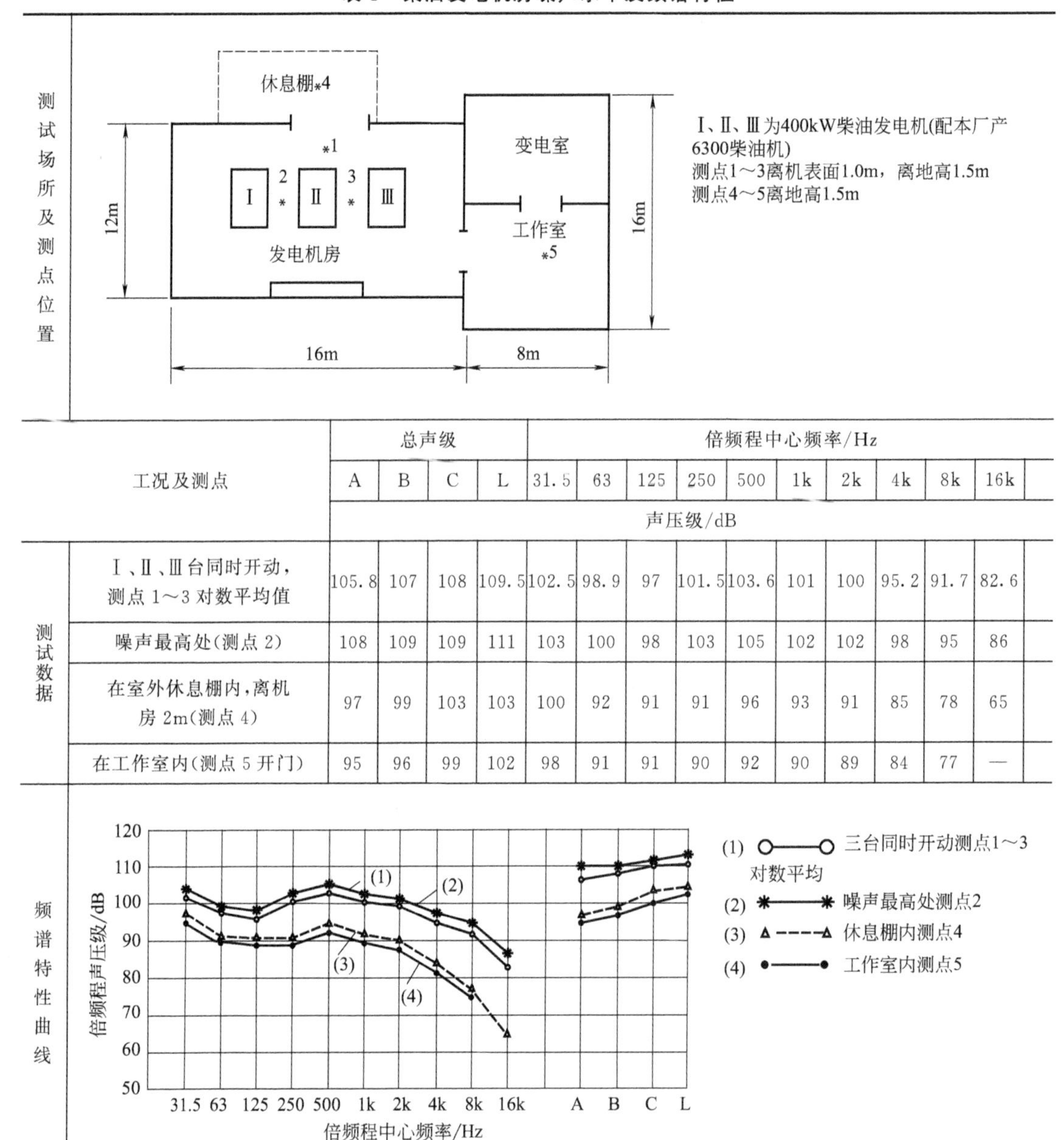

	工况及测点	总声级 A	总声级 B	总声级 C	总声级 L	31.5	63	125	250	500	1k	2k	4k	8k	16k
		声压级/dB													
测试数据	Ⅰ、Ⅱ、Ⅲ台同时开动，测点 1～3 对数平均值	105.8	107	108	109.5	102.5	98.9	97	101.5	103.6	101	100	95.2	91.7	82.6
	噪声最高处(测点 2)	108	109	109	111	103	100	98	103	105	102	102	98	95	86
	在室外休息棚内，离机房 2m(测点 4)	97	99	103	103	100	92	91	91	96	93	91	85	78	65
	在工作室内(测点 5 开门)	95	96	99	102	98	91	91	90	92	90	89	84	77	—

注：表头中 31.5～16k 为倍频程中心频率/Hz。

一般空压站的噪声在 90～100dB(A)，排气放空时达 100～110dB(A)。

普查广州柴油机厂整个厂区的噪声分布图如图 3 所示。

实测结果表明：在全厂布置了 43 个测点，于白天上班时间，整个厂区噪声在 60dB(A) 以上，在靠近柴油机试车间和发电机房半径 100m 的范围内，噪声均在 70dB(A) 以上，车间内的噪声一般均为 80～90dB(A)。厂区西部居民区，柴油机试车时，白天晚上均为 64dB(A)，南部居民区为 68dB(A)，厂区后门处噪声为 68dB(A)，厂招待所为 55dB(A)。鉴于柴油机试车时是连续开动，柴油发电机房昼夜运转，尤其是夜间，直接影响居民的睡眠休息，强烈要求尽快治理。

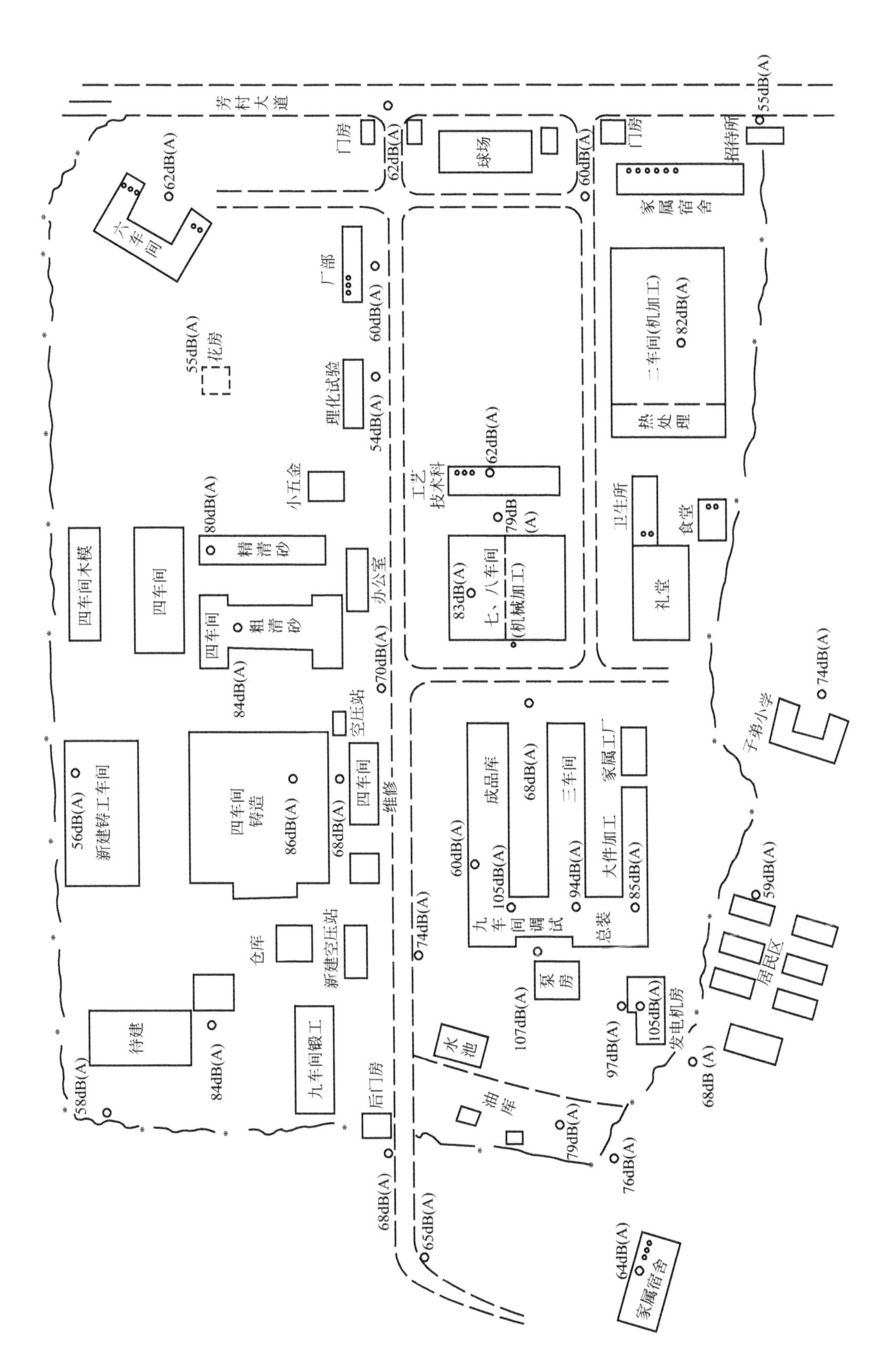

图3 广州柴油机厂厂区环境噪声分布图

5 柴油机厂噪声控制

要控制船用柴油机厂噪声，应从上述三部分主要噪声源着手，设法将声源的噪声降下来，尤其是柴油机本身的噪声若能降下来，不仅柴油机厂试车车间的噪声会下降，而且将其装于舰船上之后，机舱和整个船舶的噪声都会降低，逐步达到如前所述的国家规定的舱室噪声标准。

由于设计新型的低噪声柴油机或改进现有柴油机有一定困难，目前不少单位已设法在不大改动柴油机结构性能的情况下，安装各类消声隔声装置，改善其噪声辐射，减小噪声污染。

例如，原六机部七院十一所与上海交大、同济大学、沪东造船厂等单位共同对 E390 中速大马力柴油机进行噪声控制研究，已取得可喜的成果。在柴油机进气管外部包扎消声超细玻璃棉袋，实测其噪声可降低 6～9dB(A)，新设计的增压器进气片式消声器，可降低噪声 8dB(A)，另外改进滑油泵和气阀顶杆机构等，采取上述措施综合治理后柴油机整机平均声压级由原来的 115dB(A) 降低为 105.8dB(A)，总噪声级平均降低 9.2dB(A)。降噪后，整机噪声接近于法国进口的 PC 柴油机的噪声水平［法国 12PC3V 为 105dB(A)，12PC25V 为 103dB(A)，12PC4V 为 106dB(A)］。

为降低柴油机试车排气噪声，可在排气口加装消声器。广州柴油机厂 6300 柴油机在排气口安装消声器后，噪声由原来的 107dB(A) 降低为 89dB(A)，降噪 18dB(A)，效果显著。

为缩小主要噪声源的污染范围，还可在其传播途径上加以隔声、屏障。例如，广州柴油机厂拟将装配车间和试车台由统间分隔为两部分，中间加一垛砖隔墙，减少试车台噪声对装配车间的影响，预计可降低 10～20dB(A)。即使在高噪声的试车车间内，也可专门设置隔声吸声的控制室、操纵间、观察室或工人休息间，采用遥控新技术，减少操作工人噪声暴露时间。

以往在柴油机厂厂房设计时，对噪声污染与控制未引起足够的重视，布局不尽合理，措施不力，效果较差。例如，河南柴油机厂高速大马力柴油机试车间，虽然设置了操纵室，但隔声、吸声较差，试车间内 120dB(A) 以上的噪声传入操纵室内，噪声仍在 90～100dB(A)，这样高的噪声是难以忍受的，应加以改造。对某些高噪声柴油机部件的装配、调试、试车，过去是集中布置，致使一台开动，整个车间就不得安宁，如回油泵、射油泵、联合机组试验等，建议采取分而治之的办法，在工艺布置上加以调整，由统间隔为数小间或加吸声隔声屏，减少噪声污染范围。

对某些通用性的辅助设备，如空压机、通风机等空气动力性噪声，可加装消声器，市场上已有各种型号规格的消声器供应。对安装这些设备的厂房也可采取吸声隔声措施，如吊装空间吸声板等，可使整个车间噪声降低 5～10dB(A)。当然也可佩戴个人劳动保护用品，如耳塞、耳罩等。

近年来，噪声的危害已引起各方重视，噪声控制技术迅速发展，只要各方重视，采取综合治理措施，船用柴油机厂的噪声一定可以逐步得到控制。

本文 1983 年刊登于院庆三十周年《技术年刊》第 4 期

不同环境对机器噪声测量结果的影响

摘　要： 噪声既是衡量机器质量好坏的标准之一，又是污染环境的公害之一。为进行噪声控制，首先要对其噪声水平和频谱特性进行测量与分析。当用声功率级来表示机器噪声高低时，测量结果受到多种因素影响，尤其是测量环境不同对测量结果影响甚大。本文以电机和木工机床为例，通过实测试验分析，探讨在不同声场环境，采用不同修正方法对噪声现场测试结果的影响。为保证工程级测试精度，要求环境反射修正值 k_2 应小于 2dB，文中介绍了降低 k_2 的几个途径，以供噪声现场测量与分析参考。

机器、设备的噪声声级高，影响面广，是污染环境的主要噪声源之一。要进行噪声控制，必须首先准确地测量其噪声水平和频谱特性，从声源上给予治理。

目前，有声压级、声功率级、声强级三种方法表示机器设备噪声高低。测量声压级较简便，但它受测量距离、测量环境影响甚大，给定声压级，必须同时标明测量距离。同一台设备，相同测量距离，由于在不同的环境中测试，其声压级差值有时达 8～10dB。机器设备辐射的声功率级，从理论上来说，在一定的运行状态下是个恒定值，通过测量声压级并进行必要的修正，可计算出声功率级。近年来，国内外对机器设备噪声声功率级测量进行了大量的研究工作并制定了一系列测量方法的国际标准和国家标准。声强级的测量技术发展迅速，已有声强计应市，但因该方法需要精密而复杂的仪器设备，其测量方法的标准还未编制。

本文主要结合我们在编制电机和木工机床噪声声功率级测量方法国家标准中的试验验证工作，参考 ISO/TC43 有关规定，以电机和木工机床为例，从分析影响测量误差的因素出发，着重探讨各种不同现场测量环境、采用不同修正方法对声功率级计算的影响。

1　影响机器噪声声功率级测量结果的因素

机器设备噪声声功率级测量精度，一般分为精密级、工程级和概测级三种，不同的测量精度，应在不同的声学环境中测试。精密级要求在特定的实验室——消声室、半消声室和混响室内测量；工程级是现场测量，要求在开阔平坦的户外或大房间或吸声较强的专门试验间内进行，概测级对测试环境没有特殊要求。

对于一般工厂企业来说，多数是在现场测量，要满足工程级现场测量精度——平均标准偏差 2dB(A) 的要求，首先应分析影响现场测量精度的因素，归纳起来有下面几种因素：

(1) 背景噪声误差

机器工作时的噪声级与停止工作时周围环境存在的噪声级之差，低于 6dB，测量无效，应按规定数据进行修正，差值大于 10dB 可忽略背景噪声对测量结果的影响，其修正值一般以 k_1 表示。差值 10dB，误差为 0.4dB。

(2) 测量仪器误差

现场测量一般使用Ⅰ型声级计，该型仪器本身误差为 0.7dB，Ⅱ型、Ⅲ型还要大些。

(3) **读数误差**

声源不稳定或操作经验不足会引起 0.5dB 误差。

(4) **气象条件误差**

测量环境温度、湿度、气压、风速、强电场、强磁场等都会对测量结果带来影响，其修正值一般以 k_3 表示。

(5) **近场误差**

测量面在声源近场范围或采用不同的包络测量面会引起 1dB 左右的误差。

(6) **有限点误差**

声源指向性强或测点不充分，会引起 0.5～1.0dB 的误差。

(7) **安装与运转状态误差**

不同的安装方式和运行状态的差别，会引起 0.5dB 左右的误差。

(8) **计算方法误差**

平均声压级的计算应是能量的叠加，宜采用对数计算。若用算术平均值计算，声压级差值大于 5dB 会引起 0.5dB 的计算误差。

(9) **消声室误差**

若将消声室内测量的结果作为“真值”与现场测量结果比较，因消声室本身不完全是自由声场，总是存在一定的误差，对计算结果也会带来影响。消声室误差一般为 1.0dB。

(10) **环境反射误差**

其中环境反射误差对测量结果影响最大，误差有时可达 7dB，环境反射修正值一般以 k_2 表示。

2 环境反射修正值的确定

应用统计声学可以得到声源在室内作稳态辐射时，在离声源 r 处的声压级 L_p 为

$$L_p = L_w + 10\lg\left(\frac{Q}{4\pi r^2} + \frac{4}{R}\right)(\text{dB}) \tag{1}$$

式中 L_w——声源辐射的声功率级 (dB)；

Q——声源在 r 方向上的指向性因数；

R——房间常数。

$$R = \frac{S_v \bar{\alpha}}{1 - \bar{\alpha}}$$

S_v——室内总表面积；

$\bar{\alpha}$——室内各表面平均吸声系数。

式(1) 括号内第一项是直达声能部分，第二项是混响声能部分，即声波遇到壁面或障碍物而反射的能量。该两项相等，可以得到临界距离 r_c 为

$$r_c = 0.14\sqrt{QR} \tag{2}$$

在临界距离之内，直达声大于混响声，声场变化基本符合自由声场的规律，混响声对自由声场引起一定的误差。在临界距离之外，混响声大于直达声，可以近似地认为此区的声压

级各处相等。在临界距离上，混响声对自由声场引起的误差为3.0dB。

现场测量，包络声源的测量面有可能在临界距离之外。为保证测量精度，测量面应选择在声源近场之外，同时又在临界距离之内。如果在临界距离附近测量，可以把式(1) 中的$\frac{4}{R}$项作为对自由声场的误差，经简化推导，混响声引起的误差即环境修正值k_2可表示为

$$k_2=10\lg\left(1+\frac{4}{A/S}\right)(\text{dB}) \tag{3}$$

式中 A——房间总的吸声量（m^2）；

S——测量面面积（m^2）。

正确地确定k_2值是现场测量机器设备声功率级的一个关键问题。近年来国内外对测量环境的影响作了许多试验研究工作。为保证工程级2dB的测试精度，减少环境反射的影响，ISO 3744—1981规定，应在下列条件下进行测量。

① 近似于半消声室的实验室；

② 开阔平坦的户外；

③ 混响声对测量面上声压级的影响远小于声源直达声影响的大房间或作了相应吸声处理的室间。

总之，测量环境的合格标准应为$A/S>6$。通常在消声室或$A/S>20$的房间内测试，无须环境修正，k_2值可忽略不计。k_2值一般采用下述6种方法确定。

(1) 标准声源法（又称绝对比较测量）

将待测机器设备移开，把标准声源置于其基准箱（包络被测机器表面的假想六面体）投影的中心位置，采用与被测机器设备完全相同的测量面、测点位置，经测试计算求得标准声源在该现场的声功率级L_{wr}与标准声源在消声室内标定的声功率级L_{wr_0}相比，二者之差即环境反射修正值k_2。

$$k_2=L_{wr}-L_{wr_0}(\text{dB}) \tag{4}$$

移开机器设备测k_2值称为标准声源替代法。有时待测机器设备无法移开，可将标准声源置于其上求k_2值，这种方法称为顶置法或旁置法或并列法。采用标准声源替代法所求k_2值较为准确。

(2) 混响时间法

该方法适用于长宽高尺寸相差不大的矩形房间，对于扁而窄的房间最好采用其他方法。利用式(3) 求k_2值。

$$k_2=10\lg\left(1+\frac{4}{A/S}\right)(\text{dB}) \tag{5}$$

式中 $A=0.163\frac{V}{T}$；

V——测试间容积（m^3）；

T——测试间倍频程混响时间（s）。

k_2值也可从图1查得。

应该指出，式(3)、式(5) 的假定条件是测点应在临界距离之外，S为球形测量面，指向性因数$Q=1$，且室内吸声很小。因此，只有当测试混响时间所用的声源特性与被测机器

噪声特性相近、位置相同时，用此法求得的 k_2 值才较准确。

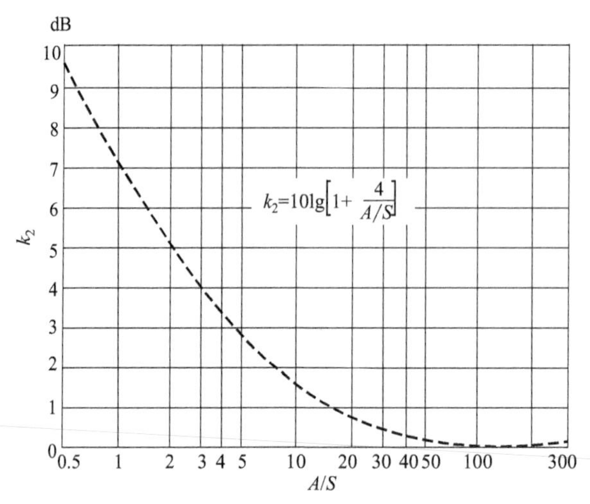

图 1　环境反射修正值 k_2（dB）

（3）**声场法**

根据测试环境声场分布情况，可以采用下式确定环境反射修正值 k_2。

$$k_2=\left(10-\frac{D}{\lg 4}\right)\lg S(\mathrm{dB}) \tag{6}$$

式中　D——实测环境中离声源距离增加一倍，声压级衰减的分贝数；

S——测量面面积（m^2）。

在自由声场（消声室）距离加倍，声压级衰减 6dB，此时 $k_2=0$。在现场，当 $D=5$dB 时，球面测量半径 $r\leqslant 2$m，$k_2<2$；当 $D=3\sim4$dB 时，则不能满足 $k_2\leqslant 2$dB 的要求。

（4）**多表面法（相对比较法）**

多表面法分为两表面法和三表面法。当测试场地足够大时，只要测得各个测量表面上的平均声压级，就可以求得环境反射修正值 k_2。

如图 2 所示，主要测量表面面积为 S_1，平均声压级为 $\overline{L}_{p_2}$、$\overline{L}_{p_3}$。

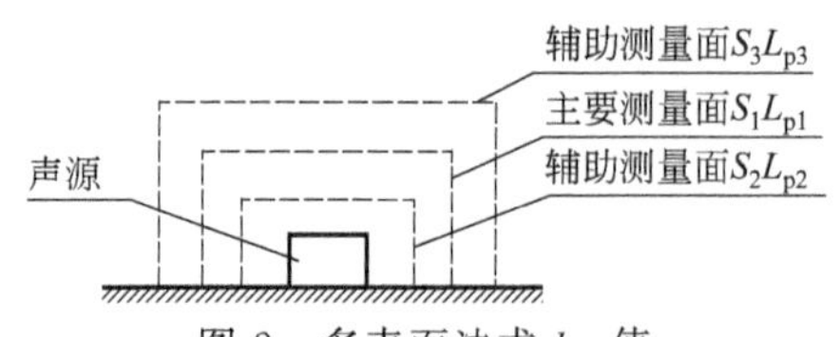

图 2　多表面法求 k_2 值

$$\Delta L_2=\overline{L}_{p_2}-\overline{L}_{p_1},M_2=10^{0.1\Delta L_2} \tag{7}$$

$$\Delta L_3=\overline{L}_{p_3}-L_{p_1},M_3=10^{0.1\Delta L_3} \tag{8}$$

式中　ΔL_2，ΔL_3——测量表面平均声压级差（dB）；

M_2，M_3——测量表面声压级差的反对数值。

$$k_2'=10\lg\frac{S_1/S_2-1}{M_2-1} \tag{9}$$

$$k_2''=10\lg\frac{S_3/S_1-1}{1-M_3}-10\lg\frac{S_3}{S_1} \tag{10}$$

$$k_2=[k_2',k_2'']\min$$

将 k_2'、k_2''取绝对值较小者作为 k_2 值。

在选择辅助测量面时，一般应使 $\overline{L}_{p_2}-L_{p_1}=\overline{L}_{p_1}-\overline{L}_{p_3}=2\text{dB}$ 或 $S_3/S_1=S_1/S_2=4$。

(5) 容积辅助测定法

测量室间容积 V 和测量表面面积 S 已知时，可利用二者数字上的比值，从表 1 中查得环境反射修正值 k_2。

当测量室间容积在数字上大于测量表面面积 160 倍时，$k_2\leqslant 2\text{dB}$。

表 1　k_2 值容积辅助测定法

<table>
<tr><td rowspan="3">V/S
K_a/dB
室间装饰情况</td><td colspan="17">测量室间容积 V 与测量表面面积 S 之比</td></tr>
<tr><td colspan="17">V/S</td></tr>
<tr><td>25</td><td>32</td><td>40</td><td>50</td><td>63</td><td>80</td><td>100</td><td>125</td><td>160</td><td>200</td><td>250</td><td>320</td><td>400</td><td>500</td><td>630</td><td>800</td><td>1000</td></tr>
<tr><td>a. 房间壁面反射强烈(如瓷砖墙壁、光滑水泥地或打蜡地面)</td><td colspan="6">—</td><td colspan="2">$k_2=3$</td><td colspan="3">$k_2=2$</td><td colspan="4">$k_2=1$</td><td colspan="2">$k_2=0$</td></tr>
<tr><td>b. 介于 a、c 特点之间的房间</td><td colspan="4">—</td><td colspan="2">$k_2=3$</td><td colspan="3">$k_2=2$</td><td colspan="4">$k_2=1$</td><td colspan="4">$k_2=0$</td></tr>
<tr><td>c. 房间壁面反射微弱(部分装有吸声材料)</td><td colspan="2">—</td><td colspan="3">$k_2=3$</td><td colspan="3">$k_2=2$</td><td colspan="3">$k_2=1$</td><td colspan="6">$k_2=0$</td></tr>
</table>

(6) 估算法

当 $A/S<6$ 时，则不能保证工程级 2dB 的测试精度，这时可以利用 ISO 3746 规定的概测级的方法进行测试和修正。概测级的精度为 5dB(A)，要求 $A/S>1$，环境反射修正值 k_2 的确定除了完全可以采用以上 5 种方法外，还可以采用估算法。估算法的计算仍为式(3)。

$$k_2=10\lg\left(1+\frac{4}{A/S}\right)(\text{dB})$$

式中　A——房间总的吸声量（m^2）；

$$A=\overline{\alpha}S_v \tag{11}$$

$\overline{\alpha}$——测试室间平均吸声系数；

S_v——测试室间表面的总面积。

平均吸声系数 $\overline{\alpha}$ 的近似值可从表 2 查得。

表 2　平均吸声系数 $\overline{\alpha}$ 的近似值

平均吸声系数 $\overline{\alpha}$	测试间描述
0.05	由混凝土、砖、灰泥制成的光硬墙壁的近似房间
0.10	部分空房间、光墙壁房间
0.15	有家具的房间，矩形机器间，矩形车间
0.20	有家具的不规则房间，非矩形机器间或车间

续表

平均吸声系数 $\bar{\alpha}$	测试间描述
0.25	装有家具的房间，铺设少量吸声材料的机器间或车间（如部分吸声天花板或墙壁）
0.35	天花板和墙壁均铺有吸声材料的房间
0.50	花天板和墙壁均铺有大量吸声材料的房间

有时 k_2 值未求得，但又要能大体保证工程级的测试精度，此时，测试室间的最小尺寸和测点布置应满足下列要求：

① 测量表面（即测点）离反射壁面的距离至少为测量距离的 2 倍。若取长方包络测量面，测距为 1.0m，则被测机器表面离反射壁面距离至少为 3.0m。

② 除了反射面（一般为地面）之外，不应有来自其他壁面或障碍物的反射。如果靠近被测机器有一反射物（如木桩、支承柱等），其宽度小于该障碍物与基准箱距离的 1/10，这时可认为该障碍物无反射影响。

③ 当在户外平坦而坚硬的地面上测试时（如沥青或混凝土地面），反射物离开被测机器表面的距离大于声源中心至较低测点的距离 3 倍以上的话，则可认为 $k_2 \leqslant 0.5$dB，其环境反射误差可忽略不计。例如，被测机器最大尺寸为 1.0m，测量距离为 1.0m，则离开机器表面 4.5m 之内无反射物的室外，可满足工程级测试精度。

④ 无论在大房间或户外测试，均要求有一个坚硬的反射面，反射面的尺寸至少应比测量面在其上的投影延伸 $\lambda/2$，λ 为测试有关频率范围内最低频率对应的波长。例如，被测机器最大尺寸为 1.0m，测距为 1.0m，最低频率为 100Hz，则反射面的长×宽至少应为 6.4m×6.4m。

在要求工程级测试精度的前提下，若 $A/S<6$，则应采取下列措施：

① 重新选择较大的测试间或移至开阔平坦的户外。

② 在原测试室间内加装吸声材料，以提高吸声量 A。

③ 缩短测试距离，减小测量面面积 S，但测试距离必须满足在近场之外。

3 不同环境、不同修正方法的分析比较

在制定电机和木工机床声功率级测量方法国家标准过程中，我们选择了户外、多跨大装配车间、单跨大厂房、中等试验间、小房间等较为典型的环境，用同一台较稳定的噪声源，在相同的测量面和测点上，采用声源法、混响时间法、多表面法进行测试。验证这几种修正方法的一致性及偏差范围，分析对声功率级计算结果的影响，探讨各种修正方法的适用性。测量计算结果列于表 3。

(1) 三种修正方法的标准偏差

由表 3 可知，若将半消声室测试计算的声功率级作为“真”声功率级，用它与各种现场，以各种方法修正后的声功率级相比较，其差值以标准偏差表示，标准声源法为 0.94，混响时间法为 0.83，多表面法为 1.28。混响时间法测试精度较高，标准声源法次之，多表面法最差。

从同一测试环境、同一台机器设备，以三种修正方法比较，标准声源法和混响时间法在较规正室间，所得 k_2 值基本接近，偏差在 1dB 之内；在多跨大厂房，这两种方法所得 k_2

表 3　不同测量环境、不同修正方法测量计算结果

设备名称	测试环境	半消声室	现场测量										测试环境描述
声功率 L_w(A)/dB 测量与修正方法			未修正	标准声源法			混响时间法			多表面法			
				k_2 标	修正后	与消声室差值	k_2 混	修正后	与消声室差值	k_2 多	修正后	与消声室差值	
MJ104 木工圆锯机	大房间	93.12	94.99	1.96	93.03	−0.09	1.75	93.24	0.12	0.26	94.73	1.61	大房间：系指上海川沙县蔡路机械厂大装配车间，长×宽×高=36m×15m×10m 墙抹灰，水泥地坪，玻璃窗面积约 $24m^2$。 小房间：系指上述厂装配车间。长×宽×高=8.1m×7.8m×2.4m 三角屋顶，芦蓆顶，砖墙抹灰 户外：系指上述厂轴皮车间外小广场，水泥地面，18m×18m 范围内无反射物
	小房间	93.12	93.36	5.04	91.32	−1.80	4.58	91.78	−1.34	5.34	91.02	−2.1	
	户外	93.12	94.47	1.03	93.44	0.32	—	—	—	0.12	94.35	1.23	
MB318 木工小平刨	大房间	95.41	97.28	1.61	95.67	0.26	1.44	95.84	0.43	0.23	97.05	1.64	
	小房间	95.41	98.61	4.37	94.24	−1.17	3.94	94.67	−0.74	4.2	94.41	−1.0	
	户外	95.41	95.65	0.83	94.82	−0.59	—	—	—	0.55	95.1	−0.3	
MB504 木工平刨	大房间		98.75	1.80	96.95		2.04	96.71		2.1	96.65		
	小房间	—	105.12	5.61	99.51	—	5.12	100	—	—	—	—	
	户外		101.2	1.22	99.98		—	—		0.04	101.16		
Bp-50 中频电机 50kW	多跨大车间	103.2	103.9	0.4	103.5	0.3	2.0	101.9	−1.3	0.7	103.2	0	在上海先锋电机厂试验间多跨厂房中部端头长×宽×高=120m×60m×10m 水泥地、砖墙抹灰
JZS29-3 75/25kW 交流整流子电机	多跨大车间	98.4	101	1.5	99.5	1.1	2.3	98.7	0.3	1.5	99.5	1.1	同上
IRA618G-4AB20 30kW 电机（西门子电机）	中等试验间	83.2	86.2	—	—	—	3.6	82.6	0.6	3.3	82.9	−0.3	上海电器科学研究所轴承寿命试验间长×宽×高=12m×6m×5m 水泥地坪，墙粉刷，有部分试验设备
035 型船用电机	单跨大厂房	—	116	0.6	115.6	—	2.4	113.6	—	3.8	112.2	—	上海电机厂 035 试验间长×宽×高=48m×18m×9.5m 水泥地坪，大型屋面板，玻璃窗面积 $120m^2$，墙粉刷
JK_2 三相异步电机 500kW	单跨大厂房	—	113.2	1.1	112.1	—	0.7	111.7	—	1.7	111.4	—	上海电机厂一车间长×宽×高=200m×18m×10m 水泥地坪，墙粉刷，大型屋面板，有部分试验设备
Bp-1.5 中频电机 1.5kW	中等试验间	85.4	88.7	2.4	86.3	0.9	2.72	85.98	0.58	3.1	85.6	0.2	上海先锋电机厂试验站边跨内一个试验间长×宽×高=8m×8m×10m，上部与车间连通，水泥地坪，粉刷墙面
标准偏差 $S_m=\sqrt{\frac{\sum_{i=1}^{n}S_i^2-\frac{\sum S^2}{n}}{n-1}}$		—	—	—	—	0.94	—	—	0.83	—	—	1.28	—

值偏差较大。多表面法所得 k_2 值与上述两种方法比较，出入较大，偏差在 1～2dB。当然，因为测试验证次数有限，环境又不甚理想，上述看法只是个大体的趋向。因此，建议现场测试结果修正，采用标准声源法和混响时间法，不推荐使用多表面法。

(2) 标准声源法的优缺点

标准声源法比较简便，适用于被测机器设备不太大，声源特性类似于标准声源，测试室间容积适中的场合。当 $A/S>6$ 时，用标准声源法所得 k_2 值修正后的声功率级与消声室内所测声功率级偏差在 0.5dB 左右。但在标准声源体积太小，声级较低，其频谱特性与被测机器设备频谱特性不完全类似的情况下偏差较大。

(3) 混响时间法的优缺点

混响时间法适用于测试室间长宽高比例在 1∶3 之内，吸声较小的场合。对于容积不易计算准确的多跨大厂房或上部连通的房间，或混响时间测不准的扁而窄的房间，采用混响时间法测得的 k_2 值出入较大。

(4) 多表面法的优缺点

多表面法不需要较复杂的仪器设备，只用声级计即可，在较宽敞场合采用此方法较简便。但测试验证表明，采用这种方法测试的偏差较大。表 4 列出了以木工机床为例，采用多表面法所得 k_2 值与标准声源法所得 k_2 值的比较。

由表 4 可以看出，每组数据的出入较大，在户外多表面法与标准声源法似乎接近，但 k_2 值出现负值。在大房间，二者相差悬殊。而由表 3 可知，k_2 标是可信的。

表 4　多表面法 k_2 值与其他方法 k_2 值的比较

序号	测试环境	机器名称	多表面法 k_2 多		标准声源 k_2 标（或与消声室实测之差）	备注（S_1、S_2、S_3 为测量面面积）
			双表面	三表面		
1	上海川沙蔡路机械厂户外小广场	MJ104 木工圆锯机	−0.12	—	0.38	$S_3/S_1=\frac{124.7}{31.2}=4$
2		MB318 木工小平刨	−0.38	—	0.11	$S_3/S_1=\frac{44.99}{24.64}$
3		同上	—	0.55	0.18	$\frac{S_1}{S_2}=\frac{44.99}{24.64}$ $\frac{S_3}{S_1}=\frac{71.34}{44.99}$
4		MB504 木工平刨	—	−0.04	—	$\frac{S_1}{S_2}=\frac{37.56}{19.17}$ $\frac{S_3}{S_1}=\frac{67.55}{37.58}$
5	上海川沙蔡路机械厂大装配车间	MJ104 木工圆锯机	−0.19	—	1.87	$\frac{S_3}{S_1}=\frac{53.7}{31.2}$
6		同上	0.26	—	2.56	$\frac{S_3}{S_1}=\frac{124.78}{31.2}=4$
7		MB318 木工小平刨	−0.23	—	1.66	$\frac{S_3}{S_1}=\frac{44.99}{24.64}$
8		MB504 木工平刨	−6.54	—	1.58	$\frac{S_1}{S_2}=\frac{37.56}{19.17}$
9		同上	2.1	—	1.55	$\frac{S_3}{S_1}=\frac{150.07}{37.56}=4$

续表

序号	测试环境	机器名称	多表面法 k_2 多		标准声源 k_2 标（或与消声室实测之差）	备注（S_1、S_2、S_3 为测量面面积）
			双表面	三表面		
10	上海川沙蔡路机械厂大装配车间	MB106 木工平刨	1.98	—	—	$\frac{S_1}{S_2}=\frac{35.7}{17.92}$
11		同上	—	1.16	—	$\frac{S_3}{S_1}=\frac{89.26}{35.7}$
12		MB206 木工平刨	1.46	—	—	$\frac{S_1}{S_2}=\frac{96.9}{40.66}$
13		MB346 木工平刨	—	0.61	—	$\frac{S_1}{S_2}=\frac{104.15}{44.51}$
14	上海川沙蔡路机械厂小装配间	MJ104 木工圆锯机	5.34	—	3.24	$\frac{S_3}{S_1}=\frac{82.2}{31.2}$
15		MB318 木工小平刨	4.2	—	4.99	$\frac{S_3}{S_1}=\frac{44.99}{24.64}$

ISO 3744 在 1981 年之前各草案中，曾推荐用多表面法求 k_2 值，但在 1981 年正式通过的 ISO 3744 中却取消了多表面法，是否因这种方法正如我们验证的那样不甚可靠而取消了？至今未见专门文献介绍，这个问题有待进一步研究。

(5) 其他方法

采用机械工业部第八设计院研制的消声筒，直接测试计算大电机的声功率级。也可用测定电机机壳表面的速度来计算声功率级。这种方法有待深入研究。

4 结语

① 用概测法测量机器设备的声功率级，对环境要求不严格，只要 $A/S>1$ 即可，$k_2 \leqslant 7$dB。该方法测试精度低，标准偏差为 5dB(A)。对于大体了解一台机器设备的噪声声功率级或进行相对比较，可以采用这种方法。

② 工程级测试精度为 2dB(A)，它对测试环境提出了较严格的要求，应满足 $A/S \geqslant 6$，$k_2<2$dB。实测试验说明，在户外、大房间、单跨或多跨大厂房内，一般可满足 $A/S>6$，问题是其他因素引起的累计误差会超过 2dB(A)，难以达到工程级的要求。因此，我国有关部门建议采用准工程级的测量方法，标准偏差定为 3dB(A)，降低对测试环境的要求，可取 $A/S \geqslant 4$。

③ 标准声源法、混响时间法各有优缺点，均可采用，若有条件，可同时测得，互相补充。多表面法不太可靠，拟不采用。声场和容积辅助测量法均较简便，但未验证，有待研究。

④ 为达到 $A/S>6$ 或 $A/S>4$ 的要求，可以缩小测量距离，也可以在测试室间内加装吸声材料，提高吸声量 A。对于一般没有消声室或混响室的单位，可以改建一些投资少、建设周期短、简便实用的简易消声室。

本文 1995 年刊登于《凿岩机械与风动工具》第 2 期

第9章
声学材料及其应用

吸声材料的市场需求及发展趋势探讨

摘　要：本文简要介绍了吸声材料和吸声结构的原理、技术要求，阐述了目前市场上主要吸声材料和吸声结构的组成特点及应用现状，并预测了其市场需求和发展趋势。

关键词：吸声材料和吸声结构　吸声系数　市场需求

1　概况

吸声是一门古老的、传统的、有效的控制技术，同时又是一门不断发展有所创新的技术。吸声材料和吸声结构广泛应用于建筑声学和噪声控制领域，而噪声控制主要包括三个方面——声源控制、传播途径控制和接受者个人防护。传播途径控制采用的主要技术措施是吸声、隔声、消声、隔振和阻尼减振等。

吸声技术包括吸声机理的研究、吸声性能的测试分析、新的吸声材料和吸声结构的开发应用等诸多方面。就吸声机理的理论研究和工程实际应用来看，我国与发达国家水平相当，个别领域还处于世界领先水平。目前国内现有的吸声材料和吸声结构，基本可以满足国内市场需求，但还存在不少有待提高的地方。对于新型、高效、耐用、外形美观的吸声材料和吸声结构，由于受到价格因素和市场竞争不规范的影响，应用的范围受到限制，有待改变观念，扩展市场。

2　吸声技术的发展

吸声技术广泛应用于工业产品、交通运输、国防、民用建筑等各个领域，从声学角度分析，主要应用于环保吸声降噪和建筑声学的音质控制。

古人曰："余音绕梁，三日不绝""声者形气相轧而成""声成之谓之音""群呼烦扰"等，就是讲的声音的形成、混响、噪声干扰问题。18 世纪牛顿时代提出了声学的波动理论，直到 20 世纪初，美国哈佛 W・C 赛宾（W・C Sabine）教授第一次提出了吸声系数，推导出了混响时间计算公式，促进了噪声控制和建筑声学的发展。

我国从 20 世纪 50 年代，特别是 70 年代以来，随着经济的发展，工业、交通、施工等噪声越来越高，形成了噪声污染，并成为四大公害之一，开始引起各方面的逐步重视。国内相继研制或引入国外先进的吸声材料和吸声结构，并应用于工程实践中，使吸声技术得到快速发展。目前，市场上对吸声材料和结构的要求除了原有的吸声系数要高、安装要方便的主要特性外，如外形美观、材料环保、防火、防尘等都成为重要考虑的因素，尤其是适用于专门频率特性声场使用的吸声材料具有相当大的需求。国内于 20 世纪 80 年代从国外引进了不少先进工艺和设备，生产玻璃纤维等吸声材料。1975 年我国著名声学专家，中科院资深院士马大猷教授发表了微穿孔板理论与设计的科学报告，创建了新的吸声结构，提出了 21 世纪是无纤维吸声的世纪，进一步促进了吸声技术的发展。

3 吸声材料和吸声结构技术要求

3.1 吸声系数

目前评价吸声材料和吸声结构好坏的主要指标是吸声系数，吸声系数越高，吸声性能越好。一般把吸声系数大于0.20的材料才称为吸声材料。声波入射到某种材料上，一部分被吸收，一部分被反射，一部分透过材料继续传播，而吸声系数是指声波入射声能被吸收掉的百分比，用α来表示：

$$\alpha=\frac{E_A}{E_O}=\frac{E_O-E_R}{E_O}$$

式中 E_A——被吸收的声能；

E_O——入射的总声能；

E_R——反射声能。

声的能量是很小的，声能是不能被利用的。声能被材料吸收而转化为热能散发掉。当某种材料的$\alpha=0.50$，即表示有50%的声能被材料吸收掉了。吸声材料对不同频率入射声的吸收性能是不同的。因此要有针对性地选用与噪声源频谱相对应的吸声材料和吸声结构。一般采用250Hz、500Hz、1000Hz、2000Hz等4个中心频率下的吸声系数的平均值，又称降噪系数（NRC）来表示某种材料的吸声性能。吸声系数可用驻波管法（α_0）和混响室法（α_T）测得，同一种材料的α_0和α_T是不同的，可以换算。α_0为垂直入射，可供理论研究；α_T为无规入射，接近工程实际情况。

3.2 吸声量

利用吸声材料降噪，除要求较高的吸声系数之外，还要求吸声量要大。吸声系数（α）和吸声总面积S的乘积称为吸声量(A)。如果一个房间几个墙面布置有几种不同的吸声材料，它们相应的吸声系数和表面积分别为α_1、α_2、α_3…和S_1、S_2、S_3…，该房间总的吸声量$A=S_1\alpha_1+S_2\alpha_2+S_3\alpha_3\cdots$。

影响吸声降噪效果的因素颇多，除吸声系数、吸声量之外，还与原有壁面的吸声情况、室内容积大小、形状、声场分布、声源频谱特性、吸声材料安装位置等有关。

3.3 吸声材料和吸声结构的其他要求

按使用场所不同，吸声材料和吸声结构应具有吸声性能稳定、安装和维护方便、防火（阻燃）、防潮、防水、防霉、防蛀、防静电等性能。吸声材料应不散落，不产生二次污染，可回收利用。吸声结构不产生振动，不会引起二次噪声。吸声材料和吸声结构使用寿命长，装饰效果好，重量轻，价格适中。若用于室外，还应防尘、防晒、防冻、防紫外线等。

4 国内已有的吸声材料和吸声结构

目前国内生产的吸声材料有以下六大类：

① 无机纤维材料类：如从国外引进生产线生产的防潮离心玻璃棉、岩棉等吸声保温材料，还有矿渣棉、超细玻璃棉等。利用玻璃纤维材料制成的各种吸声板、吸声体等。

② 泡沫塑料类：如聚氨酯、聚乙烯、酚醛、氨基甲酸酯等泡沫吸声材料。

③ 有机纤维材料类：如棉、麻、木屑、棕丝、木丝板等。

④ 建筑吸声材料类：如泡沫玻璃、膨胀珍珠岩、陶土吸声砖、加气混凝土块等。

⑤ 金属吸声材料类：如铝纤维、发泡铝、不锈钢丝网等吸声材料，金属穿孔板、金属微穿孔板也属于该类吸声材料。

⑥ 吸声饰面材料类：如阻燃织物、玻璃丝布、农用薄膜、吸声无纺布、PVF 薄膜、各种穿孔装饰护面板等。

吸声结构可大体分为如下四大类：

① 薄板共振吸声结构：如三夹板、五夹板、纤维板、塑料板、金属板等。

② 穿孔板吸声结构：如金属板、PC 板、木制板等。

③ 微穿孔板吸声结构：如金属板、有机玻璃等。

④ 空间吸声体：有折板式、立板式、弧形、不规则形等。

5　吸声材料和吸声结构市场分析及预测

5.1　纤维性吸声材料仍占主导地位

防潮离心玻璃纤维既是较好的保温材料，又是吸声性能优良的吸声材料。20 世纪八九十年代上海、北京、山东、广州等省市从日本、美国、意大利等国家引进的用离心法大批量生产的玻璃棉毡、玻璃棉板、玻璃棉管壳等，具有许多优点：防火、防潮、不燃、密度小（10～90kg/m^3）、纤维粒径细（≤8μm）、纤维长、均匀、憎水率高（>98%）、吸声系数高（50mm 厚，密度 32kg/m^3，贴实，降噪系数 NRC>0.80），不老化、不刺手、不霉、不蛀、弹性回复力强，可压缩包装运输，可切割加工，无现场损耗，不产生有害气体，长期使用性能稳定，外观呈黄色或粉红色，是一种高效保温、吸声、节能的材料。防潮离心玻璃棉已取代以往生产的超细玻璃棉、中级玻璃纤维板（酚醛玻璃棉板、沥青玻璃棉板等）。在纤维性吸声材料中，防潮离心玻璃棉占市场份额的 50%左右。

岩棉制品也属于纤维性吸声材料。20 世纪 90 年代北京、南京等地从国外引进的自动线生产岩棉板、岩棉缝板、岩棉保温带和岩棉管壳，表面再粘贴玻璃丝薄毡、网格布、铝箔、铁丝网等而制成各种形状的吸声体。

目前，离心玻璃棉和岩棉吸声材料广泛应用于剧场、电影院、礼堂、会议室、音乐厅、体育馆、演播厅、录音室等需要控制混响时间的建筑声学领域，同时也广泛应用于各种生产车间、动力站房、道路屏障等需要吸声降噪的噪声控制领域。

5.2　聚氨酯等泡沫吸声材料满足某些特殊需要

在不允许使用玻璃纤维吸声材料的场所，如食品、医药、洁净厂房、KTV 包房、高级宾馆、汽车内饰等领域，需要开发和应用新的吸声材料和吸声结构。阻燃型聚氨酯泡沫为基材，表面粘贴阻燃布、玻璃丝布、PVC、铝箔、牛皮纸等即构成各种吸声体。基材内添加防老化剂和阻燃剂等，以提高其寿命和阻燃性能。由于聚氨酯吸声泡沫质轻，柔软、回弹性好、无纤维散落，符合有关卫生标准规定，用途还是较广的，在吸声领域约占10%的市场份额。

5.3 微穿孔板吸声结构应用领域越来越广

如前所述，由我国独创并居于世界领先水平的微穿孔板吸声结构，是按马大猷教授的理论，在很薄的板上穿以1.0mm以下的微孔，穿孔率1%～5%，后部留有一定的空腔，即构成了微穿孔板吸声结构，可不再装填任何吸声材料。薄板可以是金属板（铝板、钢板、不锈钢板、彩色钢板等）、塑料板、胶木板、PC板、纸板、有机玻璃板等。

例如，在单层0.80mm厚铝合金板上穿以ϕ0.80mm微孔，穿孔率1%，后部空腔为50mm，实测其平均吸声系数α=0.42，在500Hz处，吸声系数可达α=0.87。若采用双层微穿孔板吸声结构，在0.90mm厚的钢板上穿以ϕ0.80mm微孔，穿孔率2.5%，前腔空腔尺寸为50mm，后腔空腔尺寸为50mm，板厚0.90mm，穿孔率1%。双层微穿孔板吸声结构，其平均吸声系数α=0.61，在1000Hz处，吸声系数高达0.99。

微穿孔板吸声结构具有质轻、结构简单、无纤维性吸声材料、吸声系数高、吸声频带宽、防火、防水、防潮、不霉、不蛀、无尘埃、无二次污染、耐高温、耐高速气流冲击等优点，已应用于游泳馆、体育馆、道路声屏障等大型工程，在食品、医药、仪表、电子、航空、航天等行业也广泛应用。利用微穿孔板制成的空压机进排气消声器、冷却塔消声器、热泵机组消声器、高压排气消声器、高级宾馆和住宅通风消声器以及超净厂房吸声结构等，更显示出它独特的优越性。微穿孔板吸声结构约占市场份额的5%。

5.4 传统吸声结构有新的发展

传统的薄板共振吸声结构、共振吸声砖、泡沫玻璃、陶土吸声板、木丝板等吸声结构，近年来在成型工艺、外观质量上都有改进，提高了吸声性能，扩大了应用范围。将装饰木板条、穿孔板、吸声无纺布等组合于一体的称为“帕特吸声板”的装饰板，吸声系数高，装饰效果好，深受建筑师们的欢迎。将纸蜂窝、木纤维板和珍珠岩板复合成的吸声板也不错。建筑上大量使用的各种矿棉吸声板、硅酸铝棉吸声板、半硬质岩棉板、龙牌静音系列矿棉装饰板、纳米洁净功能板等，在吸声与装饰方面有较大改进。（上海）欧文斯——科宁公司开发的雅视吸声天花板，北京建材集团有限公司生产的龙牌矿棉吸声板，上海阿姆斯壮公司生产的矿棉装饰吸声板，北京建材制品总厂生产的星牌、江苏恒达矿棉厂生产的尝月牌等矿棉吸声板，销售量都很大，这些装饰吸声板约占吸声市场份额的20%。

5.5 重点发展的吸声材料和吸声结构

（1）金属吸声材料

金属吸声材料具有力学性能好、强度高、韧性足、耐冲击、防火、耐水、耐潮、耐冻、不燃、无二次污染、可回收利用、吸声性能稳定、长期使用吸声系数变化小、有一定的屏蔽功能等优点，适合于室内室外等各种不同环境条件下使用。

目前国内外已开发的金属吸声材料有铝纤维吸声板、铝泡沫吸声板、铝粉末烧结吸声板、金属微穿孔板和装饰穿孔吸声板等。其中铝纤维吸声板的铝纤维国内还没有生产，依赖进口。这种吸声材料具有良好的和稳定的吸声性能和优异的耐候性，外观装饰效果很漂亮，特别适合户外露天环境使用，如道路声屏障、隧道等地下建筑以及大型公共建筑。重点开发这种材料并将其制成各种吸声结构、吸声体是当务之急。

国外利用我国微穿孔板的研究成果，广泛应用于工业噪声控制、民用建筑以及交通运输等领域的吸声降噪，产品已系列化、标准化、成套化，而国内进展不大，未形成规模，更未实现批量化生产，应充分利用这一资源，发展自己的特色产品。

(2) 无机泡沫吸声材料

非纤维性无机泡沫吸声材料是近年来新开发的一种新型吸声材料和吸声结构，如吸声泡沫玻璃、泡沫陶瓷、镁水泥泡沫等。这些材料都具有孔隙率高、耐候性强、抗腐蚀、不燃、防火、防水、防潮等性能。

泡沫玻璃是一种以磨细玻璃粉为主要原料，通过添加发泡剂，经熔融、发泡和退火冷却加工处理后制成的一种多孔轻质吸声材料。泡沫陶瓷是采用硅酸盐粉料、添加剂和水搅拌研磨成浆粉，涂挂于泡沫载体上经自然养护硬化或高温烧结而成的一种刚性开孔型吸声泡沫板材。镁水泥泡沫是以镁水泥为主要成分，轻质膨胀珍珠岩为填料，加适当的添加剂，经特殊工艺发泡而制成的一种轻质吸声板材。这些发泡型无机吸声板材原料来源充分，制造工艺简便，产品成本较低，但性能优良，可广泛应用于厅堂音质控制和噪声治理工程。特别适用于防火、高温、温湿度变化大的室外工程，如海底、过江隧道、地铁、地下商场、地下车库、游泳池等工程。北京人民大会堂 1995 年大修时将吸声泡沫玻璃应用于送排风道，取得了很好的效果。

(3) 吸声喷涂材料

采用吸声植物纤维与水基型胶粘剂拌和后，通过空压泵将其直接喷涂于需要吸声的地方，既具有吸声装饰作用，又具有隔热保温和防护作用，施工便捷，省工省料，在国外应用广泛，是一种特殊的新型环保吸声材料，但国内未形成生产能力，仍靠进口。

例如，K-13 系列吸声喷涂材料是由美国国际纤维素公司生产的，有多种规格，一次喷涂厚度可达 125mm，具有一级防火性能。25mm 厚吸声层的降声系数 NRC 可达 0.75，属强吸声材料。在厚度为 25mm 时，黏着力大于 704kg/m^2。采用直接喷涂方法施工，不需要龙骨，表面无接缝。可喷涂于木板、塑料板、钢板、铝板、玻璃以及砖墙、混凝土等无油迹的表面上，特别适合对不规则表面、凸凹内面的施工。K-13 系列吸声喷涂材料已应用于国家大剧院的弧形顶吸声。

又如美国派洛克公司（pyRok）生产的颗粒吸声涂料是以蛭石和水泥为主要原料，不含石棉和矿物纤维。采用喷涂机械通过喷枪将颗粒吸声涂料喷在需要吸声的壁面上，也可以手工涂抹。一般吸声涂层厚为 20～50mm，降噪系数为 0.60～0.75。派洛克涂层具有防火、保温隔热、耐水、耐潮、防结露、防腐蚀以及优良的吸声性能。在建筑声学工程和噪声控制工程中具有广阔的应用前景，目前国内还没有这种吸声制品。

(4) 工厂化的吸声结构和复合吸声体

矿棉装饰吸声板已形成工厂化的批量生产规模，自动化程度也比较高。装饰吸声板、轻钢龙骨、吊挂件等配套供应，为施工安装及室内装潢提供了方便。应继续完善，提高其吸声性能和防火等级。

金属穿孔吸声装饰板也有一定规模，如亨特建材（上海）有限公司生产的乐思龙铝合金装饰吸声板，上海浦飞尔、北京美德邦、上海青钢等公司生产的金属吸声装饰板在很多大型工程如飞机场候机大厅、车站候车室、大型展览馆以及要求较高的工厂生产车间等处广泛应用。应降低成本，提高装饰性。

21世纪以来，德国科德宝公司生产的桑迪斯（Soundtex）吸声无纺布是一种超薄的吸声材料，将其贴于各种穿孔板后面即组成了复合吸声体，这种复合吸声体具有优异的吸声性能。桑迪斯吸声无纺布是用纤维素和玻璃纤维制成的一种超薄型布料和纸料。厚度一般为0.2mm，密度为60～70g/m^2，阻燃（防火性能达难燃 B_1 级），防尘，裁剪安装十分方便。现有黑、白两种颜色。目前，这种吸声无纺布仍靠进口，国内未生产，亟待开发。

将桑迪斯吸声无纺布贴于铝合金穿孔板、钢板穿孔板、穿孔FC板、穿孔硅钙板、穿孔石膏板、穿孔塑料板、中密度木纤维装饰穿孔板等穿孔板、条缝板的后面，与刚性壁面或顶棚之间留有一定的空腔（空腔尺寸最好大于50mm），这样就构成了复合吸声体，不需要在穿孔板后面再填装任何吸声材料。例如，板厚为1.0mm，孔径 ϕ2.8mm，穿孔率18%，板后贴一层吸声无纺布，后留50mm空腔，其降噪系数可达0.65。穿孔板起了护面和装饰作用。这种复合吸声体简便、实用，应实现工厂化生产。例如，上海皓晟建材公司、广州吉泰发展公司等工厂化生产的中密度木纤维穿孔板装饰吸声板，厚为18mm，在其背面贴一层桑迪斯吸声无纺布，造型别致，装饰效果佳，建筑装潢中大量使用，具有广阔的发展前景。因此研制吸声无纺布，并用它构筑成各种复合吸声体，应该作为开发和应用的重点之一。

总之，本文列举了国内已有的，亟待开发的各种吸声材料和吸声结构，以期抛砖引玉，引起各方面的重视。吸声材料的市场前景是非常广阔的，有待于我们去努力。

【参考文献】

[1] 马大猷．噪声与振动控制工程手册［M］．北京：机械工业出版社，2002.
[2] 吕玉恒．噪声与振动控制设备及材料选用手册［M］．北京：机械工业出版社，1999.
[3] 钟祥璋．建筑吸声材料与隔声材料［M］．北京：化学工业出版社，2005.

本文2007年刊登于《噪声与振动控制》第5期

TK板隔声屏障用于环境噪声控制

1 概述

上海朝晖造纸厂的噪声污染治理是该市的重点项目之一。该厂 3[*] 造纸机车间，南侧与居民住宅毗邻，东侧距居民住宅仅约 10m。车间内部噪声为 87dB（此处及以下均指 A 声级），通过门窗等传至居民住宅处的深夜噪声高达 59.5～69.0dB。车间厂房高约 8m，东侧墙玻璃窗面积占一半以上。若采用隔声采光窗或百叶通风窗，则面积大且费用高。经论证决定，采用 TK 板隔声屏障来降噪。而 TK 板用于室外作隔声屏障降噪，则尚属首次尝试，其安装位置见图 1。

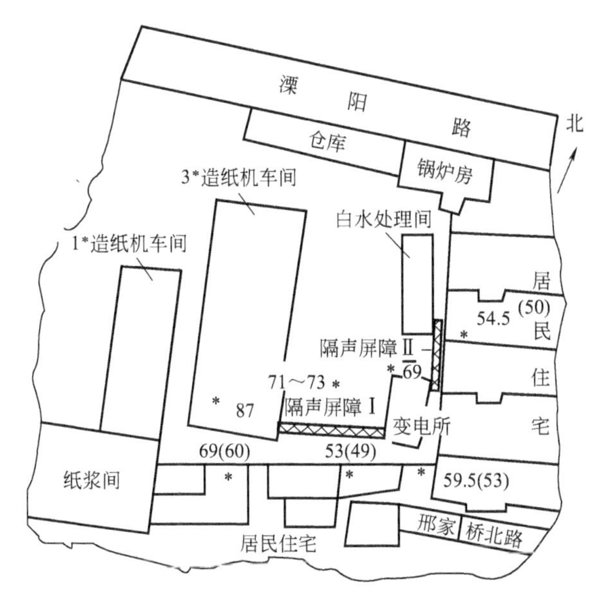

图 1　上海朝晖造纸厂噪声控制平面示意图

注："*"号所在处为噪声测点位置，其后数字无括号的为治理前的声压级数据（dB），带括号的为治理后的声压级数据（dB）。

实践证明，TK 板用作隔声屏障简便易行，效果良好。图中装置具有 10dB 左右的降噪量，可使该厂噪声污染控制在 2 类混合区标准以下。

2 隔声屏障设计

隔声屏障用于室外，可参照自由声场中声屏障的计算式来估算屏障后声影区内的声级衰减值。

$$\Delta L = 10\lg N + 13, N = (2/\lambda)(A + B - d)$$

式中 ΔL——声级衰减值（dB）；

N——菲涅尔数（量纲为1）；

λ——声波波长（m）；

A——声源至屏障顶端的距离（m）；

B——屏障顶端至接受者的距离（m）；

d——声源至接受者之间的直线距离（m）。

在3#造纸机车间与变电所之间，面对南侧居民住宅，拟立一道高为6m的隔声屏障Ⅰ。车间东墙自下而上为总高约5.5m的玻璃窗，声源离地高度也按5.5m计；居民住宅阁楼窗户离地高约4m，接受者离地高度也按4m计。声源距拟立的屏障按1.0m计，接受者距拟立的屏障则按3.0m计。隔声屏障示意见图2。

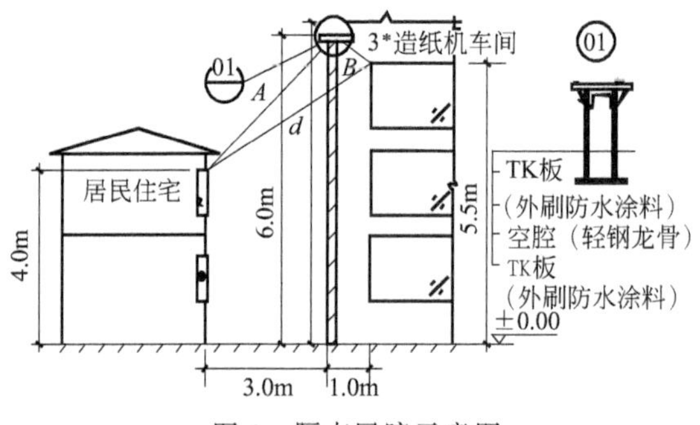

图2 隔声屏障示意图

该车间窗口噪声为71～73dB，呈宽频带，峰值频率在250～1000Hz之间。为使居民住宅处的噪声降为55～60dB，设计要求隔声屏障需有13～15dB的衰减量。按上述公式计算250Hz、500Hz、1000Hz中心频率下的声级衰减值。

$$\begin{aligned}\Delta L_{(250)} &= 10\lg[(2/\lambda)(A+B-d)]+13\\ &= 10\lg[(2/1.36)(3.6+1.1-4.3)]+13\\ &= 10.7\end{aligned}$$

$$\Delta L_{(500)} = 13.7 \qquad \Delta L_{(1000)} = 16.7$$

可见，6m高的隔声屏障可基本满足设计要求。

隔声屏障的板料是中碱玻璃纤维短石棉低碱度水泥平板（俗称TK板）。它以Ⅰ型低碱度水泥、中碱玻璃纤维、短石棉等制成料浆，经圆网机抄取成坯、油压机压实，再蒸养硬化而成。成品板状规格长×宽×厚为1200mm×900mm×(5～6)mm，可用钉子或黏结剂固定，具有质轻、耐火、耐潮等特点，隔声指数为40dB。它与轻钢龙骨配套供应。

隔声屏障Ⅰ的宽×高×厚为9800mm×6000mm×80mm，面积为58.8m^2。其中间为轻质龙骨，双面钉装TK板。以3根ϕ200mm电线杆或合适尺寸的型钢支架加固轻钢龙骨，以增抗风强度。其顶端也钉装TK板，按T字形固定。其外表板面刷防水涂料，龙骨外露部分刷油漆或用水泥砂浆砌封，以防淋湿和锈蚀。屏障体的东侧部位、中部、西侧部位分别在上下各开一扇门，门宽×高为1200mm×3500mm和1200mm×1000mm。

隔声屏障Ⅱ竖立于白水处理间与变电所之间，面对东侧居民住宅。屏障宽×高×厚＝4600mm×3000mm×80mm，开设3个双层玻璃窗（宽×高为1200mm×1000mm），开设1

个活动窗扇（宽×高为 2000mm×1500mm），面积约 14m²。其材料与构造同隔声屏障Ⅰ。

3　效果与费用

隔声屏障Ⅰ处 3# 造纸机车间噪声为 71dB，居民住宅一侧噪声为 59.5dB，除安装隔声屏障Ⅰ之外，若将其东侧部位活动门扇敞开部分加装隔声盖板，预期隔声降噪量还会有所提高。

安装隔声屏障Ⅰ之后，居民住宅一侧的深夜噪声由 59.5dB 降至 53dB。

安装隔声屏障Ⅱ之后，居民住宅一侧的深夜噪声由 54.5dB 降至 50dB。

长×宽×厚＝1200mm×900mm×5mm 的单层 TK 板单价 6.90 元；长×宽×厚＝1200mm×900mm×6mm 的单层 TK 板单价为 8.00 元。

双面单层的 TK 板加轻钢龙骨和主、附配件，再包括施工、安装等，费用合在一起算出来的单价约为 60 元/m²。

本文 1988 年刊登于《机械工厂设计》第 3 期

FC板在噪声控制工程中的应用

1 前言

江苏爱富希新型建筑材料厂（原吴江新型建筑材料厂）从德国新宝堪公司引进的万吨压机批量生产的FC纤维水泥加压板，在建筑行业得到广泛的应用，鉴于这种新型板材具有大幅面、高强度、防火、防水、可锯、可钻、可钉、易加工等优点，在噪声控制工程中也同样颇受欢迎，应用范围越来越广，作者在30余个噪声治理项目中采用FC板、NAFC板（无石棉）、FC穿孔板等用于室内噪声隔断，制作隔声间、隔声罩、集中控制室，加工成通风管道、消声器等，将穿孔FC板钉装于室内顶棚或侧墙作为吸声结构的饰面。在室外拼装成大型隔声室、隔声棚、落地式隔声吸声屏障、悬挂于窗外的大型隔声吸声屏障等，均取得了满意的效果。本文结合工程实例，侧重介绍FC板在噪声控制工程中的应用。

2 FC板及穿孔FC板主要技术性能

采用抄造法或流浆法生产的FC系列板材，是将水泥、天然或人造纤维材料等经配料、拌和、成型、加压、烘干、养护、表面处理工艺而制成的一种达到国外同等水平的新型高强度板材。FC板横向抗折强度为28N/mm^2；纵向抗折强度为20N/mm^2；抗冲击强度为2.45kJ/m^2；吸水率≤17%；容重为1.8g/cm^3；不透水性——经24h底面无水滴现象；抗冻性——经25次循环冻融无分层等破坏现象；耐火极限——77min（6mm厚复合墙体）；隔声指数——50dB（6mm板厚复合墙体）。每块规格3000mm×1200mm×(4～40)mm，2400mm×1200mm×(4～40)mm。其他规格可按用户要求切割供货。FC板主要用于内外墙板、吊顶板、屋面板、通风道板、地下工程用板、穿孔板等。曾获部级科技进步二等奖、三等奖等，评为省优、部优产品。

无石棉大幅面纤维水泥加压板（NAFC），石棉含量为零，主要用途及规格与FC板相同。平均抗折强度≥13N/mm^2；平均抗冲击强度≥2.75kJ/m^2；吸水率≤19%；容重为1.7～2.0g/cm^3；不透水性、抗冻性与FC板相同；不燃性达到GB 5464—1985标准，属不燃性材料。

FC穿孔板是采用FC板或NAFC板加工而成，强度高，装饰性好，防火，防水。目前FC穿孔板有10余种型号规格，穿孔率为2.3%～20%，详见表1。也可按用户要求专门设计、加工制作。FC穿孔板吸声系数如表2所示。FC穿孔板可用于影剧院、录音室、演播室、多功能大厅等装饰吸声，也可用于车间吸声降噪以及地铁、高速公路声屏障吸声等。

表 1 FC 穿孔板型号规格

序号	型号	规格/mm	孔径/mm	孔数/个	穿孔率/%
1	FCP5-1	600×600×4	ϕ5	1456	8
2	FCP5-2	1200×600×4	ϕ5	2912	8
3	FPC5-3	600×600×4	ϕ5	728	4
4	FPC8-1	600×600×4	ϕ8	324	4.5
5	FCP8-2	1200×600×4	ϕ8	486	3.4
6	FPC8-3	600×600×4	ϕ8	162	2.3
7	FCP4-1	600×600×4	45×4	208	10.2
8	FCP4-2	600×600×4	45×4	208	10.2
9	FCP4-3	1200×600×4	45×4	416	10.2
10	FCP4-4	2000×600×(4～5)	45×4	676	10
11	FCP4-5	1200×600×4	42×4	—	13
12	FCP6-1	1200×600×4	6	—	2.7
13	FCP6-2	1000×1000×4	6	—	5.5
14	FCP6-3	600×600×4	6	—	5.5
15	FCP6-4	500×500×4	6	—	11
16	FCP10-1	985×985×(4～5)	ϕ10.4	2304	20
17	FCP10-2	500×500×4	ϕ10.4	576	20

表 2 FC 穿孔板吸声系数（混响室测定）

型号	规格/mm	穿孔率/%	构造简述	倍频程中心频率/Hz,吸声系数(α_T)					
				125	250	500	1000	2000	4000
FCP5-1 FCP5-2	600×600×4 1200×600×4 （圆孔）	8	① 4mm 厚 FC 穿孔板，后留 50mm	—	0.05	0.16	0.29	0.24	0.10
			② 4mm 厚 FC 穿孔板，后留 6mm 厚针刺型土工布	0.12	0.28	0.56	0.67	0.54	0.41
			③4mm 厚 FC 穿孔板，板后衬布后留 100mm	0.21	0.41	0.68	0.60	0.41	0.34
			④4mm 厚 FC 穿孔板，板后衬布空腔 100mm 内填 50mm 厚玻璃棉	0.53	0.77	0.90	0.73	0.70	0.66
FCP8-1	600×600×4 （圆孔）	4.5	⑤ 4mm 厚 FC 穿孔板，后留 50mm	—	0.06	0.26	0.19	0.12	0.10
			⑥4mm 厚 FC 穿孔板，板后衬 6mm 厚针刺型土工布	0.44	0.36	0.75	0.62	0.35	0.26
			⑦4mm 厚 FC 穿孔板，板后衬布后留 100mm	0.42	0.33	0.30	0.21	0.11	0.06
			⑧同上，空腔内填 50mm 厚玻璃棉	0.50	0.37	0.34	0.25	0.14	0.07
FCP10-1 FCP10-2	985×985×4 500×500×4	20	⑨ 4mm 厚 FC 穿孔板，后留 50mm	—	0.02	0.10	0.21	0.14	0.12
			⑩ 4mm 厚 FC 穿孔板，板后衬 6mm 厚针刺型土工布	0.11	0.24	0.54	0.67	0.58	0.53

3 FC 板应用于室内噪声控制工程

(1) 用双层 FC 板制成隔声集控室

上海卷烟厂大型空压机房布置于三层楼上，空压机房长×宽×高约为 40m×40m×6m，轻型隔声集控室要求安装于空压机房中央，集控室长×宽×高约为 20m×5m×3m，四壁大块隔声观察窗，两端双层隔声门。集控室用双层 FC 板拼装而成，顶棚上表面为 8mm 厚 FC 板，内表面为 4mm 厚穿孔 FC 板（穿孔率 20%），两板之间填装 50mm 厚离心玻璃棉毡吸声材料（用玻璃丝布袋装裹吸声材料）。四周墙壁外侧为 8mm 厚 FC 板，内侧为 6mm 厚 FC 板，中间为 C75 轻钢龙骨。集控室外空压机房内噪声为 93dB(A)，加装 FC 板隔声集控室后，集控室内噪声为 63dB(A)，隔声降噪 30dB(A)。

(2) FC 板隔声墙及穿孔 FC 板吸声吊顶

上海带锯厂冲床车间组合于生产大楼二楼，有 30 余台不同吨位的冲床，冲床噪声为 95～98dB(A)，二楼内还有其他零件加工及装配间等，为减小冲床车间内部噪声以及减少该车间噪声对周围环境的污染，用双层 FC 板作为隔声墙，将冲床车间与其他车间隔开来，“L”形 FC 板隔声墙长×宽×高约为 30m×12m×5m。隔声墙内外均为 6mm 厚 FC 板（不穿孔），中间为轻钢龙骨，隔声墙总厚为 87mm。冲床车间顶棚面积 360m^2，均安装吸声吊顶——4mm 厚 FC 穿孔板饰面，50mm 厚离心玻璃棉吸声层（用玻璃丝布袋装裹）。对其中两台噪声特别高的 16t 冲床，加装了用 FC 板和金属板组合的隔声小室，隔声小室长×宽×高约为 3m×3m×2.3m。采取上述隔声吸声措施后，冲床车间噪声由 95dB(A) 降为 90dB(A)，达到了工业噪声卫生标准要求。冲床车间噪声对其他车间的影响降为 80dB(A) 以下。

(3) FC 板隔声小室及隔声罩

上海长征塑料编织厂生产车间通风用 32# 纺织轴流风机安装于两个厂房之间临时雨棚内，系敞开式，噪声高达 102dB(A)。用 FC 板钉装成一个长×宽×高约为 6m×3m×5m 的隔声小室，隔声小室两侧进风口安装大型阻性消声器，顶部为 4mm 穿孔 FC 板，轻钢龙骨支撑，内填离心玻璃棉吸声材料。隔声小室另两侧用 8mm 厚双层 FC 板钉装，轻钢龙骨支撑。FC 板隔声小室内噪声为 102dB(A)，小室外噪声为 82dB(A)，降噪 20dB(A)。

上海徐汇区福满楼酒家屋顶上安装着两台 6# 离心通风机和两台 4# 离心通风机，除在风机出风口加装消声器外，在每台风机外侧用双层 FC 板现场钉装三个小型隔声罩，隔声罩长×宽×高约为 2.5m×2m×2m，隔声降噪 15dB(A)。

上海益民食品一厂冷冻机房分前室和后室，冷冻机噪声通过后室和扶梯间传至居民住宅处为 70dB(A)，在前后室之间用 FC 板设置一道隔声墙，扶梯间用 FC 板钉装成一个简易隔声门斗，从而使居民住宅处噪声降低了 15dB(A)。

(4) FC 板消声器

上海朝晖造纸厂造纸机车间离心排风机出口置于车间屋顶上，噪声高达 93dB(A)，排出的含有蒸气的废气量大、温度高，用金属结构消声器很快就锈蚀了。消声器外形尺寸长×宽×高约为 3m×1.2m×1.3m，若用土建结构消声道，屋顶荷重也不许可。设计选用 10mm 厚 FC 板作消声器外壳，内表面及消声插片用 4mm 厚 FC 板穿孔板，工程塑料框架，吸声材料为防潮离心玻璃棉毡，该消声器防火、防水、防潮、重量轻，实测消声器消声量（插入损失）为 15dB(A)。

上海曹杨制面工厂在居民住宅中间，制面间两台 6# 轴流排风机噪声影响居民，在 6# 风机外侧用 FC 板制作了两个消声器，每个消声器长×宽×高约为 1500mm×750mm×750mm，系阻性消声器，消声器外壳用 6mm 厚 FC 板钉装，内侧和消声插片用 4mm 穿孔 FC 板，木筋做框架，填装聚氨酯泡沫吸声材料。消声量 10dB(A)，已使用两年，效果良好。

4　FC 板应用于室外噪声控制工程

（1）大型防火防爆隔声室

中美合资南通醋酸纤维有限公司丙酮回收系统安装有三台大型离心防爆风机（每台风量约 5 万 m^3，噪声高达 101dB(A)，与其相连的冷凝装置及输气管道也产生较强的噪声。风机及冷凝装置均系露天安装。风机噪声不仅污染厂区环境，而且对 1km 以外的新桥新村都带来影响。为治理这三台风机及冷凝器噪声，设计建造了一个长×宽×高约为 26m×15m×6m 的大型防火防爆隔声室，面积约 $390m^2$，体积约 $2340m^3$。隔声室的四壁和顶棚按美方要求，采用无石棉的 NAFC 板制造，施工过程中丙酮回收系统不得停产。由于丙酮是易燃易爆物质，施工现场不得动用明火，不得使用电焊、电锯、手电钻、冲击钻等，施工难度极大。设计采用大型工字钢、槽钢等搭成鸟笼式框架，均用螺栓连接。侧墙和顶棚均用 NAFC 板事先制成大型隔声板块，用榫式结构在现场拼装，标准板块宽×高×厚＝1200mm×3000mm×87mm。四壁隔声板块外侧为 8mm 厚 NAFC 板，内侧为 6mm 厚 NAFC 板，2mm 厚钢板弯折成“［”形支撑，内外侧 NAFC 之间填装 75mm 厚岩棉阻尼材料，隔声板块总厚 87mm，每块质量约 150kg。顶棚为隔声吸声板块，外侧为 8mm 厚 NAFC 板，内侧为 4mm 厚穿孔 NAFC 板，穿孔率 20%，“［”形支撑厚 75mm，两板之间填装用玻璃丝布袋装裹的离心玻璃棉吸声材料，隔声吸声板块总厚 87mm。四壁和顶棚板块计 320 块。四壁开设 14 个双层玻璃隔声采光窗，4 个大型双扇隔声门（钢结构）。隔声室密封后采用上送下排通风系统，10 台 5# 低噪声轴流防爆风机及消声器安装于隔声顶棚上，向室内送风，隔声室四壁下侧留有 8 只出风口，出风口处安装消声器。整个隔声室采用自动喷淋防火系统，所有电气装置均是防火防爆的。

大型防火防爆隔声室安装就绪后，实测其平均隔声量为 20dB(A)，隔声室外噪声均在 85dB(A) 以下，整个厂区噪声降低了 5～10dB(A)，新桥新村已听不到该风机的噪声。国家烟草总公司和南通市环保局已对该工程进行了验收，施工质量优，治理效果好，得到各方面的好评。

（2）大型隔声棚

上海中华制药厂空压机房总装机容量为 $200m^3/min$，空压机房北侧小院内露天安装着储气罐、冷凝器、水泵等，围墙外即新华旅馆，旅馆窗外 1.0m 处噪声高达 74dB(A)，厂群矛盾十分尖锐。除对空压机房采取隔声、消声、吸声等措施外，再用 FC 板在小院顶部搭建一个长×宽×高约为 20m×8m×6m 的隔声棚，使储气罐、冷凝器、水泵等处于隔声棚内。

隔声棚用型钢支撑，单层 8mm 厚 FC 直接钉于型钢与木筋支撑上，隔声棚上部再加一层石棉瓦雨棚。实测隔声棚隔声降噪量为 15dB(A)，新华旅馆噪声由 74dB(A) 降为 61dB(A)。

上钢八厂三车间位于武宁路桥苏州河边上，轧钢熔炉和轧钢机噪声通过车间北侧（敞开）传至苏州河对面高层居民住宅为 65dB(A)。用 FC 板在车间北侧与苏州河防波堤之间搭建了一个“┐”型隔声棚，隔声棚长×宽×高约为 25m×5m×5m，顶部开设 4 个通风采光口。侧墙内外均用 6mm 厚 FC 板，轻钢龙骨支撑，顶部采用外隔内吸式结构。隔声棚建成后，高层居民住宅处噪声由 65dB(A) 降为 60dB(A)。

上钢三厂水泵房、上海第九制药厂锅炉房均为了降低噪声，扩大机房使用面积而用 FC 板搭建隔声棚，效果都不错。

(3) **大型落地式隔声屏障**

上海第三制药厂西区噪声治理工程，主要是用 FC 板搭建了三个隔声屏障。其中一个“┐”形隔声屏障宽×高约为 15m×12m，安装于空压机冷凝器组与三层楼居民住宅之间，未装隔声屏障之前，居民住宅处噪声为 68dB(A)。该屏障以 ϕ150mm 钢管做骨架，以轻钢龙骨和木龙骨为支撑，采用外隔内吸式结构，朝居民一侧为 8mm 厚 FC 板，朝声源一侧为铝合金穿孔板饰面，内填装防潮离心玻璃棉毡吸声材料，总厚 84mm，隔声屏障竣工后实测居民住宅处噪声由 68dB(A) 降为 58dB(A)，隔声降噪 10dB(A)。

上海第三制药厂另一个隔声屏障是在三台 200t/h 冷却塔边上用 FC 板搭建，隔声屏障宽×高约为 (10+10)m×8m，高出冷却塔 1m 左右。冷却塔水蒸气及漂水都较严重，要求隔声屏障防水、防潮、耐腐蚀。用双层 6mm 厚 FC 板建成的隔声屏障隔声效果 10dB(A)，满足了使用要求。还有一个隔声屏障是在发酵车间气窗外侧，用外隔内吸式 FC 板钉装，屏障长×高约为 30m×3m，该屏障既是气窗挡风板，又是发酵车间隔声吸声板，装饰效果也较好。

上海无线电十八厂锅炉房东侧 3m 处即六层楼居民住宅，该锅炉房改建后上煤系统全用计算机控制，但锅炉房噪声和上煤系统噪声对居民住宅的污染是个长期未得到解决的问题，致使先进的上煤系统无法竣工验收。噪声治理除对锅炉鼓风机、引风机、水泵等采取隔声、隔振、消声措施外，重点是在锅炉房和居民住宅之间的围墙上再加装用 FC 板拼装的隔声屏障。屏障宽×高约 15m×16m，双层 FC 板厚为 6mm，轻钢龙骨，总厚 62mm。经治理居民住宅处噪声由 63dB 降为 55dB(A)，达到环保要求，整个工程通过了竣工验收。

上海羊毛衫十五厂污水处理车间、上海被单三厂织布车间、上海客车厂总装车间等与上海无线电十八厂锅炉房有些类似，均是在生产厂房与居民住宅之间用双层 FC 板钉装落地式隔声屏障。屏障面积均在 100m^2 左右，屏障隔声降噪量在 10dB(A) 左右。

有些噪声源置于屋顶上，在其周围或下侧均为居民住宅，为解决噪声污染，设计安装“—”字形、“┌”形、“┌┐”形等隔声屏障，将噪声源半围蔽起来，屏障一般比噪声设备高 1.0m 左右，屏障离开设备表面 1.2～1.5m。例如，上海宜川购物中心热泵机组“Ⅱ”形 FC 板隔声屏障、上海珠江酒家冷却塔“Z”形 FC 板隔声屏障、徐汇区叙福楼酒家冷却塔“—”字形 FC 板隔声屏障、天涯海角大酒家“┐”形 FC 板隔声屏障将分体式空调器室外机组围起来，这些隔声屏障均取得了显著的降噪效果。

(4) **悬挂于窗外的大型隔声屏障**

如前所述，在噪声源和接收者之间设置隔声屏障多数是落地式的，但在某些特殊的场所，如噪声源位置高，接收者位置低；噪声源和接收者均离地面有一定高度；噪声源本身是高温物体，车间门窗必须开启并利用车间与隔声屏障之间的空腔散热；噪声源本身散发蒸汽，需要利用隔声屏障形成的通道排风；利用隔声屏障进行室外装潢等。这样，隔声屏障不仅高大，而且需要离开地面悬空安装。

上海第一制线厂生产大楼共 4 层，距该大楼 4m 之外即三层楼居民住宅，两楼南北相对。生产车间噪声为 90dB(A)，通过门窗和阳台传至居民住宅处为 68dB(A)。在生产大楼阳台外离地面 4m 以上悬空安装一个宽×高约为 15m×12m 的大型隔声屏障，屏障上开设 12 个双层玻璃隔声采光窗，屏障下部为双层 FC 板隔声板，上部为外隔内吸式隔声吸声板，ϕ140mm 钢管立柱，角钢和轻钢龙骨支撑架，与原生产车间柱子和墙体拉为一体。加装隔声屏障后居民住宅处噪声由 68dB(A) 降为 55(A)。

上海啤酒厂五层楼生产车间长×宽×高约为 32m×31m×30m，三、四楼为灌装车间，噪声为 85dB(A)，已安装隔声采光窗和排风机，车间噪声通过两侧隔声窗传至 10m 外大片二层楼居民住宅处为 64dB(A)。现在三、四楼隔声窗外再悬空安装一个大型 FC 板隔声屏障，屏障宽×高约为 29m×13.2m，下沿离地高 9.7m，距原生产车间西墙 1.2m。屏障上开设 20 个双层玻璃隔声采光窗（每个窗面积约 1.5m^2）。隔声屏障内外侧均为 6mm 厚 FC 板，用槽钢、角钢和轻钢龙骨做支架，与原生产车间连为一体，屏障下侧安装 106 片消声插片，每片宽×高×厚约为 800mm×700mm×100mm，片间距 150mm，隔声屏障安装就绪后，车间原隔声窗可开启，实测居民住宅处噪声由 64dB(A) 降为 57dB(A)，车间蒸汽可通过屏障夹弄排出。

上海培德玻璃厂制瓶车间在二楼，系高温车间，车间长×宽×高约 160m×24m×8m，门窗不允许关闭，车间内噪声为 104dB(A)，在距其 15m 处即居民住宅（平房）车间噪声源比居民住宅高 9m 左右，未治理前居民住宅处噪声为 67dB(A)。在制瓶车间窗外悬空设置了两个隔声屏障，一个宽×高约为 12m×8m，另一个宽×高约为 24m×2.5m，均用 FC 板钉装。外侧 FC 板厚 8mm，内侧 FC 板厚 6mm。隔声屏障竣工后实测居民住宅处噪声由 67dB(A) 降为 57dB(A)，车间门窗可开启，通风良好。

作者在 30 余个噪声控制工程中采用 FC 板和 NAFC 板作隔声和吸声构件，均取得了较为满意的治理效果，说明这种新型建筑材料性能优良，应用范围广泛，是一种具有巨大发展前途的新型板材。

本文 1994 年刊登于《噪声与振动控制》第 8 期

微穿孔板声学结构及其应用

提　要： 本文论述了微穿孔板声学结构的机理特点及其在吸声、消声等领域的应用，提供了微穿孔板和微穿孔板消声器的产品性能、规格以及制造工艺技术，可供噪声控制和建筑声学专业人员参考。

关键词： 微穿孔板　吸声　消声　特性　应用

1　前言

著名声学专家、中国科学院院士马大猷教授 1975 年在《中国科学》上发表了独创的《微穿孔板吸声结构的理论和设计》论文。20 多年来，根据马大猷先生的理论，微穿孔板结构得到迅速发展，并在各个领域广泛应用。上海申华声学装备有限公司（以下简称申华公司，1995 年由原上海红旗机筛厂和华东建筑设计研究院联合组成）是最早把马大猷先生的理论应用于实践的单位之一，生产了各种规格的微穿孔板供用户选用，制造了不同类型的微穿孔消声器，并将微穿孔板吸声结构成功设计应用于上海游泳馆等重要工程。近年来又有新的进展，如拟将微穿孔板应用于高架道路声屏障。本文重点介绍微穿孔板声学结构在吸声、消声领域的设计特点与应用技术，同时概述微穿孔板的加工制造技术。

2　微穿孔板吸声结构

在板厚小于 1.0mm 薄板上穿以孔径小于 1.0mm 的微孔，穿孔率在 1%～5%之间，后部留有一定厚度（如 5～20cm）的空气层，空气层（又称空腔）内不填任何吸声材料，这样即构成了微穿孔板吸声结构。常用单层或双层微穿孔板结构形式。微穿孔板吸声结构是一种低声质量、高声阻的共振吸声结构，其性能介于多孔吸声材料和共振吸声结构之间，其吸声频率宽度可优于常规的穿孔板共振吸声结构。

研究表明，表征微穿孔板吸声特性的吸声系数和频带宽度，主要由微穿孔板结构的声质量 m 和声阻 γ 来决定，而这两个因素又与微孔直径 d 及穿孔率 P 有关。微穿孔板吸声结构的相对声阻抗 z（以空气的特性阻抗 ρc 为单位）计算如下：

$$z=\gamma+\mathrm{j}\omega m-\mathrm{j}\cot\left(\frac{\omega D}{\rho c}\right) \tag{1}$$

式中　ρ——空气密度（$\mathrm{kg/cm^3}$）；

c——空气中声速（m/s）；

D——腔深（穿孔板与后壁间的距离，mm）；

m——相对声质量；

γ——相对声阻；

ω——角频率，$\omega=2\pi f$（f 为频率）；

γ 和 m 分别为

$$\gamma=atK_{\gamma}/d^{2}p \tag{2}$$

$$m=0.294\times10^{-3}tK_{m}/P \tag{3}$$

式中 t——板厚（mm）；

d——孔径（mm）；

P——穿孔率（%）；

K_{γ}——声阻系数：

$$K_{\gamma}=\sqrt{1+\frac{x^{2}}{32}}+\frac{\sqrt{2x}}{8}\times\frac{d}{t}$$

K_{m}——声质量系数：

$$K_{m}=1+\frac{1}{\sqrt{9+\frac{x^{2}}{2}}}+0.85\frac{d}{x}$$

式中，$x=ab\sqrt{f}$，a 和 b 为常数，对于绝热板 $a=0.147$，$b=0.32$；对于导热板 $a=0.235$，$b=0.21$。声吸收的角频带宽度，近似地由 γ/m 决定，此值越大，吸声的频带越宽。

$$\frac{\gamma}{m}=\frac{l}{d^{2}}\times\frac{K_{\gamma}}{K_{m}} \tag{4}$$

式中 l——常数，对于金属板 $l=1140$，而隔热板 $l=500$。

式(4) 也可表达为

$$\frac{\gamma}{m}=50f\,\frac{K_{\gamma}/K_{m}}{x^{2}} \tag{5}$$

而 K_{γ}/K_{m} 的近似计算式为

$$\frac{K_{\gamma}}{K_{m}}=0.5+0.1x+0.005x^{2} \tag{6}$$

利用以上各式就可以从要求的 γ、m、f 求出微穿孔板吸声结构的 x、d、t、P 等参量。由于微穿孔板的孔径很小且稀，其 γ 值比普通穿孔板大得多，而 m 又很小，故吸声频带比普通穿孔板共振吸声结构大得多，这是微穿孔板吸声结构最大的特点。一般性能较好的单层或双层微穿孔板吸声结构的吸声频带宽度可以达到 6～10 个 1/3 倍频程以上。

共振时的最大吸声系数 α_{0} 为

$$\alpha_{0}=\frac{4\gamma}{(1+\gamma)^{2}} \tag{7}$$

具体设计微穿孔板吸声结构时，可通过计算，也可查图表，计算结果与实测结果相近。在实际工程中为了扩大吸声频带的宽度，往往采用不同孔径、不同穿孔率的双层或多层微穿孔板复合结构。

申华公司生产的常用微穿孔板的吸声性能列于表 1。

表 1　微穿孔板吸声结构吸声系数

名称	穿孔率/%	空腔/mm	频率/Hz 125	250	500	1000	2000	4000	备注
			吸声系数						
单层微穿孔板 孔径 ϕ0.8mm 板厚 0.8mm	1	30	—	0.18	0.64	0.69	0.17	—	
		50	0.05	0.29	0.87	0.78	0.12	—	
		70	—	0.40	0.86	0.37	0.14	—	
		100	0.24	0.71	0.96	0.40	0.29	—	
		150	0.37	0.85	0.87	0.20	0.15	—	
		200	0.56	0.98	0.61	0.86	0.27	—	
		250	0.72	0.99	0.38	0.40	0.12	—	
单层微穿孔板 孔径 ϕ0.8mm 板厚 0.8mm	2	30	0.08	0.11	0.15	0.58	0.40	—	
		50	0.05	0.17	0.60	0.78	0.22	—	
		70	0.12	0.24	0.57	0.70	0.17	—	
		100	0.10	0.46	0.92	0.31	0.40	—	
		150	0.24	0.68	0.80	0.10	0.12	—	
		200	0.40	0.83	0.54	0.77	0.28	—	
		250	0.48	0.89	0.34	0.45	0.11	—	驻波管法 (α_0)
单层微穿孔板 孔径 ϕ0.8mm 板厚 0.8mm	3	30	—	0.06	0.20	0.68	0.42	—	
		50	0.11	0.25	0.43	0.70	0.25	—	
		70	—	0.22	0.82	0.69	0.21	—	
		100	0.12	0.29	0.78	0.40	0.78	—	
		150	0.21	0.47	0.72	0.12	0.20	—	
		200	0.22	0.50	0.50	0.28	0.55	—	
		250	0.35	0.70	0.26	0.50	0.15	—	
双层微穿孔板 孔径 ϕ0.8mm 板厚 0.9mm		$D_1=30$　$D_2=70$	0.26	0.71	0.92	0.65	0.35	—	
	2.5～1	$D_1=40$　$D_2=60$	0.21	0.72	0.94	0.84	0.30	—	
		$D_1=50$　$D_2=50$	0.18	0.69	0.96	0.99	0.24	—	
		$D_1=40$　$D_2=160$	0.58	0.99	0.54	0.88	—	—	
	2+1	$D_1=80$　$D_2=120$	—	0.88	0.84	0.80	—	—	
	3+1	$D_1=80$　$D_2=120$	0.48	0.97	0.93	0.64	0.15	—	
		$D_1=80$　$D_2=120$	0.40	0.92	0.95	0.66	0.17	—	
单层微穿孔板 孔径 ϕ0.8mm 板厚 0.8mm	1	200	0.28	0.67	0.52	0.42	0.40	0.30	
	2	150	0.18	0.43	0.87	0.32	0.33	0.34	
	2	200	0.19	0.50	0.45	0.35	0.36	0.18	混响室法 (α_γ)
双层微穿孔板 孔径 ϕ0.8mm 板厚 0.8mm	2+1	$D_1=100$　$D_2=100$	0.28	0.79	0.70	0.64	0.41	0.42	
	2+1	$D_1=50$　$D_2=100$	0.25	0.79	0.67	0.68	0.45	0.38	
	2+1	$D_1=80$　$D_2=120$	0.41	0.91	0.61	0.61	0.31	0.30	

续表

名称	穿孔率/%	空腔/mm	频率/Hz						备注
			125	250	500	1000	2000	4000	
			吸声系数						
单层微穿孔板 孔径 ϕ0.8mm 板厚 0.5～0.8mm	1	50	0.08	0.56	0.78	0.65	0.142	0.32	D_1 为前腔尺寸，D_2 为后腔尺寸
	2	50	0.11	0.40	0.85	0.77	0.74	0.48	
	3	50	0.08	0.35	0.41	0.84	0.82	0.60	
	1	80	0.15	0.53	0.68	0.56	0.43	0.21	
	2	80	0.13	0.50	0.83	0.71	0.67	0.48	
	3	80	0.11	0.29	0.82	0.79	0.94	0.48	
	1	100	0.20	0.75	0.63	0.61	0.44	0.48	
	2	100	0.29	0.61	0.60	0.68	0.75	0.47	
	3	100	0.30	0.67	0.67	0.70	0.75	0.48	
双层微穿孔板 孔径 ϕ0.8mm 板厚 0.5～0.8mm	2+1	$D_1=50$　$D_2=100$	0.25	0.79	0.67	0.68	0.46	0.45	
	2+1	$D_1=80$　$D_2=120$	0.48	0.97	0.93	0.64	0.15	0.13	
	3+1	$D_1=80$　$D_2=120$	0.40	0.92	0.95	0.66	0.13	0.11	

常见微穿孔板可用铝板、钢板、镀锌板、不锈钢板、塑料板等材料制作，由于微孔板后的空气层内无须填装多孔性纤维材料，因此不怕水和潮气、防火、不霉、不蛀、清洁、无污染、耐高温、耐腐蚀，能承受高速气流冲击。微穿孔板吸声结构在吸声降噪和改善室内音质方面已经得到十分广泛的应用。例如，上海益民食品一厂巧克力车间吸声吊顶，南京528厂、济南半导体总厂、航天部51所、07单位205所、207所等洁净厂房内的吸声降噪工程。20世纪70年代建造上海游泳馆时，经多方案比较，最后还是选定防火、防潮、新颖美观的铝合金微穿孔板安装于游泳馆的四壁和顶棚，吸声及室内装饰效果都很好。微穿孔板还可应用于音乐厅、会议室、电影院、演播厅、录音室及多功能厅堂建筑声学领域，既可消除声学缺陷，降低混响时间，又具有一定的装饰效果。在微穿孔板吸声结构理论研究与实践应用领域，我国处于国际领先水平。最新的一个例子是德国新议会大厦会议大厅为玻璃墙面建成的圆形建筑物，耗资2.7亿马克，目的是增加议会的透明度并具有建筑新特点。但建成后由于声学缺陷（声聚焦和声场不均匀）而无法使用。德方请了许多专家都没有解决。1993年中国访问学者查雪琴女士根据马大猷先生的微穿孔板理论，在5mm厚的有机玻璃板上用激光穿出直径为0.55mm、孔距为6mm的微孔（穿孔率1.4%左右，每平方米上穿2.8万个孔，加工费达2000马克/m^2），装于原玻璃墙内侧，总改造费用达150万马克，成功解决了这一声学缺陷问题，在德国和西欧传为佳话。

3　微穿孔板消声器

微穿孔板声学结构在消声技术领域也早有十分广泛的应用，利用微穿孔板声学结构设计制造的微穿孔板消声器种类繁多，最简单的是直管式消声器，而多数是阻抗复合式消声器。微穿孔板消声器用金属穿孔薄板制成，不用任何吸声材料，其吸声系数高，吸收频带宽，压力损失小，气流再生噪声低，无粉尘及其他纤维泄出，很清洁，且易于控制。为获得宽频带高吸收效果，一般用双层微穿孔板结构。微穿孔板与外壳之间以及微穿孔板之间的空腔尺寸大小按需要吸收的频带不同而异，吸收低频空腔大些（150～200mm），中频小些（80～120mm），高频更小些（30～50mm），双层结构的前腔深度一般应小于后腔，前后腔深度之比不大于1∶3。前部接近气流的一层微穿孔板穿孔率应高于后层，为减小轴向声传播的影响，可在微穿孔板消声器的空腔内每隔500mm左右加一块横向隔板。

单层管式微穿孔板消声器是一种共振式吸声结构，对于低频消声，当声波波长大于共振腔（空腔）尺寸时，可以应用共振消声器计算式(8)来计算微穿孔板消声器消声量L_{TL}。

$$L_{TL}=10\lg\left[1+\frac{a+0.25}{a^2+b^2(f/f_0-f_0/f)^2}\right](dB) \tag{8}$$

式中
$$a=\gamma S,\ b=\frac{Sc}{2\pi f_0 V}$$

γ——相对声阻；

S——通道截面面积（m^2）；

V——板后空腔体积（m^3）；

c——空气中的声速（m/s）；

f——入射声波频率（Hz）；

f_0——共振频率（Hz）：

$$f_0=\frac{c}{2\pi}\sqrt{\frac{P}{t'D}}$$

$$t'=t+0.8d+\frac{1}{3}PD$$

t——微穿孔板的厚度（m）；

P——穿孔率（%）；

D——板后空腔（m）；

d——穿孔孔径（m）。

对于中频消声，微穿孔板消声器的消声量可以应用阻性消声器的计算式(9)进行计算。

$$L_{TL}=\varphi(\alpha)\frac{P}{S}L(dB) \tag{9}$$

式中 $\varphi(\alpha)$——消声系数，它是与吸声系数α_0有关的量，α_0和$\varphi(\alpha)$相互关系经验值可由表2查得；

P——管道横断面的周长（m）；

L——管道的长度（m）；

S——管道横截面面积（m^2）。

表2 α_0和$\varphi(\alpha)$关系表（经验值）

吸声系数α_0	0.1	0.2	0.3	0.4	0.5	0.6	0.7	0.8	0.9～1.0
消声系数$\varphi(\alpha)$	0.10	0.25	0.40	0.55	0.70	0.90	1.00	1.20	1.50

微穿孔板消声器高频声性能实测值比理论估算值要好。试验证明，消声量与流速有关，与消声器温差无关。流速增高，消声性能下降，气流再生噪声提高。金属微穿孔板消声器可

承受较高气流速度的冲击，当流速达到70m/s时，仍有10dB的消声量。

申华公司生产的NT系列微穿孔板消声器列于表3。本系列消声器适用于超净、空调、高温、高湿、高速等特殊场合的通风消声。消声器有效长1.8m，对低频有12～15dB消声量，对中频有20～26dB消声量。当风速在20m/s以下时，风速对消声性能影响不大，阻力损失在7Pa以下。当风速大于20m/s时，对低频消声性能略有影响，但对高频影响不大。图1为NT系列消声器外形。

表3　NT系列微穿孔板消声器选用表

型号	法兰尺寸 $A \times B$ /(mm×mm)	适用风量/(m^3/h) 风速(5～10m/s)	外形尺寸长×宽×高 /(mm×mm×mm)	参考质量 /kg
NT-1	320×250 400×200	1400～5650 1400～5650	2000×780×710 2000×860×660	140 150
NT-2	500×320 630×250	2840～11370 2790～11150	2000×960×780 2000×1090×710	180 210
NT-3	500×400 630×320	3560～14240 3580～14300	2000×1080×860 2000×1210×780	250 250
NT-4	630×400 800×320	4480～17900 4550～12800	2000×1210×860 2000×1380×780	270 300
NT-5	800×400 1000×320	5700～22780 5700～22760	2000×1380×860 2000×1580×780	300 310
NT-6	800×500 1000×400	7130～28520 7125～28500	2000×1380×960 2000×1580×860	340 350
NT-7	1000×500 1250×400	8920～35700 8900～35600	2000×1580×960 2000×1830×860	390 430
NT-711	700×250	5000～10000	2000×1100×650	210

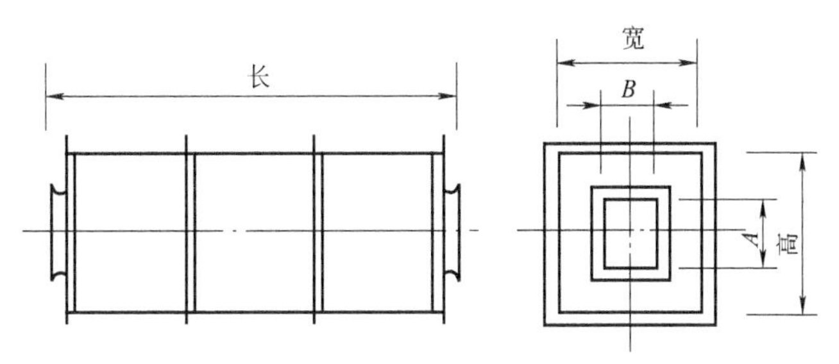

图1　NT系列微穿孔板消声器外形示意图

表4列出了申华公司生产的WW型微穿孔板弯头消声器系列，其外形如图2所示。该系列弯头消声器广泛应用于各种空调风机系统消声。消声量15dB(A)左右，1983年就通过

了技术鉴定。

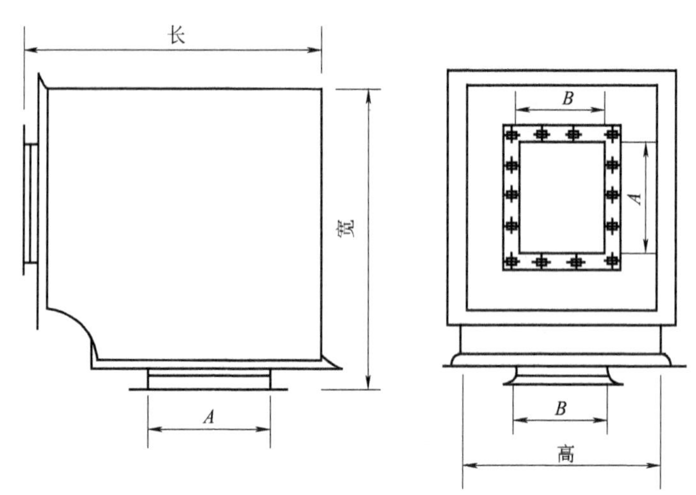

图 2　WW 系列微穿孔板弯头消声器外形示意图

表 4　WW 系列微穿孔板弯头消声器选用表

型号	法兰尺寸 $A \times B$ /(mm×mm)	适用风量/(m^3/h) 风速(5～20m/s)	外形尺寸长×宽×高 /(mm×mm×mm)	参考质量 /kg
WW-4	320×250 400×200	1400～5650 1400～5650	776×776×450 936×936×400	60 80
WW-8	500×320 630×250	2840～11370 2790～11150	1136×1136×520 1396×1396×450	110 140
WW-11	500×400 630×320	3560～14240 3580～14300	1136×1136×600 1396×1396×520	140 160
WW-14	630×400 800×320	4480～17900 4550～18200	1396×1396×600 1736×1736×520	170 250
WW-17	800×400 1000×320	5700～22780 5700～22760	1536×1536×600 1886×1886×520	250 290
WW-20	800×500 1000×400	7130～28520 7125～28500	1536×1536×700 1886×1886×600	300 320
WW-25	1000×500 1250×400	8920～35700 8900～35600	1886×1886×700 2324×2324×600	350 390

4　微穿孔板声屏障

利用微穿孔板的吸声性能和结构的特殊性，制成隔声吸声屏障，既可以安装于高噪声车间内降低生产噪声，也可以安装于铁路、轻轨、高速公路和高架道路两侧，以降低交通噪声对周围环境的影响。声屏障一面为隔声板，一面为微穿孔吸声板，两板之间空腔内不填装任何吸声材料，这样的声屏障不怕风吹、日晒、雨淋，耐高温，耐潮湿，不怕粉尘，装饰效果好，经久耐用。它还可以与透明的挡板等有机地组合成各种色彩、各种景观的声屏障。也可以用微穿孔板制成圆筒状吸声体安装于声屏障上端，既是吸声装置又是装饰品，有利于美化环境。微穿孔板声屏障已通过市级鉴定，属国内首创，达到了国际先进水平。

5　微穿孔板加工技术

申华公司是国内最早生产微穿孔板的专业公司，是微穿孔板消声器和消声弯头的定点生产单位，是研究开发新型微穿孔板结构的基地。国内许多微穿孔板消声器生产厂所用的微穿孔板均是该公司产品。该公司具有80余年发展史，拥有一批专业技术人员和熟练的技术工人，专用模具制造设备和微穿孔板加工设备有40余台。目前微穿孔板的冲制已由早年的半自动化发展为数控全自动化。根据《微穿孔板》产品标准要求，用完善的工艺，完备的工装设备，齐全的检测手段，可完成年产10余万平方米微穿孔板的制造任务。同时可承接各种消声器、隔声室、隔声罩、测听室、轻质高效装饰隔声门、通风消声百叶等任务。1995年，上海申华声学装备有限公司投资1264万元在上海青浦白鹤镇新建了微穿孔板生产基地，同时利用西欧政府贷款250万美元引进目前世界上最先进的微穿孔板加工工艺与设备，引进国外生产流水线及表面处理装置，决心以最先进的设备，生产一流的产品，热情周到地为用户服务。

本文1996年刊登于《噪声与振动控制》第4期

（参与本文编写的还有上海申华公司张明发、薛莉莉等）

吸声降噪技术在工业与民用建筑噪声控制中的应用

1 概述

吸声是建筑声学和噪声控制中常用的技术之一，同时又是一门不断发展又有所创新的技术。吸声材料和吸声结构广泛应用于建筑声学和噪声控制领域，而噪声控制主要包括三个方面——声源控制、传播途径控制和接受者个人防护。传播途径控制采用的主要技术措施之一是吸声。

吸声技术包括吸声机理的研究，吸声性能的测试分析，新的吸声材料和吸声结构的开发应用等诸多方面。就吸声机理的理论研究和工程实际应用来看，我国与发达国家水平相当，个别领域还处于世界领先水平。目前国内现有的吸声材料和吸声结构，基本可以满足国内市场的需求，但还存在不少有待提高的地方。对于新型、高效、耐用、外形美观的吸声材料和吸声结构，由于受到价格因素和市场竞争不规范的影响，应用的范围受到限制，有待改变观念，扩展市场。

吸声技术广泛应用于工业产品、交通运输、国防、民用建筑等各个领域，从声学角度分析，主要应用于环保吸声降噪和建筑声学的音质控制。

2 吸声降噪效果预测

众所周知，吸声技术是在声音传播途径中降低噪声的一种方法，主要用来降低反射声，而对直达声是无能为力的。

声源发出的声音遇到墙面、顶棚、地坪及其他物体都会发生反射现象。在室内，当机器设备开动时，人们听到的声音除了机器设备发出的直达声外，还有由这些表面多次来回反射而形成的反射声，又称为混响声。同一台机器设备在室内（一般房间）开动要比室外开动响。如果在室内顶棚和四壁安装吸声材料或吸声结构，将室内反射声吸收掉一部分，室内噪声就会降低。吸声降噪效果是有限的，其降噪量通常最多不会超过 10dB。

2.1 吸声降噪的估算公式

根据理论推导，吸声降噪效果预测，即吸声处理前后的声级差 ΔL，可近似用式(1) 进行估算。

$$\Delta L = 10\lg\frac{\bar{\alpha}_2}{\bar{\alpha}_1} = 10\lg\frac{R_2}{R_1} = 10\lg\frac{T_{(60)1}}{T_{(60)2}}(\mathrm{dB}) \tag{1}$$

式中 $\bar{\alpha}_1$，$\bar{\alpha}_2$——吸声处理前后室内平均吸声系数；

R_1，R_2——吸声处理前后室内房间常数。

房间常数：

$$R = \frac{S\bar{\alpha}}{1-\bar{\alpha}}(\mathrm{m}^2) \tag{2}$$

式中　　　S——房间总表面面积（m^2）；

$\bar{\alpha}$——房间平均吸声系数；

$T_{(60)1}$，$T_{(60)2}$——吸声处理前后室内混响时间；

$$T_{60}=\frac{0.163V}{A}=\frac{0.163V}{S\bar{\alpha}}(s) \tag{3}$$

式中　V——房间体积（m^3）；

A——房间吸声量（m^2）。

① 吸声系数（α）。吸声系数 α 是指声波在物体表面反射时，其能量被吸收的百分率。α 可用驻波管法（α_0）或混响室法（α_T）测得。两者可换算，混响时间也可现场测得。由式（1）可知，吸声降噪效果与原有房间的吸声情况有关。若原有房间未做吸声处理，反射较严重，平均吸声系数 $\bar{\alpha}<0.20$，混响时间较长，则吸声降噪效果明显，否则就较差。原则上，吸声处理后的平均吸声系数或吸声量应比处理前大两倍以上，吸声降噪才有效。一般将吸声系数 $\alpha>0.20$ 的材料才称为吸声材料。吸声系数或吸声量增大 1 倍，平均吸声降噪量为 3dB；吸声系数或吸声量增大 10 倍，平均吸声降噪量为 10dB。

② 吸声量(A)。利用吸声材料降噪，除要求较高的吸声系数外，还要求吸声量要大。吸声系数（α）和吸声总面积 S 的乘积称为吸声量(A)。如果一个房间几个墙面布置有几种不同的吸声材料，它们相应的吸声系数和表面积分别为 α_1、α_2、α_3…和 S_1、S_2、S_3…，该房间总的吸声量 $A=S_1\alpha_1+S_2\alpha_2+S_3\alpha_3\cdots$。

③ 平均吸声系数（$\bar{\alpha}$）。材料的吸声系数与频率有关，一般采用倍频程 125Hz、250Hz、500Hz、1000Hz、2000Hz、4000Hz 这 6 个中心频率下的吸声系数的算术平均值来表征其吸声性能，用 $\bar{\alpha}$ 表示。

吸声材料对不同频率的入射声的吸收性能是不同的，因此要有针对性地选用噪声源频谱相对应的吸声材料或吸声结构，以期得到最大的声吸收。

④ 降噪系数（NRC）。有时为了简化起见，只用倍频程的 4 个主要频率下的吸声系数的平均值来表征其吸声性能，即 250Hz、500Hz、1000Hz、2000Hz 等频率下的吸声系数的算术平均值，即称为降噪系数（NRC）。

2.2　吸声降噪技术的适用场合

吸声技术广泛应用于建筑声学和噪声控制领域。

① 最佳混响时间（T）。在厅堂音质设计中，用吸声技术控制最佳混响时间。例如，音乐厅、影剧院、录音室、演播室、会议室、报告厅、多功能厅、体育馆、游泳馆、礼堂等，通过声学设计计算，正确选择和布置吸声材料和吸声结构，以取得最佳的音质效果。

各类厅堂最佳混响时间推荐值是经北京建筑设计院著名声学专家项端祈教授总结归纳的，如图 1 所示。

② 提高语言清晰度。在一些大型的公共建筑中，利用吸声材料降低混响声，提高语言清晰度，减小嘈杂声。例如，机场候机大厅、车站候车室、码头候船室、展览大厅等，在顶棚或侧墙布置吸声材料可使环境变得舒适、安静。

③ 消除声缺陷。对于有回声、声聚焦、颤动回声等声学缺陷的房间，更需要利用吸声处理消除这些声学缺陷。

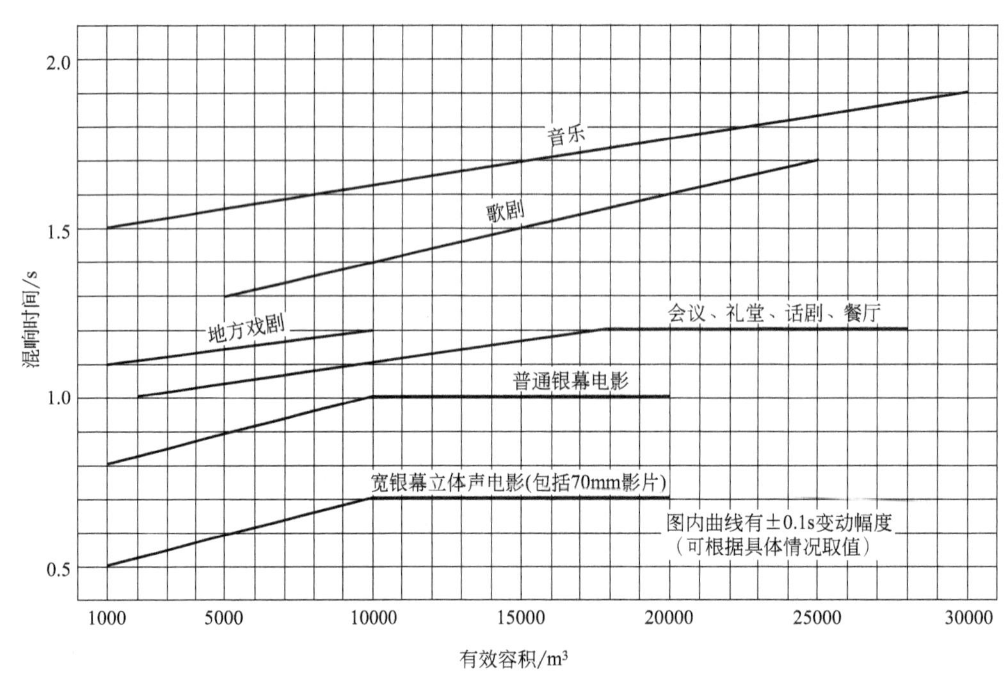

图 1　各类厅堂最佳混响时间建议值

④ 大型厂房降低混响声。对于大型工业高噪声生产车间以及高噪声动力站房，如空压机房、风机房、冷冻机房、水泵房、锅炉房、真空泵房等，在顶棚或侧墙安装吸声材料或吸声结构，可以有效地降低混响声。

⑤ 提高隔声构件的隔声量。对于轻薄板墙隔声构件，在其夹层中填充吸声材料，可显著提高其隔声效果。对于各类机器设备的隔声罩、隔声室、隔声屏障，在面向声源的一侧安装吸声材料可提高其降噪效果。

⑥ 提高阻性消声器消声量。对于通风空调系统及各类风机阻性消声器，在管道及消声片中填装吸声材料，是消声降噪的必备手段。

2.3　最佳降噪效果的选择

影响吸声降噪效果的因素颇多，除吸声系数、吸声量之外，还与原有壁面的吸声情况、室内容积大小、形状、声场分布、声源频谱特性、吸声材料安装位置等有关。

(1) 工业厂房、站房吸声材料最佳安装位置

① 对于工业噪声控制，如动力站房，吸声要求高，房间小，宜对顶棚和四壁侧墙进行吸声处理。

② 对于面积较大的扁平车间，一般只在顶棚安装吸声材料；工业厂房车间面积在 $3000m^3$ 以下吸声处理效果较佳。

③ 对于房间长度或宽度大于其高度 5 倍以上的大车间，其吸声效果比正方形体房间要好。

④ 若房间高度低于 6m，应将吸声材料安装于顶棚下面。

⑤ 若房间高度大于 6m，最好在发声设备近旁的侧墙上安装吸声材料，或在发声设备边

放置隔声吸声屏障。

(2) **吸声体最佳最省吊挂面积**

若采用空间吸声体降噪，吸声体面积宜取房间顶棚面积的40%左右，或室内总表面面积的15%左右。空间吸声体的悬挂高度宜低些，离声源宜近些。

(3) **频谱特性最好相对应**

吸声降噪效果取决于噪声源的频谱特性和吸声材料、吸声结构的频谱特性。应针对噪声源的频谱特性来选用吸声材料和吸声结构。吸声材料和吸声结构吸声系数的最高点应与噪声源的峰值频率相对应。若能将噪声源峰值频率处的声级降下来，尤其是中高频峰值处的声级降低得越多，其降噪效果就越显著。

3　吸声材料、吸声结构的特性、分类及要求

在以往的声学手册上或噪声控制设备材料选用手册上，已列出过许多材料和结构，绘出了吸声系数、吸声特性以及使用安装要求等，基本上可以满足建筑声学和噪声控制市场需求。

3.1　吸声材料分类

目前国内生产的吸声材料有以下六大类：

① 无机纤维材料类：如从国外引进生产线生产的防潮离心玻璃棉、岩棉等吸声保温材料，还有矿渣棉、超细玻璃棉等。利用玻璃纤维材料制成的各种吸声板、吸声体等。

② 泡沫塑料类：如三聚氰胺、聚乙烯、酚醛、聚氨酯等泡沫吸声材料。

③ 有机纤维材料类：如棉、麻、木屑、棕丝、木丝板等。

④ 建筑吸声材料类：如泡沫玻璃、膨胀珍珠岩、陶土吸声砖、加气混凝土块等。

⑤ 金属吸声材料类：如铝纤维、发泡铝、不锈钢丝网等吸声材料，金属穿孔板、金属微穿孔板也属于该类吸声材料。

⑥ 吸声饰面材料类：如阻燃织物、玻璃丝布、农用薄膜、吸声无纺布、PVF薄膜、各种穿孔装饰护面板等。

3.2　吸声结构分类

吸声结构可大体分为以下四大类：

① 薄板共振吸声结构：如三夹板、五夹板、纤维板、塑料板、金属板等。

② 穿孔板吸声结构：如金属板、FC板、木制板等。

③ 微穿孔板吸声结构：如金属板、有机玻璃等。

④ 空间吸声体：有折板式、立板式、弧形板、不规则形板等。

各型空间吸声体的外形如图2所示。

3.3　吸声材料、吸声结构的基本要求

① 吸声性能优良：吸声系数或降噪系数大于0.2的才称得上是吸声材料，吸声系数越高，其性能越好。

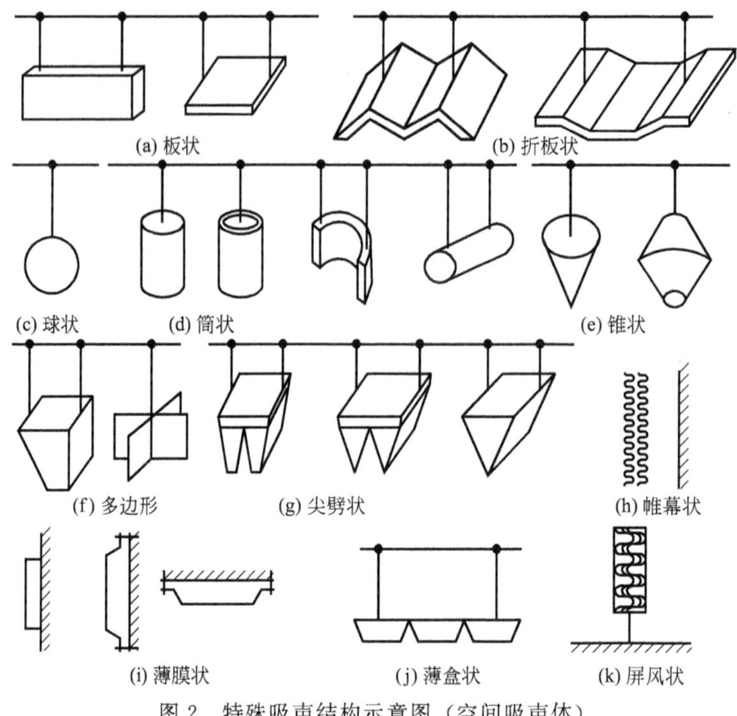

图 2 特殊吸声结构示意图（空间吸声体）

② 吸声性能稳定，在生产、储运、安装、使用过程中不污染环境，对人无害，最好能回收利用。

③ 应满足所需功能要求，如防火、防潮、防水、防静电、防霉、防蛀、防老化、经久耐用、不产生二次污染、不产生二次噪声。

④ 加工性好，便于施工安装，装饰性好，价格适中，性价比优。

⑤ 若用于室外，还应防尘、防晒、防冻、防紫外线等。

4 推荐使用的几种新型吸声材料、吸声结构

20 世纪的吸声材料、吸声结构可参阅马大猷教授主编的《噪声与振动控制工程手册》，吕玉恒主编的《噪声与振动控制设备及材料选用手册》。本文主要介绍 21 世纪以来从国外引进或自主开发的几种新型吸声材料、吸声结构。

4.1 多孔氧化铝纤维吸声板

上海某公司从国外引进先进技术和材料，生产“鸿韵牌”多孔氧化铝纤维吸声板（简称铝纤维），已获国家生产制造专利。该型吸声板在生产、使用、回收过程中均不会对环境产生污染，是一种新型环保绿色产品。目前可提供的规格有 600mm×1200mm，600mm×1500mm，600mm × 2000mm，1000mm × 1500mm，1000mm × 1800mm，1000mm × 2000mm，厚度为 0.8～2.0mm，超薄极轻，面密度为 1.3～3.2kg/m^2。后部空气层（空腔）为 50mm 的话，降噪系数（NRC）为 0.70；空气层厚度为 100mm，NRC 为 0.75；空

气层厚度为150mm，NRC为0.80。抗拉强度纵向为60～95kg/cm^2，横向为420～530kg/cm^2。吸声板材料用纯铝金属制成，不含黏结剂。适合室内外各种环境下使用，防静电，耐候性优良，加工性好。广泛应用于建筑声学领域，可用它来控制音质，在音乐厅、剧院、多功能厅、播音室、歌舞厅、演播厅、体育馆、候机大厅、展览馆、大型商场、酒店大堂等处安装该型吸声板，装饰效果好，可取得最佳混响时间值。在噪声控制工程中，特别适用于精密仪器装配间、电子车间、计算机房、食品医药生产厂房、地铁隧道等处吸声降噪。近年来在高架道路、高速公路、轨道交通等大型隔声吸声屏障上大量使用，效果良好。在冷却塔、热泵机组、变电站等吸声降噪以及消声器中也广泛使用这种材料。详见图3、图4。

图3 比赛场馆应用铝纤维吸声板

图4 道路声屏障应用铝纤维吸声板

4.2 泡沫铝吸声板

上海某公司生产的ZHB型泡沫铝吸声板是国内研发成功并大量生产的一种新型、环保、高科技吸声材料，其性价比优于国内外同类产品，已获得新型专利证书。

ZHB型泡沫铝主孔径为0.9mm，1.6mm，2.5mm，常用规格为1.6mm，孔隙率为60%～80%，通孔率为85%～95%，体积密度为0.5～1.1g/cm^3，属不燃性材料（A级），抗压强度为8.61MPa，折弯强度为8.06MPa，抗拉强度为3.41MPa，电磁屏蔽效能为40～55dB。标准规格长×宽×厚为500mm×500mm×8mm，当空气层厚度（空腔）为100mm时，降噪系数NRC为0.65。空气声计权隔声量R_w为28dB。吸声隔声性能稳定。经喷水试验和积尘试验，对吸声性能影响不大。

泡沫铝板由铝合金压制成型，破损后可全部回收利用，无二次污染；耐候性、耐蚀性、抗老化优良，经得起风吹、日晒、雨淋；表面可涂覆不同色彩，装饰性好，表面可清洗；可钻、可锯、可铆接、可插接、加工性好、安装方便。其已广泛应用于建筑声学的室内吸声。在城市轻轨、高架道路、交通干线、高速公路、地铁、高架桥、冷却塔、混凝土搅拌站等场所作为声屏障的主要吸声隔声材料，可用于各种动力站房的吸声以及洁净消声器的消声结构。详见图5。

4.3 PML-725泡沫铝

洛阳某研究所自主开发的PML-725型大孔隙率泡沫铝也是一种多孔轻质吸声材料，它由互通的不规则的气泡和铝隔膜组成，容重仅为0.25～0.45kg/cm^3，其质量约为纯铝的1/5，钢铁的1/30，木材的1/4，吸声性能良好，平均吸声系数为0.50。泡沫铝与其他材料

图 5 道路声屏障应用泡沫铝吸声板

复合，可以提高其隔声量。泡沫铝是刚体，可以直接作为吸声板使用。目前最大规格为600mm×600mm，厚度为 8～200mm，标准规格为 600mm×600mm×10mm，表面可着不同颜色，抗老化性和耐热性好，防潮、防水，兼有电磁屏蔽性能，遇火不挥发有毒有害气体，受到污染后可清洗。可切割、钻孔、弯曲，加工性能良好，现场施工安装十分方便。

泡沫铝两面可黏结铝、钢、钛等薄板，制成夹层板，是一种轻质而又有较高强度的板材，适合于工厂、矿山、公路、铁路、隧道等作为材料使用，也可作为火车、建筑物的地板、墙面、顶棚隔声吸声材料，作为家具板材。它既可作为室内装饰吸声材料，也可作为室外道路声屏障的吸声材料，已在舰船的各种舱室内广泛使用。详见图 6。

图 6 船舶应用 PML-725 型大孔隙率泡沫铝

4.4 微穿孔板吸声体

微穿孔板吸声体是中国科学院资深院士、声学泰斗马大猷教授的新贡献。在板厚小于1.0mm 的薄板上，穿以孔径小于 1.0mm 的微孔，穿孔率 1%～5%，在微孔板后面留有一定的空气层（空腔），这样就构成了微穿孔板吸声结构。微穿孔板具有足够的声阻，不必在微穿孔板后部再装填吸声材料。值得指出的是，如果把微穿孔板实贴在墙壁上（即空腔为 0），由于不能形成共振结构，此时也就没有吸声作用。微穿孔板吸声体的吸声特性，可按马大猷教授给出的公式进行理论计算，吸声体的共振吸声频带较宽。吸声体结构简单，不需要另加多孔性吸声材料。微穿孔板可以是金属板（如铝板、钢板、彩钢板、不锈钢板等），也可以是非金属板（如聚合板、聚合膜、纤维织物等），应用较多的是铝合金微穿孔板。金属微穿孔板强度高、韧性好、不易破损、可加工成各种造型，具有防火、不燃、不吸水、不怕潮、不霉、防蛀、不吸尘灰、无污染、耐高温、能承受高速气流的冲刷等优点。

金属微穿孔板吸声体适用于厅堂音质控制混响时间和消除回声与声聚焦等音质缺陷，可用于影剧院、多功能厅、报告厅、会议室、演播室、录音室、体育馆，特别适用于湿度较大的游泳馆、水族馆等。同时也适用于噪声控制工程中的通风空调系统消声器，对洁净度要求较高的食品、医药、精密仪器加工、医院手术间等尤其适用。用金属微穿孔板与隔声板组成的隔声吸声屏障，不仅可用于高噪声厂房内吸声降噪，而且更适合于城市轻轨、高架道路、高速铁路、磁悬浮列车、露天变电所、冷却塔等噪声治理。

为了扩展微穿孔板吸声体的吸声频段，可采用双层或多层微穿孔板复合结构，两层微穿孔板间留有不等距空腔，这样，它就具有 2 个或 3 个共振频率，从而大大扩展了吸声频带宽度。也有的采用组合微穿孔板吸声体，在同一块板上穿以两种以上不同孔。例如，在板材厚度为 0.5mm 的铝板上，分别穿以 ϕ0.6mm 和 ϕ0.4mm 两种孔径，空腔为 40mm 和 100mm，其降噪系数 NRC 约为 0.60 和 0.70。使用微穿孔板制成的消声器，如图 7 所示。

图 7　微穿孔板消声器

近年来新开发了一种超微孔吸声体，它是利用厚度为 0.1～0.2mm 的塑料薄膜（可以是聚酯、聚碳酸酯及聚乙烯薄膜）穿以 ϕ0.2mm 的微孔，孔心距为 2.0mm，面密度为 0.14kg/m^2。其特点是透明、超薄、极轻、不吸水、耐潮湿，安装灵活方便。德国已有装在玻璃窗上的薄膜吸声体产品，称为“麦克绍尔”。上海申华公司专门生产各种微穿孔板，也生产这种超微孔吸声体，并已将其用于消声通风窗上。当选用薄膜厚度为 0.105mm，孔径为 ϕ0.21mm，孔心距为 2.0mm，面密度为 0.14kg/m^2，膜与玻璃间的距离为 50mm 时，其降噪系数 NRC 为 0.60。中高频吸声系数较高，低频吸声系数较低，这是由于膜为悬空吊挂，四周未密封，未形成共振吸声。超微孔吸声体可应用于录音室、演播厅的音响控制室等大面积观察窗上，也可做成各种吸声体悬挂于需要吸声的酒店大堂、餐厅、娱乐场所、游泳馆、展览馆、商场等处，新颖活泼，可以降低混响声，使环境变得更优美、更安静。

4.5 木质吸声板

近年来广州吉泰、广州五羊艺冠、北京盛通、上海皓晟等多家建筑材料有限公司生产的木质吸声板，虽然名称不同，但结构形式、用料等基本相同，均是利用亥姆霍兹共振吸声原理，将木条、木板穿孔板、吸声无纺布、吸声棉等复合成木质装饰吸声板，广泛用于建筑声学和噪声控制领域。详见图 8、图 9。

图 8　木质吸声板

图 9　报告厅应用木质吸声板

木质吸声板的芯材是 15mm 或 18mm 厚经过特殊处理的高密度、防潮、防霉的木板材，在其背面粘贴吸声无纺布。标准吸声板条宽度为 128mm，板长 2440mm，可吊挂于顶棚下面，也可以钉装于侧墙上。当只用 18mm 厚木板材，穿孔率为 12%，穿孔板后面粘贴一层吸声无纺布，空腔为 20mm，其降噪系数 NRC 为 0.60。吸声频带较宽，从 160～4000Hz，吸声系数均大于 0.60。当用 18mm 厚木板材，穿孔率为 7%，穿孔板后面贴一层吸声无纺布，空腔为 200mm，空腔内填装 50mm 厚玻璃棉吸声材料，其降噪系数 NRC 高达 0.90。

木质吸声板可制成槽木吸声板、孔木吸声板、立体型扩散吸声板等多种型式，防火等级为 B1 级。木质吸声板具有隔热、防尘、不改性、不腐烂等特点，吸声性能优，强度高，装饰性好，施工安装方便，环保，顺应现代装饰回归自然、崇尚木质感觉的潮流，深受建筑师、装潢设计师的欢迎。

4.6　三聚氰胺吸声泡沫塑料

BSF 公司开发生产的巴数特（plastics）的三聚氰胺吸声泡沫塑料是一种低密度、高开孔率、柔性的泡沫塑料，具备卓越的阻燃性、吸声性和隔热性。在噪声控制和厅堂音质控制中具有广阔的应用前景。

作为泡沫塑料吸声材料，首要的是高阻燃性。三聚氰胺泡沫塑料，无须添加阻燃剂即可达到德国标准 DIN4102B_1 级高阻燃标准要求。接触明火后在燃烧体的表面形成致密的焦炭层，从而阻滞燃烧，无流滴，无毒性气体释放，烟密度＜15，离火即熄。

三聚氰胺泡沫塑料吸声性能优良，其开孔率达 95%，容重极轻（4～12kg/m^3），是目前最轻的泡沫塑料。当密度为 5kg/m^3，厚度为 50mm，贴实，在 500～8000Hz，吸声系数均在 0.85 以上，中高频吸声性能特别优良。

三聚氰胺泡沫塑料在－165～400℃工作温度下，无分解和变形现象，无毒，卫生安全，具有独特的化学稳定性，满足国家关于室内装饰、日用品以及交通工具降噪的环保绿色安全卫生标准要求。标准尺寸为 600mm×600mm×500mm，2500mm×1200mm×500mm，可按用户要求切割成不同形状的吸声体，可吊挂于体育场馆、影剧院、演播厅等处，也可制成吸声尖劈安装于消声室内，还广泛应用于汽车、火车、飞机等领域作为吸声材料和填充材料。详见图 10、图 11。

图 10　消声室内吸声材料应用三聚氰胺吸声泡沫塑料

图 11　车间吸声应用三聚氰胺吸声泡沫塑料

4.7　泡沫陶瓷吸声板

由武汉某研究设计院开发的泡沫陶瓷吸声板具有自主知识产权，是一种新型环保声学材料。吸声泡沫陶瓷是将无机原料、有机高分子原料和纳米硅酸盐原料通过化学键合技术复合而成，具有三维连通网状结构，开孔率高，吸收声波能力强，耐气候变化，能承受野外长年风吹、日晒、雨淋，耐酸雨冲刷，耐寒抗冻，有抑制灰尘黏附，消除光线反射和自动排泄积水等作用，受潮不霉变，受振动不散落飘尘，是一种不产生二次污染的环保声学材料，已获国家发明专利。

图 12　体育馆应用泡沫陶瓷吸声板

泡沫陶瓷吸声板开口孔隙率为 78%～83%，密度为 400～500kg/m^3，材料厚度为 30mm，后留 100mm 空腔，250～4000Hz 吸声系数平均值为 0.8。泡沫陶瓷吸声板适合于室内、室外使用，可安装于室内侧墙上，可吊挂于顶棚下面。标准规格为 600mm×600mm×30(20)mm。广泛应用于体育场馆、影剧院、多功能厅、琴房、音乐教室等音质控制房间，也可应用于地下建筑、隧道、地铁、各种动力站房吸声处理，在道路声屏障方面应用更为广泛。详见图 12。

4.8　吸声无纺布

德国桑迪斯（Soundtex）吸声无纺布厚度约为 0.2mm，可直接贴于穿孔板后面，穿孔孔径为 ϕ3mm，穿孔率为 20%，后部空腔 400mm，其降噪系数 NRC 达 0.75。将吸声无纺布贴于铝合金穿孔板后面，穿孔板孔径为 ϕ2.8mm，穿孔率 18%，空腔为 400mm，降噪系数 NRC 为 0.75。这样的吸声效果与厚度为 40mm，密度为 60kg/m^3 的玻璃棉吸声材料置于穿孔板后面测得的降噪系数相当，也就是说，一层 0.2mm 厚的吸声无纺布可以替代 40mm 厚纤维性吸声材料，而且不污染环境。作者在许多大型厂房的满铺吸声吊顶上采用铝合金穿孔板后面只贴一层吸声无纺布，替代常规的穿孔板后面贴玻璃丝布，再放 50mm 厚吸声玻璃棉的做法，取得了满意的降噪效果。详见图 13。

4.9 新型喷涂吸声材料

从澳大利亚引进的 E-300 型植物纤维喷涂式材料，具有高效吸声降噪、保温隔声、绿色环保的优异性能。E-300 是由可回收的天然植物纤维经特殊化学处理而制成的一种不含石棉、玻璃纤维、人造矿物纤维以及其他有害化学物质的新材料，具有防火、防虫、防霉、无毒、无害、材料可回收利用、无二次污染。将这种材料用专用喷涂设备和黏结剂喷覆于混凝土、木材、石头、瓷砖、玻璃、金属、石膏板等基层上，形成一层吸声、隔声、隔热保护层。当在支撑物表面喷覆 25mm 厚的 E-300，其降噪系数 NRC 高达 0.80；若喷覆 50mm 厚的 E-300，NRC 高达 0.95。当厚度为 25mm 时，其质量不超过 $25kg/m^2$。

E-300 可应用于体育场馆、影视娱乐中心、办公购物中心、车间站房，对于异型建筑物如弓形屋顶、T 形混凝土、波形甲板等更显出其独特的优越性。对于大型钢板屋顶喷覆这种材料，可降低 10dB 以上雨滴噪声。

美国 K-13 喷涂材料也属于此类材料，已在国家大剧院工程中应用。

另外，最近从美国引进的 AsureR 系统玻璃纤维保温、隔热、隔声、吸声喷涂材料，将其均匀地喷覆在金属表面上，起到了一定的阻尼作用，改善了金属本身的振动模式，提高了金属板和金属物件的隔声性能，也可称为一种新型的阻尼材料。详见图 14。

图 13　磁悬浮车站应用吸声无纺布

图 14　车间内吸声降噪应用喷涂吸声材料

本文 2008 年刊登于《清华大学建声峰会论文集》

降噪芯片——抗氧化发泡铝及其应用

摘 要： 抗氧化发泡铝又名泡沫铝，是一种科技含量较高的新概念金属材料。它由纯度99.85%的铝锭经高温熔解后添加增黏剂和发泡剂发泡成海绵状的超轻多气泡层的金属物体。发泡铝具有超轻、吸声降噪、防火阻燃、耐冲击、屏蔽电磁波和环保无污染等多种优良特性，广泛应用于航空航天、军工、道路交通、汽车制造、建筑装潢等领域。本文介绍了抗氧化发泡铝的制造工艺、技术特性以及典型案例应用，可供同行参考选用。

关键词： 发泡铝 吸声降噪 抗氧化 应用

1 前言

近年来，随着社会的快速发展，人们的生活质量在提高的同时也受到诸多污染，其中噪声污染尤为突出。在噪声治理行业中，传统的吸声降噪材料和产品，由于其寿命和不可回收等的局限性，已经不能满足市场需求，金属吸声降噪材料开始受到人们的青睐，而抗氧化发泡铝作为其中的佼佼者更是如此。

2 抗氧化发泡铝性能简介

抗氧化发泡铝简称发泡铝，又名泡沫铝，它是一种科技含量较高的新概念金属材料。它由纯度为99.85%的铝锭经高温熔解后添加增黏剂和发泡剂发泡成海绵状的超轻多气泡层金属物体，其性能具有六大特点：

① 超轻性。发泡铝内部结构的多孔多气泡性使得发泡铝的密度大大减小，其密度为0.2～0.4g/cm^3，是铝的1/10，铁的1/30。

② 吸声性。发泡铝的多孔性可以通过孔壁的振动吸收声音传播过程中的能量，从而起到吸声降噪的作用。发泡铝吸声性能稳定，适合于室内、室外使用。

③ 吸能缓冲性。发泡铝的多孔性可以吸收外界撞击所产生的巨大能量，减少撞击对物体的损伤。

④ 耐火阻燃性。发泡铝作为纯金属材料，其熔点可达到780℃左右，符合国家防火标准。另外，发泡铝在熔解过程中不产生明火，也不会散发出有害气体，可以有效抑制火灾的蔓延。

⑤ 电磁波屏蔽性。发泡铝对电磁波有良好的屏蔽作用，能够使电磁干扰降低80%以上。

⑥ 环保性。发泡铝无毒无味，不产生粉尘，百分之百可回收利用。

基于上述发泡铝的六大优良性能，发泡铝及其复合制品被广泛应用于航空、航天、军工、火车、轮船、铁路装备、交通、建筑、电子屏蔽等30多个领域。

发泡铝的制造工艺如图1所示。发泡铝的吸声性能如图2所示，其降噪系数NRC为

0.80。发泡铝的抗压强度为3.27MPa，抗拉强度为1.37MPa，抗弯强度为2.765MPa。

1-1准备99.85%铝锭

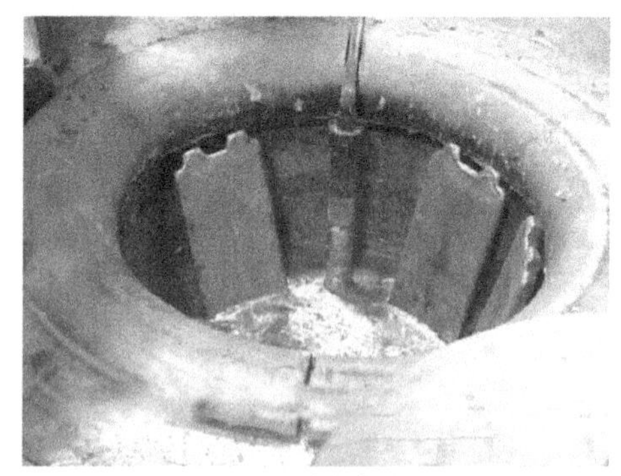

1-2铝锭熔化

1-3发泡

1-4发泡完成

1-5冷却成型

1-6包装

图1　发泡铝的制作工艺

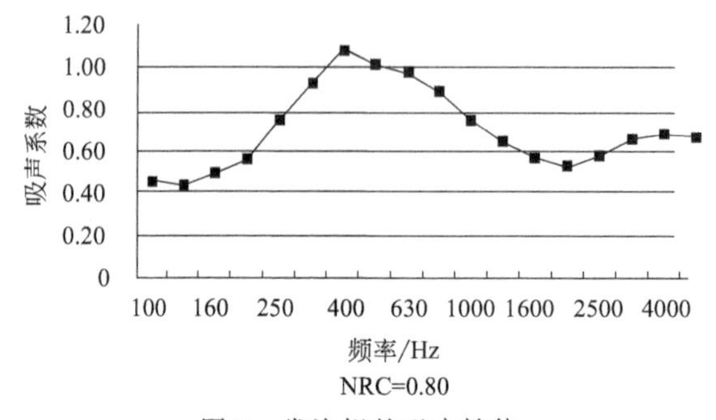

图2　发泡铝的吸声性能

3　抗氧化发泡铝与其他发泡铝的不同

发泡铝的生产工艺及配料决定了发泡铝的不同特性，目前市场上的泡沫材料按照制造工艺可分为两类，一类为“开口式或连通式的”，一类为“闭口式的或非连通式的”，按发泡剂的不同又分为“抗氧化发泡铝”和“非抗氧化发泡铝”，市场上供应的多数是非抗氧化的发泡铝。

抗氧化发泡铝与普通发泡铝的最大区别就在于发泡剂的不同。普通发泡铝使用的发泡剂成分中含有工业用盐，其中含有大量的氯离子和氢离子。待到普通发泡冷却成型之后，残留的盐分混合在发泡铝中，当遇到雨水冲刷时，其中 $NaCl_2$ 会与水反应生成酸，而酸对金属有腐蚀破坏作用，影响其寿命和效果。

抗氧化发泡铝所使用的发泡剂是国外进口的先进发泡剂，不用工业盐，发泡剂中含有氢化钛等，在与铝溶液搅拌融合后，形成的发泡铝不含有可与水等反应产生酸的离子，因此不会遭到腐蚀。另外，铝自身表面形成的氧化膜对发泡铝也起到很好的保护作用，裸露在空气中也不会遭遇到腐蚀等现象。

抗氧化发泡铝的另一大特性就是其超轻性。抗氧化发泡铝属于闭孔型发泡铝，它是目前市场上最轻的发泡铝。抗氧化发泡铝的最小密度可达到 $0.2g/cm^3$，可以做到漂浮于水面上。

抗氧化发泡铝的超轻性特别适用于运载工具上使用，如航空、航天、船舶、火车、汽车等；对于道路声屏降，利用抗氧化发泡铝，可以降低施工难度，简化施工工艺，不锈蚀，同时可保证其吸声降噪效果。

4　抗氧化发泡铝的应用案例

抗氧化发泡铝目前市场应用已比较广泛，特别是在噪声控制和建筑声学领域，还有一部分是作为复合材料应用于机车、船舶等领域。

案例一：广东佛山市政标杆工程——佛山一环路声屏障

广东佛山市佛山一环路声屏障长约 600m，高约 4.2m，其中基座高 0.5m，声屏障上下分为三部分，上部高 1.4m 使用发泡铝，中部高 1.4m 为透明亚克力板，下部高 0.87m 使用发泡铝，声屏障顶部弧形弯曲，也使用发泡铝。声屏障柱间距为 2.0m 和 2.5m 两种。图 3 所示为声屏障正面图和剖面图。

佛山市佛山一环路声屏障共安装了抗氧化发泡铝 $1169m^2$，发泡铝厚度 9mm。该工程 2013 年 10 月完工，经检测完全达到公路降噪有关标准，并于当年被广东省佛山市评为市政标杆工程。

案例二：韩国首尔仁川国际机场候机厅

普泰公司买断了韩国技术和设备专门生产抗氧化发泡铝，材料返销韩国，在首尔仁川国际机场候机厅安装了 $5100m^2$ 发泡铝吸声板，其中顶棚为 $1800m^2$，侧墙为 $3300m^2$，单元吸声板规格为 1200mm×600mm×9mm。

发泡铝吸声板的施工安装方法采用固定件连接法，即先在顶棚安装固定件，然后将发泡

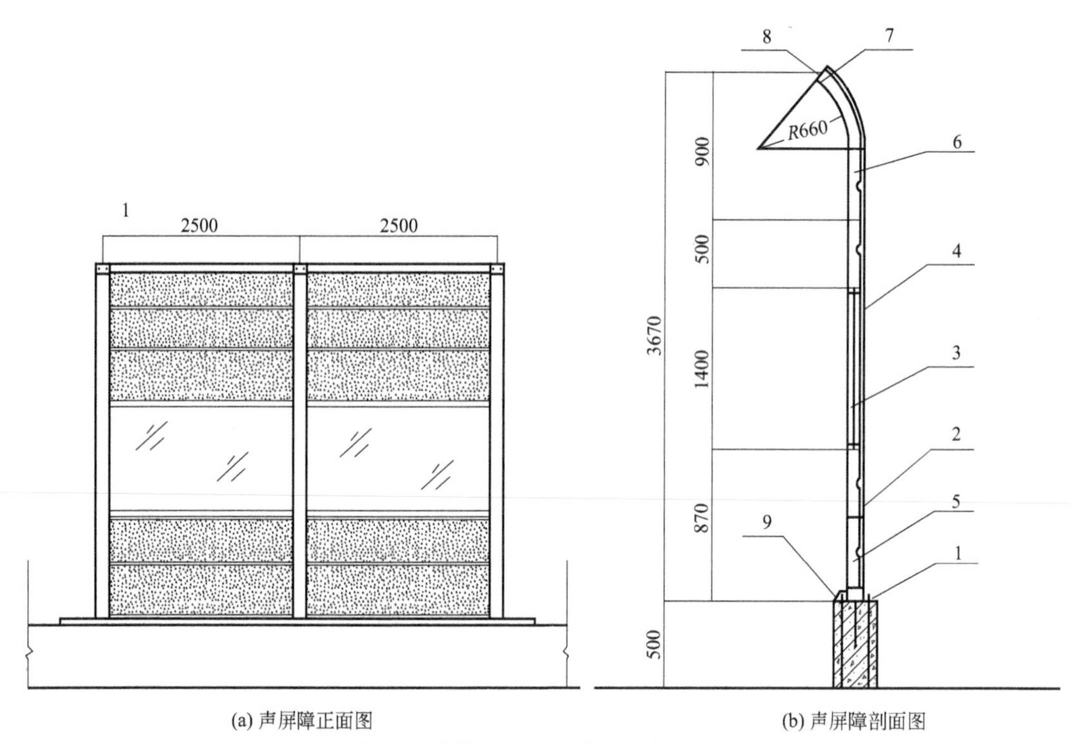

(a) 声屏障正面图　　(b) 声屏障剖面图

图 3　广东佛山市一环路声屏障示意图

铝吸声板与固定件进行连接，最后再做一些后处理工作。图 4 所示为韩国首尔仁川国际机场候机厅安装抗氧化发泡铝吸声板后的效果图。

超轻型顶棚和侧墙安装发泡铝吸声板后，缩短了大厅内的混响时间，回声大为减小，从而提高了候机大厅的语言清晰度和舒适性，备受欢迎。

案例三：室内游泳馆墙体吸声工程

某室内游泳馆原墙面为瓷砖，混响时间长，经改造在墙面上安装了抗氧化发泡铝吸声板 $1800m^2$，吸声单元尺寸为 600mm×600mm×9mm。图 5 所示为游泳馆侧墙安装发泡铝吸声板的安装图节点。

图 4　韩国首尔仁川国际机场候机厅安装发泡铝吸声板后的效果图

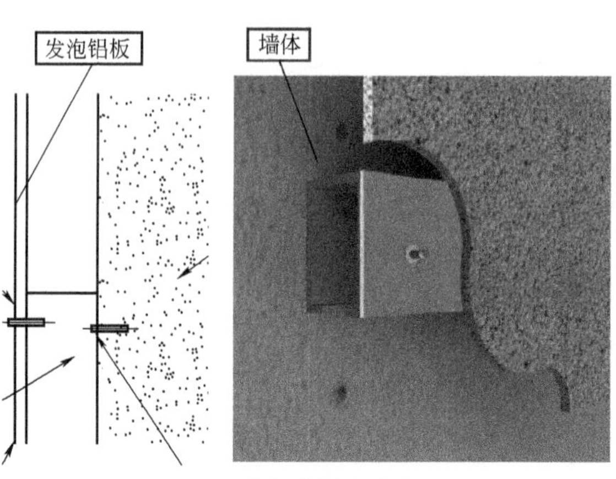

图 5　游泳馆侧墙壁发泡铝吸声板安装节点

游泳场馆吸声降噪使用发泡铝，一方面防水防潮，不会由于环境的潮湿而造成吸声材料的效果不佳；另一方面，发泡铝表面可以根据要求涂成任意颜色，美观、环保、使用寿命长，且安装方便，还可在其表面直接加装穿孔板等装饰面板。

5　发泡铝的应用前景

发泡铝适用领域从市政民生工程到公共建筑，从工业设备到军工设备，应用范围十分广泛。例如，运输行业的铁路机车、汽车、飞机等航空器，可以作为门板、顶棚、动车地板以及箱体内装饰材料。

采用铝板与发泡铝三面复合，形成夹心材料；或者阻燃装饰材料与发泡铝，加上蜂窝铝，形成三层防护板；或者以发泡铝为芯材，生产轻质复合板材；或者使用表面为阻燃纤维板，中间为发泡铝等复合结构，达到隔声、耐用、抗腐蚀、美观、轻质的效果。

又如，发泡铝在国防军工领域利用其可吸收能量、耐冲击、防爆等性能，制成防爆板、缓冲型护栏、防火防爆门等。

再如，发泡铝在船舶上应用更为广泛。利用其特轻、防腐、防火、隔声、吸声、无害易安装等特点，可作为引擎室、发动机机舱室、箱装体等吸声材料，也可作为大厅、船员室等室内装饰材料。

还有发泡铝在民用建筑领域可作为室内洗浴场、游泳池、体育馆、演播厅、录音室、试听室等吸声装饰材料，作为室外道路声屏障的应用已很成熟。

6　总结

发泡铝作为一种新型的金属吸声降噪材料，已引起各方重视，市场前景看好，它已对传统的纤维性吸声材料带来了较大冲击，特别是抗氧化发泡铝超轻、耐冲击、防火、吸声、环保、无污染、可回收利用等特性，大大增强了发泡铝市场的适应性，再加上发泡铝的各种复合结构的衍生产品，更具有广阔的市场前景。

【参考文献】

[1]　吕玉恒．噪声控制与建筑声学设备和材料选用手册［M］．北京：化学工业出版社，2011.

[2]　丁晓，等．泡沫铝复合板的吸声性能试验分析与研究［J］．噪声与振动控制，2010，30（5）：196-198.

[3]　马大猷．噪声与振动控制工程手册［M］．北京：机械工业出版社，2002.

本文 2015 年刊登于《第 14 届全国噪声会议论文集》

（参与本文编写的还有山西普泰发泡铝制造有限公司王和平、王飞）

第10章

感恩、期望及其他

不忘初心感党恩，为国防和环保献终身

1 自我介绍

我叫吕玉恒（图 1），山西省左权县人，今年 84 岁，1961 年毕业于中北大学（原名太原机械学院）（图 2）。工作单位为中船第九设计研究院工程有限公司，系教授级高级工程师（图 3）和院技术顾问。一辈子从事国防工业海军建设和环境保护事业，退而未休，仍在发挥余热。入党 50 年，为国防工业服务了 60 年。在建党 100 周年之际，谨以本人一生主编出版的六本书（计约 936 万字）献给党（见图 4），以感恩党的培养教育。

图 1 吕玉恒近照

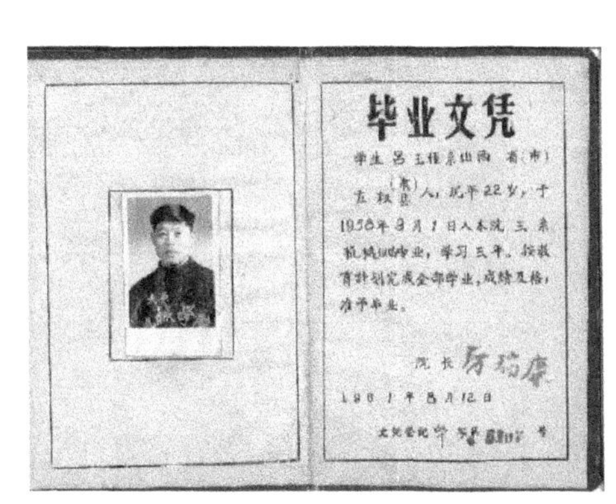

毕业文凭

学生吕玉恒系山西省（市）左权县（市）人，现年22岁，于1958年9月1日入本院三系机械专业，学习三年，按教育计划完成全部学业，成绩及格，准予毕业。

院长

1961年8月12日

图 2 太原机械学院毕业文凭照

吕玉恒 同志

经 上海市老科学技术工作者协会高级（教授级）职称评审委员会评审，确认你具备 教授级高级工程师 任职资格。

批准日期 2010.12.30

姓名	吕玉恒
性别	男
出生年月	1938.07
专业	仪器仪表工艺
工作单位	中船第九设计研究院

图 3 教授级高工证书

图 4 本人主编出版的六本书

2 怎样争取入党的，工作环境如何

1938 年，我出生在太行山上抗日根据地，即八路军总部的所在地辽县（图 5）。1942 年

5 月 25 日，八路军副总参谋长左权将军牺牲在辽县。为纪念他，辽县易名为左权县（图 6、图 7）。我是在八路军的保护下度过童年的，从我懂事起就在党的阳光下长大。我清楚地记得，日本鬼子在我家乡实行“三光”政策，即“杀光、抢光、烧光”，消灭八路军总部。我亲三伯父、我堂姐和她肚子里即将出生的孩子被日本鬼子屠杀了，我家的房子被烧了，东西被抢光了。我恨透了日本鬼子，要报仇雪恨。我三个堂哥参加了八路军，我父亲和乡亲仿造石雷，埋石雷打鬼子，跟着八路军共产党闹革命。后来土改，我家是贫农，分得 17 只山羊的胜利果实（山区无土地，只有牛羊），翻了身。1952 年，我上初中就立志将来要学枪炮制造，有武器能保家卫国，不受侵略。1955 年，我以优异的成绩考取了我党我军创建的中国兵工第一校——华北第二工业学校，它的前身是 1941 年 5 月彭德怀元帅在太行山抗日根据地，即我的家乡创建的太行工业学校。我学的是火炮制造专业，1958 年中专毕业被保送到太原机械学院读大学，学的是高炮射击指挥仪专业（由苏联专家驻校指导，学的全是俄语，按苏联的教育模式，各门功课都是 5 分就是优等生，助学金也多）。我读初中、中专、大学全部享受着全额助学金。由于学习用功、成绩优秀，全校 1000 多名学生评出了 20 个优等生，我是其中之一。图 8 是 1956 年 4 月 2 日学校发给我的优等生纪念本。没有党的培养教育就没有我的现在。我学的专业正是我从小至大的梦想。

图 5　八路军总部驻地（我出生的地方）

图 6　1941 年 5 月左权将军在八路军总部作报告

图 7　1942 年 9 月 18 日为纪念左权将军辽县易名为左权县大会

图 8　学校发给我的优等生奖励笔记本

我读大学时就靠拢党组织，从 1961 年开始写入党申请和思想汇报，争取入党。由于自己的努力不够，再加上大学毕业后工作单位频繁变动——在南京海军学校当过老师，在天津红星工厂当过技术员，加入了中华人民共和国工会（图 9），在×××部队做过俄语翻译——翻译苏联援助我国第一条潜水艇鱼雷射击指挥仪全套俄文资料并实现中国化。后来调入上海，1962 年起在六机部第九设计院从事设计工作。从 1965 年起赴四川搞“大三线”建设，前后十年。直至1971年九院党委成立后，我于1971年11月入党（无预备期）。回想我向党组织提出入党申请到正式成为一名党员的十年间，我还是努力学习党章和党的基本知识，听党话、跟党走，工作上认真负责，生活上艰苦朴素，争取早日成为一名合格的党员。

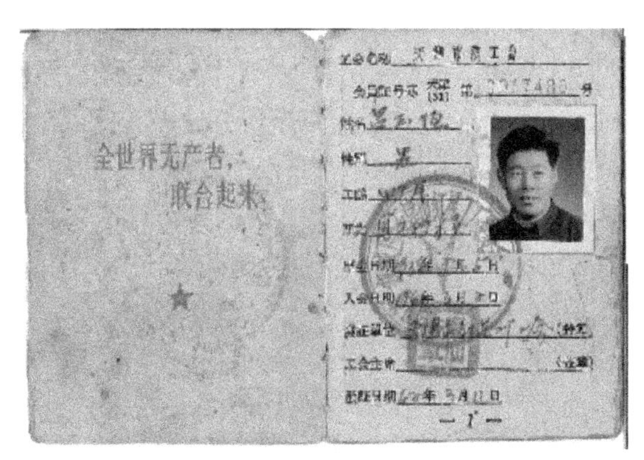

图9　1962年3月11日天津市红星工厂工会发给我的中华人民共和国工会会员证

3　入党初心

我入党的初心很单纯，早期就是为了感恩，八路军救了我的命，赶走了日本鬼子，穷人翻了身，共产党培养教育我成人，把一个在大山深处的穷孩子培养成一名大学生，实现了我从小就要学军工、造枪炮的梦想。我牢记着大学老校长厉瑞康教导我们的话：“我校培养的学生，毕业后要健健康康地为国防服务50年。”

参加工作后，受党的教育，思想觉悟逐步提高，入党不只是感恩，要全心全意地为人民服务，要为党的事业为实现共产主义奋斗终身。我是学军工的，在国防单位为我国海军建设出力，这也是我最初的愿望。入党后接触到了更高机密的军事工程，更应该努力工作，实现初心。我对党忠诚，听党的话，服从领导的安排，在我从事国防为海军服务——即船舶工业三十年时，中国船舶工业总公司发给我一枚勋章（图10）。我一生热爱共产党、毛主席，崇敬毛主席、学习毛主席著作。我认为习近平总书记治国理政不少观点和做法都是继承毛主席的教导，实践了毛泽东思想。

图10　中国船舶工业总公司颁发的本人在船舶工业海军建设战线工作三十年的荣誉证书和勋章

我保存了四十多年的三件东西可以反映出我的初心，我对党对毛主席的热爱。第一件是毛泽东选集第五卷未发表前的手抄本（约 50 万字，见图 11），边抄边学，思想觉悟有提高。第二件是毛主席的照片，我搜集整理了一大本，有 100 多幅，看到毛主席像就想起了我的一生，想起了初心。第三件是毛主席重要指示汇编本（图 12），我用心搜集整理了从 1966 年至 1976 年毛主席逝世前的十年，按年、月整理汇编成册。

图 11　毛主席著作手抄本

图 12　毛主席重要指示汇编本

4　在党的培养教育下，是如何为党工作的

我出生地就是共产党、八路军的抗日根据地，是民主政权，是老解放区，我父亲不识字，但仍被选为村干部任抗勤委员，我没有经受过地主和反动政权的残酷压迫和剥削，但受过日本鬼子残忍的大扫荡、大屠杀。可以说我的一生还是幸运的、幸福的，在党的培养教育下成人。我参加革命工作 60 年，入党 50 年，主要做了以下四件事：

第一件事：为我国海军建设服务，增强了国防力量

我参加了我国第一艘常规潜水艇的建设工作，参与了我国第一艘航空母舰建造的有关工作。

参加了“备战、备荒、为人民”的“大三线”国防工厂的建设工作，前后十年，从进山勘测选址、设计工厂、施工配合、投产运行到验收等全过程（鉴于保密要求，不宜讲具体事例）。我在九院文档上曾写过“三线建设的几个小故事”，可供参考。舰船主要是三大专业——船、机、仪，仪就是仪表，是舰船的眼睛和耳朵，我是仪表专业——第九设计院二科三组。1963 年，我们这个团队获得了上海市先进集体称号，大照片在上海人民广场橱窗里展览了一年多（图 13）。

图 13　1963 年上海市先进集体照片

（第九设计院二科三组，图中第 3 排左 4 是本人）

第二件事：从事环境保护中的噪声与振动控制工作

环境保护是功在当代、利在千秋的事业。环境问题主要有四个方面：气、水、声、固废，声就是噪声与振动的污染防治。我和我的团队 40 年来治理过 600 多个噪声与振动治理项目，设计建成了 23 个各类消声室项目（有统计表）。我为国内外 20 多个噪声治理厂家进行过技术服务，也为国内高校如清华大学、上海交通大学、华南理工大学、华东师范大学、东华大学、上海师范大学等讲授噪声专业课或技术讲座，涉及军、民等多个领域。例如，上海地铁早期的 1 号线、2 号线的噪声治理，地铁运行时其噪声和振动影响沿线居民，投诉很多，我们治理过 15 个站的噪声污染问题。上海大众汽车、通用汽车、上海 8 个发电厂、上海 5 个化工厂、上海诸多写字楼的噪声污染问题，我和我的团队都去治理过，特别是上海 3 座特高层——金茂大厦、环球金融中心、上海中心大厦的噪声和振动污染问题，我们参与了治理（图 14、图 15）。我单位（中船九院）和我本人及冯苗锋的名字被刻在了上海中心荣誉墙（纪念碑）上。作为上海科学技术进步奖评审组评委（图 16）、上海市环保系统专家库成员以及中国环保产业协会专家库成员（图 17），评审过市内外 1100 多个项目（看统计表），对其中的噪声与振动问题提出意见和建议，颇受建设方重视和采纳。

图 14　上海三大特高层建筑外形

图 15　上海中心大厦大型冷却塔噪声治理外形

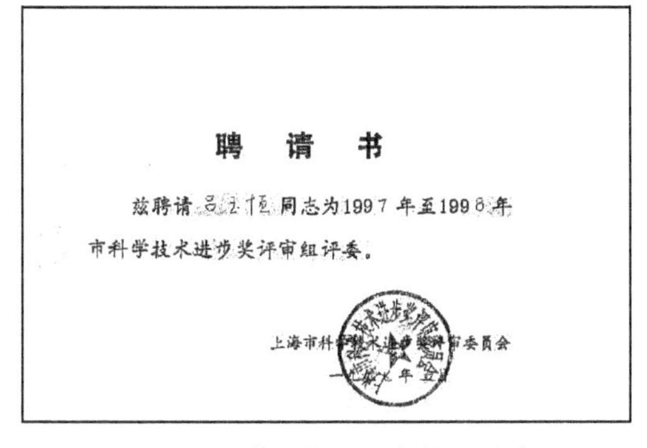

聘　请　书

兹聘请 吕玉恒 同志为1997 年至1998 年市科学技术进步奖评审组评委。

上海市科学技术进步奖评审委员会

图 16　上海科学技术进步奖评委聘书

专家证书

吕玉恒 同志被聘为中国环境保护产业协会专家库专家

中国环境保护产业协会

图 17　中国环保产业协会专家库成员资格证

第三件事：编写专业著作和发表论文，向建国七十周年和建党100周年献礼

从1985年开始至2021年的30多年间，在领导的支持下，在出版社的帮助下，在同行专家们的共同努力下，由我牵头并主编了噪声与振动控制方面的6本专著和1本讲稿，计约1000万字（图18、图20、图21）。参与其他人主编的专业书籍7本，本人供稿计约70万字（图19）。我在各类杂志上发表论文110篇计70余万字，我作为《噪声与振动控制》杂志（中国声学学会主办，上海交通大学出版）和《声学技术》杂志（中国科学院主办，声学所东海站出版）的编委，审过50余篇论文。我的讲课稿和杂志连载讲座稿约30万字。

图18　本人编著的6本书及讲稿

图19　本人参与编著的书籍共7本

图20　本人主编的技术手册

图21　2021年本人主编的电子出版物

由我院牵头，我任主编、冯苗锋等任副主编的《噪声与振动控制数字资源库》（约350万字）电子出版物于2021年4月由出版社审定完成，从2021年4月份起正式上网（“工程师宝典网”“CIDP制造业网”）等，可供读者查阅下载。我们以此作为向党100华诞的献礼之一。

第四件事：参与社会活动，推进了我国噪声控制产业的发展

在20世纪70年代国家开始重视环境保护，各种社会团体在改革开放的大潮中应运而生。1979年我就参加了中国环保工业协会噪声委员会的筹建工作。1993年改名为中国环保产业协会噪声与振动控制委员会（图22），从1993年开始至2019年我担任该委员会常委兼副秘书长28年。该委员会换过五届，以该委员会为主办方，40多年来组织安排过16次全国噪声与振动控制学术会议（图23），我是这16次会议的组织安排者之一，包括会前征稿、审稿、出论文集，大小会场的安排以及人员的集散等。每次会议有100～200人参加，我一次都不缺，会后写报道，刊登在有关杂志上，通过参会交流经验，发表论文，沟通信息，有力地促进了我国噪声控制事业的发展。我至今保存着从1982年第一届到2019年第十六届会议的论文集（图 24）。我也是中国声学学会（图 25）、中国建筑学会、上海声学学会的会员，是上海市环保产业协会噪声分会的主任兼秘书长。我所在的单位——中船九院，原来无声学专业，我是九院声学专业的创建人之一，不仅承担了海军建设项目的噪声污染治理工作，而且在上海、在国内小有名气，承接过大小数百个工程项目。

我于 1999 年退休后，受聘担任过 15 年九院技术顾问，现在因年事已高、精力不济，我所从事的社会工作全移交给了我的同事（徒弟）冯苗锋研究员，保存的有关技术资料逐步捐赠给他们做参考。我已将保存了 40 年的 228 册《噪声与振动控制》杂志，从创刊至今，一期都不缺地捐赠给了九院声学室。还有我积累的 40 个档案袋的有关资料也一同捐赠给他们（重约 300 斤，见图 26）。

图 22 中国环保产业协会噪声与振动控制委员会成立大会

图 23 第十六届全国噪声与振动控制学术会议

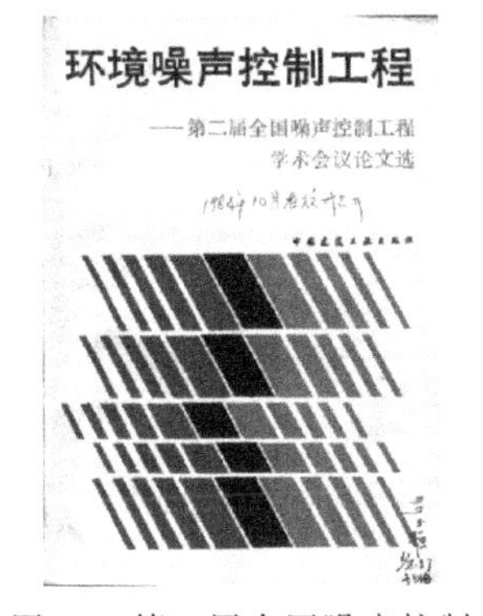

图 24 第二届全国噪声控制工程学术会议论文集

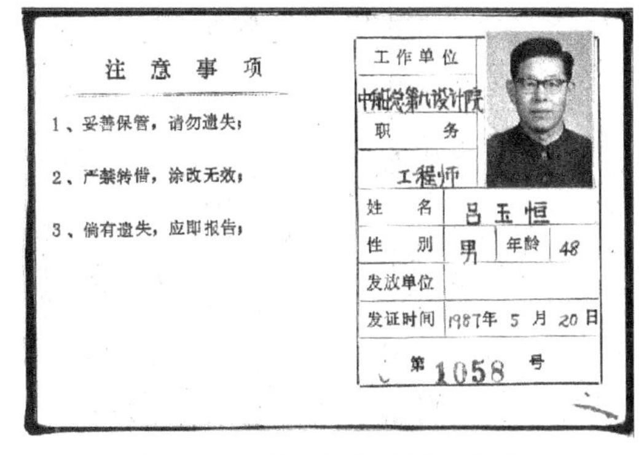

注 意 事 项

1、妥善保管，请勿遗失；

2、严禁转借，涂改无效；

3、倘有遗失，应即报告；

工作单位	中船总第九设计院		
职务	工程师		
姓名	吕玉恒		
性别	男	年龄	48
发放单位			
发证时间	1987年 5 月 20 日		

第 1058 号

图 25 中国科协发给我的中国声学学会会员证

图 26 我捐赠给九院声学室的全套资料

我特别热爱环境保护噪声控制专业，结识了老、中、青很多同行朋友，最近 40 多年来，我使用的一本通讯录，记载了 1000 多页、计约 10000 多位朋友的单位名称、地址、电话等（图 27）。特别是中国科学院资深院士马大猷教授对我的帮助和教导终生难忘（图 28）。据统计，噪声与振动控制专业的年产值由 20 世纪的 50 万元左右增长至现在的 30 多亿元，我亲眼见证了我国噪声与振动行业的发展变化。据统计，噪声控制生产厂家或公司有 500 余家，从事噪声与振动控制设计研究的人员由 20 世纪 70 年代的数百人增至 4000 多人。我过得很充实、很愉快。我之所以能坐下来写些东西、看些资料，全靠我夫人赵双花（她也是九院的退休职工）的支持和帮助，没有这个后盾，恐怕什么事情都干不成，干不好。我爱国、爱党、爱家庭，子女和孙辈们都受过高等教育，家庭和睦、幸福。子女孝顺，无后顾之忧，才能一心一意做事情、干工作。

图 27　记有 10000 多名朋友的通讯录

图 28　我向马大猷院士请教问题

我一生没有担任过任何行政职务，就是一个普通党员，普通百姓。业务上获得过一些鼓励和奖励，得过省部级二、三等奖十余项（图 29），得过全国声学设计突出贡献奖（图 30），退休后获得上海市老科协积极分子荣誉（图 31）。2019 年获得上海市老科协科技精英奖（图 32）。

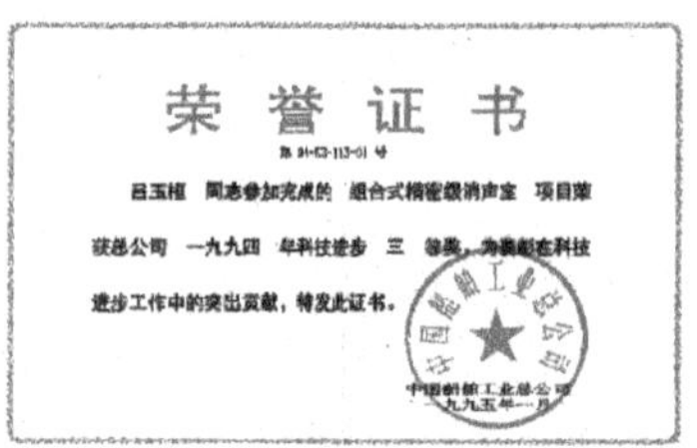

图 29　获得省部级技术奖二、三等奖十余项

图 30　全国声学设计突出贡献奖

图 31　退休后获得上海市老科协积极分子荣誉

在党员生活中，我感受较深的有两件事。一件是我入党后，1973年在院党办帮忙，和党委书记们在一个党小组过组织生活。党委书记中一个是1934年入党的，一个是1938年入党的，都是局级老干部，但过组织生活时，他们不仅按时出席，而且进行批评和自我批评，检讨自己哪些事没有做好，今后如何改正。老党员、高级干部对自己要求那么高、那么严，使我这个新党员深受教育，一生难忘，是我们的榜样。另一件事是2008年5月四川汶川大地震后，党号召捐款、捐物，我们党支部一位同志不仅捐款1000元，还把准备为后代结婚用的大花棉被也给捐献了。这种想党所想、急党所急的精神真值得我学习、效仿。

图32　退休后获得上海市老科协科技精英奖

5　退休后继续为党工作

有位名人说过："人生的黄金时间是60岁到80岁，这20年可以做很多事。"我深有体会。前面介绍的我主编的《噪声与振动控制技术手册》（260万字）和《噪声与振动控制数字资源库》（350万字）都是在退休后完成的。我是上海市老科协讲师团的成员之一，到学校给中学生讲环境保护、噪声控制科普知识，在居委会为居民讲"上海中心"的故事，讲小区的环境保护知识。2019年我口述过"中国声学史"，在百度网上有视频，我还写过"中国噪声控制40年的回顾与展望"。我按时过党的组织生活，完成党组织交给的任务，本着"小车不倒只管推"的精神，听党话、跟党走、不忘初心、牢记使命、继续奋斗，努力做一名合格的共产党员。

6　通过采访者要表达的话

要像保护自己生命一样保护环境，我作为环境保护噪声与振动控制专业人员感到责任重大，但有些事很难解决，它与政府规划部门和建设者有很大关系。例如，工业区中的居民住宅，高铁、高速公路、磁悬浮边上、机场航线下的居民住宅，噪声超标，危害严重，应花大力气解决。

国家颁布了不少噪声限值标准，有的有执法机构去检测去执法，从而达标，但有的标准很难办，居民间因噪声超标闹矛盾，则较难执法，达标困难。

本文为2021年4月20日记者采访稿
本文2021年刊登于上海市普陀区长征镇老龄工作委员会办公室编写出版的《筚路蓝缕话初心——长征镇"五老"现身说"四史"初心故事集》一书中。
本文2021年7月同时刊登于《中船九院庆祝中国共产党成立100周年作品集——奋斗百年路　启航新征程》一书中。

我和红色中北的故事——感恩母校　捐赠著作

我叫吕玉恒（近照见图 1），是中北大学的前身太原机械学院（简称太机）的首届毕业生。1958 年学校由中专升格为大学，我被留校在太机仪器系 58-3201 班读指挥仪专业。1961 年从太机毕业。在此之前的 1955 年我考取了太原机械学院的前身华北第二工业学校重 318 班读火炮制造专业。虽然几易校名，但追根溯源，华北第二工业学校的前身就是彭德怀元帅于 1941 年在太行山抗日根据地创建的中国兵工第一校——太行工业学校。中北大学校庆八十周年就是庆祝太行工业学校八十周年诞辰。我从 1955 年入校至 1961 年毕业，在母校读书六年，感情至深，终生难忘。离开母校 60 年，我一直从事国防工业建设工作，退而未休，发挥余热。在校庆八十周年的大喜日子里，用我主编出版的六本书（图 2）捐赠母校，以感恩母校的培养教育。

图 1　吕玉恒近照

图 2　捐赠母校我主编的六本书（计约 936 万字）

1　出生在太行山抗日根据地，沐浴着太行精神长大

我 1938 年 7 月出生在太行山上山西辽县一个贫农家里。1937 年七七事变后，红军改编为八路军，奔赴抗日前线，在山西辽县创建了抗日根据地，八路军总部首长朱德、彭德怀、左权等就驻扎在我的家乡。1942 年 5 月，日本鬼子对八路军总部进行扫荡，八路军副总参谋长左权将军在掩护总部人员撤离时于 1942 年 5 月 25 日不幸牺牲。为了后世铭记他的英雄事迹，经党中央和边区政府批准，1942 年 9 月 18 日辽县易名为左权县。图 3 是 1941 年左权将军在辽县麻田八路军总部作报告，图 4 是 1942 年 9 月 18 日辽县易名为左权县大会。左权将军始学于黄埔军校，留学于苏联，牺牲时年仅 36 岁。我从小就在共产党的阳光下成长，在八路军的保护下长大，八路军的兵工厂就在与我县交界的黎城黄崖洞。我党我军第一所兵

工学校——太行工业学校，就设在我的家乡。图 5 为八路军总部驻地，也是我的出生地。

图 3　1941 年左权将军在八路军总部作报告

图 4　1942 年 9 月 18 日辽县易名为左权县大会

图 5　八路军总部驻地（太行山我的出生地）

2　在母校六年，感恩党和母校的培养教育

我 1955 年 8 月在山西左权中学毕业后，考取了中专华北第二工业学校，后易名为太原机械制造工业学校。经政审，分配到重 318 班火炮制造专业学习。1958 年中专毕业后（图 6 是重 318 班毕业留念照），经择优推荐和政审，我直接进入太原机械学院读大学，被分配到仪器系 58-3201 班，学的是火炮指挥仪专业，于 1961 年 8 月毕业。我们算是太原机械学院（即现中北大学）首届毕业生。由于家里贫困，在读初中时就靠最高的助学金生活。读中专和大学的在校六年期间，也就是从 1955 年入校至 1961 年毕业，我享受了最高的助学金，才得以完成学业。我常想，没有共产党，没有母校，就没有现在的我。图 7 是母校发给我的中专和大学的毕业证，校长均是厉瑞康。在校六年正是风华正茂，青春年华，老师谆谆教导，言传身教，同学勤奋努力，团结友爱，环境优美宁静，学习氛围十分浓厚，还有苏联专家驻校指导（六年均学的是俄语课）。

图 6　吕玉恒重 318 班中专毕业留念照
（第二排右 5 是厉瑞康校长，第三排右 2 是吕玉恒）

母校教导我们要德智体全面发展，要艰苦奋斗，不怕苦累，听话出活，务实进取。我记得当时的专业课没有书本教材，按苏联专家提供的俄文手稿由老师译成中文，我们几个同学刻蜡版油印出来，发给同专业的同学做教材。我还记得“画法几何”课需要放大的彩色挂图，我们几个暑假回不起家的同学，在老师的指导下，自制直尺、三角板、圆规，然后调色，按比例放大绘制了 40 多幅彩色大挂图，受到了表扬，还获得了 10 元钱的奖励。

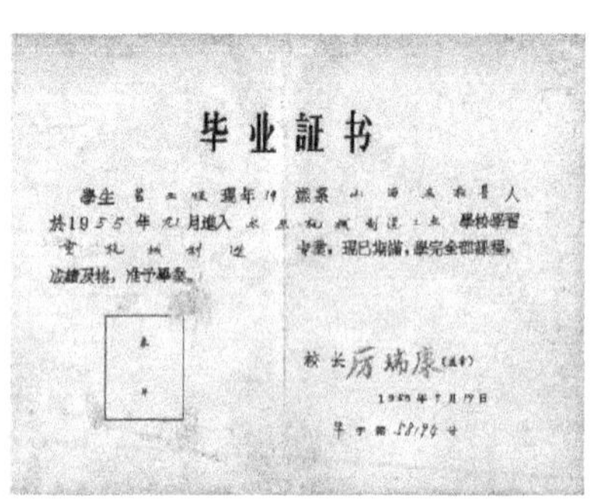

图 7　吕玉恒中专和大学毕业证

老校长厉瑞康对我们说：“我校培养的大学生毕业后，要健健康康地为国防服务 50 年。”我一辈子铭记着老校长的要求和期望。图 8 是 1961 年 8 月 13 日我从太原机械学院 58-3201 班毕业时留念照。

图 8　吕玉恒大学同学毕业照片

（前排右 2 是吕玉恒）

3　在母校六年，既完成了学业，又获得了爱情

太原机械学院有严格的校训、校规，但不禁止谈恋爱。我的夫人赵双花也是太机中专部中 58-3201 班的同学，图 9 是赵双花毕业证书，图 10 是 1961 年 8 月 13 日赵双花所在的中 58-3201 班中专毕业留念照。赵双花与我同一专业，同时毕业，希望能分配到同地、同单位，但是学校规定，是夫妻关系才可以考虑。那怎么办呢？在系主任、班主任以及同学们的帮助下，并征得家长同意，那就在毕业分配前结婚吧。于是我俩就在 1961 年 8 月 18 日到上兰村人民公社领了结婚证。1961 年 8 月 20 日在学校第一合堂教室举行了简朴而隆重的婚礼，我俩所在班的同学都来了，主婚人是系主任刁惠文老师，介绍人是班主任冯庆国老师，

证婚人是戈福龙老师，司仪是翟文老师。当时正是困难时期，什么都需要凭票定量供应。凭结婚证提供 10 尺布的布票，两斤水果糖的糖票。好在学校大操场后面一片桃树林的桃子已成熟，我们买了几筐桃子和两斤水果糖分发给出席婚礼的老师和同学。就这样把一生中最重要的一件大喜事完成了。之后，我俩被分配到同一个单位，一起调动，一起奋斗，至今已有六十年。这也要感恩母校的领导、老师、同学的帮助。今年儿女及孙辈们要为我俩办一个“钻石婚”的庆典。图 11 是我俩结婚时的请帖和结婚证。

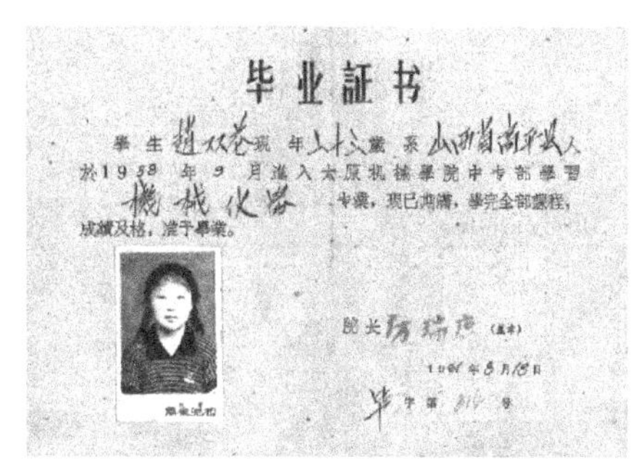

毕业証书

學生 赵双花 現 年 歲 系 人
於1958 年 9 月進入太原机械學院中专部學習
機械仪器 专業，現已期满，學完全部課程，
成績及格，准予畢業。

院长 （蓋章）

年 月 日

畢字第 號

图 9　赵双花毕业证书

图 10　赵双花中专同学毕业照片
（前排左 4 是赵双花）

图 11　1961 年 8 月 19 日吕玉恒和赵双花发的结婚典礼请帖和结婚证

4　学军工，为国防，无上光荣

1961 年 9 月从太机毕业后被分配到南京海军学校当老师。1962 年被调到×××部队从事苏联援助我国第一艘潜水艇鱼雷射击指挥仪的全套俄文资料的翻译工作，图表文字重新描绘，实现中国化，之后参与选厂、生产制造，直至成功下水、装备部队。

从 1965 年开始，按照党中央毛主席“备战、备荒、为人民”的指示，我投入了“大三线”国防建设的设计工作。此时我已调入六机部第九设计院（国防单位），参与“大三线”建设，前后十年。改革开放后，除承担军工任务外，也承接民用工程的设计研究工作。我从水下的水声研究转到了陆上的噪声与振动控制设计研究，这一转就是 40 多年。1999 年退休后，至今未离开过九院（现名中船第九设计研究院工程有限公司），仍为海军建设服务，甚至有机会参与我国第一艘航空母舰的有关工作。我对环境保护中的噪声与振动问题很感兴趣，除承接这方面的设计研究工作外，利用业余时间搜集整理相关资料，至今发表论文 110 余篇，编写著作 13 本。

5　建国 70 周年回母校捐赠书籍，母校的变化使我备受鼓舞

2019 年 12 月 19 日，我由中北大学上海校友会秘书长王永柏校友陪同回母校，捐赠

我主编的4本书籍，以铭校恩。母校网站“中北新闻”栏中专门报道了这一活动。在赠书仪式的会上，沈兴全校长的欢迎致辞，介绍了母校的发展变化、已取得的成果和今后的发展方向，使我十分感动。图12是沈兴全校长接受我的赠书。有关校领导、学院领导、校友会领导及老同学，陪我游览校园并参观实验室，看到母校巨大的变化和取得的丰硕成果，我深受鼓舞，也倍感自豪。我捐赠的4本书名是：1988年出版的《噪声与振动控制设备选用手册》（52万字）；1999年出版的《噪声与振动控制设备及材料选用手册》（82万字）；2011年出版的《噪声控制与建筑声学设备和材料选用手册》（129万字）；2019年出版的《噪声与振动控制技术手册》（260万字）。图13是我2019年回母校捐赠我主编的4本书照片。

图12　回校捐赠书与沈兴全校长的合影

图13　已向母校捐赠的4本书籍

6　庆祝建党100周年和母校诞生80周年，我捐赠新著两本以铭教恩

今年开展的“讲四史”庆祝建党100周年的活动，也正逢母校诞生80周年。我是党和母校一手培养教育出来的工程技术人员，现年84岁，参加工作60年，入党50年，是教授级高工。虽然做了一些工作，但仍要努力，不忘初心，牢记使命，继续奋进。近三年来，为了我国实现出版物的“三化”工作——网络化、数字化、移动化，我们与化学工业出版社合作，将噪声与振动控制专业的内容网络化、数字化，建立了一个平台。为此，也由我牵头主编完成了《噪声与振动控制数字资源库》（初稿首篇约350万字）的编写工作，不出版纸质书，可登录“工程师宝典”“CIDP制造业”等网站查阅或下载。图14是《噪声与振动控制数字资源库》的初稿上下两册的照片（以此两册捐赠母校）。加上2019年已捐赠的4本，共计6本。按化学工业出版社的要求，今后凡与噪声和振动有关的新著均纳入此数字资源库，也拟将前几年出版的《噪声与振动控制工程手册》（马大猷院士主编，我是副主编之一）放入资源库。我参与编著的相关书籍有7本，本人提供70余万字书稿内容，如图15所示。至今我主编的书是6本，参与编著的书是7本，共计13本专著。无论是我主编的技术手册，还是数字资源库等著作，均得到中船第九设计研究院工程有限公司、清华大学建筑学院、北京市劳动保护科学研究所等单位领导的支持。我们联合了国内本行业多位学者、专家组成编写组，共同完成了这些任务，得到了同行的认可和赞赏。

图 14 《噪声与振动控制数字资源库》第一、二册（约 350 万字）

图 15　我参与编著的书籍共 7 本

回想已走过的路，我是生在革命根据地，长在红旗下，听党话，跟党走，特别是在母校六年学到的东西为我的人生打下了基础。我一辈子牢牢记着老校长的话，“要健健康康地为国防服务 50 年”。至今我已经工作 60 年，没有辜负老校长的期望，在校庆八十周年的大喜日子里，十分感谢母校的培养教育，更希望母校有更大的发展。

本文刊登于 2021 年 10 月中北大学党委宣传部出版的
《我和我的中北——建校八十周年征文集》

中船九院消声室设计研究的开拓与发展

1 九院消声室设计研究的发展历程简述

九院从 1953 年成立至 20 世纪 70 年代末，既无声学专业人员，也无声学设计科室。由于三线建设的需要，拟在××5 厂建一个消声室，以测试分析舰船仪器仪表产品的噪声。此任务落实到了工艺室仪表组吕玉恒等设计人员的肩上。当时有关消声室一无所知，既无资料又无实践，两手空空，那就从头学起吧。首先搜集资料，调查研究，向声学专业人员和已建有消声室单位的人员请教，不耻下问，完成了××5 厂消声室的概念设计，但因无经费而作罢。

改革开放初期，体制改革实行承包制，部里不给钱了，要九院自力更生，工艺所要求我们自找门路，自己养活自己。吕玉恒通过噪声研究班的学习，初步学到了一些声学的基础知识。在领导的支持下，大胆接受了一些改建型简易消声室的设计、改建型精密半消声室设计、静态精密全消声室设计，再后来承担了新建组合式消声室、可调温湿度的精密消声室等设计。不仅养活了自己，度过了九院最困难的时期，而且开拓了消声室设计业务，部里和院里都知道九院有声学设计的专业人员了。

后来院环境室成立，分配来了声学设计人员，建立了气声组，主要从事工业噪声的治理，而工艺室的声学设计人员仍继续从事精密级全消声室和半消声室、带工况精密级消声室的设计，前后完成了 20 多个消声室的设计，以及多项噪声控制工程设计。

进入 21 世纪以来，环境所和工艺所声学设计人员合作完成了上海市计量测试技术研究院声学楼的设计，其中包括精密级消声室［背景噪声达到 1dB(A)］、混响室、隔声室等设计，以及众多的噪声控制设计。我们先后主编出版了 6 本噪声控制书籍，在社会上引起重视。近年来，环境院声学室成立了，新生力量成长了，在已有的基础上更加努力，扩大了市场，提高了水平，处于国家噪声控制和消声室设计的前沿地位，会有更大的发展。

2 九院消声室设计的起步、发展、深入研究以及所处的位置

(1) 从无到有、起步艰难，但开创了声学设计新专业

如前所述，建院 30 年，院里没有一个学声学的专门人才，也未搞过声学项目。借助三线建设要造消声室的机会，工艺室仪表组吕玉恒为项目负责人，组织建筑、结构、水、电、通风设计人员首先进行搜集资料、调查研究，不会就问，不懂就学。因为什么是消声室，它有什么要求，如何建造，真是一无所知，起步艰难。我们首先向设计过消声室的一机部八院、三机部四院、中科院声学所以及建造了消声室的同济大学、上海电器科学研究所（江泽民主持建造的）的老师们请教，初步搞清楚了消声室的原理、结构、用途及建造特点。

消声室是一个模拟开阔空间人工自由声场的特殊建筑物（构作物），在其中进行声学测

试和研究不受外界干扰，在有限的声学空间内，人为地获得无限的声学空间——自由声场。所建消声室必须符合 ISO 3745 国际标准的规定，同一台设备所发出的噪声分贝值，在国内外符合标准的消声室内测试，数据应该是一致的，否则这个消声室不合格。因此消声室的设计比较复杂，涉及隔声、吸声、消声、隔振、阻尼减振等专门技术，当然在消声室设计中常规的建筑、结构、通风、给排水、电气等专业设计是必不可少的。

在 20 世纪 80 年代初，三线建设××5 厂消声室是我院设计的第一个消声室，在完成了概念设计报告后，再无消息，设计人员各回各的原专业。不过通过这个项目，我们学到了不少声学知识，认识了声学领域的不少老师、同行，也为九院创建声学设计专业开了个好头。

（2）虚心学习，首先开拓了消声室设计业务，度过了困难时期

1980 年，我们参加了中小型电机噪声测量方法国家标准的编制工作，有机会与第一机械工业部第八设计院、上海电器科学研究所、上海工业大学等声学专业的人一道工作，向他们虚心学习。在此期间吕玉恒有机会代表六机部参加全国噪声控制研究班的脱产学习，研究班由中科院声学所所长、现代声学的奠基人马大猷院士主持并主讲，国内其他声学专家也来讲课，前后 40 余天，白天讲课、晚上复习，经考试及格才能拿到马大猷教授签字盖章的结业证书，成为一名声学工程师。借此机会结识了马大猷院士，在日后的工作中得到了马先生很大的帮助与指导。

在新编制的电机噪声测量方法国家标准中规定，电机噪声测量一定要在自由声场中进行，于是不少电机厂希望建造消声室。我们本着边学边干大胆尝试的开拓精神，接受了几个电机厂消声室的设计任务。当时正逢体制改革，部里不给钱了，要自己养活自己，能有项目做，是领导最希望的。我们先后完成了诸如上海跃进电机厂、上海南洋电机厂、广东顺德电机厂、上海轴承研究所、上海缝纫机研究所、昆明电器科学研究所、上海劳动保护科学研究所、上海交通大学、青岛三三三七厂等单位的消声室设计。这些消声室多数是改建型的，规模比较小，投资比较少，属静态型，但其技术性能必须经过权威部门的测试，符合 ISO 3745 国际标准的要求，通过验收后才能投入使用。例如，1984 年设计的青岛三三三七厂消声室是由航空工业部主持鉴定的，结论是具有国内先进水平。到 20 世纪末已设计建成 10 多个消声室，开拓了这方面的市场，在国内有一定影响，知道九院会设计消声室了。

（3）适应市场需求，不断提高设计水平，承接了多个外资企业带工况精密级消声室的设计，进一步扩大了九院在消声室设计领域的影响

随着社会的进步和人们物质文化生活水平的提高，家用电器如空调器、电冰箱、洗衣机等成为热门产品，其噪声高低是衡量产品质量好坏的标准之一，也是市场竞争的指标之一，因此又掀起了建造消声室的热潮。1993 年，上海家用空调器总厂委托我们承包并设计建造一个组合式可调温湿度的精密级消声室，也是在大厂房内改建。所谓组合式，就是把精密全消声室和精密半消声室组合在一起，空调器室内机置于全消声室内，空调器室外机置于半消声室内。所谓温湿度可调，就是另建一个空调机房，满足消声室测试时温湿度要求，正式测试时空调机房可关机，以降低背景噪声。消声室建成后由上海市第二轻工业局组织鉴定，结论是国内首创，是国内设计先进、性能优良、家用空调器噪声与振动测试分析研究的一流实验室。

由于改革开放的扩大，国外不少空调器厂看准中国这个大市场，纷纷在我国建造空调器生产厂房和消声室，如日立、大金、三菱、三星等企业。有的找上门来，委托我们为他们设计带工况精密级消声室和半消声室。所谓带工况，就是模拟空调器实地使用场所的工况。消声室内测试时其温度、湿度、风速等可调，空调机房不能停，也不能影响消声室的背景噪声。例如，日本日立家用电器公司在上海和芜湖各建了一套带工况消声室，日本大金公司在上海建造了2套带工况消声室，韩国三星公司在苏州建造了4套带工况消声室。这些消声室有的是我们提供全套施工图和测试报告，有的是进行技术咨询服务。

(4) 列课题、深入研究带工况精密级消声室存在的问题及解决措施

2002年，我们向上海市经济委员会申报了《带工况精密级消声室研究》课题，目的是通过研究，一方面总结以往设计建造的各类消声室的成功经验，另一方面对国内外新建的带工况精密级消声室进行调查研究，结合我们为日本日立家用电器（芜湖）有限公司设计建造的带工况精密级消声室修改补充，要求有所创新。

2004年11月，由上海市经济委员会组织请专家对该课题进行评审，请上海市科学技术成果处给出评价。鉴定结论是该科技成果的总体水平为国内领先，属国内首创，具有很好的经济社会效益和推广应用价值。

(5) 消声室成功的设计研究，带来了大量的噪声与振动控制项目的设计，使九院处于该领域的前沿地位

如前所述，消声室是一个复杂的集中了隔声、吸声、消声、隔振、阻尼减振、通风空调等专业技术的特殊项目，而一般的噪声治理项目也是应用这些技术来完成的。我们在从事20多个消声室设计的同时，也完成了600多个噪声与振动控制项目。例如，上海现有的3栋特高层建筑——金茂大厦、上海环球金融中心、上海中心等噪声治理，由于我们工艺所和环境所的紧密合作，搞得很成功。中国第一高楼——上海中心把中船九院以及我们个人的名字（王继荣、冯苗锋、吕玉恒）刻在了他们的荣誉墙上（即纪念碑上）。

20世纪80年代院里增设了环境室，分配来了几位搞声学的专门人才，成立了气声组，主要从事工业项目的噪声与振动控制设计，而院里土建室、工艺室、设备室也有些人在搞噪声控制，记得王庭佛同志曾写报告给院里，建议将人才集中成立声学组（或室）。因院里指派的该组负责人级别太高，下面具体设计人员难以接受，于是不了了之。但声学设计研究并未受多大影响。

在40多年的声学设计过程中，我们十分注意搜集资料、积累经验、发表论文、出版著作。1988年和1999年吕玉恒、王庭佛等编著出版了两本有关噪声控制设备和材料选用手册（约140万字）。21世纪以来，由九院牵头，联合清华大学、北京劳动保护科学研究所等单位，吕玉恒任主编、冯苗锋等任副主编，2011年出版了《噪声控制与建筑声学设备和材料选用手册》（约130万字）；2019年出版了《噪声与振动控制技术手册》（约260万字）；2021年出版了《噪声与振动控制数字资源库》电子出版物（约350万字）。在这些书中都有有关消声室设计的介绍。这些著作的出版发行，引起了同行的关注和好评，使九院在噪声控制和消声室设计方面处于国内前沿地位，也为新成立的环境院声学设计研究室的发展创造了条件。

3 典型项目的设计介绍

(1) 航空工业部（即三机部）三三三七厂消声室

1981年三机部批复（1981）627号文，同意三三三七厂建设一个简易噪声测试室，以测试外形尺寸小于 0.5m 的风动手工具及其他小型机电产品的噪声。为此在厂部办公楼底层改建了一个半消声室，占地面积 37m^2，向地坪以下挖深 1.0m。消声室地坪为水磨石反射面，其余 5 面安装长度为 500mm 的平头吸声劈尖（空腔 50mm）。消声室净空尺寸长×宽×高为 5.7m×3.7m×3.0m，设计要求背景噪声为 45dB(A)［验收实测为 20dB(A)］，低限频率为 125Hz［验收实测为 100Hz］，半球面自由声场半径 r=1.5m［实测值也为 r=1.5m］，误差优于 ISO 3745 对精密级半消声室的要求。

此消声室是我们 1982 年刚起步时设计的精密级半消声室，领导要求应特别慎重，关键部件，如吸声尖劈，一定要通过测试优选，地坪要利用玻璃纤维浮筑隔振结构，还要求消声室楼上办公室铺地毯，以减小固体传声。1984 年，航空工业部主持对该消声室进行鉴定。鉴定文件特别完整、齐全，包括技术鉴定证书；测试鉴定大纲；鉴定验收专家名单；设计总结；声学性能测试报告；施工报告；使用意见；尖劈吸声构造测试分析报告等。鉴定结论是：该消声室具有结构新颖、性能优良、投资省、建造快等特点。该消声室的设计建造是成功的，为在老厂房内改建用于声功率级测试精密半消声室提供了新的途径，具有国内先进水平。

(2) 上海家用空调器总厂组合式精密级消声室

1993 年，上海市第二轻工业局所属上海家用空调器总厂委托我院承包并设计组合式精密消声室，用于测试分析窗式空调器、吊顶式、壁挂式、落地式空调器的噪声和振动。空调器的体积不超过 0.3m^3，在试验大楼的底层改建，在原地坪以下挖深 1.8m。所谓组合式，就是把精密级全消声室（一般放室内机）和精密级半消声室（一般放室外机）组合在一起，在两室之间开个洞以便测试窗式空调器。消声室内温度和湿度由专门设置的空调机房提供且温湿度可调，消声室测试时可关闭空调机房。采用双层隔声结构，外胆为土建隔声，内胆为装配式金属板隔声，金属弹簧浮筑隔振，吸声尖劈长 800mm。全消声室外形尺寸长×宽×高为 6630mm×6000mm×8800mm，内净空尺寸长×宽×高为 4395mm×3690mm×3665mm。半消声室外形尺寸长×宽×高为 4870mm×6000mm×7000mm，内净空尺寸长×宽×高为 3130mm×4420mm×4000mm。全消声室设计要求背景噪声为 18dB(A)［验收实测为 16.2dB(A)］，半消声室设计要求背景噪声为 25dB(A)［验收实测为 16.5dB(A)］。全消声室测试低限频率设计要求为 125Hz（验收实例为 100Hz），半消声室设计要求为 160Hz（验收实测为 100Hz）。自由声场范围，全消声室球面自由声场半径 r=1.0m（实测为 1.25m），半消声室半球面自由声场半径 r=1.0m（实测为 1.25m）。全消声室和半消声室测试误差均符合 ISO 3745 和 GB 6882 的要求，温湿度符合 GB 7725 标准要求。上海市第二轻工业局主持鉴定的结论是，验收测试数据达到或优于设计要求，是国内第一家组合式消声室，属国内首创。

(3) 带工况精密级消声室研究——以日本日立家用电器（芜湖）有限公司消声室为例

从 20 世纪 80 年代开始至今，我们为国内及外资企业设计了 20 多个不同类型的消声室，多数是静态型的，虽然积累了一些经验，但还是有不少问题有待进一步研究解决。特别是动态型带工况的消声室，因其要求高、投资大，建造周期长，国内一般企业建造不起。而国外在华企业需要这种消声室。为此我们向上海市经济委员会申请了《带工况精密级消声室研究》的课题。

本课题以日本日立家用电器（芜湖）有限公司带工况精密级消声室设计、施工安装、测试验收等为依托，开展研究。该消声室主要用来测试分析容量为1～3HP空冷热泵空气调节器（家用空调器）的噪声与振动，可测计权声级和进行实时频谱分析、计算机处理。精密级全消声室为室内机测试，精密级半消声室为室外机测试，各配置了一套工况处理机组。

① 研究两年，解决了三个关键技术问题。

第一个关键技术是背景噪声特别低：全消声室带工况验收实测值为15.8dB(A)[设计要求18dB(A)]，半消声室带工况验收实测值为17.5dB(A)[设计要求20dB(A)]。采取了严格的隔声措施，在大厂房内又设置了外胆和内胆双层隔声结构，外胆为320mm厚钢筋混凝土隔声结构再加一层50mm厚保温层，内胆为200mm厚钢结构复合隔声板拼装结构，内胆内吸声劈尖长800mm，空腔100mm，隔声吸声后全消声室净空尺寸长×宽×高为9816mm×5416mm×5666mm。半消声室净空尺寸长×宽×高为5816mm×5416m×5708mm，全消声室基坑深2400mm，半消声室基坑深800mm。

第二个关键技术是严格的隔振设计。为减小固体传声对消声室的影响，全消声室和半消声室均采用了隔振措施，全消声室总重约140t，半消声室总重100t，安装了60只预应力阻尼弹簧减振器，减振器固有频率为3.5Hz。消声室内胆和外胆完全脱开来，全消声室和半消声室完全脱开来，专门设计的隔声内门和外门间脱开来，所有管线接头处均为软连接，隔断“声桥”，特别重视孔、洞、缝隙对整体结构的影响。

第三个关键技术是工况实现自动化控制。室内侧全消声室模拟被测对象空调器室内机工作状况，室内温度范围是15～35℃±1℃，相对湿度为30%～80%±5%RH。室外侧半消声室模拟空调器室外机工作环境，温度范围是−5～55℃±1℃，相对湿度为30%～80%±5%RH。室外侧和室内侧的温度、湿度、风速等可实现自动调节，由计算机控制。采用了一套通风空调系统，配置了不少进口元器件，实现了自动控制。通风空调系统也采取了严格的隔声、消声、隔振、隔声包扎等措施，如由空调机组至消声室安装了多节消声器、消声弯头、消声管道、静压箱等，消声路程长约16m，在消声室内出风口处风速为1m/s时，噪声为18dB(A)。

② 研究两年，有三项技术突破。

第一个突破是在动态型带工况的情况下进行空调器噪声的自动测试，无须修正。消声室内在测噪声时不得有人，不得有多余而无用的器件，如螺丝刀等有反射面的物件。在外界噪声为80dB(A)的情况下，全消声室内带工况背景噪声为16dB(A)，隔声降噪量（内外声级差）为64dB(A)，通风空调系统的消声量60dB(A)，这在当时尚未见报道，是一个突破。

第二个突破是消声室内由专业计量检测机构——上海市计量测试技术研究院实测在自由声场范围内其误差ISO 3745标准最严要求是±1dB，而本消声室内外侧均达到了0.5dB，突破了标准规定，比标准规定要优。

第三个突破是消声室内温度、湿度自动控制，通风空调风机风量、风速变频控制，实现了屏幕显示和计算机控制，提高了消声室的自动化和计算机化的程度。

上海市科学技术成果鉴定委员会的鉴定结论是：“带工况精密级全消声室和半消声室模拟实际使用工况，使消声室内的温度、湿度、风量、风速等均可实现自动控制，能满足动态与运行工况条件下对产品噪声特性进行测试分析和研究，是国内消声室设计研究领域的一项开创性成果，填补了国内此类工程设计的空白，总体水平为国内领先，属国内首创，具有较好的经济社会效益和推广应用价值。”

进入21世纪以来，消声室的设计研究又有新的进展。例如，王庭佛、冯苗锋、吕玉恒等设计的上海市计量测试技术研究院声学楼中的消声室背景噪声达到了1dB，吸声结构采用板状形式、隔振设计计算更加精准，空调通风系统更为合理，为国家计量测试系统建造消声室树立了榜样，奠定了基础，从而承接了要求更高的消声室设计任务。另外，由吕玉恒和清华大学燕翔技术指导和咨询而建造的贵州省计量测试研究院消声室背景噪声达到了－1dB（专门仪器测试），属目前国内领先。

4　建议与展望

经过40多年的努力，九院在国内声学领域占有了一席之地，消声室的设计水平有了很大提高，不同时期设计的消声室经鉴定都处于国内领先水平，但还有不少技术问题有待进一步研究和解决。

（1）五项建议

① 研究设计可拆卸、可拼装的轻型结构消声室。以往是按“质量定律”采用厚重的钢筋混凝土隔声结构，可否采用新型质轻隔声量高的复合板建造消声室，突破“质量定律”的规定？

② 研究新的吸声结构。目前国内流行金属穿孔板饰面的吸声尖劈作为吸声结构，国外有采用板状的吸声结构，建议研究不同材料、不同密度、不同形式的高效吸声结构。

③ 设计一室多用的消声室。全消声室可转化为半消声室，半消声室也可变为全消声室。研究可测多种噪声源的复合式消声室。

④ 建造背景噪声符合要求的消声室。目前有一种倾向，建造背景噪声越低就越好的消声室，很浪费。背景噪声比被测对象噪声低15dB就可以了，这样的背景噪声对被测对象只影响0.1dB，而目前测量仪器的校准仪误差也不过0.1dB。

⑤ 消声室是创建一个自由声场，造价高，而混响室是创建一个扩散声场，造价低，同样可以测量分析研究设备的噪声特性，建议对混响室的设计、用途开展一些研究，建造混响室的费用省多了。

（2）展望——前途光明，任重而道远，尚需不断努力，保持前沿地位

声学研究是一门古老而又在迅速发展的学问，特别是随着计算机的问世，研究的领域更加广泛，更有成果，有源噪声控制就是一例。作为设计院我们的重点是工程设计，在噪声控制和消声室设计以及技术咨询服务方面，目前我院处于前沿地位，同行是赞许和认可的。

我相信在领导的支持下，在现有的基础上，在声学室团队的共同努力下，可以接收更多的项目，技术上有更大的提高和突破，前途是十分光明的。

本文2021年8月18日为中船九院声学设计研究室消声室研究课题而写

不可忘却的红色追忆——三线建设的点滴回忆

1964年，中共中央毛泽东主席做出“备战备荒为人民”的战略部署，加强国防三线建设。所谓“三线”，是从地理区域来划分的，沿海地区为一线，西部纵深地带的13个省为三线，一线和三线之间为二线。

从1964年到1974年，先后有核工业、电力、航空、航天、兵器、船舶、电子、能源、化工、光学、机械以及科研重点单位，试验基地等数百个大中型项目从沿海地区迁往三线，动工兴建这些项目。到1978年，这些行业初步形成了一个后方战略基地，建成了一个新型的工业系统，完善了我国的国防布局。

“三线”“三线建设”当时是保密的，从未在报纸杂志上或广播里出现过，人们习惯的说法是“支援内地建设”，或者什么都不说。到20世纪80年代在《人民日报》上才出现“三线”的字样。

我院在中央和六机部的领导下，从1964年下半年，开始首批参与三线建设，主力军是30后、40后和50后。当时50后正在读书，60后刚刚出生。我所在的九院工艺室仪表组主要承担了位于四川川东万县（现称万州市）和涪陵一带的舰船所用的仪器仪表生产工厂和研究单位的设计建设工作。这些三线建设项目具体来说就是××5厂、××2厂、××4厂、××7厂、××9厂、××7厂、××6所、××7所、××8所等。从选址、可行性研究、方案论证、初步设计、施工图设计、施工配合、工程质量检查、试生产、投产运行，直到整个工程验收，可以说参与了整个工程的全过程，为三线建设做出了努力、奉献了青春，感到很自豪，也很光荣。三线建设这十年，在共和国七十年的历史中占有很重要的位置，值得回顾。

我是1965年初乘船到万县××5厂从事工艺设计工作的，直到1974年××5厂二期工程验收结束，前后差不多十年。我参与了××5厂两次选址，第一次是在涪陵，第二次是在万县，最后选址在万县。选址结束，接下来就是现场初步设计、施工图设计、施工配合等，1967年的春节我是在××5厂工地上度过的。由于保密要求，以及当时条件的限制，身边没有留下任何文字、照片图纸资料等。保密本、工作手册、图纸、文字说明等一律交院保密室。当时很困难，也比较落后，照相机、录音机、录像机等几乎没有，通信地址都是信箱号。那种艰苦创业的情景与最近（2020年6月）上海新闻综合频道播放的电视剧《激情的岁月》差不多，这部电视剧讲的是我国原子弹的研发和现场试验创业的故事，很亲切，很感人，这使我想起了50多年前我们在川东搞三线建设时的一些故事、场景和人物。

回想××5厂的建设，在九院党政领导下，项目负责人（主任工程师）具体安排，一期工程项目负责人是董伟奋，二期项目负责人是高志宣（2020年6月5日去世），工艺设计吕玉恒、董中彬、沈阿四、张荣林、高丕文，建筑设计麻天云，结构设计季范畸，电气设计胡柏圣，暖通设计贺世祥，水工洞体设计汪仕豪（留苏）、张银花，给排水设计唐汉彬、王大明，总图设计张志珍（她是在工地临时团支部加入的共青团，我是她的入团介绍人）。院领导王栋臣副院长，室领导葛文博科长（后任副院长）多次到××5厂工地指导工作。××5

厂设计组是九院在川东地区设计队伍中的先进集体。

三线建设有不少政策规定，为防止敌人破坏，实行“分散、靠山、隐蔽”的方针，要“散、山、洞”，核心项目要进洞（开挖山洞）。据报道，三线建设投资了2052.68亿元，建成了1100多个大中型工矿企业、科研单位和大专院校，规模是很大的（当时我的工资是58元/月，大学毕业，工作了十多年），整个国家还很穷，拿出这么多钱来搞三线建设真不容易。如果按相对价格计算，我现在退休工资8000余元，与当年相比增加了130多倍，2052.68亿元的建设投资相当于现在的26.7万亿元。

关于九院三线建设的历史资料及实物，我目前没有，可以查档案，现在凭我的记忆，可以讲几个小故事。

1 万县地区第一洞

关于我在××5厂的工作特别是洞体的设计，现在能查到的文字记载是1986年提交给中国船舶工业总公司的《专业技术干部技术职务申请评定表》（留底）中的一段关于我的话——“本人主要工作经历：1965年至1974年期间，本人主要承担了三线建设项目××5厂第一期、第二期工程装配、调试、电气、新产品试制、型式试验等车间的工艺全套设计，特别是仪表装配大楼和为总装调试而开挖的洞体工程，这两项投资约为300万元，是六机部的重点工程。本人是这两个项目的主要工艺设计人。在现场施工配合中，根据洞体开挖情况，与其他工种配合，决策过洞体的形状、尺寸、面积、高度、工艺流程等，该洞体要求恒温、恒湿、净化。工作量大，要求高，既要保证使用功能及施工进度，又要节省投资。该洞竣工后各方面都很满意，受到部、工厂及同行的好评。该厂是六机部川东地区第一批竣工验收单位。”据介绍××2厂，也开挖了一个洞，但体积较小，在万县地区，××5厂的洞被称万县地区第一洞。

2 在深山里吃到了一辈子也忘不了的烟熏肉

记得在1965年上半年，为了给××5厂选一个符合“山、散、洞”，又有水源的厂址，六机部一位负责人、万县副县长、我及唐汉彬等一行在当地公社负责人的陪同下，沿着万县和达县之间的大山水沟往里走，往上爬。快到中午了，又累又饿又渴，正好在小山角处看到一户人家，走进去一看，一位七八十岁的老大爷坐在院子里。陪同我们的当地公社负责人向老大爷介绍说，这位是北京来的，这位是咱们的县长，这几位是上海来的设计人员。老大爷一听就很兴奋，招呼家里人快出来，儿子、媳妇、孩子们都出来了，老大爷说：“京官来了，县太爷来了，秀才们来了，真难得哦，咱们家福星高照了，从来没有见过这么大的官，快去烧饭，招待客人。”

老大爷问我们，“谁派你们来的。来干啥子？”

我们说是“上级派我们来的，要在这边修路，盖房子，准备打仗（备战）。”

老大爷说“是不是要打日本鬼子，无论如何不能叫鬼子们到中国来，不能到四川来。”

我们问老大爷，“在这里住了多少年？水沟里水怎么样？”

老大爷说，“我在这里住了七十多年了，山沟里的水从来就没有断过，你们看，我用竹筒把水沟里的水引到我灶间的水缸里，水很甘甜，养人。”

我很好奇，去灶间看流水，看他们烧饭，在灶间门后面吊挂着一块外面熏得很黑的猪腿，切下来内部又红又白。这是他们当地有名的烟熏肉。他们烧了一大盘烟熏肉，又有土豆丝、炒鸡蛋、新鲜蔬菜。我一辈子也忘不了这盘烟熏肉的美味。饭后陪同我们的人拿出了5元钱给老大爷，他怎么也不肯收。

这顿饭使我感受到了四川老百姓的淳朴、善良、好客，对我们的信任和支持。我们从老大爷处了解到的水源情况，后来经六机部勘测公司水文队的复核，确认了就是这股山泉水作为××5厂水库及全厂用水的水源。

3 裤腰带怎么是一条蛇

三线建设第一批进川的首先是领导和设计人员，因为要选址，确定工厂建在哪里。我记得刚到××5厂时，在一块草地上开始搭了几个简易的“人”字形草棚，晚上就睡在里面。后来平整场地用竹竿型钢搭建了一个较大的草棚，地上铺稻草，大通铺就是床，晚上点的煤油灯和汽灯（因未通电）。开始在老百姓家借餐，给粮票、给钱。后来请了一位师傅来烧饭，我们也帮灶，大茶缸既是喝水杯，也是饭盒。

有一天晚上，在大草棚地铺上睡觉，烧饭的师傅要上厕所，穿裤子找腰带，腰带怎么变粗了？还会动！他尖叫了一声，边上一位同志用手电筒一照。啊！原来腰带是一条蛇，把我们都吓坏了，全起来用竹竿四处打、找，不会还有蛇吧。第二天赶快去买上下铺的铁床架，再不敢睡在地铺上了。

4 你们院长屁股上会唱戏

三线建设的初期，国家很穷，技术上也较落后，影像设备奇缺，就是收音机也很少。王栋臣院长进川到三线时，院里给他配了一台半导体收音机，外面是皮套，挎在腰间，有时听新闻，休息时还可以放音乐戏剧。当地老百姓没有见过，没有听过，很好奇。王院长到××5厂工地，走后，好几位当地老乡对我说，“你们院长真不简单，屁股上会唱戏！”我说那是收音机发出的声音，大家都笑了。

5 我亲眼看到的两位牺牲者

在《毛泽东选集》上有这样一段话：“要奋斗就会有牺牲，死人的事是经常发生的，但是我们想到人民的利益，想到大多数人民的痛苦，我们为人民而死，就是死得其所。”我在××5厂建设工地亲眼看到了两位为三线建设光荣献身的同志。

第一位是开挖××5厂洞体的解放军战士。××5厂是六机部川东三线建设的重点单位，重中之重是开挖洞体，由中国人民解放军工程兵部队承担。洞体又长又宽又高，全是岩石，用风镐打孔、装炸药，爆破后的碎石渣土全是人工清理，运出来倒在一个山沟里。有一天我在洞口看到，从洞里推出的碎石车上有一位满身是血的解放军战士，很年轻，但已停止了呼吸。他是在清理洞内碎石时被洞顶部的一块大石头砸下来牺牲的，真心痛呀！后来在工地上为他开了追悼会。

第二位是为我们烧饭的当地老百姓。三线建设要求厂房要分散，像“羊拉屎”一样，为此在厂区山坡上需要一条新路，路的下面有几户民宅，高差有30多米，是斜坡，坡上有些散石。这几户民宅中有一户是为我们烧饭的师傅家。有一天午饭前要爆破开路，谁晓得放炮时把斜坡上的一块大石头振松了，大石头顺着斜坡滚下来，穿过民宅屋顶，正好砸在了烧饭师傅的身上，当我们赶过去用撬棒把这位师傅拉出来时，他已经断气了，我们难过极了。他烧的午饭怎么能吃得下去呢？

6 干打垒宿舍和干厕所

三线建设的方针是“先生产，后生活”艰苦创业。把建设和生产放在第一位，要高标准严要求，精益求精，而吃喝住行生活方面越简单越省钱越好。我在××5厂工地开始是住草棚，后来生活区又造了几栋干打垒宿舍，我们就搬进了干打垒新居。所谓干打垒，就是不用砖瓦，而是就地取材，用当地的材料采用最节省的结构，建造四层楼或五层楼的宿舍。每户人家有厨房间，但没有卫生间，没有洗澡间，在每层楼的中部位置设一间干厕所，便后要端水来冲一下。生活就这么简单。××5厂干打垒的墙体都是用挖洞开出来的石块砌筑的，墙很厚，很结实，冬暖夏凉。××5厂洞体开挖出来的石块、渣土埋满了一条沟。除了用于建设干打垒宿舍的石块外，其余的石块、石渣上面再填土绿化，目的是加强隐蔽，防止敌人知道是打洞挖出来的新石块、新石渣。

7 轮换工进厂增活力

厂房基本建成后要马上进行试生产，以争取时间。生产工人和技术人员除了大批支内职工外，人力还是不足。当时按部里要求与当地政府协商，实行一种“轮换工”制度，所谓轮换工就是当地政府挑选一批年轻好学的农民（实际上就是待业青年）到厂里干一段时间，再换另一批。××5厂第一批轮换工有20余人，多数是女孩子，他们在厂里应待两年，主要从事行政事务工作。轮换工很勤劳，能吃苦，也很好学。两年到了，但他们都没走，变成了厂里的合同工。上海支内××5厂的不少小伙子看上了轮换工中的小姑娘，我认识的有三对成婚了。咱们九院有一位正式职工，外号叫小石头，在万县三线现场，看上了当地的一位姑娘，就和人家结婚了，上海户口也不要了，也不回九院了，一辈子支援三线，在四川生儿育女过日子，我们笑谈小石头打中了四川姑娘，爱情的力量真伟大呀！

8 半夜用竹椅把王院长送医院

大约在1965年5月份，××5厂第一次选厂在四川涪陵，由王栋臣副院长带队，我们住在长江边上的涪陵县招待所，条件很艰苦。王院长住里间床上，我和沈阿四住外间木板地铺上。有一天晚上已睡下，王院长突然肚子痛得要命，不能走动。我们商量，赶快送去医院！当时既没有救护车，也没有担架，涪陵医院又在半山腰上，急中生智，我们看到过“滑竿”。于是找来了一把竹藤椅、两根竹竿和绳子，请王院长坐在藤椅上，我们抬他上医院。王院长又高又大又胖，有 180 斤重。我们一前一后抬着，中间一个人扶着，从江边往山上爬，大概有几百个台阶。花了半个多小时，抬到了医院，王院长痛得满头大汗，我们也累得满头大汗。医生检查后说是急性肠炎，要住院，还说“还好你们送来及时，不然很危险”。王院长在医院住了三天就急着出院，去勘测现场。事后多年，王院长还提起多亏你们几个小伙子灵活，不然我就和袁书记（袁友涛）一样，贡献给三线建设了。

9　她把孩子生在了船上

三线建设的方针是将国内最先进的技术、最好的设备、最好的装置等放在三线，当然支内支三线的人也是最棒的，××5 厂建设的对口单位是××2 厂。当时的口号是好马、好鞍、好装备，精兵强将进三线。××5 厂有一对年轻人都是上海去的，在当地结了婚，怀了孕，要生孩子。按规定，当时的产假只有 56 天，他们算好了预产期，赶回上海生孩子。当时，上海到万县的主要交通工具是在长江里乘船，上海到万县需六天六夜，万县到上海顺水也要四天四夜。按照预产期，这对夫妻乘上了船，谁晓得肚皮里的小家伙不听话，急着要到人间来，船刚过三峡，就在船上生了，是船上乘客中的医生接的产。小孩子需要的尿布、小衣服、小被子什么都没有，是船上的服务员帮助找的被单、垫子等，刚生了孩子的妈妈没有奶，船上也没牛奶，是乘客中有奶的妈妈给喂的奶。这对年轻人和他们在船上生的孩子平安地回到了上海。据说这个在船上出生的孩子现在已大学毕业，也成了家。

10　她是九院第一位登上核潜艇和去过戈壁滩原子能试验基地的女工程师

20 世纪 70 年代，为解决我国核潜艇的排污问题，按照中船总公司的要求，九院筹备组建了××项目组，由邓亲元院长和李光副院长直接领导，朱月华工程师具体负责，从清华大学、北京×××所等单位挑选了一部分从事核研究的技术人员调入九院，院里也抽调了一些人员参与××工程项目。工艺室赵双花工程师被抽调参与××工程项目剂量监测组的工作。为尽快了解学习这门新技术，取得第一手资料，她和龚世璋、万兆君、沈长风等长期出差在外。为了搜集取得潜艇内核计量的原始数据，她有幸登上了我国第一条核潜艇进行测试。出艇后所穿的衣服、皮鞋等全部脱掉，送至专门的洞内封存，不得再用。

为学习和了解核元件的存储、更换的原理和方法，通过院、中船总公司、核工业部等的所谓“八级审查”(先决条件是必须生过孩子的人)，她也有幸坐飞机、乘火车再转专用汽车，进入原子能试验基地，在基地调查、测试。由于没有经验，又想多学些东西，偶然去了不能到的地方，结果受到超计量的核辐射。回院后头发全部脱光了，只得戴假发。核基地多数人有乙型肝炎，结果她也染上了乙型肝炎，治疗了多年才有好转。赵双花是我夫人，我们是同乡、同学、同岁，同一专业，同时毕业，在同一组室工作，相濡以沫六十载，她也参加了三线建设。有时两人同时出差，家里无老人，两个孩子，一个放到南汇我哥嫂处，一个全托在幼儿园，那时的想法很简单，困难自己想办法克服，工作不能耽误。赵双花同志是一位热心负责、闲不住的好人，1993年退休后，返聘在院与张荣瑜同志等整理编写了九院工会史，回到里弄后帮助居委会工作，现年84岁的她还担任着普陀区怒二居委党支部委员，活跃在第一线。

11 感恩党和毛主席

我出生在革命老区太行山上八路军前方总指挥部的左权县（即左权将军牺牲的县），从懂事起就在共产党的教育下成长，日本鬼子的“三光政策”（杀光、烧光、抢光）就是在我家乡实行的，房子被烧光了，全家就住在山崖下面，我三伯父、我堂姐和她肚子里的孩子被日本鬼子杀害了，东西被全部抢光了，十分困难。我的三个堂兄都去当兵打日本鬼子了（两个是烈士，一个是残废军人）。家里穷，我读中学、中专、大学全部享受助学金。是共产党救了我们全家，把我培养成人的，我对共产党和毛主席无限热爱，十分尊崇，努力学习毛主席著作。

1968年到1969年这段时间，我从清华大学的同事处搞到一本未发表的毛主席著作，据说是毛泽东选集第五卷未印本，是从部队和中宣部传出来的，我如获至宝。借人家的看是要还的，我就抽空边学边抄。我花了几个月的时间，手抄了毛主席未发表的著作500多页，约50万字，装订成册。这个手抄本目前我还留着。

我1971年入党。三线建设回来后曾搞过一段时间行政工作，当时是一元化领导，我在院党委帮忙。我利用空隙时间，收集、整理、汇编了《毛主席重要指示》。从1966年1月份开始，按年、按月排列一直到1976年7月（毛主席是1976年9月9日逝世的），这本130余页约13万字的毛主席重要指示已打印装订成册，至今我也保存着。

为了永远感谢共产党和毛主席对我的培养教育，毛主席逝世后，我搜集整理了一本毛主席公开发表的影集，这本影集有100多幅毛主席照片，我也保存着。

我要把以上三个附件还有毛泽东选集1～5卷等文本留给儿孙后代，永远不忘共产党的恩情，永远不忘毛主席的教导。正如习近平总书记说的“不忘初心、牢记使命”，为建设中国特色社会主义，为实现共产主义而奋斗。

本文2021年6月刊登于《中船九院三线建设资料汇编——不可忘却的红色追忆》一书

中国第一高楼——上海中心十大亮点

《常春藤报》编者按："我委九院教授级高工吕玉恒前后八年参与了中国第一高楼——上海中心的建设。他的名字被刻在了该高楼的荣誉墙上（纪念碑）。本文是吕玉恒教授根据相关资料及个人体会撰写的一篇上海中心十大亮点的综合性报道，从文中可以感受到开放的上海值得骄傲，退休人员发挥余热值得称赞和自豪。"

联合国规定40层以上、高度100m以上为超高层建筑。中国现有超高层建筑3103栋。上海18层以上的建筑有5000栋。改革开放以来，高楼林立，越造越高。中国目前最高的建筑是上海中心，也称中国第一高楼，归纳起来有十大亮点（或10个第一，或10个特点，或10个骄傲）。

上海中心的理念是"至高、至尊、至精"。

1 国内最高

上海中心高632m，地上127层，地下5层，占地面积3万m^2，建筑面积约56万m^2，其中地上38万m^2，地下18万m^2，是"垂直城市""竖立的外滩"。

上海中心是中国第一，世界第二高楼。

世界第一高楼是阿联酋迪拜哈利法塔，高828m，共162层，投资20亿美元，建筑面积50万m^2。2004年开工，2009年12月竣工，有172间酒店客房、492套酒店公寓和586套公寓，3000个地下停车位。

世界上已建成投入运行的400m以上10栋超高层建筑有：

① 迪拜哈利法塔 828m
② 上海中心 632m
③ 广州塔 600m
④ 台湾台北101大厦 508m
⑤ 上海环球金融中心 492m
⑥ 吉隆坡石油双塔 452m
⑦ 南京紫峰大厦 450m
⑧ 美国芝加哥西尔斯大厦442m
⑨ 上海金茂大厦 421m
⑩ 香港国际金融中心 415m

国内正在建造和准备建造的400m以上的10栋超高层有：

① 天津117大厦 596.5m
② 深圳平安金融中心 668m
③ 武汉绿地中心 636m
④ 武汉中心 438m
⑤ 武汉世贸中心 438m
⑥ 广州东塔 432m
⑦ 苏州中南中心 729m
⑧ 香港广场 484m
⑨ 深圳京基 441.8m
⑩ 广州西塔 432m

国外也有报道造超高层建筑，例如：

① 莫斯科 俄罗斯大厦 612m
② 美国芝加哥 螺旋塔 609m
③ 美国纽约新世贸中心 541.3m
④ 韩国仁川-双子塔 631m

还有4个待建的千米以上的特超高层大厦均在中东，其中有代表性的是沙特亲王阿勒互利德帝国公司要造一个1600m高的“英里”塔，投资100亿美元。

通过上述比较，目前已建成并投入运行的上海中心是国内第一、世界第二高楼，它和上海金茂大厦、上海环球金融中心构成了陆家嘴地区“三足鼎立”的新地标（图1）。

金茂大厦呈塔状代表过去，环球金融中心光彩照人代表开放的现在，上海中心龙腾向上代表未来。

2 功能最全

上海中心有五大功能（图2）：高级酒店、高级办公、商业会务、文化展示、旅游。2016

图1 上海陆家嘴三大特高层建筑

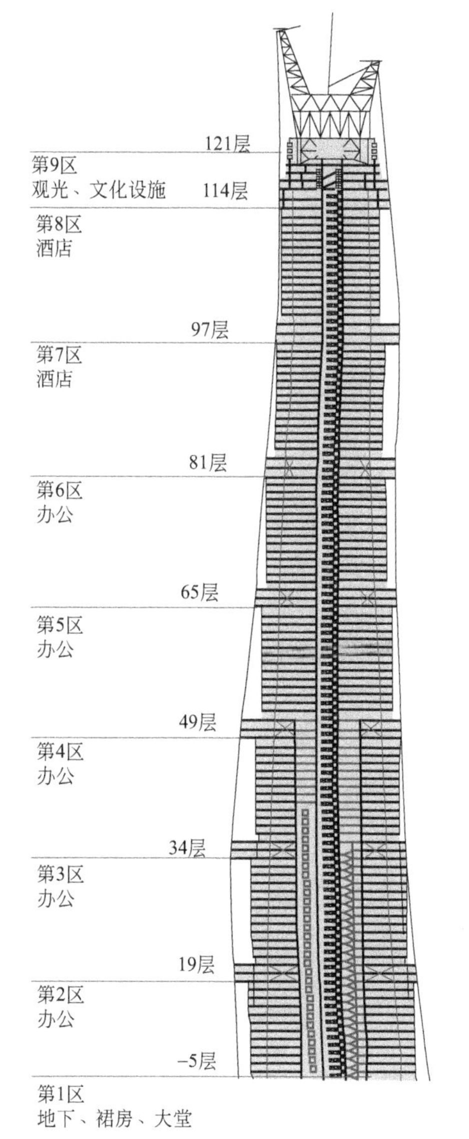

图2 上海中心主要功能区分布

年4月27日试运营，从2008年11月29日开工建设，至今八年磨一剑。目前对外开放的是裙房五层楼和地下一层。今年年内除酒店外可全部对外开放迎客，成为24小时金融城。裙房有2000m^2的多功能会议厅，有1000m^2的大宴会厅，有1000m^2的露台花园。裙房的婚宴厅对外开放，但要提早预约。进入上海中心的安检是比较严格的，功能全，服务一流，但安全问题从建楼到投入运行，始终是第一位的。

3 结构牢固

上海中心建在长江冲积平原上，在松软地上建大楼，基础必须牢靠。上海80m以下才是岩石，上海中心打了955根直径为1m的灌注桩，桩深86m，落在了80m以下基岩上，在955根桩的上部浇注了一个特大型钢筋混凝土质量块，上海中心632m高主楼就坐落在这个质量块上，质量块直径121m，厚6m，质量块全部是现浇钢筋混凝土，体积约7万m^3，面积有1.6个足球场大。上海所有混凝土制品厂开足马力生产，混凝土整整浇注了三天三夜，被人称为“定海神座”。质量块体积约为7万m^3，重约17万t。整个大楼重85万t。

大楼中间是核心筒，尺寸大约是27m×27m，八根大柱子，柱子断面尺寸为3.7m×5.3m，断面积约20m^2。整座大楼钢筋混凝土建筑高度为580m，580～632m为钢结构，整个建筑抗七级地震，13级台风，用了10万t钢材。中心筒向外辐射的建筑，均采用钢结构，楼板承重400kg/m^2。整个大楼非常结实牢固。

4 环保节能

上海中心的外形像一条螺旋上升的巨龙（图3），也像龙卷风向上吸气，也像一把刀鞘套，有人说可以“双刀入鞘”“铁棒带套”，以柔克刚，化解风险，体现了上海中心“和为贵”“国泰民安”“和谐稳定”的精神。

上海中心外形圆滑，120°扭曲向上，每层扭转一度，这种体形结构可以减少风载24%，该数据是8m高的上海中心模型，在加拿大的风洞试验室经多方案比较取得的。上海中心内部是内圆外三角，双层玻璃幕墙结构，相当于管子套管子，和暖水瓶一样，冬暖夏凉，节约能源，两层玻璃幕墙间距约12m，两层幕墙间构成了空中花园（图4），符合绿色建筑理念。室内环境达标率100%，综合节能率大于60%，水源利用率40%，屋顶安装了270台风力发电机，每台500W，地下室安装有三联供，地面大型冷却塔和屋顶冷却塔全采用变频装置，节省能源。

上海中心整个大楼玻璃幕墙有14万m^2，共有19317块厚玻璃组成。12mm厚的玻璃多层复合成超白自曝率为零的玻璃幕墙，通过了气密、水密、抗风压、变形等试验，玻璃之间用杜邦胶粘牢，即使玻璃破碎了也还粘在一块，不会掉下来。

顺便说一下，中船第九设计研究院承担了大型冷却塔的噪声治理任务，10台大型冷却塔（每台冷却水量为730m^3/h，建设期的冷却塔布置见图5）从裙房屋面搬迁至西南角地面，会对南侧40层“盛大金盘”高档住宅带来影响。经采取综合降噪措施，冷却塔噪声对该住宅已无影响，冷却塔噪声由85dB(A)降为70dB(A)，噪声传至居民住宅处，已达到环保标准规定（降噪效果见图 6），解决了这一难题。上海中心有 635 台机电设备，对周围环境以及对自己有影响的，均采取了噪声和振动治理措施。

图 3　上海中心外形

图 4　上海中心两层幕墙间的空中花园

图 5　建设期的 10 台大型冷却塔布置情况

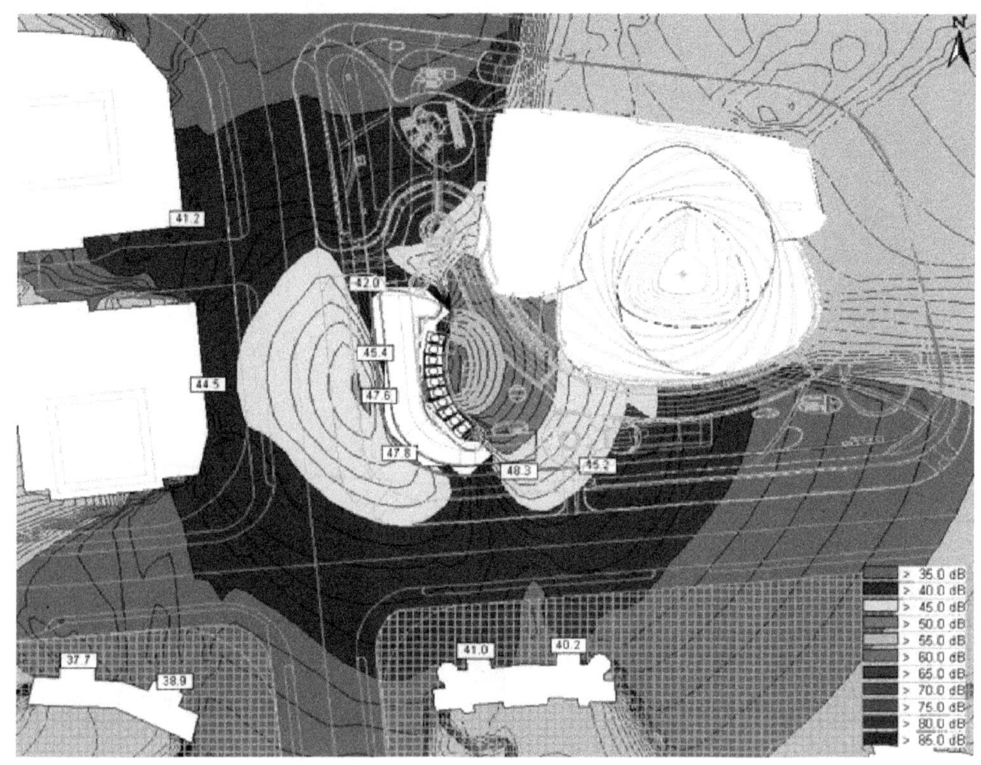

图 6　上海中心 10 台大型冷却塔降噪效果水平声场分布图

5　立体交通

上海中心每天要为 3 万～4 万人服务，进出和上下大楼的人很多，地下车库可停放 2000 辆小汽车，为使人员进出方便，上海中心和周边金茂大厦、上海环球金融中心、国金大厦等建筑的地下全部打通了，地下有 400m 长的廊道，宽 16m，可以直达地铁 2 号线和 14 号线。

上海中心有 143 部电梯负责垂直运输，其中有 3 部直达观光电梯由地下一层直达 118、119 层，电梯速度世界第一，向上，速度为 18m/s，只需 56s，向下速度为 10m/s，需要 70s。大楼内有 7 部双层电梯，一部电梯停两层上下客。等候电梯的时间不超过 1min，电梯均为三菱公司产品。

6　离天最近

上海中心 120 层是最高的全景餐厅，在此离地高 556.7m 处，可以东西南北 360°全方位地俯视上海。在 121 层离地高 561m 的观光餐厅就餐，别有滋味。观光厅面积为 2000m^2，宽敞明亮。上面有纪念品、有邮局。上海中心 126 层高 584m，安装有重达 1200t 的阻尼器，它是限制大楼摇摆晃动为人提供舒适环境的高科技装置，高约 30m，这里是“上海慧眼”，可以通过一个圆洞观察天相。在126层，584m处还可以举办科技报告或音乐欣赏，是青少年未来科学家们向往的地方，是客人可以到达的离天最近的地方。

7 空中花园

上海中心大厦内共设有24处空中花园，其中有四座规模较大，分别是22层104m、37层174m、52层244m、68层319m。这四座空中花园由绿化装饰，是休闲的好去处。在84层即393.4m处设置有观景游泳池，这也是世界上最高的游泳池。

在上海中心的外立面上可以打出4种灯光秀，分为平时、周末、节日和特殊演出。玻璃幕墙上的灯光秀十分绚丽多彩。

8 文化殿堂

上海中心十分重视文化艺术建设。文汇报载文说“上海中心将成为城市文化建设新地标”。

从东大门进入上海中心，在绿层中首先看到的是“小金人”，也就是奥地利维也纳文化地表——约翰·施特劳斯金色雕像，面向故乡，寓意中外艺术的融会贯通。走进大厦大厅，已故艺术家陈逸飞的遗作“上海少女”雕像身影婀娜，一手提着鸟笼，一手轻舞香扇，展示了东方女性的美丽和海派风情。一楼大堂内还有长132m、高约4.2m的“心相山水”玻璃壁画。抒发“中国有梦、中国有余”的《鱼乐图》，展示了2015件釉画陶板，应合2015年建成了上海中心，排成127列，应合了上海中心总层数127层，连横632条飞鱼应合了上海中心总高度632m。

在上海中心37楼是4300m^{2}的博物馆，馆内设有瓷器馆、金器馆、造像馆、半亩园、橄榄园、艺术中心、咖啡店和商店等。1000多件佛教造像，汉唐陶俑、青花瓷器等构成了一副历史长卷。在展厅内还有选自《康熙字典》的660个生僻字，供你识别。真是“远看是历史，近看是文化”。

“上海慧眼”所在的126层，将成为上海最高的文化殿堂，这里可容纳300名观众，经过专门声学设计的房间，可满足音乐家演出的需要。

9 价格不菲

上海中心原估算造价为145亿元人民币。

要到120层、121层观光厅观光的门票还没有定，估计不会少于180元，因为目前到上海环球金融中心100层观光门票是180元。目前到上海中心地下一层参观展览厅门票是50元。

据介绍到目前为止，商业设施的出租率已超过80%，办公部分的出租率已超过60%。能在中国第一高楼内有一间办公室或商店，那是一种荣誉和骄傲，是一种身份的象征。

10　集体智慧

20 世纪 80 年代，上海陆家嘴规划中就准备造三栋超高层建筑，其中金茂大厦 421m 高已于 1999 年 4 月建成，上海环球金融中心（日本 30 多家公司投资）于 2008 年 8 月建成。上海中心筹备工作早已启动，至 2006 年 9 月设计方案招投标。世界著名的美国 SOM 公司、KPF 公司，上海现代设计集团等均提交了设计方案，经评审最后选定美国 GENSLER（甘斯勒）公司的“龙腾”设计方案为上海中心的最终方案。

上海中心的主设计师是司马朔，称为设计奇才，工作 26 年。前面介绍的全世界已建成投入运行的十大超高层建筑中，司马朔设计了三座，即迪拜哈利法塔、南京紫峰大厦以及上海中心。他也参加过 SOM 公司设计的上海金茂大厦的设计工作。

上海中心施工图设计是由同济大学设计研究院完成的，中船第九设计研究院也参加了施工图设计投标，因价格问题未中标。

上海中心于 2008 年 11 月 29 日开工建设；2010 年 3 月 29 日完成底板浇筑工程；2013 年 8 月 3 日结构封顶，到达 125 层，580m 的高度；2014 年 8 月 3 日塔冠封顶，到达 632m 最高点。2016 年 4 月 27 日对外开放，分步试运行。前后历时 8 年，和上海环球金融中心一样。

上海中心的建设有 400 多位中科院院士、工程院院士、设计大师、教授、高级工程师等参与咨询、设计、论证、评审等工作，集中了国内有关行业的精英，体现了国内的最高水平。为了铭记、感谢、表彰为上海中心建设做出过重大贡献的有关单位和个人，上海中心在大厦西侧树立了一垛长约 60m，高约 2m 的“荣誉墙”（纪念碑），在玻璃材质上篆刻着 500 个单位和 4021 名个人的名字。

中船第九设计研究院和我本人（吕玉恒）为上海中心的环境保护噪声与振动治理付出了不少心血，从 2008 年 9 月参与上海中心环境影响报告书的评审，2009 年 11 月作为中国专家评审美国 SMW 公司提供的声学设计方案，我提出 4 条建议，均被采纳，到 2015 年解决 10 台特大型冷却塔对周边环境的影响问题。也是前后 8 年为上海中心服务，中船九院和我本人的名字以及冯苗锋、王继荣的名字，也被刻在了“荣誉墙”上（图 7），这也是一种纪念和鼓励。

图 7　吕玉恒等人名字被刻在上海中心“荣誉墙”上

最后要说明的是，本文中的一些数据由于建设周期较长，可能有变化或不太确切，仅供参考。

本文于 2017 年 1 月登载于《常春藤报》第 1 期第 3 版

献礼中华人民共和国成立 70 周年 | 中船九院牵头主编《噪声与振动控制技术手册》

在举国同庆中华人民共和国成立 70 周年之际，由中船第九设计研究院工程有限公司（九院编著人员，见图 1）牵头主编、化学工业出版社出版的《噪声与振动控制技术手册》（图 2）于 2019 年 9 月底出版发行，该书也将作为中船九院向中华人民共和国成立 70 周年献礼的重要技术著作与广大读者见面。

图 1　中船九院参与手册编著人员与吴硕贤院士（左 3）在一起

图 2　手册封面

该书由中船第九设计研究院工程有限公司牵头并与北京市劳动保护科学研究所、清华大学建筑学院组织编写，联合行业内众多骨干单位，于 2015 年初开始编写工作。历经五载，数易其稿，形成全书共 18 篇章、5 个附录，计 1700 多页、约 260 万字。该书较系统地介绍了噪声与振动控制实用技术以及国内外在该领域的最新进展，可为读者提供科学、严谨、新颖、可信赖的专业知识和应用技术，能够满足各类噪声与振动控制科学研究、工程设计、测试分析、设备选型、施工安装、配套开发等需要。

该书汇集了编著者多年来的研究、设计、工程实践成果，荟萃了近年来我国在噪声与振动控制领域内的部分最新成果，包括港珠澳大桥、上海中心、国家大剧院、北京奥运场馆等众多国家重点工程中的建声和噪声控制设计技术，涵盖了航空、航天、船舶、高铁、轨交、城建、民生等几乎所有行业，是国内噪声与振动控制领域“最新、最全”的技术指导手册。

已年届 82 岁的中船九院退休教授级高工吕玉恒是该书编著的牵头人和主编，曾任中国环境保护产业协会噪声与振动控制委员会副秘书长、中国声学学会咨询委员会委员，是国家环保产业协会和上海市环保专家库成员。他几乎耗费了全部职业生涯，潜心研究“减振降噪”技术，他和他的团队先后完成了 600 余项各类噪声振动治理工程以及 30 余个建筑声学设计工作，获得多项省部级以上奖励，在噪声与振动控制方面具有很深的造诣。自 1988 年主编出版了《噪声与振动控制设备选用手册》（52 万字），每隔十年都坚持对行业领域内专业技术研究成果进行梳理更新，1999 年主编出版《噪声与振动控制设备及材料选用手册》

(80 余万字)，2011 年与清华大学合作主编出版了《噪声控制与建筑声学设备和材料选用手册》(129 万字)，今年主编出版的《噪声与振动控制技术手册》，更是汇集了同行在该领域的成果和吕玉恒本人的贡献。此外，他还参与编著了《机械工程手册》《环保技术和设备》等 7 本专著，在国内各类杂志上发表论文 110 余篇。

“这本手册可以说是我一生花费精力最多的一本书。”在完成该书最后的校稿工作后，吕玉恒感慨地说。五年以来，他利用自身在该行业领域的影响力，组织邀请十多个单位、27 名声学领域专家组成编委会，采纳国内 50 多家行业生产单位提供的样本资料、检测报告和工程实例。他先后 9 次组织召开编委会，研究行业前沿技术，梳理资料，审改文稿，为最终成稿付出了大量的心血。吕玉恒还以老带新，带领冯苗锋、黄青青、陈梅清、宋震等年轻同志参与了该书编著，培养了中船九院一批年轻工程技术人才。其中，青年骨干冯苗锋研究员作为本书的副主编，先后完成了 200 余项噪声与振动控制设计项目和科研课题，已是中国环保产业协会噪声与振动控制委员会副秘书长、上海市环境保护系统专家库成员、上海市环境科学学会专委会委员。

本文于 2019 年 10 月 23 日登载于中船九院微信公众号

献礼建党 100 周年 | 中船九院牵头、吕玉恒主编的《噪声与振动控制数字资源库》出版发行

由中国船舶集团所属中船九院牵头、吕玉恒主编的《噪声与振动控制数字资源库》（图 1）目前已在“工程师宝典”和“CIDP 制造业”网上与读者见面了。该电子出版物是国内噪声与振动控制领域“最新、最全”的电子出版物，也是中船九院献礼建党 100 周年的重要技术著作。

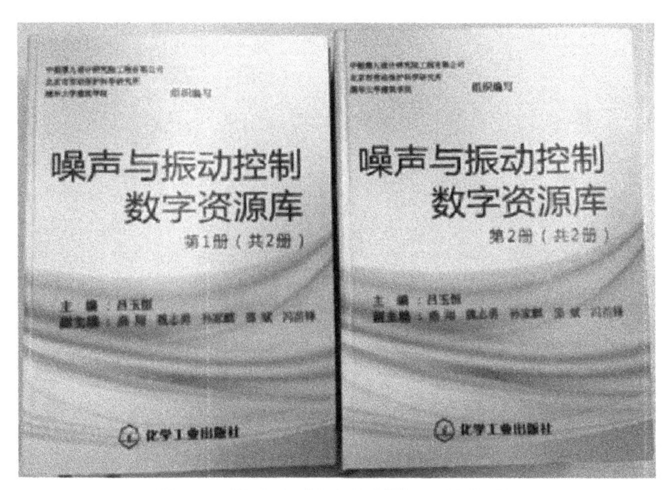

图 1 《噪声与振动控制数字资源库》

该电子出版物由中船第九设计研究院工程有限公司牵头并与北京市劳动保护科学研究所、清华大学建筑学院组织编写，联合行业内众多骨干单位，于 2018 年初开始编写工作。历经四载，数易其稿，形成全套共 18 篇章、5 个附录，约 350 万字。

该电子出版物较系统地介绍了噪声与振动控制实用技术以及国内外在该领域的最新进展，可为读者提供科学、严谨、新颖、可信赖的专业知识和应用技术，能够满足各类噪声与振动控制科学研究、工程设计、测试分析、设备选型、施工安装、配套开发等需要。

该电子出版物汇集了编著者多年来的研究、设计、工程实践成果，荟萃了近年来我国在噪声与振动控制领域内的部分最新成果，包括高铁、高速公路、地铁、高压输变电、隧道、港珠澳大桥、上海中心、国家大剧院、北京奥运场馆等众多国家重点工程中的建声和噪声控制设计技术，涵盖了航空、航天、船舶、轨交、城建、民生等几乎所有行业，是国内噪声与振动控制领域“最新、最全”的技术指导手册和教学资源库。

在编撰《噪声与振动控制数字资源库》时，吕玉恒研究行业前沿技术，梳理资料，审改文稿，为最终成稿付出了大量的心血。

多年来，中船九院一直将“减振降噪”技术作为环保专业重要科研课题，并在课题组的努力下取得了丰硕成果，在船舶工业、计量检测、电力、化工、汽车、通信、特高层建筑等行业完成了数百项噪声与振动控制设计研究工作。

同时，注重对国内噪声和建筑声学所用的设备和材料的研究和收集汇编，积累了大量的实践经验和丰硕的理论成果，特别是在精密级消声室设计上的创新研究成果等处于国内领先水平。

在吕玉恒的指导下，中船九院环境院青年骨干冯苗锋研究员等已挑起噪声与振动控制专业的重担，是今后噪声与振动控制电子出版物续刊新的牵头人。在老中青的共同努力下，进一步巩固和提高了中船九院在噪声与振动控制领域的技术影响力和前沿地位。

本文于2021年7月5日登载于中船九院微信公众号

附录1　吕玉恒主编并公开出版的书籍目录

序号	书籍名称	出版时间	出版社	字数	备注
1	噪声与振动控制设备选用手册	1988年7月	机械工业出版社(北京)	52万字	参与本书编著的还有王庭佛和丁福楣(中船第九设计研究院)
2	噪声与振动控制设备及材料选用手册	1999年5月	机械工业出版社(北京)	82万字	参与本书编著的还有王庭佛
3	噪声控制与建筑声学设备和材料选用手册	2011年10月	化学工业出版社(北京)	129万字	燕翔(清华大学)、冯苗锋和黄青青(中船第九设计研究院)任副主编
4	噪声与振动控制工程手册	2002年9月	机械工业出版社(北京)	189万字	马大猷院士任主编。吕玉恒为副主编之一,编写约37万字
5	噪声与振动控制技术手册	2019年9月	化学工业出版社(北京)	260万字	燕翔(清华大学)、魏志勇和孙家麒(北京劳动保护科学研究所)、邵斌(北京九州一轨环境科技股份有限公司)、冯苗锋(中船第九设计研究院)任副主编
6	噪声与振动控制数字资源库(电子出版物,在APP“工程师宝典”中可查阅并下载)	2020年5月	化学工业出版社(北京)	350万字	燕翔(清华大学)、魏志勇和孙家麒(北京劳动保护科学研究所)、邵斌(北京九州一轨环境科技股份有限公司)、冯苗锋(中船第九设计研究院)任副主编

附录2　吕玉恒参与编著并公开出版的书籍目录

序号	书籍名称	出版时间	出版社	吕玉恒编写字数	备注
1	机械工程手册（第二版）	1997年11月	机械工业出版社（北京）	2万余字	本手册共有18卷152篇，江泽民题词，何光远为主任委员。吕玉恒参与专用机械卷（四）（第7篇第5章噪声与振动控制装置编著）。本卷总字数约187万字
2	中国环境保护产业技术装备水平评价	2000年9月	中国环境科学出版社（北京）	9万余字	本书由中国环境保护产业协会编著，蒋小玉任主编。本书总字数约94万字
3	工业噪声治理技术	1993年10月	中国环境科学出版社（北京）	6万余字	本书由国家环境保护局编写，郭秀兰任主编。本书总字数约59万字
4	环境保护技术和设备	1999年12月	上海交通大学出版社（上海）	5万余字	主编徐志毅（徐匡迪题词）。本书总字数约89万字
5	中国机电产品市场系列（第2辑）环保机械分册	2000年4月	机械工业出版社（北京）	3万余字	机械工业研究总院编著。本书总字数约201万字
6	噪声控制工程学	2013年4月	科学出版社（北京）	2万余字	主编：张斌 本书分上下册，总字数146万字
7	噪声与振动控制基本知识（华东师大为上海环保系统培训讲稿）	1988年10月	华东师大出版社（上海）	12万字	吕玉恒及任文堂（北京劳动保护科学研究所）合编